泰国蒙河流域生物地球化学

韩贵琳 等 著

科 学 出 版 社

北 京

内 容 简 介

本书是关于泰国蒙河流域物质的生物地球化学循环及其生态环境效应系统研究的成果集成，系统介绍了作者作为学术带头人领导的课题组对泰国蒙河流域河水、地下水、土壤的生物地球化学研究的成果。全书共分为三篇，内容涵盖了泰国蒙河流域河水地球化学、悬浮物地球化学、土壤地球化学特征及其环境效应。

本书是一本成果专著，也是一本系统介绍地球关键带物质生物地球化学循环的研究思路、方法、结果的著作，可供地球化学、水文学、土壤学、环境科学等学科的研究人员和国家各级环保部门研究人员以及高等院校相关专业师生参考。

审图号：GS 京（2024）1283 号

图书在版编目（CIP）数据

泰国蒙河流域生物地球化学 / 韩贵琳等著. --北京：科学出版社，2024.11.
ISBN 978-7-03-079734-6

Ⅰ. X142

中国国家版本馆 CIP 数据核字第 202432H7Q2 号

责任编辑：王　运 / 责任校对：何艳萍
责任印制：肖　兴 / 封面设计：北京图阅盛世

科学出版社出版
北京东黄城根北街 16 号
邮政编码：100717
http://www.sciencep.com

北京中科印刷有限公司印刷
科学出版社发行　各地新华书店经销
*
2024 年 11 月第　一　版　开本：787×1092　1/16
2024 年 11 月第一次印刷　印张：22
字数：522 000

定价：298.00 元

（如有印装质量问题，我社负责调换）

作 者 简 介

韩贵琳，1971 年生，博士生导师，教授。1993 年获贵州工学院学士学位，2000 年获中国科学院地球化学研究所硕士学位，2003 年获中国科学院地球化学研究所博士学位，2013 年至今任中国地质大学（北京）科学研究院教授。主要从事流域生物地球化学研究，2008 年获第十二届侯德封矿物岩石地球化学青年科学家奖，2011 年获第十一届贵州省青年科技奖，2013 年获国家杰出青年科学基金，2014 年获“长江学者”特聘教授，2017 年获中国地质学会第一届优秀女地质科技工作者奖，2021 年获国际地球化学协会 Kharaka 奖。有关喀斯特流域物质循环及其生态环境效应的研究成果于 2004 年获贵州省科学技术进步奖一等奖（排名第三），有关喀斯特地区大气物质循环的研究成果于 2019 年获贵州省自然科学奖二等奖（排名第一）。

本书作者名单

韩贵琳　张诗童　高　熙　刘金科

梁　斌　马顺容　王　迪　任　杰

刘小龙　李晓强　王　鹏　曾　杰

柳　满　屈　睿　张　倩　郑晓笛

序

河流是地表水循环过程的关键一环，也是连通陆地和海洋的重要纽带。以化学物质循环为基础的河流流域生物地球化学过程，显著改变了地表主量和微量元素的分布、状态、归趋和效应。在研究流域生物地球化学的过程中，日益增长的河流生态环境保护需求，使得地球化学这门学科在与环境学科的交融互通下，发挥了越来越重要的作用，形成了流域环境生物地球化学的分支学科。在我国生态文明建设取得举世瞩目成果的背景下，相关领域的科研工作者们也在“一带一路”建设的深入推进和“人类命运共同体”的不断发展中，从地球系统科学的视角出发，聚焦地球关键带的物质（尤其是污染物）循环和效应，将流域环境生物地球化学的领先研究成果推广到海外，助力生态文明的理论与实践成果走向世界，开启了“一带一路”地球科学与生态环境科学发展的新方向。

位于泰国东北部的蒙河是泰国境内第二大河，也是跨国河流湄公河的重要支流，其流域范围涵盖了泰国东北部十余个省（府）级行政区，是该地区农业灌溉等生产生活的重要水源。为此，泰国政府在流域内实施了水库建设、调水计划等诸多水利资源项目。由于流域内土地利用七成以上为耕地，且水稻田占据主导地位，该地区属于代表性的农业型流域。蒙河流域内地层岩性复杂、地层厚度空间差异明显。在此背景下，蒙河流域的生物地球化学循环过程受到了岩性分布、地质背景等自然条件和筑坝建库、农业生产等人为活动的综合影响。

为系统地反映蒙河流域生物地球化学过程，支撑流域类的生态环境保护和水资源利用，《泰国蒙河流域生物地球化学》一书从地球关键带、全球气候变化、流域风化及全球碳循环、流域物质的生物地球化学循环研究的基本概念着手，从地球系统科学的角度，循着环境地学交叉融合的思路，论述了泰国蒙河流域物质的生物地球化学循环及其环境效应，强调了地球化学和同位素地球化学理论与方法在污染物迁移、转化、归趋中的创新应用与实践，将中国科研工作者的流域研究理念和习近平生态文明思想传播海外，为中国和有关“一带一路”共建国家的生态环境保护研究双多边合作机制与努力方向提供典型范例，也对目前学界流域尺度的地球关键带物质循环研究具有学术指导或借鉴意义。该专著展示了多种实验研究手段所获得的丰富而翔实的科学数据、基于大量观察和实验结果的分析推理和通过地区关键带论证获得的科学结论。该成果专著的出版，对推动地球科学学科与生态学、环境科学、土壤学的交叉，推动地球关键带科学的发展，提高人类对地球关键带物质循环机理的认识等方面具有重要的学术贡献。

近年来，中国地质大学（北京）以韩贵琳教授为学术带头人的课题组，以泰国蒙河流域的生物地球化学过程与机理为核心科学问题，充分利用元素地球化学、同位素地球化学、化学反应平衡、化学计量平衡等研究方法，并积极学习和结合生态学、水文地质学、环境科学、地理学等学科理论和知识，通过研究河水、悬浮物、土壤的生物地球化学组成特征及其演化规律，在泰国蒙河的生物地球化学循环及其生态环境效应研究方面取得了一系列的研究成果。该成果专著揭示了泰国蒙河流域的水文地球化学特征、河水物质来源、流域风化与全球碳循环之间的关系、流域养分输出的动态过程、物质循环的水库效应、流域土壤质量、土壤营养元素迁移规律等。该成果专著是一项多学科交叉研究流域生态环境变化的生物地球化学循环的代表性专著，在很大程度上丰富了传统表生地球化学领域的研究内容。

值此专著出版之际，我乐于为之作序，并表示祝贺。

刘丛强

中国科学院院士

2024 年 10 月 10 日

前　言

泰国蒙河流域位于泰国境内东北部，是湄公河在泰国境内最大的一条支流，同时也是泰国东北部 Khorat（呵叻）高原上最大的一条河流。蒙河发源于呵叻府北通差县境内的翁山和拉曼山，由西向东流动，流经武里南府、素林府、黎逸府和四色菊府，在乌汶府孔尖县与湄公河交汇，全长约 673km，在泰国/老挝边境注入湄公河。

本书在生物地球化学作用的框架范围下，分章节详细介绍了蒙河流域内水土生态系统中主量元素、微量元素、营养元素、稳定同位素的生物地球化学循环过程与影响因素。

本书主要由三篇共二十八章组成：第一篇简要介绍了泰国蒙河流域特有的地质地理背景以及土地利用背景；第二篇主要介绍了流域内河水样品的采集与分析测试、水化学特征、河水营养盐地球化学特征、河水重金属地球化学特征、河水稀土元素地球化学特征、河水氢氧同位素特征及源解析、河水碳同位素特征及源解析、河水硫同位素特征及源解析、河水硝酸盐来源及关键转化过程、河水钾同位素特征及源解析、河水铁同位素特征及源解析、河水锶同位素特征及源解析，最后进行了蒙河水质安全评价及健康风险分析，此外还介绍了蒙河悬浮物重金属分布特征及其风险评估、悬浮物稀土元素分布特征及其控制因素、悬浮物铁同位素分布特征及其控制因素；第三篇主要介绍了蒙河流域土壤样品的采集与分析测试、土壤养分的地球化学特征及其控制因素、土壤重金属的分布特征及其控制因素、土壤稀土元素的分布特征及其控制因素、土壤有机碳同位素的分布特征及其控制因素、土壤有机氮同位素的分布特征及其控制因素、流域土壤的风险评价、土壤铁同位素的分布特征及其控制因素、土壤铜同位素的分布特征及其控制因素、土壤锌同位素的分布特征及其控制因素。

衷心感谢恩师天津大学表层地球系统科学研究院刘丛强院士多年来的谆谆教导。衷心感谢国家自然科学基金委的课题经费支持（中-泰重点国际合作项目，41661144029），让我们有机会对泰国蒙河流域的河水和土壤开展系统、深入的研究，也让我们有机会走出国门，把所学的专业知识推向世界，为“一带一路”建设添砖加瓦，为泰国蒙河流域的河水、土壤环境保护和治理提供参考。

本书全文由韩贵琳统稿，此外张诗童等均为蒙河流域的系统研究付出了辛勤劳动，科学出版社的编校人员为本书出版付出了辛勤劳动，在此一并表示感谢。

本书是课题组从采样到分析、测试的研究成果，限于时间仓促以及作者知识面和写作水平，加之理论水平有限，有些认识不一定到位，理解可能不够全面，表述也不够准确，恳请同行专家学者和广大读者批评指正。

韩贵琳
2024 年 4 月 1 日

前言

目　录

第三篇 蒙河流域土壤地球化学

第一篇　研究区域概况与学术思路

泰国是世界最大的十个稻米生产国之一。自19世纪以来，大规模的水稻种植活动遍布了泰国东北部广阔的洪泛冲积平原。蒙河是泰国境内的第二大河，也是国际河流湄公河的一条重要支流，而蒙河流域的平均人口密度高于泰国的平均人口密度。作为一个典型的集约型农业流域，蒙河流域中50%以上的土地被开垦为农田，其中约75%的耕地为水稻田，主要位于低海拔平原地区，且大都依靠雨水浇灌。然而，由于流域内的蒸发量远高于降水量，蒙河流域的农业水资源较为短缺，这一问题在旱季尤为显著，旱季灌溉水的严重匮乏导致水稻田大面积闲置。水资源不足是蒙河流域旱季时期稻田产量低下的主要原因，建立灌溉设施可以缓解干旱，从而增加泰国东北部的作物产量。因此，泰国政府在东北部地区设立了许多水资源项目，例如建造大型水坝和实施调水计划等。泰国流域的地质地理、生态环境和社会经济造就了其独特的地质生态环境，是研究流域水土生态系统和生物地球化学循环的良好对象。

科学研究离不开自然和人文环境，充分了解蒙河流域的地质地理、生态环境与社会经济，才能更好地理解和运用地球化学手段来研究蒙河流域生态与环境问题。另外，任何一项科学研究都有一定的学术思路，蒙河流域生态环境的地球化学研究将以地球科学思想和理论为指导，以区域生态环境变化与物质的生物地球化学循环为核心科学问题，结合地球化学的研究方法和思路，研究全球变化的区域环境响应以及全球和区域变化的相互影响，并据此评估流域的生态环境状况，这就是蒙河流域生物地球化学及其生态环境效应研究的学术思路。

第一章　蒙河流域概况

第一节　地 质 地 貌

蒙河位于泰国东北部，是泰国境内的第二大河（第一为湄南河），也是国际河流湄公河（Mekong River）的一条重要支流（Akter and Babel，2012；Artlert et al.，2013）。蒙河全长约为 673km，流域面积约 71000km^2，流经泰国东北部 10 个省（府）级行政区（图 1.1），这些区域按流域内面积由大到小排序为：呵叻（Nakhon Ratchasima）、乌汶（Ubon Ratchathani）、武里南（Buri Ram）、素林（Surin）、四色菊（Si Sa Ket）、黎逸（Roi Et）、玛哈沙拉堪（Maha Sarakham）、安纳乍能（Amnat Charoen）、耶梭通（Yasothon）和孔敬（Khon Kaen）。蒙河起源于呵叻府西南部的 Khao Yai（Khao Yai：泰语，意为大山）国家公园（Nimnate et al.，2017a；Nimnate et al.，2017b），然后流向泰国东北部地区，最终向东汇入湄公河。蒙河通常分为三个河段：上游河段（101.5°～102.5°E）、中游河段（102.5°～104.5°E）以及下游河段（104.5°～105.5°E）。

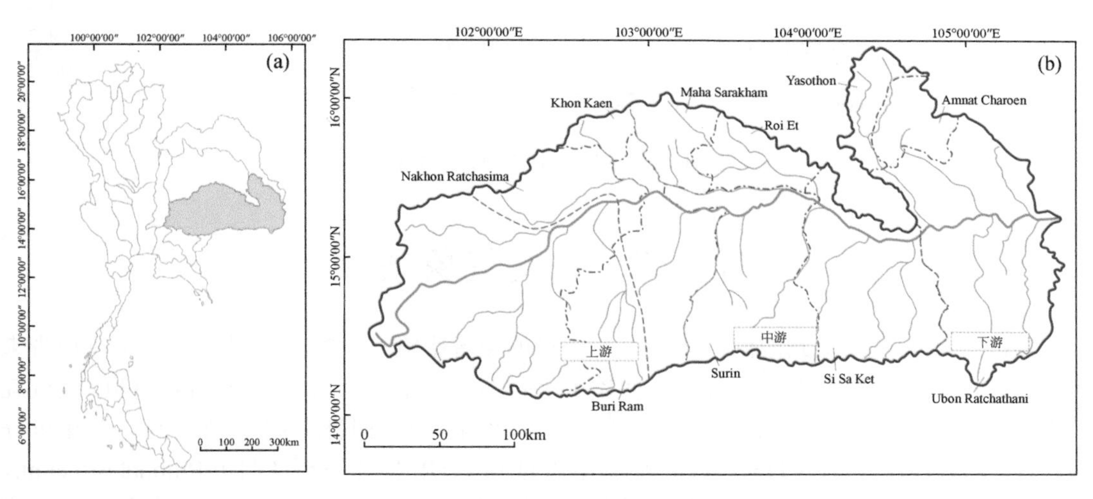

图 1.1　泰国蒙河流域地理位置

（a）泰国地图及蒙河流域地理位置（黄色区域）；（b）蒙河流域河段划分及行政区分布

蒙河流经泰国东北部呵叻高原的南部地区（即呵叻盆地），盆地西侧和南侧为山脉，北侧和中部地区为平原（Chen et al.，2019）。蒙河流域海拔为 17～1330m（Wu et al.，2019），平均海拔约 195m，流域内超过 93%的地区海拔低于 350m（Yang and Han，2020）。晚白垩世时期，呵叻盆地形成世界最大的钾矿床之一，从而沉积了大量的盐矿物（如石膏等）（Rattana et al.，2022）。蒙河流域的岩性组成包括粉砂岩、砂岩、黏土岩、冲积岩、橄榄玄武岩和蒸发岩（Shen et al.，2021），其中南部和东部地区主要分布粉砂岩、砂岩和石英砂岩，而中部地区则广泛分布含蒸发盐的粉砂岩（图 1.2）。二叠纪灰岩主要分布在蒙河源头地区，流域内零星分布火成岩（包括花岗岩、流纹岩和玄武岩等，占流域面积的 15%），河流沿岸分布第四纪河流冲积物。沉积岩包含的主要矿物有石英（＞90%）、副长石（4%～6%）、岩屑（3%～5%）、白云母（1%～3%）和其他矿物（＜1%）。

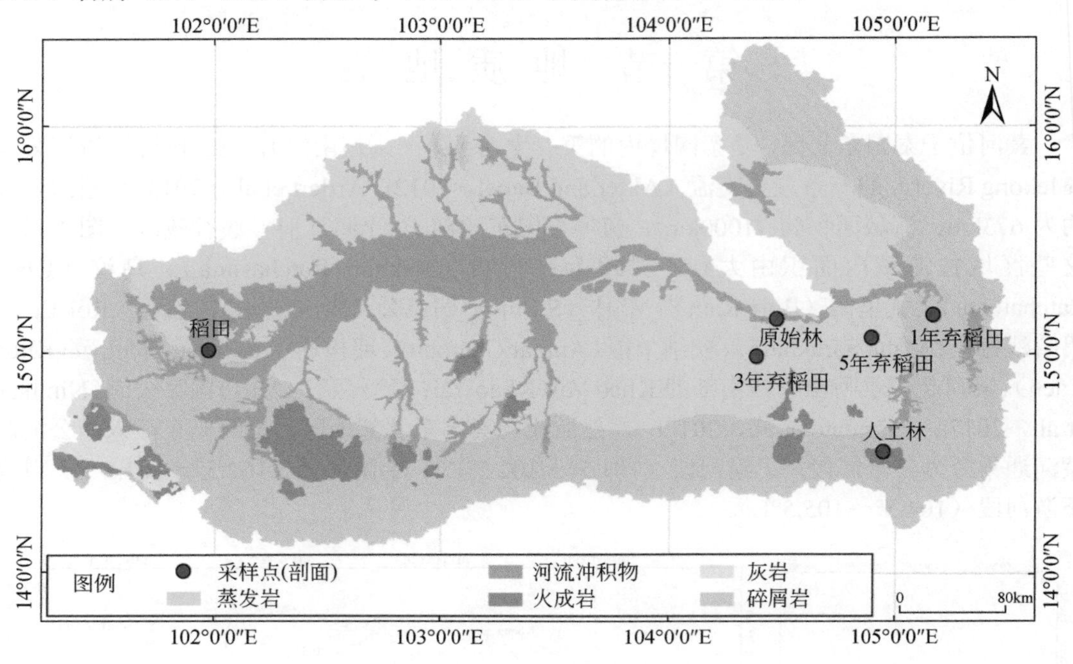

图 1.2 泰国蒙河流域岩性分布

第二节 水文气象条件

蒙河流域的气候受到西南季风和东北季风的交替影响——始于五月的西南季风携带来自印度洋的暖湿气流并伴随强降雨，而始于十月的东北季风则通过来自中国大陆的反气旋输入寒冷干燥的空气。因此，蒙河流域的水文气象条件具有明显的季节性差异，全年可分为雨季（5 月至 10 月）、干冷季（11 月至次年 1 月）和干热季（1 月至 4 月）（Prabnakorn et al.，2018），流域年平均气温 25～30℃。泰国皇家灌溉部（RID）的长期气象监测数据表明，流域全年降水主要在雨季产生，最大月平均降水量产生于 7 月至 9 月期间［图 1.3（a）］，同时伴随有较高的河水流速［图 1.3（b）］。

蒙河流域属亚热带湿润气候，受亚热带季风影响，流域干湿季气候差异分明。蒙河流域的年平均降水量为 955～1711mm［图 1.4（a）］，其中丰水期为 880～1617mm［图 1.4（b）］，而枯水期为 42～120mm［图 1.4（c）］（Zhao et al.，2018）。蒙河上游、中游和下游的年降水量分别为 1082mm、1197mm 和 1436mm（Akter and Babel，2012）；年蒸发量分别为 5678mm、4072mm 和 2881mm（Akter and Babel，2012）。蒙河流域的年蒸发量是年降水量的2～5倍（Prabnakorn et al.，2018），说明地表水和地下水的交换是维持流域内供水的重要途径（Yang and Han，2020）。

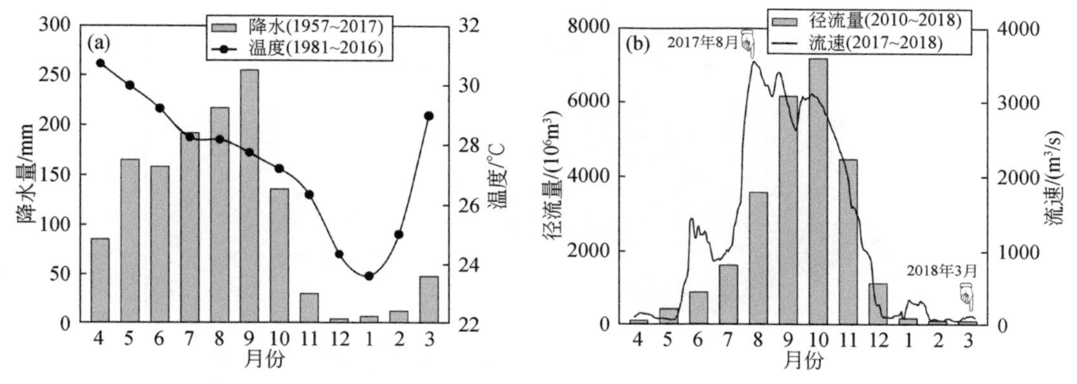

图1.3　泰国蒙河流域降水量、温度与流量的关系

（a）年降水量与温度的关系；（b）年平均径流量与流速的关系

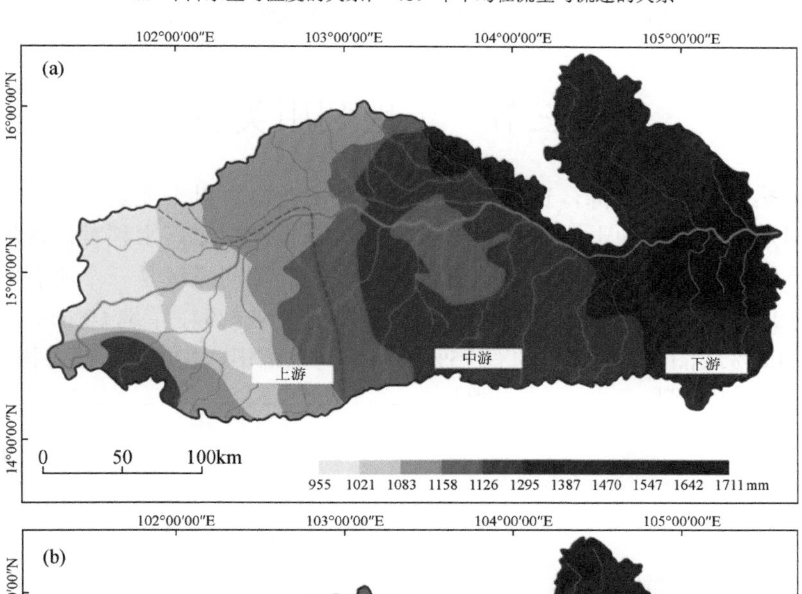

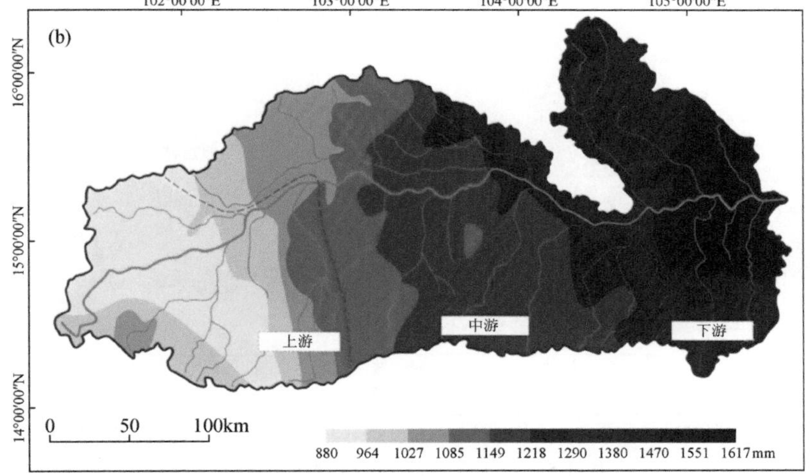

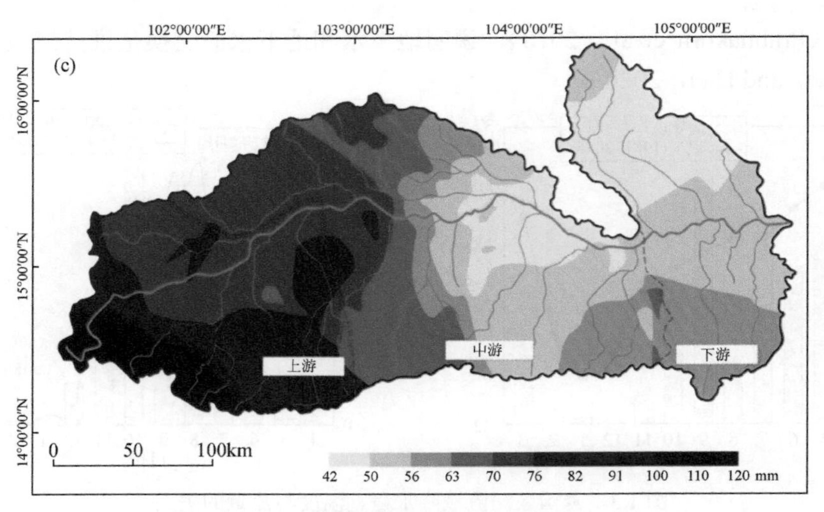

图 1.4 泰国蒙河流域降水量分布

（a）年平均降水量；（b）丰水期降水量；（c）枯水期降水量（修改自 Zhao et al.，2018）

第三节 土地利用类型

泰国地处热带，雨量充沛，适宜作物生长，种植业自古以来就是泰国农业最重要的组成部分。泰国是世界最大的十个稻米生产国之一。19 世纪以来，水稻种植区域已经遍布了泰国东北部广阔的冲积平原（Akter and Babel，2012）。蒙河流域是一个典型的集约型农业区，流域内的土地利用类型主要为耕地（70.2%）、林地（18.5%）、草地（3.6%）、水域（2.9%）和城镇用地（4.8%）（图 1.5），其中约有 75%的耕地为水稻田，主要位于低海拔（小于 200m）

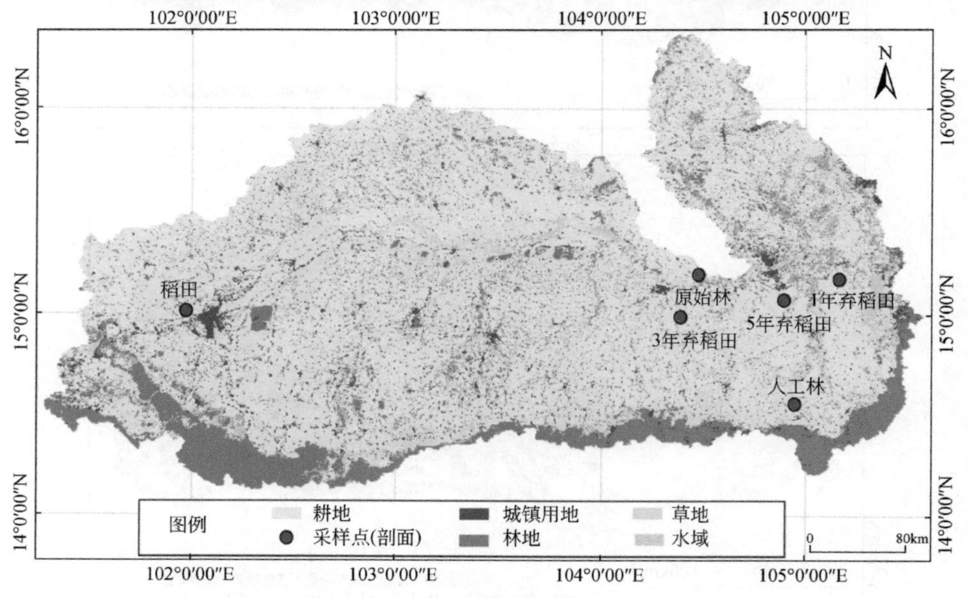

图 1.5 泰国蒙河流域的土地利用分布

的平原地区，且超过90%的水稻田主要依靠雨水浇灌（Wu et al.，2019）。然而，由于流域内的蒸发量远高于降水量，蒙河流域的农业水资源较为短缺，这一问题在旱季尤为显著，旱季灌溉水的严重匮乏导致水稻田大面积闲置（Prabnakorn et al.，2018）。蒙河流域的平均人口密度为150人/km^2，高于泰国的平均人口密度（137人/km^2）（Wu et al.，2019）。由于当地工业化进程的加快，农业在泰国GDP中的比重逐年下降，近年来已经降到10%左右。

第四节 土壤和植被

蒙河流域所流经的呵叻盆地主要出露砂岩和沉积物，其在热带气候作用下发育了厚层土壤。蒙河流域的主要土壤类型为低腐殖质潜育土和灰色灰化土，流域边缘高山地区分布红棕壤和黄色灰化土。从土壤的颗粒组成来看（Fujii et al.，2017），砂土占到流域面积的80%以上（Bhattarai and Dutta，2007）。热带砂土水分、土壤有机质和养分的有效性通常较低，属于贫瘠土壤，保持土壤质量是热带地区传统农业面临的一个主要问题。总体来看，流域土壤主要为砂质壤土、壤质砂土等，结构较为松散，抗蚀力较低，因此农业生产只能在靠近河流或可进行灌溉作业的地区进行。流域内有泰国考艾国家公园（Khao Yai National Park，即“大山国家公园”），是泰国东北部的天然大公园，也是野生动物保护区，占地2168.75km^2，为泰国第三大国家公园。该公园主要位于呵叻府北冲县境内，横跨北标府、巴真府、那空那育府、呵叻府和四府。公园中的山地由数个群山合并而成，范围颇广，长约100km，最宽处约30km，最高峰为翘峰，海拔介于250～1351m之间。那空那育河、章打堪河、莫绿溪等均从此发源。该地区主要由森林覆盖，有大面积雨林和常绿森林。山区森林植被可分为常绿林和落叶林，主要植物有柚木（Tectona grandis）、龙脑香（Dipterocarpus turbinatus）、儿茶（Acacia catechu）、榆绿木（Anogeissus acuminata）和石梓（Gmelina chinensis）等，地被层植物主要有白茅（Imperata cylindrica）、须芒草（Andropogon virginicus）和狗尾草（Setaria viridis）等，农作物主要有水稻（Oryza sativa）、木薯（Manihot esculenta）和甘蔗（Saccharum officinarum）等。

第五节 社会经济与文化

作为典型的集约型农业流域，蒙河流域50%以上的土地被开垦为农田。水稻田约占总种植土地面积的75%，主要位于海拔200m以下的低地（Prabnakorn et al.，2018）。自19世纪以来，大规模的水稻种植活动遍布了泰国东北部广阔的洪泛平原，消耗了大量的水资源。有关研究表明，水资源不足是蒙河流域旱季时期稻田产量低下的主要原因，建立灌溉设施可以缓解干旱，从而增加泰国东北部的作物产量。因此，泰国政府在东北地区设立了许多水资源项目，例如建造大型水坝和实施调水计划等。蒙河发源地那空叻差是玛，又称呵叻，是泰国东北部的政治、经济、文化中心和交通枢纽，也是泰国通向老挝的交通要地，被称为“泰国东北的门户”。蒙河由西向东奔流，在泰国、老挝边境的挽兰注入湄公河。除了皇家的驳船游行，该地区的水上市场也是极具创意的船文化表现形式。小船穿梭，商贩们依水而居。水上市场被称为“东方的水上威尼斯”，小贩们摇着小船，在密集的水道里穿梭，充满烟火气。

参考文献

Akter A，Babel M S，2012. Hydrological modeling of the Mun River basin in Thailand. Journal of Hydrology，452-453：232-246.

Artlert K，Chaleeraktrakoon C，Nguyen V T V，2013. Modeling and analysis of rainfall processes in the context of climate change for Mekong，Chi，and Mun River Basins（Thailand）. Journal of Hydro-environment Research，7（1）：2-17.

Bhattarai R，Dutta D，2007. Estimation of soil erosion and sediment yield using GIS at catchment scale. Water Resources Management，21（10）：1635-1647.

Chen M，Wang G，Zhou S，et al.，2019. Studies on forest ecosystem physiology：marginal water-use efficiency of a tropical，seasonal，evergreen forest in Thailand. Journal of Forestry Research，30（6）：2163-2173.

Fujii K，Hayakawa C，Panitkasate T，et al.，2017. Acidification and buffering mechanisms of tropical sandy soil in northeast Thailand. Soil and Tillage Research，165：80-87.

Nimnate P，Choowong M，Thitimakorn T，et al.，2017a. Geomorphic criteria for distinguishing and locating abandoned channels from upstream part of Mun River，Khorat Plateau，northeastern Thailand. Environmental Earth Sciences，76（9）：331.

Nimnate P，Thitimakorn T，Choowong M，et al.，2017b. Imaging and locating paleo-channels using geophysical data from meandering system of the Mun River，Khorat Plateau，Northeastern Thailand. Open Geosciences，9（1）：675-688.

Prabnakorn S，Maskey S，Suryadi F X，et al.，2018. Rice yield in response to climate trends and drought index in the Mun River Basin，Thailand. Science of the Total Environment，621：108-119.

Rattana P，Choowong M，He M Y，et al.，2022. Geochemistry of evaporitic deposits from the Cenomanian（Upper Cretaceous）Maha Sarakham Formation in the Khorat Basin，northeastern Thailand. Cretaceous Research，130：104986.

Shen L，Siritongkham N，Wang L，et al.，2021. The brine depth of the Khorat Basin in Thailand as indicated by high-resolution Br profile. Scientific Reports，11（1）：8673.

Wu C，Liu G，Ma G，et al.，2019. Study of the differences in soil properties between the dry season and rainy season in the Mun River Basin. CATENA，182：104103.

Yang K，Han G，2020. Controls over hydrogen and oxygen isotopes of surface water and groundwater in the Mun River catchment，northeast Thailand：implications for the water cycle. Hydrogeology Journal，28（3）：1021-1036.

Zhao Z，Liu G，Liu Q，et al.，2018. Distribution characteristics and seasonal variation of soil nutrients in the Mun River Basin，Thailand. International Journal of Environmental Research and Public Health，15（9）：1818.

第二章　学术思路

第一节　全球与区域变化研究

人类活动对地球的影响前所未有，其造成的地质变化主要体现在地质沉积速率的改变、碳循环的波动与气候变化、生物以及海洋的变化等（Zalasiewicz et al.，2015）。人类活动对淡水、土地和生物的影响，不仅改变了地球表层环境，也使人类自己的生存条件发生了巨大的变化。水的运移不仅使流域内的陆地-水生生态系统相互联系，而且参与或驱动了生态系统内营养物质和能量的持续性流动和运转等过程，使流域水体中溶质的变化与生态系统紧密耦合。生态系统中元素的输入（大气沉降、岩石风化和人类活动等）和输出（通常通过流域出口输出）是系统中生物地球化学物质循环研究的基础。在一个健康的生态系统内，物质的输入和输出是一个动态平衡的过程（Likens，2013），它们之间的差异是流域物理、化学、生物过程以及人类活动共同作用的结果（Hall，2003）。河流体系水化学和悬浮颗粒的组成反映了流域地表风化作用和地表水环境的特征与性状，并且包含了制约该水体元素丰度以及元素在固、液相之间的分配、赋存状态和转化行为的信息。通过研究河流体系溶解物质和悬浮颗粒的化学组成，可以了解全流域盆地的物理侵蚀、化学风化强度及其主要受控因素，以及流域物质循环等有关信息，为研究流域体系环境质量状况及其变化过程奠定基础。因此，河流地球化学研究可以为流域生态环境管理提供科学见解。

对流域内大气降水-地表水（河流）-地下水循环中物质的地球化学循环研究可以获得有关流域盆地风化侵蚀、元素迁移转化、人为活动及生态环境质量变化响应关系的重要信息。特别是流域生物地球化学研究，其主要关注流域内生物及生命活动所需要的化学元素（如碳、氮、硫、磷、硅、铁、铜、锌等）在生物体与环境之间的迁移和转化过程，可为系统理解表层地球生物地球化学循环、评估人类活动的生态环境效应、揭示生态系统物质地球化学循环及其与生态环境变化之间的内在联系（Aas et al.，2007；Bickle et al.，2005；Wang et al.，2006；Wu et al.，2008b；Zhang et al.，2008）等提供依据。针对河流的生物地球化学过程和物质运移进行研究，可以更好地理解流域生态环境状况和演变过程，辨识自然和人为过程影响，从而为维持流域生态功能和人类可持续发展奠定科学基础。流域生源物质地球化学循环受到区域地质、地形地貌、地理气候和流域生态系统（包括人类活动）的控制。河流中生源物质的来源、去向及其数量的精确评估是全球和区域物质循环的重要环节（Houghton，2010；Richey et al.，2002）。研究河流的生物地球化学过程和环境问题，已经成为当前环境科学研究的热点。

然而，目前有关泰国河流的生物地球化学研究在系统性和深度上都存在明显不足，特别是对一些重要科学问题和关键过程，可利用的数据依然十分有限。对于河流流域的物质循环和输送规律变化、未来水生态环境研究、流域水安全和科学的水资源管理对策等重大问题，目前仍难以做出详尽回答，其主要原因在于缺乏足够的研究资料以了解河流的演化历史，因此很难对其未来变化做出合理的预测。在理论研究上，河流的生物地球化学研究和生态环境研究还是一个整合的新概念，既没有一个普遍认同的科学概念，也没有一套完善的生态环境评价指标体系和工作方法，因此迫切需要开展相关的研究。

第二节　流域生物地球化学循环

岩石的化学风化是改变地球表面和控制元素地球化学循环的重要地质过程。流域的化学风化控制全球生物地球化学循环，通过提供养分来维持陆地生态系统运行。因此，大陆地壳物质的化学风化一直是传统表生或低温地球化学研究领域的重要内容之一，其中陆地风化作用在不同时间尺度上对气候和构造变化的响应尤其受到人们的关注（Amiotte Suchet and Probst，1995；Ludwig et al.，1998；Meybeck，1987）。河流联系着陆地和海洋，是构成全球物质循环的重要环节。因此，河流地球化学研究是流域生态保护的基础性研究内容之一，区域和世界主要大河流域的水化学及其生物地球化学循环的特征和规律已成为全球变化研究的重要内容（陈静生和何大伟，1999）。

流域风化是河流生源物质的重要来源之一，流域风化速率与全球气候变化之间的关系，是目前国内外学者关注的热点问题。研究发现，海洋碳酸盐岩的Sr同位素比值（$^{87}Sr/^{86}Sr$）自距今50Ma开始逐渐升高；同时，根据有关发源于青藏高原南坡的恒河、雅鲁藏布江和印度河的研究，该区域是现今世界上化学风化速率最快的地区（Bickle et al.，2003；Dalai et al.，2002；Edmond，1992；Galy and France-Lanord，1999；Karim and Veizer，2000）。因此，多数学者认为青藏高原隆升加速了全球硅酸盐类化学风化过程，消耗了大量的CO_2，进而导致新生代以来的全球气候转冷。这一推断的理论依据是，海洋碳酸盐岩所记录的海水Sr同位素组成主要受高$^{87}Sr/^{86}Sr$值的大陆风化产物（平均约0.7119）和低$^{87}Sr/^{86}Sr$值的海底热液（平均约0.7035）控制。在没有证据表明海底热液Sr同位素比值及Sr输入通量变化的条件下，只能将海洋$^{87}Sr/^{86}Sr$值的升高归咎于大陆风化程度增强，即将海洋碳酸盐岩$^{87}Sr/^{86}Sr$值作为全球大陆化学风化强度和大气CO_2消耗速率的代用指标（Raymo and Ruddiman，1992）。然而，近几年的研究结果并不支持该观点，如南京大学对发源于青藏高原地区的七条中国河流（金沙江、雅砻江、岷江、大渡河、澜沧江、怒江、黄河）源区水化学的研究结果表明，青藏高原地区十大河流（包括恒河、雅鲁藏布江和印度河）硅酸盐类风化消耗的CO_2仅占全球硅酸盐风化消耗总量的3.8%（Wu et al.，2008a），因此并不能将新生代以来的气候变冷事件归因于青藏高原隆升。此外，研究发现长江源头地区的河流（沱沱河、楚玛尔河、通天河和金沙江）对海洋“过剩^{87}Sr”[即$(^{87}Sr/^{86}Sr-0.709)\times Sr_{flux}$]的贡献远远低于恒河、雅鲁藏布江和印度河，仅占全球河流传输通量的1.36%，因此对海洋Sr同位素组成的影响非常有限（Wu et al.，2009）；三江（金沙江、怒江、澜沧江）地区硅酸盐类风化的CO_2消耗速率也远低于恒河、雅鲁藏布江和印度河流域（Noh et al.，2009）；长江全流域（大通站）硅酸盐类风化消耗的CO_2仅占全球总量的2%（Chetelat et al.，2008）。Kashiwagi等（2008）的地球化学模型研究表明，海洋$^{87}Sr/^{86}Sr$值的升高不能完全归因于青藏高原隆升，海洋碳酸盐岩的$^{87}Sr/^{86}Sr$值不适合作为大气CO_2消耗速率的代用指标。Oliver

等（2003）在喜马拉雅河的两个支流中发现了具有异常高 $^{87}Sr/^{86}Sr$ 值（0.93～1.11）的热液成因碳酸盐岩，说明不仅硅酸盐类具有高 $^{87}Sr/^{86}Sr$ 值（如大于 0.710），碳酸盐岩也存在高 $^{87}Sr/^{86}Sr$ 值，这一发现挑战了前人研究的基础假设。大陆风化与全球变化之间的关系仍然是现阶段值得关注的热点问题。

碳是生物圈最重要的元素之一，构成地球食物链的基础并参与了生物地球化学循环的所有环节。对于特定生态系统中河流碳来源及去向的判断以及其通量的精确评估是全球及区域碳循环研究和气候变化的重要环节（Houghton，2003；Richey et al.，2002）。流域化学风化消耗大气 CO_2，碳酸盐岩和硅酸盐岩的化学风化分别在十万年和亿年的时间尺度上能固定大气 CO_2，是大气 CO_2 的一个“汇”。同时，全球河流都处于 CO_2 过饱和状态（Cai and Wang，1998；Cole et al.，2001；Mayorga et al.，2005；Richey et al.，2002）。据估计，全球河流每年通过去气作用向大气排放的碳达到 1Gt，与河流输入海洋的总碳量相当（Cole et al.，2001，2007；Richey et al.，2002）。因此，河流体系又是大气 CO_2 的一个“源”。然而，由于全球范围内获得的可信数据有限，该通量的估算过程存在很大的不确定性。根据来自全球 45 条主要河流的数据，保守估计全球每年由河流排放到大气的碳量为 0.3Gt（Cole et al.，2001），而根据亚马孙河数据估计的热带雨林地区河流的碳排放量达到每年 0.9Gt（Richey et al.，2002）。全球 CO_2 通量的估算结果表明存在 1～3Gt 的碳丢失（Detwiler and Hall，1988；Dixon et al.，1994；Sundquist，1993；Tans et al.，1990）。植物及土壤中滞留的碳、湖泊水库中封存的碳、河床沉积物埋藏的碳都可能是全球碳汇的重要组成部分，但其如何参与全球碳循环、如何影响大气 CO_2 演化等问题仍是国内外研究的薄弱环节。流域侵蚀过程中碳的源/汇效应是理解流域侵蚀及大陆风化与全球变化关系的关键问题。

目前，对流域河水地球化学的研究仍然是地表地球化学研究的主题，但研究突出了流域生物地球化学的内容，如全球温室气体循环的区域响应、流域生态环境的变化，以及自然过程、人为活动耦合关系的研究等，这些内容成为不同学科共同关注的研究课题。近年来的研究更加注重气候变化、人为活动、生态系统退化、环境变化与河水地球化学之间的联系，以及流域生源物质循环与生态系统耦合作用的研究、气候变化条件下河水水化学和同位素组成的变化、流域化学侵蚀速率以及温室气体的源/汇通量等（Chetelat et al.，2008；Gaillardet et al.，1999；Galy and France-Lanord，1999；Karim and Veizer，2000；Millot et al.，2002；Moon et al.，2007；Wu et al.，2008b）。

流域生源物质的生物地球化学循环是研究全球碳循环的关键环节。流域化学风化速率和大气 CO_2 消耗速率受流域地质（岩石和矿物组成）、地形地貌、地理气候（降水量和温度）和流域生态系统（包括人类活动）的控制。早期的地表地球化学研究主要关注风化成土、包气带物质迁移转化、土壤-植物-微生物对营养盐的利用和迁移转化、水文土壤学等内容。对于流域养分物质，科学家们则更加重视其流失物质的赋存特征和传输通量（Gaillardet et al.，1999；Meybeck，1987），较少关注其内部过程。Wollast（1993）研究了全球尺度下河口的碳、氮循环，估算得到溶解氮的通量为 3.5×10^{13}g N/a，颗粒氮的通量为 2.7×10^{13}g N/a。全球磷的河流入海通量明显低于氮，例如 Filippelli（2008）估算的全球溶解磷河流入海净通量是 4×10^{12}～6×10^{12}g P/a；而全球硅的河流入海通量则显著高于氮和磷，例如 Bernard 等（2011）估算的全球海洋溶解硅和颗粒硅输入通量分别为 3.71×10^{14}g SiO_2/a 和 8.835×10^{15}g

SiO_2/a。然而，受自然（如岩性和气候）和人为（如土地利用变化、施肥和大坝修建）等因素影响，入海河流中的上述营养元素含量和比值存在明显的时空差异，不同海陆位置和季节水体的限制性营养元素不同，例如多瑙河下游溶解硅含量由于铁门大坝的修建而逐渐降低，导致黑海中央表层水体的溶解硅含量降低 60%，海洋生产力从原来的氮、磷限制逐步转变为硅限制。因此，研究和理解流域生源物质的生物地球化学循环机理是掌握大陆生态系统运行规律、生源物质循环与流域生态环境变化、流域岩石风化消耗大气 CO_2 规律并进而理解全球变化规律的关键。

近年来的研究表明，不同生源物质之间的耦合关联影响着物质平衡估算和全球生物地球化学循环。河流碳的来源和迁移不仅受岩石风化的影响，而且还受土地利用变化、硫化物氧化、人为施加氮肥、河流水文、矿山活动、酸沉降和藻类吸收转化等过程影响，河流碳循环与氮、硫等的循环是相互耦合的（Li et al.，2008，2010；Perrin et al.，2008；Raymond et al.，2008）。Spence 和 Telmer（2005）根据加拿大河流水体中的溶解态碳、硫同位素值，判断出还原态硫氧化生成的硫酸风化了岩石，向水体贡献了大量 HCO_3^-。我国西南乌江和西江上游河水中的硫酸盐含量较高，由于没有蒸发盐岩大量存在的地质证据，最初研究（Han and Liu，2004）认为硫化物氧化参与了碳酸盐岩风化，并影响了河流溶解质的组成和大气 CO_2 的风化消耗通量。随后，我们的研究利用碳、硫同位素和水化学进一步估算了西南北盘江流域水体中硫酸对碳酸盐岩风化的影响程度，评估了其对区域和全球碳循环的影响，为流域研究中无机碳和硫的耦合循环提供了间接证据（Li et al.，2008）。然而，由于耦合作用的异质性、复杂性以及受控因素的多元性，目前流域生物地球化学循环的机理研究仍处于起步阶段。

人类活动极大地改变了流域的养分和能量流动过程，其中城市化、农业活动等改变了土地利用/覆被条件，矿山开采、农业施肥、畜牧业养殖等导致输入地表的氮、硫和磷等物质增多，这影响了流域的养分迁移，带来了一系列生态环境问题（Fu et al.，2007）。土地利用方式对水质的影响已有大量报道，如 Tong 和 Chen（2002）在迈阿密河流域研究发现，土地利用方式的改变对流域水量和水质造成了显著影响；Lenat 和 Crawford（1994）对加利福尼亚北部森林、农业和城市中水环境质量的对比研究发现，农业区水体的营养物质含量最高；Raymond 等（2008）对密西西比流域的研究表明，河流输出的 DIC 通量逐年增加，这与降水增多和土地利用变化密切相关；在草原转变为农用地种植玉米 4 年后，有机碳的流失增加了 5 倍多（Brye et al.，2001）。Mayer 等（2002）对美国 16 个小流域进行了研究，结果表明硝酸盐及其同位素可用于反映人为输入污染和农业土地利用的影响等；城镇和农业土地利用比例的增加使水体的硝酸盐氮氧同位素值明显高于以森林为主的小流域，说明人为扰动和生物作用影响了流域硝酸盐的循环过程。

全球农业氮肥的平均使用效率大约为 33%，意味着大约有 67%的氮肥被浪费（Raun and Johnson，1999），这也是流经农业区河水养分物质增加的主要原因。20 世纪 50～80 年代密西西比河中硝酸盐的含量增加了 1 倍，与同期流域内化肥使用量的增加趋势一致（Turner and Rabalais，1991），养分物质的增加导致墨西哥湾藻类暴发、溶解氧降低，化学计量学的改变也使水生系统中的食物链结构发生变化，大量鱼类死亡（Turner et al.，1998）。人类活动和关键带物质流动的生物地球化学过程相互叠加，导致流域养分流失过程更为复杂，流域调控工作的难度也因此加大，使得评估流域水体中人为污染源贡献比例成为一个重要科学问题。目前利用氮氧稳定同位素结合数学物理模型开展的硝酸盐污染来源及贡献研究诸多，如 Voss 等（2006）利用硝酸盐中的氮氧稳定同位素建立质量守恒模型，估算了波罗的海流域农业污水、大气沉降和土壤淋溶 3 个污染源的硝酸盐来源贡献比例；Deutsch 等（2006）分析了氮氧同位素的分馏作用，并结合质量守恒模型对德国梅克伦堡-前波莫瑞地区河流中的硝酸盐污染源贡献比例进行了解析。然而，土地利用等人为活动对不同尺度的流域影响程度不一致，需要相关下垫面的影响机制研究，才能准确评估其来源贡献和水环境质量效应。

如前所述，气候变化、人为活动将显著影响流域原有的水文过程，改变河流的天然形状和一系列物理、化学、生物作用过程，从而对水环境造成重大影响。基于天然河、湖的常规水环境监测数据和研究方法，显然不能满足河流水环境影响研究的要求，因此必须综合运用多种方法和新技术进行研究。采用微量元素相关性分析、稀土元素地球化学配分模式、同位素示踪的多元标识等多种研究手段，进行源解析以及元素迁移、转化和归趋的环境行为研究，可以深入刻画流域物质循环过程及其对水环境演化的影响。

传统地球化学研究中的碳、氮同位素技术在生态系统研究中得到了迅速发展，为研究生态系统中物质循环和能量流动的动力学问题提供了新的手段。对具有生物累积和放大效应的持久污染物水环境影响研究，必然涉及水生生态系统演化和食物链物质传递的生态动力学问题。环境中不同来源和经历了不同生物地球化学过程的物质各具独特的稳定同位素组成，通过分析同位素组成，我们不仅可以辨识出物质的来源，还能够重建体系中生物地球化学循环的主要过程，并测定过程中某些重要的强度因素。稳定同位素不仅能高效示踪有机物质来源，同时也是界定水生生态食物网营养层次的有效工具。多元稳定同位素分析可对营养层次进行连续、整体化的测量，包含食物网从初级生产者到最高捕食者的所有层次，这不仅能够反映食物网中各种物质和能量流动途径的量级，而且能够说明更为复杂的相互关系（如营养杂食性以及食物链结构的空间异质性等）。

泰国蒙河发源于呵叻府北通差县境内的翁山和拉曼山，流经武里南府、素林府、黎逸府和四色菊府，在乌汶府孔尖县与湄公河交汇，全长约 673km。蒙河有很多支流，如帕普棱支流、达空支流、瑟支流、期支流、东雅支流、东瑙支流和埔莱玛支流等。蒙河是泰国主要河流之一，该地区主要分布白垩纪和第四纪页岩以及砂岩，流域土壤受盐渍化影响较大。蒙河流域年降水量 955～1711mm，其中 70%的降水多集中在雨季（5～10 月）。泰国政府在蒙河及其支流上建有十余座水坝，如巴蒙水坝、邦谷痕水坝、披麦水坝、邦空春水坝和萨拉坡第水坝等。因此，泰国蒙河流域的生物地球化学循环研究具有重要的科学价值和特殊的现实意义。

参考文献

陈静生，何大伟，1999. 珠江水系河水主要离子化学特征及成因. 北京大学学报（自然科学版），(6)：61-68.

Aas W，Shao M，Jin L，et al.，2007. Air concentrations and wet deposition of major inorganic ions at five non-urban sites in China，2001-2003. Atmospheric Environment，41（8）：1706-1716.

Amiotte Suchet P，Probst J L，1995. A global model for present-day atmospheric/soil CO_2 consumption by chemical erosion of continental rocks（GEM-CO_2）. Tellus B：Chemical and Physical Meteorology，47（1-2）：273-280.

Bernard C Y，Dürr H H，Heinze C，et al.，2011. Contribution of riverine nutrients to the silicon biogeochemistry of the global ocean-a model study. Biogeosciences，8（3）：551-564.

Bickle M J，Bunbury J，Chapman H J，et al.，2003. Fluxes of Sr into the headwaters of the Ganges. Geochimica et Cosmochimica Acta，67（14）：2567-2584.

Bickle M J，Chapman H J，Bunbury J，et al.，2005. Relative contributions of silicate and carbonate rocks to riverine Sr fluxes in the headwaters of the Ganges. Geochimica et Cosmochimica Acta，69（9）：2221-2240.

Brye K R，Norman J M，Bundy L G，et al.，2001. Nitrogen and carbon leaching in agroecosystems and their role in denitrification potential. Journal of Environmental Quality，30（1）：58-70.

Cai W J，Wang Y，1998. The chemistry，fluxes，and sources of carbon dioxide in the estuarine waters of the Satilla and Altamaha Rivers，Georgia. Limnology and Oceanography，43（4）：657-668.

Chetelat B，Liu C Q，Zhao Z Q，et al.，2008. Geochemistry of the dissolved load of the Changjiang Basin rivers：anthropogenic impacts and chemical weathering. Geochimica et Cosmochimica Acta，72（17）：4254-4277.

Cole J J，Cole J J，Caraco N F，et al.，2001. Carbon in catchments：connecting terrestrial carbon losses with aquatic metabolism. Marine and Freshwater Research，52（1）：101-110.

Cole J J，Prairie Y T，Caraco N F，et al.，2007. Plumbing the global carbon cycle：integrating inland waters into the terrestrial carbon budget. Ecosystems，10（1）：172-185.

Dalai T K，Krishnaswami S，Sarin M M，2002. Major ion chemistry in the headwaters of the Yamuna river system：chemical weathering，its temperature dependence and CO_2 consumption in the Himalaya. Geochimica et Cosmochimica Acta，66（19）：3397-3416.

Detwiler R P，Hall C A S，1988. Tropical forests and the global carbon cycle. Science，239（4835）：42-47.

Deutsch B，Mewes M，Liskow I，et al.，2006. Quantification of diffuse nitrate inputs into a small river system using stable isotopes of oxygen and nitrogen in nitrate. Organic Geochemistry，37（10）：1333-1342.

Dixon R K，Solomon A M，Brown S，et al.，1994. Carbon pools and flux of global forest ecosystems. Science，263（5144）：185-190.

Edmond J M，1992. Himalayan tectonics，weathering processes，and the strontium isotope record in marine limestones. Science，258（5088）：1594-1597.

Filippelli G M，2008. The global phosphorus cycle：past，present，and future. Elements，4（2）：89-95.

Fu B，Zhuang X，Jiang G，et al.，2007. Feature：environmental problems and challenges in China，ACS Publications.

Gaillardet J，Dupré B，Louvat P，et al.，1999. Global silicate weathering and CO_2 consumption rates deduced from the chemistry of large rivers. Chemical Geology，159（1）：3-30.

Galy A，France-Lanord C，1999. Weathering processes in the Ganges-Brahmaputra basin and the riverine alkalinity budget. Chemical Geology，159（1）：31-60.

Hall R O，2003. A stream's role in watershed nutrient export. Proceedings of the National Academy of Sciences，100（18）：10137-10138.

Han G，Liu C Q，2004. Water geochemistry controlled by carbonate dissolution：a study of the river waters draining karst-dominated terrain，Guizhou Province，China. Chemical Geology，204（1）：1-21.

Houghton R A，2003. Why are estimates of the terrestrial carbon balance so different? Global Change Biology，9（4）：500-509.

Houghton R A，2010. How well do we know the flux of CO_2 from land-use change? Tellus B：Chemical and Physical Meteorology，62（5）：337-351.

Karim A，Veizer J，2000. Weathering processes in the Indus River Basin：implications from riverine carbon，sulfur，oxygen，and strontium isotopes. Chemical Geology，170（1）：153-177.

Kashiwagi H，Ogawa Y，Shikazono N，2008. Relationship between weathering，mountain uplift，and climate during the Cenozoic as deduced from the global carbon-strontium cycle model. Palaeogeography，Palaeoclimatology，Palaeoecology，270（1）：139-149.

Lenat D R，Crawford J K，1994. Effects of land use on water quality and aquatic biota of three North Carolina Piedmont streams. Hydrobiologia，294（3）：185-199.

Li S L，Calmels D，Han G，et al.，2008. Sulfuric acid as an agent of carbonate weathering constrained by $\delta^{13}C$ DIC：examples from Southwest China. Earth and Planetary Science Letters，270（3）：189-199.

Li S L，Liu C Q，Li J，et al.，2010. Geochemistry of dissolved inorganic carbon and carbonate weathering in a small typical karstic catchment of Southwest China：isotopic and chemical constraints. Chemical Geology，277（3）：301-309.

Likens G E，2013. Biogeochemistry of a forested ecosystem.New York：Springer Science & Business Media.

Ludwig W，Amiotte-Suchet P，Munhoven G，et al.，1998. Atmospheric CO_2 consumption by continental erosion：present-day controls and implications for the last glacial maximum. Global and Planetary Change，16-17：107-120.

Mayer B，Boyer E W，Goodale C，et al.，2002. Sources of nitrate in rivers draining sixteen watersheds in the northeastern U.S.：isotopic constraints. Biogeochemistry，57（1）：171-197.

Mayorga E，Aufdenkampe A K，Masiello C A，et al.，2005. Young organic matter as a source of carbon dioxide outgassing from Amazonian rivers. Nature，436（7050）：538-541.

Meybeck M，1987. Global chemical weathering of surficial rocks estimated from river dissolved loads. American Journal of Science，287（5）：401-428.

Millot R，Gaillardet J，Dupré B，et al.，2002. The global control of silicate weathering rates and the coupling with physical erosion：new insights from rivers of the Canadian Shield. Earth and Planetary Science Letters，196（1）：83-98.

Moon S，Huh Y，Qin J，et al.，2007. Chemical weathering in the Hong（Red）River basin：rates of silicate weathering and their controlling factors. Geochimica et Cosmochimica Acta，71（6）：1411-1430.

Noh H，Huh Y，Qin J，et al.，2009. Chemical weathering in the Three Rivers region of Eastern Tibet. Geochimica et Cosmochimica Acta，73（7）：1857-1877.

Oliver L，Harris N，Bickle M，et al.，2003. Silicate weathering rates decoupled from the $^{87}Sr/^{86}Sr$ ratio of the dissolved load during Himalayan erosion. Chemical Geology，201（1）：119-139.

Perrin A S，Probst A，Probst J L，2008. Impact of nitrogenous fertilizers on carbonate dissolution in small agricultural catchments：Implications for weathering CO_2 uptake at regional and global scales. Geochimica et

Cosmochimica Acta，72（13）：3105-3123.

Raun W R，Johnson G V，1999. Improving nitrogen use efficiency for cereal production. Agronomy Journal，91（3）：357-363.

Raymo M E，Ruddiman W F，1992. Tectonic forcing of late Cenozoic climate. Nature，359（6391）：117-122.

Raymond P A，Oh N H，Turner R E，et al.，2008. Anthropogenically enhanced fluxes of water and carbon from the Mississippi River. Nature，451（7177）：449-452.

Richey J E，Melack J M，Aufdenkampe A K，et al.，2002. Outgassing from Amazonian rivers and wetlands as a large tropical source of atmospheric CO_2. Nature，416（6881）：617-620.

Spence J，Telmer K，2005. The role of sulfur in chemical weathering and atmospheric CO_2 fluxes：evidence from major ions，$\delta^{13}C$ DIC，and $\delta^{34}S$ SO_4 in rivers of the Canadian Cordillera. Geochimica et Cosmochimica Acta，69（23）：5441-5458.

Sundquist E T，1993. The global carbon dioxide budget. Science，259（5097）：934-941.

Tans P P，Fung I Y，Takahashi T，1990. Observational contrains on the global atmospheric CO_2 budget. Science，247（4949）：1431-1438.

Tong S T Y，Chen W，2002. Modeling the relationship between land use and surface water quality. Journal of Environmental Management，66（4）：377-393.

Turner R E，Rabalais N N，1991. Changes in Mississippi River water quality this century. BioScience，41（3）：140-147.

Turner R E，Qureshi N，Rabalais N N，et al.，1998. Fluctuating silicate：nitrate ratios and coastal plankton food webs. Proceedings of the National Academy of Sciences，95（22）：13048-13051.

Voss M，Deutsch B，Elmgren R，et al.，2006. Source identification of nitrate by means of isotopic tracers in the Baltic Sea catchments. Biogeosciences，3（4）：663-676.

Wang H，Yang Z，Saito Y，et al.，2006. Interannual and seasonal variation of the Huanghe（Yellow River）water discharge over the past 50 years：connections to impacts from ENSO events and dams. Global and Planetary Change，50（3）：212-225.

Wollast R，1993. Interactions of C，N，P and S biogeochemical cycles and global change. Berlin：Springer：195-210.

Wu W，Xu S，Yang J，et al.，2008a. Silicate weathering and CO_2 consumption deduced from the seven Chinese rivers originating in the Qinghai-Tibet Plateau. Chemical Geology，249（3）：307-320.

Wu W，Yang J，Xu S，et al.，2008b. Geochemistry of the headwaters of the Yangtze River，Tongtian He and Jinsha Jiang：silicate weathering and CO_2 consumption. Applied Geochemistry，23（12）：3712-3727.

Wu W，Yang J，Xu S，et al.，2009. Sr fluxes and isotopic compositions of the eleven rivers originating from the Qinghai-Tibet Plateau and their contributions to $^{87}Sr/^{86}Sr$ evolution of seawater. Science in China Series D：Earth Sciences，52（8）：1059-1067.

Zalasiewicz J，Waters C N，Williams M，et al.，2015. When did the Anthropocene begin? A mid-twentieth century boundary level is stratigraphically optimal. Quaternary International，383：196-203.

Zhang S，Lu X X，Higgitt D L，et al.，2008. Recent changes of water discharge and sediment load in the Zhujiang（Pearl River）Basin，China. Global and Planetary Change，60（3）：365-380.

第二篇　蒙河流域河水地球化学

作为连接海洋和陆地的纽带，河流将陆地风化侵蚀作用的产物以溶解态或颗粒态形式输送进入海洋，输送的粒子浓度和有效通量是区域气候、地层、岩石、土壤、人类活动排放等环境因子的函数。河水物质的地球化学组成不仅反映了流域的水文、降水、地层、土壤和植被，还反映了流域的物理风化、化学风化以及环境变化。通过对河水地球化学组成的研究，可以获得有关流域化学风化、气候、生态环境变化以及物质在大陆-河流-海洋系统中外生循环的重要信息。

河流是地表水圈生物地球化学循环的重要场所，也为社会经济发展提供了重要的水资源保障。在水资源过度开发和人为污染的双重背景下，全球河流都面临着不同程度的污染。本篇以河水的水文地球化学研究为例，通过系统分析泰国蒙河河水和悬浮物的主微量元素含量及 Fe、Zn、Sr、K 等同位素组成，揭示河流水文地球化学行为，评价其富集或污染程度，基于毒性风险指数等评估其环境与健康风险，并结合同位素端元混合模型与受体模型量化不同来源的相对贡献率。对蒙河流域河水地球化学的研究不仅能够帮助我们理解泰国典型农业区流域中各类生物地球化学循环过程的特征，建立典型农业区地表生物地球化学的理论，还可以为我们提供地表流域盆地生态系统现状的信息，为流域河水的综合治理提供科学基础。

第三章　样品采集与分析测试

地球化学样品采集与分析测试工作是流域地质与环境调查研究中的关键环节。通过样品采集、分析、测试及鉴定，可以获取相关的信息和数据，以便更好地研究蒙河流域河水溶解态和悬浮态物质的物理化学组成特征及其控制机制。

第一节　河水样品的采集

一、采样前准备工作

采样前，所使用的器皿均需要进行仔细清洗，所使用的工具需要进行相应参数的调试：①器皿［包括 1L 聚丙烯（PP）量杯、20L 聚乙烯（PE）采样器、50mL 聚丙烯（PP）离心管和 100mL 高密度聚乙烯（HDPE）瓶］：先用洗洁剂洗去表面灰尘，用自来水将洗洁剂冲净后，放入超纯水（18.2MΩ・cm）中浸泡 24h，晾干备用；②滤膜（0.22μm 的醋酸纤维滤膜，用于过滤河水）：首先使用 10%的硝酸浸泡 24h，再用超纯水将残留的硝酸冲洗干净，在烘箱中 45℃烘干，然后用十万分之一天平（Satorius 公司，型号 SQP）称量滤膜的质量；③便携式多参数水质仪（YSL 公司，型号 Pro Plus）和 GPS 参数调试，确保能在野外正常使用；④配制甲基红-溴甲酚绿混合指示剂和 0.02N（mol/L，优级纯）盐酸，用于碱度分析。

二、采样点的选取与布设

为了了解蒙河流域的河流水化学特征及其水环境效应，须保证采集的样品具有代表性。采样点的选取与布设主要遵循以下原则：①采样前统筹布设样点，尽量使之在流域干支流上平均分布，采样点布设在靠近河道中线水面以下 20cm 处以确保样品的代表性。考虑各支流及支流汇入后的影响，当有支流汇入时，分别采集汇入前和汇入后的样品。②采样时根据实际资源、人口、城市、交通、社会经济等因素的影响灵活调整样点布设。③对刚从山涧流下的小支流给予足够重视，在野外发现时，尽量采集并补充入已设计的样点表。

三、河水样品采集方法

受季风气候影响，流域内雨季和旱季分明。其中雨水季节水量丰富，延续时间长。干旱季节水量较小，延续时间短。为宏观、全面地反映一个水文年内蒙河的水质、水化学、微量元素和同位素变化特征，根据研究区的水文特点及其变化规律，采样分为丰水期和枯水期两个阶段。分别于 2017 年 8 月（丰水期）和 2018 年 3 月（枯水期），在蒙河干流及支流上选择 57 个点位进行河水采样，丰、枯水期点位一一对应（图 3.1）。为避免上游来水对下游水样的影响，采样自下游到上游顺序进行。两季共采集水样 114 个。

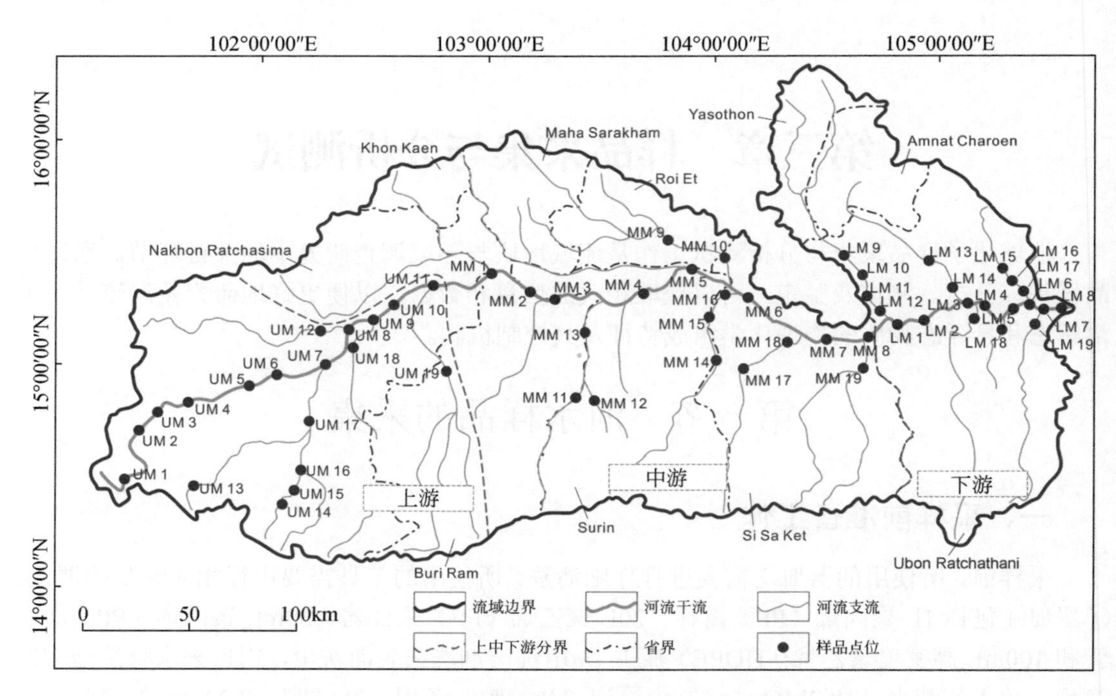

图 3.1　蒙河河流分布及采样点位置

采样前用便携式全球定位系统 GPS 确定采样点的经纬度坐标和海拔并记录。采样时迎着水流方向采集水面以下 20cm 的水样，对于水深较浅的溪流，采样时尽量避免搅动河床，以减少河底泥沙对水样的影响。现场使用美国 YSI 公司生产的便携式电导率仪测定水样温度（T）、溶解氧（DO）、酸碱度（pH）、电导率（EC）和溶解固体总量（TDS），每个采样点均采集不少于 20L 河水，储存于已在实验室清洗干净的 PE 采样器中。本次过滤所用的过滤器是平板过滤器，所用的滤膜是孔径为 0.22μm、直径为 200mm 的醋酸纤维滤膜。过滤后的水样分装在 HDPE 瓶中，待测定阳离子的样品添加优级纯浓盐酸使其 pH≤2，并用封口膜进行密封。河水的碱度使用甲基红-溴甲酚绿混合指示剂和 0.02N 盐酸进行滴定。过滤后的滤膜放入离心管中密封保存，运回实验室后在烘箱 55℃烘干，再进行称重，然后用塑料刮勺将悬浮物从滤膜上刮下。

第二节　样品前处理及测试

一、河水主量、微量元素

河水溶解态和悬浮态物质的主量、微量元素浓度测试工作均在中国科学院地理科学与资源研究所完成。悬浮物质的消解工作在中国地质大学（北京）表生环境水文地球化学联合标杆实验室（Nu-SEHGL 联合实验室）的超净实验室内完成。消解过程所用的 BVIII 级硝酸、盐酸和氢氟酸均购买自北京化学试剂研究所，使用前经过亚沸蒸馏器二次纯化。颇尔公司的 Cascada 系列实验室纯水系统提供实验所需要的超纯水（18.2MΩ · cm）。实验用聚四氟乙烯（PFA）烧杯均经过严格的硝酸和超纯水清洗流程清洗。将悬浮物质烘干后称取约 100mg 于 PFA 烧杯中，加入 1mL 浓氢氟酸和 3mL 浓硝酸，旋紧盖子后，置于加热板上 140℃消解 12h 后，在加热板上 90℃蒸至湿热状态。再加入 3mL 王水溶液和 0.5mL 浓氢氟酸，旋紧盖子后，置于加热板上 140℃消解 48h。对于有机质含量较高的样品，加入少量双氧水，直至消解液变得澄清、透明。将清澈的样品溶液置于加热板 90℃蒸至半干，反复 3 次加入浓硝酸并蒸干，转为硝酸介质。最后，用 3%硝酸将样品定容至 100mL 等待仪器测试。

河水溶解态阳离子（Na^+、K^+、Mg^{2+}、Ca^{2+}）和悬浮物主量元素（Fe、Al、Ti、K、Na、Ca、Mg）使用电感耦合等离子体发射光谱仪（ICP-OES）进行测定，阴离子（F^-、Cl^-、NO_3^-、SO_4^{2-}）使用美国戴安（Dionex）ICS-900 离子色谱仪进行测定。溶解性硅（SiO_2）采用硅钼蓝分光光度计法测定，吸光光度为 810nm。以上分析测试的精度均优于±5%。微量元素（包括重金属和稀土元素）的浓度使用电感耦合等离子体质谱仪（ICP-MS，Elan DRC-e）进行测定，质量控制标准参照物为 GSB 04-1767-2004，不确定度在±0.7%以内。实验回收率介于 90.0%和 110.4%之间，表明所测元素与标准物质之间有很好的一致性。每 10 个样本之间插入空白和重复样本以控制方法的精度，随机选取的重复样本的相对标准偏差（RSD）为±5%。

二、河水氢、氧同位素

氢有两种稳定同位素 ^1H 和 ^2H，氧有三种稳定同位素 ^{16}O、^{17}O 和 ^{18}O。实验中通常不直接测量 $^1H/^2H$ 值和 $^{16}O/^{18}O$ 值，而是测量样品相对于标准物质的变化，即用δ^2H 和$\delta^{18}O$ 分别表示样品的氢、氧同位素组成，单位为千分之一（‰）。计算公式如下：

$$\delta^2H（‰）=［(^2H/^1H)_{样品}/(^2H/^1H)_{标准}-1］\times 10^3 \quad (3.1)$$

$$\delta^{18}O（‰）=［(^{18}O/^{16}O)_{样品}/(^{18}O/^{16}O)_{标准}-1］\times 10^3 \quad (3.2)$$

过滤后的河水样品可以直接用于测定氢、氧同位素组成。野外工作中，需要将过滤后的河水装入洗净烘干的 HDPE 瓶中密封保存，同时去掉气泡，并尽快送回实验室进行测定。河水氢、氧同位素组成使用 TIWA-45-EP 分析仪（Triple-Isotopic Water Analyzers，Los Gatos Research 公司，美国）进行测定，实验测试工作在中国科学院地理科学与资源研究所完成。TIWA-45-EP 分析仪采用激光光谱技术，可以同时测量水中的δ^2H、$\delta^{17}O$ 和$\delta^{18}O$ 值，且无需化学前处理，其分析精度和准确性与传统的同位素质谱仪相同，具有分析成本低和分析速度快等特点（Yang and Han，2020）。

氢、氧同位素组成均以标准平均大洋水（Standard Mean Ocean Water，SMOW）作为标准物质报道。δ^2H 和$\delta^{18}O$ 分别表示样品中氢、氧同位素比值相对于 SMOW 对应比值的千分偏差。SMOW 实际以维也纳-标准平均大洋水（Vienna-SMOW）作为标准物质来标定水样的同位素比值。δ^2H 的测试精度为±0.5‰，$\delta^{18}O$ 的测试精度为±0.1‰。分析样品前多次测定标准物质 LGR 4C（δ^2H=−51.6‰±0.5‰，$\delta^{18}O$=−7.94‰±0.15‰）以检验其准确性和精度。每个样本分析 6 次，为避免记忆效应，去掉前两个结果，取后四个结果的平均值作为最终结果。

三、河水无机碳同位素

河水无机碳同位素前处理和测试方法在前人基础上进行了调整（Atekwana and Krishnamurthy，1998）。首先用注射器将 10 mL 的水样注入装有 1 mL 85%磷酸的玻璃搅拌柱中，磷酸与水发生反应产生二氧化碳气体，将其保存在液氮冷阱中，等待下一步的同位素测试。河水的溶解无机碳（$\delta^{13}C$）分析仪器为 Finnigan MAT 252 同位素质谱仪。碳同位素分析标准为来自美国南卡罗来纳州白垩系皮狄组的拟箭石化石（Pee Dee Belemnite，PDB），其$\delta^{13}C$=0‰。目前已知 PDB 标准样品已经用尽，但样品碳同位素组成的测定结果仍以 PDB 为标准进行报道，计算公式如下：

$$\delta^{13}C(‰)=[(^{13}C/^{12}C_{样品})/(^{13}C/^{12}C_{标准})-1]\times 10^3 \quad (3.3)$$

本书涉及实验所用的国际标准为 IAEA-C3（$\delta^{13}C$=−24.9‰±0.1‰）。所有数据均使用国际原子能机构（IAEA）提供的纤维素标样 IAEA-C3 在同等条件下获得的碳同位素比值及其标准值进行校正，实验室长期精度优于±0.1‰。分析样品前，多次测定 GBW04407 的碳同位素值（$\delta^{13}C$=−22.3‰）以检查其准确性和精度。

四、河水硫酸根的硫、氧同位素

河水硫酸根离子中的硫稳定同位素（$\delta^{34}S$）前处理及测试方法参照 Han 等（2019）。过滤后的河水样品加入 10%浓度的氯化钡溶液（$BaCl_2$），确保样品中的硫酸根离子转换为硫酸钡（$BaSO_4$）沉淀。静置 48h 后使用 0.22μm 滤膜过滤固-液混合物，收集的沉淀物使用超纯水缓缓冲洗以去除可能附着的氯离子。将沉淀转移至坩埚，在 800℃条件下烘烤 40min。干燥 $BaSO_4$ 中的$\delta^{34}S$ 值使用 Finnigan Delta-C 同位素质谱仪进行测试，结果用与国际标样 Vienna-Canyon Diablo Troilite（VCDT）的千分偏差表示［式（3.4）］，计算公式如下：

$$\delta^{34}S(‰)=[(^{34}S/^{32}S)_{样品}/(^{34}S/^{32}S)_{标准}-1]\times 10^3 \quad (3.4)$$

本书所涉研究同时测定了硫同位素标样 NBS 127 与 IAEA-SO-5（$BaSO_4$）的硫同位素组成，测试结果均在推荐值范围内，样品测试的 2SD 值均在 0.02 范围内。

五、悬浮物重金属

悬浮物经消解定容后的样品，采用电感耦合等离子体发射光谱仪（ICP-OES，Optima 5300DV，PerkinElmer）测定主量元素含量（Al、Fe、K、Na、Ca、Mg 等），测试精度均优于±5%。重金属元素含量采用电感耦合等离子体质谱仪（ICP-MS，Elan DRC-e，PerkinElmer）测定，质量控制标准参照物为 GSB04-1767-2004，回收率介于 90.0%和 110.4%之间。每 10 个样本之间插入空白和重复样本来控制分析测试的精度，随机选取的重复样本测试结果的相对标准偏差（RSD）为±5%。通过悬浮物消解液的主量/重金属元素浓度、消解时的定容体积以及消解的悬浮物质量，换算得到悬浮物中相应元素的含量，以 mg/kg 计。

六、悬浮物稀土元素

悬浮物样品经 HF-HNO_3 法消解后，使用 3% HNO_3 将样品定容至 100mL，以便后续的分析测试工作。悬浮物稀土元素的测试方法参照文献（Han et al.，2023）。悬浮物稀土元素浓度使用电感耦合等离子体质谱仪（ICP-MS，ELAN DRC-e）进行测定，包括镧（La）、铈（Ce）、镨（Pr）、钕（Nd）、钐（Sm）、铕（Eu）、钆（Gd）、铽（Tb）、镝（Dy）、钬（Ho）、铒（Er）、铥（Tm）、镱（Yb）、镥（Lu）共 14 种稀土元素。测试时，将 ICP-MS-68A 多元素标准溶液（10mg/L）用 2% HNO_3 逐级稀释，配制成标准工作曲线溶液。每次测量前，需使用 1% HNO_3（体积比）冲洗仪器以降低记忆效应。为监测消解和测试过程中的准确度和精密度，所有样品的处理分析均采取试剂空白、平行重复样、国家标准物质（GBW07404 和 GBW07120）进行质量控制。标准样品工作曲线的线性回归系数 R^2＞0.999，稀土元素分析测试精度优于±5%，均在误差允许范围内。

七、悬浮物铁同位素

悬浮物样品经 HF-HNO_3 法消解后，采用阴离子交换色谱法对样品中的铁（Fe）进行分离、纯化，以便后续的分析测试工作（Han and Zeng，2021；Song et al.，2011；Yang et al.，2021；Zheng et al.，2019）。使用 AG MP-1M 阴离子交换树脂（Bio-Rad）对样品中的铁（Fe）元素进行分离纯化。将洗净的 AG MP-1M 树脂装入 PFA 柱中（直径 6.8mm，高 4.3cm）。上样前，须依次使用超纯水和 6mol/L HCl 溶液反复清洗至少 3 次。7mol/L HCl+0.001% H_2O_2 平衡树脂环境后上样，样品溶解于 0.2mL 7mol/L HCl+0.001% H_2O_2 溶液。使用 35mL 7mol/L HCl+0.001% H_2O_2 溶液洗脱基质元素，使用 20mL 7mol/L HCl+0.001% H_2O_2 溶液淋洗 Fe 元素。以上分离纯化步骤需重复两次。将分离得到的 Fe 溶液蒸干后，溶于浓 HNO_3 溶液，再次蒸干，重复 3 次。最后，将其溶于 2% HNO_3 溶液（5mg/L），用于后续的铁同位素测试。纯化过程的 Fe 回收率均在 99%以上，程序空白小于 10ng。样品的 Fe 同位素组成通过 Nu Plasma 3 MC-ICP-MS 仪器测定。为减小仪器的分馏漂移效应，悬浮物 Fe 同位素组成用样品-标样间插法进行分析。Fe 同位素组成通常以相对于国际标准物质 IRMM-014 的千分偏差（δ^{56}Fe）表示，标准溶液与样品溶液的浓度差在±5%以内。通过标准溶液的重复测定来监测分析精度，δ^{56}Fe 的长期重现性为±0.07（2SD）。计算公式如下：

$$\delta^{56}\text{Fe}(‰)=\left[({}^{56}\text{Fe}/{}^{54}\text{Fe})_{样品}/({}^{56}\text{Fe}/{}^{54}\text{Fe})_{标准}-1\right]\times 10^3 \tag{3.5}$$

Fe 样品前处理过程中所用酸均为二次蒸馏酸。悬浮物样品中 Fe 元素的化学分离纯化和测试分析工作均在中国地质大学（北京）Nu-SEHGL 联合实验室完成。

参 考 文 献

Atekwana E A，Krishnamurthy R V，1998. Seasonal variations of dissolved inorganic carbon and δ^{13}C of surface waters：application of a modified gas evolution technique. Journal of Hydrology，205（3）：265-278.

Han G，Zeng J，2021. Iron isotope of suspended particulate matter in Zhujiang River，southwest China：characteristics，sources，and environmental implications. Science of the Total Environment，793：148562.

Han G，Tang Y，Wu Q，et al.，2019. Assessing contamination sources by using sulfur and oxygen isotopes of sulfate ions in Xijiang River Basin，Southwest China. Journal of Environmental Quality，48（5）：1507-1516.

Han G，Liu M，Li X，et al.，2023. Sources and geochemical behaviors of rare earth elements in suspended particulate matter in a wet-dry tropical river. Environmental Research，218：115044.

Song L，Liu C Q，Wang Z L，et al.，2011. Iron isotope fractionation during biogeochemical cycle：information from suspended particulate matter（SPM）in Aha Lake and its tributaries，Guizhou，China. Chemical Geology，280（1）：170-179.

Yang K，Han G，2020. Controls over hydrogen and oxygen isotopes of surface water and groundwater in the Mun River catchment，northeast Thailand：implications for the water cycle. Hydrogeology Journal，28（3）：1021-1036.

Yang K，Han G，Zeng J，et al.，2021. Tracing Fe sources in suspended particulate matter（SPM）in the Mun River：application of Fe-stable isotopes based on a binary mixing model. ACS Earth and Space Chemistry，5（6）：1613-1621.

Zheng X，Teng Y，Song L，2019. Iron isotopic composition of suspended particulate matter in Hongfeng Lake. Water，11（2）：396.

第四章 蒙河水化学特征、物质来源和成因

河水的水化学组成体现了流域地壳岩性、土壤性质、植被覆盖、大气降水、气候变化以及人为活动等信息，可以反映流域的环境质量状况、岩石风化过程和生物地球化学特征（Xiao et al.，2015；Zhu et al.，2012）。河流向海洋输送自然风化产物和人为物质，进而影响海水成分（Amiotte Suchet et al.，2003；Leach et al.，2016；Lechuga-Crespo et al.，2021）。河流水化学受多种表生地球化学过程影响，如气候、构造、风化、植被覆盖等（Leach et al.，2016；West et al.，2005）。其中，占主导地位的因素是岩性（即岩石风化），因为岩石是河流中溶解物质的主要来源（Gaillardet et al.，1999；Tipper et al.，2006）。人类活动对河流水化学组成也起到了重要作用。一方面，工业污水、农业肥料、生活污水和城市污水等非自然物质的输入直接增加了河流的污染物含量，引发一系列环境问题，构成了潜在的健康风险（Rabouille et al.，2001；Wu et al.，2013）；另一方面，土地利用类型也可能干扰自然地球化学过程，加速风化作用（Han et al.，2014）。本章主要介绍蒙河河水的水化学组成特征、来源及其控制因素，通过研究泰国蒙河典型农业流域河水的水化学组成特征及其控制因素，为农业流域的综合管理提供科学参考。

第一节 河水理化参数特征及主要离子组成

一、蒙河丰水期水化学特征

蒙河河水的水温、酸碱度（pH）、溶解固体总量（TDS）、溶解氧（DO）和主要阴阳离子浓度等物理化学参数信息见表 4.1 和图 4.1。蒙河河水温度的变化范围为 20.3～31.3℃，河水呈弱酸性至碱性。蒙河河水丰水期 pH 的变化范围为 6.4～8.4（平均值为 7.0），与枯水期较为相近。蒙河河水丰水期的溶解氧（DO）浓度变化范围为 3.0～7.1mg/L，枯水期 DO 浓度的变化范围为 3.3～11.8mg/L。丰水期河水的 TDS 含量（9.0～998.0mg/L）低于枯水期（15.0～1502mg/L），且 TDS 沿干流流向先升高后降低。丰水期流域内的降水量约占全年降水量（1308mm）的 85%（Li et al.，2022；Yang and Han，2020）。在河流最下游出口处（即采样点 S56），丰水期的 TDS 值为 44.0mg/L，枯水期的 TDS 值为 161mg/L（Li et al.，2019），TDS 和阳离子浓度较低的原因可能是丰水期降水较多。河水中的总阳离子浓度（$TZ^+=Na^+ + K^+ + Mg^{2+} + Ca^{2+}$，单位：meq/L）和总阴离子浓度（$TZ^-=Cl^- + NO_3^- + SO_4^{2-} + HCO_3^-$，单位：meq/L）呈现了良好的离子平衡状态（$R^2=0.99$）。丰枯两季的归一化离子电荷平衡（$TZ^+ - TZ^-$）/$TZ^+$均小于 10%，说明所测数据可靠，有机质的影响可忽略不计。在蒙河河水的主要阳离子中，Na 离子含量最高，其浓度范围为 1.0～369.6mg/L，占总阳离子含量的 9%～87%（单位：meq/L），平均占比为 52%。河水中的 Ca^{2+}含量也较高，浓度范围为 1.1～62.4mg/L，占总阳离子含量的 15%～78%，平均占比为 30%。Na^+和 Ca^{2+}的含量之和占总阳离子含量的

65%～90%，贡献较大。

表 4.1 蒙河丰水期和枯水期的水化学相关指标

参数	丰水期		枯水期		湄公河①
	范围	平均值	范围	平均值	平均值
T/℃	20.3～31.3	28.4	24.0～33.0	28.6	28.2
pH	6.4～8.4	7.0	6.1～8.5	7.4	7.6
DO/(mg/L)	3.0～7.1	4.9	3.3～11.8	6.7	—
TDS/(mg/L)	9.0～998	98.3	15.0～1502	280.7	119
Na^+/(mg/L)	1.0～326.4	23.3	1.3～369.6	54.4	7.7
K^+/(mg/L)	0.8～12.2	3.1	1.2～14.1	4.4	2.0
Ca^{2+}/(mg/L)	1.2～62.4	10.5	1.1～103.5	20.1	33.4
Mg^{2+}/(mg/L)	0.3～14.0	2.6	0.5～16.2	4.9	8.3
Cl^-/(mg/L)	1.6～603.0	35.2	1.7～668.5	86.1	6.8
NO_3^- /(mg/L)	0.0～3.4	0.7	0.0～8.0	1.1	—
SO_4^{2-} /(mg/L)	0.9～28.3	5.3	0.4～52.5	8.8	17.1
HCO_3^- /(mg/L)	5.5～183.1	42.6	7.3～362.3	77.2	70.6
SiO_2/(mg/L)	1.1～15.0	6.7	3.6～21.3	9.6	9.9

① 数据来自文献（Li et al.，2013）；“—”代表所测数值低于检测限。

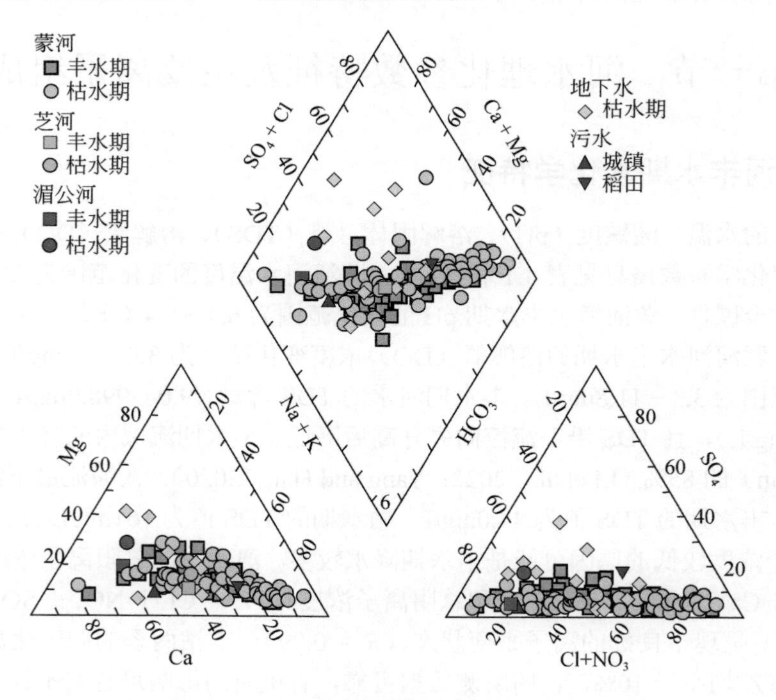

图 4.1 泰国蒙河丰水期主要阴阳离子组成

如图 4.1 所示，河水中的 Mg^{2+}和 K^+对总阳离子浓度的贡献较小，其含量范围分别为

0.3～14.0mg/L 和 0.8～12.2mg/L。河水中主要阴离子的含量从大到小排列为 HCO_3^- ＞Cl^-＞SO_4^{2-} ＞ NO_3^-，其中 Cl^-和 HCO_3^- 是蒙河最主要的阴离子，占多数样品中总阴离子含量的 80%以上。相比之下，河水中 SO_4^{2-} 和 NO_3^- 的含量相对较低，仅占阴离子总量的 1%～18%和 0～5%。河水溶解态 SiO_2 含量的变化范围为 1.1～21.3mg/L，平均值为 8.3mg/L，高于世界主要河流的溶解态 SiO_2 含量（3.9～6.1mg/L）（Conley，2002）。

蒙河干流上下游主要离子浓度的空间差异性较大，总体上呈现先升高后降低的趋势，尤其是 Na^+、Cl^-和 HCO_3^-，这与 TDS 的整体变化趋势较为相似。在低流量的源头点位测得的 TDS 和离子含量显著低于整个干流的相应含量。由于蒙河上游气候相对干燥，年降水量少（Akter and Babel，2012），蒸发量明显超过降雨量，水体在一定程度上蒸发和浓缩（Yang and Han，2020）。除此之外，TDS 值较高的克朗河支流的汇入也是一个重要的影响因素。蒙河流域从上游到下游降水量逐渐增加，这可能导致河水中的离子含量相应下降。蒙河流域内蒸发岩广布，为风化创造了有利的条件（Liu and Han，2021）。在相同条件下，蒸发岩的风化速率一般远高于其他岩石，河水中的 Na^+和 Cl^-可能部分由蒸发岩风化而来（Zhang et al.，2021），这一来源贡献可能超过了硅质碎屑沉积岩风化作用产生的 K^+。因此，蒙河河水的水化学类型为独特的 Na-Ca-Cl-HCO_3 型，受到蒸发岩和硅酸盐岩风化的控制。

二、蒙河枯水期水化学特征

蒙河枯水期地表水的水温为 24.0～33.0℃，平均水温 28.6℃；pH 变化范围为 6.1～8.5，平均 pH 为 7.4（表 4.1）。与地表水相比，蒙河地下水的水温较低（24.0～24.9℃）；地下水的 pH 也较低（4.7～7.3），平均 pH 为 6.5。野外实地所测 TDS 为 15～1502mg/L，平均 TDS 值为 297mg/L，且存在显著的空间差异。由于支流输入，从上游到下游河水 TDS 值先升后降。蒙河干流河水电导率（EC）与 TDS 值具有相似的空间变化特征，EC 测量值范围为 23～2452μS/cm。与 TDS 和 EC 相比，蒙河水体的氧化还原电位（ORP）和 DO 的空间变化程度均较低。除上游的城市废弃物样本（采样点 W2）外，其余河水样本的 ORP 值均为正，平均 ORP 值为 165mV。蒙河流域城市污水的 DO 值最低，为 1.6mg/L。此外，蒙河流域地下水的 TDS 值（36～1359mg/L，平均值：598mg/L）和 EC 值（47～3166μS/cm，平均值：1093μS/cm）均较高，而 ORP 和 DO 值则与地表水值较为相似。

如图 4.2 所示，地表水样品中主要离子的平均含量从高到低排序如下（单位：μmol/L）：阳离子 Na^+＞Ca^{2+}＞Mg^{2+}＞K^+，阴离子 Cl^-＞ HCO_3^- ＞ SO_4^{2-} ＞ NO_3^- 。由此可见，蒙河多数地表水和地下水样品中的阳离子以 Na^+为主，而阴离子以 Cl^-或 HCO_3^- 为主。蒙河河水中 Mg^{2+}、Ca^{2+}等阳离子的含量低于总阳离子之和的 20%；而阴离子中 SO_4^{2-} 和 NO_3^- 的总和仅占地表水和地下水样品阴离子总量的 15%。

第二节　河水物质来源和成因

一、丰水期蒙河河水的物质来源和成因

河水溶解态离子组成主要有三种来源：地表岩石化学风化、大气降水和人类活动输入。

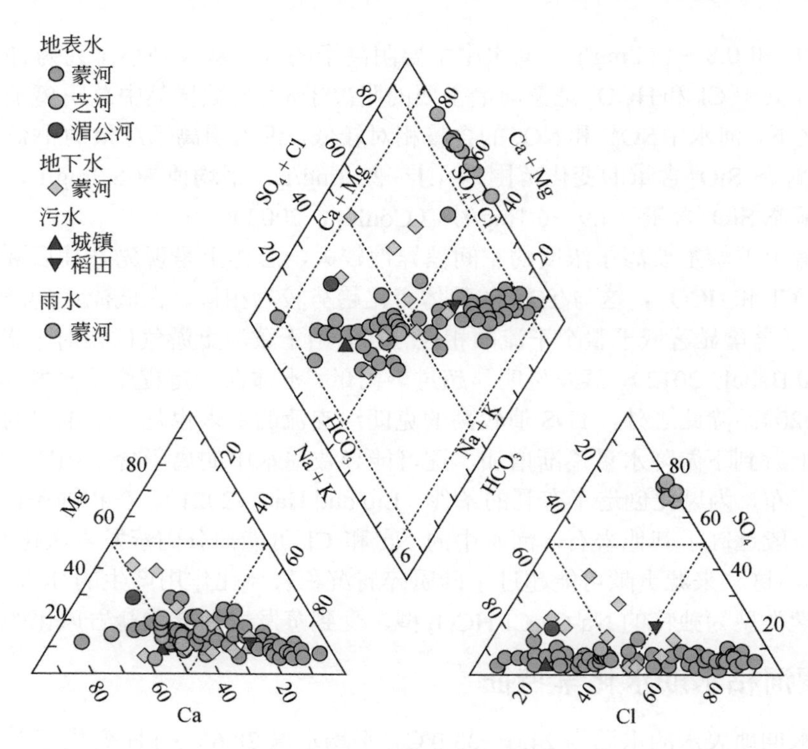

图 4.2　泰国蒙河枯水期主要阴阳离子三角图

雨水数据来源：2016 年东亚地区酸沉降数据报告

泰国蒙河位于人口稠密的重要农业区，工农业活动较多，人类活动所产生的“三废”（废气、废水和固体废物）等物质会直接或间接进入河水中，因此大气降水和人类活动的影响不容忽视。河流特征离子（Cl^-和NO_3^-）主要来源于酸沉降、农业面源污染、城市工业点源污染、生活污水以及动物排泄物等的输入（Chetelat et al.，2008），表达式如下：

$$Cl^-_{河水}=Cl^-_{大气}+Cl^-_{人为}+Cl^-_{蒸发岩} \tag{4.1}$$

$$NO^-_{3河水}=NO^-_{3大气}+NO^-_{3人为} \tag{4.2}$$

式中，$Cl^-_{河水}$和$NO^-_{3河水}$代表河水的Cl^-和NO_3^-含量，$Cl^-_{大气}$和$NO^-_{3大气}$代表大气降水输入的Cl^-和NO_3^-含量，$Cl^-_{人为}$和$NO^-_{3人为}$代表人为活动输入的Cl^-和NO_3^-含量，$Cl^-_{蒸发岩}$代表蒸发岩溶解输入的Cl^-含量。以Cl^-和NO_3^-含量最低的样品点数值代表大气输入（Moon et al.，2007）。上游地区的Cl^-含量范围为2.2～603.8mg/L，平均值为68.9mg/L，明显高于下游地区（1.6～31.3mg/L，平均值为12.5mg/L）。上游T7～T11采样点Cl^-含量的变化范围为109.9～603.8mg/L，Cl^-/HCO_3^-值大于1，受人为输入影响明显。根据前人研究和蒙河流域的土地利用类型（Moon et al.，2007；Roy et al.，1999），蒙河上游的高Cl^-和NO_3^-含量可能来自工业活动的输入。

如图 4.3 所示，蒙河流域的NO_3^-/HCO_3^-和Cl^-/HCO_3^-值没有明显相关性，NO_3^-和Cl^-的相关性较低可能是由于蒙河下游参与生物地球化学过程的NO_3^-浓度相对较低。生物效应可能使NO_3^-含量产生较大变化，进而改变NO_3^-和Cl^-的原始比值。此外，溶解有机碳（DOC）

与 Cl^-/HCO_3^- 之间也没有明显相关性。Cl^-主要来源于工业，而溶解有机碳则主要来源于农业，因此 DOC 和 Cl^-的解耦由不同来源引起。DOC 与 NO_3^-/HCO_3^- 和溶解有机氮（DON）与 Cl^-/HCO_3^- 之间也没有出现显著相关性。综上所述，复杂的局部生物地球化学过程可能会干扰外源输入中不同组分的原始比例，很难找出这些离子与人为输入的明确关系。然而，这些溶解物质之间必然存在一定的联系，高浓度有机物和异常的碳氮比可能与人类活动有关（Evans et al.，2005；Harris et al.，2018）。

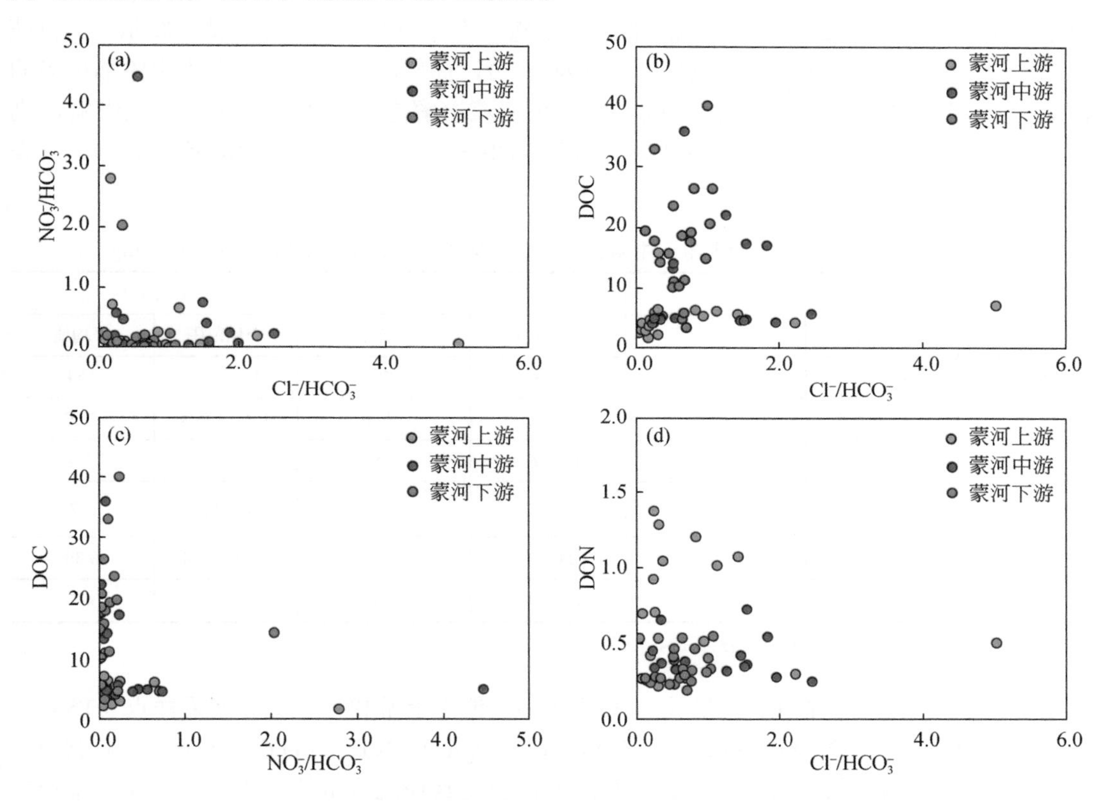

图 4.3　蒙河丰水期离子比值与溶解有机碳和溶解有机氮浓度的相关性

（a）Cl^-/HCO_3^- 和 NO_3^-/HCO_3^-；（b）Cl^-/HCO_3^- 和 DOC；（c）NO_3^-/HCO_3^- 和 DOC；（d）Cl^-/HCO_3^- 和 DON

二、枯水期蒙河河水的物质来源和成因

河流水化学同时受到自然过程和人为干扰的影响（Ahearn et al.，2005），其中溶解态 Cl^-、SO_4^{2-} 和溶解无机氮（DIN）与人为输入（包括农业和工业输入）密切相关（Jiang，2013），SO_4^{2-} 的潜在来源如下：

$$SO_{4河水}^{2-}=SO_{4人为}^{2-}+SO_{4蒸发岩}^{2-} \tag{4.3}$$

其中，$SO_{4河水}^{2-}$ 代表河流整体的SO_4^{2-} 含量，$SO_{4人为}^{2-}$ 代表人为活动输入的SO_4^{2-} 含量，$SO_{4蒸发岩}^{2-}$ 代表蒸发岩溶解输入的SO_4^{2-} 含量。Cl^-与 NO_3^- 的来源表达式与丰水期类似。为估算大气降水贡献，我们将源头河水 Cl^-（1.73mg/L）和 NO_3^-（0.02mg/L）的最低含量视为大气输入量

(Moon et al.，2007)。计算表明，大气输入对Cl^-和NO_3^-的贡献小于总溶解态离子的5%。表4.2、图4.4和图4.5分别展示了蒙河枯水期上游、中游、下游溶解态离子的含量及其空间分布情况。蒙河枯水期的TDS变化范围为14～1456mg/L，TDS值沿河流流向递减，其变化主要受到风化产物和人为输入的共同影响。蒙河流域主要分布硅酸盐岩和蒸发岩。作为典型的小流域，其风化速率应处于同一水平。由于枯水期降水稀少且气温较低，不利于化学风化，因此TDS发生显著变化的原因可能不是受到风化过程的影响。蒙河枯水期中上游的TDS值较高，这很可能与该地区的工业设施较为集中有关，Cl^-/Na^+值（摩尔比）也证实了这一点。蒸发岩溶解产生的Cl^-/Na^+值为1∶1，而硅酸盐岩风化会向水中添加更多的Na^+，使得河水整体的Cl^-/Na^+值较低，即如果河流溶解态物质主要受化学风化影响，则Cl^-/Na^+值应小于1。在蒙河上中游地区，河水TDS值总是伴随高Cl^-/Na^+值（＞1），这表明人为输入对河水有显著影响。

表4.2 蒙河枯水期上游、中游、下游流域河水溶解态相关指标 （单位：mg/L）

参数	蒙河上游		蒙河中游		蒙河下游	
	变化范围	平均值	变化范围	平均值	变化范围	平均值
TDS	44～1456	363	38～839	321	14～332	154
Cl^-	2.7～668.5	103.7	8.7～361.5	123.6	1.7～136.8	39.9
K^+	2.3～14.1	6.9	1.7～6.8	3.8	1.2～6.3	2.9
SO_4^{2-}	1.4～18.3	9.8	0.5～52.5	11.5	0.8～12.7	5.7
DIN	0.12～1.11	0.45	0.24～3.69	0.61	0.20～0.74	0.39
DSi	1.7～8.9	4.8	2.3～9.9	4.9	2.1～6.2	4.7

注：DIN代表溶解无机氮；DSi代表溶解态硅。

枯水期蒙河中上游的Cl^-含量较高（图4.4）。位于上游和中游交界处采样点（T5）的Cl^-（668.5mg/L）、NO_3^-（0.99mg/L）、TDS（1456mg/L）、Na^+（369.6mg/L）含量均最高。溶解态离子与人为输入密切相关，其绝对浓度也会受到径流流量的干扰。为消除径流稀释和蒸发过程的影响，相对准确地反映表生地球化学过程信息，笔者计算了相应的离子摩尔比。T5采样点的Cl^-/Na^+值（摩尔比）为1.18，Cl^-/HCO_3^-值（摩尔比）为6.5，表明该点河水明显受到人类活动影响。蒙河上游（U1～U4）和下游的Cl^-含量相对较低，Cl^-/Na^+值为0.84，而中游河水Cl^-/Na^+平均值为1.10，表明人类活动输入对蒙河上、下游地区Cl^-含量的影响较为有限。上、中游河水的SO_4^{2-}含量较高，与Cl^-之间呈明显正相关（R^2=0.69，p<0.01）。然而，SO_4^{2-}含量最高的采样点（T7）的Cl^-浓度（16.8mg/L）、TDS值（170mg/L）均较低，这说明该采样点的SO_4^{2-}含量并非由石膏溶解引起。河水中Ca^{2+}、Mg^{2+}的主要来源为碳酸盐岩和硅酸盐岩风化（Galy and France-Lanord，1999；Moon et al.，2007），由于蒙河流域没有碳酸盐岩出露，河水中的Mg^{2+}应当主要来源于硅酸盐岩的风化。研究表明，硅酸盐岩风化的Ca^{2+}/Mg^{2+}值范围为2.5～4（Chetelat et al.，2008；Moon et al.，2007），据此可列出平衡方程：

$$SO^{2-}_{4蒸发岩}=Ca^{2+}_{蒸发岩}=Ca^{2+}_{河水}-Ca^{2+}_{硅酸盐岩}=Ca^{2+}_{河水}-(Ca^{2+}/Mg^{2+})_{硅酸盐岩}\times Mg^{2+}_{硅酸盐岩} \quad (4.4)$$

式中，$SO^{2-}_{4蒸发岩}$、$Ca^{2+}_{蒸发岩}$分别代表石膏风化输入的SO_4^{2-}和Ca^{2+}，$Ca^{2+}_{硅酸盐岩}$、$Mg^{2+}_{硅酸盐岩}$分别代表硅酸盐岩风化输入的Ca^{2+}和Mg^{2+}，$Ca^{2+}_{河水}$表示河水中的Ca^{2+}含量。计算结果表明，T7采样点的石膏风化输入对河水SO_4^{2-}的贡献小于30%，而人为输入的SO_4^{2-}贡献最高，Cl^-含量则较低。

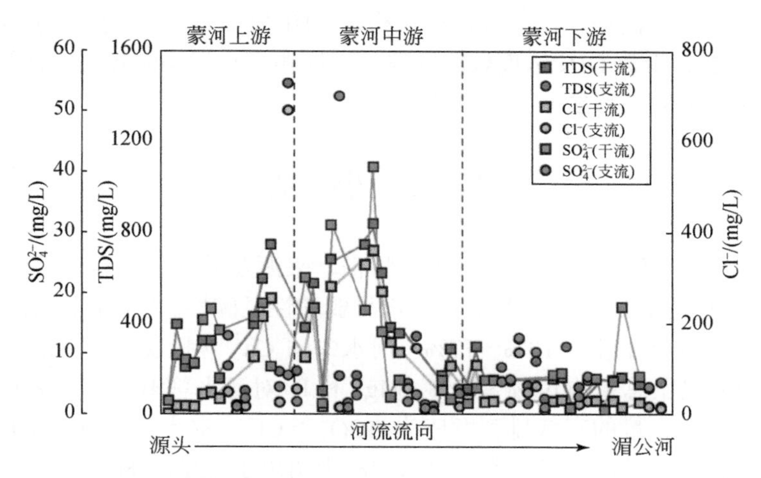

图 4.4　蒙河枯水期干流和支流河水 TDS、Cl^-与SO_4^{2-}的沿程分布

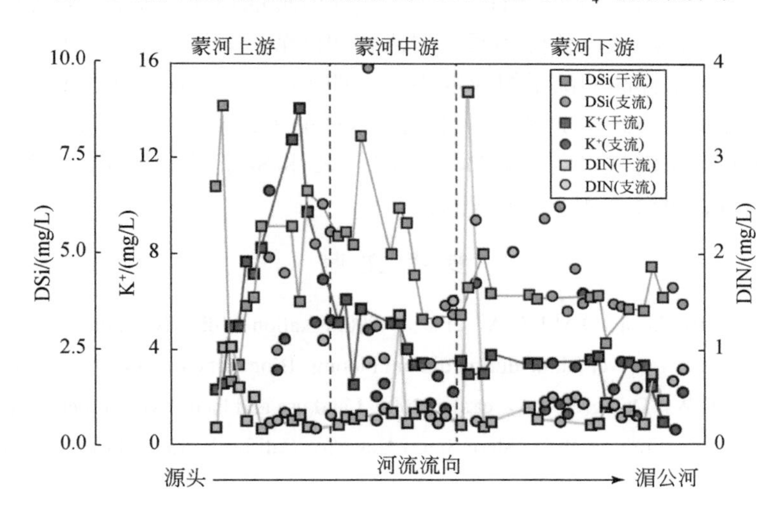

图 4.5　蒙河枯水期干流和支流河水K^+、DSi 与 DIN 的沿程分布

蒙河上游地区的K^+含量明显较高。K^+主要来自硅酸盐风化和人为输入。在本研究中Na^+与K^+的相关性较差，说明硅酸盐风化并非主导因素（R^2=0.14）。有研究计算表明，来自城市和工业污水的K^+的K^+/Na^+值约为0.16。高K浓度采样点的K^+/Na^+值介于0.04～0.18之间，这一低值是由蒸发岩中的高Na^+含量引起的。因此，河水较高的K^+含量与人为输入有关。河水的溶解硅（DSi）含量沿河流流向略有降低，变化范围为1.7～9.9mg/L，与世界河流的DSi含量（3.9～6.1mg/L）近似（Conley，2002）。河水DSi含量受到包括硅酸盐岩风化输入、生物效应和污水输入在内的多种因素控制，其中生物效应占主导地位，污水输

入可能会加剧生物效应。硅藻可以将 DSi 转化为生物硅（biological silicon，BSi）并埋入河床，从而显著降低河水 DSi 含量（Admiraal et al.，1990）。氮、磷、钾的输入会引发水体富营养化，进而加速包括硅藻在内的水生生物生长。溶解无机氮（DIN）是一种常见的无机污染物，主要来源于肥料、农业污水和工业污水等（Yan et al.，2010）。蒙河河水的 DIN 值在 0.12～3.69mg/L 之间波动，在流域内相对稳定（图 4.5）。由于河水中的 Cl^-/Na^+值大于 1（范围：1.10～1.32），少数 DIN 浓度较高的采样点应距离点污染源较近。有关 DSi、DIN 等河流营养元素的更多信息可参见下一章节。

本章小结

本章主要介绍了蒙河河水的水化学组成特征、来源及其控制因素。蒙河丰水期水温为 20.3～31.3℃，枯水期水温为 24～33℃，河水呈弱酸性至碱性。Na^+是蒙河河水中含量最高的阳离子，占总阳离子含量的 10%～77%；河水中的 Ca^{2+}含量仅次于 Na^+，二者含量的总和贡献了河水中阳离子总量的 65%～90%。Mg^{2+}和 K^+对河水总阳离子含量的贡献较小。蒙河河水中主要阴离子含量的高低排列顺序为 $HCO_3^- > Cl^- > SO_4^{2-} > NO_3^-$。$Cl^-$和 HCO_3^- 是蒙河河水中最主要的阴离子，贡献了多数河水样品中阴离子总量的 80%以上。因此，蒙河河水的水化学类型为独特的 Na-Ca-Cl-HCO_3 型。蒙河流域的块状蒸发岩（NaCl）分布为化学风化创造了有利条件，流域风化受到蒸发岩溶解和硅酸盐岩风化的共同控制。蒙河枯水期大部分地表水和地下水样品的离子组成以 Na^+和 HCO_3^- 为主，Mg^{2+}和 Ca^{2+}等其他阳离子的含量小于阳离子总量的 50%；此外，枯水期河水样品中 SO_4^{2-}、Cl^-和 NO_3^- 的总和仅占阴离子总量的 45%左右。蒙河枯水期河水 DOC、Cl^-、K^+和 SO_4^{2-} 的空间变化显著，其中流经上游工业区附近样品点的相应离子浓度较高。

参考文献

Admiraal W，Breugem P，Jacobs D M L H A，et al.，1990. Fixation of dissolved silicate and sedimentation of biogenic silicate in the lower river Rhine during diatom blooms. Biogeochemistry，9（2）：175-185.

Ahearn D S，Sheibley R W，Dahlgren R A，et al.，2005. Land use and land cover influence on water quality in the last free-flowing river draining the western Sierra Nevada，California. Journal of Hydrology，313（3）：234-247.

Akter A，Babel M S，2012. Hydrological modeling of the Mun River basin in Thailand. Journal of Hydrology，452-453：232-246.

Amiotte Suchet P，Probst J L，Ludwig W，2003. Worldwide distribution of continental rock lithology：implications for the atmospheric/soil CO_2 uptake by continental weathering and alkalinity river transport to the oceans. Global Biogeochemical Cycles，17（2）：1038.

Chetelat B，Liu C Q，Zhao Z Q，et al.，2008. Geochemistry of the dissolved load of the Changjiang Basin rivers：anthropogenic impacts and chemical weathering. Geochimica et Cosmochimica Acta，72（17）：4254-4277.

Conley D J，2002. Terrestrial ecosystems and the global biogeochemical silica cycle. Global Biogeochemical Cycles，16（4）：1-8.

Evans C D, Monteith D T, Cooper D M, 2005. Long-term increases in surface water dissolved organic carbon: observations, possible causes and environmental impacts. Environmental Pollution, 137 (1): 55-71.

Gaillardet J, Dupré B, Louvat P, et al., 1999. Global silicate weathering and CO_2 consumption rates deduced from the chemistry of large rivers. Chemical Geology, 159 (1): 3-30.

Galy A, France-Lanord C, 1999. Weathering processes in the Ganges–Brahmaputra basin and the riverine alkalinity budget. Chemical Geology, 159 (1): 31-60.

Han G, Li F, Tan Q, 2014. Effects of land use on water chemistry in a river draining karst terrain, southwest China. Hydrological Sciences Journal, 59 (5): 1063-1073.

Harris C W, Rees G N, Stoffels R J, et al., 2018. Longitudinal trends in concentration and composition of dissolved organic nitrogen (DON) in a largely unregulated river system. Biogeochemistry, 139 (2): 139-153.

Jiang Y, 2013. The contribution of human activities to dissolved inorganic carbon fluxes in a karst underground river system: evidence from major elements and $\delta^{13}C_{DIC}$ in Nandong, Southwest China. Journal of Contaminant Hydrology, 152: 1-11.

Leach J A, Larsson A, Wallin M B, et al., 2016. Twelve year interannual and seasonal variability of stream carbon export from a boreal peatland catchment. Journal of Geophysical Research: Biogeosciences, 121 (7): 1851-1866.

Lechuga-Crespo J L, Sauvage S, Ruiz-Romera E, et al., 2021. Global carbon sequestration through continental chemical weathering in a climatic change context. Scientific Reports, 11 (1): 23588.

Li S, Lu X X, Bush R T, 2013. CO_2 partial pressure and CO_2 emission in the Lower Mekong River. Journal of Hydrology, 504: 40-56.

Li X, Han G, Liu M, et al., 2019. Hydrochemistry and dissolved inorganic carbon (DIC) cycling in a tropical agricultural river, Mun River Basin, northeast Thailand. International Journal of Environmental Research and Public Health, 16 (18): 3410.

Li X, Han G, Liu M, et al., 2022. Potassium and its isotope behaviour during chemical weathering in a tropical catchment affected by evaporite dissolution. Geochimica et Cosmochimica Acta, 316: 105-121.

Liu J, Han G, 2021. Tracing riverine sulfate source in an agricultural watershed: constraints from stable isotopes. Environmental Pollution, 288: 117740.

Moon S, Huh Y, Qin J, et al., 2007. Chemical weathering in the Hong (Red) River basin: rates of silicate weathering and their controlling factors. Geochimica et Cosmochimica Acta, 71 (6): 1411-1430.

Rabouille C, Mackenzie F T, Ver L M, 2001. Influence of the human perturbation on carbon, nitrogen, and oxygen biogeochemical cycles in the global coastal ocean. Geochimica et Cosmochimica Acta, 65 (21): 3615-3641.

Roy S, Gaillardet J, Allègre C J, 1999. Geochemistry of dissolved and suspended loads of the Seine River, France: anthropogenic impact, carbonate and silicate weathering. Geochimica et Cosmochimica Acta, 63 (9): 1277-1292.

Tipper E T, Galy A, Bickle M J, 2006. Riverine evidence for a fractionated reservoir of Ca and Mg on the continents: implications for the oceanic Ca cycle. Earth and Planetary Science Letters, 247 (3): 267-279.

West A J, Galy A, Bickle M, 2005. Tectonic and climatic controls on silicate weathering. Earth and Planetary

Science Letters，235（1）：211-228.

Wu Y，Bao H Y，Unger D，et al.，2013. Biogeochemical behavior of organic carbon in a small tropical river and estuary，Hainan，China. Continental Shelf Research，57：32-43.

Xiao J，Jin Z D，Wang J，et al.，2015. Hydrochemical characteristics，controlling factors and solute sources of groundwater within the Tarim River Basin in the extreme arid region，NW Tibetan Plateau. Quaternary International，380-381：237-246.

Yan W，Mayorga E，Li X，et al.，2010. Increasing anthropogenic nitrogen inputs and riverine DIN exports from the Changjiang River basin under changing human pressures. Global Biogeochemical Cycles，24：GB0A06.

Yang K，Han G，2020. Controls over hydrogen and oxygen isotopes of surface water and groundwater in the Mun River catchment，northeast Thailand：implications for the water cycle. Hydrogeology Journal，28（3）：1021-1036.

Zhang S，Han G，Zeng J，et al.，2021. A strontium and hydro-geochemical perspective on human impacted tributary of the Mekong River Basin：sources identification，fluxes，and CO_2 consumption. Water，13（21）：3137.

Zhu B，Yu J，Qin X，et al.，2012. Climatic and geological factors contributing to the natural water chemistry in an arid environment from watersheds in northern Xinjiang，China. Geomorphology，153-154：102-114.

第五章 蒙河河水营养元素地球化学特征

第一节 河水营养元素的组成特征

河流是地球表生环境中水圈的重要组成部分，也是连接陆地生态系统与海洋的重要纽带（Meybeck，1987；Sharples et al.，2017）。大量的研究表明，河水中溶解态物质（溶质）的主要来源分为自然源与人为源，这些物质可以通过地表径流、地下径流与直接排放等形式进入河流（Chetelat et al.，2008；Gaillardet et al.，1999；Moon et al.，2007）。河水的化学组成通常受到流域内各类生物地球化学过程以及人为活动的影响（Gaillardet et al.，1999）。因此，河水溶质的浓度通常与部分环境因素（诸如气候、构造、岩性、植被覆盖、人为活动强烈程度等）息息相关（Alvarez-Cobelas et al.，2012；Butman et al.，2015；Creed et al.，2008）。河水的营养盐指的是生物正常生命活动所必需的物质，通常包括 C、H、O、N、P、Si 等物质，在本章中，我们将详细讨论其中溶解态碳、溶解态氮以及溶解硅的时空分布特征以及影响因素。

河水溶解态碳（total dissolved carbon，TDC）通常分为溶解态无机碳（DIC）与溶解态有机碳（DOC），其中 DIC 又可分为水溶性二氧化碳（CO_2）、碳酸氢根离子（HCO_3^-）与碳酸根离子（CO_3^{2-}），其相对含量受到 pH 与温度的控制（Polsenaere and Abril，2012）。溶解态氮（total dissolved nitrogen，TDN）通常分为溶解态无机氮（DIN）与溶解态有机氮（DON），其中 DIN 主要由硝酸盐氮（NO_3-N）、氨态氮（NH_4-N）、亚硝态氮（NO_2-N）、溶解的氮气（N_2）等组成。溶解态硅（DSi）通常以偏硅酸（H_2SiO_3）与 SiO_3^{2-} 离子的形式存在。河水中 TDC 与 TDN 的来源较为复杂，其中 DIC 的主要来源为土壤呼吸产生的 CO_2 以及碳酸盐矿物（如方解石、白云石等）风化形成的 HCO_3^-；而 DOC 主要来源为土壤中被冲刷剥蚀的土壤有机物、河水中浮游动植物或藻类的新陈代谢以及人为活动产生的有机污染物（Berner et al.，1983；Bickle et al.，2005；Wen et al.，2021；Zarnetske et al.，2018）。河水 DIC 与 DOC 可通过生物地球化学过程相互转化，水生生物的呼吸作用可将有机物分解转化为 CO_2，同时浮游植物的光合作用也可将 CO_2 转化为有机物（Hotchkiss et al.，2015；Pu et al.，2017；Stets et al.，2017；Wang et al.，2021）。

河水中 TDN 的来源主要有大气沉降、土壤物质的淋滤以及人为活动诸如化肥、畜牧业排泄、生活污水排放等。在光合作用过程中，水生生物体将 DIN 吸收同化，将无机氮转化成有机氮，并进入氮的生物循环。除此之外，河流中的硝化作用和反硝化作用也是影响氮生物地球化学循环的重要组成。硝化作用是将氨氧化成为硝酸盐的过程，化能自养型的细菌为获取代谢能量而将 NH_4^+氧化成为NO_2^-，并通过硝化细菌进一步将NO_2^-氧化为NO_3^-；反硝化过程是水体氮流失的一个重要过程，其主要过程为厌氧异养细菌或化能自养型细菌利用有机物为碳源与电子供体，将硝酸盐和亚硝酸盐作为最终的电子受体，还原为气态氮

（Hu et al.，2019；Torres-Martínez et al.，2020；Xu et al.，2021）。DSi 的主要来源为流域内硅酸盐矿物的风化作用以及生物硅的分解转化。因此，研究上述营养盐的地球化学特征对进一步了解生物地球化学循环过程至关重要。

DOC 作为有机质的指标，可以较好地反映河流的有机污染程度，并与水生生态环境健康密切相关。DOC 还是河流中化学物质重要的运输载体，其与重金属可以形成有机络合物，并导致重金属的富集（Cai et al.，2015）。DIN 是评价水质的重要指标，过量的氮输入会干扰河流群落中能量和物质的交换，并导致水体富营养化（Hu et al.，2019）。此外，河水中氮浓度过高时，会干扰饮用水处理过程并产生致癌有机氯化合物，从而对人类造成损害。综上，在流域尺度上研究河流水体中营养盐的成分特征对于维持水生环境健康具有重要的意义，其可以为流域科学管理提供理论支持。

第二节 河水溶解态氮与硅的时空分布特征

本研究测试了不同季节蒙河河水的溶解态氮、硅浓度。如图 5.1（a）所示，丰水期上游干流河水的 DIN、DON 与 DON/TN 变化范围分别为 11～61μmol/L、18～98μmol/L 和 0.30～0.86，平均值为 31μmol/L、46μmol/L 和 0.56。

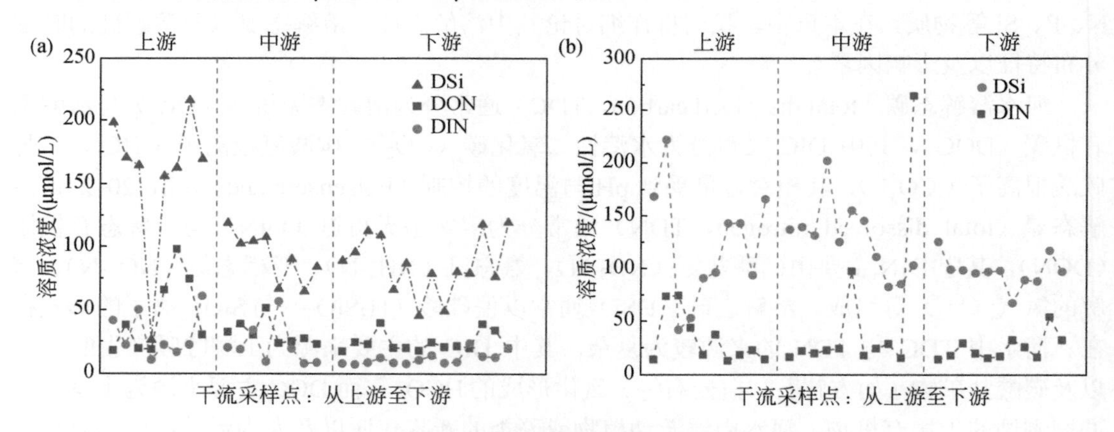

图 5.1 泰国蒙河河水溶解态氮与硅浓度的沿程变化

（a）丰水期时河水溶解态氮与硅的变化趋势；（b）枯水期时河水溶解态氮与硅的变化趋势

蒙河中游干流河水的 DIN、DON 与 DON/TN 变化范围为 8～56μmol/L、23～51μmol/L 以及 0.29～0.85，平均值为 22μmol/L、31μmol/L 和 0.62。下游干流河水的 DIN、DON 与 DON/TN 的变化范围为 7～23μmol/L、17～39μmol/L 和 0.46～0.77，平均值为 11μmol/L、24μmol/L 和 0.67。蒙河干流河水上、中、下游的 DSi 浓度范围分别为 26～216μmol/L、64～118μmol/L 和 45～119μmol/L，平均值为 157μmol/L、92μmol/L 和 85μmol/L。如图 5.1（b）所示，枯水期干流河水上中下游 DIN 浓度范围为 12～74μmol/L、15～263μmol/L 和 14～53μmol/L，平均值为 33μmol/L、50μmol/L 和 25μmol/L；而干流河水上、中、下游的 DSi 浓度范围分别为 41～222μmol/L、82～202μmol/L 和 67～125μmol/L，平均值为 121μmol/L、128μmol/L 和 97μmol/L。河水中的溶解态氮浓度并未表现出明显的时空分布规律，枯水期

蒙河河水的 DIN 浓度略高于丰水期时的浓度。DON/TN 值代表了有机氮占总溶解氮的比例，DON/TN 沿河水流程逐渐升高，蒙河河水 DON/TN 值的平均值大于 0.5，说明河流输送的溶解氮以有机氮为主。河水的 DSi 浓度沿河水流程逐渐下降，丰水期与枯水期时的 DSi 浓度并没有较大的区别。

第三节　河水溶解态碳的时空分布特征

蒙河河水的 pH 为中至弱碱性，在此 pH 范围内，河水中 DIC 主要为HCO_3^-，因此本章使用河水的HCO_3^-浓度代替 DIC 浓度。如图 5.2（a）所示，丰水期蒙河干流河水上、中、下游的 DIC 浓度范围为 197～3016μmol/L、133～742μmol/L 和 90～696μmol/L，平均值分别为 1781μmol/L、376μmol/L 和 336μmol/L；而位于上游、中游、下游的支流 DIC 浓度范围为 200～2146μmol/L、150～429μmol/L 和 150～740μmol/L，平均值分别为 1179μmol/L、262μmol/L 和 278μmol/L。

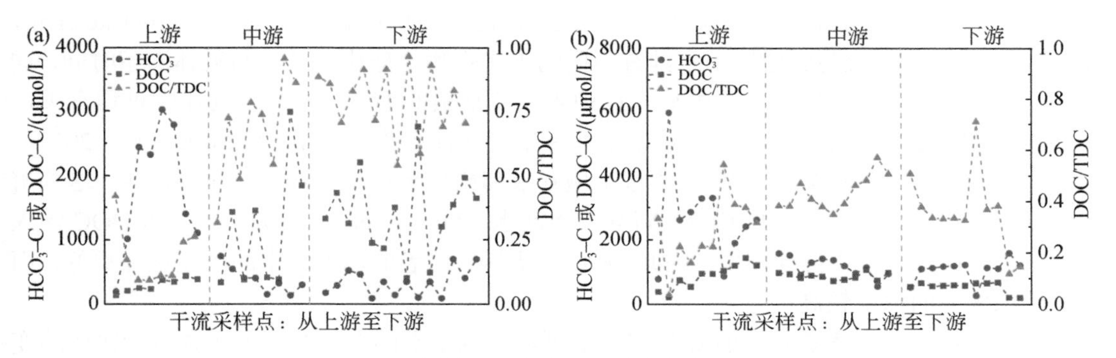

图 5.2　泰国蒙河河水溶解态碳浓度的沿程变化

（a）丰水期时河水溶解态碳的变化趋势；（b）枯水期时河水溶解态碳的变化趋势

蒙河干流河水上、中、下游的 DOC 浓度范围分别为 142～442μmol/L、340～2980μmol/L 和 406～2755μmol/L，平均值为 301μmol/L、1151μmol/L 和 1413μmol/L。位于上、中、下游支流的 DOC 浓度平均值为 507μmol/L、591μmol/L 和 1527μmol/L。DOC/TDC 值代表了河流输送的溶解有机碳占总溶解碳的比例，干流河水上、中、下游 DOC/TDC 值的范围为 0.09～0.42、0.31～0.96 和 0.54～0.96，平均值为 0.19、0.67 与 0.79。枯水期蒙河河水溶解态碳的空间分布特征与丰水期有较大差异。如图 5.2（b）所示，枯水期时上游干流水的 DIC、DOC 与 DOC/TDC 的变化范围分别为 870～5940μmol/L、218～1430μmol/L 和 0.04～0.54，平均值为 2652μmol/L、862μmol/L 和 0.28；中游干流水的 DIC、DOC 与 DOC/TDC 的变化范围为 555～1571μmol/L、725～1062μmol/L 和 0.35～0.57，平均值为 1168μmol/L、867μmol/L 和 0.43；下游干流的 DIC、DOC 与 DOC/TDC 变化范围分别为 270～1584μmol/L、204～678μmol/L 和 0.12～0.71，平均值为 1055μmol/L、539μmol/L 和 0.38。此外，蒙河河水的 DIC 与 DOC 有明显的时空分布特征。在丰水期与枯水期内，除了位于蒙河源头的采样点，蒙河干流河水中的 DIC 浓度沿流程逐渐降低，同时上游支流中的 DIC 浓度也显著高于中下游；枯水期时河水的 DIC 浓度整体高于丰水期时的浓度。蒙河河水的 DOC 浓度展现出与 DIC 截然相反的空间变化趋势，丰水期 DOC 浓度从上游至下游显著增加，而枯水期河水的 DOC 浓度没有明显的空间分布趋势。丰水期时河水的 DOC 浓度显著高于枯水期时的浓度。DOC/TDC 值的变化说明丰水期时河流输送的 TDC 在上游主要为 DIC，而在下游以 DOC 为主；枯水期时河流输送的 TDC 在上游主要为 DIC，而在下游 DIC 与 DOC 的贡献大致相同。

第四节　河水营养元素分布的控制因素

大量的研究表明，河水是不同深度与不同径流路径的源水混合物（Herndon et al.，2015；Stewart et al.，2022；Zarnetske et al.，2018；Zhi et al.，2019）。通常在低流量或枯水期时，特别是在持续干旱天气和温暖条件下，河水主要是由具有较深的径流路径的地下水补给的。而在丰水期或者融雪、风暴等极端气候条件下，流体饱和度增加，表层水力传导率增加，这使得地下水位上升，表层径流显著增加，此时河流主要由地表径流补给（Zarnetske et al.，2018）。由于地表径流与深层地下水具有不同的水文生物地球化学结构与流体滞留时间，这两种水源通常具有不同的水化学性质。在地表径流富集的溶质通常与生物化学过程有关，如 DOC、DN 与 TP 等；与之相反，地下水往往出现碱性阳离子富集（Musolff et al.，2017）。生物来源的溶质（如 DOC 和 DIN）通过土壤呼吸和硝化等过程在浅层土壤中产生，这些溶质可以在浅层土壤中积累，直到径流将其带入河水（Stewart et al.，2022）。随着 DOC 渗入地下，它们将被微生物持续利用，因此 DOC 在更深、更老的地下水中的浓度往往更低，而在浅层土壤中的浓度较高。

蒙河河水沿流程逐渐降低的 DIC 浓度很可能体现了不同来源对河水水源贡献比例的变化。源头上游地区河水主要由地下水补给，来自地表土壤径流的贡献较少，此时河水 DIC 主要由地下水补给。源头地区地下水中的 DIC 浓度大约为 5～20mmol/L，显著高于河水中的 DIC 浓度，这一差异很可能是由河水中的 CO_2 逃逸与表层径流稀释造成的。在丰水期时，蒙河源头与上游河水的 DIC 虽较枯水期时有所下降，但仍高于中下游采样点，这表明尽管在丰水期时河水被高降雨量导致的地表径流增加所稀释，但是河水中 DIC 的空间分布受到地下水输入的影响。我们认为造成这个现象的主要原因是降雨或地表径流中的 DIC 浓度远低于地下水中的 DIC 浓度，这导致即使地表径流对河水的贡献率上升，地下水仍然是河水 DIC 的主要来源（Duvert et al.，2019；Hotchkiss et al.，2015）。

前人研究表明，河水中的 DOC 经常表现出冲刷模式，即河水中 DOC 的浓度随着河水流量的增加而增加（Alvarez-Cobelas et al.，2012；Gommet et al.，2022；Zarnetske et al.，2018）。仅有少数土壤初级生产速率较低或有机碳源受限地区河流中的 DOC 出现稀释模式，即 DOC 浓度随着河水流量的增加而减少。蒙河河水中 DOC 的季节性变化体现了浅层地表径流对河水 DOC 的控制作用，而最为关键的一点为表层土壤中较高的 DOC 浓度。河水中 DOC 浓度随着径流增加而进一步增加的机理通常是复杂的，并且可能由多种因素造成，目前研究认为流域内流体连通性的变化是关键的控制因素（Musolff et al.，2017）。事实上，产生浓度随流量变化的本质是不同径流路径中溶质的差别大小，如果其差别足够大，较小的径流贡献变化也可以引起较大的浓度变化（Herndon et al.，2015；Zhi et al.，2019）。流域内在低径流条件下没有被激活的径流路径可能被高径流所激活，这些径流路径可能分布于河岸带、湿地、山坡土壤、地下水等区域，而在低径流情况下 DOC 在这些地方持续积累，因此通常来说这些地表径流路径中的 DOC 浓度很高。除此之外，在低流量时部分 DOC 可能在抵达河流之前就已经被矿化作用消耗，然而，在更潮湿、流量大的时期，穿过表层土壤的水流可以将 DOC 快速输送到河流中，从而在高径流条件下保持或增加 DOC 浓度（Zarnetske et al.，2018）。如果部分具有高 DOC 含量的径流路径在低流量时就已经被激活，那么当流量增加时，河水中的 DOC 浓度可能出现稀释模式。位于美国宾夕法尼亚州页岩山关键带的研究发现，在低径流条件下，富含有机物的洼地直接与河流连通，因此河水中的 DOC 浓度较高；而高径流条件下，地表径流将 DOC 含量很低的山坡与河流连通，导致河水 DOC 浓度下降（Herndon et al.，2015）。这些研究表明河水中的 DOC 浓度受到流域内径流路径的空间连接性控制，在不同的连通条件下激活的不同径流路径可能都会不同程度地影响观察到的浓度。DOC 浓度对水文的响应通常体现在同一区域不同季节之间，而不同地区河流的 DOC 浓度通常还会受到流域的坡度、土地利用类型、降雨、温度等因素影响（Alvarez-Cobelas et al.，2012；Butman et al.，2015；Graeber et al.，2015；Stackpoole et al.，2017）。

蒙河流域内 DOC 季节性的差异体现了不同径流条件下激活的径流路径的差异，丰水期内的冲刷作用使得中下游河水 DOC 浓度较枯水期更高。然而在上游源头地区，丰水期时河水中的 DOC 浓度更低，这可能与温度引起的初级生产速率与呼吸速率的差异有关。因为呼吸作用对温度非常敏感，丰水期时较高的温度可能会使得土壤中有机碳的降解速率增加，因而导致河水中的 DOC 浓度下降（Zarnetske et al.，2018）。在丰水期时，河流中的 DOC 浓度表现出明显的沿流程上升的趋势，这可能是受到多种因素共同影响的结果。全球尺度的研究表明 DOC 的输出通量与流域坡度呈负相关关系，蒙河源头上游地区主要是山地，而中下游为平原，上游地区较大的河道坡度可能影响了土壤 DOC 的淋溶作用，因此上游河水中的 DOC 浓度较低。除此之外，中下游人口密度较大，农业活动较为集中，人为活动带来的 DOC 可能被丰水期时的高径流输送至河水中，因此导致下游河水中 DOC 浓度较高。值得注意的是，在枯水期时，蒙河中的 DOC 并没有出现显著的空间变化，这说明丰水期时观察到的空间变化趋势可能由径流量与气温的变化所驱动，然而具体的驱动因素与机理仍需要进行进一步的研究。

河水中的氮分为自然来源与人类活动源，氮的自然来源通常为大气沉降与土壤有机物，而人为来源有农业活动、生活污水排放、畜牧养殖等。农业耕地、城镇是蒙河流域主要的土地利用类型，然而蒙河河水中的 DIN 与 DOC 浓度较低，显著低于其他受到污染的河流。河水的 DIN 与 DON 可能受到生物作用、硝化过程、反硝化过程等的影响，因此其浓度会发生动态变化。有关蒙河流域河水 DIN 的转化过程及其来源的详细讨论可见后续章节。

参 考 文 献

Alvarez-Cobelas M，Angeler D G，Sánchez-Carrillo S，et al.，2012. A worldwide view of organic carbon export from catchments. Biogeochemistry，107（1）：275-293.

Berner R A，Lasaga A C，Garrels R M，1983. The carbonate-silicate geochemical cycle and its effect on atmospheric carbon dioxide over the past 100 million years. American Journal of Science，284（7）：1183-1192.

Bickle M J，Chapman H J，Bunbury J，et al.，2005. Relative contributions of silicate and carbonate rocks to riverine Sr fluxes in the headwaters of the Ganges. Geochimica et Cosmochimica Acta，69（9）：2221-2240.

Butman D E，Wilson H F，Barnes R T，et al.，2015. Increased mobilization of aged carbon to rivers by human disturbance. Nature Geoscience，8（2）：112-116.

Cai Y，Guo L，Wang X，et al.，2015. Abundance，stable isotopic composition，and export fluxes of DOC，POC，and DIC from the Lower Mississippi River during 2006–2008. Journal of Geophysical Research：Biogeosciences，120（11）：2273-2288.

Chetelat B，Liu C Q，Zhao Z Q，et al.，2008. Geochemistry of the dissolved load of the Changjiang Basin rivers：Anthropogenic impacts and chemical weathering. Geochimica et Cosmochimica Acta，72（17）：4254-4277.

Creed I F，Beall F D，Clair T A，et al.，2008. Predicting export of dissolved organic carbon from forested catchments in glaciated landscapes with shallow soils. Global Biogeochemical Cycles，22（4）：GB4024.

Duvert C，Bossa M，Tyler K J，et al.，2019. Groundwater-derived DIC and carbonate buffering enhance fluvial CO_2 evasion in two Australian tropical rivers. Journal of Geophysical Research：Biogeosciences，124（2）：312-327.

Gaillardet J，Dupré B，Louvat P，et al.，1999. Global silicate weathering and CO_2 consumption rates deduced from the chemistry of large rivers. Chemical Geology，159（1）：3-30.

Gommet C，Lauerwald R，Ciais P，et al.，2022. Spatiotemporal patterns and drivers of terrestrial dissolved organic carbon（DOC）leaching into the European river network. Earth System Dynamics，13（1）：393-418.

Graeber D，Boëchat I G，Encina-Montoya F，et al.，2015. Global effects of agriculture on fluvial dissolved organic matter. Scientific Reports，5（1）：16328.

Herndon E M，Dere A L，Sullivan P L，et al.，2015. Landscape heterogeneity drives contrasting concentration–discharge relationships in shale headwater catchments. Hydrology and Earth System Sciences，19（8）：3333-3347.

Hotchkiss E R，Hall Jr R O，Sponseller R A，et al.，2015. Sources of and processes controlling CO_2 emissions change with the size of streams and rivers. Nature Geoscience，8（9）：696-699.

Hu M，Liu Y，Zhang Y，et al.，2019. Coupling stable isotopes and water chemistry to assess the role of hydrological and biogeochemical processes on riverine nitrogen sources. Water Research，150：418-430.

Meybeck M，1987. Global chemical weathering of surficial rocks estimated from river dissolved loads. American Journal of Science，287（5）：401-428.

Moon S，Huh Y，Qin J，et al.，2007. Chemical weathering in the Hong（Red）River basin：rates of silicate weathering and their controlling factors. Geochimica et Cosmochimica Acta，71（6）：1411-1430.

Musolff A，Fleckenstein J H，Rao P S C，et al.，2017. Emergent archetype patterns of coupled hydrologic and biogeochemical responses in catchments. Geophysical Research Letters，44（9）：4143-4151.

Polsenaere P，Abril G，2012. Modelling CO_2 degassing from small acidic rivers using water pCO_2，DIC and δ^{13}C-DIC data. Geochimica et Cosmochimica Acta，91：220-239.

Pu J，Li J，Khadka M B，et al.，2017. In-stream metabolism and atmospheric carbon sequestration in a groundwater-fed karst stream. Science of the Total Environment，579：1343-1355.

Sharples J，Middelburg J J，Fennel K，et al.，2017. What proportion of riverine nutrients reaches the open ocean? Global Biogeochemical Cycles，31（1）：39-58.

Stackpoole S M，Stets E G，Clow D W，et al.，2017. Spatial and temporal patterns of dissolved organic matter quantity and quality in the Mississippi River Basin，1997-2013. Hydrological Processes，31（4）：902-915.

Stets E G，Butman D，McDonald C P，et al.，2017. Carbonate buffering and metabolic controls on carbon dioxide in rivers. Global Biogeochemical Cycles，31（4）：663-677.

Stewart B，Shanley J B，Kirchner J W，et al.，2022. Streams as mirrors：reading subsurface water chemistry from stream chemistry. Water Resources Research，58（1）：e2021WR029931.

Torres-Martínez J A，Mora A，Knappett P S K，et al.，2020. Tracking nitrate and sulfate sources in groundwater of an urbanized valley using a multi-tracer approach combined with a Bayesian isotope mixing model. Water Research，182：115962.

Wang C，Xie Y，Liu S，et al.，2021. Effects of diffuse groundwater discharge，internal metabolism and carbonate buffering on headwater stream CO_2 evasion. Science of the Total Environment，777：146230.

Wen Z，Song K，Shang Y，et al.，2021. Natural and anthropogenic impacts on the DOC characteristics in the Yellow River continuum. Environmental Pollution，287：117231.

Xu S，Li S，Su J，et al.，2021. Oxidation of pyrite and reducing nitrogen fertilizer enhanced the carbon cycle by driving terrestrial chemical weathering. Science of the Total Environment，768：144343.

Zarnetske J P，Bouda M，Abbott B W，et al.，2018. Generality of hydrologic transport limitation of watershed organic carbon flux across ecoregions of the United States. Geophysical Research Letters，45（21）：11702-11711.

Zhi W，Li L，Dong W，et al.，2019. Distinct source water chemistry shapes contrasting concentration-discharge patterns. Water Resources Research，55（5）：4233-4251.

第六章　蒙河河水重金属元素分布特征及环境效应

重金属元素因其对自然生态系统及人类健康的潜在威胁而受到全球广泛关注（Chowdhury et al.，2016）。在自然环境中，重金属化合物难以通过物理、化学或生物净化的方式降解，从而减轻其危害性（Shotyk et al.，2019）。除此之外，通过食物链过量摄入的重金属可以导致严重的生物疾病，如神经紊乱、内脏功能障碍、癌症等（Li et al.，2011；Wang et al.，2017）。其中，溶解态的重金属是直接影响饮用水和灌溉水水质的有害物质之一（Liang et al.，2018），其毒性相对于悬浮态和沉积态的重金属更强（Jiang et al.，2017；Tepanosyan et al.，2018）。因此，了解水体中溶解态重金属的时空分布和来源对于评估水质和健康风险水平、控制水体污染以及保护水资源具有重要意义。

蒙河是泰国东北部的一条大型河流，接收不同来源的大量重金属元素，如 Al、Cr、Mn、Fe、Ni、Cu、Zn、Cd、Sb、Ba、Pb 等（Liang et al.，2019）。溶解态重金属主要来自岩石自然风化、农业活动、工业活动、城市建设以及交通排放等（Islam et al.，2015；Shotyk et al.，2017；Wang et al.，2017）。蒙河流域的主要土地利用方式为农田，因此必须考虑农业生产活动作为重金属排放的一个重要来源（Akter and Babel，2012；Prabnakorn et al.，2018；Zhao et al.，2018）。此外，由于流域丰、枯水期和农业耕期/间耕期的交替，流域溶解态重金属的来源可能存在一定变化，因此有必要对蒙河流域溶解态重金属的来源进行分析，并评估其水质。本研究分别于 2017 年 8 月（丰水期）和 2018 年 3 月（枯水期）在泰国蒙河上中下游选取了 57 个采样点，共计采集了 104 个水样（图 6.1，UM：上游，MM：中游，LM：下游），以确定蒙河中溶解态重金属的可能污染源。本研究针对其中的 6 种重金属（Al、Mn、Fe、Cu、Zn、Ba）进行多元统计分析，包括相关分析和主成分分析，并采用水质指数（WQI）对水质进行评价，同时通过计算危害熵数（HQ）和危害指数（HI）来评估溶解态重金属对人体健康的危害，希望能够协助改善当地的水管理模式，为减轻溶解态重金属的污染提供科学依据。

第一节　河水中溶解态重金属的分布特征

泰国蒙河河水的基本物理化学参数以及溶解态重金属浓度如表 6.1 所示。Kolmogorov-Smirnov（K-S）统计的正态分布检验结果表明只有水温服从正态分布，双边显著性大于 0.100。两季河水中溶解态的 Al、Fe、Ba 以及枯水期的 Mn 具有较大的标准差值，它们的浓度存在极高或极低的异常值，平均值并不能反映这部分数据的可靠性。因此本研究采用中位数与部分指标值进行比较。蒙河河水全年水温相对较高，变化较小，丰水期为 20.30～31.10℃，枯水期为 24.00～33.00℃［图 6.1（a）］。丰水期蒙河的上游水为碱性状态（pH：7.06～8.42），中游水 pH 较低（6.36～6.90），下游河水 pH 介于弱酸性和弱碱性之间，变化范围为 6.45～7.36［图 6.1（b）］。枯水期河水 pH 显著高于丰水期，中游有大量样品 pH 未达到世界卫生组织的限定标准（6.50～8.50），可能对人体健康造成危害。

表 6.1 泰国蒙河河水基本物理化学参数及溶解态重金属浓度数据统计

	最小值	最大值	平均值	中值	方差	K-S 检验
丰水期						
T/℃	20.30	31.10	28.47	28.70	1.89	0.181
pH	6.36	8.42	7.01	6.89	0.49	0.014
Al/(μg/L)	0.36	517.96	34.76	12.01	75.17	0.000
Mn/(μg/L)	0.03	4.35	0.39	0.22	0.61	0.000
Fe/(μg/L)	8.04	378.90	57.94	41.48	60.61	0.000
Cu/(μg/L)	0.03	2.51	0.47	0.41	0.37	0.000
Zn/(μg/L)	0.03	4.82	1.07	0.81	1.13	0.000
Ba/(μg/L)	6.24	155.75	38.99	26.66	31.10	0.000
枯水期						
T/℃	24.00	33.00	28.58	28.70	1.79	0.198
pH	6.11	8.51	7.41	7.50	0.49	0.086
Al/(μg/L)	0.27	167.42	12.99	2.32	33.00	0.000
Mn/(μg/L)	0.09	527.00	72.17	20.70	104.94	0.000
Fe/(μg/L)	21.49	536.05	114.64	103.07	80.91	0.000
Cu/(μg/L)	0.17	1.51	0.60	0.58	0.27	0.001
Zn/(μg/L)	0.15	6.24	2.38	2.03	1.41	0.019
Ba/(μg/L)	11.96	115.89	55.18	58.41	22.37	0.063

根据平均浓度水平，溶解态重金属可分为以下两类：①Mn、Cu、Zn（≤10μg/L）；②Al、Fe、Ba（＞10μg/L）。它们的浓度变化如下：

Al：除去低于检测限的样品，丰水期 Al 浓度范围为 0.36～517.96μg/L，整体浓度较低，但存在较高的异常值［图 6.1（c）］。枯水期 Al 浓度范围为 0.27～167.42μg/L，浓度变化相对于丰水期较小，且枯水期的 Al 浓度相对于丰水期较低。

Mn：丰水期 Mn 浓度范围为 0.03～4.35μg/L［图 6.1（d）］，枯水期 Mn 浓度范围为 0.09～527.00μg/L。Mn 浓度的季节性变化明显，其中枯水期比丰水期的波动更大。

Fe：丰水期 Fe 浓度范围为 8.04～378.90μg/L［图 6.1（e）］，枯水期 Fe 浓度范围为 21.49～536.05μg/L。Fe 浓度的空间变化幅度较大，季节性差异不明显。

Cu：除去低于检测限的样品，丰水期 Cu 浓度范围为 0.03～2.51μg/L［图 6.1（f）］，枯水期 Cu 浓度范围为 0.17～1.51μg/L，Cu 在两季的浓度均较低。

Zn：除去低于检测限的样品，丰水期 Zn 浓度范围为 0.03～4.82μg/L［图 6.1（g）］，枯水期 Zn 浓度范围为 0.15～6.24μg/L。Zn 浓度较低，但丰水期空间变化程度小于枯水期。

Ba：丰水期 Ba 浓度范围为 6.24～155.75μg/L［图 6.1（h）］，枯水期的 Ba 浓度范围为 11.96～115.89μg/L，枯水期 Ba 的平均浓度高于丰水期，且两季浓度变化较大。根据前人的研究数据，Al、Mn、Fe、Cu、Zn、Ba 的世界平均浓度分别为 32μg/L、34μg/L、66μg/L、1.5μg/L、0.6μg/L、23μg/L（表 6.2）。

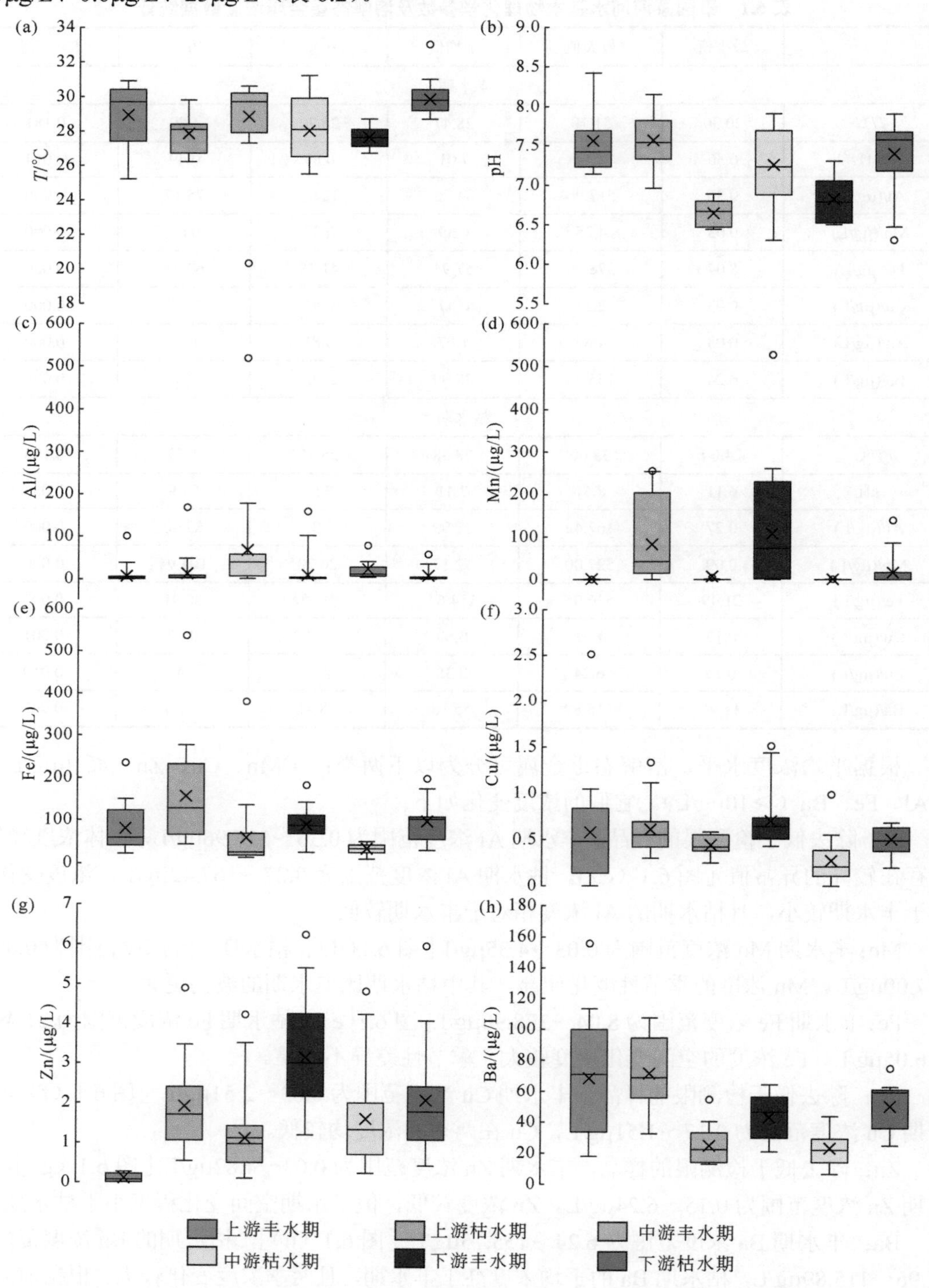

图 6.1 泰国蒙河河水基本物理化学参数及溶解态重金属的浓度变化

枯水期水体中的 Cu、Zn 浓度接近世界平均值，其他元素浓度与世界平均水平有很大差异。本研究着重对比了东南亚河流中溶解态重金属的浓度，其中 Al 浓度高于柬埔寨 Tonle Sap-Bassac（洞里萨-巴塞）河，枯水期 Mn 和 Ba 浓度均低于印度尼西亚 Citarum（西大鲁）河（Chanpiwat and Sthiannopkao，2014），Fe 浓度远低于越南 Saigon（西贡）河（Chanpiwat and Sthiannopkao，2014），Cu 和 Zn 浓度均低于印度 Mahanadi（默哈讷迪）河两季的平均浓度以及其他四条河流（Sundaray et al.，2012），说明人为因素对 Cu 和 Zn 的输入影响不大。

与世界卫生组织、美国环境保护局以及中国《生活饮用水卫生标准》（GB 5749—2022）对饮用水中重金属浓度的限定值（表 6.3）相比，蒙河河水中 Cu、Zn 和 Ba 的最大浓度均低于限定值，Al、Mn、Fe 的峰值均高于世界卫生组织的饮用水限定值（200μg/L、400μg/L、300μg/L）（WHO，2017）。除此以外，有 15 个枯水期样品的 Mn 含量超过了中国的国家标准（100μg/L）（GB 5749—2022）。过量摄入 Mn 可导致人体甲状腺功能亢进和重要器官受损等严重疾病。河流中低浓度的溶解态重金属可能来源于自然活动，其具有缓慢积累的特点，然而人为活动的输入可能导致某些元素浓度突然大幅增加。因此，对于蒙河流域溶解态重金属的研究应着重于溶解态 Mn 的排放控制。

表 6.2　东南亚河流的溶解态重金属浓度　（单位：μg/L）

重金属元素	Al	Mn	Fe	Cu	Zn	Ba
世界平均①	32	34	66	1.5	0.6	23
Tonle Sap-Bassac 河（柬埔寨）①	11	1	10	1	—	7
Citarum 河（印度尼西亚）①	130	260	230	3	12	30
Chao Phraya 河（泰国）①	100	210	100	4	53	175
Saigon 河（越南）①	245	90	370	5	75	19
Mahanadi 河（印度，丰水期）②	—	22.04	222.3	9.53	18.76	—
Mahanadi 河（印度，枯水期）②	—	17.51	113.5	9.86	23.21	—

数据来源：① Chanpiwat and Sthiannopkao，2014；② Sundaray et al.，2012。

表 6.3　饮用水中重金属浓度的限定参考值

重金属元素	世界卫生组织①	美国环境保护局②	中国 GB 5749—2022
Al/(μg/L)	200	—	200
Mn/(μg/L)	400	—	100
Fe/(μg/L)	300	—	300
Cu/(μg/L)	2000	1300	1000
Zn/(μg/L)	—	—	1000
Ba/(μg/L)	1300	2000	700

数据来源：① WHO，2017；② USEPA，2012。

第二节　河水中溶解态重金属的来源

本研究使用皮尔逊相关矩阵分析了蒙河水体中溶解态重金属之间的相互关系，并使用主成分分析探索溶解态重金属的可能来源，使用降维技术将大量潜在的相关变量转换为一组线性不相关的变量。在主成分中，使用 Kaiser-Meyer-Olkin（KMO）和 Bartlett's 球度检验验证数据集的充分性和适用性，主成分分析的置信度小于 0.001。所有的数据分析均在 SPSS 25.0 统计软件中进行。

蒙河溶解态重金属的相关性分析结果如表 6.4 所示。丰水期中，溶解态 Mn 与 Al(0.414)、Fe（0.391）和 Zn（0.425）在 $p<0.01$ 水平上有显著的正相关性，Fe 和 Cu 也表现出强烈的正相关（0.470，$p<0.01$）。Ba 与 Fe（0.522）和 Cu（0.703）在 $p<0.01$ 水平上有显著的正相关性，与 Zn 呈显著负相关（−0.411，$p<0.01$）。这些结果表明，流域内有 3 组元素组合存在相关的来源，它们分别是 Al-Mn-Fe、Mn-Zn 和 Fe-Cu-Ba，受到流域内相似水文地球化学特征的影响。在枯水期水样中，Fe 与 Al（0.344）、Ba（0.500）呈显著相关（$p<0.01$），Mn 与 Cu（0.366）在 $p<0.01$ 水平上呈显著相关，Mn 与 Zn（0.292）在 $p<0.05$ 水平上呈显著相关。结果表明，Al-Fe、Mn-Cu-Zn 和 Fe-Ba 元素组合存在不同的来源。不同季节溶解态重金属组合之间的相互关系表明其主要来源可能发生了变化。

表 6.4　泰国蒙河河水溶解态重金属的皮尔逊相关矩阵

	Al	Mn	Fe	Cu	Zn	Ba
			丰水期			
Al	1					
Mn	0.414①	1				
Fe	0.736①	0.391①	1			
Cu	0.025	0.237	0.470①	1		
Zn	0.042	0.425①	−0.131	0.001	1	
Ba	−0.113	0.031	0.522①	0.703①	−0.411①	1
			枯水期			
Al	1					
Mn	0.041	1				
Fe	0.344①	−0.118	1			
Cu	0.129	0.366①	−0.048	1		
Zn	0.148	0.292②	0.005	0.217	1	
Ba	−0.078	0.053	0.500①	0.006	−0.106	1

① 相关性在 0.01 水平显著（$p<0.01$）；② 相关性在 0.05 水平显著（$p<0.05$）。

蒙河溶解态重金属的主成分分析结果列于表 6.5 中，共有三种不同的结果：强荷载、中荷载以及弱荷载，分别表现为＞0.75、0.75～0.50、0.50～0.30。丰水期水样中，根据特征值大于 1 的结果，主成分分析解释了 3 个主成分，占总体特征值的 83.82%。主成分 1 对 Al（0.96）和 Fe（0.94）呈强荷载，对 Mn（0.46）呈弱荷载。Al 和 Fe 是地壳物质的主要成分，水体中溶解的 Fe、Mn 浓度可能受到蒙河中 Fe、Mn 氢氧化物吸附或解吸的控制。因此，主成分 1 可能代表了沉积输入或胶体失稳等因素（Bu et al.，2017；Bu et al.，2015）。主成分 2 中 Zn（0.90）荷载较高，Mn（0.68）荷载中等，Cu（0.31）荷载较低。Cu 和 Zn 大多受到生活排放、工业废水和农业输入等人为因素影响（Shiller，1997），由于蒙河 Cu、Zn 浓度较低，受人为因素影响不大，而 Mn 受沉积物输入影响，因此主成分 2 受到自然和人为源的混合影响。主成分 3 对 Cu（0.83）和 Ba（0.74）呈高荷载，其中 Ba 浓度分布不均且有人为影响特征，因此主成分 3 可能受人为影响。

表 6.5 泰国蒙河河水溶解态重金属主成分分析结果

	主成分 1	主成分 2	主成分 3
丰水期①			
Al	0.96	0.14	−0.04
Mn	0.46	0.68	0.13
Fe	0.94	−0.09	0.27
Cu	0.10	0.31	0.83
Zn	−0.09	0.90	−0.01
Ba	0.10	−0.51	0.74
特征值	2.32	1.65	1.07
方差百分比/%	38.61	27.43	17.78
累积/%	38.61	66.04	83.82
枯水期①			
Al	0.08	0.03	0.91
Mn	0.82	0.04	−0.13
Fe	−0.12	0.77	0.49
Cu	0.74	0.02	0.06
Zn	0.58	−0.17	0.34
Ba	0.05	0.92	−0.18
特征值	1.65	1.57	1.09
方差百分比/%	27.46	26.16	18.11
累积/%	27.46	53.62	71.73

注：提取方法为主成分分析法，旋转方法为凯撒正态化最大方差法。

①表示旋转在 4 次迭代后收敛。

枯水期的溶解态重金属来源有 3 种，占总特征值的 71.73%，3 个主成分分别占 27.46%、26.16%和 18.11%。主成分 1 对 Mn（0.82）具有强荷载，对 Cu（0.74）和 Zn（0.58）具有中等荷载，其中 Mn 浓度较丰水期显著升高，而 Cu 和 Zn 也存在人为来源影响，因此主成分 1 可能表现为人为影响。主成分 2 中 Fe（0.77）和 Ba（0.92）具有较强的荷载，反映了人为来源和自然来源的混合影响。主成分 3 对 Al（0.91）显示强荷载，对 Fe（0.49）和 Zn（0.34）呈弱荷载，这可能与地壳物质输入或少量人为输入有关。总体而言，蒙河溶解态重金属的主要来源在丰水期时主要为沉积输入，而枯水期时主要为人为影响。

第三节 河水中溶解态重金属的水质评价

一、水质指数（WQI）

蒙河的水质评估采用的方法为水质指数（WQI），在每个采样点将浓度数据转换为评价指数，其结果能够消除对水质的主观评估。计算公式如下：

$$\text{WQI}=\Sigma\left[W_i\times(C_i/S_i)\right]\times 100 \tag{6.1}$$

其中，W_i表示各参数的权重，根据主成分的特征值及分析结果中各参数的因子载荷计算得到；C_i表示各溶解重金属的浓度；S_i是每个元素的参考值。根据 WQI 值，可将水质分为五个级别，分别为水质优良（0≤WQI＜50）、水质良好（50≤WQI＜100）、水质差（100≤WQI＜200）、水质极差（200≤WQI＜300）、不适宜饮用（WQI≥300）（Liang et al.，2018；Wang et al.，2017）。世界卫生组织对饮用水 pH 的建议值为 6.5～8.5，在丰水期和枯水期分别有 91.23%和 87.72%的样品达到 pH 标准，但在中下游地区仍然存在水质健康风险。从蒙河溶解态重金属的 WQI 值来看（图 6.2），丰水期的平均 WQI 值为 10.23，优于枯水期的平均水质（WQI=22.93）。除去枯水期上游 UM2、UM13 和 MM9 点位水质良好，以及 MM15 水质较差外，其余样品的水质均为优良。

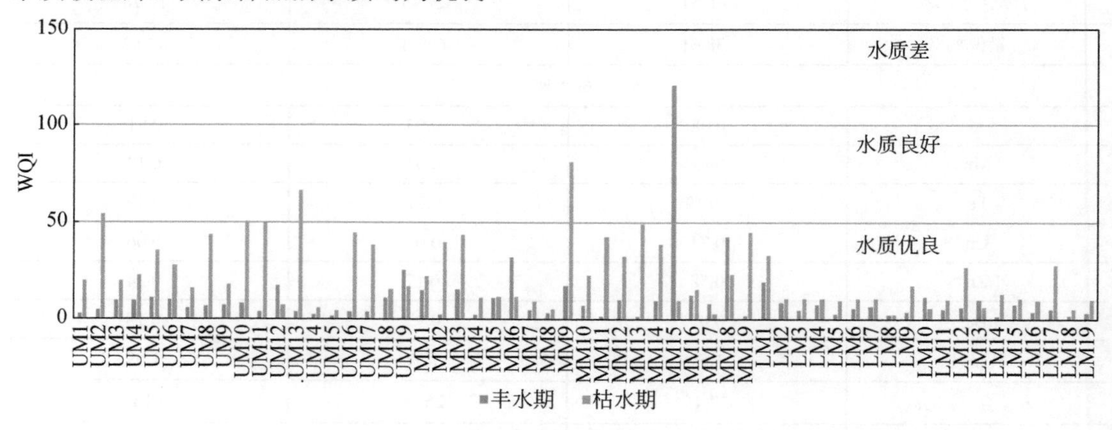

图 6.2 泰国蒙河河水溶解态重金属的 WQI 值

二、河水中溶解态重金属的健康风险评价

蒙河河水体系中重金属毒性的评估指标为危害熵数（HQ）和危害系数（HI）。HQ 是重金属通过摄入和皮肤吸收途径暴露与参考剂量的比值，而 HI 是两个途径的 HQ 之和。当 HQ 或 HI≥1 时，河流重金属可能存在对人体健康的非致癌风险，而当 HQ 或 HI＜1 时不存在有害影响。HQ 值和 HI 值计算如下：

$$ADD_{摄取}=(C_w\times IR\times EF\times ED)/(BW\times AT) \quad (6.2)$$

$$ADD_{皮肤}=(C_w\times SA\times K_p\times ET\times EF\times ED\times 10^{-3})/(BW\times AT) \quad (6.3)$$

$$HQ=ADD/RfD \quad (6.4)$$

$$RfD_{皮肤}=RfD\times ABS_{GI} \quad (6.5)$$

$$HI=HQ_a+HQ_b+\cdots+HQ_n \quad (6.6)$$

式中，$ADD_{摄取}$和$ADD_{皮肤}$分别代表摄入和皮肤吸收的平均每日剂量［μg/(kg·d)］；C_w代表了每个元素在水中的平均浓度（μg/L）；BW为平均体重（成人70kg，儿童15kg）；IR为摄取率（成人2L/d，儿童0.64L/d）；EF为暴露频率（350d/a）；ED为暴露时间（成人30年，儿童6年）；AT为平均时间，即ED×365d/a；SA为暴露皮肤面积（成人18000cm^2，儿童6600cm^2）；ET为暴露时间（成人0.58h/d，儿童1h/d）；K_p表示皮肤在水中的渗透系数（cm/h）；RfD是参考剂量［μg/(kg·d)］；ABS_{GI}是胃肠道吸收因子。上述参考值来自美国环境保护局相关标准（USEPA，2004），结果见表6.6。

与成人相比，儿童的$HQ_{摄取}$和$HQ_{皮肤}$值较高，表明儿童对水中溶解态重金属更敏感。对于成人和儿童而言，Al、Mn、Fe、Cu、Zn和Ba的$HQ_{摄取}$和$HQ_{皮肤}$值在两个季节都小于1，表明在蒙河流域中，上述重金属在日常摄入和皮肤吸收的过程中对人体健康没有产生影响。HI计算结果表明，两个季节各元素均不对人体健康构成致癌威胁。虽然Al、Cu和Zn的浓度较低，对健康的风险较小，但Mn、Fe和Ba在枯水期浓度较高时可能具有潜在的危害。因此Mn、Fe和Ba的排放应当引起重视，以免对生态环境和人体健康造成威胁。

表6.6　泰国蒙河河水溶解态重金属的健康风险评价

重金属元素	$HQ_{摄取}$		$HQ_{皮肤}$		HI	
	成人	儿童	成人	儿童	成人	儿童
Al	3.38×10^{-4}	5.17×10^{-4}	6.52×10^{-5}	9.97×10^{-5}	4.03×10^{-4}	6.17×10^{-4}
Mn	3.35×10^{-4}	5.57×10^{-4}	3.21×10^{-2}	5.33×10^{-2}	3.24×10^{-2}	5.39×10^{-2}
Fe	3.92×10^{-3}	6.05×10^{-3}	9.74×10^{-3}	1.50×10^{-2}	1.37×10^{-2}	2.11×10^{-2}
Cu	2.89×10^{-4}	4.42×10^{-4}	4.10×10^{-4}	6.27×10^{-4}	6.99×10^{-4}	1.07×10^{-3}
Zn	7.54×10^{-5}	1.14×10^{-4}	1.88×10^{-4}	2.85×10^{-4}	2.63×10^{-4}	3.99×10^{-4}
Ba	1.07×10^{-2}	1.64×10^{-3}	2.35×10^{-2}	3.59×10^{-2}	3.42×10^{-2}	5.23×10^{-2}

第四节　河水中溶解态重金属的入海通量

本研究根据蒙河流域的径流量数据和流域丰、枯水期的加权体积浓度，计算了蒙河流入湄公河的重金属通量。各溶解态重金属的通量按下式计算：

$$通量(t/月)=Q_A\times C_A \quad (6.7)$$

图6.3反映了蒙河河水各溶解态重金属的平均通量，其中Fe和Ba是蒙河丰水期以及枯水期流入湄公河的主要元素。

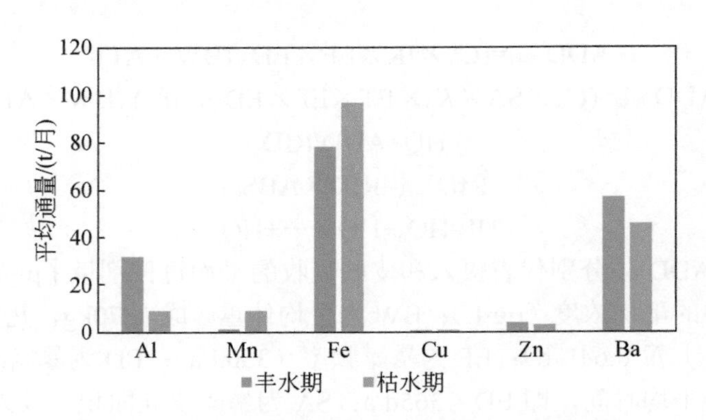

图 6.3 泰国蒙河河水溶解态重金属的平均通量

虽然整个流域内 Mn 浓度较高，但流入湄公河的 Mn 总量较小。Cu 和 Zn 通量可以忽略不计，但 Cu 可能对湄公河中的溶解重金属有显著影响，因为两条河流 Cu 的背景值相似，前人研究表明湄公河丰水期 Cu 背景值为 0.96～3.96μg/L，枯水期 Cu 背景值为 0.63～1.41μg/L（Strady et al.，2017；Wilbers et al.，2014）。因此，蒙河可能对湄公河溶解态重金属浓度产生重要影响，是一个重要的输入来源，但仍需进一步研究。

本 章 小 结

本章分析了泰国蒙河河水中溶解态重金属的空间分布及季节变化，利用多元统计分析方法，包括皮尔逊相关性矩阵以及主成分分析法初步探讨了溶解态重金属的来源。运用水质指数（WQI）、危害熵数（HQ）和危害系数（HI）方法，本章对蒙河溶解态重金属进行了潜在生态风险的综合评价，并且对溶解态重金属的通量进行了计算，探讨其对湄公河的影响。与国际饮用水参考标准相比，溶解态 Mn 可能是枯水期的主要污染物。溶解态重金属的主要来源在丰水期时主要为沉积输入，而在枯水期时主要为人为活动。除枯水期 UM2、UM13 和 MM9 点位处水质较好，丰水期 MM15 点位水质较差外，其余样品水质均为优良。综上所述，泰国蒙河溶解态重金属并不构成显著的健康风险，但 Mn、Fe、Ba 的 HQ 和 HI 值较高，需引起更多关注。流入湄公河的溶解态重金属主要为 Al、Fe 和 Ba，而 Cu 可能对湄公河 Cu 的浓度背景值有所贡献。

参 考 文 献

中华人民共和国国家卫生健康委员会，2022. 生活饮用水卫生标准：GB 5749—2022. 北京：中国标准出版社.

Akter A，Babel M S，2012. Hydrological modeling of the Mun River basin in Thailand. Journal of Hydrology，452-453：232-246.

Bu H，Wang W，Song X，et al.，2015. Characteristics and source identification of dissolved trace elements in the Jinshui River of the South Qinling Mts.，China. Environmental Science and Pollution Research，22（18）：14248-14257.

Bu H，Song X，Guo F，2017. Dissolved trace elements in a nitrogen-polluted river near to the Liaodong Bay in

Northeast China. Marine Pollution Bulletin，114（1）：547-554.

Chanpiwat P，Sthiannopkao S，2014. Status of metal levels and their potential sources of contamination in Southeast Asian rivers. Environmental Science and Pollution Research，21（1）：220-233.

Chowdhury S，Mazumder M A J，Al-Attas O，et al.，2016. Heavy metals in drinking water：occurrences，implications，and future needs in developing countries. Science of the Total Environment，569-570：476-488.

Islam M S，Ahmed M K，Raknuzzaman M，et al.，2015. Heavy metal pollution in surface water and sediment：a preliminary assessment of an urban river in a developing country. Ecological Indicators，48：282-291.

Jiang Y，Xie Z，Zhang H，et al.，2017. Effects of land use types on dissolved trace metal concentrations in the Le'an River Basin，China. Environmental Monitoring and Assessment，189（12）：633.

Li S，Li J，Zhang Q，2011. Water quality assessment in the rivers along the water conveyance system of the Middle Route of the South to North Water Transfer Project（China）using multivariate statistical techniques and receptor modeling. Journal of Hazardous Materials，195：306-317.

Liang B，Han G，Liu M，et al.，2018. Distribution，sources，and water quality assessment of dissolved heavy metals in the Jiulongjiang River water，southeast China. International Journal of Environmental Research and Public Health，15（12）：2752.

Liang B，Han G，Liu M，et al.，2019. Spatial and temporal variation of dissolved heavy metals in the Mun River，Northeast Thailand. Water，11（2）：380.

Prabnakorn S，Maskey S，Suryadi F X，et al.，2018. Rice yield in response to climate trends and drought index in the Mun River Basin，Thailand. Science of the Total Environment，621：108-119.

Shiller A M，1997. Dissolved trace elements in the Mississippi River：seasonal，interannual，and decadal variability. Geochimica et Cosmochimica Acta，61（20）：4321-4330.

Shotyk W，Bicalho B，Cuss C W，et al.，2017. Trace metals in the dissolved fraction（<0.45 μm）of the lower Athabasca River：analytical challenges and environmental implications. Science of the Total Environment，580：660-669.

Shotyk W，Bicalho B，Cuss C W，et al.，2019. Bioaccumulation of Tl in otoliths of Trout-perch（Percopsis omiscomaycus）from the Athabasca River，upstream and downstream of bitumen mining and upgrading. Science of the Total Environment，650：2559-2566.

Strady E，Dinh Q T，Némery J，et al.，2017. Spatial variation and risk assessment of trace metals in water and sediment of the Mekong Delta. Chemosphere，179：367-378.

Sundaray S K，Nayak B B，Kanungo T K，et al.，2012. Dynamics and quantification of dissolved heavy metals in the Mahanadi river estuarine system，India. Environmental Monitoring and Assessment，184（2）：1157-1179.

Tepanosyan G，Sahakyan L，Belyaeva O，et al.，2018. Continuous impact of mining activities on soil heavy metals levels and human health. Science of the Total Environment，639：900-909.

USEPA，2004. Risk assessment guidance for superfund Volume I：human health valuation manual（Part E，Supplemental guidance for dermal risk assessment）；Office of Superfund Remediation and Technology Innovation：Washington，DC，USA.

USEPA，2012. Drinking water standards and health advisories. Washington，DC，USA：United States Environmental Protection Agency.

Wang J，Liu G，Liu H，et al.，2017. Multivariate statistical evaluation of dissolved trace elements and a water quality assessment in the middle reaches of Huaihe River，Anhui，China. Science of the Total Environment，583：421-431.

WHO，2017. Guidelines for drinking-water quality，4th edition incorporating the 1st addendum. Geneva，Switzerland：WHO.

Wilbers G J，Becker M，Nga L T，et al.，2014. Spatial and temporal variability of surface water pollution in the Mekong Delta，Vietnam. Science of the Total Environment，485-486：653-665.

Zhao Z，Liu G，Liu Q，et al.，2018. Distribution characteristics and seasonal variation of soil nutrients in the Mun River Basin，Thailand. International Journal of Environmental Research and Public Health，15（9）：1818.

第七章　蒙河河水稀土元素地球化学特征

稀土元素（REE）包括镧系元素和钇（Y）、钪（Sc）共 17 种金属元素，镧系元素又包括镧（La）、铈（Ce）、镨（Pr）、钕（Nd）、钷（Pm）、钐（Sm）、铕（Eu）、钆（Gd）、铽（Tb）、镝（Dy）、钬（Ho）、铒（Er）、铥（Tm）、镱（Yb）、镥（Lu）。根据原子电子层结构和物理化学性质，稀土元素通常可分为轻稀土元素（LREE，La～Nd）、中稀土元素（MREE，Sm～Dy）和重稀土元素（HREE，Ho～Lu）。稀土元素通常以正三价氧化态形式稳定存在，晶体化学性质极其相似，因此具有相似的地球化学行为，在地质作用过程中通常密切共生。然而，各稀土元素也存在一定的差异，这使其之间可能发生分异现象（Haskin and Haskin，1966）。因此，稀土元素可用于示踪古气候环境的低温地质和生物地球化学过程（Tanaka et al.，2007；Zhang et al.，2021；Zhou et al.，2008）、大陆化学风化过程（Aubert et al.，2001；Fu et al.，2019；Su et al.，2017）、水-粒相互作用（Han et al.，2009；Leybourne and Johannesson，2008；Xu and Han，2009）、河流或湖泊沉积物的来源（Dou et al.，2010；Kumar et al.，2019；Mao et al.，2014），以及河口混合、海洋水团混合和循环过程（Elderfield et al.，1990；Zhu et al.，2018）。作为宝贵的资源，过去几十年里稀土元素在高新技术方面的应用急剧增加（Du and Graedel，2011；Hatje et al.，2016），广泛用于当代通信技术、电子计算机、宇航开发、医药卫生、感光材料、光电材料、能源材料和催化剂材料等（Balaram，2019；Kulaksız and Bau，2013；Layne et al.，2018；Tepe et al.，2014），但这也导致稀土元素以溶解相或固相的形式大量排放到水生环境中，使得环境风险不断增加（Meybeck，1987；Sharples et al.，2017）。

河流是连接大陆和海洋的纽带，记录了大陆风化和人类活动的重要信息（Liu et al.，2022a）。溶解态稀土元素通过河流搬运进入海洋，因此河流是稀土元素迁移转化的重要场所（Han and Liu，2007）。流域的地球化学背景、河水理化性质、河水 pH 和胶体微粒浓度都对河流溶解态稀土元素浓度及其组成起控制作用（Tang and Johannesson，2003；Xu and Han，2009），此外，人类活动如矿厂废水、生活污水的排放和农林业肥料的施用等也是河流溶解态稀土元素分布规律的控制因素（Hatje et al.，2016）。例如，诸多研究表明河流中出现的 Gd 异常和 Sm 异常均受到人为输入的影响（Kulaksız and Bau，2013；Liu et al.，2022b）。因此，了解和查明河流生态系统中稀土元素的浓度、分布、来源及其迁移转化规律至关重要，有助于我们深入理解水-粒相互作用、地质岩性变化和化学风化作用，以及人为活动等对稀土元素地球化学行为的影响。

蒙河是泰国东北部呵叻高原上最大的河流，也是一条典型的农业河流，流域内频繁的农业活动与复杂的自然条件不同程度地影响了蒙河的地球化学特征和生态水文过程。然而，作为地球化学研究中的重要部分，蒙河流域的河水溶解态稀土元素地球化学特征还未被系统研究过。因此，本章对蒙河流域河水溶解态稀土元素开展了系统的采样工作，分析了水体中溶解态稀土元素的含量、配分模式及其控制机理，希望能够识别蒙河流域溶解态稀土元素的地球化学特征，辨析自然过程和人为活动对蒙河流域稀土元素的影响，从而为蒙河流域的生态环境保护提供科学依据和基础资料。

第一节　河水溶解态稀土元素的浓度及空间分布特征

本研究测定了蒙河河水的溶解态稀土元素浓度（表 7.1），平均值（单位：ng/L）分别为 Ce（14.55）＞Nd（10.62）＞La（9.12）＞Gd（3.07）＞Sm（2.40）＞Pr（2.33）＞Dy（2.25）＞Eu（1.97）＞Yb（1.67）＞Er（1.63）＞Ho（0.52）＞Tb（0.34）＞Lu（0.30）＞Tm（0.24），其中 Ce、Nd、La、Gd 的浓度较高。

表 7.1　蒙河流域河水的溶解态稀土元素浓度　　（单位：ng/L）

	La	Ce	Pr	Nd	Sm	Eu	Gd	Tb	Dy	Ho	Er	Tm	Yb	Lu
上游														
最小值	0.93	0.87	0.17	0.64	0.20	0.53	0.42	0.06	0.22	0.08	0.34	0.08	0.42	0.09
最大值	35.56	57.18	8.67	38.91	8.87	3.35	8.41	1.13	6.48	1.37	4.63	0.64	4.43	0.64
平均值	7.91	11.95	1.99	9.28	2.24	2.32	2.90	0.37	2.47	0.61	2.02	0.30	2.08	0.38
标准差	7.97	13.80	2.03	9.18	2.08	0.77	1.94	0.26	1.69	0.36	1.19	0.16	1.10	0.16
中游														
最小值	1.91	1.29	0.35	1.59	0.44	0.58	0.81	0.06	0.69	0.15	0.48	0.09	0.66	0.12
最大值	51.59	106.20	13.73	62.42	13.12	3.34	12.58	1.38	8.58	1.89	5.38	0.83	5.06	0.83
平均值	14.11	24.53	3.60	16.23	3.47	1.70	4.41	0.41	2.73	0.60	1.76	0.26	1.85	0.34
标准差	16.30	33.83	4.41	19.89	4.06	0.80	4.07	0.41	2.54	0.53	1.39	0.19	1.13	0.19
下游														
最小值	1.90	2.33	0.48	2.53	0.60	0.89	0.93	0.12	0.73	0.17	0.64	0.06	0.66	0.12
最大值	16.92	26.16	4.35	20.45	4.49	2.74	4.87	0.64	4.46	0.99	3.13	0.46	3.27	0.58
平均值	6.16	8.82	1.60	7.28	1.69	1.86	2.15	0.25	1.67	0.37	1.16	0.17	1.16	0.21
标准差	4.14	6.81	1.16	5.19	1.15	0.51	1.09	0.15	0.95	0.19	0.57	0.08	0.59	0.10
整条河														
最小值	0.93	0.87	0.17	0.64	0.20	0.53	0.42	0.06	0.22	0.08	0.34	0.06	0.42	0.09
最大值	51.59	106.20	13.73	62.42	13.12	3.35	12.58	1.38	8.58	1.89	5.38	0.83	5.06	0.83
平均值	9.12	14.55	2.33	10.62	2.40	1.97	3.07	0.34	2.25	0.52	1.63	0.24	1.67	0.30
标准差	10.86	21.59	2.90	13.04	2.72	0.74	2.74	0.29	1.85	0.39	1.14	0.16	1.04	0.17

蒙河上游的平均稀土元素浓度为 Ce（11.95）＞Nd（9.28）＞La（7.91）＞Gd（2.90）＞Dy（2.47）＞Eu（2.32）＞Sm（2.24）＞Yb（2.08）＞Er（2.02）＞Pr（1.99）＞Ho（0.61）＞Lu（0.38）＞Tb（0.37）＞Tm（0.30）；蒙河中游的平均稀土元素浓度为 Ce（24.53）＞Nd（16.23）＞La（14.11）＞Gd（4.41）＞Pr（3.60）＞Sm（3.47）＞Dy（2.73）＞Yb（1.85）＞Er（1.76）＞Eu（1.70）＞Ho（0.60）＞Tb（0.41）＞Lu（0.34）＞Tm（0.26）；下游平均稀土元素浓度为 Ce（8.82）＞Nd（7.28）＞La（6.16）＞Gd（2.15）＞Eu（1.86）＞Sm

（1.69）＞Dy（1.67）＞Pr（1.60）＞Er（1.16）＞Yb（1.16）＞Ho（0.37）＞Tb（0.25）＞Lu（0.21）＞Tm（0.17）。蒙河中游各稀土元素的平均浓度最高，其次是上游和下游；上中下游与整条河的稀土元素浓度变化趋势相同，即轻稀土元素浓度较高。

除单个稀土元素浓度外，总溶解态稀土元素浓度（ΣREE）、总轻稀土元素浓度（ΣLREE）、总中稀土元素浓度（ΣMREE）和总重稀土元素浓度（ΣHREE）可用于表征稀土元素浓度变化特征。如图7.1所示，蒙河河水溶解态稀土元素组成的空间分布表明，ΣREE浓度变化较大，变化范围为5.08～272.91ng/L，平均值为49.30ng/L。

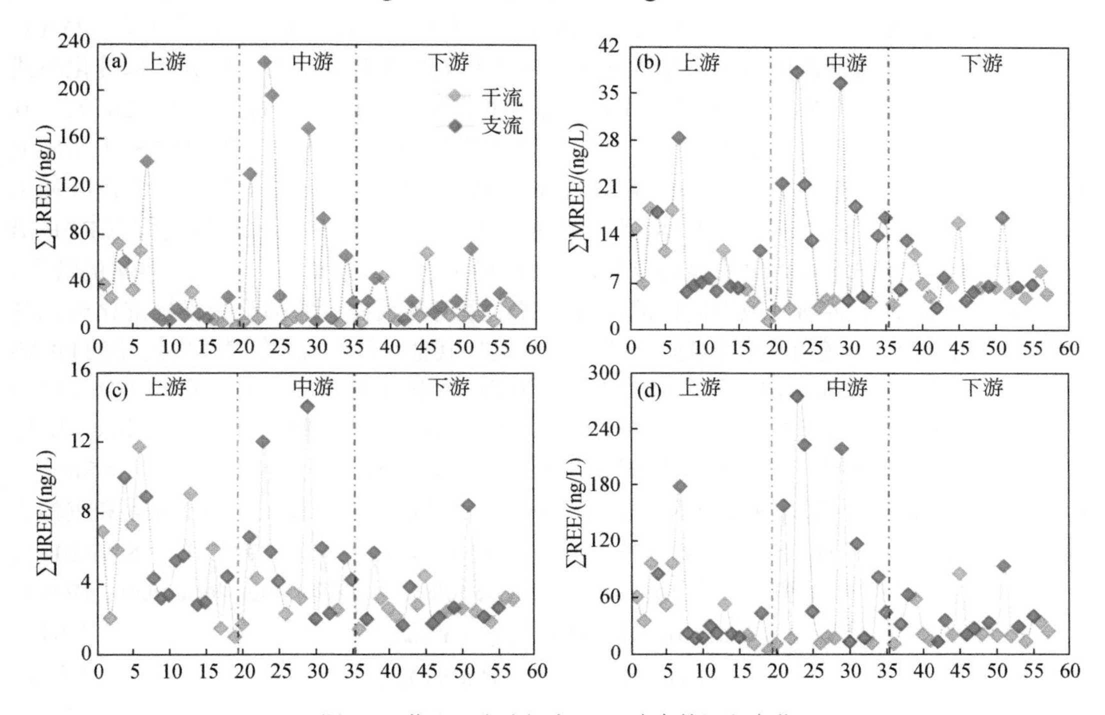

图7.1 蒙河河水溶解态REE浓度的沿程变化

（a）河水溶解态轻稀土元素的变化趋势；（b）河水溶解态中稀土元素的变化趋势；（c）河水溶解态重稀土元素的变化趋势；（d）河水溶解态总稀土元素的变化趋势

蒙河上、中、下游溶解态ΣREE的浓度变化范围分别为5.08～177.46ng/L（平均值46.81ng/L）、11.38～272.91ng/L（平均值为75.99ng/L）、13.49～92.91ng/L（平均值34.54ng/L）。溶解态ΣMREE和ΣHREE浓度较低，平均值分别为10.03ng/L和4.36ng/L；溶解态ΣLREE浓度较高，平均值为36.60ng/L。其中，ΣLREE、ΣMREE、ΣHREE分别占ΣREE的42%～87%、10%～39%以及3%～28%。蒙河上游溶解态ΣREE浓度较低，中游浓度显著增加且变化较大，下游浓度又略微降低。ΣLREE浓度沿河流流向的变化与ΣMREE和ΣHREE相似，支流中稀土元素的浓度变化与干流一致，中游支流的溶解态REE浓度较高。总体而言，蒙河流域溶解态ΣREE的平均浓度与长江（Wang and Liu，2008）和九龙江（Ma et al.，2023a）相似，但明显低于黄河（He et al.，2010）、珠江（Han et al.，2022）以及世界平均水平（Gaillardet et al.，2003）。

第二节 页岩标准化的河水溶解态稀土元素配分模式

自然水体中稀土元素的相对丰度呈规律性变化，遵循奇偶效应（Oddo-Harkins rule），即原子序数为偶数的元素丰度大大高于相邻原子序数为奇数的元素。为消除稀土元素间的奇偶效应，从而更直观地表示稀土元素的含量和分异特征，通常用一个具有共同参照标准的稀土元素数据来对样品的稀土元素含量数据进行标准化。稀土元素的配分模式是识别稀土元素分异的有效工具。在河流的稀土元素研究中，常采用澳大利亚后太古代页岩（PAAS）进行标准化，大多数河流的溶解态稀土元素相对于页岩发生显著分异。PAAS 标准化模式可用于比较地质样品中的 REE 丰度，并确定元素的富集或亏损（Huang et al.，2019）。利用 PAAS 标准对天然样品进行标准化，首先需要用样品的 REE 丰度除以 PAAS 中相应的 REE 丰度数值，得到的比值再以 10 为底取对数，然后可以通过数值法和图解法来反映稀土元素的富集或亏损。蒙河河水的 PAAS 标准化配分模式如图 7.2 所示。河流溶解态 REE 沿蒙河干流和支流方向均表现出明显的分异，具有轻稀土元素亏损和重稀土元素富集的特征。蒙河上游、中游、下游均表现出同样的配分模式。蒙河各采样点的稀土元素标准化模式基本相似，表明该流域具有相似的地球化学特征。与世界其他河流相比，中国境内河流的 PAAS 标准化 REE 模式大多显示出溶解态轻稀土元素亏损、中稀土和重稀土元素富集的分异特征（Wang and Liu，2008），这类河流多为碱性水体，河水 pH 较高且稀土元素含量偏低。除标准化配分模式图解法外，稀土元素地球化学特征参数，如标准化的$(La/Yb)_N$、$(La/Sm)_N$、$(Sm/Yb)_N$值也可以用于表示稀土元素间的分异程度，其中$(La/Yb)_N$代表轻稀土元素和重稀土元素之间的分异程度；$(La/Sm)_N$代表轻稀土元素和中稀土元素之间的分异程度；$(Sm/Yb)_N$代表中稀土元素和重稀土元素之间的分异程度，计算公式如下（Taylor and McLennan，1995）：

$$(La/Yb)_N=(La/Yb)_{sample}/(La/Yb)_{PAAS} \tag{7.1}$$

$$(La/Sm)_N=(La/Sm)_{sample}/(La/Sm)_{PAAS} \tag{7.2}$$

$$(Sm/Yb)_N=(Sm/Yb)_{sample}/(Sm/Yb)_{PAAS} \tag{7.3}$$

当蒙河河水样品的$(La/Yb)_N>1$ 时，表示轻稀土元素富集，$(La/Yb)_N<1$ 时表示重稀土元素富集；$(La/Sm)_N>1$ 时表示轻稀土元素富集，$(La/Sm)_N<1$ 时表示中稀土元素富集；$(Sm/Yb)_N>1$ 时表示中稀土元素富集，$(Sm/Yb)_N<1$ 时表示重稀土元素富集。蒙河河水溶解态$(La/Yb)_N$值的范围为 0.05～0.92（均值为 0.33，表 7.2），说明重稀土元素富集。$(La/Sm)_N$值的范围为 0.35～0.87（均值为 0.58），也表明和中稀土元素相比，轻稀土元素是亏损的。$(Sm/Yb)_N$值的范围为 0.12～1.70（均值为 0.58），这表明相对于中稀土元素，重稀土元素具有明显富集的特征。除 Ce 和 Eu 外，其他的稀土元素几乎都以三价的形式存在。Ce 和 Eu 由于其独特的电子构型，也可能以Ce^{4+}和Eu^{2+}的形式存在，因此会出现与相邻元素正异常或负异常的现象。如图 7.2 所示，PAAS 标准化模式图显示出明显的 Ce 负异常和 Eu 正异常。除 Ce 和 Eu 异常之外，近年来由于人为活动的影响，环境中还出现了明显的 Gd 正异常，Ce 异常（δCe）、Eu 异常（δEu）、Gd 异常（δGd）可以通过下式进行计算（Bau and Dulski，1996；Elderfield and Greaves，1982）：

$$\delta Ce=(Ce_{sample}/Ce_{PAAS})/(0.5\times La_{sample}/La_{PAAS}+0.5\times Pr_{sample}/Pr_{PAAS}) \tag{7.4}$$

$$\delta Eu=Eu_{sample}/[Eu_{PAAS}/(0.67\times Sm_{sample}/Sm_{PAAS}+0.33\times Tb_{sample}/Tb_{PAAS})] \tag{7.5}$$

$$\delta Gd=Gd_{sample}/[Gd_{PAAS}/(0.67\times Sm_{sample}/Sm_{PAAS}+0.33\times Tb_{sample}/Tb_{PAAS})] \tag{7.6}$$

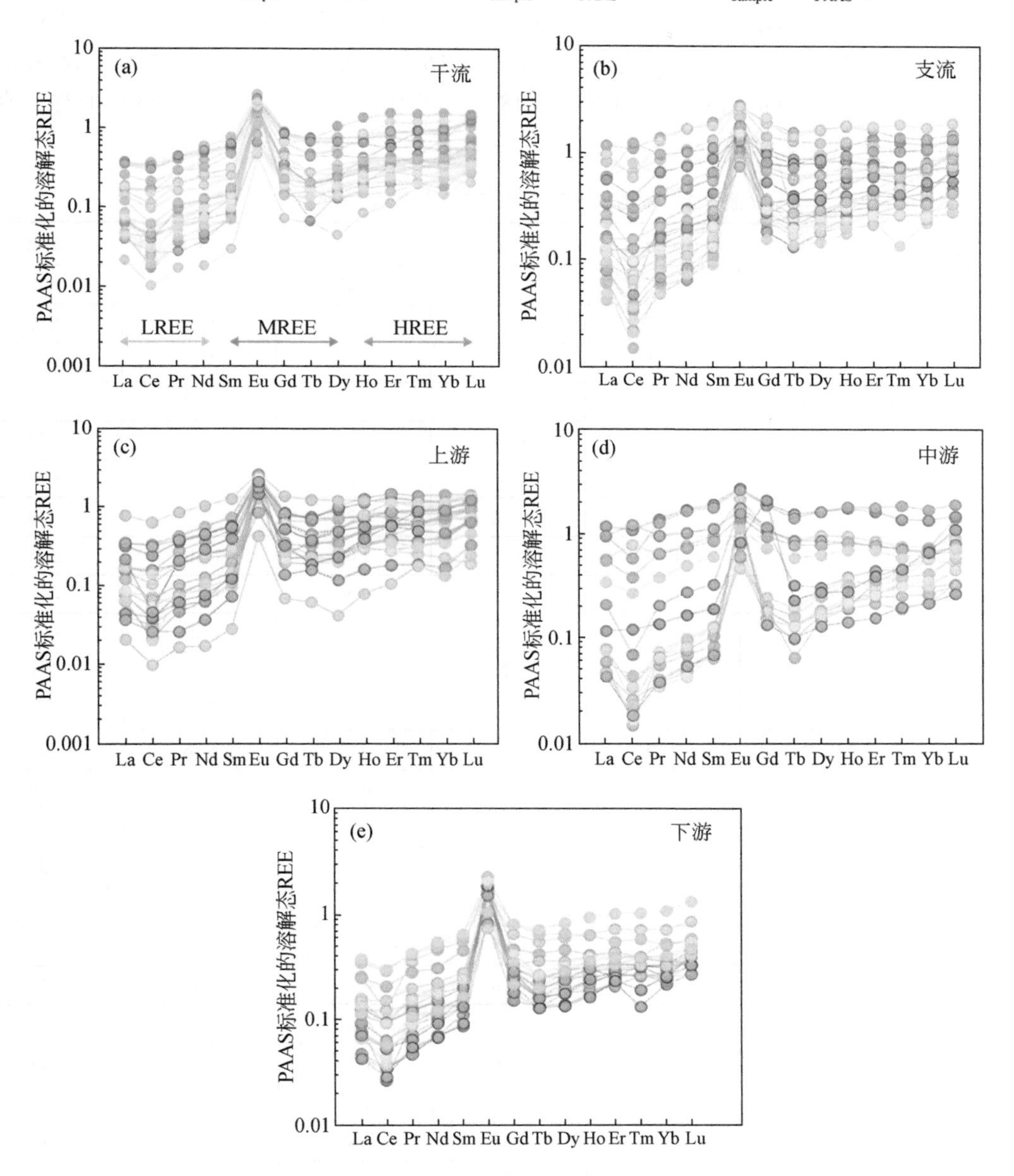

图 7.2　PAAS 标准化的蒙河溶解态 REE 组成模式

（a）干流 PAAS 标准化的河水溶解态稀土元素配分模式；（b）支流 PAAS 标准化的河水溶解态稀土元素配分模式；（c）上游河水 PAAS 标准化的溶解态稀土元素配分模式；（d）中游河水 PAAS 标准化的溶解态稀土元素配分模式；（e）下游河水 PAAS 标准化的溶解态稀土元素配分模式

Ce 异常和 Eu 异常的判断方法为：计算数值大于 1.0 时视为正异常，小于 1.0 时视为负异常。Gd 异常大于 1.5 时视作人为来源的 Gd 正异常。蒙河河水溶解态 Ce 异常、Eu 异常和 Gd 异常的计算结果如表 7.2 所示，其中蒙河 Ce 异常的变化范围为 0.21～1.29（均值为 0.37）。总体而言，大部分的 Ce 异常值在 0.8～1.2 之间，中游有少量明显的负 Ce 异常。蒙河河水 Eu 正异常的变化范围较大，范围为 1.54～19.46（均值为 7.65），这说明蒙河河水具有明显的 Eu 正异常。Gd 正异常的变化范围为 0.85～3.48（均值为 1.43），平均值比较接近天然河流的 Gd 平均值。然而，部分点位（8 号、16 号、22 号、25 号、35 号、44 号、47 号、48 号采样点）的 Gd 异常值在 1.75～3.48 之间变化，这明显超过了自然水平背景值，呈现出点状分布的 Gd 正异常。

表 7.2　蒙河河水溶解态 REE 分异与异常参数

采样点	$(La/Yb)_N$	$(La/Sm)_N$	$(Sm/Yb)_N$	δCe	δEu	δGd
1	0.21	0.35	0.61	0.67	4.24	1.08
2	0.66	0.62	1.06	0.61	5.07	1.32
3	0.49	0.47	1.05	0.89	3.49	1.17
4	0.28	0.55	0.51	0.71	3.63	1.11
5	0.17	0.55	0.31	0.93	5.70	1.59
6	0.25	0.63	0.39	0.86	3.45	1.27
7	0.77	0.62	1.24	0.78	2.16	1.10
8	0.13	0.86	0.15	1.05	10.16	2.25
9	0.10	0.37	0.28	0.66	18.73	1.18
10	0.15	0.45	0.32	0.39	15.11	1.04
11	0.17	0.60	0.27	0.60	6.07	1.21
12	0.10	0.52	0.18	0.48	3.91	0.85
13	0.15	0.58	0.26	0.79	6.36	1.67
14	0.23	0.69	0.33	0.68	14.92	1.15
15	0.18	0.42	0.43	0.29	8.38	1.33
16	0.05	0.36	0.14	0.73	9.94	1.95
17	0.21	0.51	0.41	0.82	17.17	1.05
18	0.46	0.54	0.85	0.21	5.34	1.33
19	0.15	0.73	0.20	0.53	11.02	1.35
20	0.21	0.63	0.34	0.61	7.20	1.70
21	0.76	0.61	1.26	1.29	2.34	1.23
22	0.08	0.69	0.12	0.78	7.97	2.76
23	0.87	0.61	1.43	0.86	1.54	1.15
24	0.92	0.85	1.70	1.27	1.59	1.13
25	0.35	0.63	0.56	0.33	5.33	3.48
26	0.15	0.74	0.21	0.48	9.53	1.38
27	0.14	0.60	0.23	0.43	3.15	1.44
28	0.19	0.66	0.29	0.32	5.82	1.39

续表

采样点	$(La/Yb)_N$	$(La/Sm)_N$	$(Sm/Yb)_N$	δCe	δEu	δGd
29	0.57	0.54	1.06	0.53	1.60	1.22
30	0.22	0.57	0.39	0.24	11.79	1.50
31	0.81	0.64	1.25	0.64	1.73	1.17
32	0.24	0.60	0.40	0.48	13.10	1.42
33	0.12	0.63	0.20	0.41	17.87	1.26
34	0.53	0.57	0.93	0.74	1.85	1.23
35	0.17	0.61	0.28	0.96	4.08	1.78
36	0.20	0.62	0.32	0.45	19.46	1.48
37	0.48	0.59	0.82	0.98	4.59	1.18
38	0.36	0.48	0.76	0.40	2.71	1.19
39	0.68	0.55	1.24	0.78	4.30	1.09
40	0.29	0.56	0.52	0.29	9.71	1.51
41	0.15	0.39	0.39	0.74	14.17	1.72
42	0.22	0.55	0.40	0.74	8.18	1.30
43	0.28	0.61	0.46	0.59	5.31	1.01
44	0.19	0.48	0.40	0.45	10.73	1.89
45	0.67	0.57	1.19	0.76	3.62	1.26
46	0.40	0.71	0.57	0.70	5.75	1.52
47	0.44	0.87	0.50	0.78	11.05	1.79
48	0.24	0.47	0.50	0.75	11.13	1.75
49	0.47	0.65	0.71	0.58	5.41	1.24
50	0.20	0.44	0.45	0.56	10.69	1.63
51	0.35	0.58	0.60	0.73	2.62	1.16
52	0.21	0.53	0.40	0.78	12.78	1.69
53	0.51	0.63	0.81	0.77	7.53	1.46
54	0.17	0.46	0.36	0.59	17.97	1.55
55	0.46	0.54	0.86	0.87	2.66	1.31
56	0.34	0.56	0.61	0.64	8.23	1.64
57	0.29	0.69	0.42	0.53	5.89	1.17

第三节　河水溶解态稀土元素浓度变化与源解析

河流溶解态稀土元素浓度的变化与其来源密切相关，溶解态REE主要受源区风化岩石地球化学组成的影响（Taylor and McLennan，1985）。通常，标准化的稀土元素配分模式可以提供关于稀土来源的重要信息（Ma et al.，2023b；Xie et al.，2014）。尽管不同采样点河流溶解态的REE浓度变化不一，但是各采样点PAAS标准化的稀土元素配分模式曲线是高度重叠的（图 7.2），这表明蒙河流域河水溶解态稀土元素具有共同的地质来源，该来源可能为研究区母岩的风化产物。然而，蒙河中游支流中溶解态稀土元素的浓度明显高于上游和下游，这说明河流中游可能存在其他来源的输入。稀土元素的特征参数δEu-ΣREE 是识别稀土元素来源的有效指标（Jiang et al.，2022），通过δEu-ΣREE 图能够进一步解析蒙河河水稀土元素的来源。如图 7.3 所示，蒙河溶解态δEu-ΣREE 分别表现出两组不同的特征：第一组（蓝色圈区）具有相对低浓度的 ΣREE 和较高的 Eu 异常值，而第二组（红色圈区）具有较高的 ΣREE 浓度和显著偏低的 Eu 异常值。中游支流高浓度的 REE 主要处于红色圈中，其他的大部分样点均处于蓝色圈中。由于 Eu 异常一般是继承了源区岩石的特征，因此蒙河河水大部分样点的稀土元素主要来源于母岩风化作用，而中游支流高浓度的稀土元素可能与人为活动有关。值得一提的是，农业生产中稀土肥料广泛应用于提高作物产量，而在牲畜饲料中稀土元素可用作添加剂以提高畜禽的生长和产蛋率（Tommasi et al.，2023）。例如，一些研究发现稀土元素 La、Ce、Nd、Sm、Eu、Tb、Yb 和 Lu 在磷酸盐、氮肥和钾肥中的浓度较高（Turra et al.，2011）。泰国蒙河是一条典型的农业河流，在过去二十年里，蒙河流域内的耕地面积持续增加，农业用地约占流域面积的 80%（Ma et al.，2023b）。流域各地区化肥和农药施用面积约占总种植面积的 80%，化肥和农药的总消费量分别为 26.52 万 t 和 7958t（Akter and Babel，2012）。据报道，Cl^-、NO_3^-、SO_4^{2-}浓度在蒙河中游急剧增加（Li et al.，2019），而河流中的 K^+、NO_3^-、SO_4^{2-}和 Cl^-通常与农业肥料、动物粪便、牲畜粪便和污水排放有关。蒙河中游地区流经泰国的武里南府和素辇府，府内大量工厂也可能造成流域水污染（Yadav et al.，2019）。因此，高浓度溶解态稀土元素的另一个来源可能是农业肥料的使用和污水排放。

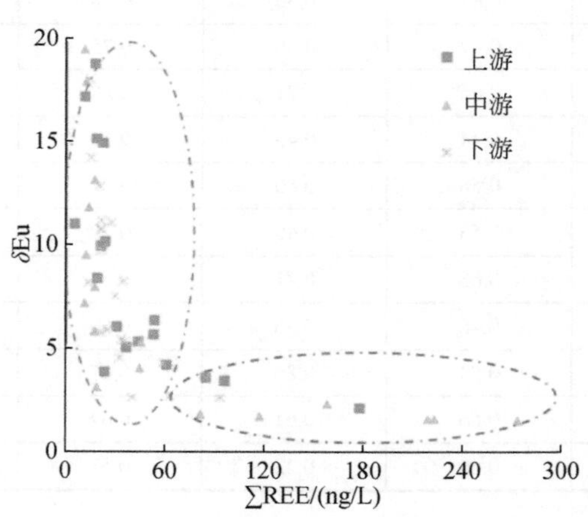

图 7.3 蒙河河水溶解态 ΣREE-δEu 异常图

岩石风化作用和溶液-表面化学反应也是控制河流水中溶解态稀土元素组成的两个重要过程（Elderfield et al.，1990；Hannigan and Sholkovitz，2001）。化学风化作用为河流提供了溶质来源，其中包括稀土元素。在化学风化过程中，稀土元素的地球化学行为相对不活跃，不易发生迁移，因此以溶解方式进入河流中的稀土元素只占很少一部分，更多的稀土元素则留在了风化壳中，导致河流溶解态稀土元素浓度一般较低。蒙河流域广泛分布碎屑沉积岩，其在沉积环境中风化、侵蚀和搬运，此过程中微量元素（如 REE）是相对不溶的（Taylor et al.，1986），因此河流溶解态 REE 浓度较低。此外，由于蒙河受到热带季风气候的影响，流域雨季降水较丰富，而旱季降水较少。枯水期水样与蒙河同季节采集的悬浮物稀土元素浓度特征类似，有限的降水导致蒙河流域的岩石风化作用较弱，因此河水溶解态稀土元素的浓度较低。

水中的溶解态稀土元素主要以微细粒胶体、有机络合物、无机络合物和自由离子等形态存在。溶解态稀土元素容易与 Fe、Mn 等金属氧化物形成胶体，其有较大的比表面积，表面含有大量的 OH^-、$COOH^-$等不饱和基团，REE^{3+}离子容易被这些基团吸附或发生络合反应（Sholkovitz，1995；Sklyarova et al.，2017）。然而，相关分析表明蒙河溶解态 ΣREE 与溶解态 Fe、Al、Mn 之间不存在显著的相关关系。此外，根据现场观测和实验数据，河流稀土元素与有机质的络合可能对河流 REE 的浓度有重要作用（Pourret et al.，2007；Steinmann and Stille，2008；Tang and Johannesson，2003）。然而，蒙河河流溶解态有机碳（DOC）和 ΣREE 浓度（包括 ΣLREE、ΣMREE 和 ΣHREE）之间没有相关性。因此有机配体的溶液络合作用并不能有效调控蒙河溶解态稀土元素的浓度。

除以上因素外，河水 pH 也是影响溶解稀土元素含量的一个重要因素。蒙河河水溶解态 REE 浓度与 pH 呈负相关（$R^2=-0.72$，$p<0.01$）[图 7.4（a）]，而蒙河河水为弱碱性河水，在碱性河流中稀土元素易吸附在 Fe/Mn 氧化物和黏土上，或与碳酸盐和磷酸盐通过共沉淀过程清除（Noack et al.，2014）。然而，蒙河下游溶解态 REE 与河水 pH 不存在明显的相关性，蒙河上游（$R^2=-0.82$，$p<0.01$）和中游（$R^2=-0.88$，$p<0.01$）则显示出显著的负相关关系 [图 7.4（a）]。蒙河溶解态 REE 浓度与 Ca^{2+}也呈负相关（$R^2=-0.51$，$p<0.01$）[图 7.4（b）]，这表明高浓度的阳离子可能抑制了河流中胶体物质的产生（Han and Liu，2007），从而导致河水溶解态稀土元素浓度的降低。蒙河下游 REE 与 Ca^{2+}不存在显著的相关关系，因此，蒙河中上游较高的溶解态 REE 浓度主要受到水体 pH 和河流阳离子的影响，而蒙河下游较低的溶解态 REE 浓度可能主要受河流稀释效应的影响。

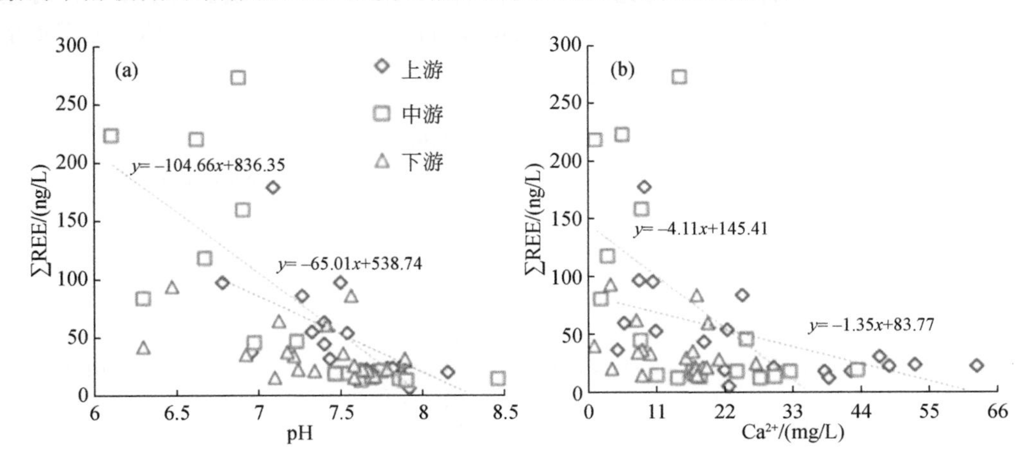

图 7.4 蒙河河水溶解态 REE 与 pH、Ca^{2+}关系

（a）河水溶解态 REE 与 pH 关系；（b）河水溶解态 REE 与 Ca^{2+}关系

第四节　河水溶解态稀土元素的分异、异常及其影响因素

河水溶解态稀土元素的分异特征与风化作用、水化学以及水粒相互作用有关。蒙河河水溶解态 REE 具有重稀土元素富集，轻稀土元素亏损的分异特征，这与在世界大部分河流里观测到的 HREE 相对富集的分异特征是一致的（Elderfield et al.，1990；Mortatti and Enzweiler，2019；Smith and Liu，2018）。化学风化过程中，REE 行为相对惰性不易迁移，倾向于留在风化壳中，以溶解方式进入河流的 REE 很少，所以河流溶解态 REE 浓度非常低，REE 在水相和颗粒物之间的分配系数较小（K=6）。REE 在风化和迁移过程中产生分异，HREE 优先进入水相。此外，溶液中 HREE 与配位体的络合能力大于 LREE，导致 HREE 在风化过程中优先从源岩释放到溶液中。在河水的吸附/平衡反应中，LREE 则被优先吸附到粒子表面（Merschel et al.，2017；Wang et al.，2022）。因此，风化作用奠定了河流溶解态 REE 低浓度、水体富 HREE、悬浮物富 LREE 的基本配分模式。此外，河水 pH 也会影响轻重稀土元素的分异，当水体 pH 降低时，水体中胶体的负电荷通常会减小，对水体中阳离子的吸附作用也会降低，此时吸附在颗粒物和胶体上的稀土元素会经由水体释放。pH 通过调节悬浮颗粒物和胶体的吸附解吸能力控制着水体中稀土元素的含量。蒙河河水的 $(La/Yb)_N$ 与水体 pH 呈反比关系（R^2=−0.65，p<0.01）（图 7.5），随河水 pH 增加，稀土元素按轻稀土、中稀土、重稀土的顺序吸附到颗粒物上；当 pH 降低时，稀土元素按照同样的顺序被释放（Sholkovitz，1995）。当河流 pH 较高时，水体溶解态稀土元素通常表现为重稀土元素富集。此外，当稀土元素进入水相时，REE^{3+}首先与带负电荷的无机粒子（如 Cl^-、SO_4^{2-}、NO_3^- 和 F^-）形成络合物（Han and Liu，2007）。由于大多数阴离子和 REE^{3+}的络合稳定常数随着原子序数的增加而增加，水体中重稀土元素含量大于轻稀土，表现出重稀土富集的特征（Johannesson and Lyons，1994）。HCO_3^- 是优势离子，在富含 HCO_3^- 的河水中，与轻稀土元素相比，重稀土元素优先与 HCO_3^- 络合，从而稳定地富集于河水中，同时蒙河 HCO_3^- 与 $(La/Yb)_N$ 呈显著相关（图 7.5），与 HCO_3^- 的络合作用使得蒙河水体形成了重稀土元素富集、轻稀土元素亏损的配分模式。

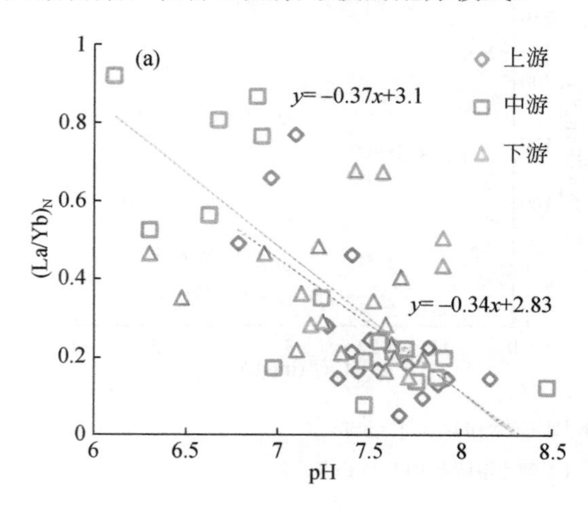

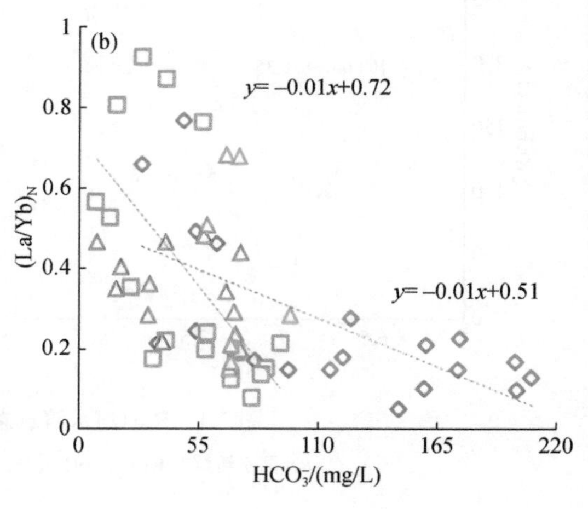

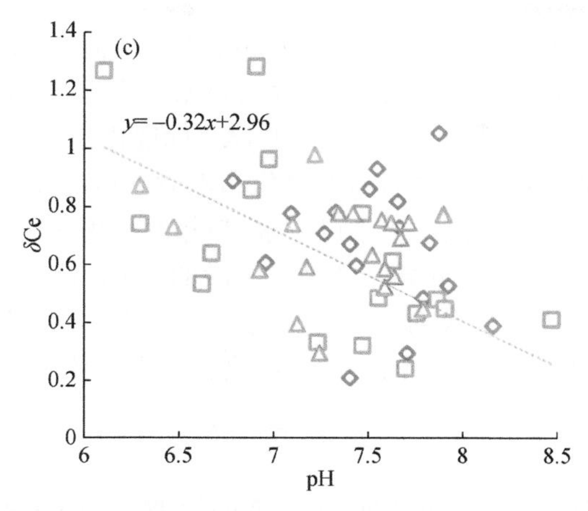

图 7.5 蒙河河水$(La/Yb)_N$与 pH、HCO_3^- 的关系以及 Ce 异常与 pH 的关系

(a) 河水溶解态稀土元素标准化$(La/Yb)_N$与 pH 的关系；(b) 河水溶解态稀土元素标准化$(La/Yb)_N$与 HCO_3^- 的关系；(c) 河水溶解态 Ce 异常与 pH 的关系

Ce、Eu 和 Gd 异常是示踪河流氧化还原环境或人为活动的有效指标（Jiang et al.，2022；Leybourne and Johannesson，2008）。Ce 负异常一般与氧化还原条件、有机配体络合和 pH 有关（Smith and Liu，2018；Wang et al.，2022）。如图 7.5 所示，蒙河中游的负 Ce 异常与河流 pH 具有显著的负相关关系（R^2=−0.64，p<0.01），说明 pH 可能是影响蒙河中游水体 Ce 负异常的主要因素。在氧化条件下 Ce^{3+}被氧化成 Ce^{4+}，又以 CeO_2 形式在水中沉淀下来，因而 Ce 与相邻的稀土元素显示出不同的化学性质，从而出现河水中的 Ce 负异常。溶解态 Eu 异常通常与岩石风化有关，对源区岩石具有继承性（Xu and Han，2009），即源区岩石表现出 Eu 正异常，则该地区岩石风化的水溶液 Eu 也表现出正异常，反之亦然。蒙河各样点均表现出显著的正 Eu 异常（1.54～19.46），研究发现蒙河悬浮物（Han et al.，2023）和蒙河流域内的土壤（Zhou et al.，2020）中也出现了显著的正 Eu 异常。因此，蒙河河水的 Eu 正异常可能主要与源区岩石有关。

Gd 是一种微污染物，随着污水处理厂的排放进入河流，其主要以溶解态形式在河流中运输迁移（Hissler et al.，2015）。尽管蒙河的 Gd 异常平均值与自然水平下的 Gd 阈值基本接近，但仍有部分样点显示出点状分布的 Gd 正异常。一般来说，河流的 Gd 异常程度与流域人口密度、卫生保健系统的数量和污水处理厂的 Gd 排放量显著相关（Bau et al.，2006；Kulaksız and Bau，2013）。调查显示，蒙河流域内常住人口约 1300 万人，流域内也有不少工厂存在，一些州府出现了严重的水污染现象，如呵叻府、四色菊府、素辇府、黎逸府等（Yadav et al.，2019）。蒙河的发源地（考亚国家公园）是泰国最受欢迎的旅游景点之一，该公园每日产生大量的污染物与人类排泄物，这些物质随之被排放到蒙河流域中（Liu et al.，2021）。因此，蒙河的 Gd 异常可能与人为活动有关。

本章小结

本章研究了泰国蒙河溶解态稀土元素的浓度、分异与异常及其空间分布特征。蒙河

ΣREE 浓度变化较大，浓度范围为 5.08～272.91ng/L，平均值为 49.3ng/L。PAAS 标准化的蒙河溶解态 REE 呈现出 HREE 富集、LREE 亏损的配分模式。蒙河流域具有显著 Eu 正异常和轻微负 Ce 异常，Gd 正异常呈点状分布。PAAS 标准化模式和 ΣREE-Eu 异常图表明，河水溶解态稀土元素主要来源于源区岩石的风化和农业肥料的输入。蒙河溶解态稀土元素的浓度和分异受到风化作用、河流水化学以及水-粒相互作用等的影响。蒙河的 Eu 正异常说明流域水体继承了源区岩石的 Eu 异常特征，中游的负 Ce 异常与河流的氧化环境有关，而呈点状分布的 Gd 异常主要受人为活动的影响。由于河流溶解态稀土元素的地球化学特征受农业扰动影响，因此需要对农业河流的水质进行长期的监测。

参 考 文 献

Akter A，Babel M S，2012. Hydrological modeling of the Mun River basin in Thailand. Journal of Hydrology，452-453：232-246.

Aubert D，Stille P，Probst A，2001. REE fractionation during granite weathering and removal by waters and suspended loads：Sr and Nd isotopic evidence. Geochimica et Cosmochimica Acta，65（3）：387-406.

Balaram V，2019. Rare earth elements：a review of applications，occurrence，exploration，analysis，recycling，and environmental impact. Geoscience Frontiers，10（4）：1285-1303.

Bau M，Dulski P，1996. Anthropogenic origin of positive gadolinium anomalies in river waters. Earth and Planetary Science Letters，143（1）：245-255.

Bau M，Knappe A，Dulski P，2006. Anthropogenic gadolinium as a micropollutant in river waters in Pennsylvania and in Lake Erie，northeastern United States. Geochemistry，66（2）：143-152.

Dou Y，Yang S，Liu Z，et al.，2010. Provenance discrimination of siliciclastic sediments in the middle Okinawa Trough since 30ka：constraints from rare earth element compositions. Marine Geology，275（1）：212-220.

Du X，Graedel T E，2011. Global in-use stocks of the rare earth elements：a first estimate. Environmental Science & Technology，45（9）：4096-4101.

Elderfield H，Greaves M J，1982. The rare earth elements in seawater. Nature，296（5854）：214-219.

Elderfield H，Upstill-Goddard R，Sholkovitz E R，1990. The rare earth elements in rivers，estuaries，and coastal seas and their significance to the composition of ocean waters. Geochimica et Cosmochimica Acta，54（4）：971-991.

Fu W，Li X，Feng Y，et al.，2019. Chemical weathering of S-type granite and formation of Rare Earth Element（REE）-rich regolith in South China：critical control of lithology. Chemical Geology，520：33-51.

Gaillardet J，Viers J，Dupré B，2003. Trace elements in river waters. Treatise on Geochemistry，5：605.

Han G，Liu C Q，2007. Dissolved rare earth elements in river waters draining karst terrains in Guizhou Province，China. Aquatic Geochemistry，13（1）：95-107.

Han G，Xu Z，Tang Y，et al.，2009. Rare earth element patterns in the karst terrains of Guizhou Province，China：implication for water/particle interaction. Aquatic Geochemistry，15（4）：457-484.

Han G，Yang K，Zeng J，2022. Spatio-temporal distribution and environmental behavior of dissolved rare earth elements（REE）in the Zhujiang River，southwest China. Bulletin of Environmental Contamination and Toxicology，108（3）：555-562.

Han G，Liu M，Li X，et al.，2023. Sources and geochemical behaviors of rare earth elements in suspended particulate matter in a wet-dry tropical river. Environmental Research，218：115044.

Hannigan R E，Sholkovitz E R，2001. The development of middle rare earth element enrichments in freshwaters：weathering of phosphate minerals. Chemical Geology，175（3）：495-508.

Haskin M A，Haskin L A，1966. Rare earths in European shales：a redetermination. Science，154（3748）：507-509.

Hatje V，Bruland K W，Flegal A R，2016. Increases in anthropogenic gadolinium anomalies and rare earth element concentrations in San Francisco Bay over a 20 year record. Environmental Science & Technology，50（8）：4159-4168.

He J，Lü C W，Xue H X，et al.，2010. Species and distribution of rare earth elements in the Baotou section of the Yellow River in China. Environmental Geochemistry and Health，32（1）：45-58.

Hissler C，Hostache R，Iffly J F，et al.，2015. Anthropogenic rare earth element fluxes into floodplains：coupling between geochemical monitoring and hydrodynamic sediment transport modelling. Comptes Rendus Geoscience，347（5）：294-303.

Huang H，Lin C，Yu R，et al.，2019. Spatial distribution and source appointment of rare earth elements in paddy soils of Jiulong River Basin，Southeast China. Journal of Geochemical Exploration，200：213-220.

Jiang C，Li Y，Li C，et al.，2022. Distribution，source and behavior of rare earth elements in surface water and sediments in a subtropical freshwater lake influenced by human activities. Environmental Pollution，313：120153.

Johannesson K H，Lyons W B，1994. The rare earth element geochemistry of Mono Lake water and the importance of carbonate complexing. Limnology and Oceanography，39（5）：1141-1154.

Kulaksız S，Bau M，2013. Anthropogenic dissolved and colloid/nanoparticle-bound samarium，lanthanum and gadolinium in the Rhine River and the impending destruction of the natural rare earth element distribution in rivers. Earth and Planetary Science Letters，362：43-50.

Kumar M，Goswami R，Awasthi N，et al.，2019. Provenance and fate of trace and rare earth elements in the sediment-aquifers systems of Majuli River Island，India. Chemosphere，237：124477.

Layne K A，Dargan P I，Archer J R H，et al.，2018. Gadolinium deposition and the potential for toxicological sequelae：a literature review of issues surrounding gadolinium-based contrast agents. British Journal of Clinical Pharmacology，84（11）：2522-2534.

Leybourne M I，Johannesson K H，2008. Rare earth elements（REE）and yttrium in stream waters，stream sediments，and Fe–Mn oxyhydroxides：fractionation，speciation，and controls over REE+Y patterns in the surface environment. Geochimica et Cosmochimica Acta，72（24）：5962-5983.

Li X，Han G，Liu M，et al.，2019. Hydrochemistry and dissolved inorganic carbon（DIC）cycling in a tropical agricultural river，Mun River basin，Northeast Thailand. International Journal of Environmental Research and Public Health，16（18）：3410.

Liu J，Han G，Zhang Q，et al.，2022a. Stable isotopes and Bayesian tracer mixing model reveal chemical weathering and CO_2 release in the Jiulongjiang River basin，southeast China. Water Resources Research，58（9）：e2021WR031738.

Liu X L，Han G，Zeng J，et al.，2021. Identifying the sources of nitrate contamination using a combined dual isotope，chemical and Bayesian model approach in a tropical agricultural river：case study in the Mun River，Thailand. Science of the Total Environment，760：143938.

Liu Y，Wu Q，Jia H，et al.，2022b. Anthropogenic rare earth elements in urban lakes：their spatial distributions and tracing application. Chemosphere，300：134534.

Ma S，Han G，Yang Y，et al.，2023a. Agricultural activity on the Mun River basin：insight from spatial distribution and sources of dissolved rare earth elements in northeast Thailand. Environmental Science and Pollution Research，30（48）：106736-106749.

Ma S，Han G，Yang Y，et al.，2023b. Dissolved rare earth elements distribution and fractionation in a subtropical coastal river：a case study from Jiulong River，Southeast China. Aquatic Ecology，57（3）：765-781.

Mao L，Mo D，Yang J，et al.，2014. Rare earth elements geochemistry in surface floodplain sediments from the Xiangjiang River，middle reach of Changjiang River，China. Quaternary International，336：80-88.

Merschel G，Bau M，Schmidt K，et al.，2017. Hafnium and neodymium isotopes and REY distribution in the truly dissolved，nanoparticulate/colloidal and suspended loads of rivers in the Amazon Basin，Brazil. Geochimica et Cosmochimica Acta，213：383-399.

Meybeck M，1987. Global chemical weathering of surficial rocks estimated from river dissolved loads. American Journal of Science，287（5）：401-428.

Mortatti B C，Enzweiler J，2019. Major ions and rare earth elements hydrogeochemistry of the Atibaia and Jaguari rivers subbasins （Southeast Brazil）. Applied Geochemistry，111：104461.

Noack C W，Dzombak D A，Karamalidis A K，2014. Rare earth element distributions and trends in natural waters with a focus on groundwater. Environmental Science & Technology，48（8）：4317-4326.

Pourret O，Davranche M，Gruau G，et al.，2007. Rare earth elements complexation with humic acid. Chemical Geology，243（1）：128-141.

Sharples J，Middelburg J J，Fennel K，et al.，2017. What proportion of riverine nutrients reaches the open ocean? Global Biogeochemical Cycles，31（1）：39-58.

Sholkovitz E R，1995. The aquatic chemistry of rare earth elements in rivers and estuaries. Aquatic Geochemistry，1（1）：1-34.

Sklyarova O A，Sklyarov E V，Och L，et al.，2017. Rare earth elements in tributaries of Lake Baikal（Siberia，Russia）. Applied Geochemistry，82：164-176.

Smith C，Liu X M，2018. Spatial and temporal distribution of rare earth elements in the Neuse River，North Carolina. Chemical Geology，488：34-43.

Steinmann M，Stille P，2008. Controls on transport and fractionation of the rare earth elements in stream water of a mixed basaltic–granitic catchment basin（Massif Central，France）. Chemical Geology，254（1）：1-18.

Su N，Yang S，Guo Y，et al.，2017. Revisit of rare earth element fractionation during chemical weathering and river sediment transport. Geochemistry，Geophysics，Geosystems，18（3）：935-955.

Tanaka K，Akagawa F，Yamamoto K，et al.，2007. Rare earth element geochemistry of Lake Baikal sediment：its implication for geochemical response to climate change during the Last Glacial/Interglacial transition. Quaternary Science Reviews，26（9）：1362-1368.

Tang J，Johannesson K H，2003. Speciation of rare earth elements in natural terrestrial waters：assessing the role of dissolved organic matter from the modeling approach. Geochimica et Cosmochimica Acta，67（13）：2321-2339.

Taylor S R，McLennan S M,1985. The continental crust：its composition and evolution. Palo Alto，CA，United States：Blackwell Scientific Publications.

Taylor S R，McLennan S M，1995. The geochemical evolution of the continental crust. Reviews of Geophysics，33（2）：241-265.

Taylor S R，Rudnick R L，McLennan S M，et al.，1986. Rare earth element patterns in Archean high-grade metasediments and their tectonic significance. Geochimica et Cosmochimica Acta，50（10）：2267-2279.

Tepe N，Romero M，Bau M，2014. High-technology metals as emerging contaminants：strong increase of anthropogenic gadolinium levels in tap water of Berlin，Germany，from 2009 to 2012. Applied Geochemistry，45：191-197.

Tommasi F，Thomas P J，Lyons D M，et al.，2023. Evaluation of rare earth element-associated hormetic effects in candidate fertilizers and livestock feed additives. Biological Trace Element Research，201（5）：2573-2581.

Turra C，Fernandes E A N，Bacchi M A，2011. Evaluation on rare earth elements of Brazilian agricultural supplies. Journal of Environmental Chemistry and Ecotoxicology，3（4）：86-92.

Wang Z，Shu J，Wang Z，et al.，2022. Geochemical behavior and fractionation characteristics of rare earth elements（REEs）in riverine water profiles and sentinel Clam（Corbicula fluminea）across watershed scales：insights for REEs monitoring. Science of the Total Environment，803：150090.

Wang Z L，Liu C Q，2008. Geochemistry of rare earth elements in the dissolved，acid-soluble and residual phases in surface waters of the Changjiang Estuary. Journal of Oceanography，64（3）：407-416.

Xie X，Wang Y，Ellis A，et al.，2014. Impact of sedimentary provenance and weathering on arsenic distribution in aquifers of the Datong basin，China：constraints from elemental geochemistry. Journal of Hydrology，519：3541-3549.

Xu Z，Han G，2009. Rare earth elements（REE）of dissolved and suspended loads in the Xijiang River，South China. Applied Geochemistry，24（9）：1803-1816.

Yadav S，Babel M S，Shrestha S，et al.，2019. Land use impact on the water quality of large tropical river：Mun River Basin，Thailand. Environmental Monitoring and Assessment，191（10）：614.

Zhang X，Zhang H，Chang F，et al.，2021. Long-range transport of aeolian deposits during the last 32 kyr inferred from rare earth elements and grain-size analysis of sediments from Lake Lugu，Southwestern China. Palaeogeography，Palaeoclimatology，Palaeoecology，567：110248.

Zhou H，Wang Q，Zhao J，et al.，2008. Rare earth elements and yttrium in a stalagmite from Central China and potential paleoclimatic implications. Palaeogeography，Palaeoclimatology，Palaeoecology，270（1）：128-138.

Zhou W，Han G，Liu M，et al.，2020. Geochemical distribution characteristics of rare earth elements in different soil profiles in Mun River basin，northeast Thailand. Sustainability，12（2）：457.

Zhu X，Gao A，Lin J，et al.，2018. Seasonal and spatial variations in rare earth elements and yttrium of dissolved load in the middle，lower reaches and estuary of the Minjiang River，southeastern China. Journal of Oceanology and Limnology，36（3）：700-716.

第八章　蒙河河水氢氧同位素特征及源解析

氢氧同位素分馏为流域水循环过程提供了独特的指纹信息（Laonamsai and Putthividhya，2016）。许多流域通过监测和分析河水的δ^2H和δ^{18}O值，加深了对河流-含水层相互作用、气候变化和人类活动对河流径流影响的理解（Halder et al.，2015）。一方面，河水的氢氧同位素组成记录了温度、降水和地貌等信息，常用于识别水汽来源、不同水源对径流的再补给、气候变化和人为因素对水循环的影响（Cao et al.，2022；Hao et al.，2019；Reckerth et al.，2017）。基于氢氧同位素的水文循环数学模型也广泛应用于计算水文响应时间和不同水源的贡献比例（Li et al.，2019；Ogrinc et al.，2008）。另一方面，筑坝拦截与水库调度直接影响了天然径流的水体滞留时间，并伴随着河水氢氧同位素组成的变化（Cochrane et al.，2014；Deng et al.，2016；Wang et al.，2019）。因此，氢氧同位素也可以示踪筑坝对流域水循环的影响。总体而言，研究河水氢氧同位素组成的时空变化规律对理解大尺度流域的水循环过程至关重要。

泰国东北部的蒙河流域属于大型流域，其复杂的自然条件和人为活动深刻地影响着蒙河流域的水循环，给水文研究带来了制约和挑战（Le Duy et al.，2018；Lebel et al.，2010）。然而，该地区基于氢氧同位素的水文研究极为稀缺。以往对蒙河流域的水文研究主要局限于水位监测、遥感、径流量和蒸散量观测（Akter and Babel，2012；Cochrane et al.，2014；Kudo et al.，2015），对其水循环过程仍不够明确，如地下水与地表水/降雨的相互作用、人类活动（筑坝、农业灌溉）对水循环的影响等。本章描述了蒙河河水氢氧同位素（δ^2H和δ^{18}O）和氘盈余（*d*-excess）的时空变化特征，并揭示了不同季节、不同河段河水的主要补给水源。同时，本章节探讨了自然极端事件（风暴事件）和筑坝活动对水循环的影响。本研究能够提高对蒙河流域水循环过程的认识，对实现流域生态系统的水资源统筹管理和生物多样性的可持续发展具有重要的现实意义。

第一节　氢氧同位素的时空分布特征

蒙河流域河水、地下水及稻田水的氢氧同位素组成见表8.1。由于蒙河流域蒸发量较大，大气降水和地表水可能因为蒸发作用而发生强烈的同位素分馏，因此本章计算了*d*-excess值以量化水样氢氧同位素的动力学分馏程度。本研究采用曼谷地区大气降水线（$\delta^2\text{H}=7.68\times\delta^{18}\text{O}+7.25$）的斜率7.68计算蒙河河水的*d*-excess值，计算公式如下：

$$d\text{-excess}=\delta^2\text{H}-7.68\times\delta^{18}\text{O} \tag{8.1}$$

表 8.1　蒙河流域河水、地下水及稻田水的 TDS、δ^2H、δ^{18}O 和 *d*-excess 值

		纬度（°N）	经度（°E）	海拔/m	丰水期				枯水期			
					TDS/(mg/L)	δ^2H/‰	δ^{18}O/‰	*d*-excess/‰	TDS/(mg/L)	δ^2H/‰	δ^{18}O/‰	*d*-excess/‰
蒙河上游	上游干流	14.43	102.09	222	23	−43.2	−6.86	9.5	53	−32.5	−3.77	−3.6
		14.47	102.12	221	32	−32.0	−3.96	−1.6	44	−36.6	−4.56	−1.6
		14.56	102.17	201	107	−25.4	−2.76	−4.2	105	−25.4	−2.59	−5.6
		14.75	102.21	186	135	−27.9	−2.92	−5.4	213	−22.0	−1.47	−10.7
		14.97	102.24	178	136	−30.0	−3.48	−3.3	159	−23.1	−2.30	−5.5
	上游支流	15.16	102.37	159	303	−30.7	−3.34	−5.1	397	−30.2	−2.98	−7.3
		15.22	102.43	152	332	−31.9	−3.49	−5.1	598	−31.3	−3.01	−8.2
		15.25	102.53	153	391	−33.8	−3.98	−3.3	748	−30.0	−2.23	−12.8
		14.49	101.68	393	76	−35.1	−4.94	2.9	186	−30.3	−3.70	−1.8
		14.95	101.99	194	234	−30.0	−3.63	−2.1	325	−35.0	−4.32	−1.9
		15.18	102.26	170	998	−26.4	−2.22	−9.3	1456	−31.8	−2.14	−15.3
		15.07	102.40	168	85	−38.6	−4.48	−4.1	189	−32.6	−2.55	−13.0
蒙河中游	中游干流	14.51	101.38	389	16	−41.2	−6.54	9.0	62	−33.0	−4.84	4.2
		14.70	101.42	307	54	−35.8	−5.86	9.2	397	−43.9	−5.86	1.1
		14.80	101.53	270	139	−39.9	−5.66	3.6	209	−37.8	−4.45	−3.7
		14.86	101.59	244	158	−31.8	−3.94	−1.5	222	−39.1	−5.04	−0.3
		14.93	101.95	194	249	−31.8	−3.68	−3.6	325	−34.6	−4.25	−2.0
		15.37	102.75	150	102	−46.8	−6.02	−0.6	384	−31.1	−2.70	−10.4
		15.44	103.01	140	162	−76.0	−10.19	2.3	579	−31.8	−2.88	−9.6
		15.30	103.29	141	130	−75.2	−9.79	0.0	683	−25.9	−1.55	−14.0
		15.30	103.60	131	93	−57.2	−7.20	−2.0	748	−26.9	−1.94	−12.0
		15.33	103.68	134	88	−55.5	−6.72	−3.8	839	−27.0	−1.36	−16.6
		15.46	103.89	130	97	−57.4	−7.21	−2.0	624	−31.5	−3.20	−6.9
		15.34	104.15	124	73	−55.2	−6.96	−1.8	358	−28.7	−2.11	−12.5
	中游支流	15.13	104.49	113	62	−47.2	−6.02	−1.0	288	−41.1	−4.31	−8.0
		15.15	104.73	116	50	−43.2	−5.52	−0.8	299	−38.2	−3.78	−9.1
		15.00	102.82	165	47	−33.8	−3.69	−5.5	192	−28.3	−2.28	−10.8
		15.30	103.20	136	60	−55.8	−7.27	0.0	105	−31.6	−2.80	−10.0
		15.14	103.43	138	33	−38.0	−4.57	−3.0	174	−34.9	−3.19	−10.4
		15.47	104.07	119	59	−85.7	−11.25	0.7	345	−30.8	−2.45	−11.9
		15.33	104.04	122	22	−45.6	−5.74	−1.5	384	−35.4	−3.52	−8.4
		15.12	104.32	123	20	−45.1	−5.80	−0.5	172	−36.4	−3.77	−7.4
		15.11	104.68	121	19	−47.5	−6.38	1.5	113	−36.0	−3.99	−5.4
		14.88	103.38	143	34	−34.9	−4.03	−3.9	170	−31.1	−3.06	−7.6

续表

		纬度（°N）	经度（°E）	海拔/m	丰水期				枯水期			
					TDS/(mg/L)	δ^2H/‰	$\delta^{18}O$/‰	*d*-excess/‰	TDS/(mg/L)	δ^2H/‰	$\delta^{18}O$/‰	*d*-excess/‰
蒙河中游	中游支流	14.86	103.48	148	25	−32.6	−3.75	−3.8	53	−27.6	−2.17	−11.0
蒙河中游	中游支流	15.57	103.82	125	63	−93.9	−12.24	0.2	139	−29.2	−1.85	−15.0
蒙河中游	中游支流	15.05	104.02	126	21	−43.7	−5.42	−2.0	46	−36.9	−3.80	−7.7
蒙河中游	中游支流	15.01	104.13	131	19	−40.9	−5.25	−0.6	38	−30.4	−2.68	−9.9
蒙河中游	中游支流	15.01	104.63	123	18	−49.5	−6.70	2.0	114	−32.4	−3.27	−7.3
蒙河下游	下游干流	15.21	104.76	117	86	−39.3	−4.80	−2.4	150	−51.4	−6.19	−3.8
蒙河下游	下游干流	15.21	104.81	126	86	−40.8	−5.03	−2.2	152	−51.6	−6.07	−4.9
蒙河下游	下游干流	15.22	104.86	112	88	−40.0	−5.08	−1.0	150	−52.3	−6.34	−3.7
蒙河下游	下游干流	15.31	105.12	115	47	−55.2	−7.35	1.3	157	−51.5	−6.29	−3.1
蒙河下游	下游干流	15.27	105.22	114	46	−55.1	−7.54	2.8	164	−50.7	−6.20	−3.1
蒙河下游	下游干流	15.29	105.34	96	46	−54.3	−7.26	1.5	152	−47.7	−5.69	−4.0
蒙河下游	下游干流	15.26	105.44	108	48	−53.4	−7.10	1.1	155	−47.6	−5.66	−4.1
蒙河下游	下游干流	15.31	105.49	112	44	−52.2	−7.06	2.1	152	−47.7	−5.66	−4.2
蒙河下游	下游支流	15.27	104.64	123	89	−41.4	−5.27	−0.9	146	−52.3	−6.37	−3.4
蒙河下游	下游支流	15.29	104.74	117	32	−52.9	−6.91	0.1	332	−30.7	−2.62	−10.6
蒙河下游	下游支流	15.34	105.08	119	23	−63.3	−8.69	3.4	234	−46.1	−5.23	−6.0
蒙河下游	下游支流	15.23	105.16	118	16	−51.1	−7.10	3.4	69	−37.8	−4.46	−3.6
蒙河下游	下游支流	15.23	105.30	109	11	−67.0	−9.40	5.2	28	−30.4	−3.23	−5.5
蒙河下游	下游支流	15.34	105.40	104	10	−74.4	−10.48	6.0	122	−34.9	−3.46	−8.3
蒙河下游	下游支流	15.26	105.45	109	9	−46.2	−5.78	−1.8	14	−42.3	−5.27	−1.9
蒙河下游	下游支流	15.50	104.60	128	28	−49.5	−6.48	0.3	208	−39.0	−4.11	−7.5
蒙河下游	下游支流	15.50	104.97	119	25	−58.4	−7.94	2.6	128	−35.9	−3.53	−8.9
湄公河		15.32	105.55	107	50	−61.5	−8.81	6.2	163	−67.8	−9.39	4.3
地下水		15.26	104.82	130					235	−34.6	−4.40	−0.8
地下水		15.19	104.80	127					31	−38.4	−5.59	4.6
地下水		15.12	104.43	126					1034	−46.7	−6.91	6.3
地下水		15.22	104.41	131					141	−39.9	−5.59	3.0
地下水		14.97	103.78	109					1346	−46.5	−6.43	2.9
地下水		15.15	103.49	146					774	−43.7	−5.91	1.7
地下水		15.33	103.10	145					121	−57.5	−8.24	5.7
地下水		15.44	103.09	140					819	−42.7	−5.81	2.0
地下水		14.94	102.29	189					546	−51.9	−7.42	5.1
地下水		14.91	102.20	214					2061	−39.1	−4.44	−5.0
稻田水		14.74	102.21	185					120	−18.2	−0.72	−12.6

一、蒙河河水氢氧同位素的季节变化特征

在丰水期（2017 年 7 月至 8 月），蒙河河水的δ^2H 值范围为−93.9‰～−25.4‰，平均值为−46.8‰；δ^{18}O 值范围为−12.24‰～−2.22‰，平均值为−6.05‰；*d*-excess 值的范围为−9.3‰～−9.5‰，平均值为−0.3‰。在枯水期（2018 年 3 月），蒙河河水的δ^2H 值范围为−52.3‰～−22.0‰，平均值为−35.8‰；δ^{18}O 值范围为−6.37‰～−1.36‰，平均值为−3.73‰；*d*-excess 值范围为−16.6‰～−4.2‰，平均值为−7.1‰。在蒙河和湄公河的混合区（即湄公河干流），丰水期时河水的δ^2H、δ^{18}O 和 *d*-excess 值分别为−61.5‰、−8.81‰和−6.2‰，枯水期时分别为−67.8‰、−9.39‰和−4.3‰。蒙河流域河水的氢氧同位素组成具有明显的季节变化（表 8.2）。相较于丰水期，蒙河河水在枯水期更加富集重同位素（^{2}H 和 ^{18}O）且具有较低的 *d*-excess 值，这说明相对更为强烈的蒸发活动发生在枯水期。这些特征与受东亚季风和台风影响的亚热带地区河流较为相似（Liu et al.，2014）。

从平均值来看，蒙河上游、中游和下游同位素组成的季节变化不同。在上游，δ^2H 和δ^{18}O 的季节变化不明显，但枯水期的 *d*-excess 值更低；在中游和下游，枯水期的δ^2H、δ^{18}O 值较高、*d*-excess 值较低，并且中游地区的季节变化大于下游地区。从季节性差异值来看，蒙河上游枯水期和丰水期的δ^2H、δ^{18}O、*d*-excess 平均值的季节性差异值为−1.0‰、−0.69‰和 4.3‰；中游季节差异值分别为−20.6‰、−3.86‰和 8.9‰；下游季节差异值分别为−8.5‰、−1.94‰和 6.4‰。综上所述，泰国蒙河河水δ^2H、δ^{18}O 和 *d*-excess 值的季节性差异为：中游＞下游＞上游。

表 8.2 蒙河上、中、下游 TDS、δ^2H、δ^{18}O 和 *d*-excess 的时空变化

		TDS/（mg/L）			δ^2H/‰			δ^{18}O/‰			*d*-excess/‰		
		平均值	最小值	最大值	平均值	最小值	最大值	平均值	最小值	最大值	平均值	最小值	最大值
丰水期	上游	204	16	998	−33.3	−43.2	−25.4	−4.22	−6.86	−2.22	−0.9	−9.3	9.5
	中游	59	18	162	−52.8	−93.9	−32.6	−6.71	−12.24	−3.69	−1.2	−5.5	2.3
	下游	43	9	89	−52.6	−74.4	−39.3	−7.02	−10.48	−4.80	1.3	−2.4	6.0
枯水期	上游	334	44	1456	−32.3	−43.9	−22.0	−3.53	−5.86	−1.47	−5.2	0	4.2
	中游	311	38	839	−32.0	−41.1	−25.9	−2.85	−4.31	−1.36	−10.1	−16.6	−5.4
	下游	148	14	332	−44.1	−52.3	−30.4	−5.08	−6.37	−2.62	−5.1	−10.6	−1.9

二、蒙河河水氢氧同位素的空间变化特征

图 8.1 为蒙河河水氢氧同位素组成的空间分布图，可以观察到不同季节河水氢氧同位素组成的空间变化存在明显的差异。总的来说，不论是在丰水期还是枯水期，上游河水的δ^2H 和δ^{18}O 值更高，而下游的δ^2H 和δ^{18}O 值更低。丰水期三个河段的δ^2H、δ^{18}O 及 TDS 平均值大小排序为：上游＞中游≈下游，而枯水期为：上游≈中游＞下游。从极差值来看，上游δ^2H、δ^{18}O 和 *d*-excess 值的极差值在丰水期分别为 17.8‰、4.64‰和 18.8‰，在枯水期分别为 21.9‰、4.39‰和 4.2‰；中游δ^2H、δ^{18}O 和 *d*-excess 的极差值在丰水期分别为

61.3‰、8.71‰和 7.8‰，枯水期分别为 15.2‰、2.95‰和 11.2‰；下游河水的δ^2H、δ^{18}O 和 *d*-excess 的极差值在丰水期分别为 35.1‰、5.68‰和 8.4‰，枯水期分别为 21.9‰、3.75‰和 8.7‰。由此可以得出，丰水期河水的氢、氧同位素组成在中游、下游的空间变异性较高，而枯水期上游、下游的氢、氧同位素组成空间变异性较高。

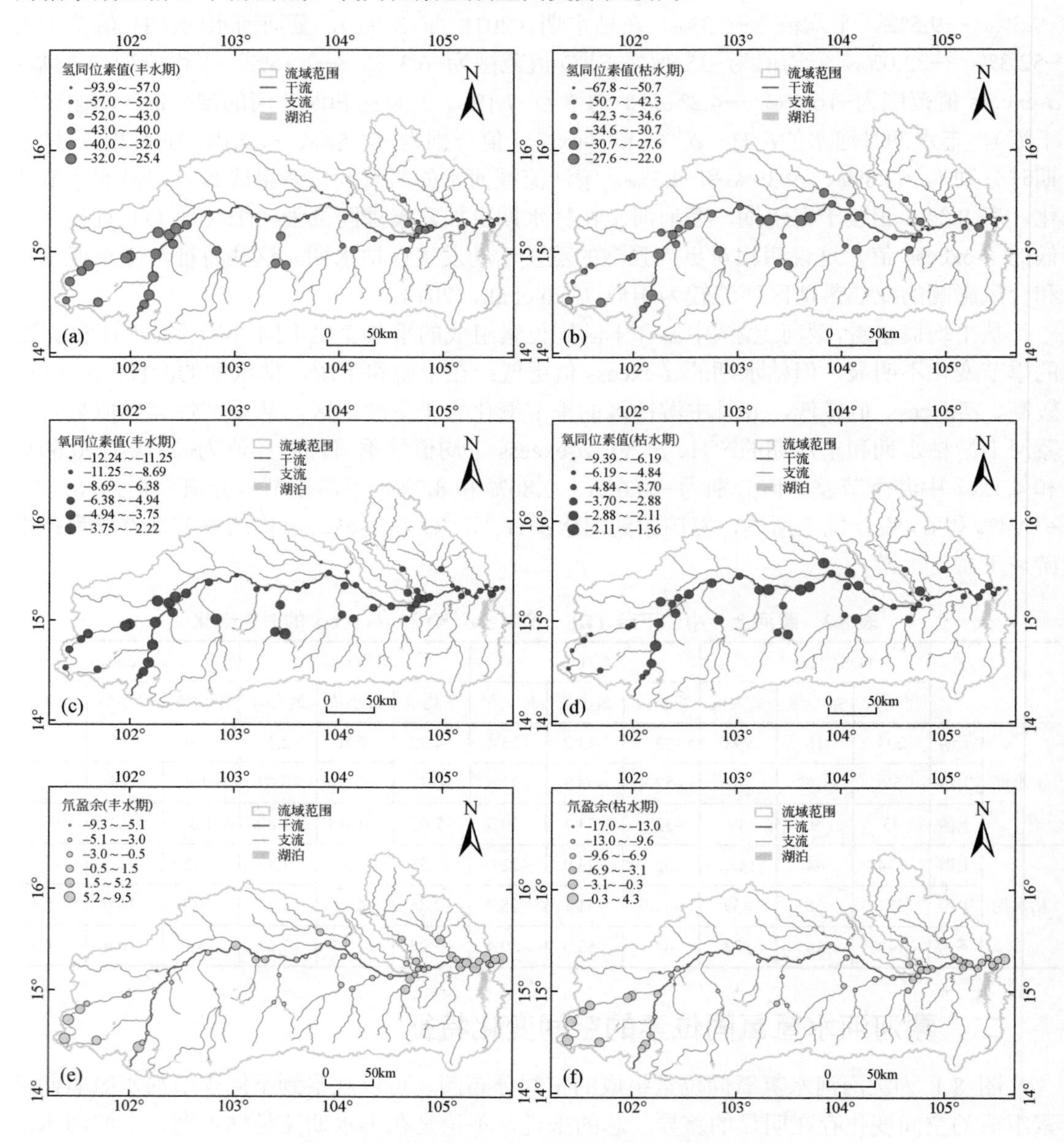

图 8.1　河水δ^2H、δ^{18}O 和 *d*-excess 的空间变化

(a) 丰水期δ^2H 空间变化；(b) 枯水期δ^2H 空间变化；(c) 丰水期δ^{18}O 空间变化；(d) 枯水期δ^{18}O 空间变化；(e) 丰水期 *d*-excess 空间变化；(f) 枯水期 *d*-excess 空间变化（圆圈越小代表值越小）

第二节　大气降水对河水氢氧同位素的影响

河水有多种补给水源，如大气降水、地下水、冰雪融水等，而大气降水是河水最主要的补给源（Han et al.，2018；Zheng et al.，2022）。蒙河流域以热带季风气候为主，季节主要分为雨季（5 月至 10 月）和旱季（11 月至次年 4 月）。全年降水主要发生在雨季，月平均降水量在 7 月至 9 月期间最大（Prabnakorn et al.，2018）。此外，雨季和旱季之间的降雨也有明显的空间分布差异。已有研究表明，在雨季，受热带低压的影响，盆地东部降水较多，而碧差汶山的雨影效应则使盆地西部降水偏少（Scott and O'Reilly，2015）。在以东北季风为主的旱季，西南盆地山区降水多于其他地区（Fick and Hijmans，2017）。因此，大气降水对蒙河河水氢氧同位素组成的影响可能存在较大的时空差异。另外，由于采样期间受到了热带风暴 Sonca（桑卡）事件的影响，明晰该时期大气降水对河水氢氧同位素组成的影响，对进一步理解极端事件对蒙河流域水循环的影响尤为重要。

一、大气降水对河水氢氧同位素的季节性影响

研究表明，雨水$\delta^{18}O$ 和$\delta^{2}H$ 之间存在线性关系（Craig，1961）。受气候、海拔等因素的影响，不同地区雨水的$\delta^{18}O$-$\delta^{2}H$ 线性方程存在差异（Xia et al.，2020；Yang et al.，2019）。本研究绘制了蒙河流域河水、地下水和稻田水的$\delta^{18}O$-$\delta^{2}H$ 散点图（图 8.2），并与全球大气降水线（GMWL：$\delta^{2}H=8\times\delta^{18}O+10$）和曼谷大气降水线（LMWL）进行比较。

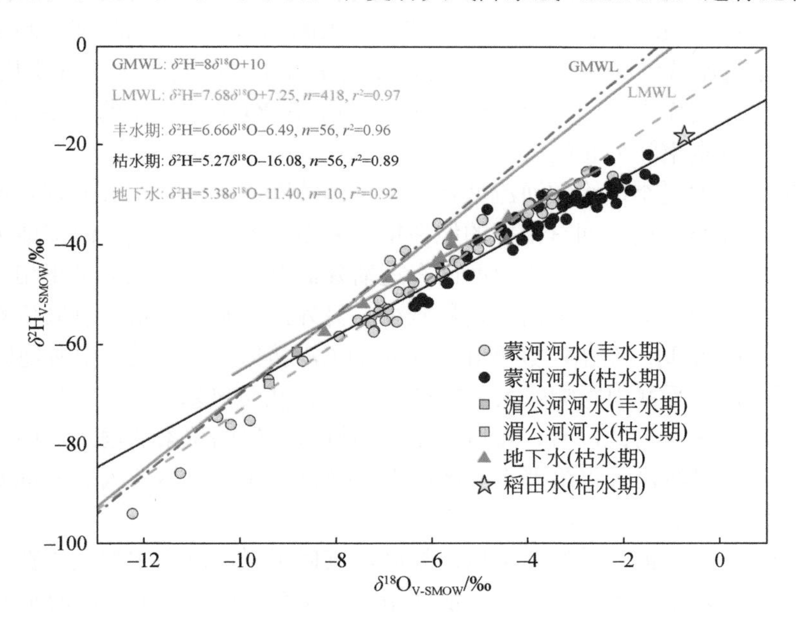

图 8.2　蒙河流域河水、地下水和稻田水的$\delta^{18}O$-$\delta^{2}H$ 散点图

红色点划线表示全球大气降水线（GMWL）；深黄色实线表示当地大气降水线（LMWL）；灰色虚线表示蒙河丰水期河水线；黑色实线表示蒙河枯水期河水线；绿色实线表示枯水期地下水线

如图 8.2 所示，除少数河水样品外，大部分水样位于 GMWL 和 LMWL 的右侧。蒙河

河水线和地下水线能通过对蒙河河水和地下水的δ^2H和$\delta^{18}O$的线性拟合得到：

丰水期蒙河河水线：

$$\delta^2H = 6.66 \times \delta^{18}O - 6.49\ (n = 56,\ r^2 = 0.96) \quad (8.2)$$

枯水期蒙河河水线：

$$\delta^2H = 5.27 \times \delta^{18}O - 16.08\ (n = 56,\ r^2 = 0.89) \quad (8.3)$$

枯水期蒙河地下水线：

$$\delta^2H = 5.38 \times \delta^{18}O - 11.40\ (n = 10,\ r^2 = 0.92) \quad (8.4)$$

GMWL、LMWL、蒙河丰水期河水线、枯水期河水线和枯水期地下水线的斜率依次递减，表明河水除受到大气降水补给外，还经历了其他水文过程。一方面，丰水期蒙河河水线的斜率更接近LMWL，说明该时期河水受到了大气降水的直接补给。枯水期斜率最小，可能是受到了气候因素和大坝蓄水的影响，这使得蒙河流域的蒸发量更大（Hecht et al.，2019），伴随着明显的氢氧同位素动力学分馏过程（Haiyan et al.，2018）。另一方面，枯水期的地下水比河水更接近GMWL和LMWL，表明地下水相比河水受到蒸发作用更弱。此外，位于图右上角的稻田水的氢氧同位素组成最重，且靠近蒙河枯水期河水线的延伸段，这可能与水田强烈的蒸发过程有关，该过程可能导致重同位素的富集。

二、大气降水对河水氢氧同位素空间分布的影响

随着水汽自海洋向内陆的输送及大气相对湿度的变化，大气降水中的*d*-excess值随降雨和二次蒸发凝聚过程而改变，并通过降雨活动进一步影响河水中的*d*-excess值（Dansgaard，1964；Liu et al.，2014）。因此，河水的*d*-excess值的特征反映了其与降水和地形的关系。蒙河流域气候受印度夏季风和东北季风的控制，总体上主气流从西向东流动。因此，本小节以经度作为空间参数，通过*d*-excess、$\delta^{18}O$值和经度的关系探讨了大气降水对河水氢、氧同位素空间分布的影响。

在丰水期，印度夏季风给蒙河流域带来了丰沛的降雨。线性相关方程表明，丰水期蒙河河水的*d*-excess与经度之间有很好的线性拟合关系［图8.3（a）］。西部地区*d*-excess与经度呈负相关关系，这可能与海拔由西向东逐渐降低有关；东部地区呈正相关关系，这可能是因为由西向东空气湿度增加而蒸发量减少。另外，丰水期河水的氧同位素值随经度发生变化（图8.3）：西部山区的$\delta^{18}O$变化与雨水的“海拔效应”有关；中游地区的河水$\delta^{18}O$值极低，说明该地区受暴雨影响较大。2017年7月，热带风暴Sonca导致了泰国东北部巨大的财产和生命损失，与此同时，台风携带了大量富含轻同位素的雨水。中下游两个重同位素枯竭区域与该月洪涝灾害最严重的区域大致吻合，证明了热带风暴Sonca造成的大降雨是蒙河中下游主要的河水来源之一。

枯水期期间，蒙河流域受东北季风的控制，气候干燥。降雨主要发生在西部山区，而东部平原地区的蒸发量显著增高。与丰水期相比，尤其是在平原地区，河水的*d*-excess值很低，说明其受蒸发作用的影响很大。在西部地区，$\delta^{18}O$值变化趋势与丰水期类似，随着海拔的升高而减小。在东部地区，$\delta^{18}O$值与经度呈负相关关系，而与温度和降雨关系很小，这很可能与其他水体的混入有关。在中游地区，河流与地下水的$\delta^{18}O$值由东向西逐渐增加，这既表明了地下水补给河水产生的混合效应，也说明其可能与中游水坝蓄水导致的径流减

少有关。在下游地区，干流河水的$\delta^{18}O$与支流池河相近且低于其他支流，表明池河河水是干流河水的主要水源。与上游样品（102°17′E，14°56′N）相比，下游河流部分水样（102°21′E，14°75′N）的$\delta^{18}O$和*d*-excess值更接近邻近的稻田水样品（102°21′E，14°74′N），表明河流水可能受到了邻近农田水的显著影响。

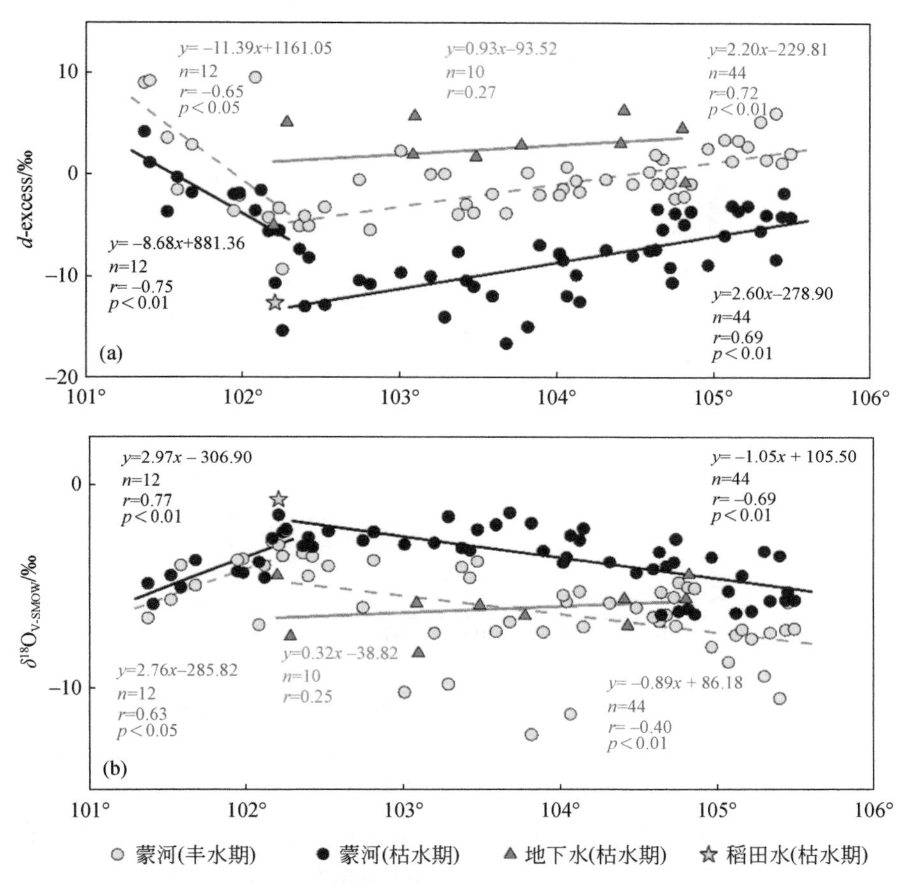

图 8.3　蒙河河水和地下水的*d*-excess、$\delta^{18}O$值随经度的变化

（a）*d*-excess 值随经度的变化；（b）$\delta^{18}O$值随经度的变化

第三节　梯级水库对水循环的影响

河水中氢氧同位素的时空变化可以反映河水受大坝的拦截效应和水文过程的影响。例如，长江河水稳定氧同位素的季节变化表明，河水对大气降水补给的响应存在时滞效应，因为梯级水坝增加了河水的滞留时间，改变了水库中地表水、底层水和下泄水的同位素组成，对水循环产生了显著影响（Deng et al.，2016；Li et al.，2020）。蒙河干流上修建了许多的梯级大坝，这不仅影响了当地的水文生态，也可能加速和放大气候变化和全球变暖的长期影响。图 8.4 对比了蒙河干流各水文站点的径流量数据、$\delta^{2}H$、$\delta^{18}O$、*d*-excess 和 TDS

的沿程变化。丰水期干流径流量变化较大，枯水期干流的径流量非常低。

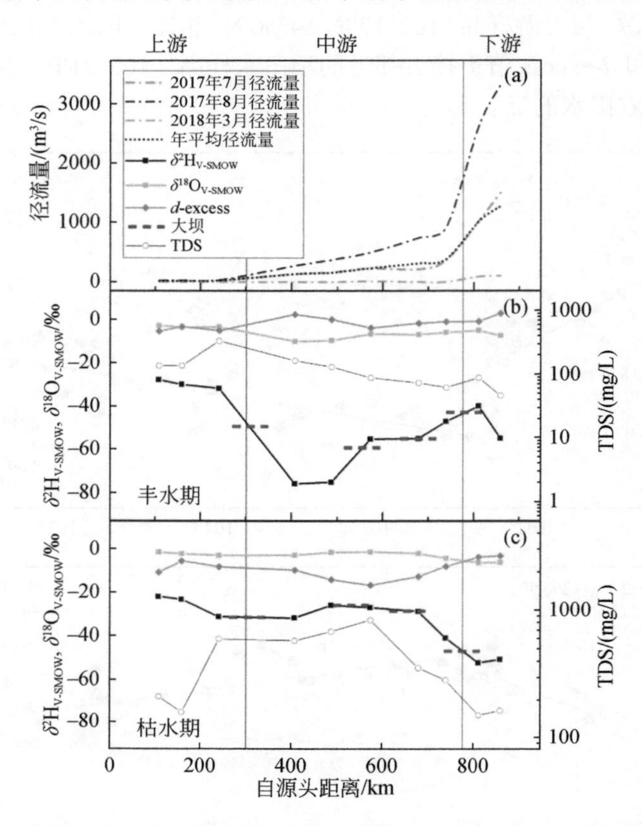

图 8.4　蒙河干流河水的径流量、δ^2H、δ^{18}O、d-excess 和 TDS 变化趋势

(a) 丰、枯水期的月平均径流量和年平均径流量变化；(b) 丰水期δ^2H、δ^{18}O、*d*-excess 和 TDS 变化；(c) 枯水期δ^2H、δ^{18}O、*d*-excess 和 TDS 变化

流域内降雨量存在显著的空间分布差异（丰水期时东多西少），径流量增加的速率取决于印度夏季季风期间当地降雨产生的径流量（Scott and O'Reilly，2015）。与径流量不同，氢氧同位素组成反映了大坝对河水的影响。通常，大坝在高径流量时进行蓄水，在低流量时向下游放水（Grill et al.，2015）。本研究以四座大坝划分出三条河段，其中丰水期河水的δ^2H 和δ^{18}O 值在干流中段呈现逐渐增加的趋势，反映了上游同位素较轻的水与下游同位素较重的水之间的显著混合过程。枯水期干流中段的δ^2H 和δ^{18}O 值变化不明显，这可能与水库的滞留效应和水量调节有关；干流中段的δ^2H 和δ^{18}O 值较高，这是由于较小的径流量和显著的蒸发作用导致河水富集了较重的氢氧同位素。

本 章 小 结

本章研究了蒙河流域河水氢氧同位素的时空变化特征，并探讨了大气降水和人为筑坝对氢氧同位素组成的影响。主要结论如下：①河水中δ^2H 和δ^{18}O 值的季节性变化与热带季风气候有关，丰水期的变化较小，枯水期的变化较大；②受台风带来的降水分布不均的影响，河水的氢氧同位素组成呈现空间变异性，使得蒙河中下游河水富集轻同位素；③地表水和地下水之间交换频繁，丰水期地下水由雨水和河水补给，而枯水期地下水对蒙河中游地区的补给较多；④大坝对水循环有显著影响，筑坝效应使得枯水期地下水-河水的相互作用增强。氢氧稳定同位素地球化学方法显示了其示踪大型流域水文过程的能力，这为理解蒙河流域水循环提供了关键的信息，也为流域水资源管理及洪涝灾害防治提供了科学依据。

参考文献

Akter A，Babel M S，2012. Hydrological modeling of the Mun River basin in Thailand. Journal of Hydrology，452-453：232-246.

Cao M，Hu A，Gad M，et al.，2022. Domestic wastewater causes nitrate pollution in an agricultural watershed，China. Science of the Total Environment，823：153680.

Cochrane T A，Arias M E，Piman T，2014. Historical impact of water infrastructure on water levels of the Mekong River and the Tonle Sap system. Hydrological Earth System Science，18（11）：4529-4541.

Craig H，1961. Isotopic variations in meteoric waters. Science，133（3465）：1702-1703.

Dansgaard W，1964. Stable isotopes in precipitation. Tellus，16（4）：436-468.

Deng K，Yang S，Lian E，et al.，2016. Three Gorges Dam alters the Changjiang（Yangtze）river water cycle in the dry seasons：evidence from H-O isotopes. Science of the Total Environment，562：89-97.

Fick S E，Hijmans R J，2017. WorldClim 2：new 1-km spatial resolution climate surfaces for global land areas. International Journal of Climatology，37（12）：4302-4315.

Grill G，Lehner B，Lumsdon A E，et al.，2015. An index-based framework for assessing patterns and trends in river fragmentation and flow regulation by global dams at multiple scales. Environmental Research Letters，10（1）：015001.

Haiyan C，Yaning C，Weihong L，et al.，2018. Identifying evaporation fractionation and streamflow components based on stable isotopes in the Kaidu River Basin with mountain–oasis system in north-west China. Hydrological Processes，32（15）：2423-2434.

Halder J，Terzer S，Wassenaar L，et al.，2015. The Global Network of Isotopes in Rivers（GNIR）：integration of water isotopes in watershed observation and riverine research. Hydrology and Earth System Sciences，19（8）：3419-3431.

Han G，Lv P，Tang Y，et al.，2018. Spatial and temporal variation of H and O isotopic compositions of the Xijiang River system，Southwest China. Isotopes in Environmental and Health Studies，54（2）：137-146.

Hao S，Li F，Li Y，et al.，2019. Stable isotope evidence for identifying the recharge mechanisms of precipitation，surface water，and groundwater in the Ebinur Lake basin. Science of the Total Environment，657：1041-1050.

Hecht J S，Lacombe G，Arias M E，et al.，2019. Hydropower dams of the Mekong River basin：a review of their hydrological impacts. Journal of Hydrology，568：285-300.

Kudo R，Masumoto T，Horikawa N，2015. Modeling of paddy water management with large reservoirs in northeast Thailand and its application to climate change assessment. Japan Agricultural Research Quarterly，49（4）：363-376.

Laonamsai J，Putthividhya A，2016. Preliminary assessment of groundwater and surface water characteristics in the upper Chao Phraya River Basin land using a stable isotope fingerprinting technique. World Environmental & Water Resources Congress：367-386.

Le Duy N，Heidbüchel I，Meyer H，et al.，2018. What controls the stable isotope composition of precipitation in the Mekong Delta? A model-based statistical approach. Hydrology and Earth System Sciences，22（2）：1239-1262.

Lebel L，Xu J，Bastakoti R C，et al.，2010. Pursuits of adaptiveness in the shared rivers of Monsoon Asia. International Environmental Agreements：Politics，Law and Economics，10（4）：355-375.

Li C，Lian E，Yang C，et al.，2020. Seasonal variability of stable isotopes in the Changjiang（Yangtze）river water and its implications for natural climate and anthropogenic impacts. Environmental Sciences Europe，32（1）：84.

Li Z，Gui J，Wang X，et al.，2019. Water resources in inland regions of central Asia：evidence from stable isotope tracing. Journal of Hydrology，570：1-16.

Liu J，Xiao C，Ding M，et al.，2014. Variations in stable hydrogen and oxygen isotopes in atmospheric water vapor in the marine boundary layer across a wide latitude range. Journal of Environmental Sciences，26（11）：2266-2276.

Ogrinc N，Kanduč T，Stichler W，et al.，2008. Spatial and seasonal variations in $\delta^{18}O$ and δD values in the River Sava in Slovenia. Journal of Hydrology，359（3）：303-312.

Prabnakorn S，Maskey S，Suryadi F X，et al.，2018. Rice yield in response to climate trends and drought index in the Mun River Basin，Thailand. Science of the Total Environment，621：108-119.

Reckerth A，Stichler W，Schmidt A，et al.，2017. Long-term data set analysis of stable isotopic composition in German rivers. Journal of Hydrology，552：718-731.

Scott G，O'Reilly D，2015. Rainfall and circular moated sites in north-east Thailand. Antiquity，89（347）：1125-1138.

Wang B，Zhang H，Liang X，et al.，2019. Cumulative effects of cascade dams on river water cycle：evidence from hydrogen and oxygen isotopes. Journal of Hydrology，568：604-610.

Xia C，Liu G，Chen K，et al.，2020. Stable isotope characteristics for precipitation events and their responses to moisture and environmental changes during the summer monsoon period in southwestern China. Polish Journal of Environmental Studies，29（3）：2429-2445.

Yang Q，Mu H，Guo J，et al.，2019. Temperature and rainfall amount effects on hydrogen and oxygen stable isotope in precipitation. Quaternary International，519：25-31.

Zheng L，Jiang C，Chen X，et al.，2022. Combining hydrochemistry and hydrogen and oxygen stable isotopes to reveal the influence of human activities on surface water quality in Chaohu Lake Basin. Journal of Environmental Management，312：114933.

第九章　蒙河河水碳同位素特征及源解析

碳是生命的基本元素之一，广泛分布在海洋、大气、岩石和生物体内（Hilton and West，2020；Maher and Chamberlain，2014），全球碳循环对维持地球气候系统的稳定起到了关键作用（Berner and Caldeira，1997）。河流是将陆源物质输送至海洋的主要渠道，其年均碳输送量约为1Pg，其中溶解无机碳（DIC）输送量约为0.43Pg（Marx et al.，2017；Meybeck，1987）。河流中溶解的无机碳包括HCO_3^-、CO_3^{2-}、H_2CO_3和溶解 CO_2，其中HCO_3^-是 DIC的主要成分，这些化学物质的相对比例取决于温度和pH。河流 DIC 主要来源于大气CO_2、土壤呼吸和碳酸盐岩风化等，受到自然过程（矿物溶解、生物呼吸/降解、水文地质条件与气候）和人为活动（污水输入）的双重影响（Catalán et al.，2016；Liu and Han，2021a；b；Qin et al.，2020）。不同碳储层的碳同位素（$\delta^{13}C$）组成差异较大，因此河流DIC中的稳定碳同位素$\delta^{13}C_{DIC}$能够广泛应用于研究河流DIC的成因和演化。蒙河位于泰国东北部，是湄公河的一条主要支流（Cartwright，2010；Liu et al.，2019），流域当地的工业发展和长期农业活动可能向河流中释放了大量的碳（Liu et al.，2019），并影响了流域尺度的DIC和$\delta^{13}C_{DIC}$演变。因此，本章主要探讨蒙河流域河水碳同位素的特征、来源及其控制因素。

第一节　河水碳同位素的时空分布特征

丰水期蒙河河水的 DIC 浓度范围较广，变化范围为134.9～3145.5μmol/L，平均 DIC浓度为808.9μmol/L；枯水期蒙河河水的DIC浓度为185～5897μmol/L，平均DIC浓度为1376μmol/L，显著低于地下水中的DIC浓度（1669～17551μmol/L，平均值8793μmol/L）（Li et al.，2019）。当蒙河河水的pH介于6.1～8.5之间时，DIC的主要成分为HCO_3^-，约占DIC总量的37.7%～97.9%（平均82.7%）；而当河水pH<6.4时，HCO_3^-在DIC中的占比小于50%，其余成分为溶解的CO_2（Li et al.，2013）。枯水期时，多数样品中DIC的主要成分是HCO_3^-，约占DIC总量的82%，其余主要由溶解的CO_2组成。如图9.1所示，对大多数河水样品而言，蒙河河水中的CO_2分压（pCO_2）高于大气（400μatm①）。丰水期pCO_2范围为326～7312μatm，而枯水期的pCO_2范围为283～30150μatm。采样期内，仅有2个河水样品（分别为2017年8月采集的S2样点和2018年3月采集的S33样点）的pCO_2值低于400μatm。蒙河河水的方解石饱和指数（CSI）变化范围为−4.0～0.9，平均值为−1.6，中位数为−1.6，这表明大多数河水样品中的方解石含量应处于欠饱和状态。在所测样点中，仅上游支流Takhong河点位的方解石含量呈现过饱和状态，这可能是由于样点附近的Ca^{2+}、HCO_3^-浓度较高而温度较低。蒙河河水$\delta^{13}C_{DIC}$值的范围为−31.0‰～−2.7‰，具有显著的季节变化特征。丰水期河水$\delta^{13}C_{DIC}$值的范围为−31.0‰～−7.0‰，平均值为−19.1‰，小于枯

① 1μatm=0.101325Pa。

水期的$\delta^{13}C_{DIC}$值（−19.6‰～−2.7‰，平均值−10.8‰，图 9.1）。滇池和湄公河的$\delta^{13}C_{DIC}$值与蒙河相似。地下水$\delta^{13}C_{DIC}$变化范围为−19.0‰～−9.3‰，平均值为−16.1‰（Li et al.，2019）。枯水期城市生活污水中 DIC 的含量异常高(7397μmol/L)，HCO_3^-在 DIC 中占比达到 92.4%。与同期地表水平均值相比，农田水 DIC 浓度较低（632μmol/L），然而城市污水和农田水的$\delta^{13}C_{DIC}$并未出现异常。虽然 DIC 浓度和pCO_2变化较大，但地下水样品的$\delta^{13}C_{DIC}$值除了采样点 G1（−9.3‰）以外均相对稳定，平均值为−16.9‰±1.4‰（n=9）。

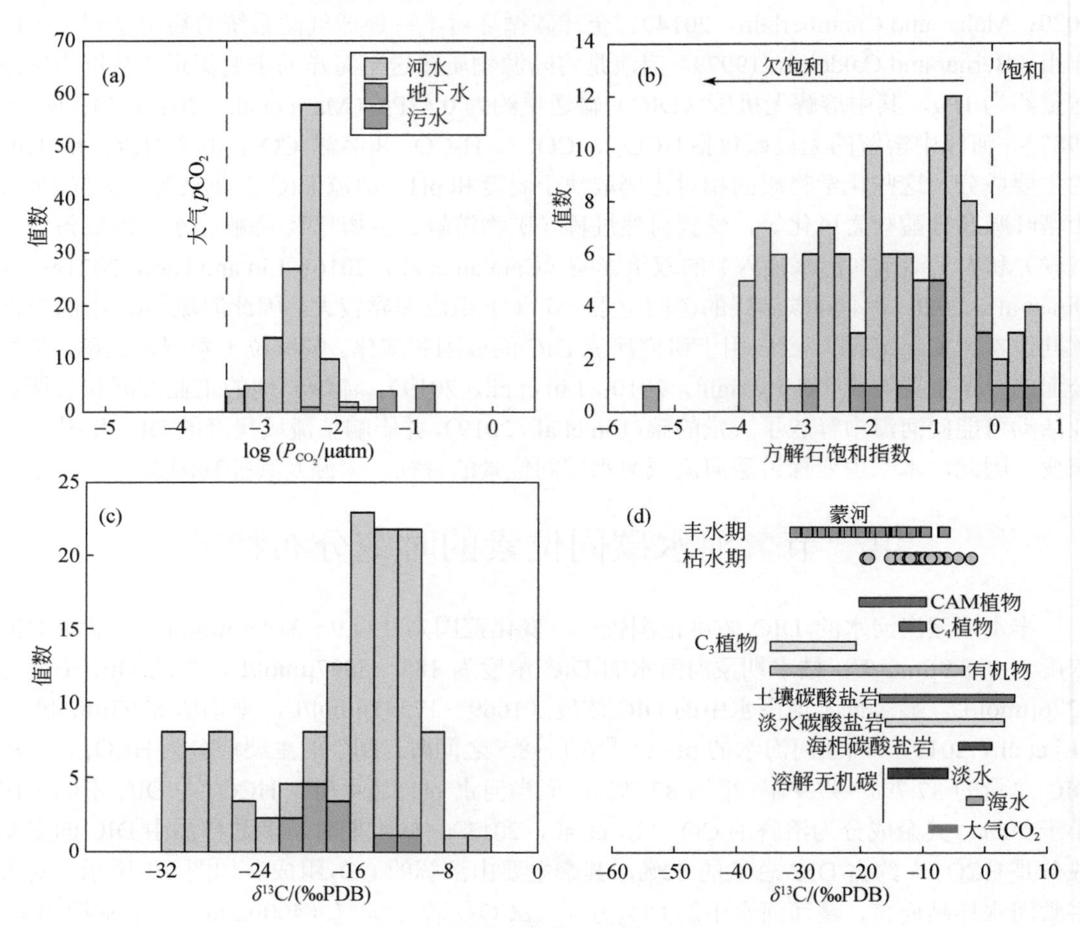

图 9.1 蒙河河水碳同位素相关图解

（a）河水pCO_2；（b）河水方解石饱和指数；（c）河水$\delta^{13}C_{DIC}$；（d）不同储库$\delta^{13}C$范围（修改自 Schulte et al.，2011）

第二节 丰水期河水碳同位素来源解析

一、化学风化

河水中的溶解无机碳（DIC）主要有四个来源，分别为大气 CO_2、微生物活动产生的

土壤 CO_2、植物呼吸作用以及碳酸盐岩风化作用（Aucour et al.，1999；Barth et al.，2003）。空气和土壤中的 CO_2 可以溶解在雨水中进入河流，或者形成碳酸参与风化（Li et al.，2010）。然而，考虑到泰国蒙河流域土壤的高 pCO_2 和当地雨水的低 pH（<5.6）（Li et al.，2022），我们假设大气 CO_2 的贡献可以忽略不计。河流 Ca^{2+}/Na^{+}、Mg^{2+}/Na^{+}以及 HCO_3^{-}/Na^{+}元素摩尔比可以反映河水中主要离子来源的岩石风化贡献（Gaillardet et al.，1999）。通过同一岩性小流域的溶质化学数据，可以估算出不同岩石（硅酸盐岩、碳酸盐岩和蒸发岩）风化的端元数值。如图 9.2 所示，三端元混合模型并不能完全解释蒙河河水的全部离子特征，因此需要引入新的端元值（Liu and Han，2021c）。蒙河样品大部分落在蒸发岩和硅酸盐岩两个端元区间内，只有上游支流 Takhong 河的样品显示出轻微的碳酸盐岩贡献，这说明盐岩溶蚀和硅酸盐风化作用占主导地位。这一结论与流域内出露蒸发岩沉积的地质背景是一致的（Zhang et al.，2021）。由于蒸发岩溶解过程对河流 DIC 浓度没有影响，土壤 CO_2 的输入可能是蒙河水体 DIC 的主要来源之一。土壤 CO_2 中$\delta^{13}C$ 值的高低受到多种因素影响，包括植物类型（C_3/C_4 植物）、CO_2 呼吸速率、土壤深度等（Li et al.，2010）。先前的研究表明，蒙河土壤有机碳（SOC）的$\delta^{13}C$ 值范围为−28.4‰～−22.3‰，在典型 C_3 植物$\delta^{13}C$ 值（−30‰～

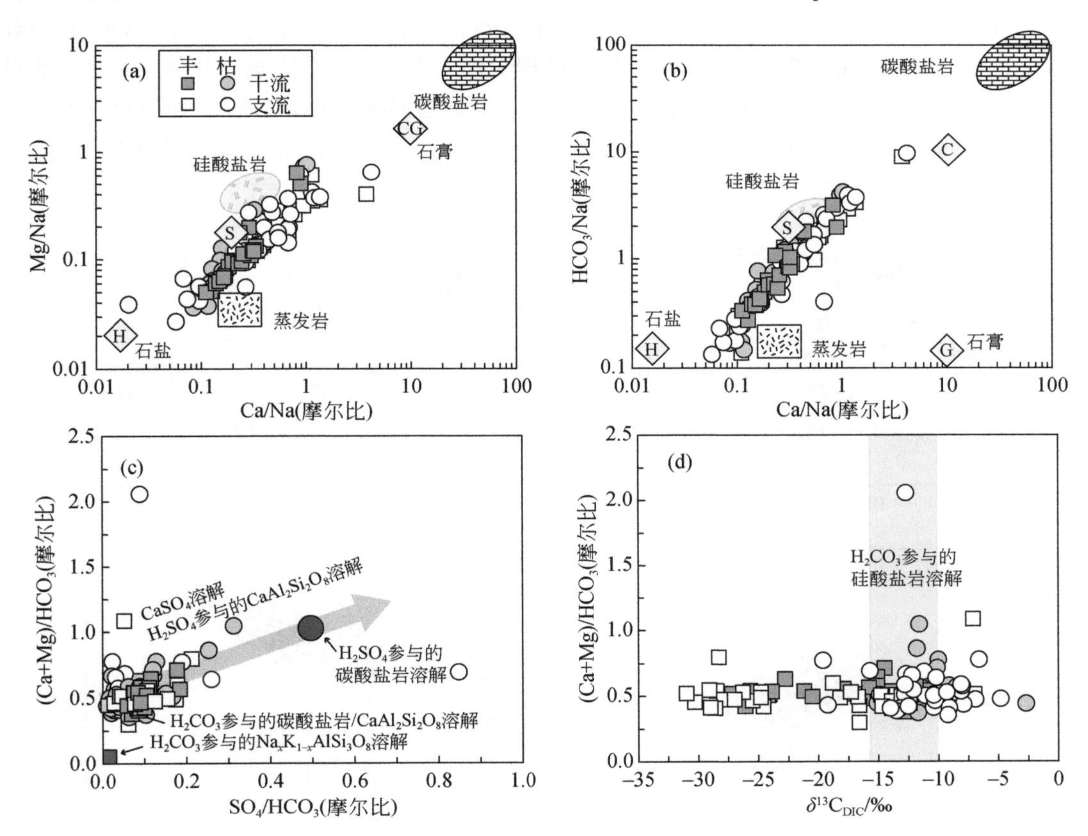

图 9.2　蒙河河水离子摩尔比值间的相互关系

（a）Mg/Na 和 Ca/Na；（b）HCO_3/Na 和 Ca/Na；（c）(Ca+Mg)/HCO_3 和 SO_4/HCO_3；（d）(Ca+Mg)/HCO_3 和$\delta^{13}C_{DIC}$

−24‰）范围内。土壤 CO_2 的 $\delta^{13}C$ 主要取决于土壤碳的 $\delta^{13}C$ 值。考虑到 CO_2 在土壤中分子扩散所导致的同位素富集（^{13}C 富集约 4.4‰），蒙河土壤 CO_2 中 $\delta^{13}C$ 的范围应当为−24‰～−18‰。在开放体系下，土壤 CO_2 与 DIC 之间的平衡分馏（^{13}C 富集约 8‰）交换使土壤 CO_2 与 DIC 的 $\delta^{13}C_{DIC}$ 值达到了−16‰～−10‰。硅酸盐岩风化反应的相关数值如图 9.2c 所示，所有蒙河水样的数值均接近点（0.1，0.5），说明流域存在多种风化反应的复杂混合，如由 H_2CO_3 和 H_2SO_4 驱动的含钙镁硅酸盐岩风化（Liu and Han，2021c）。河水样品的 $\delta^{13}C_{DIC}$ 值介于−31.0‰～−2.7‰之间，其中远低于−16‰和高于−10‰的 $\delta^{13}C_{DIC}$ 值（图 9.2）可能受到其他机制的影响。

二、生物作用

来源于河流呼吸和有机碳降解的河水 DIC 能够降低 $\delta^{13}C_{DIC}$（Li et al.，2010）。有研究发现，典型岩溶小流域的 DOC 浓度与 $\delta^{13}C_{DIC}$ 值呈正相关（Li et al.，2010），这反映了有机降解对 $\delta^{13}C_{DIC}$ 值的影响。然而，丰水期蒙河河水的 $\delta^{13}C_{DIC}$ 值与 DOC 浓度总体呈现负相关关系[图 9.3（a）]，而枯水期则不存在负相关关系。与枯水期相比，丰水期河水中的 DOC 浓度较高，这一现象在下游地区更加明显。我们认为，强烈的农业活动可能导致了河水 DOC 的超载（＞15mg/L）（Liu et al.，2019），即河流生物过程受到了人为活动的影响。此外，丰水期流域内的高降雨量能够将更多的陆源 DOC 带入河流，进而通过 DOC 分解来调控河流 DIC 的浓度。降解和呼吸过程会产生有机酸和 CO_2，导致河水 pH 降低、CO_2/DIC 值升高［图 9.3（b）］。

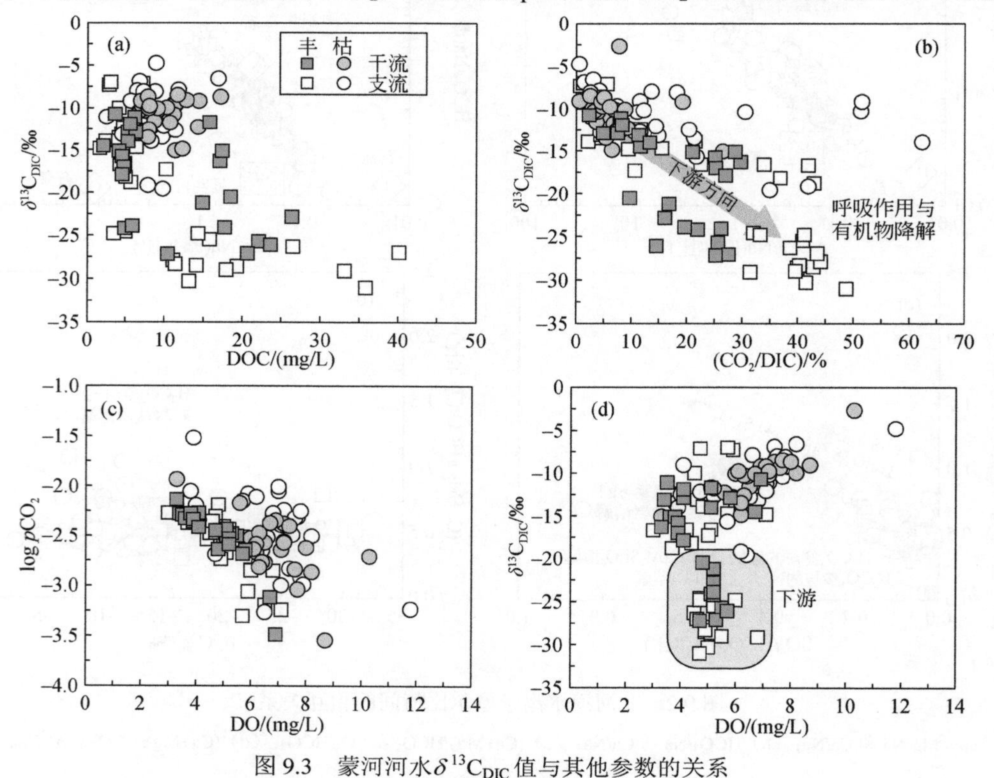

图 9.3　蒙河河水 $\delta^{13}C_{DIC}$ 值与其他参数的关系

（a）$\delta^{13}C_{DIC}$ 与 DOC 浓度；（b）$\delta^{13}C_{DIC}$ 与 CO_2/DIC；（c）log pCO_2 与 DO 浓度；（d）$\delta^{13}C_{DIC}$ 与 DO 浓度

生物降解和生物呼吸的同时也伴随着氧气的消耗（Anderson，1995）。如图 9.3（c）所示，丰枯水期河水的 log pCO_2 与 DO 浓度呈负相关，这表明 pCO_2 水平可能受到呼吸/有机碳降解产生的 CO_2 影响（Taylor et al.，2003）。由于流域内存在明显的人为输入，当排除丰水期下游采集的某些样本时，可以发现呼吸/降解过程会导致 $\delta^{13}C_{DIC}$ 的下降 [图 9.3（d）]。因此，水生生物过程和人为活动对蒙河河水的 pCO_2 水平和 $\delta^{13}C_{DIC}$ 值具有显著影响，尤其是在丰水期的下游地区。

三、CO_2 去气和平衡交换过程

蒙河河水中的 pCO_2 水平高于大气中的 pCO_2（图 9.4），可能会通过 H_2CO_3 驱动的硅酸盐岩风化和 CO_2 去气消耗一部分（Li et al.，2010）。其中，CO_2 去气可能会导致 $\delta^{13}C_{DIC}$ 值的增加，因为 ^{12}C 在 CO_2 中的扩散系数更大（Liu and Han，2021a）。由于扩散分馏作用，$\delta^{13}C_{DIC}$ 值会随着 pCO_2 的减小而增大。由图 9.4 可见，蒙河河水 $\delta^{13}C_{DIC}$ 与 pCO_2 的相关性并不明显，这表明可能存在复杂的生物地球化学过程。枯水期河水的 $\delta^{13}C_{DIC}$（−19.6‰～−2.7‰，平均值−10.8‰）高于丰水期（−31.0‰～−7.0‰，平均值−19.1‰），这可能是由于基流期的 CO_2 去气对 $\delta^{13}C_{DIC}$ 有影响。枯水期 pCO_2 含量较高的地下水 DIC 通量加入到河水中，CO_2 在水−气之间的快速扩散分馏会增加 $\delta^{13}C_{DIC}$ 值并降低 pCO_2 水平，这便可以解释枯水期干流较高的 $\delta^{13}C_{DIC}$ 和较低的 pCO_2。由于河流存在明显的生物效应，与枯水期相比，丰水期样品远高于分馏趋势。除了扩散分馏作用外，河流 DIC 与大气 CO_2 之间的碳同位素平衡交换也增加了河水的 $\delta^{13}C_{DIC}$ 值，尽管这一贡献有限（约为 1‰～2‰）。

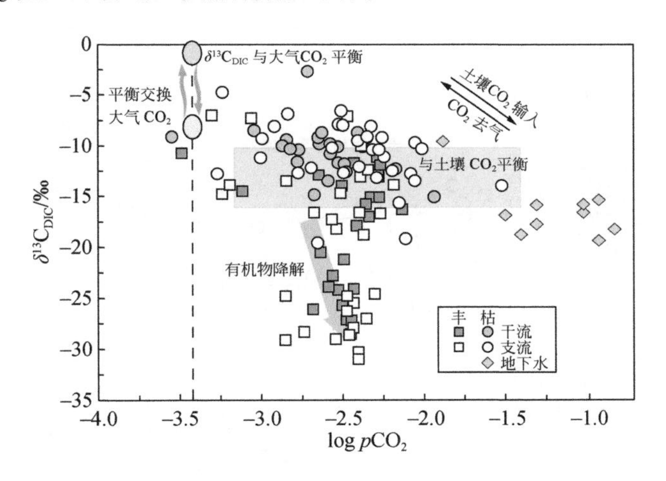

图 9.4　蒙河河水丰枯水期 $\delta^{13}C_{DIC}$ 值与 log pCO_2 的关系

第三节　枯水期河水碳同位素来源解析

一、地下水 DIC 来源

蒙河地下水中的 pCO_2 值较高（＞10000μatm），枯水期的地下水补给可能是地表水中

DIC 的主要来源。碳酸盐岩溶解过程主要发生于地下水中，与土壤而非大气 CO_2 产生的 H_2CO_3 反应。土壤中的 CO_2 主要来源于微生物和植物呼吸作用，少量大气 CO_2（$\delta^{13}C$＝−8‰）也可能混合于土壤浅层中（Doctor et al.，2008）。呼吸作用是生物体氧化分解细胞内有机物并产生能量的化学过程，同时也会产生与土壤有机质 $\delta^{13}C$ 值大致相同的 CO_2（即呼吸作用排出的 CO_2）。蒙河土壤有机碳（SOC）中 $\delta^{13}C$ 的变化范围为−28‰～−25‰，这一范围反映了 C_3 植物的光合作用（可能为水稻）。多数研究发现，由于 $^{13}CO_2$ 和 $^{12}CO_2$ 的分子扩散速率不同，土壤 CO_2 的 $\delta^{13}C$ 值高于有机质（富集约 4%）（Aucour et al.，1999）。含 $\delta^{13}C$ 的土壤有机质（−28‰～−25‰）发生氧化，由此产生的 CO_2 中的 $\delta^{13}C$ 值应为−24‰～−21‰（平均值为−22‰）。有研究测得蒙河流域土壤的 pH 平均值为 6，因此土壤水中的碳主要以碳酸形式存在（Zhao et al.，2018）。

在 25℃条件下，土壤 CO_2 溶解进入土壤水中会产生约 1%的分馏（Telmer and Veizer，1999）。因此，在 pH 为 6 的条件下，我们推测土壤水中的 $\delta^{13}C_{DIC}$ 值应为−23‰～−20‰。由此可以推断，硅酸盐岩风化过程中 HCO_3^- 的 $\delta^{13}C$ 值应处于−23‰～−20‰之间，低于地下水相应的实测平均值（−16.9‰±1.4‰）。由于碳酸盐岩的 $\delta^{13}C$ 值接近 0，因此与土壤 CO_2 相比，由土壤 CO_2 驱动的碳酸盐岩风化作用将出现值为−11‰的 $\delta^{13}C_{DIC}$。也就是说，碳酸盐岩风化中 $\delta^{13}C_{DIC}$ 的预测值高于实测值。大部分地下水样品的 $\delta^{13}C_{DIC}$ 值变化范围为−19.0‰～−15.1‰，表明这些地下水中的 DIC 主要来源于硅酸盐岩和碳酸盐岩的风化（图 9.5）。此外，土壤带的 CO_2 浓度远高于大气和地下水。由于地下水能够与土壤中的 CO_2 持续进行同位素交换，因此在开放体系下，地下水的 $\delta^{13}C_{DIC}$ 值趋于负。

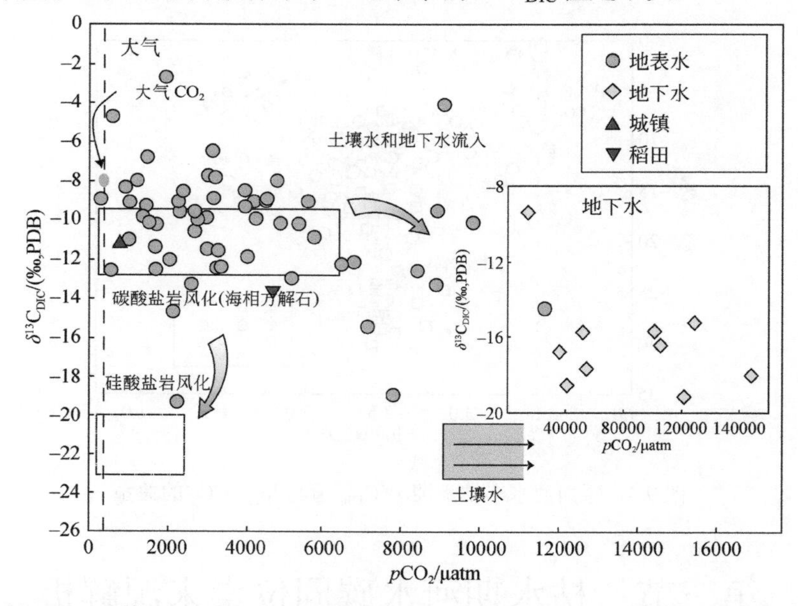

图 9.5　枯水期蒙河河水 $\delta^{13}C_{DIC}$ 值与 pCO_2 的关系（修改自 Cartwright，2010；Telmer and Veizer，1999）

二、岩石风化

硅酸盐岩和碳酸盐岩的化学风化是地球表面碳循环的关键过程（Li et al.，2010），碳酸能够加速硅酸盐岩风化。由前述可知，碳酸最有可能在土壤中产生，而土壤 pCO_2 值远高于大气（Gaillardet et al.，1999）。相同条件下，碳酸盐岩风化比硅酸盐岩快得多，即使在碳酸盐岩分布有限的流域也可能发生少量碳酸盐矿物的风化过程（Dalai et al.，2002）：

$$CaCO_3+H_2O+CO_2(aq) = Ca^{2+}(aq)+2HCO_3^-(aq) \quad (9.1)$$

蒙河上游仅出露少量碳酸盐岩，这些海相碳酸盐岩的 $\delta^{13}C_{DIC}$ 值可能接近 0。该碳酸盐岩风化产生的 DIC 中 $\delta^{13}C_{DIC}$ 值的范围应为−12‰～−10‰，这一预测值与枯水期的 $\delta^{13}C_{DIC}$ 值刚好吻合。虽然 H_2CO_3 驱动的风化很常见，但其并非唯一的驱动方式，人为来源的酸（硫酸和硝酸）也可能参与岩石的风化过程（Han and Liu，2004）。例如，燃煤过程中人为排放的二氧化硫会产生 H_2SO_4，加速碳酸盐岩风化。如图 9.6 所示，大多数水样偏离三端元混合区，向硫酸和硝酸风化区域倾斜。酸雨加速了岩石风化作用，而人为来源强酸（硫酸和硝酸）对蒙河流域硅酸盐岩风化的作用不容忽视。

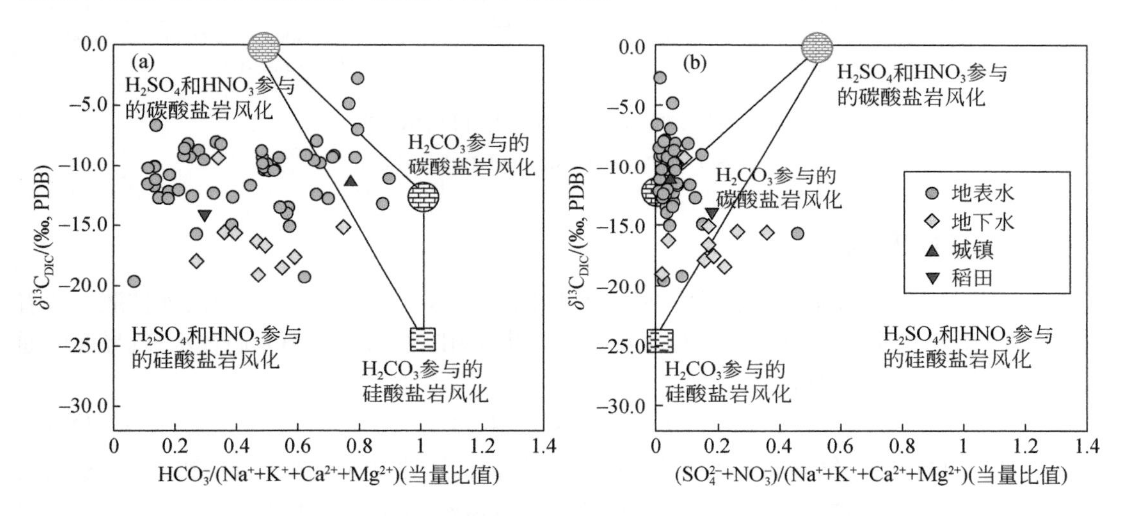

图 9.6 枯水期蒙河河水 $\delta^{13}C_{DIC}$ 值与离子当量比值的关系

（a）$\delta^{13}C_{DIC}$ 与 $HCO_3^-/(Na^++K^++Ca^{2+}+Mg^{2+})$；（b）$\delta^{13}C_{DIC}$ 与 $(SO_4^{2-}+NO_3^-)/(Na^++K^++Ca^{2+}+Mg^{2+})$

三、人为活动

蒙河是泰国重要的农业生产区和人口聚集地，人类活动对河水化学组成的影响较大（Regnier et al.，2013）。TDS 值能反映出河流流经的不同岩性以及人类活动对河流水质的影响。此外，K^+、Na^+、Cl^-、NO_3^- 和 SO_4^{2-} 通常与农业肥料、动物粪便和污水排放有关。蒙河中游的 Cl^-、NO_3^-、SO_4^{2-} 浓度急剧增加，这可能与中部地区使用的农业肥料有关。Ca^{2+}、Mg^{2+}、HCO_3^- 通常对人类活动污染不敏感。为评估城市和农业废水对河流水质的影响，笔者在泰国 Khorat（呵叻）省的污水管道以及稻田中采集了部分水样。如图 9.7（a）所示，两种水样的 NO_3^-/Na^+ 均较低（接近于 0）。SO_4^{2-} 可能具有多种来源，如硫化物氧化、石膏溶解和酸沉降等。城市污水 DIC 浓度较高（7397μmol/L）而 $\delta^{13}C_{DIC}$ 值中等（−11.4‰），这些未经处理的污水排放可能对河水 DIC 和 $\delta^{13}C_{DIC}$ 浓度产生巨大影响。此外，有研究对韩国三条河流中排放洗涤剂的$\delta^{13}C_{DIC}$进行了测定，结果表明测量值范围为−12.0‰～−6.5‰，洗涤剂可能也是河水 DIC 的重要来源之一（Shin et al.，2015）。

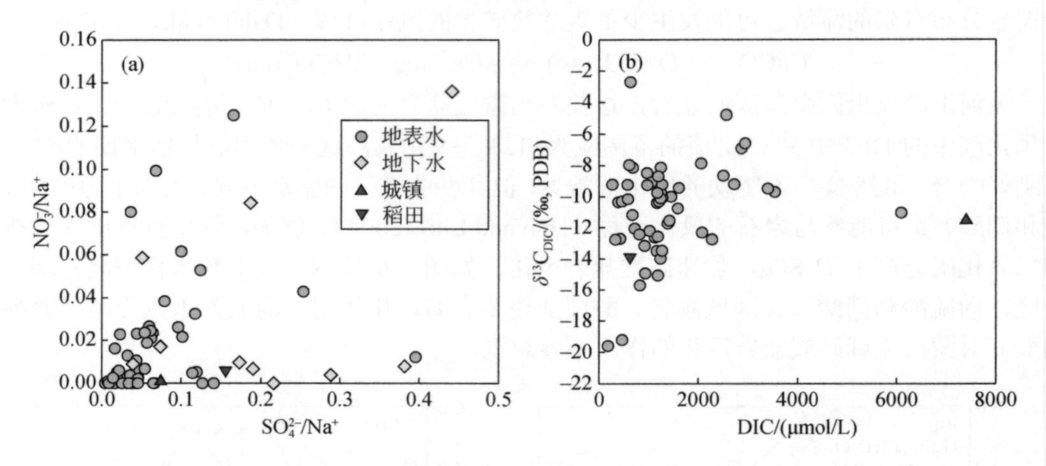

图 9.7　枯水期蒙河河水离子比值和 DIC 的关系

（a）SO_4^{2-}/Na^+与NO_3^-/Na^+；（b）DIC 与$\delta^{13}C_{DIC}$

四、CO_2去气

当河水中的 pCO_2 高于周围大气时，河水中的 CO_2 会通过水−气界面向外扩散。随着CO_2的流失，河水中剩余 DIC 的同位素组成也发生了相应的变化。CO_2通过水−气界面的通量可以使用以下公式进行估算：

$$F_{CO_2}=k\times(C_{水}-C_{气}) \tag{9.2}$$

其中，F_{CO_2} 为通过水−气界面的 CO_2 通量，k 为气体传递速度（cm/h）。$C_{水}$和 $C_{气}$分别代表水和空气中的CO_2浓度，通常由CO_2溶解度 K_H［mol/(m·atm)］与其在水（pCO_{2w}）和大气（pCO_{2a}）中的分压计算得出。F_{CO_2} 的正值表示从水到大气的通量，F_{CO_2} 的负值则表示 CO_2 从大气进入水中。设定大气CO_2浓度为445ppmv（体积分数，10^{-6}），K 是淡水的温度依赖施密特数（ScT）：

$$k=k_{600}\times(\mathrm{ScT}/600)-0.5 \tag{9.3}$$

$$\mathrm{ScT}=1911.1-118.11\times T+3.4527\times T^2-0.04132\times T^3 \tag{9.4}$$

式中，T 为采样点实测水温（℃）；k_{600} 为淡水中 CO_2 在 20℃时的 K 值。对于小溪流，k_{600}=13.82＋0.35w，其中 w 为水流速率（cm/s）；对于河流干流（宽度＞100m）而言，k_{600}=4.46＋7.11×($-u_{10}$)，其中$-u_{10}$为河流上方 10m 处的风速。由于缺乏实测风速数据，笔者使用距采样位置最近的气象站风速数据近似代替河流上方 10m 处的风速。

如图 9.8 和表 9.1 所示，F_{CO_2} 的方向和大小都具有空间差异性。河流源区的 F_{CO_2} 普遍较高，说明热带河流的碳逃逸不容忽视。枯水期的 F_{CO_2} 值范围为−6～1826mmol/(m^2·d)，平均值为 240mmol/（m^2·d）。如表 9.1 所示，蒙河的 F_{CO_2} 值与其他热带河流的 F_{CO_2} 值相似，F_{CO_2} 值的空间差异表明热带河流的二氧化碳逃逸量较大。

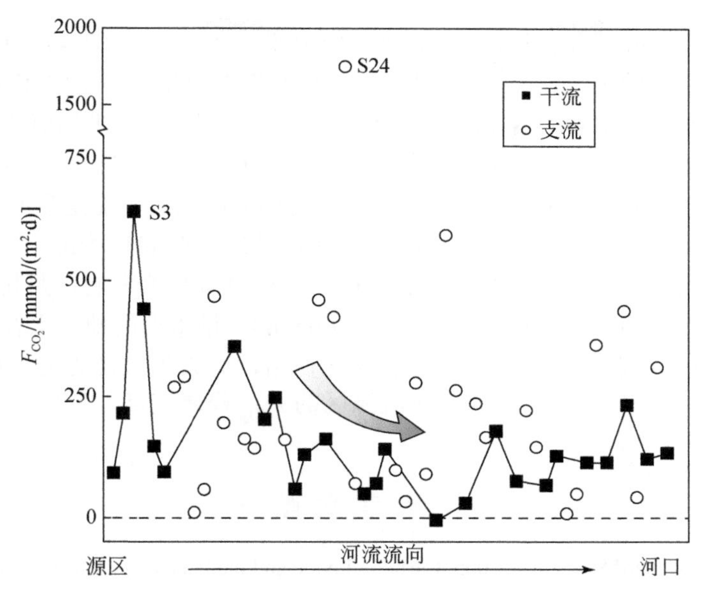

图 9.8　枯水期蒙河 F_{CO_2} 的空间分布

表 9.1　蒙河和世界部分河流的 pCO_2 和 CO_2 逃逸通量（均值）

河流	气候	DIC/(mmol/L)	pCO_2/（μatm）	K/(cm/h)	F_{CO_2}/［mmol/（m^2·d）］
蒙河（本研究）	热带	1.4	4392	10	240
湄公河下游	热带	1.6	1090	26	195
Sinamay 河	热带	—	—	—	30～461
亚马孙河	热带	—	4350	10	189
南盘江	亚热带	2.8	2644	8	194
北盘江	亚热带	2.6	1287	8	78
西江	亚热带	1.6	2600	8～15	189～356
长江	亚热带	1.7	1297	—	14
龙川江	亚热带	1.1～4.6	1230～2100	—	74～156
渥太华河	温带	0.05～3	1200	4	81
哈德逊河	温带	—	1125	4	16～37
密西西比河	温带	0.5	1335	—	270

数据来源：Abril et al.，2005；Alin et al.，2011；Dubois et al.，2010；Li et al.，2013；Li et al.，2011；Raymond et al.，1997；Richey et al.，2002；Telmer and Veizer，1999；Wang et al.，2007；Yao et al.，2007；Zou，2016。

本 章 小 结

在本章中，我们探讨了蒙河流域河水碳同位素的特征、来源及其控制因素。结果表明，蒙河河水中的 CO_2 分压（pCO_2）高于大气，丰水期 pCO_2 范围为 326～7312μatm，而枯水期为 283～30150μatm。蒙河河水$\delta^{13}C_{DIC}$值的范围为−31.0‰～−2.7‰，具有显著的季节变化特征，丰水期河水的$\delta^{13}C_{DIC}$值小于枯水期。枯水期城市生活污水中 DIC 的含量异常高（7397μmol/L），HCO_3^-在 DIC 中占比达到 92.4%。与同期地表水平均值相比，农田水 DIC 浓度较低（632μmol/L），然而城市污水和农田水的$\delta^{13}C_{DIC}$未出现异常。泰国蒙河流域土壤的 pCO_2 较高，当地雨水的 pH 较低（<5.6）。土壤 CO_2 的输入可能是蒙河水体 DIC 的主要来源之一。降解和呼吸过程会产生有机酸和 CO_2，导致河水 pH 降低、CO_2/DIC 值升高。水生生物过程和人为活动对河水的 pCO_2 和$\delta^{13}C_{DIC}$值具有显著影响，尤其是在丰水期的下游地区。蒙河地下水的 pCO_2 值较高（>10000μatm），枯水期的地下水补给可能是该时期地表水中 DIC 的主要来源。酸雨加速岩石风化作用，而人为来源强酸（硫酸和硝酸）对蒙河流域化学风化的作用不容忽视。河流源区的 F_{CO_2} 普遍较高，反映了热带河流的碳逃逸现象。

参 考 文 献

Abril G，Guérin F，Richard S，et al.，2005. Carbon dioxide and methane emissions and the carbon budget of a 10-year old tropical reservoir（Petit Saut，French Guiana）. Global Biogeochemical Cycles，19：GB4007.

Alin S R，Rasera M F F L，Salimon C I，et al.，2011. Physical controls on carbon dioxide transfer velocity and flux in low-gradient river systems and implications for regional carbon budgets. Journal of Geophysical Research，116：G01009.

Anderson L A，1995. On the hydrogen and oxygen content of marine phytoplankton. Deep Sea Research Part I：Oceanographic Research Papers，42（9）：1675-1680.

Aucour A M，Sheppard S M F，Guyomar O，et al.，1999. Use of ^{13}C to trace origin and cycling of inorganic carbon in the Rhône river system. Chemical Geology，159（1）：87-105.

Barth J A C，Cronin A A，Dunlop J，et al.，2003. Influence of carbonates on the riverine carbon cycle in an anthropogenically dominated catchment basin：evidence from major elements and stable carbon isotopes in the Lagan River（N. Ireland）. Chemical Geology，200（3）：203-216.

Berner R A，Caldeira K，1997. The need for mass balance and feedback in the geochemical carbon cycle. Geology，25（10）：955-956.

Cartwright I，2010. The origins and behaviour of carbon in a major semi-arid river，the Murray River，Australia，as constrained by carbon isotopes and hydrochemistry. Applied Geochemistry，25（11）：1734-1745.

Catalán N，Marcé R，Kothawala D N，et al.，2016. Organic carbon decomposition rates controlled by water retention time across inland waters. Nature Geoscience，9（7）：501-504.

Dalai T K，Krishnaswami S，Sarin M M，2002. Major ion chemistry in the headwaters of the Yamuna river system：chemical weathering，its temperature dependence and CO_2 consumption in the Himalaya. Geochimica et Cosmochimica Acta，66（19）：3397-3416.

Doctor D H，Kendall C，Sebestyen S D，et al.，2008. Carbon isotope fractionation of dissolved inorganic carbon（DIC）due to outgassing of carbon dioxide from a headwater stream. Hydrological Processes，22（14）：2410-2423.

Dubois K D，Lee D，Veizer J，2010. Isotopic constraints on alkalinity，dissolved organic carbon，and atmospheric carbon dioxide fluxes in the Mississippi River. Journal of Geophysical Research：Biogeosciences，115：G02018.

Gaillardet J，Dupré B，Louvat P，et al.，1999. Global silicate weathering and CO_2 consumption rates deduced from the chemistry of large rivers. Chemical Geology，159（1）：3-30.

Han G，Liu C Q，2004. Water geochemistry controlled by carbonate dissolution：a study of the river waters draining karst-dominated terrain，Guizhou Province，China. Chemical Geology，204（1）：1-21.

Hilton R G，West A J，2020. Mountains，erosion and the carbon cycle. Nature Reviews Earth & Environment，1（6）：284-299.

Li S，Lu X X，Bush R T，2013. CO_2 partial pressure and CO_2 emission in the Lower Mekong River. Journal of Hydrology，504：40-56.

Li S L，Liu C Q，Li J，et al.，2010. Geochemistry of dissolved inorganic carbon and carbonate weathering in a small typical karstic catchment of Southwest China：isotopic and chemical constraints. Chemical Geology，277（3）：301-309.

Li S Y，Lu X X，He M，et al.，2011. Daily CO_2 partial pressure and CO_2 outgassing in the upper Yangtze River basin：a case study of Longchuanjiang，China. Biogeosciences Discussions，8：10645-10676.

Li X，Han G，Liu M，et al.，2019. Hydrochemistry and dissolved inorganic carbon（DIC）cycling in a tropical agricultural river，Mun River Basin，northeast Thailand. International Journal of Environmental Research and Public Health，16（18）：3410.

Li X，Han G，Liu M，et al.，2022. Potassium and its isotope behaviour during chemical weathering in a tropical catchment affected by evaporite dissolution. Geochimica et Cosmochimica Acta，316：105-121.

Liu J，Han G，2021a. Controlling factors of riverine CO_2 partial pressure and CO_2 outgassing in a large karst river under base flow condition. Journal of Hydrology，593：125638.

Liu J，Han G，2021b. Controlling factors of seasonal and spatial variation of riverine CO_2 partial pressure and its implication for riverine carbon flux. Science of the Total Environment，786：147332.

Liu J，Han G，2021c. Tracing riverine sulfate source in an agricultural watershed：constraints from stable isotopes. Environmental Pollution，288：117740.

Liu J，Han G，Liu X，et al.，2019. Impacts of anthropogenic changes on the Mun River water：insight from spatio-distributions and relationship of C and N species in northeast Thailand. International Journal of Environmental Research and Public Health，16（4）：659.

Maher K，Chamberlain C P，2014. Hydrologic regulation of chemical weathering and the geologic carbon cycle. Science，343（6178）：1502-1504.

Marx A，Dusek J，Jankovec J，et al.，2017. A review of CO_2 and associated carbon dynamics in headwater streams：a global perspective. Reviews of Geophysics，55（2）：560-585.

Meybeck M，1987. Global chemical weathering of surficial rocks estimated from river dissolved loads. American Journal of Science，287：401-428.

Qin C，Li S L，Waldron S，et al.，2020. High-frequency monitoring reveals how hydrochemistry and dissolved carbon respond to rainstorms at a karstic critical zone，Southwestern China. Science of the Total Environment，714：136833.

Raymond P A，Caraco N F，Cole J J，1997. Carbon dioxide concentration and atmospheric flux in the Hudson River. Estuaries，20（2）：381-390.

Regnier P，Friedlingstein P，Ciais P，et al.，2013. Anthropogenic perturbation of the carbon fluxes from land to ocean. Nature Geoscience，6（8）：597-607.

Richey J E，Melack J M，Aufdenkampe A K，et al.，2002. Outgassing from Amazonian rivers and wetlands as a large tropical source of atmospheric CO_2. Nature，416（6881）：617-620.

Schulte P，van Geldern R，Freitag H，et al.，2011. Applications of stable water and carbon isotopes in watershed research：weathering，carbon cycling，and water balances. Earth Science Reviews，109（1）：20-31.

Shin W J，Lee K S，Park Y，et al.，2015. Tracing anthropogenic DIC in urban streams based on isotopic and geochemical tracers. Environmental Earth Sciences，74（3）：2707-2717.

Taylor G T，Way J，Scranton M I，2003. Planktonic carbon cycling and transport in surface waters of the highly urbanized Hudson River estuary. Limnology and Oceanography，48（5）：1779-1795.

Telmer K，Veizer J，1999. Carbon fluxes，pCO_2 and substrate weathering in a large northern river basin，Canada：carbon isotope perspectives. Chemical Geology，159（1）：61-86.

Wang F，Wang Y，Zhang J，et al.，2007. Human impact on the historical change of CO_2 degassing flux in River Changjiang. Geochemical Transactions，8（1）：7.

Yao G，Gao Q，Wang Z，et al.，2007. Dynamics of CO_2 partial pressure and CO_2 outgassing in the lower reaches of the Xijiang River，a subtropical monsoon river in China. Science of the Total Environment，376（1）：255-266.

Zhang S，Han G，Zeng J，et al.，2021. A strontium and hydro-geochemical perspective on human impacted tributary of the Mekong River basin：sources identification，fluxes，and CO_2 consumption. Water，13（21）：3137.

Zhao Z，Liu G，Liu Q，et al.，2018. Studies on the spatiotemporal variability of river water quality and its relationships with soil and precipitation：a case study of the Mun River basin in Thailand. International Journal of Environmental Research and Public Health，15（11）：2466.

Zou J，2016. Sources and dynamics of inorganic carbon within the upper reaches of the Xi River Basin，southwest China. PLoS One，11（8）：e0160964.

第十章　蒙河河水硫同位素特征及源解析

第一节　河水硫酸盐及硫同位素研究进展

硫酸盐（SO_4^{2-}）是水生环境中最常见的阴离子之一，广泛存在于河流、地下水、海洋等环境中，并可以活跃地参与多种生物地球化学过程（Meybeck，1987）。大量的研究表明，河水中的硫酸盐主要来自蒸发岩矿物溶解、硫化物矿物的氧化和人类活动（Balci et al.，2007；Calmels et al.，2007；Han et al.，2019；Torres-Martínez et al.，2020）。近年来，随着工业的快速发展以及城镇化过程的加速，人类活动对水生环境的影响在逐渐增加，而这极大地影响了表生环境中的硫循环过程。研究表明，城镇污水排放、化肥施用、洗涤剂使用以及化石燃料燃烧的过程会产生大量的硫化合物，其中相当一部分会以硫酸盐的形式进入河流（Torres-Martínez et al.，2020；Wang and Zhang，2019）。近年来，河水与地下水中的硫酸盐来源以及污染问题受到了研究人员的关注。河水中的硫酸盐污染可能造成多方面的环境危害和健康风险（Han et al.，2019）。例如，饮用水中的硫酸盐浓度过高将导致包括腹泻、脱水以及胃肠道病变等多种疾病，这促使世界卫生组织对饮用水中硫酸盐浓度进行了严格的规定（Soucek and Kennedy，2005）。水生环境中的硫酸盐对水蚤、摇蚊等生物也具有毒性。除此之外，工业、市政和居民用水管道中的硫酸盐浓度过高会影响输送效率并导致管道堵塞；硫酸盐在还原细菌的作用下被转化为气态的硫化氢，这一过程会对金属与混凝土结构进行腐蚀与破坏（Zuo et al.，2018）。硫循环与地质历史时期的气候变化密切相关，人类活动对自然硫循环的影响不仅会带来环境生态方面的问题，同时也会影响全球碳循环与能量循环。例如，人类活动产生的硫酸如果参与碳酸盐矿物的溶解，会在百万年的时间尺度上成为大气二氧化碳的来源。综上所述，研究河水中硫酸盐的分布特征与来源具有重要的环境与地质意义。

目前研究河水中硫酸盐的常用方法是结合当地地质背景，利用水化学与同位素分析其来源（Balci et al.，2007；Han et al.，2019；Kemeny et al.，2021；Torres-Martínez et al.，2020）。同位素分析技术与相关理论模型的发展为示踪溶质来源提供了强有力的帮助。由于不同来源硫酸盐的硫氧同位素组成具有较大的差异，因此硫酸盐的硫氧同位素组成是识别污染物来源的常用工具。大量基于河水硫酸盐硫氧同位素的工作证明了河水中硫酸盐的来源通常是复杂的，如何定量分析其来源一直是相关研究中的关键问题。有学者系统回顾了硫氧同位素示踪环境中硫酸盐污染源的研究进展，并总结了不同硫酸盐污染源硫氧同位素的范围（Wang and Zhang，2019）。Torres-Martínez 等发现河水的硫酸盐浓度与流域内的硫化物氧化、生活污水以及蒸发岩溶解有关（Torres-Martínez et al.，2020）。蒙河流域位于泰国东部，近二十年来其城镇化规模的扩大导致了土地利用的转变，即大量森林绿地转变为了耕地与城市用地（Bridhikitti et al.，2020；Tian et al.，2019）。人类活动的增加导致蒙河河水面临着许多环境问题，研究表明蒙河已然存在重金属、微生物等方面的污染（Tian et al.，2019；Zhao et al.，2018）。本章将结合蒙河枯水期的河水硫酸盐硫同位素组成与源解析模型确定河水中的硫酸盐来源，相关研究结果可以帮助我们更好地了解水生环境的硫循环，并量化人类活动对水生环境的影响。

第二节　源解析模型

在本章中，我们将介绍并使用两种环境、地球化学领域常用的受体模型——正定矩阵因子模型（PMF model）与比值反演模型（Inverse model）来定量估算河水硫酸盐的来源。两种模型都是基于最小二乘的方法通过迭代找到最优的相对贡献率，但二者的区别是PMF模型不需要预先提供源信息，模型将自动提取数个因子（来源），而反演模型则需要提供来源的端元组成。

一、PMF 模型

PMF 模型是一种多元受体模型，广泛用于颗粒物、河水、雨水等介质中的源解析（Hien et al.，2004；Liao et al.，2015；Manousakas et al.，2017；Moon et al.，2008）。其原理基于如下的质量平衡方程：

$$X_{ij}=\sum_{k=1}^{p} g_{ik} f_{jk} + e_{ij} \tag{10.1}$$

其中，X_{ij}表示样品 i 中溶质 j 所测试的浓度；p 表示所提取因子（来源）的数量；f_{jk}表示物种 j 在因子 k 中的浓度；g_{ik}表示因子 k 对样本 i 的质量贡献率；e_{ij}为误差。考虑到测量值 s_{ij}的本身也有误差，模型使用加权残差 Q 体现算法可靠度，Q 的定义如下式：

$$Q_{ij}=\sum_{j=1}^{m}\sum_{i=1}^{n}\frac{{e_{ij}}^2}{{s_{ij}}^2} \tag{10.2}$$

PMF 模型的本质是通过迭代来得到线性方程的最小二乘解。通过对 f_{kj} 和 g_{ik} 的迭代计算出不同的 Q 值，最优解即为拥有最小 Q 值的一组解。PMF 模型还提供了两种拓展方法（旋转和约束）使模型更符合现实的情况（Liao et al.，2015）。调整旋转参数 F_{peak} 可以减小矩阵的旋转模糊度，通常越小的模糊度代表更现实的混合状态。约束方法将对某些来源添加额外限制。例如，根据基本模型的结果假设来源 1 代表岩盐溶解，则可将 $Na^+/Cl^-=1$ 的比值约束添加到来源 1 中。与基础模型相比，使用约束方法可能获得更具有现实意义的结果。我们使用美国环保署发布的软件 EPA-PMF5.0 进行相关源解析工作。

本次研究所选变量的信噪比（S/N）值范围在 9.2（NO_3^-）到 10.0（其他变量）之间，其中 TDS 被设置为总变量（弱），而 Ca^{2+}、Mg^{2+}、Na^+、K^+、Cl^-、SO_4^{2-}、NO_3^-、HCO_3^-和 DSi 变量被设置为“强”变量。本研究使用目前国际常用的数据不确定度确定方法来给出变量的不确定度：如果变量的浓度高出了对应的检测限，则不确定度为测量不确定度加上三分之一检测限；如果浓度低于检测限，则不确定度为六分之五的检测限（Manousakas et al.，2017）。若提取的因子太少，则因子可能是混合源，无法解释部分变量的变化规律。然而，提取的因子太多可能会将源分离或产生没有现实意义的源。我们尝试提取了 3～7 个因子（来源），发现提取 5 个因子最符合现实情况。因此本研究使用矩阵旋转方法进一步优化所提取的因子，尝试将 F_{peak} 的值分别设置为 0.5、−0.5、1.0、−1.0 和 1.5。PMF 模型提供了三种方法来检查模型的不确定度和旋转模糊度，分别为 Bootstrapping（BS）估计随机误差、Displacement method（DISP）评估旋转模糊度、BS-DISP 两者结合估计随机误差和旋转模糊度。使用 BS 和 DISP 进行模型可靠性分析，其中 Bootstraps 数值设置为 100，最小相关 R 值设置为 0.6。BS 分析结果表明基本模型结果、F_{peak} 结果具有很好的重现性。DISP 分析表明，所获得的解是稳定的并且旋转模糊度很小。

二、比值反演模型

元素/同位素反演模型是地球化学领域广泛使用的模型之一（Bufe et al.，2021；Chetelat et al.，2008；Gaillardet et al.，1999；Kemeny et al.，2021；Li et al.，2008；Moon et al.，2007）。Négrel 等（1993）首次使用反演模型确定了流域尺度河流不同来源对河流主要离子的相对贡献率。Gaillardet 等（1999）通过反演模型确定了世界主要 60 余条河流溶质的来源。反演模型同样基于如下的质量平衡方程：

$$\left(\frac{X}{Y}\right)=\sum_{i=1}^{i}\left(\frac{X}{Y}\right)_i \alpha(Y)_i \tag{10.3}$$

$$(\delta^n X)\left(\frac{X}{Y}\right)=\sum_{i=1}^{i}(\delta^n X)\left(\frac{X}{Y}\right)_i \alpha(Y)_i \tag{10.4}$$

其中，$\alpha(Y)_i$ 表示源 i 对元素 Y 的相对贡献。$(\delta^n X)_i$ 和 $(X/Y)_i$ 分别是源 i 中的同位素和元素端元值。反演模型通过连续迭代计算找到最适合整个模型方程组解，这一组解需要满足拟合值与观察值之间残差的平方和最小（Millot et al.，2003）。本次研究计算时引入了权重因子 β_k，通过将不同的权重 β_k 分配给特定的元素或同位素比值，给予某元素比或同位素比更高的优先级，推动模型优先满足权重较高的方程。

第三节　蒙河河水的硫同位素特征

本研究测试了枯水期蒙河硫酸盐的硫同位素组成。河水的 $\delta^{34}S_{SO_4}$ 值在 1.2‰～16.3‰之间变化，而 SO_4^{2-} 的浓度在 5～547μmol/L 之间变化。河水中 SO_4^{2-} 的浓度与同位素组成具有较大的变化，这说明蒙河流域内河水硫酸盐来源较为复杂。不同来源产生的硫酸盐 $\delta^{34}S_{SO_4}$ 值具有较大的差别。石膏矿物的 $\delta^{34}S$ 值通常与其地质年龄有关，由于硫酸根的硫元素具有较高的化学价态，其 $\delta^{34}S_{SO_4}$ 值通常较高（＞10‰）。由于石膏的溶解速率非常快，其产生的硫酸根 $\delta^{34}S_{SO_4}$ 值通常与矿物本身相同（Turchyn et al.，2013）。而硫化物中的硫化学价态较低，其 $\delta^{34}S$ 值较低，氧化生成的硫酸盐 $\delta^{34}S_{SO_4}$ 值同样与矿物本身相近（Balci et al.，2007）。人类活动产生的硫酸盐 $\delta^{34}S_{SO_4}$ 值变化范围较大，通常在两种矿物的 $\delta^{34}S_{SO_4}$ 范围之间（Turchyn et al.，2013）。如图 10.1 所示，蒙河干流上游河水 $\delta^{34}S_{SO_4}$ 的范围为 1.2‰～14.1‰，平均值为 8.0‰；干流中游河水 $\delta^{34}S_{SO_4}$ 的范围为 8.6‰～15.2‰，平均值为 12.0‰；而干流下游河

水 $\delta^{34}S_{SO_4}$ 的范围为 1.4‰～14.0‰，平均值为 6.4‰。支流河水的 $\delta^{34}S_{SO_4}$ 范围为 2.1‰～16.3‰，平均值为 8.7‰。如图 10.1（a）所示，干流与支流中的 $\delta^{34}S_{SO_4}$ 范围与分布十分相近，说明干流河水中的 $\delta^{34}S_{SO_4}$ 可能主要受到支流混合作用的控制。如图 10.1（b）所示，河水的 $\delta^{34}S_{SO_4}$ 值出现了明显的空间分布趋势，$\delta^{34}S_{SO_4}$ 在源头地区时较低，沿流程迅速升高，在中游时 $\delta^{34}S_{SO_4}$ 值较高并保持相对稳定，而在中下游时迅速降低。河水中的 SO_4^{2-} 浓度也呈现出类似的先增后减的空间分布趋势。结合不同来源的硫同位素组成，可以认为这一空间变化趋势与人类活动或者蒸发岩矿物的输入有很大的关系。此外，河水中的 SO_4^{2-} 以及 $\delta^{34}S_{SO_4}$ 并没有与 Ca^{2+} 表现出明显的关系（$r<0.4$），而 Ca^{2+} 与 HCO_3^- 表现出较好的相关关系（$R^2=0.88$；$p<0.01$），这说明河流中的 Ca 很有可能来源于碳酸参与的风化而非石膏溶解。为了评估人为活动对蒙河河水硫酸盐的影响，本研究使用 PMF 模型与反演模型进一步探究河水中硫酸盐的来源。

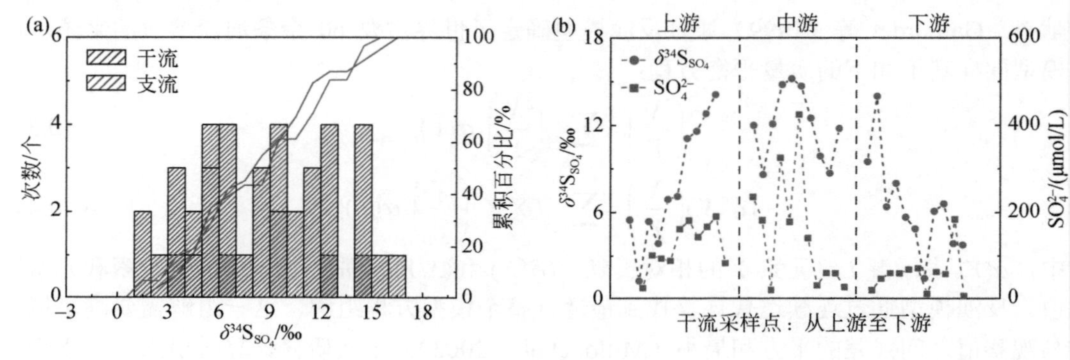

图 10.1　蒙河河水 $\delta^{34}S_{SO_4}$ 与硫酸盐的分布特征

（a）$\delta^{34}S_{SO_4}$ 直方图；（b）蒙河河水 $\delta^{34}S_{SO_4}$ 与 SO_4^{2-} 的空间分布特征

第四节　蒙河河水硫酸盐源解析

一、PMF 模型结果

由于所采集的地下水和河水的化学成分有较大差别，我们将输入的数据分为两个数据集进行分析与讨论，其中第 1 个数据集是将所有样品作为输入数据，而第 2 个数据集仅将采集的河水样品作为输入数据。在考虑所有样品的条件下，我们发现模型可以较好地预测总变量与关注变量（SO_4^{2-}），模拟值与观测值之间有显著的正相关关系。

如图 10.2 所示，当输入的数据集为所有样品时，通过模型计算，我们认为提取 5 个因子最符合现实的因子条件。我们推断因子 1 为硅酸盐风化来源，因为因子 1 具有很高的 DSi 和 K^+载荷，以及较高的 Na^+和 Mg^{2+}载荷。因子 2 的 SO_4^{2-} 载荷较高，而其他变量 Na^+、Mg^{2+}、Ca^{2+}、Cl^-和 HCO_3^- 的载荷很低，理论上这些离子来源不同，因此很难找到因子 2 所代表的准确来源。因子 3 具有很高的 Na^+和 Cl^-载荷，可以认为因子 3 代表了岩盐溶解的端元。因子 4 具有很高的 Mg^{2+}、Ca^{2+}与 HCO_3^- 载荷，可以认为其代表了碳酸盐风化的来源。因子 5

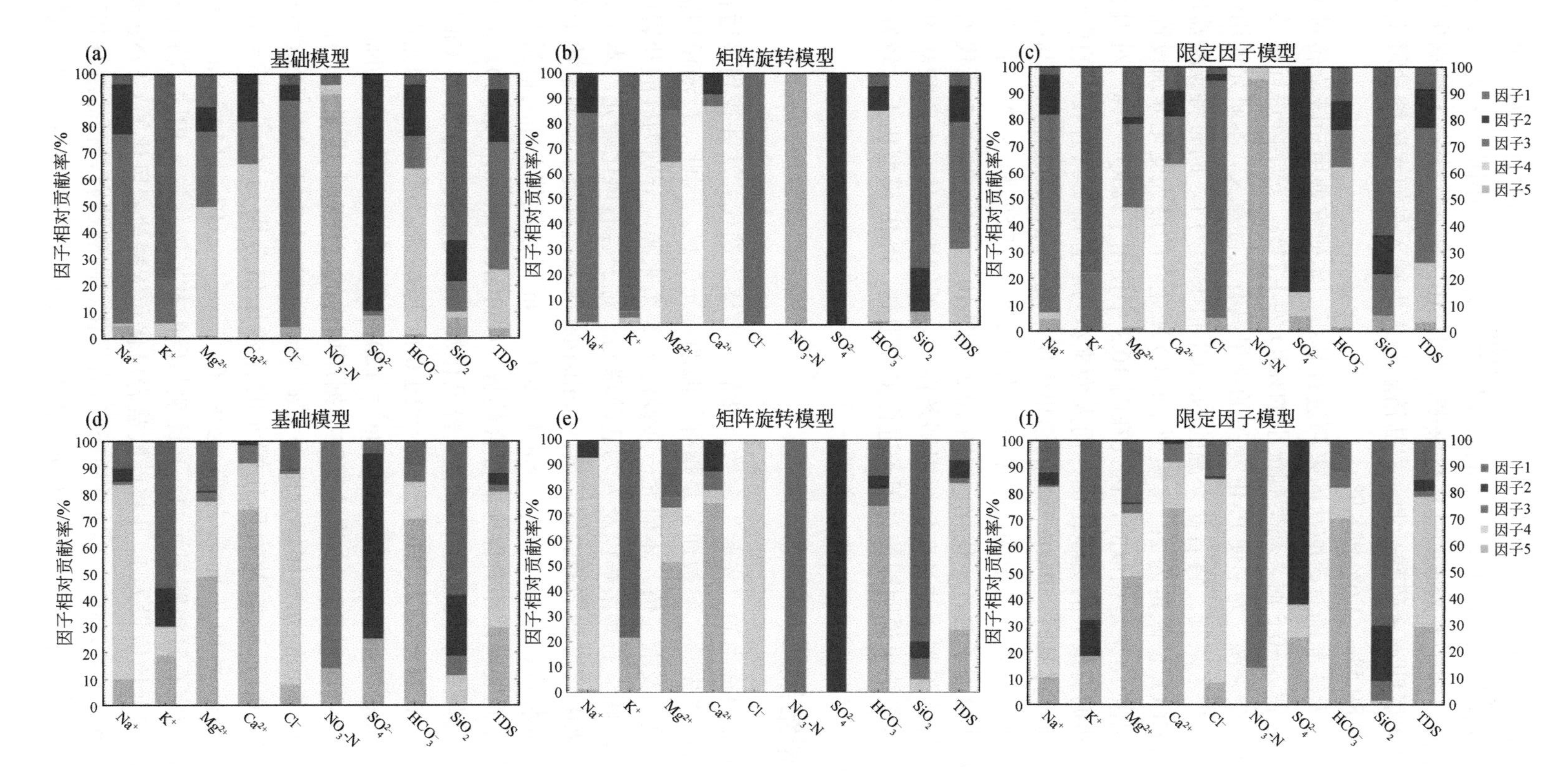

图10.2　PMF模型中不同变量的因子相对贡献率

输入数据为所有样品：(a)基础模型运行结果；(b)矩阵旋转后的运行结果；(c)增加限定条件时的运行结果。
输入数据仅为河水样品：(d)基础模型运行结果；(e)矩阵旋转后的运行结果；(f)增加限定条件时的运行结果

具有极高的 NO_3^- 载荷，因此其可能为农业活动相关来源。当输入的数据集为河水样品时，因子代表的含义及载荷是相似的，但是因子的顺序发生了变化，其中因子 3 为农业来源，因子 4 为岩盐溶解来源，因子 5 为碳酸盐风化来源。如图 10.3 所示，当输入数据集为所有样品时，PMF 模型结果表明混合硫酸盐源、岩盐溶解与人为输入是河水硫酸盐最主要的来源，平均贡献率分别为 89.5%、1.6%和 8.9%。

由于混合源的存在无法准确对硫酸盐的来源进行解析，本研究使用矩阵旋转对因子进行了调整。将 F_{peak} 值设置为−0.5 时，观察到最小的%dQ 为 1.74%，对矩阵进行旋转后，硫酸盐仅存在混合源这一个来源。为了使 PMF 模型的结果具有实际意义，本研究使用约束方法对因子的变量组成进行了限制。将岩盐来源的 Na^+/Cl^- 值限定为 1，同时将碳酸盐风化来源的（$Ca^{2+}+Mg^{2+}$）/ HCO_3^- 值限定为 2；将模型中%dQ 所允许的最大变化分别设置为 0.5、1、2 和 5，PMF 所得出的结果是相似的，因此在图 10.3 中使用了%dQ＝1%。对因子进行约束后，混合来源仍然拥有最大的贡献比例，而人为来源与岩盐溶解具有较小的贡献率。

当输入结果仅为河水样品时，PMF 模型的结果表明，混合源、碳酸盐风化与硅酸盐风化是河水硫酸盐最主要的来源，其平均贡献率分别为 69.4%、25.5%和 5.1%。我们尝试使用矩阵旋转与约束方法对因子进行了优化，如图 10.2 与图 10.3 所示，因子 2 所代表的实际意义仍然无法得到较好的限制，并且在使用限制条件后，不同来源对河水硫酸盐的贡献率产生了较大的变化。这些结果说明即使对因子进行多种限制，PMF 模型仍无法较好地完成硫酸盐的源解析工作。

二、反演模型结果

反演模型的应用需要适当的“先验”参数，然后才能逐次迭代算法并找到最适合条件的“后验”结果，这些“先验”参数通常是指有关源的端元信息。因此，反演模型需要在运算之前确定源的个数以及端元值。本研究一共设定了 5 个来源，分别为硅酸盐岩风化、碳酸盐岩风化、岩盐溶解、石膏溶解以及人为活动端元。对于岩石风化端元，本研究采用国际通用的元素比值来限定这些来源的端元值。Gaillardet 等系统收集了世界上数十条河流的水化学数据，发现河水的 Ca^{2+}/Na^+、Mg^{2+}/Na^+和 HCO_3^-/Na^+元素比值分布与硅酸盐岩、碳酸盐岩、岩盐这三个端元展现出相对保守的混合趋势（Gaillardet et al.，1999）。因此研究者通过对单一岩性小流域的研究确定了硅酸盐岩风化端元的元素比值分别为 $Ca^{2+}/Na^+=0.35\pm0.15$、$Mg^{2+}/Na^+=0.24\pm0.12$、$HCO_3^-/Na^+=2\pm0.1$；碳酸盐岩风化端元的元素比值分别为 $Ca^{2+}/Na^+=50$、$Mg^{2+}/Na^+=10$、$HCO_3^-/Na^+=120$；而岩盐端元为 $Ca^{2+}/Na^+=0.2$、$Mg^{2+}/Na^+=0.012$、$HCO_3^-/Na^+=0.12$。本次计算时根据流域内的岩性对上述端元进行了调整，调整后的硅酸盐岩风化端元的元素比值分别为 $Ca^{2+}/Na^+=0.34\pm0.14$、$Mg^{2+}/Na^+=0.20\pm0.10$、$HCO_3^-/Na^+=2\pm0.1$；碳酸盐岩风化端元的元素比值分别为 $Ca^{2+}/Na^+=10\pm5$、$Mg^{2+}/Na^+=2$、$HCO_3^-/Na^+=10$；而岩盐端元为 $Ca^{2+}/Na^+=0.01$、$Mg^{2+}/Na^+=0.02$、$HCO_3^-/Na^+=0.1$。我们假定石膏溶解端元的元素比值与碳酸盐岩风化端元相同，将石盐溶解和石膏溶解的 Cl^-/Na^+端元比值设为 1，并将硅酸盐岩风化和碳酸盐岩风化的 Cl^-/Na^+端元比值设定为 0.001（Moon et al.，2007）。我们将硅酸盐岩风化、碳酸盐岩、石盐溶解和石膏溶解端元的 SO_4^{2-}/Na^+值分别设定为 0.1、0.5、0.001 和 10。不同来源的硫酸盐硫同位素组成差

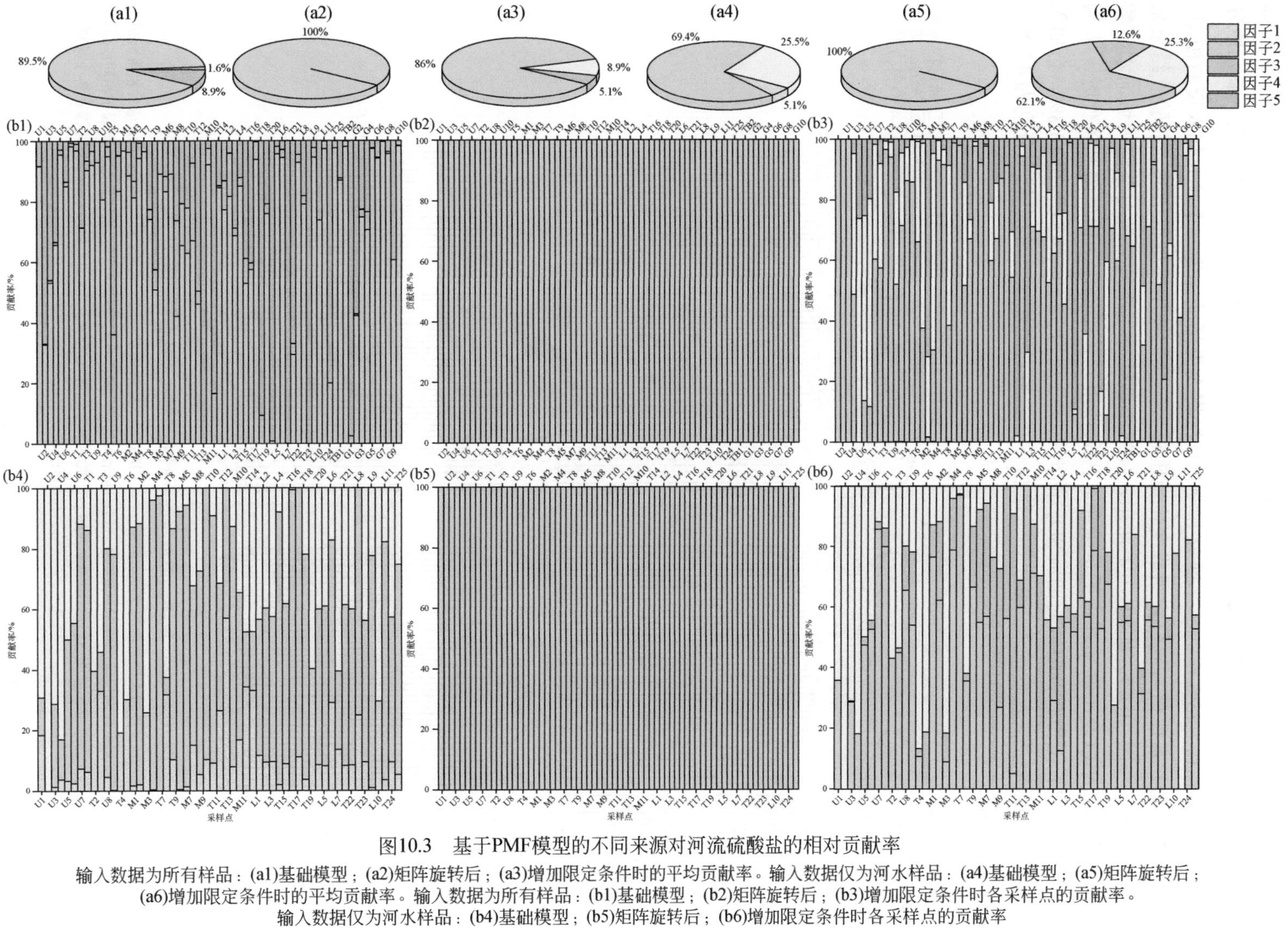

图10.3　基于PMF模型的不同来源对河流硫酸盐的相对贡献率

输入数据为所有样品：(a1)基础模型；(a2)矩阵旋转后；(a3)增加限定条件时的平均贡献率。输入数据仅为河水样品：(a4)基础模型；(a5)矩阵旋转后；(a6)增加限定条件时的平均贡献率。输入数据为所有样品：(b1)基础模型；(b2)矩阵旋转后；(b3)增加限定条件时各采样点的贡献率。输入数据仅为河水样品：(b4)基础模型；(b5)矩阵旋转后；(b6)增加限定条件时各采样点的贡献率别很大，可以认为硫酸盐有 3 个主要来源，分别为石膏溶解、硫化物氧化与人为活动输入。其中石膏溶解、硫化物氧化（包括硅酸盐岩风化与碳酸盐岩风化来源）的 $\delta^{34}S_{SO_4}$ 端元值分别为 15‰±3‰和 1.15‰±3‰。本研究并没有直接将人类活动作为一个端元加入反演模型，因为人类活动元素比值与同位素组成变化范围较大。我们使用模型得出的"后验"结果来估算其贡献率（图 10.4）。如图 10.4 所示，反演模型估算了不同来源对蒙河流域河水硫酸盐的平均贡献率以及不同采样点的贡献率。当只使用元素比值作为模型限制条件时，人为输入、硫化物氧化和石膏溶解对河流 SO_4^{2-} 的贡献率分别为 38.1%、45.6%和 16.3%，当加入了 $\delta^{34}S_{SO_4}$ 的限制后，人为输入、硫化物氧化和石膏溶解对河流 SO_4^{2-} 的贡献率分别为 44.2%、46.8%和 9.0%。

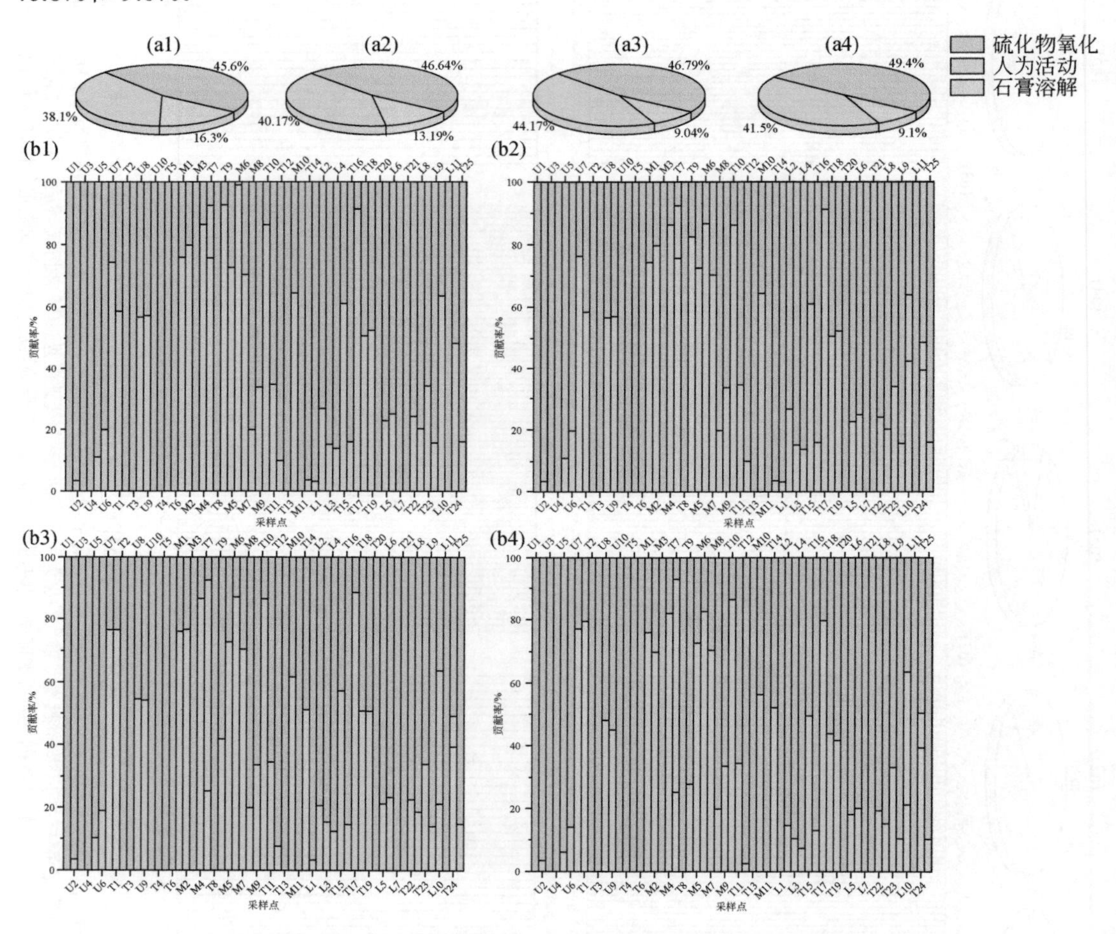

图 10.4　基于反演模型估算的不同来源对河流硫酸盐的相对贡献率

仅使用元素比值作为限制条件时不同来源的平均贡献率：（a1）所有元素比值的权重因子相同；（a2）SO_4^{2-} /Na^+值的权重因子为其他比值的两倍。使用元素与同位素比值作为限制条件时不同来源的平均贡献率：（a3）所有元素比值的权重因子相同；（a4）同位素比值的权重因子为其他比值的两倍。（b1）～（b4）的限制条件分别与（a1）～（a4）对应，为不同来源在各个采样点的贡献率

此外，我们同时尝试给予 SO_4^{2-} /Na^+与 $\delta^{34}S_{SO_4}$ 这些与硫酸盐直接相关的元素比同位素比

值更高的权重，在使用不同权重因子后，模型的结果与之前基本相同，这说明了反演模型得到的源解析结果相对稳定。研究结果表明，源头上游与下游地区河水中的硫酸盐主要来源与硫化物矿物的氧化有关，而在中游地区，人为活动的贡献显著提升，这一结果与河流水化学、同位素比值揭示的变化趋势基本相同，说明反演模型的结论是可靠的。有小部分样品的源解析结果在使用不同的约束条件时有很大变化，可能是某些来源拥有相似的端元元素、同位素比值，使得模型难以准确地对这些端元的贡献率做出估计。

三、PMF 模型与反演模型的比较

本次研究河水硫酸盐来源时使用了两种在环境与地球化学领域广泛使用的模型来定量计算不同来源的贡献率。其中 PMF 模型的原理基于多元统计方法，通常需要较大的数据集，如何合理地解释所提取的因子需要结合当地的地质背景与来源信息，因此常用的方法是通过检查因子对哪些变量具有较高的载荷来判断因子代表了哪一种来源，这更多依赖于“经验”。例如，如果一个因子具有较高的 Ca^{2+}、Mg^{2+}和 HCO_3^- 载荷，那么该因子会被归为碳酸盐岩风化来源。值得注意的是，当因子所代表的来源被确定时，通常会发现该因子对某些理论上不应来源于该因子的变量有少量的载荷。例如，代表岩盐溶解的端元对 Mg^{2+}、Ca^{2+}、HCO_3^- 和 SO_4^{2-} 有贡献，这明显是不合理的。此外，某些因子代表的实际含义也难以解释，因为这些因子可能是代表多个来源的混合因子。使用不同 PMF 提供的参数设置可能会使得模型给出截然不同的结果，这也说明 PMF 模型并不适合对河流硫酸盐进行源解析工作，可能的原因为：①研究所使用的数据集太小；②稀释效应，即某种来源溶质的浓度在很大程度上会受到稀释作用的影响，这可能会干扰模型提取因子的相关信息。相比之下，反演模型更适合于河流硫酸盐的源解析，其本质是提供了大量“先验”信息的 PMF 模型，该模型的变量使用了元素或同位素比值而非溶质的浓度，这样做可以有效消除稀释效应带来的影响。同时，某些来源的端元值可以通过化学计量学等方法进行确定，这相当于为来源增加了额外的约束条件。然而反演模型也有着更为严格的使用条件，模型需要对所有溶质来源以及来源的端元值有明确的了解，同时这些来源的端元值之间需要有较大的区别。在后续的研究中，可以开发或找到更强大的源解析模型，从而更加准确地示踪河流的生物地球化学过程。

本章小结

本章主要通过稳定同位素和元素比值相结合的方法来识别与量化蒙河河水硫酸盐来源。通过 PMF 与反演模型两种常见的源解析模型的应用，发现 PMF 模型不适合河流硫酸盐的源解析工作，因为难以准确解释模型所提取因子的实际含义，其中硫酸盐载荷最高的因子明显混合了其他来源的特征，此外使用了矩阵旋转工具来减少旋转模糊度，并通过约束方法对因子进行了优化，但结果仍然不合理。另一方面，使用了基于元素比值和硫同位素的反演模型来量化蒙河河水硫酸盐的来源，在应用不同的约束条件和权重指标时，从反演模型得到的源解析结果是相对稳定的。结果表明流域尺度上硫化物氧化、人为输入和石膏溶解对河水硫酸盐的贡献分别为 46.5%、41.5%和 12.0%。这一结果表明人类活动已经影

响了河流的硫酸盐浓度，相关的环境问题应得到持续关注。

参 考 文 献

Balci N，Shanks W C，Mayer B，et al.，2007. Oxygen and sulfur isotope systematics of sulfate produced by bacterial and abiotic oxidation of pyrite. Geochimica et Cosmochimica Acta，71（15）：3796-3811.

Bridhikitti A，Prabamroong T，Yu G A，2020. Problem identification on surface water quality in the Mun River Basin，Thailand. Sustainable Water Resources Management，6（4）：53.

Bufe A，Hovius N，Emberson R，et al.，2021. Co-variation of silicate，carbonate and sulfide weathering drives CO_2 release with erosion. Nature Geoscience，14（4）：211-216.

Calmels D，Gaillardet J，Brenot A，et al.，2007. Sustained sulfide oxidation by physical erosion processes in the Mackenzie River basin：climatic perspectives. Geology，35（11）：1003-1006.

Chetelat B，Liu C Q，Zhao Z Q，et al.，2008. Geochemistry of the dissolved load of the Changjiang Basin rivers：anthropogenic impacts and chemical weathering. Geochimica et Cosmochimica Acta，72（17）：4254-4277.

Gaillardet J，Dupré B，Louvat P，et al.，1999. Global silicate weathering and CO_2 consumption rates deduced from the chemistry of large rivers. Chemical Geology，159（1）：3-30.

Han G，Tang Y，Wu Q，et al.，2019. Assessing contamination sources by using sulfur and oxygen isotopes of sulfate ions in Xijiang River Basin，Southwest China. Journal of Environmental Quality，48（5）：1507-1516.

Hien P D，Bac V T，Thinh N T H，2004. PMF receptor modelling of fine and coarse PM10 in air masses governing monsoon conditions in Hanoi，northern Vietnam. Atmospheric Environment，38（2）：189-201.

Kemeny P C，Lopez G I，Dalleska N F，et al.，2021. Sulfate sulfur isotopes and major ion chemistry reveal that pyrite oxidation counteracts CO_2 drawdown from silicate weathering in the Langtang-Trisuli-Narayani River system，Nepal Himalaya. Geochimica et Cosmochimica Acta，294：43-69.

Li S L，Calmels D，Han G，et al.，2008. Sulfuric acid as an agent of carbonate weathering constrained by δ^{13}CDIC：examples from Southwest China. Earth and Planetary Science Letters，270（3）：189-199.

Liao H T，Chou C C K，Chow J C，et al.，2015. Source and risk apportionment of selected VOCs and PM2.5 species using partially constrained receptor models with multiple time resolution data. Environmental Pollution，205：121-130.

Manousakas M，Papaefthymiou H，Diapouli E，et al.，2017. Assessment of PM2.5 sources and their corresponding level of uncertainty in a coastal urban area using EPA PMF 5.0 enhanced diagnostics. Science of the Total Environment，574：155-164.

Meybeck M，1987. Global chemical weathering of surficial rocks estimated from river dissolved loads. American Journal of Science，287（5）：401-428.

Millot R，Gaillardet J，Dupré B，et al.，2003. Northern latitude chemical weathering rates：clues from the Mackenzie River Basin，Canada. Geochimica et Cosmochimica Acta，67（7）：1305-1329.

Moon K J，Han J S，Ghim Y S，et al.，2008. Source apportionment of fine carbonaceous particles by positive matrix factorization at Gosan background site in East Asia. Environment International，34（5）：654-664.

Moon S，Huh Y，Qin J，et al.，2007. Chemical weathering in the Hong（Red）River basin：rates of silicate weathering and their controlling factors. Geochimica et Cosmochimica Acta，71（6）：1411-1430.

Négrel P，Allègre C J，Dupré B，et al.，1993. Erosion sources determined by inversion of major and trace element ratios and strontium isotopic ratios in river water：the Congo Basin case. Earth and Planetary Science Letters，120（1）：59-76.

Soucek D J，Kennedy A J，2005. Effects of hardness，chloride，and acclimation on the acute toxicity of sulfate to freshwater invertebrates. Environmental Toxicology and Chemistry，24（5）：1204-1210.

Tian H，Yu G A，Tong L，et al.，2019. Water quality of the Mun River in Thailand—spatiotemporal variations and potential causes. International Journal of Environmental Research and Public Health，16（20）：3906.

Torres-Martínez J A，Mora A，Knappett P S K，et al.，2020. Tracking nitrate and sulfate sources in groundwater of an urbanized valley using a multi-tracer approach combined with a Bayesian isotope mixing model. Water Research，182：115962.

Turchyn A V，Tipper E T，Galy A，et al.，2013. Isotope evidence for secondary sulfide precipitation along the Marsyandi River，Nepal，Himalayas. Earth and Planetary Science Letters，374：36-46.

Wang H，Zhang Q，2019. Research advances in identifying sulfate contamination sources of water environment by using stable isotopes. International Journal of Environmental Research and Public Health，16（11）：1914.

Zhao Z，Liu G，Liu Q，et al.，2018. Studies on the spatiotemporal variability of river water quality and its relationships with soil and precipitation：a case study of the Mun River basin in Thailand. International Journal of Environmental Research and Public Health，15（11）：2466.

Zuo K，Kim J，Jain A，et al.，2018. Novel composite electrodes for selective removal of sulfate by the capacitive deionization process. Environmental Science & Technology，52（16）：9486-9494.

第十一章　蒙河河水硝酸盐来源及其关键转化过程

第一节　河水无机氮时空分布特征

蒙河的无机氮离子以 NO_3^- 和 NH_4^+ 为主，NO_2^- 含量低于检测限。蒙河水体中的 NO_3^- 和 NH_4^+ 均表现出显著的季节变化特征，其中 NO_3^- 在丰水期和枯水期的含量变化范围分别为 0.96～76.09μmol/L 和 1.43～70.77μmol/L，平均浓度分别为 13.31μmol/L 和 13.44μmol/L（表 11.1）。蒙河丰水期干流 8 个样品和支流 13 个样品的硝酸盐含量低于检测限，但枯水期所有样品均高于检测限。NH_4^+ 是蒙河河水中另一种重要的无机氮形态，由于铵根可以通过硝化作用转化为硝酸根，明确铵根的空间分布和季节变化规律对于评估硝酸盐变化趋势具有重要意义。丰水期和枯水期 NH_4^+ 的变化范围分别为 7.35～20.91μmol/L 和 8.21～243.01μmol/L，均值分别为 10.92μmol/L 和 20.68μmol/L，并且干流河水中的 NH_4^+ 含量具有明显的季节差异（$p=0.001$）。总体而言，蒙河河水的铵根含量与硝酸盐相当，表现出农业河流氮负荷的特征。

如图 11.1 所示，从上游到下游，蒙河丰、枯水期干支流的硝酸盐含量波动范围大，表明硝酸盐来源复杂并且可能受面源和点源的共同影响。NO_3^- 含量在整个流域中并未表现出季节差异，但蒙河下游水体中的 NO_3^- 表现出了显著的差异（$p<0.05$）。极高含量的河水硝酸盐均出现在蒙河上游的主要支流 Lam Takhong（林塔孔）河，在丰水期和枯水期分别达到了 76.09μmol/L 和 70.77μmol/L（表 11.1）。枯水期铵根含量明显升高，并且在支流出现极高值，达到了 234.58μmol/L。与 1994 年相比（Akter and Babel，2012），蒙河河水的 NH_4^+ 含量在过去 20 年增加了 0.91～23.20 倍，尤其是下游的平均浓度增高了 14 倍。由于蒙河流域上下游降雨量具有明显差异，上游降雨量＜1000mm，为全流域相对干燥的区域；降雨量从上游到下游逐渐增高，至下游达到最大，年降雨量约 1200～1800mm（Prabnakorn et al.，2018）。不仅如此，丰水期和枯水期的降雨量也存在着显著的季节差异，对水体氮浓度存在不同程度的稀释效应（Zhao et al.，2018）。另外，由于蒙河流域以水稻田为主且＞90%的水稻田主要为雨水灌溉，因此上下游显著的降雨量差异会造成河水中氮含量尤其是铵根的显著差异。蒙河 NO_3^- 含量由 1997 年的 0.5μmol/L 增至 2016 年的 4μmol/L，其中高含量的 NO_3^- 主要集中在上游，尤其是上游支流 Lam Takhong 河，其周围工业分布占比为 25%，这可能是导致高含量 NO_3^- 的重要原因；上游较低的降雨量减弱了稀释效应，也可造成河水 NO_3^- 含量升高。作为典型热带农业河流，蒙河 NO_3^- 含量明显低于亚热带地区的其他河流，如中国的西江、乌江、长江（Li et al.，2019，2010；Liu et al.，2011），以及美国的密西西比河（BryantMason et al.，2013）等，但与泰国本地河流及地下水中 NO_3^- 的含量相当（Umezawa et al.，2008）。

表 11.1　蒙河丰水期和枯水期水体氮形态、Cl^-和同位素组成

	指标	河段	平均值	最小值	最大值	标准偏差	CV/%
丰水期	NO_3^- /(μmol/L)	下游	2.29	u.d.	11.20	3.43	149.99
		中游	3.77	u.d.	18.40	4.96	131.63
		上游	19.53	u.d.	76.09	21.40	109.56
	NH_4^+ /(μmol/L)	下游	9.84	7.35	14.14	1.86	18.94
		中游	10.85	7.41	16.09	2.61	24.06
		上游	11.96	7.73	20.91	3.32	27.78
	$\delta^{15}N$- NO_3^- /‰	下游	4.4	3.0	5.6	1.3	29.05
		中游	5.6	3.6	8.3	1.7	31.07
		上游	10.2	5.9	16.6	4.2	40.82
	$\delta^{18}O$- NO_3^- /‰	下游	4.9	0.8	10.4	4.6	93.25
		中游	3.9	−1.3	14.9	5.8	147.42
		上游	5.1	2.1	15.1	3.8	74.54
	Cl^- /(μmol/L)	下游	362.71	46.16	881.53	264.88	73.03
		中游	648.56	130.33	2127.59	575.70	88.77
		上游	2085.64	61.07	17008.72	4092.31	196.21
	NO_3^- /Cl^-	下游	0.01	u.d.	0.09	0.02	196.24
		中游	0.01	u.d.	0.10	0.02	201.50
		上游	0.08	u.d.	0.89	0.21	273.75
枯水期	NO_3^- /(μmol/L)	下游	12.34	1.99	27.41	8.90	72.14
		中游	11.38	1.43	49.36	14.35	126.08
		上游	17.50	1.48	70.77	22.08	126.23
	NH_4^+ /(μmol/L)	下游	13.94	10.41	17.96	1.73	12.43
		中游	32.09	11.37	234.58	49.51	154.28
		上游	15.70	8.21	34.25	6.02	38.32
	$\delta^{15}N$- NO_3^- /‰	下游	4.9	1.8	9.9	2.1	41.74
		中游	5.5	−3.9	9.8	3.9	70.75
		上游	9.1	2.0	15.0	3.6	39.83
	$\delta^{18}O$- NO_3^- /‰	下游	0.3	−5.2	11.5	4.8	1552.25
		中游	10.1	0.2	40.0	13.1	129.83
		上游	1.0	−5.1	10.7	4.7	488.23
	Cl^- /(μmol/L)	下游	1108.84	48.68	3854.26	946.02	85.32
		中游	3484.21	246.62	10185.65	3232.28	92.77
		上游	2612.66	78.33	18832.34	4668.35	178.68
	NO_3^- /Cl^-	下游	0.03	0.00	0.20	0.04	162.59
		中游	0.01	0.00	0.06	0.02	145.23
		上游	0.03	0.00	0.13	0.04	130.24

注：“u.d.”指低于检测限。

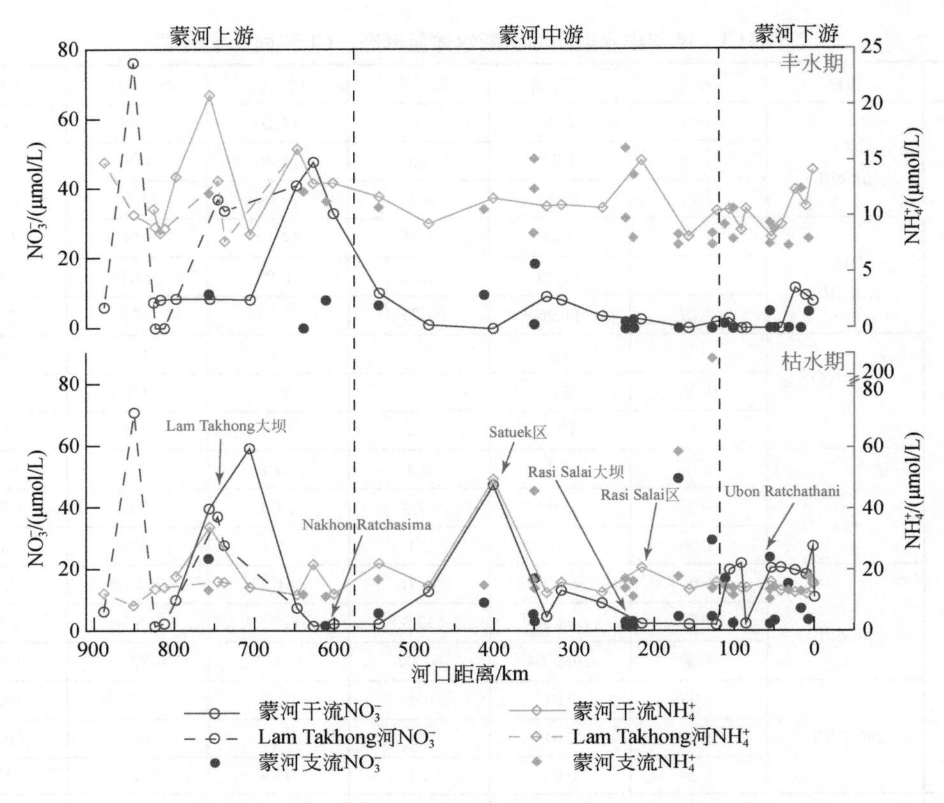

图 11.1 蒙河水体 NO_3^- 和 NH_4^+ 含量的沿程和季节变化

Satuek-萨图克；Rasi Salai-拉西萨莱；Lam Takhong-林塔孔；Nakhon Ratchasima-呵叻（那空叻差是玛）；Ubon Ratchathani-乌汶（乌汶叻差他尼）

第二节 河水硝酸盐氮氧同位素的时空分布特征

丰水期河水$\delta^{15}N-NO_3^-$和$\delta^{18}O-NO_3^-$的变化范围分别为+3.0‰～+16.6‰和−1.3‰～+15.1‰，均值分别为+8.2‰和+4.8‰；枯水期$\delta^{15}N-NO_3^-$和$\delta^{18}O-NO_3^-$的变化范围分别为−3.9‰～+15.0‰和−5.2‰～+40.0‰，均值分别为+6.3‰和+3.6‰（表 11.1）。在空间分布上，$\delta^{15}N-NO_3^-$的极大值出现在上游支流 Lam Takhong 河（+16.6‰）；蒙河下游河水$\delta^{15}N-NO_3^-$值保持在较低的范围内（+3.2‰～+9.0‰）（图 11.2）。$\delta^{18}O-NO_3^-$的极大值出现在中游支流（+40.0‰）。在沿程空间分布上，$\delta^{15}N-NO_3^-$和$\delta^{18}O-NO_3^-$从上游到下游表现出逐渐降低的趋势。上游支流 Lam Takhong 河的$\delta^{15}N-NO_3^-$变化范围较大，明显高于干流河水的氮氧同位素值。除最靠近源头的点位外，丰枯水期水体中$\delta^{15}N-NO_3^-$的变化范围分别为+12.2‰～+16.6‰和+10.1‰～+15.0‰。蒙河干流的$\delta^{15}N-NO_3^-$值在两个季节之间并不存在显著的差异，但上游 Lam Takhong 大坝下游河水的氮同位素值存在显著差异。

总体来看，蒙河河水硝酸盐的氮氧同位素具有明显的时空差异性。一方面，较大的空间差异说明水体NO_3^-的来源及其产生过程可能较为复杂，较高的氮同位素组成表明河水硝酸盐可能受到反硝化作用的影响；另一方面，从上游到下游蒙河水流量存在显著的空间差异，丰枯水期上游流量较低，部分河段存在静水环境，而下游流量高，尤其是在蒙河主要支流齐河汇入后，下游流量迅速增长至 2000m^3/s。下游较大的流量伴随着氮同位素的变化，这说明干流氮的累积受到支流混入或沿程地表径流携带氮源混入的影响。

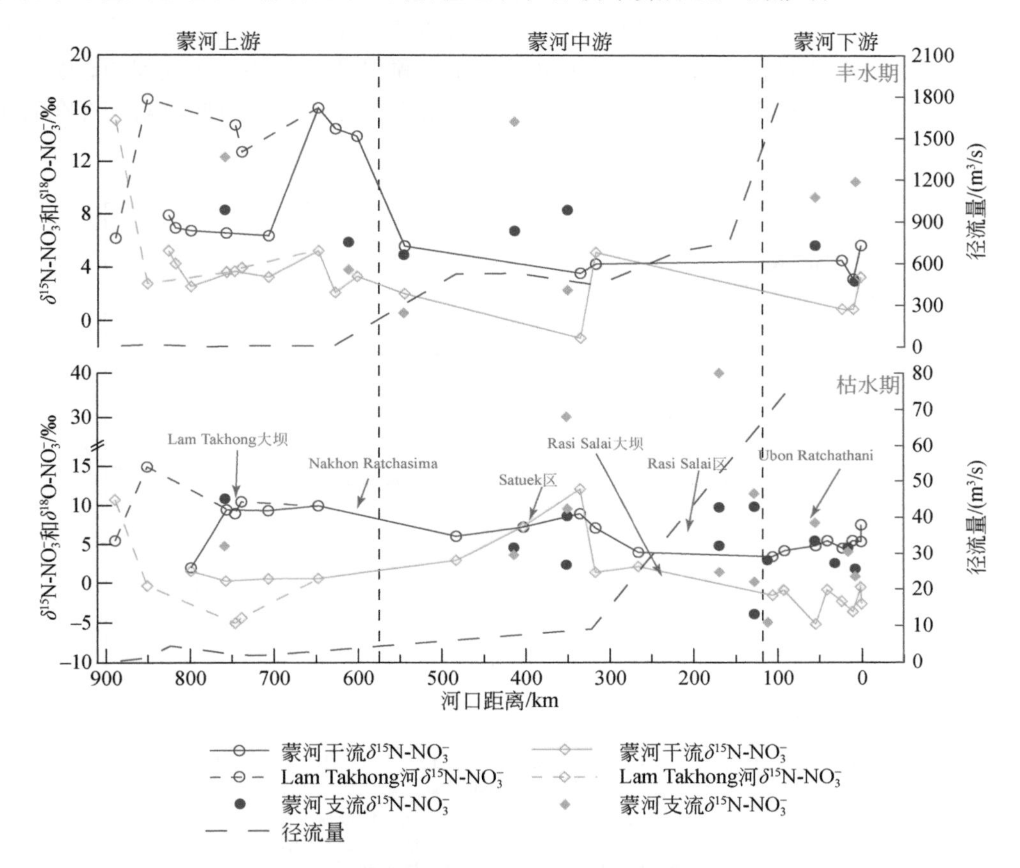

图 11.2　蒙河水体氮氧同位素、河流径流量的沿程和季节变化

第三节　河水硝酸盐源解析

已有研究表明，不同氮同位素端元具有显著的同位素组成特征差异，例如受土壤有机氮降解后的硝化作用产生的 NO_3^- 氮同位素变化范围为+2.0‰～+8.0‰，化学肥料使用产生的 NO_3^- 氮同位素组成变化范围为−4.0‰~+4.0‰，而来自生活污水以及牲畜排泄物的 NO_3^- 往往具有较高的氮同位素组成，一般高于+6‰（Kendall et al.，2007；Xue et al.，2009）。然而，新的研究发现其变化范围往往介于+10.0‰～+15.0‰（Liu et al.，2021）。如图 11.3 所示，枯水期蒙河中下游的样点大多落在土壤有机氮和氨肥范围内，而上游及其支流 Lam Takhong 河的样品均落在土壤有机氮和生活污水及牲畜排泄物的同位素信号区间内。与枯水期类似，丰水期不同河段样点也分别落在相应区域，但其聚集的区域更集中，表明其来

源受外源的影响较弱。虽然枯水期有两个样点的$\delta^{18}O$- NO_3^-值高达+40‰和+30.2‰，但由于所在研究区雨水对河水硝酸盐的贡献较小，所以其高同位素比值可能来自氮转化过程。丰水期中下游河水中较低的$\delta^{15}N$- NO_3^-值说明较高的降雨量和河水径流量加速了土壤侵蚀和地表径流过程，造成氮素向河流水体的运移。上游及其支流在两个季节均表现出人类污水排放和牲畜排泄物的影响，这说明上游河水硝酸盐的主要来源是人为活动。此外，在利用稳定同位素对河水硝酸盐进行示踪时，可能会受到硝酸盐所涉及的转化过程的影响，主要原因是在硝酸盐产生和转化相关的硝化反应和反硝化作用中，氮和氧同位素均存在着不同程度的分馏。

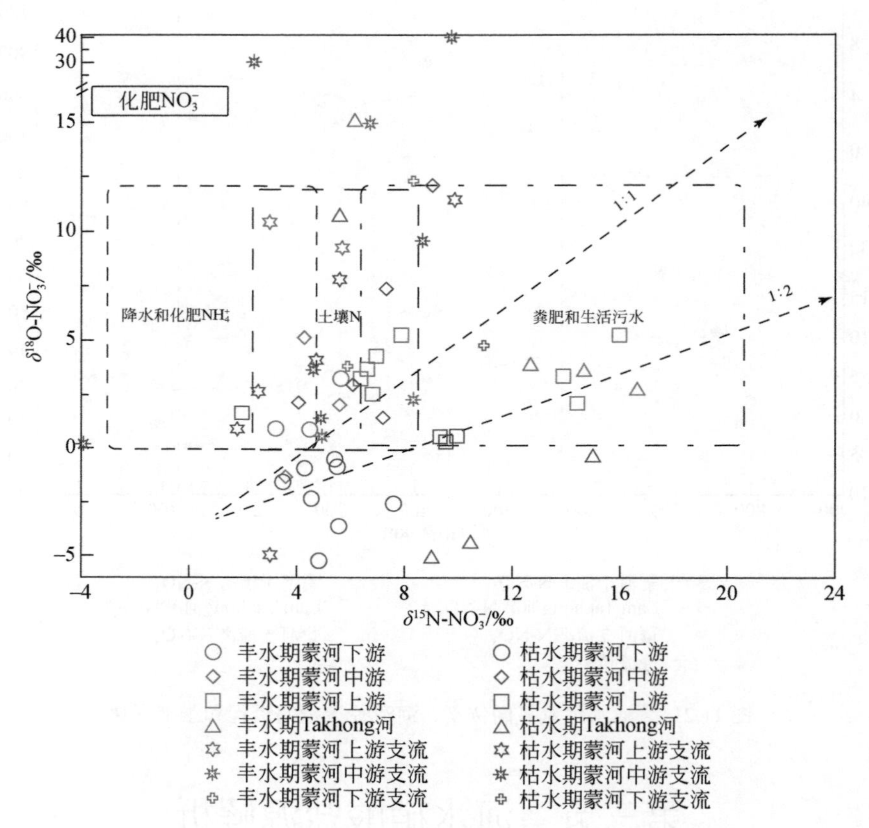

图 11.3　河水$\delta^{15}N$- NO_3^-和$\delta^{18}O$- NO_3^-值的关系及来源解析

为准确判断其来源信号，往往还需要依靠水化学等其他方法进行联合辨识。除借助硝酸盐的$\delta^{15}N$- NO_3^-和$\delta^{18}O$- NO_3^-值示踪来源外，笔者还借助河水水化学组分对水体溶质进行了示踪。不同污染端元的NO_3^-/Cl^-值和Cl^-浓度具有特征变化范围，可以用于辨识其来源。例如，污水和牲畜排泄物往往具有较低的NO_3^-/Cl^-值和较高的Cl^-浓度，而农业施肥影响的水体往往具有较高的NO_3^-/Cl^-值和较低的Cl^-浓度。由于研究区河水几乎不受蒸发岩溶解的影响，河水中的Cl^-主要来自人为活动的输入（Liu et al.，2019）。蒙河流域周边城镇分布广泛，其水体中的Cl^-含量与中国长江和西江流域的Cl^-含量相当（Li et al.，2019，2010）。Lam Takhong 河上游水体具有高NO_3^-/Cl^-值，在丰水期和枯水期分别达到 0.89 和 0.13，表明其受到人类生活污水排放和牲畜排泄物的影响。类似的NO_3^-/Cl^-值和Cl^-含量特征也出现在蒙河中游，该区域分布有几个较大城市，包括呵叻府（Nakhon Ratchasima）、Satuek 和 Rasi Salai 等城镇，这些地区靠近蒙河干流，且有主要支流流经城市中心。水化学组成得到的结果印证了同位素示踪方法得到的结论，这说明稳定同位素示踪手段对于识别蒙河河水的硝酸盐来源具有可信度。

第四节　河水硝酸盐转化过程

硝化作用过程所生成NO_3^-中的O原子一个来自大气，两个来自水体，因此通过计算可以获得理论上受硝化作用主导的NO_3^-同位素信号范围。根据水体氧同位素组成（Yang and Han，2020），能够计算出理论上硝化作用产生硝酸根的氧同位素$\delta^{18}O$-NO_3^-变化范围为−0.3‰～+6.9‰。如图11.3所示，除上游支流Lam Takhong河的源头样品外，所有丰水期干流的蒙河样品均落在硝化作用的理论氧同位素值范围内，这说明丰水期水体硝酸根的产生主要来自硝化作用。丰水期受较大降雨量和水流量的影响，河水中充足的溶解氧条件、大量地表径流携带的土壤有机氮矿化成铵以及农业施肥，均有利于在河水中发生硝化作用。然而，枯水期样品以及部分丰水期的支流样品落在了硝化作用的理论范围之外，这些样品较高或较低的氧同位素组成可能是由于水体中的氧原子与^{18}O原子的交换量更大，也可能存在其他来源的硝酸盐或受到与硝酸盐转化相关的共同影响。借助分析$\delta^{15}N$-NO_3^-和NO_3^-之间的关系，能够辨识河水硝酸盐来源是否受到两重或者多重端元混合的影响，以及判断其是否受到硝化和反硝化作用的影响。当$\delta^{18}O$：$\delta^{15}N$介于0.5～1.0之间时，一般用于辨识反硝化作用的影响。如图11.4所示，枯水期中下游以及下游支流的$\delta^{15}N$-NO_3^-与$\delta^{18}O$-NO_3^-之间表现出显著正相关关系，且$\delta^{18}O$：$\delta^{15}N$分别为1.59和1.89，这表明硝酸盐可能受到了部分反硝化作用的影响。此外，这两部分的$\delta^{15}N$-NO_3^-和ln［NO_3^-］之间也有显著的正相关关系，说明可能有较高$\delta^{15}N$-NO_3^-值的端元混入，河水硝酸盐很可能受到生活污水和牲畜排泄物的影响。

第五节　河水硝酸盐端元贡献

将大气沉降、土壤有机氮、化学肥料以及生活污水和牲畜排泄物作为潜在端元，可以对蒙河河水的NO_3^-来源进行解析。根据所测的土壤有机氮同位素组成并参考流域附近的雨水、化学肥料及生活污水和牲畜排泄物等氮端元同位素特征（Umezawa et al.，2008），本研究借助基于贝叶斯模型的SIAR程序计算了蒙河流域丰、枯水期水体NO_3^-端元的贡献权重，其中硝化作用产生的同位素分馏系数ε为−8.7‰±2.7‰（Yu et al.，2020）。

计算结果如图11.5所示，河水NO_3^-四种潜在端元的贡献权重表现出显著的季节和空间差异性。枯水期蒙河下游、中游、上游以及上游支流Lam Takhong河的生活污水和牲畜排泄物对NO_3^-的贡献权重分别为41%、41%、63%和45%；而丰水期的贡献权重分别为35%、43%、72%和40%。就整个蒙河流域而言，生活污水和牲畜排泄物是河水NO_3^-的主要来源之一，尤其蒙河上游生活污水和牲畜排泄物的比重均超过了60%，并在丰水期达到了72%，这是由于丰水期降雨和地表径流增大导致大量污水和牲畜排泄物更快地向河流输运。然而，在蒙河上游支流 Lam Takhong 河以及下游河段，丰水期生活污水和牲畜排泄物的贡献比重分别比枯水期降低了 6%和 5%，这主要是由于丰水期下游河水较大的流量增大了土壤有机氮流失，增加了土壤有机氮的贡献比重，而 Lam Takhong 河的降低可能与城市排污的点源污染有关。研究表明，蒙河上游工业区域占比为 25.0%，而 Lam Takhong 河与蒙河交叉口的工业区域占比为 61.2%（Liu et al.，2019）。蒙河上游流经城镇和都市区，人为污水排放和牲畜排放物的影响明显。上游较低的降水量和水流量减弱了土壤有机氮的淋失和流失，也造成了人为排放污染物对硝酸盐的累积贡献。

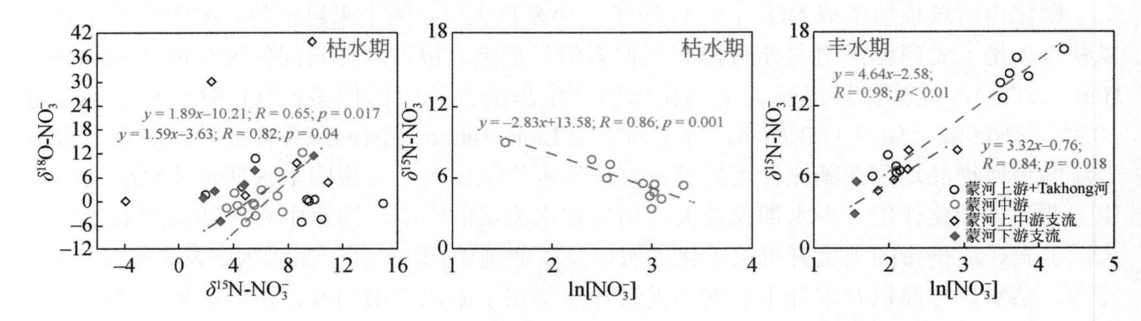

图 11.4　δ^{15}N-NO_3^- 与δ^{18}O-NO_3^- 和 ln[NO_3^-]之间的相关关系

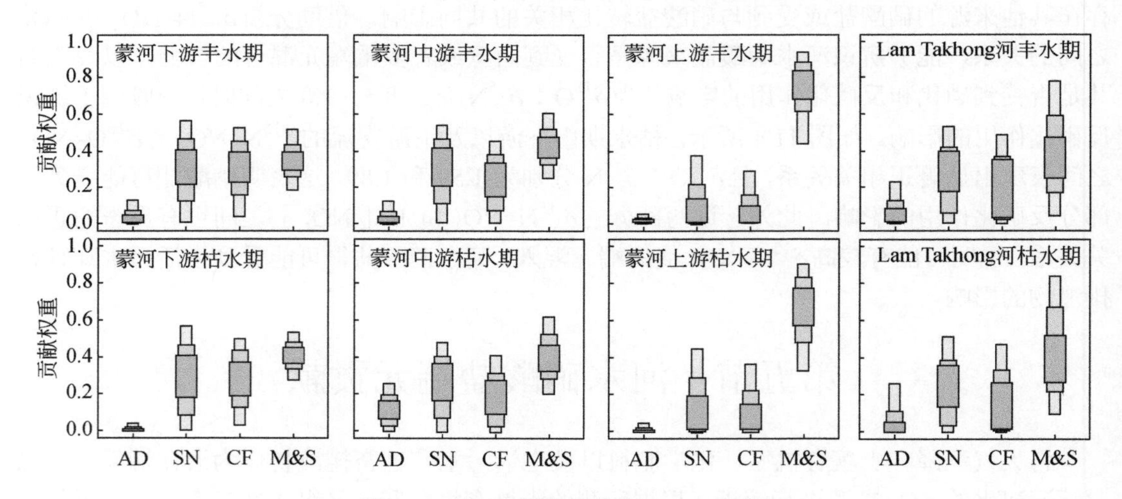

图 11.5　SIAR 模型估算蒙河 NO_3^- 来源

重叠箱体代表 50%、75%和 95%的置信区间；AD 代表大气沉降；SN 代表土壤有机氮；CF 代表化学肥料；M&S 代表生活污水及牲畜排泄物

在枯水期，土壤有机氮和化学肥料对下游、中游、上游以及 Lam Takhong 河 NO_3^- 的贡献权重分别为 30%和 28%、26%和 21%、20%和 15%、25%和 22%；在丰水期，这些权重分别为 30%和 30%、29%和 24%、15%和 11%、27%和 24%。与枯水期相比，丰水期土壤有机氮和化学肥料的贡献权重没有显著差别。从整体上看，下游具有较高的降雨量和水流量，较强的地表径流造成了下游土壤有机氮和化学肥料贡献权重的增加，而河流径流量的

增加以及降雨的淋失增加了蒙河下游土壤有机氮和化学肥料向河流输运的氮负荷。大气沉降对河水 NO_3^- 的直接贡献权重最低，最高的贡献权重为中游的13%，而枯水期这一比重仅有4.5%，这与之前在亚热带地区的研究结果类似（Guo et al.，2020；Ji et al.，2017；Li et al.，2019；Yue et al.，2017）。热带地区虽然在丰水期降雨量频繁且显著高于亚热带地区，但由于降雨直接向河流输送的氮形态往往是 NH_4^+，其降落到土壤或植被系统后会在短时间内发生硝化作用以及同化作用，从而改变其同位素组成。然而，直接降落到水面的氮对于河流 NO_3^- 累积的影响并不明显。

本章小结

本章利用硝酸根的氮氧同位素、水化学和氮形态变化，对蒙河水体中主要无机氮 NO_3^- 的来源、转化过程以及端元贡献权重进行了研究。研究结果表明人类生活污水和牲畜排泄物是导致河流 NO_3^- 累积的主要端元，且土壤有机氮和化学肥料的贡献也不容忽视。大气沉降的影响在热带农业河流中的贡献与亚热带地区相当。然而，由于热带地区农田多为水稻田，农田灌溉方式多为雨水灌溉，较高的水分条件可能会造成氮以气态方式排放，这在未来的研究中应当引起关注。

参考文献

Akter A，Babel M S，2012. Hydrological modeling of the Mun River basin in Thailand. Journal of Hydrology，452-453：232-246.

BryantMason A，Xu Y J，Altabet M，2013. Isotopic signature of nitrate in river waters of the lower Mississippi and its distributary，the Atchafalaya. Hydrological Processes，27（19）：2840-2850.

Guo Z，Yan C，Wang Z，et al.，2020. Quantitative identification of nitrate sources in a coastal peri-urban watershed using hydrogeochemical indicators and dual isotopes together with the statistical approaches. Chemosphere，243：125364.

Ji X，Xie R，Hao Y，et al.，2017. Quantitative identification of nitrate pollution sources and uncertainty analysis based on dual isotope approach in an agricultural watershed. Environmental Pollution，229：586-594.

Kendall C，Elliott E M，Wankel S D，2007. Tracing anthropogenic inputs of nitrogen to ecosystems. Stable Isotopes in Ecology and Environmental Science：375-449.

Li C，Li S L，Yue F J，et al.，2019. Identification of sources and transformations of nitrate in the Xijiang River using nitrate isotopes and Bayesian model. Science of the Total Environment，646：801-810.

Li S L，Liu C Q，Li J，et al.，2010. Assessment of the sources of nitrate in the Changjiang River，China using a nitrogen and oxygen isotopic approach. Environmental Science & Technology，44（5）：1573-1578.

Liu J，Han G，Liu X，et al.，2019. Distributive characteristics of riverine nutrients in the Mun River，northeast Thailand：implications for anthropogenic inputs. Water，11（5）：954.

Liu X L，Liu C Q，Li S L，et al.，2011. Spatiotemporal variations of nitrous oxide（N_2O）emissions from two reservoirs in SW China. Atmospheric Environment，45（31）：5458-5468.

Liu X L，Han G，Zeng J，et al.，2021. Identifying the sources of nitrate contamination using a combined dual isotope，chemical and Bayesian model approach in a tropical agricultural river：case study in the Mun River，Thailand. Science of the Total Environment，760：143938.

Prabnakorn S，Maskey S，Suryadi F X，et al.，2018. Rice yield in response to climate trends and drought index in the Mun River Basin，Thailand. Science of the Total Environment，621：108-119.

Umezawa Y，Hosono T，Onodera S I，et al.，2008. Sources of nitrate and ammonium contamination in groundwater under developing Asian megacities. Science of the Total Environment，404（2）：361-376.

Xue D，Botte J，De Baets B，et al.，2009. Present limitations and future prospects of stable isotope methods for nitrate source identification in surface- and groundwater. Water Research，43（5）：1159-1170.

Yang K，Han G，2020. Controls over hydrogen and oxygen isotopes of surface water and groundwater in the Mun River catchment，northeast Thailand：implications for the water cycle. Hydrogeology Journal，28（3）：1021-1036.

Yu L，Zheng T，Zheng X，et al.，2020. Nitrate source apportionment in groundwater using Bayesian isotope mixing model based on nitrogen isotope fractionation. Science of the Total Environment，718：137242.

Yue F J，Li S L，Liu C Q，et al.，2017. Tracing nitrate sources with dual isotopes and long term monitoring of nitrogen species in the Yellow River，China. Scientific Reports，7（1）：8537.

Zhao Z，Liu G，Liu Q，et al.，2018. Studies on the spatiotemporal variability of river water quality and its relationships with soil and precipitation：a case study of the Mun River Basin in Thailand. International Journal of Environmental Research and Public Health，15（11）：2466.

第十二章　蒙河河水钾同位素特征及源解析

大陆硅酸盐岩风化制约着地表物质循环及其从陆地向盆地/海洋的迁移过程，并通过消耗大气 CO_2 调节长时间尺度的全球碳循环和气候变化（Berner et al.，1983；Raymo and Ruddiman，1992；Walker et al.，1981），因此探索地质历史时期大陆硅酸盐岩风化速率和风化强度的变化，可以提高对地球历史上大气 CO_2 浓度和气候变化的认识（Bickle et al.，1998；Gaillardet et al.，1999b；Raymo and Ruddiman，1992）。特别指出的是，热带地区的强烈风化作用促使当地河流向海洋提供了大部分溶解的 Si 和阳离子（例如 K、Na、Ca 和 Mg），尽管它们只覆盖了大陆表面的三分之一（Viers et al.，2014）。目前，一些同位素指标，如 Sr、Li、Mg、Si 和 Os 同位素，已被用于示踪大陆硅酸盐岩风化过程（Chen et al.，2020a；Frings et al.，2015；Liu et al.，2015；Misra and Froelich，2012；Pierson-Wickmann et al.，2002a，2002b；Rose et al.，2000；Tipper et al.，2006；Zhang et al.，2022）。然而研究表明，由于 Sr、Mg、Si 和 Os 同位素的非硅酸盐来源影响，这些同位素代用指标不能有效地示踪硅酸盐岩风化（Galy and France-Lanord，1999；Mavromatis et al.，2016；Ravizza and Esser，1993）。Li 同位素作为目前使用最多的硅酸盐岩化学风化示踪体系，是近几年地表岩石风化研究的热点，然而有研究显示河流的 Li 同位素组成与流域风化强度不成线性关系（Dellinger et al.，2015）。与地质储库中的微量元素 Li 相比，K 是陆壳、洋壳、海水和河流的主要组成元素。K 元素主要赋存于硅酸盐矿物中，因此 K 及其同位素可能是一个有潜力的硅酸盐岩风化示踪指标。

众多研究发现，低温表生地球化学过程明显伴随着 K 同位素分馏（Chen et al.，2020b；Li et al.，2019a，2019b，2021a；Teng et al.，2020；Wang et al.，2021b）。当前室内模拟实验和野外调查均显示，表生环境下的 K 同位素分馏过程与原生矿物溶解和次生矿物形成有关（Chen et al.，2020b；Li et al.，2021a，2021b；Teng et al.，2020）。室内淋滤实验表明，玄武岩和花岗岩部分溶解优先释放轻的 ^{39}K，当达到平衡时不会导致明显的 K 同位素分馏（Li et al.，2021d），而次生矿物（如高岭石和蒙脱石等黏土矿物）吸收过程会产生明显的 K 同位素分馏，轻的 ^{39}K 优先进入黏土矿物晶格，重的 ^{41}K 优先吸附在黏土矿物表面（Li et al.，2021b）。然而，在河流河水和沉积物以及风化剖面研究中，研究人员发现 ^{41}K 倾向于优先进入水体，而 ^{39}K 则被优先保留在风化产物中（如土壤和沉积物）（Li et al.，2019a；Teng et al.，2020）。因此，在硅酸盐岩风化过程中，随着次生黏土矿物的形成，轻的 ^{39}K 优先进入黏土矿物晶格可能是主要的控制地表 K 同位素分馏的机制。此外，Li 等（2019a）在研究中国主要河流的 K 同位素时发现，河流固-液相之间的 K 同位素分馏程度取决于流域风化强度（原生矿物溶解相对于次生矿物形成的比率）或者是风化一致性。当风化作用一致且无次生矿物形成时，风化强度高，溶解态 $\delta^{41}K$ 值较低，与风化基岩 $\delta^{41}K$ 值相似。

尽管河流中的溶解态 K 离子主要来源于地表硅酸盐风化过程，但是可能存在的蒸发岩溶解、大气沉降、碳酸盐岩风化、生物输入和人类活动（工业、农业和家庭生活废水输入）

也可能提升河水中溶解态 K 离子的浓度，并影响河水溶解态的δ^{41}K 值（Wang et al.，2021b）。此外，钾是植物光合组织中仅次于氮（N）的第二丰富的养分（Christensen et al.，2018；Sardans and Peñuelas，2015；Schlesinger，2021），也是化肥的主要组成元素之一，而这些化肥主要产自盐湖钾盐矿床（Schlesinger，2021）。当前研究发现，这些化肥和钾盐的δ^{41}K 值变化范围较大（−0.12‰～0.76‰）（Li，2017；Morgan et al.，2018；Wang and Jacobsen，2016；Wang et al.，2021b），这远远高于 BSE（全硅酸盐地球）、UCC（上陆壳）和河水的δ^{41}K 值。因此，有必要进一步评估在流域风化过程中蒸发岩（例如钾盐）溶解和农业化肥的使用对河水δ^{41}K 值的潜在影响。在本章中，笔者系统地研究了蒙河流域源头地区河流溶解态（如河水、地下水、污水）、颗粒态（如悬浮物质、河流沉积物）和化肥的 K 同位素组成，用于评估化学风化作用和人类活动影响下河水溶解态 K 的来源及其同位素分馏机制。这一研究极大地扩展了热带高度风化地区的 K 同位素资料，提高了对全球 K 循环以及 K 同位素分馏机制的认识。地球化学样品采集与分析测试工作是流域地质与环境调查和研究中的关键环节。通过样品采集、分析、测试及鉴定来获取相关信息和数据，可以更好地研究蒙河河水溶解态和悬浮态物质的物理化学组成特征及其控制机制。

第一节　河水钾同位素组成

蒙河源头河水 K 同位素组成及时空变化如图 12.1 所示。源头河水的 K 浓度相对较低（1.0～14.1mg/L），平均值为 5.9mg/L，仅占阳离子总当量的 0.6%～13.5%（平均 5.4%）。枯水期采集的样品相对于丰水期有着较高的 K 浓度，这与 TDS 值在枯水期升高的趋势一致。河水中的溶解态 K 同位素值$\delta^{41}K_{diss}$在丰水期为−0.48‰～−0.15‰，轻微高于枯水期［−0.54‰～−0.06‰，图 12.1（a）］。本次研究的河水$\delta^{41}K_{diss}$值在世界河流$\delta^{41}K_{diss}$值［−0.71‰～−0.12‰，图 12.1（b）］范围以内（Li et al.，2019a；Teng et al.，2020；Wang et al.，2021b）。河水$\delta^{41}K_{diss}$值的季节性差异很小（−0.05‰～0.10‰），轻微高于当前的长期外部精度（±0.06‰）。丰水期河水较低的$\delta^{41}K_{diss}$值同样也反映在长江（Li et al.，2019a）、亚马孙河和勒拿河（Wang et al.，2021b）。相对于河水，地下水中的 K 浓度（42.6mg/L）和$\delta^{41}K_{diss}$值（0.09‰）相对较高。农田污水和城镇污水的 K 浓度同样较高，分别为 22.0mg/L（W1，

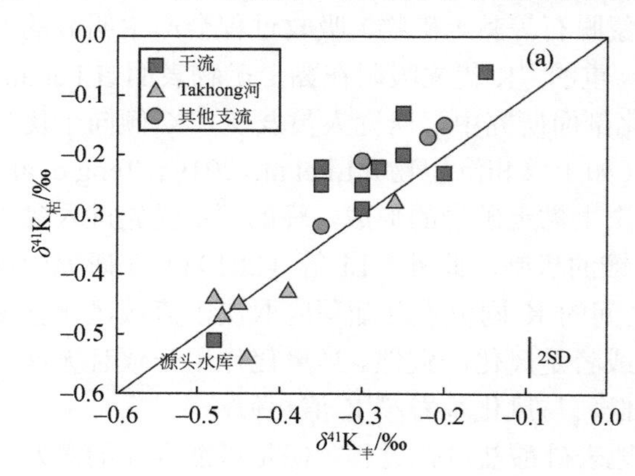

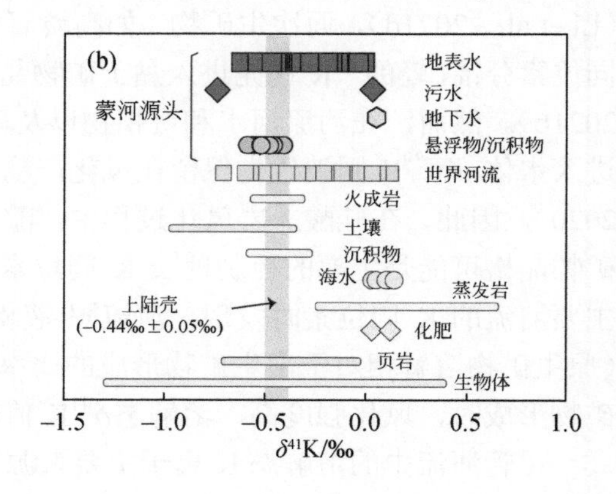

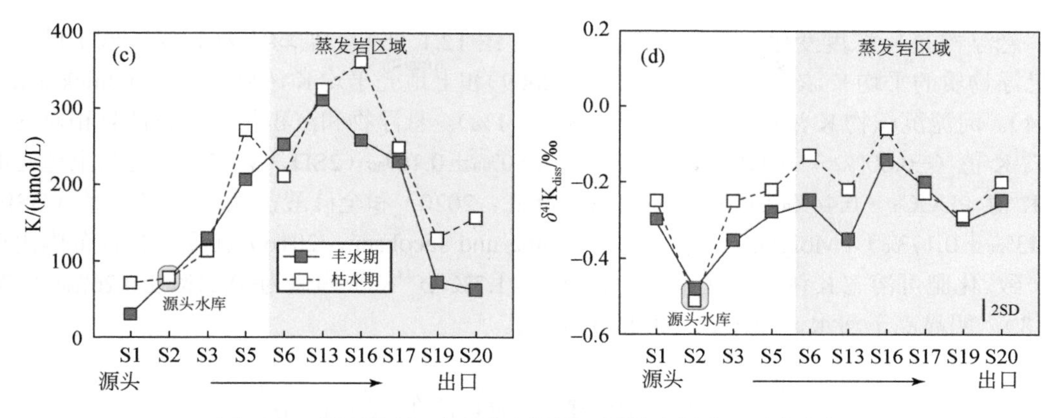

图 12.1　蒙河源头河水丰枯水期的 K 同位素组成及时空变化

（a）河水 K 同位素组成；（b）各储库 K 同位素组成；（c）K 元素浓度的沿程变化；（d）K 同位素组成的沿程变化

农田污水）和 71.7mg/L（W2，城镇污水），然而，两种污水的$\delta^{41}K_{diss}$值差异较大，分别为 0.03‰（W1，农田污水）和−0.74‰（W2，城镇污水）。

河水溶解态 K 浓度在蒙河干流呈现出明显的时空变化。沿着干流河水流动方向，河水的 K 浓度先增后降［图 12.1（c）］，而干流河水的$\delta^{41}K_{diss}$值呈现出不同的波动变化趋势［图 12.1（d）］。蒙河源区 Bon 水库的样品$\delta^{41}K_{diss}$值在全干流样品中最低（丰水期：−0.46‰，枯水期：−0.51‰），且该值接近上地壳的平均组成（UCC：−0.44‰±0.05‰）（Huang et al.，2020）。为了避免降水稀释作用对河水浓度的影响，可使用 K/Na 摩尔比值和$\delta^{41}K_{diss}$值来大致判断河水 K 元素可能的来源。如图 12.2 所示，大多数河水样品的数据位于虚线所示的三角形区域内，其中第一个可能的端元是蒙河源区的 Bon 水库，其 K/Na 值相对较高（0.65）而$\delta^{41}K_{diss}$值较低（−0.50‰）。第二个端元可能是城镇污水 W2，其有着相对较低的 K/Na 值（0.07）和最低的$\delta^{41}K_{diss}$值（−0.74‰）。第三个端元可能是雨水或地下水 G1（K/Na：0.04，$\delta^{41}K_{diss}$：+0.09‰）。大部分的河水样品落在了这三个端元的区域内，说明河水 K 同位素组成可能受到不同端元的混合控制，但这并不能排除过程分馏导致的部分样品$\delta^{41}K_{diss}$值发生改变。

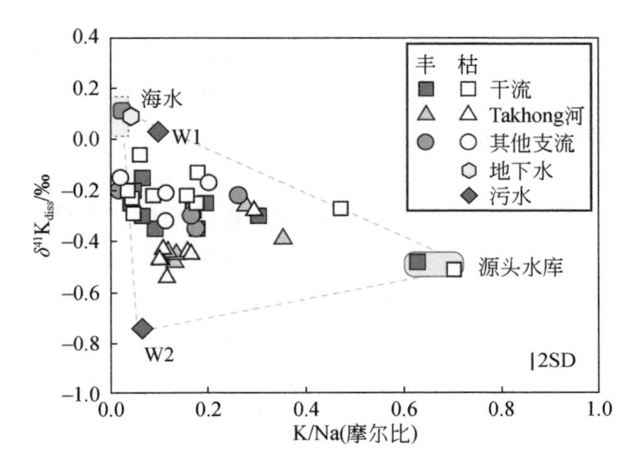

图 12.2　蒙河源头河水$\delta^{41}K_{diss}$与 K/Na（摩尔比）的关系

悬浮物的 K 浓度变化范围为 0.2%～2.8%［图 12.1（b）］，平均值为 1.2%，低于世界河流悬浮物质的平均 K 浓度 1.7%（Viers et al.，2009）和上地壳平均 K 浓度 2.4%（Rudnick et al.，2014）。河流沉积物 K 浓度变化较小（0.6%～1.1%）。悬浮物和沉积物有着较低且相对均一的δ^{41}K 值（−0.60‰～−0.41‰），平均值为−0.50‰±0.10‰（2SD，N=27），这与上地壳的δ^{41}K 值（UCC：−0.44‰±0.05‰）（Huang et al.，2020）和全硅酸盐地球的δ^{41}K 值（BSE：−0.43‰±0.17‰）（Morgan et al.，2018；Wang and Jacobsen，2016）在误差允许范围内近似一致。化肥可溶态 K 浓度变化范围为 6.8%～41.7%，δ^{41}K 平均值为+0.21‰±0.26‰（2SD，N=3），明显高于河水、UCC、BSE 的δ^{41}K 值。

第二节　河水溶解态钾源解析

河水中的溶解质主要来自大气降水、岩石矿物的化学风化（碳酸盐岩、蒸发岩和硅酸盐岩风化）和人为输入等过程（Gaillardet et al.，1999b）。因此，河水中的任一溶解质 X 的来源可以使用下列公式来表示：

$$[X]_{河水}=[X]_{大气降水}+[X]_{人为输入}+[X]_{碳酸盐岩}+[X]_{蒸发岩}+[X]_{硅酸盐岩} \quad (12.1)$$

其中，下标表示元素 X 来源于不同的端元。研究表明，河水溶解态 K 主要来源于硅酸盐岩的风化（Chetelat et al.，2008；Moon et al.，2007），这是利用 K 同位素示踪大陆硅酸盐岩风化过程的一个重要假设（Li et al.，2019a）。然而，大气沉降、生物输入、碳酸盐岩和蒸发岩溶解以及人类活动等对河水 K 含量的潜在贡献不容忽视。笔者希望能够量化各种非硅酸盐岩来源对河水溶解 K 的贡献，并证明流经蒸发岩地区河水中的溶解 K 主要来自硅酸盐岩风化，揭示河水观察到的 K 同位素分馏主要发生于地表硅酸盐风化过程中。

一、大气降水

大气降水可以影响河水的化学组成（Meybeck，1983）。在蒙河流域中，笔者注意到所有水样的 Cl^-浓度与 Na^+浓度具有很强的相关性［图 12.3（a），R^2=0.99］，这主要表明了海盐输入或者蒸发岩（如岩盐）的溶解作用（Négrel et al.，2020）。当地雨水的 Cl^-、Na^+和 K^+浓度较低［图 12.3（a）、（b）］，而这些离子在河水和地下水样品中浓度较高。此外，河水 K^+浓度与 Cl^-浓度呈弱相关，且多数样品远离象征雨水贡献的海水稀释线，这与前人研究得出的河流中溶解态 K 主要来源于流域内部的观点一致，例如硅酸盐岩风化等过程（Gaillardet et al.，1999b；Moon et al.，2007），而大气降水对河水溶解 K 的贡献较小。

本章使用正演模型来计算不同来源对河水溶解 K 的贡献。在估算大气降水贡献时，通常使用 Cl^-作为参考元素，这是由于 Cl^-的水文地球化学性质比较保守，且通常不参与流域的生物地球化学循环（Roy et al.，1999；Viers et al.，2001）。在此前的研究中，当流域没有蒸发岩分布且人为活动影响可以忽略时，假设河水样品最低的 Cl^-浓度全部来自大气降水输入（Meybeck，1983）。考虑到研究区内广泛分布的蒸发岩，本章没有采取这种方法，而是使用蒸散系数对雨水中的元素浓度进行校正，然后把雨水中元素 X 的浓度换算为河水中的浓度。当地雨水 Cl^-的平均浓度为 6.1±3.7μmol/L，蒸散系数（年降水量/径流量）是 8.8，因此降水对河水贡献的 Cl^-浓度为 53.5μmol/L。此估算值接近河水样品的最低 Cl^-浓度

(61.6μmol/L)，该样品收集于丰水期的 S1 点位，地处森林且人烟稀少，且周围没有蒸发岩分布。因此，估算得到的大气降水输入的 Cl^-浓度（53.5μmol/L）是合适的，即$[X]_{大气降水}$等于 53.5μmol/L。然后，使用海水元素比值（K/Cl=0.02）进行 K 元素海洋来源的大气降水输入校正（Wang et al.，2021b），公式如下：

$$[K]_{大气降水}=[Cl]_{大气降水}\times(K/Cl)_{海水} \tag{12.2}$$

结果显示，大气降水来源的 K 对河水中 K 的贡献小于 5%，仅对河水的$\delta^{41}K$ 值产生最大 0.02‰的偏差，因此本章没有对河水的$\delta^{41}K$ 值进行大气降水输入校正。

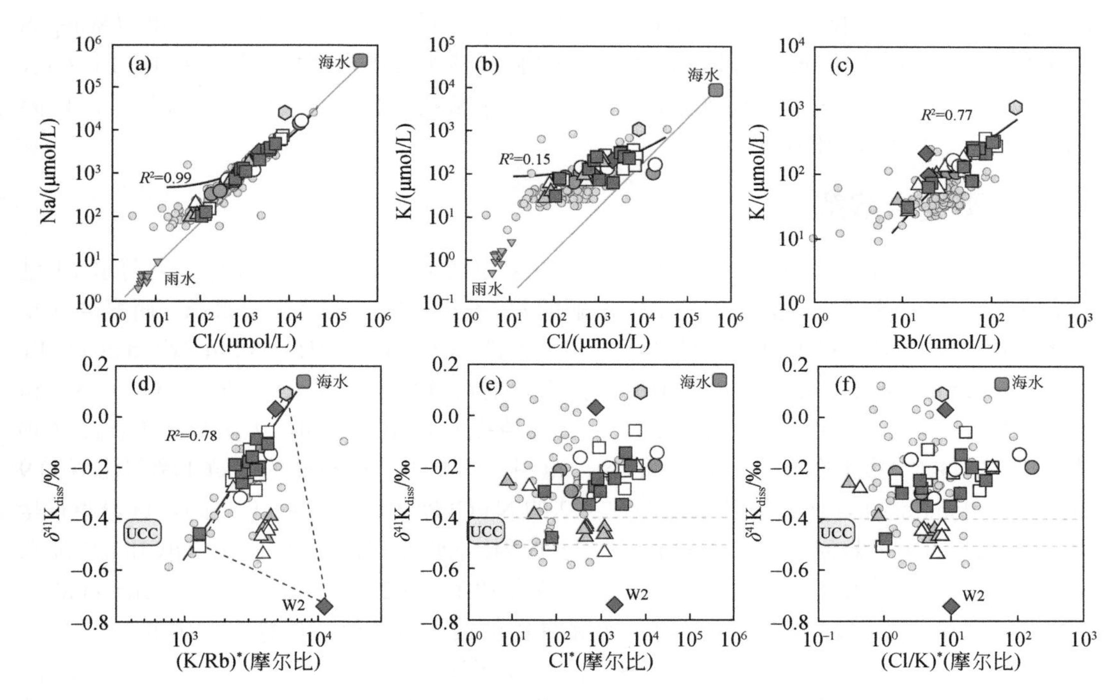

图 12.3　蒙河源头河水中溶解态元素的摩尔比值关系

（a）Na 与 Cl；（b）K 与 Cl；（c）K 与 Rb；（d）$\delta^{41}K$ 值与$(K/Rb)^*$；（e）$\delta^{41}K$ 值与 Cl^*；（f）$\delta^{41}K$ 值与$(Cl/K)^*$摩尔比值的关系（*代表已校正大气降水输入）

二、生物控制

与河水中其他元素不同的是，K 是植物生长繁殖所必需的元素（Simonsson et al.，2016）。当前的野外观测和室内植物培养研究均表明植物在吸收 K 的过程中会发生同位素分馏（Christensen et al.，2018；Li，2017；Morgan et al.，2018），其中陆生植物优先从根-土壤界面的生长介质中吸收较轻的 K 同位素（Li et al.，2021a），这可能会提高土壤溶液的$\delta^{41}K$ 值。另一方面，如果河流中的溶解态 K 主要来源于植物的衰变降解过程所释放的 K（Chaudhuri et al.，2007），那么植物的 K 同位素组成会明显影响河水的$\delta^{41}K_{diss}$ 值。为进一步论证这一假设，笔者调查了河水溶解态 K 离子和 Rb 离子的关系。

与 K 元素相比，Rb 并不是植物生长繁殖所必需的元素，且河水中的 Rb 离子被认为全部来自硅酸盐岩风化（Peltola et al.，2008）。据图 12.3（c）显示，泰国蒙河和世界河流溶解 K 离子与 Rb 离子浓度有较好的正相关关系（R^2＝0.77），这表明河水溶解 K 离子与 Rb 离子可能有相似的来源。此外，一些研究表明河水中高的 K/Rb 摩尔比值可能与植物的衰变降解有关（Peltola et al.，2008）。由于陆生植物富含较轻的 K 同位素组成（Christensen et al.，2018；Li，2017；Morgan et al.，2018；Wang et al.，2021a），当假设河水溶解 K 离子主要来自衰变的植物体时，河水的 K/Rb 摩尔比值与$\delta^{41}K_{diss}$值之间应存在负相关关系，但这并未在河流系统中观察到（Wang et al.，2021b）。相反，除支流 Takhong 河外，其他河流样品的$\delta^{41}K_{diss}$值与流域风化强度指标（K/Rb）呈现出了较好的正相关关系（R^2＝0.78）（Wang et al.，2021b），这或许表明河水溶解态 K 离子和$\delta^{41}K_{diss}$值主要受自然风化过程控制（Li et al.，2019a）。基于之前的研究和当前观察，本研究排除了植物生长和衰变作为河水溶解态 K 离子和$\delta^{41}K_{diss}$值的主要控制作用。

三、蒸发岩溶解

校正了大气降水的贡献后，河水样品还存在剩余的 Cl 离子，本研究称其为河水 Cl 过量（$[Cl]_{过量}$）。这种过量可能表明河水中溶解的 Cl^-不止大气降水这一个来源。研究区内蒸发岩较为丰富，主要包括石盐、少量光卤石和硬石膏（Li et al.，2015，2020；Nimnate et al.，2017；Srisunthon and Choowong，2019）。蒸发岩的溶解会增加河水中 Cl^-、SO_4^{2-}、Na^+和 K^+的浓度。大气输入校正后的河水 Na/Cl 摩尔比值在 0.7～6.6 之间，大多数河水样品（40 个样品中的 33 个）集中在 0.9～1.6 之间。这一范围大约介于当地石盐的 Na/Cl 摩尔比值（0.9±0.1）（Rattana et al.，2022）和生活污水 W2 的 Na/Cl 摩尔比值（1.5）之间，这表明石盐溶解和人为输入可能是河水中存在$[Cl]_{过量}$的主要原因。本研究假设蒙河河水中的$[Cl]_{过量}$全部来自石盐溶解，基于当地石盐层中 K/Cl 的平均摩尔比值（$6.2\pm6.2\times10^{-4}$）（Rattana et al.，2022），可以得到蒸发岩溶解作用对河水溶解态 K 的最大贡献值，计算公式如下：

$$[K]_{蒸发岩}=[Cl]_{过量}\times(K/Cl)_{蒸发岩} \tag{12.3}$$

估算结果显示，蒸发岩溶解过程对河水溶解 K 的贡献小于 9%。此外，蒸发岩通常具有较高的$\delta^{41}K$ 值（−0.24‰～0.64‰），平均$\delta^{41}K$ 值为 0.07‰（Li et al.，2017；Morgan et al.，2018；Wang et al.，2021b）。这些具有较高$\delta^{41}K$ 值的蒸发岩快速溶解可能会急剧提高河水的$\delta^{41}K_{diss}$值。如果蒙河源头河水溶解的 K 主要起源于蒸发岩溶解，那么河水 Cl^*和$(Cl/K)^*$（上标*表明大气降水的贡献已校正）与$\delta^{41}K_{diss}$值之间应存在较好的线性关系，但是在河流体系中并未观察到此现象［图 12.3（e）、（f）］。这些结果可能表明，即使在富含蒸发岩的呵叻盆地中，研究区内蒸发岩的溶解也不会强烈影响当地河水的溶解态 K 浓度和$\delta^{41}K_{diss}$值（Wang et al.，2021b）。

四、人为活动

河流溶解态和悬浮物的化学成分也受到了人为活动的影响（Liu et al.，2021；Négrel et al.，2020；Viers et al.，2009）。钾是植物中仅次于氮的第二丰富的营养物质（Sardans and Peñuelas，2015），农业所用的钾肥目前主要是矿石原料（如钾盐和岩盐）的再加工，几乎世界各地的农作物都需要额外施加钾肥。随着农业向潮湿热带地区高度风化的土壤扩张，农作物生长所需要的钾肥量必然会上升（Schlesinger，2021）。在本章中，笔者收集了两种研究区内常见的钾肥，复合肥（N-P-K）和硫酸钾肥，它们的$\delta^{41}K$值变化范围为0.08‰～0.39‰，平均值为0.21‰±0.26‰（2SD）。泰国收集的钾肥$\delta^{41}K$值与Morgan等（2018）报道的钾肥$\delta^{41}K$值0.24‰和0.15‰相似，均接近于现代海水$\delta^{41}K$值（0.12‰）（Hille et al.，2019；Wang et al.，2020）和一些蒸发岩矿物（−0.12‰～0.76‰）（Morgan et al.，2018；Wang and Jacobsen，2016）。在研究区内，人为活动影响河水化学组成的方式主要为排放生活污水和农业废水至河流（Chuersuwan et al.，2013；Liu et al.，2021）。一般来说，河水中的NO_3^-、Cl^-、K^+和Na^+等离子浓度对人为输入相对敏感（Chetelat et al.，2008；Wu et al.，2008），这些污染物的汇入将导致河水具有较高的Cl/Na（5±1）和NO_3/Na（7±3）摩尔比值（Chetelat et al.，2008；Fan et al.，2014；Gaillardet et al.，1999b；Roy et al.，1999）。而在蒙河源头河水中，大部分样品的Cl/Na^*和NO_3/Na^*摩尔比值分别低于1.5和0.5。此外，水样的NO_3/K^*摩尔比值远低于化学肥料中的相应值（Chetelat et al.，2008）（图12.4），因此并不能识别农业废水对河流化学组成的影响。所以，在蒙河和其他河流并未观察到NO_3/K^*与河水$\delta^{41}K$值间的关系（Li et al.，2019a）。

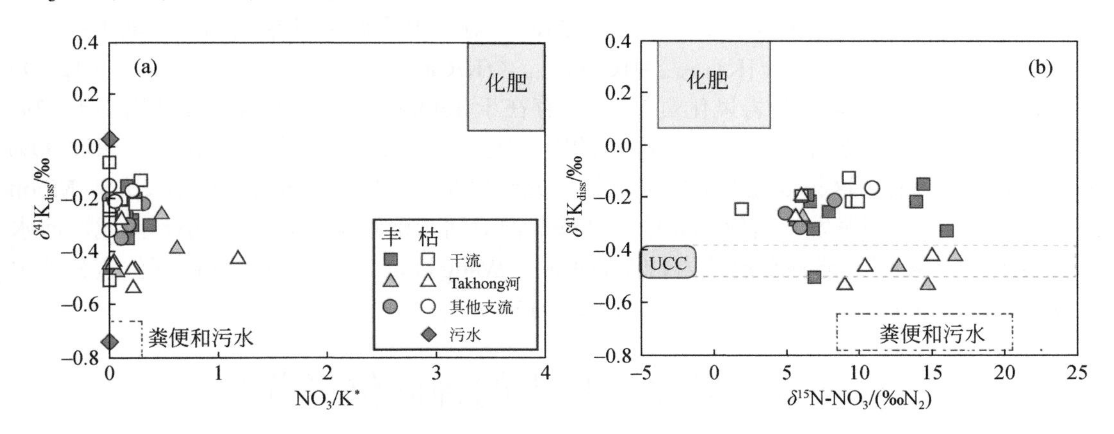

图12.4　蒙河源头河水$\delta^{41}K$值与NO_3/K^*、$\delta^{15}N-NO_3$值的关系

（a）$\delta^{41}K$值与NO_3/K^*；（b）$\delta^{41}K$值与$\delta^{15}N-NO_3$值的关系

笔者使用NO_3^-的氮氧同位素初步识别了河水中NO_3^-的来源。较高的$\delta^{15}N$值和高的NO_3/K^*摩尔比值主要存在于Takhong河水中，表明上述河流的NO_3^-来源于生活污水排放，而农业废水（含化肥）的影响是有限的。两个废水样品有着迥然不同的$\delta^{41}K$值，城镇生活污水的$\delta^{41}K$值极低（−0.74‰），而农田水的$\delta^{41}K$值较高（0.03‰）。如图12.4（b）所示，支流Takhong河较高的$\delta^{15}N$值和较低的$\delta^{41}K$值表明此支流河水可能受到人为活动的显著影响（Liu et al.，2021），而这一现象在其他区域并不明显。支流Takhong河起源于研究区西南部的原始森林，但下游流经了高人口密度和点源/非点源污染较重的呵叻首府地区（Chuersuwan et al.，2013）。随着Takhong河的延伸，河水的K^+和Cl^-浓度逐渐升高，而河水的$\delta^{41}K$值却逐渐降低，从−0.28‰降为−0.54‰。这与干流观察到的$\delta^{41}K$值自然升高的趋势相反。Takhong河上游的生活污水W2相对于河水有着极低的$\delta^{41}K$值（−0.74‰）。此外，

在污水 W2 样品中也观察到了极低的 K/Rb 值。这些结果可能表明 Takhong 河水受到了无序污水排放的严重影响。在本章中，笔者采用下列公式评估了城市生活污水（K/Cl＝0.1）对河水溶解 K 的贡献：

$$[K]_{人为活动}=[Cl]_{过量}\times(K/Cl)_{W2} \quad (12.4)$$

结果显示，生活污水输入的河水溶解 K 贡献为 3%～73%，其中 Takhong 河生活污水的贡献较高，平均值为 43%。Takhong 河是泰国污染最严重的河流之一（Chuersuwan et al.，2013），河水中低的 $\delta^{41}K$ 值最有可能受到了低 $\delta^{41}K$ 值的生活污水影响。其他样品 $\delta^{41}K$ 值较高且存在 $\delta^{41}K$ 值与 $(K/Rb)^*$ 之间稳定的线性关系，表明人为活动对这些样品溶解 K 的贡献较小，而样品 K 同位素组成的变化反映了自然风化过程。

五、碳酸盐岩和硅酸盐岩风化

碳酸盐岩中的 K 浓度比硅酸盐岩低 1 个数量级（Li et al.，2021c），由此假设大气降水校正后剩余的 Ca^+ 完全来自碳酸盐岩溶解。研究区内二叠纪灰岩的 K/Ca 摩尔比约为 $8.2\pm4.4\times10^{-4}$（Dill et al.，2004），该值位于海洋生物碳酸盐岩 K/Ca 摩尔比（0.5×10^{-4}～23.8×10^{-4}，平均 2.9×10^{-4}）范围内（Li et al.，2021c）。对河水溶解 K 的最大估计式如下：

$$[K]_{碳酸盐岩}=[Ca]_{碳酸盐岩}\times(K/Ca)_{碳酸盐岩} \quad (12.5)$$

计算得到最大的碳酸盐岩风化贡献（4%）存在于 Takhong 河中，而其他样品均小于 1%。因此，本研究认为碳酸盐岩风化对溶解 K 的影响较小，而未污染河水中的溶解 K 超过 90% 来自硅酸盐岩风化，这与以往对大型流域的研究结果是一致的（Chetelat et al.，2008；Moon et al.，2007），表明蒸发岩溶解和其他非硅酸盐源对河水溶解 K 的贡献较小。因此，河水中观察到的 $\delta^{41}K$ 值不能判别流域内岩性的不同（Wang et al.，2021b），而 K 同位素分馏主要发生在硅酸盐岩风化过程中（Li et al.，2019a）。

第三节　风化过程中的钾同位素分馏

一、河水富集重的钾同位素

河水溶解质和悬浮物是河流搬运的主要物质，也是流域化学风化和机械剥蚀的产物（Gaillardet et al.，1999a；Gaillardet et al.，1999b；Syvitski and Milliman，2007）。化学元素的活动性控制着风化和运输过程中溶解态和颗粒态之间元素的相对分布（Viers et al.，2009）。钾是一个流体活动性元素，在水-岩相互作用过程中，K 元素倾向于进入流体（Meybeck，2003），因此相对于大陆上地壳，土壤和河流沉积物中的 K 含量会系统亏损（Gaillardet et al.，1999a；Viers et al.，2014）。此外，来自蒙河和其他河流的溶解态 K 均相对于岩浆岩（$\delta^{41}K=-0.43‰\pm0.17‰$）（Chen et al.，2019a；Chen et al.，2019b；Hu et al.，2018；Li et al.，2016；Morgan et al.，2018；Tuller-Ross et al.，2019a，2019b；Wang and Jacobsen，2016；Xu et al.，2019）富集重的 K 同位素（$\delta^{41}K$ 值：$-0.71‰$～$0.12‰$）（Li et al.，2019a，2022；Teng et al.，2020；Wang et al.，2021b）。与 K 同位素组成相对均一的岩浆岩和沉积岩相比，河水溶解的 $\delta^{41}K$ 值变化范围更大且值更高。当前研究表明，河水的 $\delta^{41}K$ 值与盆

地岩性无关（Wang et al.，2021b）。流体中富集 ^{41}K 可能发生在原生矿物的溶解过程中，但这与室内淋滤实验结果相反，即在玄武岩和花岗岩部分溶解过程中，轻的 K 同位素 ^{39}K 被优先释放到流体中（Li et al.，2021d）。相反，河水中观察到的较高的$\delta^{41}K$ 值可能与次生矿物形成有关，即新生成的次生矿物（如高岭石、蒙脱石和伊利石）优先吸收 ^{39}K（Li et al.，2019a），但与 Li 同位素不同的是，^{41}K 优先吸附在黏土矿物表面（Li et al.，2021b）。因此，河水的 K 同位素组成可以反映流域内原生矿物溶解和次生矿物生成之间的关系。

二、悬浮物富集轻的钾同位素

在蒙河和其他河流体系中，河流悬浮物和沉积物的$\delta^{41}K$ 值范围为−0.71‰～−0.41‰（Li et al.，2019a）。这一范围略低于上地壳的平均$\delta^{41}K$ 值（−0.44‰±0.05‰）（Huang et al.，2020），但明显低于河流溶解态的$\delta^{41}K$ 值。因此，河流悬浮物和沉积物中通常较轻的 K 同位素组成可能是相对较重的河流水体的补充（Chen et al.，2020b）。考虑到所研究的流域岩性主要为碎屑沉积岩（Nimnate et al.，2017），而岩浆岩在研究区内只出露很小一部分，所研究的河流悬浮物和沉积物可能不仅包含了当前的风化产物，也含有古老沉积未风化的碎屑（Dellinger et al.，2015）。因此，悬浮物和沉积物$\delta^{41}K$ 值的变化可能反映了沉积物源和/或化学风化中 K 及其同位素的再分配。为了探究这一问题，本章使用不溶性元素比值（Cr/Al 和 Ti/Al）对悬浮物和沉积物样品进行了物源判别（Dellinger et al.，2017；Song et al.，2021）。本章统计了研究区内不同基岩（沉积岩、花岗岩和火山岩）的化学组成，如图 12.5（a）所

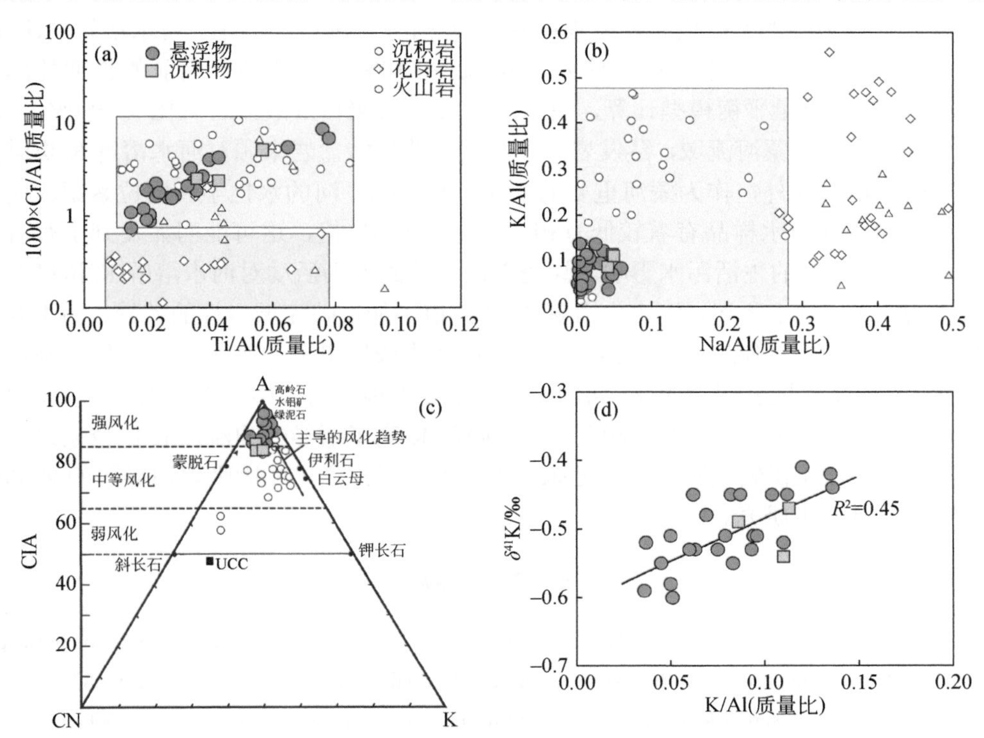

图 12.5　蒙河源头地区悬浮物和沉积物的元素质量比关系

（a）Cr/Al 与 Ti/Al（质量比）；（b）K/Al 与 Na/Al（质量比）；（c）CIA 图解；（d）$\delta^{41}K$ 值与 K/Al（质量比）关系

示，在蒙河源头收集的悬浮物和沉积物落在了区域沉积岩的范围内，这可能说明河流悬浮物和沉积物主要来源于区域沉积岩风化和侵蚀作用。与不溶性元素 Cr、Al 和 Ti 相比，K 和 Na 是流体活动性元素，其在风化过程中优先进入流体，使得悬浮物、沉积物和土壤相对风化基岩（如沉积岩）亏损［图 12.5（b）]。Saminpanya 等（2014）研究了该白垩系沉积岩的矿物组成和地球化学特征，最后进行物源探讨。这些区域沉积岩中含 K 矿物主要为正长石（$KAlSi_3O_8$）和白云母（$KAl_3Si_3O_{10}(OH)_2$）。在这里，笔者使用化学蚀变指数（CIA）来判断流域内硅酸盐的化学风化程度。基于悬浮物和沉积物的 A-CN-K 图解［图 12.5（c）]，不难发现研究区内化学风化程度普遍较高，白云母到高岭石和/或铁铝氢氧化物/氧化物的转化趋势占主导。这可能表明，流域内硅酸盐风化过程中 K 同位素的分馏行为与白云母的强烈风化有关，白云母分解为高岭石或/和三水铝石，释放出可溶性 K。悬浮物和沉积物 K/Al 值的变化也可能反映了其次生矿物组成的变化。在图 12.5（d）中，悬浮物和沉积物的δ^{41}K 值随着 K/Al 值的降低而降低，此关系可能反映出风化作用在导致悬浮物和沉积物中 K 亏损的同时，优先在次生矿物（黏土矿物或铝、铁氢氧化物/氧化物）中置入轻的 ^{39}K。

本章小结

在蒙河源头地区，河水和地下水的 K 同位素组成系统性偏重，其δ^{41}K 值变化范围为−0.54‰～0.09‰，明显高于悬浮物和沉积物的δ^{41}K 值（−0.60‰～−0.41‰）。这一结果证实，在大陆风化过程中轻的 ^{39}K 优先表面吸附和/或解构进入风化产物中。河水溶解的δ^{41}K 值存在明显的空间差异，而季节性差异为−0.05‰～0.10‰，轻微高于当前的长期外部精度（±0.06‰）。基于质量平衡模型计算，河水溶解 K 主要来自硅酸盐岩风化（＞90%）。即使在蒸发岩发育丰富的蒙河流域，蒸发岩溶解和其他非硅酸盐岩来源对河水溶解 K 贡献仍然很小，可以忽略。此外，作为蒙河重要的支流，Takhong 河的水化学和同位素组成明显受人为活动影响，其河水样品有着较低且相对恒定的δ^{41}K 值，这可能明显受到了有着极低δ^{41}K 值（−0.74‰）的生活污水影响。这是首次观测到人为活动对河水溶解 K 浓度及其同位素组成的作用。综上所述，河水中溶解的δ^{41}K 值不能反映流域岩性的差异，而主要示踪了硅酸盐岩风化过程、原生矿物的溶解和次生矿物生成所引发的 K 同位素分馏。类似于河水 Li 同位素体系，地表明显的 K 同位素分馏主要表现在河流中。迄今为止，只有 Li 等（2021b）对部分黏土矿物（高岭石和蒙脱石）吸附 K 离子所导致的流体 K 同位素进行了初步研究，而其他次生矿物的吸附实验还未开展。因此，次生矿物因吸附而导致的 K 同位素分馏机制需要进一步研究。

参考文献

Berner R A，Lasaga A C，Garrels R M，1983. Carbonate-silicate geochemical cycle and its effect on atmospheric carbon dioxide over the past 100 million years. American Journal of Science，283（7）：641-683.

Bickle M J，Caldeira K，Berner R A，1998. The need for mass balance and feedback in the geochemical carbon cycle. Geology，26（5）：477.

Chaudhuri S，Clauer N，Semhi K，2007. Plant decay as a major control of river dissolved potassium：a first estimate. Chemical Geology，243（1）：178-190.

Chen B B，Li S L，Pogge von Strandmann P A E，et al.，2020a. Ca isotope constraints on chemical weathering processes：evidence from headwater in the Changjiang River，China. Chemical Geology，531：119341.

Chen H，Meshik A P，Pravdivtseva O V，et al.，2019a. Potassium isotope fractionation during high-temperature evaporation determined from the Trinity nuclear test. Chemical Geology，522：84-92.

Chen H，Tian Z，Tuller-Ross B，et al.，2019b. High-precision potassium isotopic analysis by MC-ICP-MS：an inter-laboratory comparison and refined K atomic weight. Journal of Analytical Atomic Spectrometry，34（1）：160-171.

Chen H，Liu X M，Wang K，2020b. Potassium isotope fractionation during chemical weathering of basalts. Earth and Planetary Science Letters，539：116192.

Chetelat B，Liu C Q，Zhao Z Q，et al.，2008. Geochemistry of the dissolved load of the Changjiang Basin rivers：anthropogenic impacts and chemical weathering. Geochimica et Cosmochimica Acta，72（17）：4254-4277.

Christensen J N，Qin L，Brown S T，et al.，2018. Potassium and calcium isotopic fractionation by plants（Soybean［Glycine max］，rice［Oryza sativa］，and wheat［Triticum aestivum］）. ACS Earth and Space Chemistry，2（7）：745-752.

Chuersuwan N，Nimrat S，Chuersuwan S，2013. Empowering water quality management in Lamtakhong River basin，Thailand using WASP model. Research Journal of Applied Sciences，Engineering and Technology，6（23）：4485-4491.

Dellinger M，Gaillardet J，Bouchez J，et al.，2015. Riverine Li isotope fractionation in the Amazon River basin controlled by the weathering regimes. Geochimica et Cosmochimica Acta，164：71-93.

Dellinger M，Bouchez J，Gaillardet J，et al.，2017. Tracing weathering regimes using the lithium isotope composition of detrital sediments. Geology，45（5）：411-414.

Dill H G，Luppold F W，Techmer A，et al.，2004. Lithology，micropaleontology and chemical composition of calcareous rocks of Paleozoic through Cenozoic age（Surat Thani Province，central Peninsular Thailand）：implications concerning the environment of deposition and the economic potential of limestones. Journal of Asian Earth Sciences，23（1）：63-89.

Fan B L，Zhao Z Q，Tao F X，et al.，2014. Characteristics of carbonate，evaporite and silicate weathering in Huanghe River basin：a comparison among the upstream，midstream and downstream. Journal of Asian Earth Sciences，96：17-26.

Frings P J，Clymans W，Fontorbe G，et al.，2015. Silicate weathering in the Ganges alluvial plain. Earth and Planetary Science Letters，427：136-148.

Gaillardet J，Dupré B，Allègre C J，1999a. Geochemistry of large river suspended sediments：silicate weathering or recycling tracer? Geochimica et Cosmochimica Acta，63（23）：4037-4051.

Gaillardet J，Dupré B，Louvat P，et al.，1999b. Global silicate weathering and CO_2 consumption rates deduced from the chemistry of large rivers. Chemical Geology，159（1）：3-30.

Galy A，France-Lanord C，1999. Weathering processes in the Ganges–Brahmaputra basin and the riverine alkalinity budget. Chemical Geology，159（1）：31-60.

Hille M，Hu Y，Huang T Y，et al.，2019. Homogeneous and heavy potassium isotopic composition of global oceans. Science Bulletin，64（23）：1740-1742.

Hu Y，Chen X Y，Xu Y K，et al.，2018. High-precision analysis of potassium isotopes by HR-MC-ICPMS. Chemical Geology，493：100-108.

Huang T Y，Teng F Z，Rudnick R L，et al.，2020. Heterogeneous potassium isotopic composition of the upper continental crust. Geochimica et Cosmochimica Acta，278：122-136.

Li M，Yan M，Wang Z，et al.，2015. The origins of the Mengye potash deposit in the Lanping-Simao Basin，Yunnan Province，Western China. Ore Geology Reviews，69：174-186.

Li Q，Zhang X，Fan Q，et al.，2020. Influence of non-marine fluid inputs on potash deposits in northeastern Thailand：evidence from δ^{37}Cl value and Br/Cl ratio of halite. Carbonates and Evaporites，35（1）：11.

Li S，Li W，Beard B L，et al.，2019a. K isotopes as a tracer for continental weathering and geological K cycling. Proceedings of the National Academy of Sciences，116（18）：8740-8745.

Li W，2017. Vital effects of K isotope fractionation in organisms：observations and a hypothesis. Acta Geochimica，36（3）：374-378.

Li W，Beard B L，Li S，2016. Precise measurement of stable potassium isotope ratios using a single focusing collision cell multi-collector ICP-MS. Journal of Analytical Atomic Spectrometry，31（4）：1023-1029.

Li W，Kwon K D，Li S，et al.，2017. Potassium isotope fractionation between K-salts and saturated aqueous solutions at room temperature：laboratory experiments and theoretical calculations. Geochimica et Cosmochimica Acta，214：1-13.

Li W，Li S，Beard B L，2019b. Geological cycling of potassium and the K isotopic response：insights from loess and shales. Acta Geochimica，38（4）：508-516.

Li W，Liu X M，Hu Y，et al.，2021a. Potassium isotopic fractionation in a humid and an arid soil-plant system in Hawaii. Geoderma，400：115219.

Li W，Liu X M，Hu Y，et al.，2021b. Potassium isotopic fractionation during clay adsorption. Geochimica et Cosmochimica Acta，304：160-177.

Li W，Liu X M，Wang K，et al.，2021c. Potassium phases and isotopic composition in modern marine biogenic carbonates. Geochimica et Cosmochimica Acta，304：364-380.

Li W，Liu X M，Wang K，et al.，2021d. Lithium and potassium isotope fractionation during silicate rock dissolution：an experimental approach. Chemical Geology，568：120142.

Li X，Han G，Liu M，et al.，2022. Potassium and its isotope behaviour during chemical weathering in a tropical catchment affected by evaporite dissolution. Geochimica et Cosmochimica Acta，316：105-121.

Liu X L，Han G，Zeng J，et al.，2021. Identifying the sources of nitrate contamination using a combined dual isotope，chemical and Bayesian model approach in a tropical agricultural river：case study in the Mun River，Thailand. Science of the Total Environment，760：143938.

Liu X M，Wanner C，Rudnick R L，et al.，2015. Processes controlling δ^7Li in rivers illuminated by study of streams and groundwaters draining basalts. Earth and Planetary Science Letters，409：212-224.

Mavromatis V，Rinder T，Prokushkin A S，et al.，2016. The effect of permafrost，vegetation，and lithology on Mg and Si isotope composition of the Yenisey River and its tributaries at the end of the spring flood. Geochimica et Cosmochimica Acta，191：32-46.

Meybeck M，1983. Atmospheric inputs and river transport of dissolved substances. Dissolved Loads of Rivers and Surface Water Quantity/Quality Relationships，141：173-192.

Meybeck M，2003. Global occurrence of major elements in rivers. Treatise on Geochemistry，5：605.

Misra S，Froelich P N，2012. Lithium isotope history of Cenozoic seawater：changes in silicate weathering and reverse weathering. Science，335（6070）：818-823.

Moon S，Huh Y，Qin J，et al.，2007. Chemical weathering in the Hong（Red）River basin：rates of silicate weathering and their controlling factors. Geochimica et Cosmochimica Acta，71（6）：1411-1430.

Morgan L E，Ramos D P S，Davidheiser-Kroll B，et al.，2018. High-precision $^{41}K/^{39}K$ measurements by MC-ICP-MS indicate terrestrial variability of $\delta^{41}K$. Journal of Analytical Atomic Spectrometry，33（2）：175-186.

Négrel P，Millot R，Petelet-Giraud E，et al.，2020. Li and $\delta^{7}Li$ as proxies for weathering and anthropogenic activities：application to the Dommel River（meuse basin）. Applied Geochemistry，120：104674.

Nimnate P，Choowong M，Thitimakorn T，et al.，2017. Geomorphic criteria for distinguishing and locating abandoned channels from upstream part of Mun River，Khorat Plateau，northeastern Thailand. Environmental Earth Sciences，76（9）：331.

Peltola P，Brun C，Åström M，et al.，2008. High K/Rb ratios in stream waters—exploring plant litter decay，ground water and lithology as potential controlling mechanisms. Chemical Geology，257（1）：92-100.

Pierson-Wickmann A C，Reisberg L，France-Lanord C，2002a. Behavior of Re and Os during low-temperature alteration：results from Himalayan soils and altered black shales. Geochimica et Cosmochimica Acta，66（9）：1539-1548.

Pierson-Wickmann A C，Reisberg L，France-Lanord C，2002b. Impure marbles of the Lesser Himalaya：another source of continental radiogenic osmium. Earth and Planetary Science Letters，204（1）：203-214.

Rattana P，Choowong M，He M Y，et al.，2022. Geochemistry of evaporitic deposits from the Cenomanian（Upper Cretaceous）Maha Sarakham Formation in the Khorat Basin，northeastern Thailand. Cretaceous Research，130：104986.

Ravizza G，Esser B K，1993. A possible link between the seawater osmium isotope record and weathering of ancient sedimentary organic matter. Chemical Geology，107（3）：255-258.

Raymo M E，Ruddiman W F，1992. Tectonic forcing of late Cenozoic climate. Nature，359（6391）：117-122.

Rose E F，Chaussidon M，France-Lanord C，2000. Fractionation of boron isotopes during erosion processes：the example of Himalayan rivers. Geochimica et Cosmochimica Acta，64（3）：397-408.

Roy S，Gaillardet J，Allègre C J，1999. Geochemistry of dissolved and suspended loads of the Seine River，France：anthropogenic impact，carbonate and silicate weathering. Geochimica et Cosmochimica Acta，63（9）：1277-1292.

Rudnick R，Gao S，Holland H，et al.，2014. Composition of the continental crust. The crust，3：1-64.

Saminpanya S，Duangkrayom J，Jintasakul P，et al.，2014. Petrography，mineralogy and geochemistry of Cretaceous sediment samples from western Khorat Plateau，Thailand，and considerations on their provenance. Journal of Asian Earth Sciences，83：13-34.

Sardans J，Peñuelas J，2015. Potassium：a neglected nutrient in global change. Global Ecology and

Biogeography，24（3）：261-275.

Schlesinger W H，2021. Some thoughts on the biogeochemical cycling of potassium in terrestrial ecosystems. Biogeochemistry，154（2）：427-432.

Simonsson M，Court M，Bergholm J，et al.，2016. Mineralogy and biogeochemistry of potassium in the Skogaby experimental forest，southwest Sweden：pools，fluxes and K/Rb ratios in soil and biomass. Biogeochemistry，131（1）：77-102.

Song Y，Zhang X，Bouchez J，et al.，2021. Deciphering the signatures of weathering and erosion processes and the effects of river management on Li isotopes in the subtropical Pearl River basin. Geochimica et Cosmochimica Acta，313：340-358.

Srisunthon P，Choowong M，2019. Quaternary meandering evolution and architecture of a point bar in the Mun River on the sandstone-dominated Khorat Plateau from northeastern Thailand. Quaternary International，525：25-35.

Syvitski J P M，Milliman J D，2007. Geology，geography，and humans battle for dominance over the delivery of fluvial sediment to the coastal ocean. The Journal of Geology，115（1）：1-19.

Teng F Z，Hu Y，Ma J L，et al.，2020. Potassium isotope fractionation during continental weathering and implications for global K isotopic balance. Geochimica et Cosmochimica Acta，278：261-271.

Tipper E T，Galy A，Bickle M J，2006. Riverine evidence for a fractionated reservoir of Ca and Mg on the continents：implications for the oceanic Ca cycle. Earth and Planetary Science Letters，247（3）：267-279.

Tuller-Ross B，Marty B，Chen H，et al.，2019a. Potassium isotope systematics of oceanic basalts. Geochimica et Cosmochimica Acta，259：144-154.

Tuller-Ross B，Savage P S，Chen H，et al.，2019b. Potassium isotope fractionation during magmatic differentiation of basalt to rhyolite. Chemical Geology，525：37-45.

Viers J，Dupre B，Braun J J，et al.，2001. Evidence for non-conservative behaviour of chlorine in humid tropical environments. Aquatic Geochemistry，7（2）：127-154.

Viers J，Dupré B，Gaillardet J，2009. Chemical composition of suspended sediments in world rivers：new insights from a new database. Science of the Total Environment，407（2）：853-868.

Viers J，Oliva P，Dandurand J L，et al.，2014. Chemical weathering rates，CO_2 consumption，and control parameters deduced from the chemical composition of rivers. Treatise on Geochemistry，5：661-686.

Walker J C G，Hays P B，Kasting J F，1981. A negative feedback mechanism for the long-term stabilization of Earth's surface temperature. Journal of Geophysical Research：Oceans，86（C10）：9776-9782.

Wang K，Jacobsen S B，2016. An estimate of the Bulk Silicate Earth potassium isotopic composition based on MC-ICPMS measurements of basalts. Geochimica et Cosmochimica Acta，178：223-232.

Wang K，Close H G，Tuller-Ross B，et al.，2020. Global average potassium isotope composition of modern seawater. ACS Earth and Space Chemistry，4（7）：1010-1017.

Wang K，Li W，Li S，et al.，2021a. Geochemistry and cosmochemistry of potassium stable isotopes. Geochemistry，81（3）：125786.

Wang K，Peucker-Ehrenbrink B，Chen H，et al.，2021b. Dissolved potassium isotopic composition of major world rivers. Geochimica et Cosmochimica Acta，294：145-159.

Wu W，Yang J，Xu S，et al.，2008. Geochemistry of the headwaters of the Yangtze River，Tongtian He and Jinsha Jiang：silicate weathering and CO_2 consumption. Applied Geochemistry，23（12）：3712-3727.

Xu Y K，Hu Y，Chen X Y，et al.，2019. Potassium isotopic compositions of international geological reference materials. Chemical Geology，513：101-107.

Zhang X，Gaillardet J，Barrier L，et al.，2022. Li and Si isotopes reveal authigenic clay formation in a palaeo-delta. Earth and Planetary Science Letters，578：117339.

第十三章　蒙河河水铁同位素特征及源解析

铁（Fe）元素在地球上丰度较高，是生物圈初级生产力的关键元素，也是生物地球化学循环过程中必需的微量营养元素（Craddock and Dauphas，2011）。例如，Fe对过氧化物酶和超氧化物歧化酶的形成至关重要；某些水生藻类（如蓝藻）生长过程中的光合作用和呼吸过程均需要Fe的参与（Geider and La Roche，1994；Sandmann，1985）。研究表明，生物可利用Fe是蓝藻在淡水系统中存活的关键因素，蓝藻细胞中Fe同位素组成的变化可以证实（Sun et al.，2021）。因此在河流、水库等自然/人工水生系统中，Fe含量和来源变化对生物地球化学过程至关重要（Schiff et al.，2017；Teutsch et al.，2005）。

Fe的主要氧化还原态为亚Fe态和三价Fe态，但只有三价Fe比较稳定。自然界中的Fe主要以低溶解度的三价Fe形式存在，这限制了Fe的生物可利用度（Raiswell and Canfield，2012；Wu et al.，2019）。例如，海洋中的生物有效Fe对浮游植物的光合作用至关重要，而光合作用可通过生物泵作用影响大气CO_2浓度，从而导致气候变化（Levasseur et al.，2004；Martin，1990）。因此，探究Fe的迁移转化过程具有重要意义。目前，Fe同位素技术可用于示踪难以识别的生物地球化学过程和来源（Bullen and Eisenhauer，2009；Swanner et al.，2017）。低浓度含Fe样品的分析是Fe同位素在水生环境应用中的重大挑战之一（Finlayson et al.，2015；Teng et al.，2017）。自然样品Fe含量相对较低，其Fe同位素比值难以准确测定。然而多接收器电感耦合等离子体质谱仪（MC-ICP-MS）的出现，使得非传统稳定同位素（如K、Ca、Pb等）的测定更加快速准确（Li et al.，2020；Wang et al.，2021a；Zeng et al.，2020）。此外，超净实验室和化学纯化方法的进步拓展了Fe同位素的应用（Bullen and Eisenhauer，2009；Conway et al.，2013）。

Fe同位素分馏过程与其氧化还原态的变化有着密切的联系，因此Fe同位素是示踪生物地球化学过程的一种重要手段（Amor et al.，2016）。在生物和非生物体系中，二价Fe和三价Fe之间均存在较大的同位素分馏，且在平衡条件下，三价Fe富集重同位素，二价Fe富集轻同位素（Shi et al.，2016）。此外，在游离Fe和络合Fe之间也存在显著的同位素分馏，即水相Fe与有机配体（DOC）络合时，富集重同位素（Escoube et al.，2015）。总体而言，DOC含量高的河水同位素一般而言比DOC含量低的河水重（Wu et al.，2019）。例如，有机含量较高的小型北方河流中Fe同位素比值较高（Ilina et al.，2013）。一般来说，除某些缺氧水或酸性矿井水外，天然水体中的Fe是一种微量元素（Egal et al.，2008；Proemse et al.，2017）。与没有明显Fe同位素分馏的物质（如悬浮颗粒物）相比，低浓度的溶解Fe在氧化条件下可能富集^{54}Fe（Johnson and Beard，2005；Liu and Han，2021）。此外，溶解Fe明显比结晶Fe更有利于生物吸收（Guelke et al.，2010；Johnson et al.，2018）。然而当Fe浓度超过耐受水平时，会产生负面影响或毒性，从而危害人体健康。因此，探究流域中的溶解Fe浓度及其潜在来源具有重要意义。目前Fe同位素技术已广泛应用于追溯自然和人为来源（Bhatia et al.，2013；Hawkings et al.，2014），但有关河水Fe同位素的研究还比较欠缺。基于此，本章首次利用 Fe 同位素深入探究了丰水期、枯水期蒙河河水的 Fe 同位素组成特征，并对其来源进行识别。

第一节　蒙河河水铁同位素时空分布特征

一、河水溶解铁浓度变化特征

枯水期蒙河河水中溶解 Fe 浓度的变化范围为 21.49～232.34μg/L（图 13.1），平均浓度为 94.70μg/L。与海水的溶解 Fe 浓度（5.6～56μg/L）相比（Chen et al.，2014；Lacan et al.，2008），蒙河中的溶解 Fe 浓度偏高，这可能与人为输入和岩石风化有关。枯水期上游到下游溶解 Fe 平均浓度分别为 118.64μg/L、67.09μg/L 和 97.64μg/L。其中，中游浓度最低，且从上游到下游呈先下降后上升的趋势。丰水期蒙河河水溶解 Fe 浓度变化范围为 10.48～135.27μg/L，平均浓度为 36.54μg/L。然而，丰水期溶解 Fe 浓度的变化趋势与枯水期截然相反，丰水期蒙河中游最高。此外，与枯水期的溶解 Fe 浓度相比，丰水期溶解 Fe 浓度偏低，表明丰水期大量河水汇入对溶解 Fe 有稀释作用。

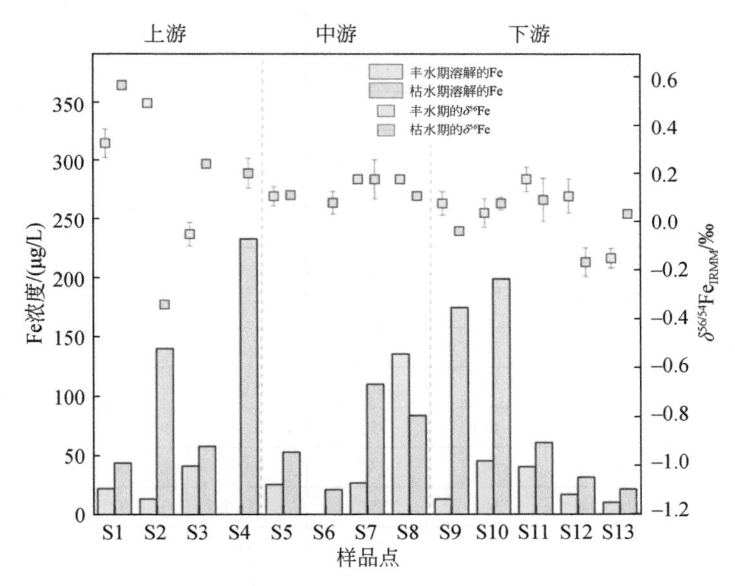

图 13.1　丰水期和枯水期蒙河中溶解 Fe 的浓度和δ^{56}Fe

丰水期δ^{56}Fe 数据来自 Han et al.，2021；Fe 浓度数据来自 Liang et al.，2019

二、丰水期河水铁同位素组成

蒙河河水丰水期 Fe 同位素组成变化见表 13.1 和图 13.2。河水δ^{56}Fe 含量范围为−1.34‰～0.48‰，其中下游、中游和上游δ^{56}Fe 平均值分别为−0.15‰、0.14‰和 0.23‰。虽然部分样品的δ^{56}Fe 值低于热带河流（Akerman et al.，2014；Bergquist and Boyle，2006），但仍在前人报道的δ^{56}Fe 范围内（Akerman et al.，2014；Bergquist and Boyle，2006；Borrok et al.，2009；Chen et al.，2014；Escoube et al.，2015；Stevenson et al.，2017）。

表 13.1　河水采样点位置及其 Fe 同位素组成特征（不确定性用 2SD 表示）

	编号	经度	纬度	海拔	Fe/(μg/L)	δ^{56}Fe	2SD	δ^{57}Fe	2SD
上游	1	14.43	102.09	222	22.37	0.33	0.06	0.50	0.11
	2	14.47	102.12	221	13.69	0.36	0.08	0.52	0.03
	3	14.56	102.17	201	41.48	−0.05	0.05	−0.08	0.06
	4	14.75	102.21	186	42.28	0.32	0.01	0.45	0.06
	5	14.97	102.24	178	42.17	0.04	0.04	0.10	0.06
	6	14.51	101.38	389	22.49	0.48	0.01	0.72	0.08
	7	15.07	102.40	168	54.36	0.10	0.01	0.18	0.03
中游	8	15.37	102.75	150	33.12	−0.05	0.02	−0.08	0.05
	9	15.33	103.68	134	18.62	0.20	0.07	0.32	0.17
	10	15.34	104.15	124	104.75	0.31	0.04	0.45	0.01
	11	15.30	103.20	136	23.72	−0.04	0.03	−0.05	0.01
	12	15.14	103.43	138	14.26	0.12	0.03	0.16	0.07
	13	15.47	104.07	119	24.96	0.16	0.07	0.24	0.16
	14	15.12	104.32	123	135.27	0.18	0.00	0.25	0.02
	15	15.11	104.68	121	13.36	0.08	0.02	0.12	0.06
	16	14.88	103.38	143	13.96	0.22	0.01	0.31	0.05
	17	14.86	103.48	148	25.88	0.11	0.04	0.16	0.08
	18	15.05	104.02	126	27.20	0.18	0.01	0.30	0.01
	19	15.01	104.13	131	22.76	0.11	0.08	0.18	0.18
	20	15.01	104.63	123	8.04	0.18	0.01	0.25	0.01
下游	21	15.21	104.81	126	33.00	−0.83	0.00	−1.25	0.08
	22	15.22	104.86	112	45.56	0.04	0.06	0.05	0.12
	23	15.27	105.22	114	35.08	0.04	0.03	0.09	0.17
	24	15.29	105.34	96	43.71	0.05	0.06	0.09	0.04
	25	15.26	105.44	108	25.70	−0.94	0.01	−1.37	0.00
	26	15.31	105.49	112	26.18	0.06	0.07	0.10	0.20
	27	15.27	104.64	123	43.23	−1.34	0.06	−1.85	0.16
	28	15.29	104.74	117	36.78	0.15	0.06	0.21	0.09
	29	15.34	105.08	119	9.70	0.12	0.05	0.14	0.04
	30	15.23	105.16	118	12.43	0.21	0.09	0.30	0.10
	31	15.23	105.30	109	17.28	0.11	0.07	0.18	0.01
	32	15.34	105.40	104	31.79	0.19	0.07	0.24	0.08
	33	15.26	105.45	109	10.48	−0.15	0.04	−0.23	0.09
	34	15.50	104.97	119	40.54	0.18	0.05	0.23	0.04
	35	15.32	105.55	107	38.81	0.13	0.00	0.17	0.05

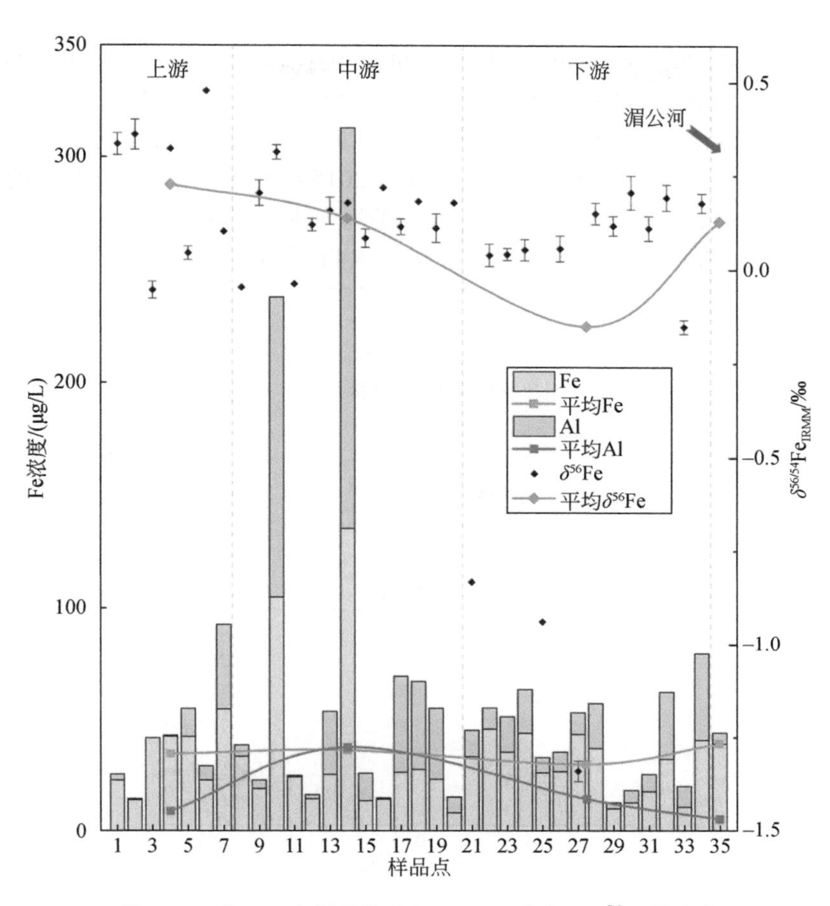

图 13.2　蒙河河水样品的溶解 Fe、Al 浓度及δ^{56}Fe 值变化

如图 13.3 所示，河流溶解 Fe 的低δ^{56}Fe 值在北极和亚北极河流中较为常见，这与冰封河流中较低的化学风化程度或较低δ^{56}Fe 值的地下水供应有关（Escoube et al.，2015；Stevenson et al.，2017）。蒙河流域河水δ^{56}Fe 平均值的空间变化与湄公河上、中、下游溶解 Fe 浓度的变化类似。显然，δ^{56}Fe 值与溶解 Fe 浓度的关系不能用简单的模型来模拟，还需要考虑 Al 浓度等更多的因素。大部分蒙河河水样品溶解 Fe 的δ^{56}Fe 值与背景值（如以碳酸盐岩为主的塞纳河源区溶解 Fe 同位素组成δ^{56}Fe＝0±0.02‰）相近（Chen et al.，2014）。就整个蒙河流域来看，河水δ^{56}Fe 的平均值 0.04‰高于受人为影响严重的河流（−0.44‰±0.21‰）（Chen et al.，2014）、高山湖泊的表层水（卡达尼奥湖，−0.06‰±0.07‰）（Ellwood et al.，2019），和世界最大的河流亚马孙河（−0.17‰±0.12‰）及其支流索利蒙伊斯河（−0.31‰±0.10‰）（Bergquist and Boyle，2006）。然而，与富含有机物的河流（如内格罗河，δ^{56}Fe＝0.28‰±0.08‰）相比，蒙河河水的δ^{56}Fe 平均值相对较低。

三、枯水期河水铁同位素组成

枯水期蒙河河水的δ^{56}Fe 值变化范围为−0.34‰±0.57‰（图 13.4），平均值为 0.09‰。蒙河上、中、下游河水的δ^{56}Fe 均值分别为 0.17‰、0.12‰和 0。研究发现，大陆地壳δ^{56}Fe

值为 0.06‰±0.03‰（Johnson et al.，2018；Poitrasson，2006），且沉积岩和火成岩的δ^{56}Fe值与陆壳相近（Escoube et al.，2009）。河水δ^{56}Fe 与基岩一致，这与流域岩石特性有关，流域基岩主要为碎屑岩，南部有零星的火成岩。与北极河流的δ^{56}Fe平均值（铜河−0.01‰，勒拿河−0.11‰，鄂毕河−0.11‰）（Escoube et al.，2015）和热带河流亚马孙河的δ^{56}Fe 平均值−0.17‰（Bergquist and Boyle，2006）相比，蒙河河水的δ^{56}Fe 值较高。但与有机质富集的内格罗河（平均δ^{56}Fe＝0.28‰）相比，蒙河河水的δ^{56}Fe 值较低。

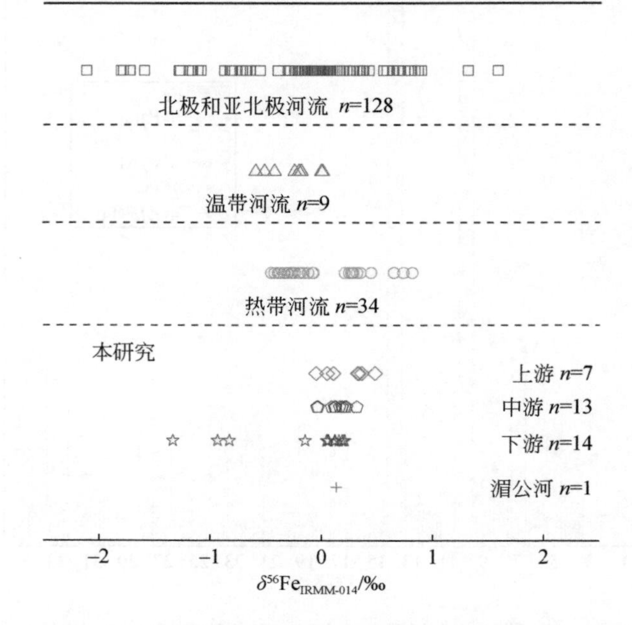

图 13.3　蒙河和世界其他河流的溶解 Fe 同位素比值

世界河流数据来源于文献（Akerman et al.，2014；Bergquist and Boyle，2006；Borrok et al.，2009；Chen et al.，2014；Escoube et al.，2015；Stevenson et al.，2017）

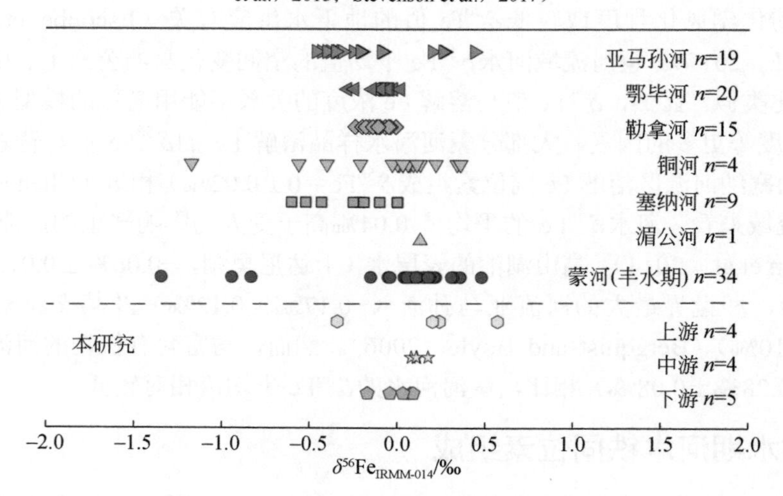

图 13.4　蒙河和其他世界河流的δ^{56}Fe 值对比

世界河流数据来源于文献（Hirst et al.，2020；Liu et al.，2022；Song et al.，2011；Wang et al.，2021b）

四、河水铁同位素组成季节性差异的诱因

在北极和亚北极地区，富有机质河流的溶解 Fe 同位素随时间变化具有显著的同位素分馏特征（−1.7‰～1.6‰），且丰水期河流中的低分子量有机胶体优先与重 Fe 同位素络合，而枯水期河水溶解 Fe 富集轻 Fe 同位素（Escoube et al.，2015）。格陵兰冰川河流溶解 Fe 的δ^{56}Fe 值变化不大（Stevenson et al.，2017）。然而，对于典型的热带河流（如蒙河），Fe 同位素组成在不同季节有显著差异。枯水期蒙河河水的δ^{56}Fe 平均值（0.09‰）低于丰水期（0.14‰）（图 13.1）。丰水期蒙河河水的补给源主要是降水，枯水期蒙河河水的主要补给源则是地下水（Yang et al.，2018）。先前的研究发现，大气气溶胶的δ^{56}Fe 值为 0.08‰～0.12‰（Song et al.，2011），与大陆地壳的δ^{56}Fe 值（0.06‰±0.03‰）相近。与大陆地壳 Fe 同位素组成相比，地下水 Fe 同位素组成较轻（Guo et al.，2013；Teutsch et al.，2005）。通常，地下水具有较低的氧化还原电位（ORP）和高浓度的亚铁离子（Guo et al.，2013）。当亚铁离子缓慢氧化沉淀时，河水中溶解 Fe 的 Fe 同位素组成较轻，而悬浮物中的 Fe 同位素组成较重（dos Santos Pinheiro et al.，2013，2014；Thompson et al.，2007）。亚铁离子缓慢氧化沉淀所诱发的同位素分馏是蒙河枯水期 Fe 同位素组成较丰水期偏轻的关键原因。因此，蒙河河水在丰、枯水期的不同补给源（分别为降水和地下水）导致了蒙河河水 Fe 同位素组成存在一定差异。

第二节　蒙河河水溶解铁的自然来源和人为来源

一、丰水期溶解铁的自然和人为来源

蒙河上游河水的 pH、总碱度、TDS、DO 和 DFe/DAl（溶解态铁铝比）较高，然而与中下游相比 DOC 较低，可见上游化学风化作用强度较弱。蒙河中游除 DOC 外，其他理化参数均呈下降趋势。另外，较大河流流量的稀释作用可能是导致溶解 Fe 含量下降的关键原因。蒙河周边较大的森林覆盖面积和密集城市活动导致中游河水腐殖质浓度增加，pH 降低。此外，高溶解 Al 浓度可能是由于其以腐殖质型胶体的形式存在（Ross and Sherrell，1999）。

蒙河河水中的δ^{56}Fe 均值为 0.04‰，与大陆地壳（0±0.3‰）（Fantle and DePaolo，2004）和其他热带河流的δ^{56}Fe 均值（−0.06‰）相近（Akerman et al.，2014；Bergquist and Boyle，2006）。通常，热带地区炎热潮湿的气候会诱发强烈的化学风化，这对 Fe 的生物地球化学循环有着明显的影响（Poitrasson et al.，2014）。例如，三价 Fe 与有机物结合后，^{56}Fe 会在溶解相中富集（Escoube et al.，2009）。此外，大量枯枝落叶等凋落物、表层土壤水以及河流间的相互作用可能是河水 DFe 的重要来源（Garnier et al.，2017；von Blanckenburg et al.，2009，2013）。如图 13.5 所示，蒙河河水的δ^{56}Fe 值与溶解 Fe 浓度和其他参数无关，但 DFe 与 DAl（$r=0.88$，$p<0.01$）、DFe/DOC（$r=0.62$，$p<0.01$）均呈显著正相关关系。DFe/DAl 与 pH 的相关性较弱（$r=0.35$，$p<0.05$），与总碱度呈中度相关（$r=0.56$，$p<0.01$），这表明蒙河溶解态的 Fe 受到自然源和人为源的共同影响。由此可见，蒙河溶解态 Fe 具有不同的来源，其中包括自然来源（岩石风化）、人为来源（如工业活动和农业活动）以及其他潜

在的来源（Chen et al.，2014；Hirst et al.，2020；Ratié et al.，2021）。本章的研究数据表明，DOC 与人为活动有关（Liu et al.，2019），而人为污染对 Al 的影响可以忽略不计，因为 Al 是大陆地壳中极为稳定的元素且丰度较高（Zeng et al.，2020）。然而，森林土地利用方式对河流 DOC 有明显影响，这使得 DOC 浓度不能直接反映 Fe 潜在端元（Zhou et al.，2020）。因此本研究将 DFe/DAl 与 δ^{56}Fe 相结合，以识别溶解 Fe 的潜在端元并探究其来源贡献。大气降水驱动的土壤径流作用使得河流溶解态 Fe 主要来源于周边土壤的含 Fe 矿物（Schuth and Mansfeldt，2016；Teng et al.，2017）。溶解 Fe 的其他来源包括沉积物的转化、生物有机体的输入和人为排放（Chen et al.，2014；Mulholland et al.，2015；Song et al.，2011）。

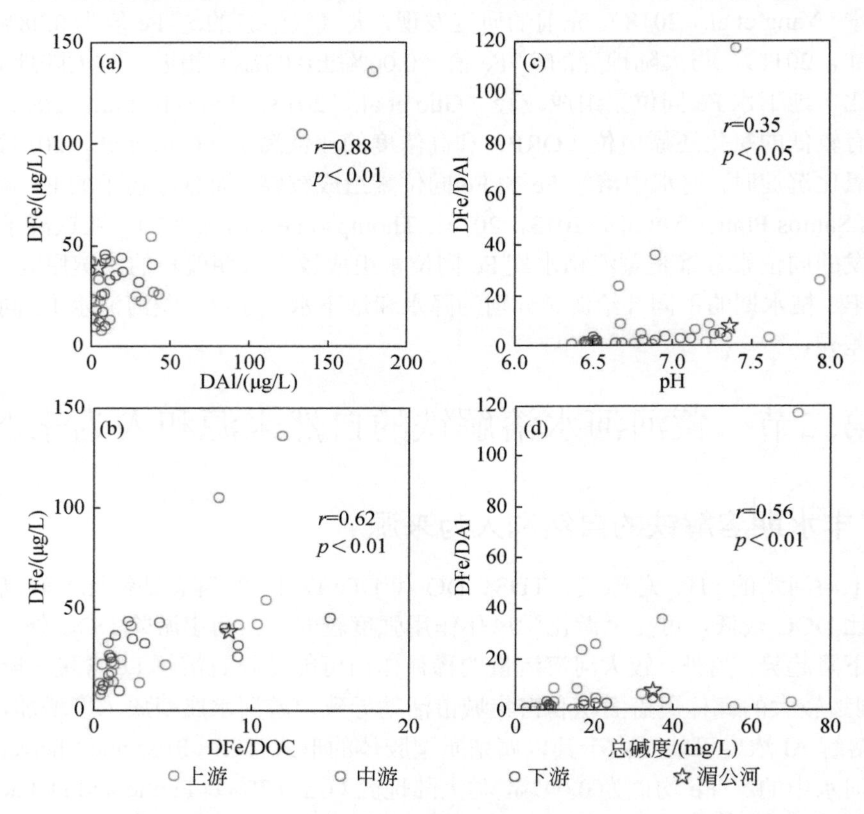

图 13.5　蒙河溶解 Fe（DFe）与 pH、总碱度、溶解 Al（DAl）与 DFe/DOC 的相关性

如图 13.6 所示，根据河流 Fe 同位素组成和 DFe/DAl 值，可以确定三个可能的端元，分别是城市排放（DFe/DAl 值最高，δ^{56}Fe 值较低）、岩石风化（DFe/DAl 值极低，δ^{56}Fe 值最高）和其他潜在来源（DFe/DAl 值较低，δ^{56}Fe 值最低）。河水样品主要集中在 Fe 同位素组成和 DFe/DAl 值关系图的左上角，说明蒙河溶解 Fe 主要来源于自然源，即岩石风化。蒙河中上游的少量样品分布在 Fe 同位素组成和 DFe/DAl 值关系图的右侧，表明这些样品可能受到城市活动的影响。此外，位于 Fe 同位素组成和 DFe/DAl 值关系图底部的样品代表了下游赤河和水库的溶解态 Fe 来源。从缺氧的孔隙水中释放出来的无机铁富含轻同位素，这可能是由于水中的微生物还原了三价铁矿物（Teutsch et al.，2009）。综上所述，从

Fe 同位素组成特征可以看出，蒙河大部分样品的溶解 Fe 来源于自然环境，但中上游部分样品明显受到了城市活动的影响。

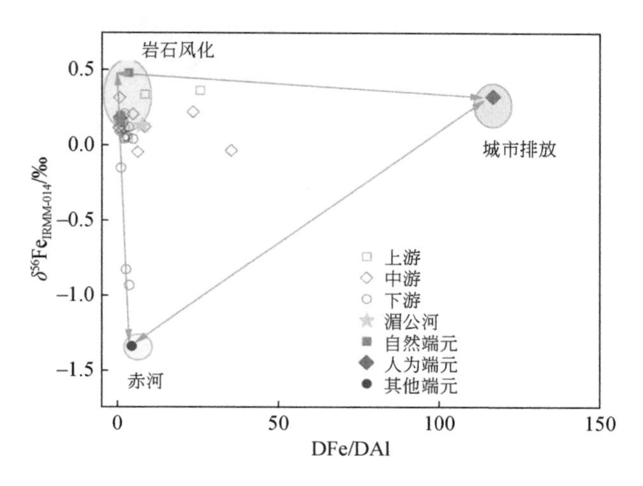

图 13.6　蒙河河水δ^{56}Fe 与 DFe/DAl 的关系

二、枯水期溶解铁的自然和人为来源

河水中溶解 Fe 的同位素组成主要受到氧化还原条件、有机质和生物活性的影响。前人研究表明，三价铁-有机配合物比 Fe-氢氧化物和亚 Fe 离子更倾向于富集重 Fe 同位素（Dideriksen et al.，2008）。另外，Ilina 等（2013）发现富有机质的溶解 Fe 比悬浮态 Fe 更倾向于富集重 Fe 同位素。这些发现与量子力学计算一致，表明较重的同位素集中在结合能力较强的物质中（Gélabert et al.，2006；Jouvin et al.，2009）。为了确定有机质对河流溶解 Fe 同位素组成的影响，笔者对寒带河流（塞韦尔纳河和阿拉斯加盆地海湾）（Escoube et al.，2015；Hecht et al.，2019）、温带河流（塞纳河）（Chen et al.，2014）和热带河流（蒙河）的δ^{56}Fe 和 DOC 浓度关系进行了对比（图 13.7）。结果表明，枯水期蒙河河水δ^{56}Fe 值与 DOC 浓度呈强正相关，表明 Fe 与有机质的螯合作用导致重 Fe 同位素富集。以往研究表明，蒙河 DOC 主要受人类活动的影响（Liu et al.，2019），因此，蒙河枯水期的重 Fe 同位素主要来源于人为端元。

植物的吸收可能导致土壤中有机质的分解，并向河流释放轻 Fe 同位素（Kiczka et al.，2010）。如图 13.7 所示，北方森林河流和冰川河流δ^{56}Fe 与 DOC 的关系也表明森林河流可能携带较轻的 Fe 同位素。塞纳河 DOC 浓度与世界平均水平（5.35mg/L）一致（Meybeck，1982），且δ^{56}Fe 与 DOC 浓度之间存在较强的正相关，Fe 的自然来源具有较重的 Fe 同位素组成特征（Chen et al.，2014）。因此，根据δ^{56}Fe 与 DOC 浓度的关系，可以确定塞纳河中自然来源的 Fe 是由有机质携带的。与上述河流相似，富集有机质的塞韦尔纳河δ^{56}Fe 与 DOC 浓度也呈正相关。综上所述，有机质与重 Fe 同位素的螯合作用是不同气候带河水重 Fe 同位素的重要来源之一。河水溶解 Fe 的来源主要包括岩石风化、人为来源（农业和工业活动）和其他潜在来源（如地下水和降水）（Hirst et al.，2020；Liu et al.，2022；Song et al.，2011；

Wang et al.，2021b）。根据 Han 等（2021）的研究，岩石风化端元的 Fe 同位素值最高，DFe/DAl 值较低；人为端元 Fe 同位素值适中（δ^{56}Fe＞0），DFe/DAl 值最高（人为输入产生了额外的 Fe 源）；其他潜在端元的 Fe 同位素值最低，DFe/DAl 值较低（赤河）。由于大气气溶胶的δ^{56}Fe 值与大陆地壳的δ^{56}Fe 值相似，因此本研究将降水端元与岩石风化端元合并。

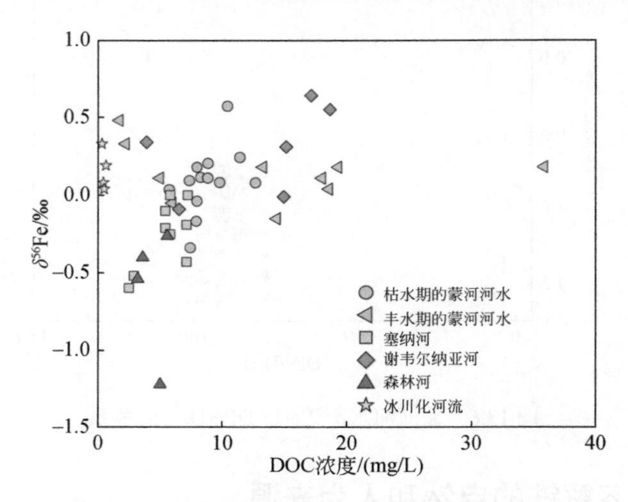

图 13.7　不同气候区δ^{56}Fe 与 DOC 浓度的关系

数据来源于文献（dos Santos Pinheiro et al.，2013；Nimnate et al.，2017；Poitrasson et al.，2014；Wang et al.，2021b）

笔者采用与以砂岩和第四系沉积物为主的盆地地下水δ^{56}Fe 近似的δ^{56}Fe 值（δ^{56}Fe＝−1.14‰，中值）作为地下水端元（Guo et al.，2013）。地下水 DFe/DAl 值选用泰国东北部地下水的 DFe 和 DAl 浓度（DFe/DAl＝10.74）进行计算（Chotpantarat and Thamrongsrisakul，2021）。如图 13.8 所示，枯水期蒙河样品主要位于岩石风化的端元附近，因此溶解 Fe 主要来自岩石风化。蒙河中下游部分样品位于自然源和人为源的端元之间。采样点 S2 的基岩为

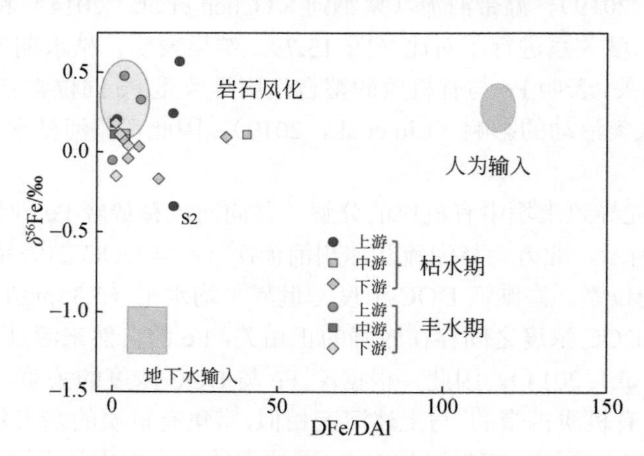

图 13.8　蒙河δ^{56}Fe 与 DFe/DAl 之间的关系

岩石风化和人为输入端元数据来自 Han et al.，2021；地下水输入端元数据来自文献（Chotpantarat and Thamrongsrisakul，2021；Guo et al.，2013）

石灰岩，δ^{56}Fe 值最低（−0.95‰～−0.21‰），这可能与基岩和外部输入有关（Dideriksen et al.，2006）。另外，采样点 S2 位于森林区域，流经森林附近河水的溶解作用会增加水体中溶解 Fe 的浓度（Schroth et al.，2011）。因此采样点 S2 的溶解 Fe 可能主要来自森林和岩石风化，枯水期蒙河上游溶解 Fe 主要来自岩石风化，而中下游溶解 Fe 主要受人为活动影响。

本章小结

本章深入探究了丰水期、枯水期蒙河河水 Fe 同位素的组成及其空间变化特征，并对其来源进行了识别。结果表明，在丰水期，除少数样品δ^{56}Fe 值较低（−0.83‰～−1.34‰）外，大部分河流水样的δ^{56}Fe 值在 0.14‰±0.3‰范围内，与大陆地壳、其他热带河流以及湄公河的δ^{56}Fe 值相近。δ^{56}Fe 的空间变化呈现出自上游（平均值 0.23‰）到中游（0.14‰）、下游（−0.15‰）逐渐减小的趋势。溶解态 Fe 浓度、水温和 TDS 也表现出类似δ^{56}Fe 的空间变化规律。溶解性 Al 浓度和 DOC 平均值在中游最高，pH、总碱度和 DO 平均值最低。河水溶解 Fe 浓度（8.04～135.27μg/L）与 DO、总碱度、溶解 Al 和 DFe/DOC 之间呈中度至显著相关。因此，蒙河溶解 Fe 存在自然和人为混合的来源。根据蒙河河水的δ^{56}Fe 值与 DFe/DAl 的关系，本章确定了三种可能端元，分别为岩石风化（DFe/DAl 值极低，δ^{56}Fe 值较高）、城市活动（较高的 DFe/DAl 值，较低的δ^{56}Fe 值）、赤河和北门水库（较低的 DFe/DAl 值，较低的δ^{56}Fe 值）。蒙河大部分样品主要受岩石风化影响。此外，蒙河河水上游、中游部分样品受城市活动端元的影响，下游部分样本受岩石风化影响。在枯水期，蒙河河水的δ^{56}Fe 值范围为−0.34‰～0.57‰，其中，上游、中游和下游的δ^{56}Fe 平均值分别为 0.17‰、0.12‰和 0。δ^{56}Fe 自上游到下游总体呈下降趋势。与蒙河丰水期δ^{56}Fe 值相比，枯水期δ^{56}Fe 值略低，这可能与枯水期地下水的大量输入有关。地下水δ^{56}Fe 值比大陆地壳δ^{56}Fe 值低，这可能是由于地下水中 Fe 的氧化和沉淀会导致河水 Fe 同位素组成变轻。枯水期溶解 Fe 浓度与溶解 Al 浓度之间的相关性很小，根据δ^{56}Fe 与 DFe/DAl 值的关系，蒙河枯水期溶解 Fe 的来源主要为岩石风化、人为输入和地下水输入，上游主要来自岩石风化，而中下游受人为影响明显。此外，不同气候区河流δ^{56}Fe 与 DOC 的关系表明，有机质主要携带重 Fe 同位素。

参考文献

Akerman A，Poitrasson F，Oliva P，et al.，2014. The isotopic fingerprint of Fe cycling in an equatorial soil-plant-water system：the Nsimi watershed，South Cameroon. Chemical Geology，385：104-116.

Amor M，Busigny V，Louvat P，et al.，2016. Mass-dependent and -independent signature of Fe isotopes in magnetotactic bacteria. Science，352（6286）：705-708.

Bergquist B A，Boyle E A，2006. Iron isotopes in the Amazon River system：weathering and transport signatures. Earth and Planetary Science Letters，248（1）：54-68.

Bhatia M P，Kujawinski E B，Das S B，et al.，2013. Greenland meltwater as a significant and potentially bioavailable source of iron to the ocean. Nature Geoscience，6（4）：274-278.

Borrok D M，Wanty R B，Ian Ridley W，et al.，2009. Application of iron and zinc isotopes to track the sources and mechanisms of metal loading in a mountain watershed. Applied Geochemistry，24（7）：1270-1277.

Bullen T D，Eisenhauer A，2009. Metal stable isotopes in low-temperature systems：a primer. Elements，5（6）：349-352.

Chen J B，Busigny V，Gaillardet J，et al.，2014. Iron isotopes in the Seine River（France）：natural versus anthropogenic sources. Geochimica et Cosmochimica Acta，128：128-143.

Chotpantarat S，Thamrongsrisakul J，2021. Natural and anthropogenic factors influencing hydrochemical characteristics and heavy metals in groundwater surrounding a gold mine，Thailand. Journal of Asian Earth Sciences，211：104692.

Conway T M，Rosenberg A D，Adkins J F，et al.，2013. A new method for precise determination of iron，zinc and cadmium stable isotope ratios in seawater by double-spike mass spectrometry. Analytica Chimica Acta，793：44-52.

Craddock P R，Dauphas N，2011. Iron and carbon isotope evidence for microbial iron respiration throughout the Archean. Earth and Planetary Science Letters，303（1）：121-132.

Dideriksen K，Baker J A，Stipp S L S，2006. Iron isotopes in natural carbonate minerals determined by MC-ICP-MS with a ^{58}Fe–^{54}Fe double spike. Geochimica et Cosmochimica Acta，70（1）：118-132.

Dideriksen K，Baker J A，Stipp S L S，2008. Equilibrium Fe isotope fractionation between inorganic aqueous Fe(III)and the siderophore complex，Fe（III）-desferrioxamine B. Earth and Planetary Science Letters，269（1）：280-290.

dos Santos Pinheiro G M，Poitrasson F，Sondag F，et al.，2013. Iron isotope composition of the suspended matter along depth and lateral profiles in the Amazon River and its tributaries. Journal of South American Earth Sciences，44：35-44.

dos Santos Pinheiro G M，Poitrasson F，Sondag F，et al.，2014. Contrasting iron isotopic compositions in river suspended particulate matter：the Negro and the Amazon annual river cycles. Earth and Planetary Science Letters，394：168-178.

Egal M，Elbaz-Poulichet F，Casiot C，et al.，2008. Iron isotopes in acid mine waters and iron-rich solids from the Tinto-Odiel Basin（Iberian Pyrite Belt，Southwest Spain）. Chemical Geology，253（3）：162-171.

Ellwood M J，Hassler C，Moisset S，et al.，2019. Iron isotope transformations in the meromictic Lake Cadagno. Geochimica et Cosmochimica Acta，255：205-221.

Escoube R，Rouxel O J，Sholkovitz E，et al.，2009. Iron isotope systematics in estuaries：the case of North River，Massachusetts（USA）. Geochimica et Cosmochimica Acta，73（14）：4045-4059.

Escoube R，Rouxel O J，Pokrovsky O S，et al.，2015. Iron isotope systematics in Arctic rivers. Comptes Rendus Geoscience，347（7）：377-385.

Fantle M S，DePaolo D J，2004. Iron isotopic fractionation during continental weathering. Earth and Planetary Science Letters，228（3）：547-562.

Finlayson V A，Konter J G，Ma L，2015. The importance of a Ni correction with ion counter in the double spike analysis of Fe isotope compositions using a $^{57}Fe/^{58}Fe$ double spike. Geochemistry，Geophysics，Geosystems，16（12）：4209-4222.

Garnier J，Garnier J M，Vieira C L，et al.，2017. Iron isotope fingerprints of redox and biogeochemical cycling in the soil-water-rice plant system of a paddy field. Science of the Total Environment，574：1622-1632.

Geider R J，La Roche J，1994. The role of iron in phytoplankton photosynthesis，and the potential for iron-limitation of primary productivity in the sea. Photosynthesis Research，39（3）：275-301.

Gélabert A，Pokrovsky O S，Viers J，et al.，2006. Interaction between zinc and freshwater and marine diatom species：surface complexation and Zn isotope fractionation. Geochimica et Cosmochimica Acta，70（4）：839-857.

Guelke M，von Blanckenburg F，Schoenberg R，et al.，2010. Determining the stable Fe isotope signature of plant-available iron in soils. Chemical Geology，277（3）：269-280.

Guo H，Liu C，Lu H，et al.，2013. Pathways of coupled arsenic and iron cycling in high arsenic groundwater of the Hetao basin，Inner Mongolia，China：an iron isotope approach. Geochimica et Cosmochimica Acta，112：130-145.

Han G，Yang K，Zeng J，et al.，2021. Dissolved iron and isotopic geochemical characteristics in a typical tropical river across the floodplain：the potential environmental implication. Environmental Research，200：111452.

Hawkings J R，Wadham J L，Tranter M，et al.，2014. Ice sheets as a significant source of highly reactive nanoparticulate iron to the oceans. Nature Communications，5（1）：3929.

Hecht J S，Lacombe G，Arias M E，et al.，2019. Hydropower dams of the Mekong River basin：a review of their hydrological impacts. Journal of Hydrology，568：285-300.

Hirst C，Andersson P S，Kooijman E，et al.，2020. Iron isotopes reveal the sources of Fe-bearing particles and colloids in the Lena River basin. Geochimica et Cosmochimica Acta，269：678-692.

Ilina S M，Poitrasson F，Lapitskiy S A，et al.，2013. Extreme iron isotope fractionation between colloids and particles of boreal and temperate organic-rich waters. Geochimica et Cosmochimica Acta，101：96-111.

Johnson C M，Beard B L，2005. Biogeochemical cycling of iron isotopes. Science，309（5737）：1025-1027.

Johnson C M，Beard B L，Albarède F，2018. Geochemistry of non-traditional stable isotopes. BerLin：De Grayter.

Jouvin D，Louvat P，Juillot F，et al.，2009. Zinc isotopic fractionation：why organic matters. Environmental Science & Technology，43（15）：5747-5754.

Kiczka M，Wiederhold J G，Kraemer S M，et al.，2010. Iron isotope fractionation during Fe uptake and translocation in alpine plants. Environmental Science & Technology，44（16）：6144-6150.

Lacan F，Radic A，Jeandel C，et al.，2008. Measurement of the isotopic composition of dissolved iron in the open ocean. Geophysical Research Letters，35：L24610.

Levasseur S，Frank M，Hein J R，et al.，2004. The global variation in the iron isotope composition of marine hydrogenetic ferromanganese deposits：implications for seawater chemistry? Earth and Planetary Science Letters，224（1）：91-105.

Li X，Han G，Zhang Q，et al.，2020. An optimal separation method for high-precision K isotope analysis by using MC-ICP-MS with a dummy bucket. Journal of Analytical Atomic Spectrometry，35（7）：1330-1339.

Liang B，Han G，Liu M，et al.，2019. Spatial and temporal variation of dissolved heavy metals in the Mun River，Northeast Thailand. Water，11（2）：380.

Liu J，Han G，2021. Tracing riverine particulate black carbon sources in Xijiang River basin：insight from stable isotopic composition and Bayesian mixing model. Water Research，194：116932.

Liu J，Han G，Liu X，et al.，2019. Impacts of anthropogenic changes on the Mun River water：insight from spatio-distributions and relationship of C and N species in northeast Thailand. International Journal of Environmental Research and Public Health，16（4）：659.

Liu Y，Wu Q，Jia H，et al.，2022. Anthropogenic rare earth elements in urban lakes：their spatial distributions and tracing application. Chemosphere，300：134534.

Martin J H，1990. Glacial-interglacial CO_2 change：the iron hypothesis. Paleoceanography，5（1）：1-13.

Meybeck M，1982. Carbon，nitrogen，and phosphorus transport by world rivers. American Journal of Science，282（4）：401-450.

Mulholland D S，Poitrasson F，Boaventura G R，2015. Effects of different water storage procedures on the dissolved Fe concentration and isotopic composition of chemically contrasted waters from the Amazon River Basin. Rapid Communications in Mass Spectrometry，29（21）：2102-2108.

Nimnate P，Choowong M，Thitimakorn T，et al.，2017. Geomorphic criteria for distinguishing and locating abandoned channels from upstream part of Mun River，Khorat Plateau，northeastern Thailand. Environmental Earth Sciences，76（9）：331.

Poitrasson F，2006. On the iron isotope homogeneity level of the continental crust. Chemical Geology，235（1）：195-200.

Poitrasson F，Cruz Vieira L，Seyler P，et al.，2014. Iron isotope composition of the bulk waters and sediments from the Amazon River Basin. Chemical Geology，377：1-11.

Proemse B C，Murray A E，Schallenberg C，et al.，2017. Iron cycling in the anoxic cryo-ecosystem of Antarctic Lake Vida. Biogeochemistry，134（1）：17-27.

Raiswell R，Canfield D E，2012. The iron biogeochemical cycle past and present. Geochemical Perspectives，1（1）：1-2.

Ratié G，Garnier J，Vieira L C，et al.，2021. Investigation of Fe isotope systematics for the complete sequence of natural and metallurgical processes of Ni lateritic ores：implications for environmental source tracing. Applied Geochemistry，127：104930.

Ross J M，Sherrell R M，1999. The role of colloids in tracemetal transport and adsorption behavior in New Jersey Pinelands streams. Limnology and Oceanography，44（4）：1019-1034.

Sandmann G，1985. Consequences of iron deficiency on photosynthetic and respiratory electron transport in blue-green algae. Photosynthesis Research，6（3）：261-271.

Schiff S L，Tsuji J M，Wu L，et al.，2017. Millions of boreal shield lakes can be used to probe Archaean ocean biogeochemistry. Scientific Reports，7（1）：46708.

Schroth A W，Crusius J，Chever F，et al.，2011. Glacial influence on the geochemistry of riverine iron fluxes to the Gulf of Alaska and effects of deglaciation. Geophysical Research Letters，38（16）：L16605.

Schuth S，Mansfeldt T，2016. Iron isotope composition of aqueous phases of a lowland environment. Environmental Chemistry，13（1）：89-101.

Shi B，Liu K，Wu L，et al.，2016. Iron isotope fractionations reveal a finite bioavailable Fe pool for structural Fe(III) reduction in nontronite. Environmental Science & Technology，50（16）：8661-8669.

Song L，Liu C Q，Wang Z L，et al.，2011. Iron isotope fractionation during biogeochemical cycle：information from suspended particulate matter（SPM）in Aha Lake and its tributaries，Guizhou，China. Chemical Geology，280（1）：170-179.

Stevenson E I，Fantle M S，Das S B，et al.，2017. The iron isotopic composition of subglacial streams draining the Greenland ice sheet. Geochimica et Cosmochimica Acta，213：237-254.

Sun Y，Wang S，Liu X，et al.，2021. Iron availability is a key factor for freshwater cyanobacterial survival against saline stress. Environmental Research，194：110592.

Swanner E D，Bayer T，Wu W，et al.，2017. Iron isotope fractionation during Fe（II）oxidation mediated by the Oxygen-Producing Marine Cyanobacterium *Synechococcus* PCC 7002. Environmental Science & Technology，51（9）：4897-4906.

Teng F Z，Dauphas N，Watkins J M，2017. Non-traditional stable isotopes：retrospective and prospective. Reviews in Mineralogy and Geochemistry，82（1）：1-26.

Teutsch N，von Gunten U，Porcelli D，et al.，2005. Adsorption as a cause for iron isotope fractionation in reduced groundwater. Geochimica et Cosmochimica Acta，69（17）：4175-4185.

Teutsch N，Schmid M，Müller B，et al.，2009. Large iron isotope fractionation at the oxic-anoxic boundary in Lake Nyos. Earth and Planetary Science Letters，285（1）：52-60.

Thompson A，Ruiz J，Chadwick O A，et al.，2007. Rayleigh fractionation of iron isotopes during pedogenesis along a climate sequence of Hawaiian basalt. Chemical Geology，238（1）：72-83.

von Blanckenburg F，von Wirén N，Guelke M，et al.，2009. Fractionation of metal stable isotopes by higher plants. Elements，5（6）：375-380.

von Blanckenburg F，Noordmann J，Guelke-Stelling M，2013. The iron stable isotope fingerprint of the human diet. Journal of Agricultural and Food Chemistry，61（49）：11893-11899.

Wang J，Wang L，Wang Y，et al.，2021a. Emerging risks of toxic metal(loid)s in soil-vegetables influenced by steel-making activities and isotopic source apportionment. Environment International，146：106207.

Wang T，Wu Q，Wang Z，et al.，2021b. Anthropogenic gadolinium accumulation and rare earth element anomalies of river water from the middle reach of Yangtze River basin，China. ACS Earth and Space Chemistry，5（11）：3130-3139.

Wu B，Amelung W，Xing Y，et al.，2019. Iron cycling and isotope fractionation in terrestrial ecosystems. Earth-Science Reviews，190：323-352.

Yang K，Han G，Liu M，et al.，2018. Spatial and seasonal variation of O and H isotopes in the Jiulong River，southeast China. Water，10（11）：1677.

Zeng J，Han G，Yang K，2020. Assessment and sources of heavy metals in suspended particulate matter in a tropical catchment，northeast Thailand. Journal of Cleaner Production，265：121898.

Zhou W，Han G，Liu M，et al.，2020. Determining the distribution and interaction of soil organic carbon，nitrogen，pH and texture in soil profiles：a case study in the Lancangjiang River basin，southwest China. Forests，11（5）：532.

第十四章　蒙河河水锶同位素特征及源解析

地表岩石风化是改变地表形貌和控制元素地球化学循环的重要地质过程。河流向湖泊和海洋输送大量风化陆源物质，对其加以定量研究能够加深对于表生环境气候演变和地表动态过程的理解（Gaillardet et al.，1999；Palmer and Edmond，1992）。随着城市化进程的加速，流域尺度密集的工农业生产活动引发了严重的环境问题，极大地改变了流域物质循环。因此，研究流域尺度下河水的化学组分和物质迁移有助于探明流域内发生的各类地球化学过程以及人类活动对河水产生的生态效应（Boral et al.，2021）。锶（Sr）元素广泛分布于岩石、土壤、水体和生物体中，不同体系 Sr 浓度和同位素组成差异很大。Sr 同位素（$^{87}Sr/^{86}Sr$）的相对质量差小，在表生地球化学过程（如蒸发、降水和生物吸收）中几乎不分馏，其变化主要反映了物质来源的差异（Palmer and Edmond，1992）。因此，$^{87}Sr/^{86}Sr$ 可充当指示风化物质来源的“指纹”。近年来，Sr 同位素地球化学在表生环境中的应用取得了很大进展，其同位素组成作为岩石风化和不同端元输入的函数，成为研究流域系统风化作用和物源示踪的重要工具（Krishnaswami et al.，1992；Pearce et al.，2015）。由于大陆风化与邻近海洋的联系，河水中的 $^{87}Sr/^{86}Sr$ 对控制海洋 Sr 记录和陆地气候变化具有重要意义。为全面了解人为活动影响下的流域风化过程和 Sr 同位素行为，本章将重点研究泰国蒙河流域河水丰枯水期溶解态 Sr 及其同位素的组成、地球化学行为和控制因素，探究河流物质的风化来源和端元贡献，量化流域内的硅酸盐岩风化和 CO_2 消耗速率，并探讨气候条件和人为干扰下热带河流化学风化潜在的制约因素以及人为活动加速河流物质风化的原因，在此基础上提出推进河流污染控制和管理的科学思路。

第一节　溶解态锶及其同位素的时空分布特征

蒙河丰枯水期河流的阳离子均以 Na、Ca 为主，而阴离子均以 Cl、HCO_3^- 为主。丰水期除 Na 离子浓度在中下游发生明显波动外，干流中的主要溶解态阳离子表现出相当均一的空间分布特征。枯水期蒙河干流 Na、Cl 离子浓度沿河流流向以相似趋势波动，其中 U7～U9 采样点值较高；而 Mg、Ca、HCO_3^- 浓度随河流流向逐渐减小，在中下游区域干支流交汇附近的点位（M8 和 L1），主要阴阳离子的浓度较低，这可能与支流汇入处河流的稀释效应和区域岩性的分布有关（Zhang et al.，2022）。丰水期总溶解固体（TDS）的平均值为 97.4mg/L（表 14.1），远低于全球平均值（283mg/L）（Han and Liu，2004）；而枯水期 TDS 平均值为 269mg/L，与全球平均值近似。TDS 变化范围较大，反映了土地利用和区域污染的影响。丰水期 TDS 的中值在上中下游地区均低于枯水期，主要阴阳离子浓度也普遍较低。根据区域水文条件，这可能是由丰水期内河流径流量和降雨量显著增大导致。然而，NO_3^- 表现出了相反的趋势，即丰水期 NO_3^- 在蒙河中上游地区的中值要高于枯水期，指示了流域内的其他外来输入。

表 14.1 蒙河丰、枯水期主要物理化学参数的描述性统计分析

参数	单位	最小值	最大值	平均值	中值	标准差
丰水期						
pH		6.4	8.4	7.0	6.9	0.5
DO	mg/L	3.0	7.9	5.0	5.0	1.0
TDS	mg/L	9.0	998.0	97.4	54.0	146.0
Na	mg/L	1.0	326.4	22.9	10.8	46.0
Mg	mg/L	0.3	13.8	2.5	1.3	2.8
Ca	mg/L	1.2	62.3	10.5	5.2	12.9
HCO_3^-	mg/L	5.5	184.0	43.0	24.8	45.6
Sr	μg/L	6.1	237.5	47.6	34.2	43.1
$^{87}Sr/^{86}Sr$		0.7100	0.7597	0.7240	0.7198	0.01
枯水期						
pH		6.1	8.5	7.4	7.5	0.5
DO	mg/L	3.3	11.8	6.7	6.8	1.5
TDS	mg/L	13.7	1456.0	268.7	173.2	255.2
Na	mg/L	1.3	369.6	54.1	25.5	67.7
Mg	mg/L	0.5	16.2	4.9	3.9	3.2
Ca	mg/L	1.1	103.5	20.4	17.4	17.3
HCO_3^-	mg/L	7.3	362.3	78.0	68.8	61.1
Sr	μg/L	8.7	344.6	126.9	95.1	84.6
$^{87}Sr/^{86}Sr$		0.7085	0.7281	0.7156	0.7153	0.005

如图 14.1 和图 14.2 所示，蒙河丰水期溶解态 Sr 的浓度范围为 6.1～237.5μg/L，平均值为 47.6μg/L，低于全球平均值 78.3μg/L（Palmer and Edmond，1989）；而枯水期溶解态 Sr 的浓度范围为 8.7～344.6μg/L，平均值为 126.9μg/L，高于世界河流平均值。干流丰水期上游 Sr 浓度相对较高，平均值为 83.9μg/L，而中下游河段的 Sr 浓度相对较低，平均值分别为 31.0μg/L 和 25.6μg/L。在丰水期，蒙河上游 Sr 浓度沿河流流向逐渐增加，而在 U6 采样点位置后快速下降至稳定值，在一定程度上反映了蒙河上游的高降水量影响以及可能存在的非蒸发岩出露地区。方差分析（ANOVA）表明（Zhang et al.，2021），枯水期上游溶解态 Sr 含量在干支流之间存在显著差异（显著性值：0.025），而中下游河段的溶解态 Sr 含量在干支流之间的差异并不显著。与枯水期相比，丰水期 Sr 含量相对较低且波动幅度较小，而上游与中下游之间 Sr 浓度差异较大。

流域河水的 Sr 同位素组成同样有较大的时空变化。如图 14.2 所示，蒙河丰水期溶解态 $^{87}Sr/^{86}Sr$ 值范围为 0.7100～0.7597，平均值为 0.7240，略高于全球平均值 0.7119（Palmer and Edmond，1989），但低于流经喜马拉雅地区的河流（如恒河—雅鲁藏布江：0.7209～0.7344）（Boral et al.，2021），因为该河流类型通常流经含有极高 ^{87}Sr 的硅酸盐岩和碳酸盐岩。枯水

期河水溶解态 $^{87}Sr/^{86}Sr$ 值范围为 0.7085～0.7281，平均值为 0.7156，与世界河流平均值（0.7119）、流经典型中生代—新生代沉积地层的法国塞纳河（0.7077～0.7168，温带）（Roy et al.，1999）和流经沉积碳酸盐岩地层的印度河（0.7098～0.7120，热带）（Karim and Veizer，2000）相近。然而，与流经硅酸盐岩地层的喜马拉雅地区河流（0.7115～0.9646）（Oliver et al.，2003）相比，蒙河枯水期的溶解态 Sr 同位素组成较轻。丰水期河水 $^{87}Sr/^{86}Sr$ 值略高于枯水期，流域物质存在季节上的差异性。

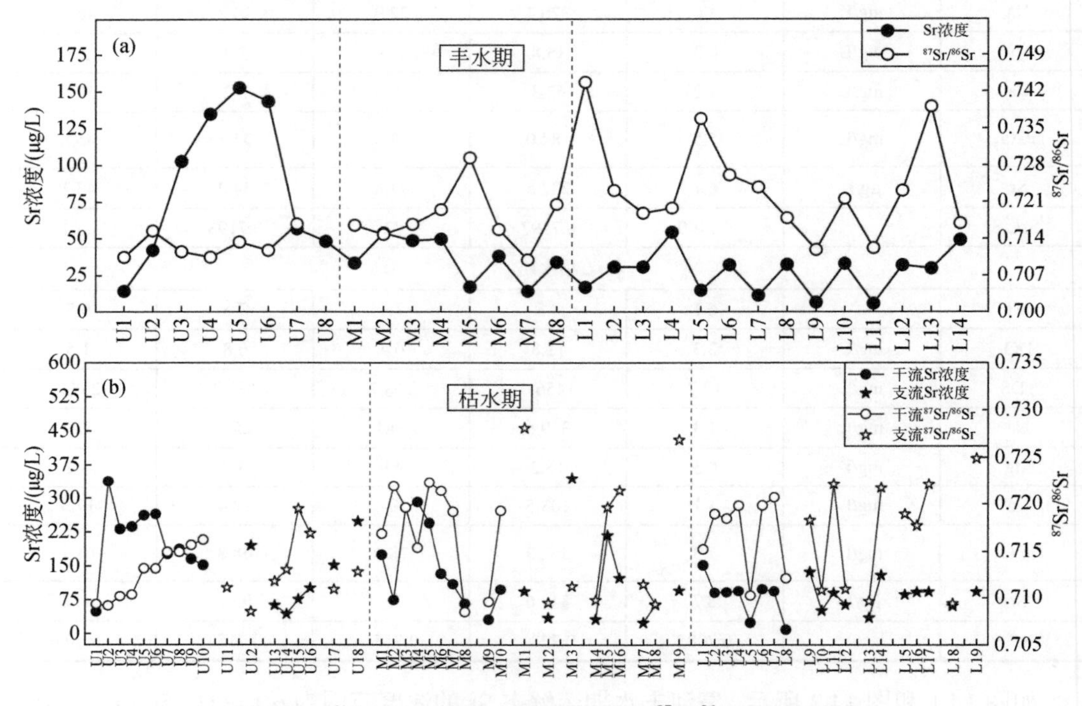

图 14.1　蒙河丰枯水期溶解态 Sr 浓度和 $^{87}Sr/^{86}Sr$ 的沿程变化

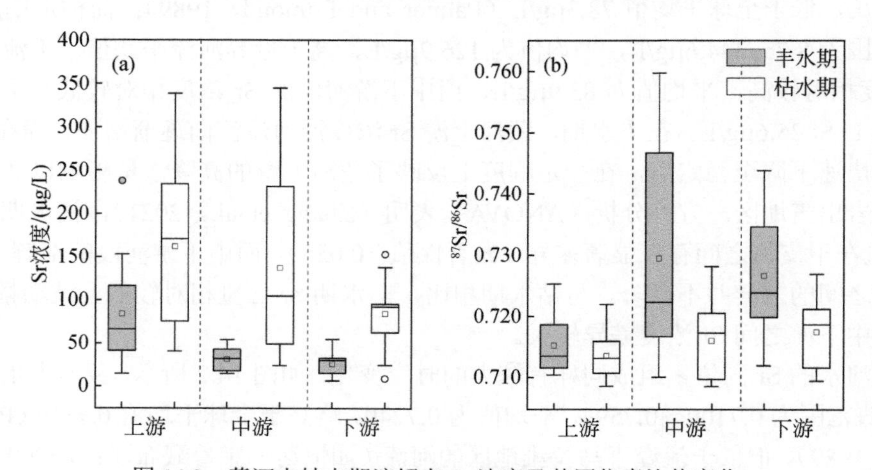

图 14.2　蒙河丰枯水期溶解态 Sr 浓度及其同位素比值变化

如图 14.1（a）所示，丰水期干流上游的 $^{87}Sr/^{86}Sr$ 值相对稳定，平均值较低（0.7152），而中下游 $^{87}Sr/^{86}Sr$ 波动程度较大，比值较高，这与 Sr 浓度波动趋势相反。Sr 浓度与 $^{87}Sr/^{86}Sr$ 的关系可能反映了岩性条件的差异，因为蒙河源头地区出露有少量高 Sr 低 Rb、低 $^{87}Sr/^{86}Sr$ 比值的石灰岩(碳酸盐岩)。就枯水期而言，蒙河下游 Sr 同位素比值较中上游波动大(0.709～0.725)，原因可能是汇入支流后存在不同支流岩性的影响以及邻近湄公河地区的海水混合效应。此外，U15、U16、M11、M19 这四个采样点的 $^{87}Sr/^{86}Sr$ 值较相邻支流高，原因可能是流经了硅酸盐岩基岩出露的地区。

第二节 河流溶解态物质的风化端元解析

风化端元对河流溶解态物质的贡献对于判断流域风化程度和相应的 CO_2 消耗速率至关重要（Chetelat et al.，2008；Moon et al.，2014；Stevenson et al.，2018）。河流溶质主要有三种来源：人为输入、大气沉降（主要为降水过程）以及各基岩类型的化学风化，包括硅酸盐岩、碳酸盐岩和蒸发岩等（Fan et al.，2014；Moon et al.，2014；Tripathy and Singh，2010；Wu et al.，2013）。因此，确定溶质风化端元及其贡献的首要步骤是校正大气输入。由于 Cl 元素在生物地球化学循环过程中保守，其可作为评估大气输入的参考（Roy et al.，1999）。蒙河流域丰水期内降水量约 800～1800mm，占年总降水量的 92%～98%；而枯水期仅为 40～120mm，因此可以忽略枯水期降水的影响；丰水期蒙河径流量较大且河水停留时间短，因此流域雨水的平均 Cl 含量可作为 Cl 的大气输入值，忽略蒸散量的影响。通过全球雨水平均值的 Cl 标准化比值（Na/Cl＝0.86），Na 的大气输入贡献也可进行相应的修正（Li et al.，2020）。前人研究表明，由于蒙河地区处于内陆环境，不直接入海，因此海盐对其影响不大（Li et al.，2020）。研究表明，HCO_3^-、Mg、Ca 不受人类因素的强烈影响，而 Na 部分来源于人为污染（Grabb et al.，2021；Wang et al.，2012；Xu et al.，2021）。

泰国省会城市人口众多，农业区分布广泛，蒙河流域最主要的土地利用方式为农田。因此，人为输入，特别是农业活动和城市废水，也可能导致测量的化学参数值出现偏差。NO_3^- 主要来源于人为输入，包括城市污水和工业污染、农业氮肥和动物粪便等（Xu et al.，2021）。虽然蒙河丰水期 NO_3^- 浓度（0.68mg/L）远低于存在广泛农业活动的西江（6.4mg/L）（Wang et al.，2012），但由于流域内稻田广布，农业活动造成的人为影响不容忽视。皮尔逊相关性分析表明，NO_3^- 和 K 之间存在显著的正相关关系（0.80，$p<0.05$），说明流域内存在钾肥和氮肥的潜在输入来源。低 NO_3^- 和 K 值可能是丰水期高强度降水导致了河流径流量显著增加，从而产生河流稀释效应。因此，可通过从岩石风化输入和大气输入中减去相应的 Cl 贡献值来获得人为贡献，而溶解态 Na、K 的人为贡献同样可通过农业活动影响下的 Cl 标准化比值进行校正（Na/Cl＝0.2，K/Cl＝0.08）（Roy et al.，1999）。

前人研究表明，河流物质的风化端元主要有以下四种：①以石盐为主的蒸发岩溶解，主要向河流输入 Na 和 Cl；②以石膏为主的蒸发岩溶解，主要输入 Ca 和 SO_4^{2-}；③由 CO_2 和强酸驱动的硅酸盐岩风化，主要引入了 Si、K、Na、Mg 和 HCO_3^-；④碳酸盐岩风化，主要引入 Ca、Mg 和 HCO_3^-（Dalai et al.，2003；Noh et al.，2009；Zhang et al.，2019）。皮尔逊相关性分析表明，河流丰枯水期溶解态 Na、Cl 离子浓度之间均呈强正相关，HCO_3^- 与

Mg、Ca 浓度也呈正相关，表明了蒸发岩溶解和碳酸盐岩风化的潜在影响。为消除稀释效应的影响，我们探究了 Ca/Na 与 HCO_3^-/Na、Mg/Na 摩尔比之间的关系，以进一步研究主要溶解态物质风化来源的主要制约因素。根据有关全球储库的研究（Gaillardet et al.，1999），蒸发岩、硅酸盐岩、碳酸盐岩端元值区分如下：蒸发岩 Ca/Na＝0.2，HCO_3^-/Na＝0.12，Mg/Na＝0.012；硅酸盐岩 Ca/Na＝0.35，HCO_3^-/Na＝2，Mg/Na＝0.24；碳酸盐岩 Ca/Na＝50，HCO_3^-/Na＝120，Mg/Na＝10。如图 14.3 和图 14.4 所示，丰、枯水期蒙河河水溶解态元素的摩尔比值均分布在三个主要端元包含的范围内，更加接近蒸发岩和硅酸盐岩端元，距碳酸盐岩端元较远。这一结果部分证实了相关性分析的推断，表明流域内存在蒸发岩溶解和硅酸盐岩风化的混合作用。与全球河流数据相比（Gaillardet et al.，1999），丰枯水期蒙河河水 Ca、Mg、HCO_3^- 的 Na 标准化比值较低，且中游比值远低于上下游地区，上游比值相对较高，更靠近碳酸盐岩端元，这可能由于蒙河上游源头区出露有少量的石灰岩基岩。河流中下游流经大片沉积岩、蒸发岩区域及少量的火成岩地区，因此中下游数值更加靠近蒸发岩端元。

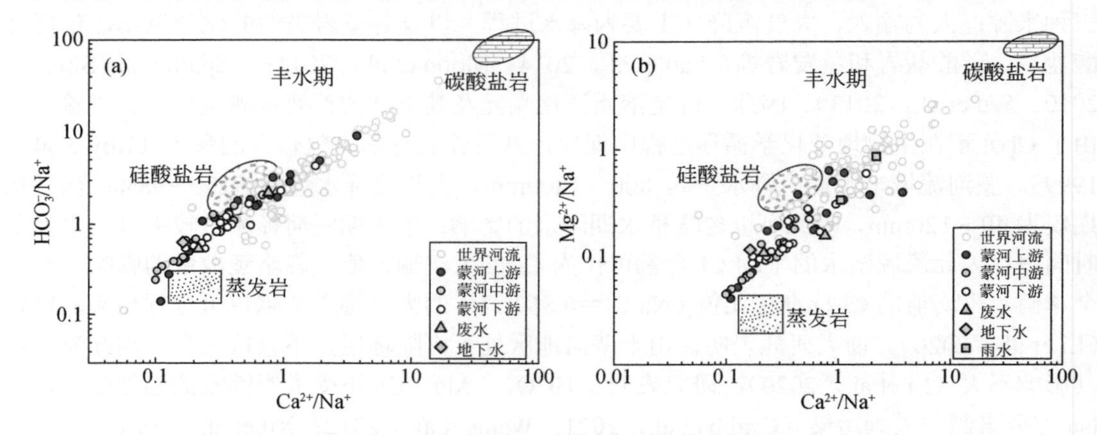

图 14.3　蒙河丰水期河水和世界大型河流的溶解态元素摩尔比关系

（a）HCO_3^-/Na^+和 Ca^{2+}/Na^+；（b）Mg^{2+}/Na^+和 Ca^{2+}/Na^+

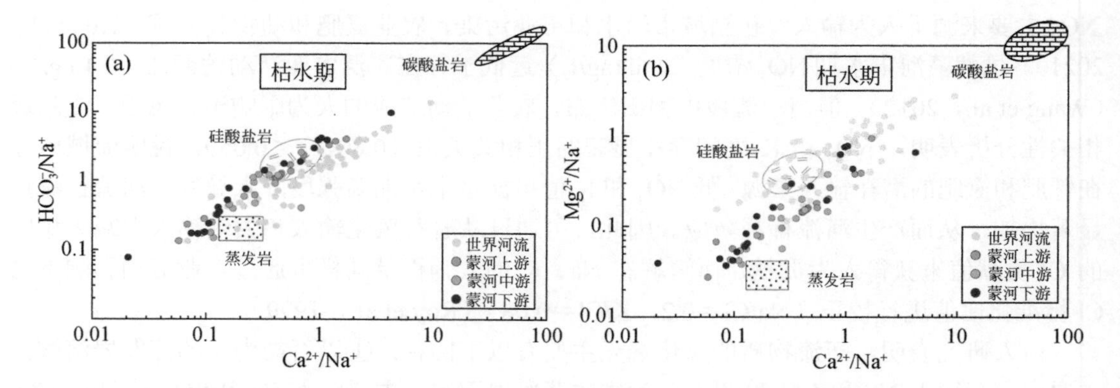

图 14.4　蒙河枯水期河水和世界大型河流的溶解态元素摩尔比关系

（a）HCO_3^-/Na^+和 Ca^{2+}/Na^+；（b）Mg^{2+}/Na^+和 Ca^{2+}/Na^+

综合以上分析，蒸发岩溶解过程是蒙河溶解态物质风化最主要的制约因素，此外硅酸盐岩风化也起到了一定作用。与区域性废水（城市污水和水稻田耕作）、地下水和雨水中的元素摩尔比相比（图 14.3）（Li et al.，2020），丰水期上游 Ca/Na 和 Mg/Na 值更加靠近雨水端元，说明高强度降水对蒙河上游存在显著的影响；而下游元素比值位于废水端元附近，这表明农业活动可能会对岩石风化过程和河流溶解态物质产生一定的叠加影响，尤其是在支流汇聚较多的下游地区。

流经不同岩性河流的放射性 Sr 同位素（$^{87}Sr/^{86}Sr$）组成通常差异很大，且 Sr 同位素在自然生物地球化学反应过程中几乎不分馏，因此被广泛应用于流域尺度的元素物质循环研究领域（Boral et al.，2021）。图 14.5 展示了蒙河丰枯水期 Sr 元素及其同位素比值与部分元素摩尔比值的关系。通常流经碳酸盐岩风化地区的河流特征为高 Sr 低 Rb、低 $^{87}Sr/^{86}Sr$ 值；流经硅酸盐岩风化区的河流为低 Sr 高 Rb、高 $^{87}Sr/^{86}Sr$ 值（Wang et al.，2012）。

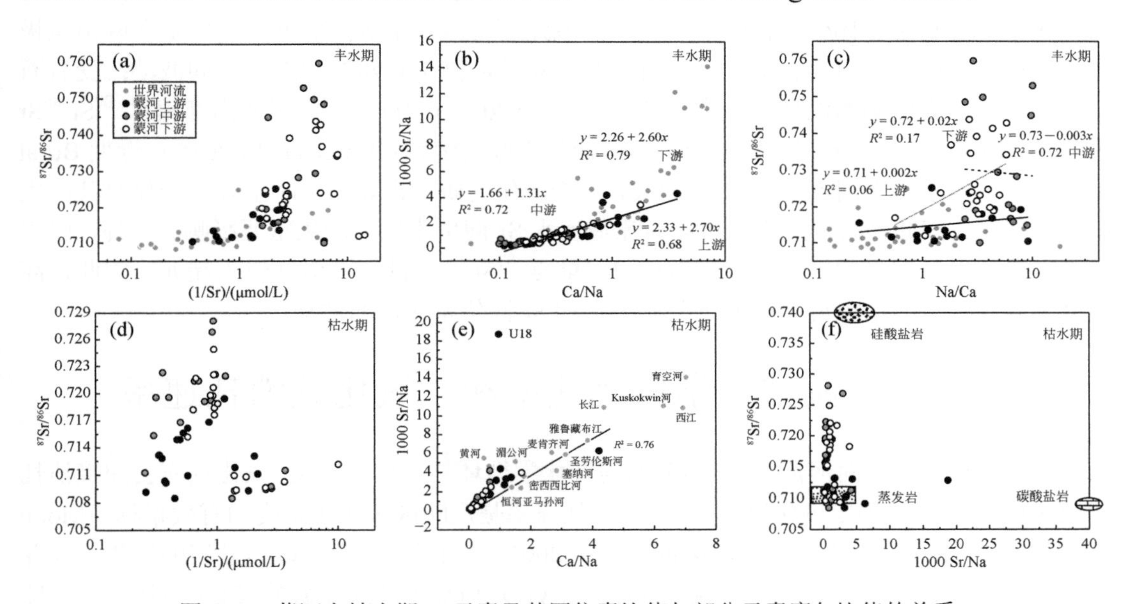

图 14.5　蒙河丰枯水期 Sr 元素及其同位素比值与部分元素摩尔比值的关系

蒙河丰枯水期 $^{87}Sr/^{86}Sr$ 与 1/Sr 之间均无明显相关性，样品值向高 $^{87}Sr/^{86}Sr$ 值方向扩散，表明 Sr 同位素除传统的碳酸盐岩-硅酸盐岩双端元混合风化过程外仍存在其他来源，这可能是流域内蒸发岩的广泛分布所致，因为蒸发岩与硅酸盐岩、碳酸盐岩相比具有更低的 Sr/Na、Ca/Na 值。丰水期 Sr 浓度和 Ca（0.964，$p<0.05$）、Mg（0.941，$p<0.05$）浓度呈强正相关，表明溶解态 Sr 浓度可能受风化反应程度的影响，因为 Mg 元素主要在风化反应期间从大陆地壳原生碳酸盐岩或含 Mg 硅酸盐矿物中释放。相对丰水期而言，枯水期 Sr 和 Ca 相关性稍弱（0.691，$p<0.01$），但低 Sr/Na 和 Ca/Na 值仍反映了蒸发岩和硅酸盐岩风化的混合过程，这与类似地质条件的河流相符［湄公河，图 14.5（e）］。岩石化学风化对河流溶解态 Sr 的相对贡献可以通过以下等式进行计算：

$$^{87}Sr/^{86}Sr_{river}={}^{87}Sr/^{86}Sr_{rain}\times Sr_{rain}+{}^{87}Sr/^{86}Sr_{carb}\times Sr_{carb}+{}^{87}Sr/^{86}Sr_{evap}\times Sr_{evap}+{}^{87}Sr/^{86}Sr_{sili}\times Sr_{sili} \tag{14.1}$$

其中，$^{87}Sr/^{86}Sr_{river}$、$^{87}Sr/^{86}Sr_{rain}$、$^{87}Sr/^{86}Sr_{carb}$、$^{87}Sr/^{86}Sr_{evap}$ 以及 $^{87}Sr/^{86}Sr_{sili}$ 分别表示蒙河河水、

区域降雨、碳酸盐岩、蒸发岩、硅酸盐岩的 $^{87}Sr/^{86}Sr$ 值。Sr_{rain}、Sr_{carb}、Sr_{evap} 以及 Sr_{sili} 分别代表每个潜在来源的贡献比例。利用蒸发岩溶解贡献的端元值 0.710 以及流经硅酸盐岩基岩的 $^{87}Sr/^{86}Sr$ 端元值，计算结果表明蒸发岩溶解所占的比例最高（18%～99%，平均值为 63%），是蒙河溶解态 Sr 的主要贡献源。硅酸盐岩风化所占平均比例为 37%，与中游（51%）和下游（57%）相比，蒸发岩溶解对上游溶解态 Sr 贡献最大（80%），而硅酸盐岩风化对中游溶解态 Sr 的贡献最大（49%），证实了元素比值分析的结果。

图 14.5（b）展示了丰水期 1000Sr/Na 和 Ca/Na 关系，Sr/Na 和 Ca/Na 之间存在强正线性相关，特别是中下游地区。因此，本研究选择 Na/Ca 替代 Na/Sr 与 $^{87}Sr/^{86}Sr$ 进行分析。然而，$^{87}Sr/^{86}Sr$ 与 Na/Ca 没有明显的相关性［图 14.5（c）］，表明除岩石风化外还有其他潜在物化条件的影响。根据区域水文条件，蒙河流域内超过 90%的降水集中在丰水期。因此，雨水化学成分和 Sr 同位素比值会对丰水期河流相应的参数值造成影响，特别是在降雨量极高的流域上游地区。研究表明，全球雨水的 $^{87}Sr/^{86}Sr$ 值在 0.707～0.715 之间波动：受岩石风化和城市污染影响的巴黎雨水 $^{87}Sr/^{86}Sr$ 值为 0.708～0.711，而中国西南部雨水 $^{87}Sr/^{86}Sr$ 为 0.708～0.717，主要来源于碳酸盐和硅酸盐气溶胶的溶解（Pearce et al.，2015）。近期 Boral 等（2021）对季风区河流溶解态 $^{87}Sr/^{86}Sr$ 短期变化的研究也表明了时空降水变化对其产生的驱动作用。因此，高密度降水可能对流域河水 Sr 同位素比值产生重要影响。此外，研究发现在人类干扰较多的区域，人为活动也可能是 $^{87}Sr/^{86}Sr$ 的一个潜在输入端元。因此，高强度降雨和人为活动也可能造成了蒙河丰水期 Sr 同位素比值的波动。

第三节　流域化学风化速率和二氧化碳消耗速率

大陆剥蚀和风化对河流-海洋运输的地球化学循环具有重要意义，风化反应会间接消耗流域 CO_2，因此，确定风化速率和 CO_2 消耗速率是反映区域风化程度的有效指标（Moon et al.，2007；Singh et al.，2006；Wang et al.，2007）。由于蒙河流域碳酸盐岩的风化贡献并不显著，笔者仅计算了硅酸盐岩风化速率（SWR）和基于硅酸盐岩的 CO_2 消耗速率（即 ΦCO_2-sili）。主要的硅酸盐岩风化反应式如下（Bayon et al.，2021；Stevenson et al.，2018）：

$$2NaAlSi_3O_8+2CO_2+11H_2O \longrightarrow Al_2Si_2O_5(OH)_4+2HCO_3^-+2Na^++4H_4SiO_4 \quad (14.2)$$

$$2KAlSi_3O_8+2CO_2+6H_2O \longrightarrow Al_2Si_4O_{10}(OH)_2+2HCO_3^-+2K^++2H_4SiO_4 \quad (14.3)$$

$$CaAl_2Si_2O_8+2CO_2+3H_2O \longrightarrow Al_2Si_2O_5(OH)_4+2HCO_3^-+Ca^{2+} \quad (14.4)$$

$$Mg_2SiO_4+4CO_2+4H_2O \longrightarrow 4HCO_3^-+2Mg^{2+}+H_4SiO_4 \quad (14.5)$$

笔者使用正演模型和质量平衡方程计算大气沉降（主要为降水）、蒸发岩溶解、人为输入、硅酸盐岩和碳酸盐岩风化储库中主要离子的硅酸盐岩风化来源。质量平衡方程如下（Chetelat et al.，2008；Pett-Ridge et al.，2009；Zhang et al.，2019）：

$$X_{河水}=X_{大气}+X_{蒸发岩}+X_{人为}+X_{碳酸盐岩}+X_{硅酸盐岩} \quad (14.6)$$

基于上述分析，笔者选择最靠近干流河口的采样点浓度数据作为河流代表值，并假设该值在采样期内保持稳定。计算得出丰水期硅酸盐岩风化来源的离子浓度分别为：$c(K_{硅酸盐岩})=$ 1.1mg/L，$c(Na_{硅酸盐岩})=1.2$mg/L，$c(Ca_{硅酸盐岩})=0.5$mg/L，$c(Mg_{硅酸盐岩})=0.2$mg/L；枯水期离子浓度为：$c(K_{硅酸盐岩})$=1.3mg/L，$c(Na_{硅酸盐岩})$=10.7mg/L，$c(Ca_{硅酸盐岩})$=4.7mg/L，$c(Mg_{硅酸盐岩})$=1.7mg/L。流域化学风化速率（SWR）通过硅酸盐岩风化来源的阳离子和溶解态 SiO_2（单位为 mg/L）的总和来计算，而 CO_2 消耗速率（ΦCO_2-sili）通过硅酸盐岩风化反应的电荷平衡进行估算（阳离子单位为 mol/L）。计算公式如下：

$$\mathrm{SWR}=(\mathrm{K}_{硅酸盐岩}+\mathrm{Na}_{硅酸盐岩}+\mathrm{Ca}_{硅酸盐岩}+\mathrm{Mg}_{硅酸盐岩}+\mathrm{SiO_2})\times 河流流量/流域面积 \quad (14.7)$$

$$\Phi\mathrm{CO_2\text{-}sili}=(\mathrm{K}_{硅酸盐岩}+\mathrm{Na}_{硅酸盐岩}+2\mathrm{Ca}_{硅酸盐岩}+2\mathrm{Mg}_{硅酸盐岩})\times 河流流量/流域面积 \quad (14.8)$$

当地水文数据显示，蒙河河流径流量没有明显的年际变化，丰水期多年平均流量为 $4.02\times10^{10}m^3/a$（2010～2017 年），流域面积为 $71060km^2$。计算结果表明，丰水期硅酸盐岩风化速率为 $5.71t/(km^2·a)$，CO_2 消耗速率为 $6.84\times10^4mol/(km^2·a)$；而枯水期硅酸盐岩风化速率为 $0.73t/(km^2·a)$，CO_2 消耗速率为每年 $1.94\times10^4mol/km^2$，丰水期数值显著高于枯水期。若风化速率在陆地表面保持均一，则丰水期硅酸盐岩风化来源的 CO_2 汇约为 5.83×10^{-8}Gt C/a，远高于枯水期 1.65×10^{-8}Gt C/a。值得注意的是，由于采样期相对较短，缺乏地区雨水测量值等原因，基于质量平衡模型的计算可能会在一定程度上产生偏差，这种偏差在枯水期更为明显。然而，与枯水期农业用水导致对风化速率、CO_2 消耗速率的低估不同的是，尽管流域内广泛的稻田耕作仍会消耗河水，这种对河流径流的削减远不足以抵消极端降雨及相应增加的河流径流影响。因此，为使丰水期的计算相对更加可靠，上述计算过程中提出的不确定性因素需进行更为深入的研究。

第四节 输出至湄公河的锶通量

蒙河溶解态 Sr 通量计算如下（Peucker-Ehrenbrink and Fiske，2019；Singh et al.，2006）：

$$F_{\mathrm{Sr}}=Q\times C_{\mathrm{Sr}} \quad (14.9)$$

式中，F_{Sr}、Q、C_{Sr} 分别表示蒙河输出的溶解态 Sr 通量、蒙河流量（m^3/s）以及河口地区的溶解态 Sr 含量（μg/L）。水文数据表明，蒙河径流没有明显的年际变化，因此假设浓度值和河流流量在采样期内保持稳定。据计算，丰水期溶解态 Sr 通量为 $1.98\times10^3t/a$，枯水期溶解态 Sr 通量为 20.7t/a，为全球最大河流之一（湄公河）提供了显著的 Sr 贡献。同时，根据计算得到的溶解态 Sr 通量，可以估算出比海水 Sr 同位素组成（0.709）盈余的 ^{87}Sr 通量，计算公式如下（Wang et al.，2007）：

$$^{87}\mathrm{Sr}_{\mathrm{excess flux}}=(^{87}\mathrm{Sr}/^{86}\mathrm{Sr}-0.709)\times \mathrm{Total\ Sr_{flux}} \quad (14.10)$$

计算结果表明，蒙河丰水期流入湄公河并最终流入太平洋的 ^{87}Sr 超过 15.6t/a，而枯水期超过 0.06t/a。从长远来看，来源于蒸发岩溶解、硅酸盐岩风化，以及丰水期极端降雨的叠加输入的溶解态 Sr 对邻近海洋的 Sr 同位素演化具有重要影响。

本章小结

本章研究了蒙河丰枯水期溶解态 Sr 及其同位素的地球化学特征，并估算了化学风化速率和 Sr 通量。丰水期河流溶解态 Sr 含量范围为 6.1～237.5μg/L，上游含量高于下游，与枯水期相比 Sr 含量较低且波动较小，但上下游差异较大。丰水期 $^{87}Sr/^{86}Sr$ 值范围为 0.7100～

0.7597，略高于全球平均值；而枯水期 $^{87}Sr/^{86}Sr$ 值为 0.7085～0.7281，与世界平均值相似。蒙河溶解态离子主要来源于蒸发岩溶解和硅酸盐岩风化，与区域岩性特征相对应，其中枯水期蒸发岩溶解的比例占半数以上（63%），表明蒸发岩溶解占主导作用。丰水期蒙河上游的 Ca/Na 和 Mg/Na 值更加靠近雨水端元值，而支流汇入较多的下游靠近区域废水端元，表明河流物质受到极端降雨和农业耕作活动的叠加影响。丰水期硅酸盐岩风化速率为 $5.71t/(km^2·a)$，CO_2 消耗速率为 $6.84×10^4mol/(km^2·a)$，远高于枯水期。丰水期流向湄公河的 ^{87}Sr 盈余通量超过 15.6t/a，Sr 通量为 $1.98×10^3t/a$，从长远来看对海水 Sr 同位素演化的影响不可忽视。高温和高强度降水的气候条件可能导致化学风化过程加速，迫切需要对泛湄公河流域进行更加系统、多角度的研究。

参 考 文 献

Bayon G，Freslon N，Germain Y，et al.，2021. A global survey of radiogenic strontium isotopes in river sediments. Chemical Geology，559：119958.

Boral S，Peucker-Ehrenbrink B，Hemingway J D，et al.，2021. Controls on short-term dissolved $^{87}Sr/^{86}Sr$ variations in large rivers：evidence from the Ganga–Brahmaputra. Earth and Planetary Science Letters，566：116958.

Chetelat B，Liu C Q，Zhao Z Q，et al.，2008. Geochemistry of the dissolved load of the Changjiang Basin rivers：anthropogenic impacts and chemical weathering. Geochimica et Cosmochimica Acta，72（17）：4254-4277.

Dalai T K，Krishnaswami S，Kumar A，2003. Sr and $^{87}Sr/^{86}Sr$ in the Yamuna River System in the Himalaya：sources，fluxes，and controls on Sr isotope composition. Geochimica et Cosmochimica Acta，67（16）：2931-2948.

Fan B L，Zhao Z Q，Tao F X，et al.，2014. Characteristics of carbonate，evaporite and silicate weathering in Huanghe River basin：a comparison among the upstream，midstream and downstream. Journal of Asian Earth Sciences，96：17-26.

Gaillardet J，Dupré B，Louvat P，et al.，1999. Global silicate weathering and CO_2 consumption rates deduced from the chemistry of large rivers. Chemical Geology，159（1）：3-30.

Grabb K C，Ding S，Ning X，et al.，2021. Characterizing the impact of Three Gorges Dam on the Changjiang（Yangtze River）：a story of nitrogen biogeochemical cycling through the lens of nitrogen stable isotopes. Environmental Research，195：110759.

Han G，Liu C Q，2004. Water geochemistry controlled by carbonate dissolution：a study of the river waters draining karst-dominated terrain，Guizhou Province，China. Chemical Geology，204（1）：1-21.

Karim A，Veizer J，2000. Weathering processes in the Indus River Basin：implications from riverine carbon，sulfur，oxygen，and strontium isotopes. Chemical Geology，170（1）：153-177.

Krishnaswami S，Trivedi J R，Sarin M M，et al.，1992. Strontium isotopes and rubidium in the Ganga-Brahmaputra river system：weathering in the Himalaya，fluxes to the Bay of Bengal and contributions to the evolution of oceanic $^{87}Sr/^{86}Sr$. Earth and Planetary Science Letters，109（1）：243-253.

Li R，Huang H，Yu G，et al.，2020. Trends of runoff variation and effects of main causal factors in Mun River，Thailand during 1980-2018. Water，12（3）：831.

Moon S，Huh Y，Qin J，et al.，2007. Chemical weathering in the Hong （Red） River basin：rates of silicate weathering and their controlling factors. Geochimica et Cosmochimica Acta，71（6）：1411-1430.

Moon S，Chamberlain C P，Hilley G E，2014. New estimates of silicate weathering rates and their uncertainties in global rivers. Geochimica et Cosmochimica Acta，134：257-274.

Noh H，Huh Y，Qin J，et al.，2009. Chemical weathering in the Three Rivers region of Eastern Tibet. Geochimica et Cosmochimica Acta，73（7）：1857-1877.

Oliver L，Harris N，Bickle M，et al.，2003. Silicate weathering rates decoupled from the $^{87}Sr/^{86}Sr$ ratio of the dissolved load during Himalayan erosion. Chemical Geology，201（1）：119-139.

Palmer M R，Edmond J M，1989. The strontium isotope budget of the modern ocean. Earth and Planetary Science Letters，92（1）：11-26.

Palmer M R，Edmond J M，1992. Controls over the strontium isotope composition of river water. Geochimica et Cosmochimica Acta，56（5）：2099-2111.

Pearce C R，Parkinson I J，Gaillardet J，et al.，2015. Characterising the stable（$\delta^{88/86}Sr$）and radiogenic（$^{87}Sr/^{86}Sr$） isotopic composition of strontium in rainwater. Chemical Geology，409：54-60.

Pett-Ridge J C，Derry L A，Kurtz A C，2009. Sr isotopes as a tracer of weathering processes and dust inputs in a tropical granitoid watershed，Luquillo Mountains，Puerto Rico. Geochimica et Cosmochimica Acta，73（1）：25-43.

Peucker-Ehrenbrink B，Fiske G J，2019. A continental perspective of the seawater $^{87}Sr/^{86}Sr$ record：a review. Chemical Geology，510：140-165.

Roy S，Gaillardet J，Allègre C J，1999. Geochemistry of dissolved and suspended loads of the Seine River，France：anthropogenic impact，carbonate and silicate weathering. Geochimica et Cosmochimica Acta，63（9）：1277-1292.

Singh S K，Kumar A，France-Lanord C，2006. Sr and $^{87}Sr/^{86}Sr$ in waters and sediments of the Brahmaputra river system：silicate weathering，CO_2 consumption and Sr flux. Chemical Geology，234（3）：308-320.

Stevenson R，Pearce C R，Rosa E，et al.，2018. Weathering processes，catchment geology and river management impacts on radiogenic（$^{87}Sr/^{86}Sr$）and stable（$\delta^{88/86}Sr$）strontium isotope compositions of Canadian boreal rivers. Chemical Geology，486：50-60.

Tripathy G R，Singh S K，2010. Chemical erosion rates of river basins of the Ganga system in the Himalaya：reanalysis based on inversion of dissolved major ions，Sr，and $^{87}Sr/^{86}Sr$. Geochemistry，Geophysics，Geosystems，11（3）.

Wang B，Lee X Q，Yuan H L，et al.，2012. Distinct patterns of chemical weathering in the drainage basins of the Huanghe and Xijiang River，China：evidence from chemical and Sr-isotopic compositions. Journal of Asian Earth Sciences，59：219-230.

Wang Z L，Zhang J，Liu C Q，2007. Strontium isotopic compositions of dissolved and suspended loads from the main channel of the Yangtze River. Chemosphere，69（7）：1081-1088.

Wu W，Zheng H，Yang J，et al.，2013. Chemical weathering，atmospheric CO_2 consumption，and the controlling factors in a subtropical metamorphic-hosted watershed. Chemical Geology，356：141-150.

Xu S，Li S，Su J，et al.，2021. Oxidation of pyrite and reducing nitrogen fertilizer enhanced the carbon cycle by driving terrestrial chemical weathering. Science of the Total Environment，768：144343.

Zhang S，Han G，Zeng J，et al.，2021. A strontium and hydro-geochemical perspective on human impacted tributary of the Mekong River basin：sources identification，fluxes，and CO_2 consumption. Water，13（21）：3137.

Zhang S，Han G，Zeng J，et al.，2022. Source tracing and chemical weathering implications of strontium in agricultural basin in Thailand during flood season：a combined hydrochemical approach and strontium isotope. Environmental Research，212：113330.

Zhang X，Xu Z，Liu W，et al.，2019. Hydro-geochemical and Sr isotope characteristics of the Yalong River basin，eastern Tibetan Plateau：implications for chemical weathering and controlling factors. Geochemistry，Geophysics，Geosystems，20（3）：1221-1239.

第十五章　蒙河水质安全评价及健康风险分析

河流水体最重要的功能之一是为流域范围内的人类社会生产、生活提供水资源保障。水资源的主要应用场景包括人畜饮用、农业灌溉和工业用水等。考虑到蒙河流域内的产业以农业生产为主，本章基于前文对流域水体中各溶质（包括阴阳离子、营养元素和重金属）的含量、时空分布及其控制因素分析结果，对蒙河流域的水质安全及健康风险进行了全面的评估，以反映全流域河水的水质情况，主要内容包括基于组合权重的综合水质评价、灌溉用水风险评价以及健康风险分析。

第一节　河水水质评价

一、水质评价方法及权重确定

水质指数（water quality index，WQI）是目前最常用的水质安全评价方法，能反映河流不同水质变量的综合影响，呈现水质全貌（Wang et al.，2017；Xiao et al.，2014）：

$$\mathrm{WQI}=\sum[w_i \times (C_i/S_i)]\times 100 \tag{15.1}$$

式中，w_i 指不同水质变量 i 的权重，表示不同水质变量在总体水质中的相对重要性；C_i 是水质变量 i 的浓度（或变量值，如河水溶解态 Cu 浓度）；S_i 是水质变量 i 的标准限值，这里主要考虑的是饮用水安全，因此主要参考的是饮用水卫生标准中各水质变量的限值。WQI 按其绝对值大小可以分为五类（表 15.1）。

表 15.1　水质指数分级标准

水质指数	水质指数分级
WQI＜50	水质优
50≤WQI≤100	水质良
100＜WQI≤200	水质差
200＜WQI≤300	水质极差
WQI＞300	不宜饮用

结合前文所测定的水质参数与饮用水卫生标准中的相关指标，笔者对 TDS、Na、K、硬度（以 Ca+Mg 表示）、Cl、SO_4^{2-}、NH_4^+-N、NO_3^--N、Al、Mn、Fe、Cu、Zn、Ba 等 14 项水质参数进行了水质评价。如前所述，WQI 反映了河流水体的综合水质信息，可对蒙河水质进行定性和定量的评价。水质评价结果主要受控于三个因素：权重、水质变量的浓度（或变量值）、水质变量的标准限值。其中各水质变量的浓度前文已提及，而水质变量的标准限值则参考了现行饮用水卫生标准。因此水质变量权重的确定成为水质评价中最重要的

一环。在水质评价中，针对各评价指标的相对重要程度，不同指标应赋予不同的权重，否则将直接影响水质评价结果。由于水质参数分布特征、季节性水质的影响因素不同，蒙河流域在不同季节单项指标的重要程度（权重）往往不一致。

在传统水质评价中，通常将各水质参数赋予相同的权重（即 $1/n$，n 代表水质参数的总个数），或按照不同参数对水质影响的相对大小赋予主观权重。这种方式大大掩盖了某些超标污染物的影响，也未考虑对于人体健康的危害程度以及污染物对环境危害程度、超标程度、时空变化程度、污染持续时间和影响范围等因素。因此，对各个单项水质参数进行科学赋权，并将其应用于水质指数计算中，才能使评价结果更合理。各水质参数的权重分配是否合理直接决定了评价结果的优劣，科学合理的赋权成为决定评价结果好坏的重要因素。目前，水质参数赋权方法有主观赋权法、客观赋权法及综合赋权法。主观赋权法的指标权重是利用专家经验来判断水质指标的重要程度而得到的，主要包括直接赋权法、层次分析法、Delphi 法等（毛定祥，2002）。主观赋权法的决策通常由相关领域专家进行，该方法具有主观任意性。客观赋权法指的是根据实测数据进行赋权的赋权方法。主要有变异系数法、超标加权法、熵权法、主成分赋权法等。变异系数法根据指标的相对波动幅度确定指标权重；超标加权法根据单项污染指标超标程度进行赋权，超标严重的赋予较高权重；熵权法根据各指标包含有效信息量的程度确定指标赋权；主成分赋权法根据实测指标数据的主成分分析结果的相对载荷来确定各指标权重。基于蒙河流域各水质参数的分布特征、季节性水质影响因素的复杂性，同时考虑到主观赋权法的潜在任意性，笔者选取了直接赋权法和主成分赋权法两种不同的主客观赋权类型来确定水质评价中各参数的权重，参考了文献中对各水质指标的直接赋权值，即不同水质参数对人类或水生生态系统影响的相对重要性（赋权值为 1～5）（Ustaoğlu et al.，2021；Zeng et al.，2021），主观权重值如表 15.2 所示。

表 15.2 蒙河流域水质指标的直接赋权值和主观权重值

水质指标	直接赋权值	主观权重值
TDS	4	0.09
Na	3	0.06
K	2	0.04
Ca+Mg	4	0.09
Cl	3	0.06
SO_4^{2-}	5	0.11
NH_4^+-N	5	0.11
NO_3^--N	5	0.11
Al	3	0.06
Mn	4	0.09
Fe	2	0.04
Cu	2	0.04
Zn	3	0.06
Ba	2	0.04

注：各水质指标的直接赋权值来自文献（Ustaoğlu et al.，2021；Zeng et al.，2021）。

其次，用主成分赋权法计算各水质指标的客观权重，然后对得到的权重进行合成（求解算术平均值），并将最后的组合权重作为水质指标的最终权重，使得权重的确定更为合理。组合权重融合了主客观赋权法的结果，充分利用了两类赋权方法提供的有效信息，既体现了各指标实测数据的有效信息，又反映了各指标变量间的相对重要程度。最后将计算的组合权重应用于水质指数 WQI 的计算中，得到基于组合权重的水质指数，对水质进行定性和定量评价。主成分赋权法根据实测数据主成分分析结果的相对载荷确定各指标权重。主成分分析用于探究不同水质变量之间的内部联系（Loska and Wiechuła，2003），该方法可以在保持原始数据中呈现的关系时，将其维数降低为几个主成分（Li et al.，2011；Wang et al.，2017），所得因子贡献可通过最大方差旋转法进一步减少。主成分分析结果包括因子载荷、特征值、方差和共同度。蒙河流域河水的水质参数使用凯瑟-梅耶-奥尔金（KMO）检验和 Bartlett 球度检验适用性后，进行主成分分析并得到各水质参数的主成分分析矩阵如表 15.3 所示。根据各参数在主成分中的特征值、相对特征值、载荷值、相对载荷值，本研究计算得到水质参数的主成分权重如表 15.4 所示。

表 15.3　蒙河流域 14 项水质参数的主成分分析矩阵

水质指标	成分 1	成分 2	成分 3	成分 4
TDS	0.970	0.087	0.117	0.003
Na	0.973	0.079	−0.002	0.028
K	0.453	−0.076	0.673	−0.084
Ca+Mg	0.711	0.017	0.446	0.008
Cl	0.964	0.091	−0.057	0.030
SO_4^{2-}	0.481	−0.042	0.575	−0.055
NH_4^+-N	−0.112	0.235	0.388	−0.070
NO_3^--N	−0.022	−0.037	0.781	0.064
Al	−0.127	−0.191	−0.166	0.825
Mn	−0.085	0.830	−0.045	−0.062
Fe	0.175	0.401	0.138	0.774
Cu	0.364	0.634	0.196	0.199
Zn	0.012	0.678	−0.082	−0.028
Ba	0.279	0.587	0.422	0.255
特征值	4.04	2.18	2.03	1.41
方差/%	28.82	15.56	14.51	10.08
累积方差/%	28.82	44.39	58.90	68.98

注：提取方法为主成分法；旋转方法为具有 Kaiser 标准化的正交旋转法。

表 15.4　基于主成分分析的蒙河河水 14 项水质参数权重

主成分	特征值	相对特征值	水质指标	载荷值	相对载荷值	主成分权重
成分 1	4.04	0.418	TDS	0.970	0.268	0.11
			Na^+	0.973	0.269	0.11
			Ca+Mg	0.711	0.196	0.08
			Cl^-	0.964	0.267	0.11
			载荷小计	3.617	1.000	
成分 2	2.18	0.226	Mn	0.830	0.304	0.07
			Cu	0.634	0.232	0.05
			Zn	0.678	0.248	0.06
			Ba	0.587	0.215	0.05
			载荷小计	2.729	1.000	
成分 3	2.03	0.210	K	0.673	0.278	0.06
			SO_4^{2-}	0.575	0.238	0.05
			NH_4^+-N	0.388	0.161	0.03
			NO_3^--N	0.781	0.323	0.07
			载荷小计	2.417	1.000	
成分 4	1.41	0.146	Al	0.825	0.516	0.08
			Fe	0.774	0.484	0.07
			载荷小计	1.600	1.000	

二、基于组合权重的综合水质评价结果

本章基于直接赋权法和主成分赋权法确定了水质评价的主观权重和主成分权重，进而求得二者的算术平均值，即蒙河流域河水各水质参数的组合权重。结合组合权重、饮用水标准中各水质指标的限值以及各采样点河水在丰水期和枯水期的水质指标实测值，笔者计算了蒙河流域河水的水质指数（WQI）并判定水质分级。TDS、Na、K、硬度（以 Ca+Mg 表示）、Cl^-、SO_4^{2-}、NH_4^+-N、NO_3^--N、Al、Mn、Fe、Cu、Zn、Ba 等 14 项水质指标的 WQI 值见图 15.1 和图 15.2。蒙河流域河水各水质参数的组合权重见表 15.5。

pH 作为饮用水标准中的一项重要水质指标，其限值为 6.5～8.5。考虑到流域河水样品的 pH 几乎都在标准限值范围内，故本章未将 pH 纳入 WQI 值的计算中。蒙河流域河水 14 项水质指标的 WQI 值呈现出明显的空间变化和季节性差异。空间尺度上，干流采样点中上游地区的河水 WQI 值相对更高；支流采样点的河水 WQI 值则存在不规则的空间变化。季节尺度上，丰水期河水 WQI 值明显低于枯水期。按照表 15.1 的水质指数分级标准，基于 14 项水质指标的蒙河丰水期河水水质优良率为 100%，所有样品 WQI 值均低于 100，其中水质优占比为 98.2%，水质良占比为 1.8%，仅支流 S14 采样点河水的 WQI 值超过 50。相较之下，尽管枯水期河水的水质优良率也为 100%，但水质优占比为 93.0%，水质良占比为

7.0%，比丰水期略差，其中干流 S26、S52 和支流 S14、S37 采样点的 WQI 值大于 50，最高为 65。考虑到枯水期河水径流量小，稀释作用对河流溶质的影响相对更小，在与丰水期相当的人为活动影响下，枯水期部分采样点的河水水质略差，但流域内的河水水质整体优良。基于组合权重计算的水质指数很好地反映了蒙河流域内不同水质指标的综合影响，呈现了河水水质良好的全貌。

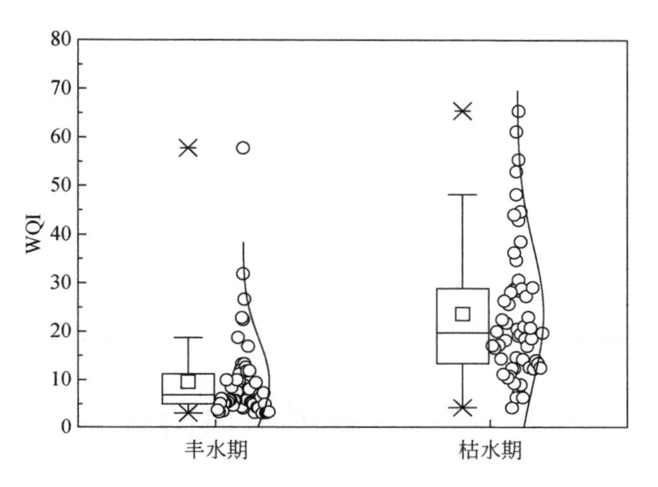

图 15.1　蒙河流域丰水期和枯水期河水的 WQI 值

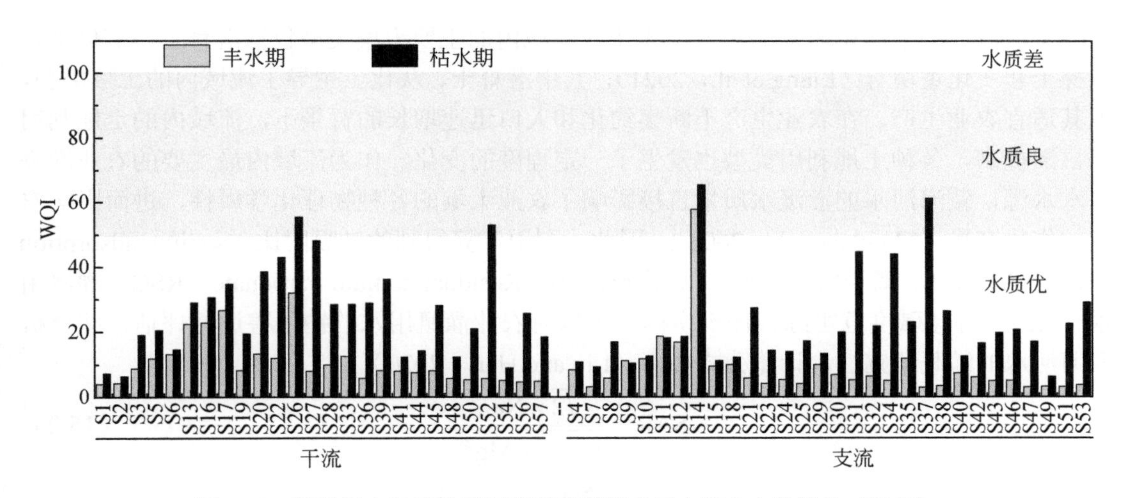

图 15.2　基于组合权重的蒙河流域各采样点河水综合水质评价（WQI）

表 15.5　蒙河流域河水 14 项水质参数的组合权重及饮用水标准限值

序号	水质指标	饮用水标准限值	主观权重	主成分权重	组合权重
1	TDS	1000mg/L	0.09	0.11	0.10
2	Na	200mg/L	0.06	0.11	0.09
3	K	12mg/L	0.04	0.06	0.05
4	Ca+Mg	180mg/L	0.09	0.08	0.08

续表

序号	水质指标	饮用水标准限值	主观权重	主成分权重	组合权重
5	Cl^-	250mg/L	0.06	0.11	0.09
6	SO_4^{2-}	250mg/L	0.11	0.05	0.08
7	NH_4^+-N	0.5mg/L	0.11	0.03	0.07
8	NO_3^--N	10mg/L	0.11	0.07	0.09
9	Al	200μg/L	0.06	0.08	0.07
10	Mn	100μg/L	0.09	0.07	0.08
11	Fe	300μg/L	0.04	0.07	0.06
12	Cu	1000μg/L	0.04	0.05	0.05
13	Zn	1000μg/L	0.06	0.06	0.06
14	Ba	700μg/L	0.04	0.05	0.05

第二节　灌溉用水风险评价

一、灌溉用水风险评价方法

蒙河流域汇水面积达 7 万余平方千米，流域内的主要土壤类型包括潜育土、灰化土、红棕土和灰化黄壤等（Liang et al.，2021），其中潜育土、灰化土主导了流域内的土壤类型，尤其适宜农业生产。在农业生产不断集约化和人口迅速增长的背景下，流域内的土地利用率日渐提高，各种土地利用类型也发生了一定程度的变化。作为流域内最主要的农业灌溉用水水源，蒙河河水的灌溉水质量直接影响了农业土壤的各种物理化学属性，进而影响农田的作物产量（Mandal et al.，2008）。因此，利用计算得到的钠吸附比（sodium adsorption ratio，SAR）、Na 离子比（Na%）、残余碳酸钠（Residual sodium carbonate，RSC，灌溉用水＜1.25）等盐碱度危害综合评价指标，可以对农业灌溉用水的钠危害进行评估，并分析蒙河河水的灌溉适宜性。计算公式如下（Liu and Han，2020）：

$$\mathrm{SAR}=\frac{\sqrt{2}\times \mathrm{Na}^+}{\sqrt{\mathrm{Ca}^{2+}+\mathrm{Mg}^{2+}}} \tag{15.2}$$

$$\mathrm{Na\%}=\frac{\mathrm{Na}^+}{\mathrm{Ca}^{2+}+\mathrm{Mg}^{2+}+\mathrm{Na}^++\mathrm{K}^+}\times 100\% \tag{15.3}$$

$$\mathrm{RSE}=(\mathrm{HCO}_3^-+\mathrm{CO}_3^{2-})-(\mathrm{Ca}^{2+}+\mathrm{Mg}^{2+}) \tag{15.4}$$

式中，Na^+、K^+、Mg^{2+}、Ca^{2+}、HCO_3^-、CO_3^{2-} 表示相应离子的当量浓度（meq/L）。

二、灌溉用水风险评价结果

蒙河河水是流域内农业活动的主要灌溉水源。流域内加速的风化过程和人为输入显著增加了河水溶质含量，对灌溉水质产生了潜在的威胁。基于主要阴阳离子计算的 SAR、Na%

和 RSC 等钠危害指标能够深入刻画自然过程和人为输入对蒙河灌溉水质的影响。

SAR、Na%和 RSC 值通常描述灌溉对土壤团聚体的钠危害（Li et al.，2017，2015）。本章使用 EC、Na%和 SAR 绘制了 USSL（美国盐度实验室）和威尔科斯（Wilcox）图解，从而进行灌溉用水评价（Xiao et al.，2019）。如图 15.3 所示，绝大多数的河水样品都位于 USSL 图解中的 C1S1、C2S1、C3S1 区域内，枯水期的少量样品在 C3S2 和 C4S3 区域内，整体呈现出低碱度危害和中高盐度危害的灌溉水风险，且枯水期风险相对更高。Wilcox 图解中大多数样品处于“优质至良好”区域，但仍有少部分样品属于“差至极差”，甚至丰、枯水期各有一个样品属于“极差”，这表明蒙河流域的灌溉用水仍然面临一定程度的盐危害。此外，流域内农业/城市用地比例相对高的区域 Na%和 SAR 值较高，其主要原因是加速的风化过程和各种潜在人为物质的输入。通常，河水中过量的溶质与人类扰动密切相关，人为输入的物质直接进入河流，会导致水体 TDS（EC）值显著升高。与此同时，这些人为输入物质也加速了岩石风化的过程，溶解更多的物质进入河流，进一步放大了人类活动的溶质贡献。此加速效应可能会持续增强并反馈到农业生产过程中。

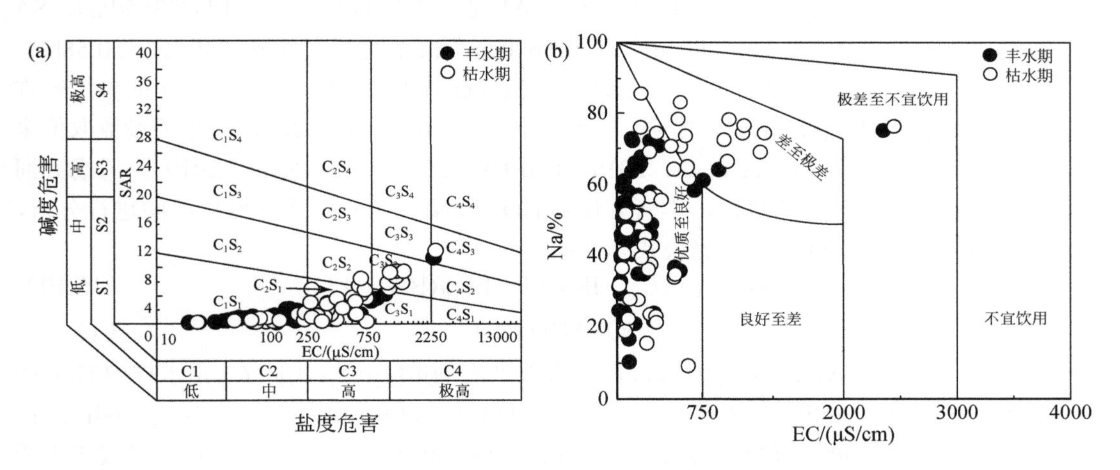

图 15.3　蒙河灌溉水质的碱度和盐度危害评价

（a）USSL 图解；（b）Wilcox 图解

第三节　健康风险评价

一、健康风险评价方法

为定量评价蒙河河水的人体健康风险，本章采用美国环境保护署提出的危害熵（hazard quotient，HQ）和危害指数（hazard index，HI）对流域内各点的河水健康风险进行了分析（Meng et al.，2016；Wang et al.，2017）。人体摄入环境污染物的途径主要有三个：直接摄入、皮肤吸收和呼吸摄入。对于河水而言，直接摄入（即饮水）和皮肤吸收（皮肤接触水体）是人体接触河水污染物的两种主要途径（De Miguel et al.，2007）。

HQ 是不同途径暴露剂量与参考剂量（reference dose，RfD）的比值；HI 是不同途径暴露下的每种污染物的危害熵 HQ 之和，且 HI 主要指总潜在非致癌风险。如果 HQ 或 HI 超过 1，则说明河水的非致癌风险会对人体健康产生不良影响，需进一步细化研究并采取相应的控制措施。反之，当 HQ 或 HI 值小于 1 时，则不存在人体健康风险。对于重金属等微量元素而言，HQ 和 HI 的计算公式如下（Zeng et al.，2019）：

$$\mathrm{ADD_{ingestion}}=(C_\mathrm{w}\times \mathrm{IR}\times \mathrm{EF}\times \mathrm{ED})/(\mathrm{BW}\times \mathrm{AT}) \tag{15.5}$$

$$\mathrm{ADD_{dermal}}=(C\mathrm{w}\times \mathrm{SA}\times K_\mathrm{p}\times \mathrm{ET}\times \mathrm{EF}\times \mathrm{ED}\times 10^{-3})/(\mathrm{BW}\times \mathrm{AT}) \tag{15.6}$$

$$\mathrm{HQ}=\mathrm{ADD}/\mathrm{RfD} \tag{15.7}$$

$$\mathrm{RfD_{dermal}}=\mathrm{RfD}\times \mathrm{ABS_{GI}} \tag{15.8}$$

$$\mathrm{HI}=\sum \mathrm{HQs} \tag{15.9}$$

式中，$\mathrm{ADD_{ingestion}}$ 和 $\mathrm{ADD_{dermal}}$ 分别是某重金属每日直接摄入和皮肤吸收的平均剂量[μg/(kg·d)]；C_w 是水样中某重金属的含量（μg/L）；BW 是成年人和儿童的平均体重（成人 70kg，儿童 15kg）；IR 是摄入率（成人 2L/d，儿童 0.64L/d）；EF 是暴露频率（350d/a）；ED 是暴露持续时长（成人 30 年，儿童 6 年）；AT 是平均暴露时间（为 ED×365d/a）；SA 是暴露皮肤部位的面积（成人 $18000\mathrm{cm}^2$，儿童 $6600\mathrm{cm}^2$）；ET 是每日暴露时间（成人 0.58h/d，儿童 1h/d）；K_p 是某重金属在水中的皮肤渗透系数（cm/h）；RfD 是相应重金属的参考容许剂量[μg/(kg·d)]；$\mathrm{ABS_{GI}}$ 是肠胃吸收因子（无量纲）（Wang et al.，2017）；相关参数取值来源于文献和美国环保局（Liang et al.，2019；USEPA，2004；Zeng et al.，2019）。考虑到河水中其他阴阳离子对人体的危害，本研究仅对 NO_3^- 和 NH_4^+ 的直接摄入健康风险进行分析，计算了这两种离子的 HQ 值，计算公式如下：

$$\mathrm{ADD_{ingestion}}=(C_\mathrm{w}\times \mathrm{IR}\times \mathrm{EF}\times \mathrm{ED})/(\mathrm{BW}\times \mathrm{AT}) \tag{15.10}$$

$$\mathrm{HQ}=\mathrm{ADD}/\mathrm{RfD} \tag{15.11}$$

式中，$\mathrm{ADD_{ingestion}}$ 是 NO_3^- 或 NH_4^+ 的每日直接摄入平均剂量[μg/(kg·d)]；C_w 是水样中 NO_3^- 的含量或 NH_4^+ 的含量（μg/L）；IR 是成人和儿童的每日摄入率（成人 2L/d，儿童 0.64L/d）；EF 是暴露频率（350d/a）；ED 是暴露持续时长（成人 30 年，儿童 6 年）；BW 是成年人的平均体重和儿童的平均体重（成人 70kg，儿童 15kg）；AT 是平均暴露时间（即 ED×365d/a）；RfD 是相应离子的参考容许剂量[NO_3^- 和 NH_4^+ 分别为 1600μg/(kg·d)和 970μg/(kg·d)]（Li et al.，2016）。

二、健康风险评价结果

在河水重金属健康风险方面，本研究基于各重金属浓度计算的危害熵（HQ）和危害指数（HI）值统计结果如表 15.6 所示。与成人相比，儿童的 $\mathrm{HQ}_{直接摄入}$ 和 $\mathrm{HQ}_{皮肤吸收}$ 值较高，表明儿童对水中溶解态重金属更敏感。对于成人和儿童而言，Al、Mn、Fe、Cu、Zn 和 Ba 的 $\mathrm{HQ}_{直接摄入}$ 和 $\mathrm{HQ}_{皮肤吸收}$ 值均远远小于 1，表明蒙河流域中各溶解态重金属在日常的直接摄入和皮肤吸收这两种暴露途径下，未产生明显的人体健康影响。

表 15.6　蒙河流域河水溶解态重金属健康风险评价结果

元素	$HQ_{直接摄入}$		$HQ_{皮肤吸收}$		HI	
	成人	儿童	成人	儿童	成人	儿童
Al	3.38×10^{-4}	5.17×10^{-4}	6.52×10^{-5}	9.97×10^{-5}	4.03×10^{-4}	6.17×10^{-4}
Mn	3.35×10^{-4}	5.57×10^{-4}	3.21×10^{-2}	5.33×10^{-2}	3.24×10^{-2}	5.39×10^{-2}
Fe	3.92×10^{-3}	6.05×10^{-3}	9.74×10^{-3}	1.50×10^{-2}	1.37×10^{-2}	2.11×10^{-2}
Cu	2.89×10^{-4}	4.42×10^{-4}	4.10×10^{-4}	6.27×10^{-4}	6.99×10^{-4}	1.07×10^{-3}
Zn	7.54×10^{-5}	1.14×10^{-4}	1.88×10^{-4}	2.85×10^{-4}	2.63×10^{-4}	3.99×10^{-4}
Ba	1.07×10^{-2}	1.64×10^{-3}	2.35×10^{-2}	3.59×10^{-2}	3.42×10^{-2}	5.23×10^{-2}

如表 15.6 所示，$HQ_{直接摄入}$和 $HQ_{皮肤吸收}$加和的 HI 值均小于 1，表明各重金属元素均不对人体健康构成威胁。此外，尽管河水溶解态 Al、Cu 和 Zn 的浓度较低，对人体健康的潜在风险较小，但 Mn、Fe 和 Ba 在枯水期浓度相对较高时可能具有潜在的威胁。因此，流域内人为源输入的 Mn、Fe 和 Ba 等应引起重视并加以管控，以免其对流域生态环境和人类健康造成不必要的威胁。在河水 NH_4^+和 NO_3^- 健康风险方面，笔者对流域内各采样点丰水期和枯水期河水 NH_4^+和 NO_3^- 的 HQ（危害熵）值进行了计算，结果如表 15.7 和图 15.4 所示。蒙河河水两种主要营养盐（NH_4^+和 NO_3^-）的 HQ 值均较低，且 HQ 总和均小于 1，表明流域内营养盐的人体健康暴露风险很低。相较之下，河水 NO_3^- 的 HQ 值远大于 NH_4^+ 的 HQ 值，即 NO_3^- 是河水营养盐健康风险的主要影响源（表 15.7）。

表 15.7　蒙河流域河水 NH_4^+ 和 NO_3^- 的健康风险评价结果

采样期	HQ- NH_4^+		HQ- NO_3^-		HQ 总和	
	成人	儿童	成人	儿童	成人	儿童
丰水期	4.3×10^{-3}	6.4×10^{-3}	1.2×10^{-2}	1.7×10^{-2}	1.6×10^{-2}	2.4×10^{-2}
枯水期	6.0×10^{-3}	8.9×10^{-3}	1.8×10^{-2}	2.7×10^{-2}	2.4×10^{-2}	3.6×10^{-2}

此外，不同采样期两种营养盐的 HQ 值均表现为儿童高于成人，这与重金属的暴露风险评估结果一致，即儿童对河水中营养盐的暴露更敏感。从季节上来看，成人和儿童对 NO_3^- 和 NH_4^+ 的暴露风险均表现为枯水期值高于丰水期（表 15.7）。尽管丰水期降雨事件频繁且农业生产活动密集（肥料施用），大量 NO_3^- 和 NH_4^+ 伴随降雨过程进入到河水导致河水营养盐负荷在丰水期处于一个相对更高的水平，但是丰水期的大径流量也产生了强烈的稀释效应，河水 NO_3^-、NH_4^+ 浓度反而低于枯水期，这使得丰水期的营养盐暴露风险相对较低（表 15.7）。具体到各采样点，丰水期、枯水期 NO_3^- 和 NH_4^+ 的 HQ 总和基本都处在 0.001～0.1 这一数量级（图 15.4），各采样点之间的 HQ 值相对差异较大。此外，枯水期有少量采样点的 HQ 总和超过了 0.1［图 15.4（c）和图 15.4（d）］，表明这些点河水的 NO_3^- 和 NH_4^+ 两种营养盐暴露风险更大，需进行合理的控制以避免暴露风险继续增加。

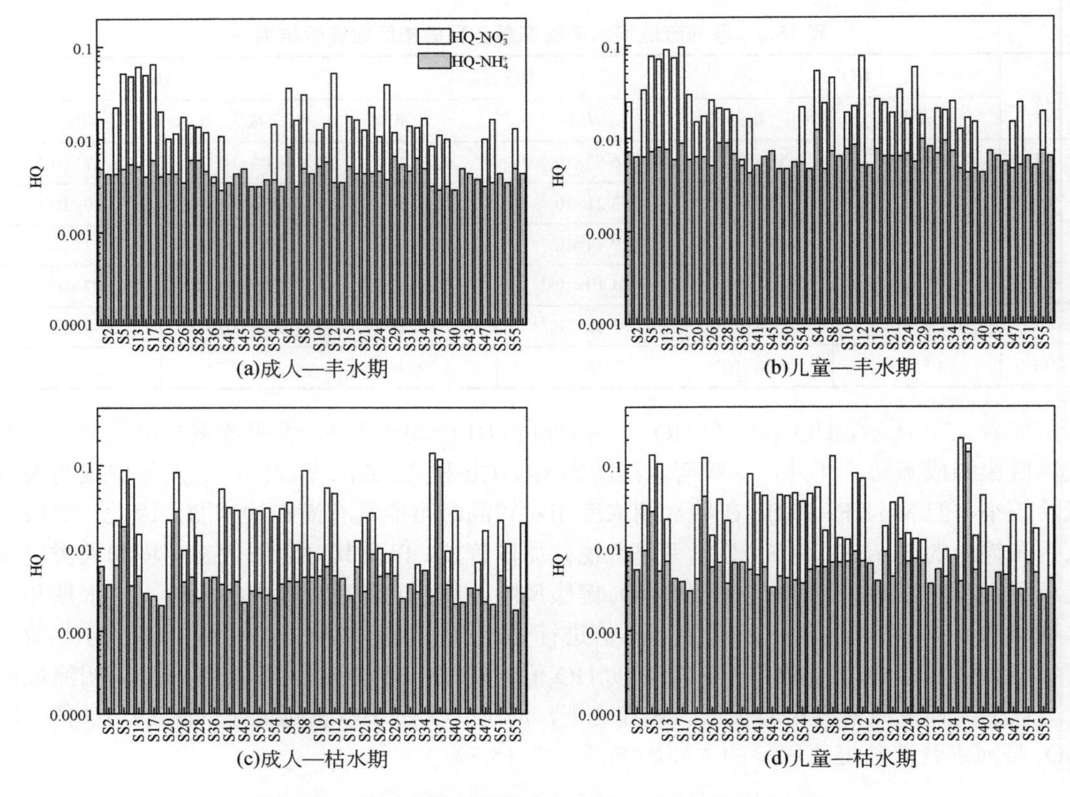

图 15.4 蒙河流域各采样点河水 NO_3^- 和 NH_4^+ 的 HQ 值

本章小结

本章基于组合权重综合水质评价、灌溉用水风险评价以及健康风险评价等手段，系统评估了蒙河流域河水的水质安全和健康风险，不仅摸清了蒙河水质和健康风险的整体现状，还探讨了其季节性差异，对于保护流域水环境，优化水资源的管理和利用，以及防控潜在污染源等方面都有着重要意义。基于饮用水标准中 TDS、Na^+、K^+、硬度、Cl^-、SO_4^{2-}、NH_4^+-N、NO_3^--N、Al、Mn、Fe、Cu、Zn、Ba 等 14 项水质指标的限值，采用水质指数法对河水水质进行了评估并判定了水质分级，结果显示蒙河全流域水质均为优良。灌溉用水风险评价表明流域河水仍然面临着一定程度的盐危害。健康风险评价中，无论是重金属还是营养盐，其枯水期暴露风险均高于丰水期，儿童相较于成人对河水中污染物的暴露更加敏感，且部分采样点的人体暴露风险相对偏高，需进行合理的控制。

参考文献

毛定祥，2002. 一种最小二乘意义下主客观评价一致的组合评价方法. 中国管理科学，（5）：96-98.

De Miguel E，Iribarren I，Chacón E，et al.，2007. Risk-based evaluation of the exposure of children to trace elements in playgrounds in Madrid（Spain）. Chemosphere，66（3）：505-513.

Li P，Wu J，Qian H，2015. Hydrochemical appraisal of groundwater quality for drinking and irrigation purposes and the major influencing factors：a case study in and around Hua County，China. Arabian Journal of Geosciences，9（1）：15.

Li P，Li X，Meng X，et al.，2016. Appraising groundwater quality and health risks from contamination in a semiarid region of northwest China. Exposure and Health，8（3）：361-379.

Li P，Feng W，Xue C，et al.，2017. Spatiotemporal variability of contaminants in lake water and their risks to human health：a case study of the Shahu Lake tourist area，northwest China. Exposure and Health，9（3）：213-225.

Li S，Li J，Zhang Q，2011. Water quality assessment in the rivers along the water conveyance system of the Middle Route of the South to North Water Transfer Project（China）using multivariate statistical techniques and receptor modeling. Journal of Hazardous Materials，195：306-317.

Liang B，Han G，Liu M，et al.，2019. Spatial and temporal variation of dissolved heavy metals in the Mun River，Northeast Thailand. Water，11（2）：380.

Liang B，Han G，Liu M，et al.，2021. Zn isotope fractionation during the development of low-humic gleysols from the Mun River Basin，northeast Thailand. CATENA，206：105565.

Liu J，Han G，2020. Distributions and source identification of the major ions in Zhujiang River，southwest China：examining the relationships between human perturbations，chemical weathering，water quality and health risk. Exposure and Health，12（4）：849-862.

Loska K，Wiechuła D，2003. Application of principal component analysis for the estimation of source of heavy metal contamination in surface sediments from the Rybnik Reservoir. Chemosphere，51（8）：723-733.

Mandal U K，Warrington D N，Bhardwaj A K，et al.，2008. Evaluating impact of irrigation water quality on a calcareous clay soil using principal component analysis. Geoderma，144（1）：189-197.

Meng Q，Zhang J，Zhang Z，et al.，2016. Geochemistry of dissolved trace elements and heavy metals in the Dan River Drainage（China）：distribution，sources，and water quality assessment. Environmental Science and Pollution Research，23（8）：8091-8103.

USEPA，2004. Supplemental guidance for dermal risk assessment. Part E of Risk Assessment Guidance for Superfund，Human Health Evaluation Manual（Volume I）.

Ustaoğlu F，Taş B，Tepe Y，et al.，2021. Comprehensive assessment of water quality and associated health risk by using physicochemical quality indices and multivariate analysis in Terme River，Turkey. Environmental Science and Pollution Research，28（44）：62736-62754.

Wang J，Liu G，Liu H，et al.，2017. Multivariate statistical evaluation of dissolved trace elements and a water quality assessment in the middle reaches of Huaihe River，Anhui，China. Science of the Total Environment，583：421-431.

Xiao J，Jin Z，Wang J，2014. Geochemistry of trace elements and water quality assessment of natural water within the Tarim River Basin in the extreme arid region，NW China. Journal of Geochemical Exploration，136：118-126.

Xiao J，Wang L，Deng L，et al.，2019. Characteristics，sources，water quality and health risk assessment of trace elements in river water and well water in the Chinese Loess Plateau. Science of the Total Environment，650：

2004-2012.

Zeng J，Han G，Wu Q，et al.，2019. Geochemical characteristics of dissolved heavy metals in Zhujiang River，Southwest China：spatial-temporal distribution，source，export flux estimation，and a water quality assessment. PeerJ，7：e6578.

Zeng J，Han G，Hu M，et al.，2021. Geochemistry of dissolved heavy metals in upper reaches of the Three Gorges Reservoir of Yangtze River watershed during the flood season. Water，13（15）：2078.

第十六章　悬浮物重金属地球化学及其风险评价

重金属元素具有毒性、持久性、不可生物降解性和生物累积性，是全球水环境中最为突出的一类污染物，其在水环境中富集可能会导致严重的水质退化，并对生物产生有害影响（Farahat and Linderholm，2015；Wilbers et al.，2014）。一般河流环境系统中的重金属主要以溶解态、悬浮物（SPM）和沉积物等三种形式存在（Chouba and Mzoughi，2013；Gao et al.，2018；Zeng et al.，2022）。前文已就溶解态重金属对水生生物和人类的潜在毒性危害进行了分析，但在河流水体中，溶解态重金属绝对含量通常低于悬浮物重金属绝对含量，作为河流环境系统中重金属主要载体和预沉体的悬浮物具有极高的比表面积和反应活性，溶解态重金属易被悬浮物所吸附（Li et al.，2018；Viers et al.，2009；Zhang et al.，2014），因此有必要对悬浮物重金属进行研究。

河口处河床沉积物的输出通量在河流输入海洋总固体物质通量的 10%以内，且通常仅为 1%，而 90%以上的固体物质以悬浮物形式输入海洋（Asselman，2000；Zhang et al.，2012）。此外，悬浮物/水界面上的重金属吸附/解吸等再分配过程是溶解态重金属在悬浮物中积累的主要场所，而吸附了重金属的悬浮物沉降过程也是河床沉积物中重金属的重要来源（Liu et al.，2016），同时，受污染的表层河床沉积物或已沉降的悬浮物也可能在水流扰动下再悬浮（Li et al.，2018；Liu et al.，2016），以上的水-悬浮物-沉积物界面分配过程也是重金属产生生态风险的重要途径。鉴于此，全球各地都开展了大量有关河流悬浮物中重金属含量分布及其对河流环境影响和海洋输出通量的研究（Beltrame et al.，2009；Liu et al.，2017；Matsunaga et al.，2014；Viers et al.，2009；Yao et al.，2015）。

富集系数、地累积指数、生物可利用度指数和毒性风险指数等方法已广泛应用于悬浮物或沉积物重金属的污染水平评价及环境影响评估（Zeng et al.，2022），为识别流域尺度的重金属污染水平和生态风险提供了有效的工具，在流域环境管理和污染修复中起到了重要作用。蒙河位于以农业生产而闻名的泰国东北部，流域内人口众多，是重要的农产品产区，也是支撑当地社会经济发展的主要水源（Li et al.，2019b）。由于城市的高速发展和集约型的农业活动，流域内的水生态环境受到了很大影响。考虑到前面的工作尚未从蒙河全流域角度系统了解悬浮物中重金属的丰度和来源、重金属的水/粒交互作用和地球化学行为，本章对蒙河流域悬浮物样品中的 8 种典型重金属（V、Cr、Mn、Ni、Cu、Zn、Cd、Pb）进行了分析，主要目的是：①分析重金属在悬浮物中的累积程度；②研究流域内重金属的迁移行为和水/粒交互作用过程；③识别悬浮物中重金属的潜在来源；④评估悬浮物中重金属的潜在风险。研究结果有助于蒙河地区流域管理水平的提高，也为泰国等“一带一路”共建国家的河流水资源可持续发展规划提供了参考。

第一节 悬浮物重金属的含量

蒙河悬浮物中重金属的含量见表 16.1，采用 Kolmogorov-Smirnov（K-S）非参数检验法检验所有重金属元素含量数据是否符合正态分布。结果表明，仅 Pb 含量呈正态分布，而其余重金属元素为非正态分布。因此，本小节中使用各重金属元素含量的中位值表示各重金属的整体水平。蒙河悬浮物中 8 种重金属元素的含量从大到小依次为：Mn（4616.7mg/kg）＞Zn（223.9mg/kg）＞V（109.1mg/kg）＞Cr（100.1mg/kg）＞Ni（51.0mg/kg）＞Cu（27.6mg/kg）＞Pb（14.3mg/kg）＞Cd（10.7mg/kg）。含量最高的重金属元素为 Mn 和 Zn，最大值分别为 65226.9mg/kg 和 1950.0mg/kg。悬浮物中大多数重金属元素（Pb 除外）的含量中位值均高于上地壳（UCC）中相应元素的含量，其中悬浮物的 Cd 浓度中位值是 UCC 的 17.8 倍，Mn 浓度中位值为 UCC 的 6.0 倍。

表 16.1 蒙河悬浮物重金属含量及悬浮物的质量浓度统计表

重金属元素	最小值	最大值	平均值	标准差	中位值	UCC	TEL	PEL
V	43.0	474.6	116.8	57.2	109.1	97.0	—	—
Cr	58.7	1724.9	171.3	258.3	100.1	92.0	43.4	111
Mn	484.4	65226.9	10598.1	14249.5	4616.7	774.5	—	—
Ni	31.5	850.2	83.4	123.2	51.0	47.0	22.7	48.6
Cu	11.5	243.5	38.0	35.9	27.6	28.0	31.6	149
Zn	67.7	1950.0	381.3	402.7	223.9	67.0	121	459
Cd	7.5	62.1	13.0	8.5	10.7	0.09	0.99	4.98
Pb	3.0	49.4	16.6	10.5	14.3	17.0	35.8	128
SPM	0.1	354.2	22.7	50.4	9.3	—	—	—

注：UCC 表示上地壳（Rudnick et al.，2003）；TEL 和 PEL 分别表示阈值效应水平和可能效应水平（MacDonald et al.，2000）；“—”表示无可获得数据。

从全球尺度来看，蒙河悬浮物中的 V、Cr、Ni 和 Zn 含量与全球河流悬浮物的平均值水平相近，Cu 和 Pb 的含量远远低于全球平均水平，而 Mn 和 Cd 含量则显著高于全球平均水平（图 16.1）。由于不同地区经济发展水平和产业结构存在差异，局部的人类活动对河流环境的影响程度区别明显，这使得不同河流悬浮物中重金属含量有所不同。例如，蒙河悬浮物中的 V、Cr 和 Ni 含量与亚洲地区（如俄罗斯和中国）河流悬浮物相当，Mn 和 Zn 含量明显较高，而 Cu 和 Pb 明显较低（图 16.1）。相比之下，以发达国家为主的欧洲地区河流悬浮物中易受人为污染影响的 Cd、Cu、Zn 和 Pb 等典型的人为源重金属含量远高于蒙河悬浮物中相应重金属的含量（图 16.1）。而在农业主导的蒙河流域，Cu、Cr、Pb 和 Zn 等人为源重金属污染物的排放强度远低于人口稠密且工业发达地区的河流。

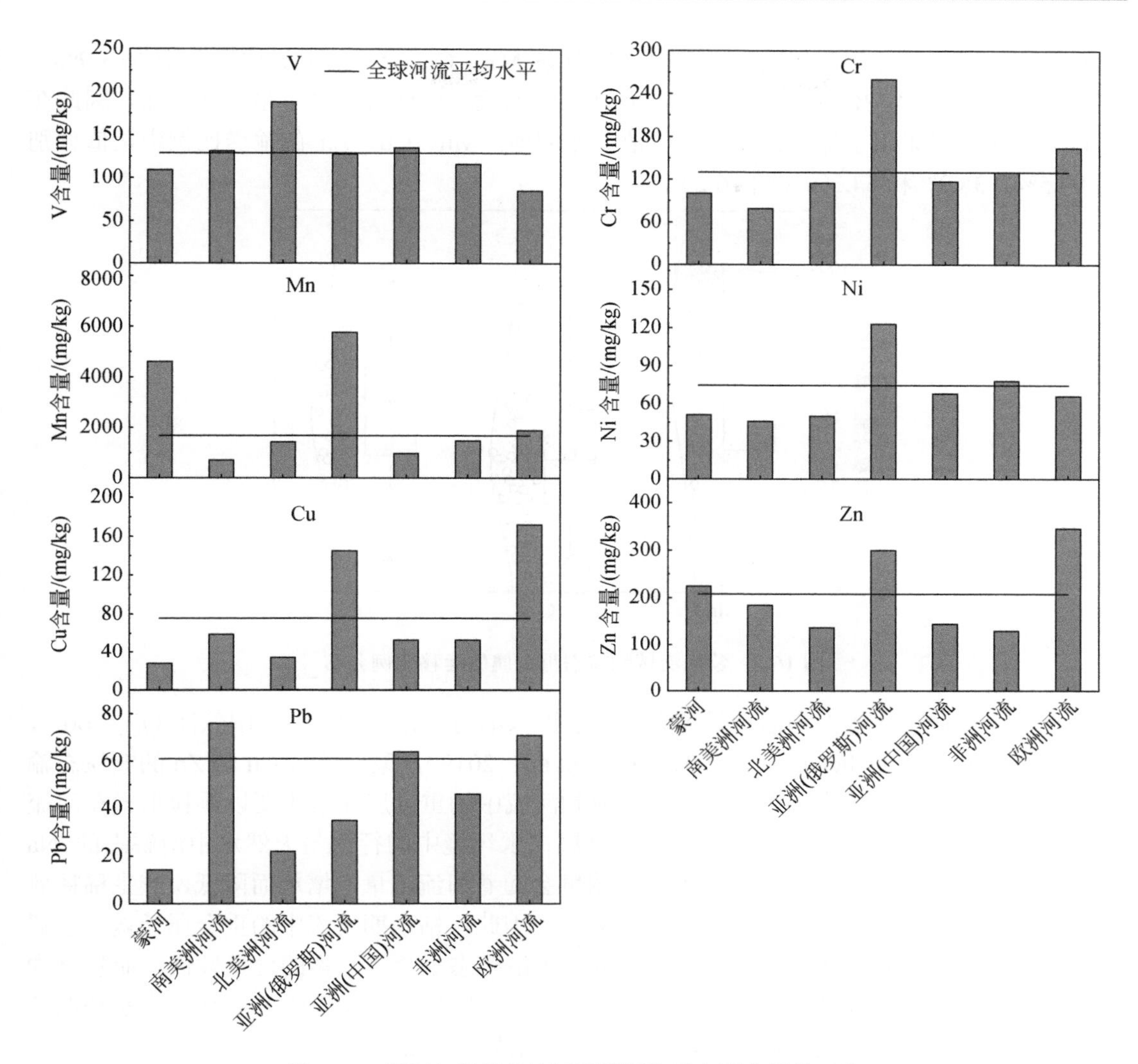

图 16.1 蒙河与世界各地河流悬浮物重金属含量的对比

第二节 悬浮物重金属的水/粒交互作用和污染评价

一、悬浮物重金属的水/粒交互作用

前文研究已经给出了溶解态重金属的浓度，但大多数重金属元素的含量水平很低，结合检出情况，本章采用与悬浮物样品同时采集的河水样品的溶解态 Mn、Cu 和 Zn 的浓度，计算了重金属以颗粒态（悬浮物）形式输送的比例 f（%）（Chen et al.，2009）：

$$F=(\mathrm{SPM}\times C_{\mathrm{p\text{-}PTE}})/(\mathrm{SPM}\times C_{\mathrm{p\text{-}PTE}}+C_{\mathrm{d\text{-}PTE}})\times 100 \quad (16.1)$$

其中，SPM、$C_{\mathrm{p\text{-}PTE}}$ 和 $C_{\mathrm{d\text{-}PTE}}$ 分别表示 SPM 的质量浓度（g/L）、悬浮物中各重金属的含量（mg/kg），以及相应的溶解态重金属浓度（μg/L）。如图 16.2 所示，蒙河流域内，以颗粒态形式运移的重金属比例变化较大。其中，颗粒态 Mn、Cu、Zn 的输送比例分别为 3.9%～99.98%、1.3%～94.3%、0.5%～95.5%。由于 Mn 的输送比例数据并不呈正态分布，因此在进行横向比较时采用了输送比例的中位值。相应地，Mn、Cu、Zn 的输送比例中位值分别为 89.5%、35.2%和 54.2%（图 16.2）。

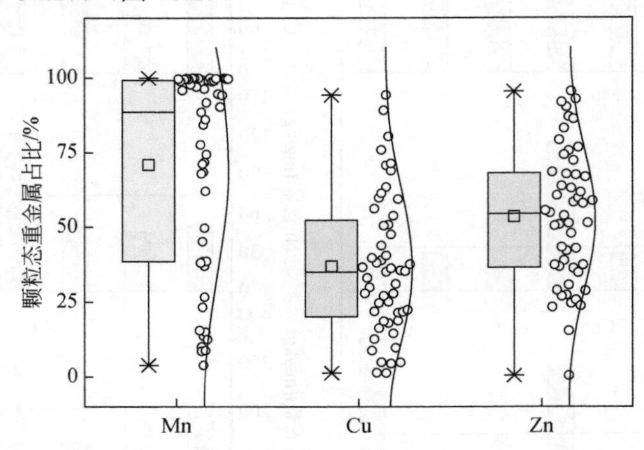

图 16.2　蒙河流域颗粒态重金属的运移比例分布

相较于受城市化等人为活动显著影响的法国塞纳河（f_{Zn}=85%）、中国珠江（f_{Cu}=60%，f_{Zn}=83%）等河流（Chen et al.，2009；Zeng et al.，2019），蒙河流域 Cu 和 Zn 的颗粒态输送比例明显较低，表明高强度人类活动排放到河流中的重金属元素主要以颗粒形式在河流水体系统中迁移。通常情况下，溶解态重金属在水环境中的行为与天然水中溶解态的 Na 和 K 等主要阳离子类似，即溶解态的元素浓度会随着河流流量的增加而降低，产生稀释效应（Han and Liu，2004；Li and Zhang，2010）。因此，枯水期河流中的重金属元素以溶解态形式迁移的比例较丰水期更大，而丰水期由于溶解态重金属元素的含量较低，而悬浮物中重金属元素的含量较高，重金属元素优先以悬浮颗粒物的形式迁移。蒙河流域 6 种颗粒态与溶解态重金属的分配系数（lgK_d 值）计算结果如表 16.2 所示。

表 16.2　蒙河及其他河流悬浮物 Mn、Cu、Zn 的分配系数（lg K_d）

河流	数值分类	lg K_d（Mn）	lg K_d（Cu）	lg K_d（Zn）
泰国蒙河	最小值	3.4	4.1	4.3
	最大值	8.4	5.6	6.3
	平均值	5.8	4.7	5.1
伊拉克底格里斯河		6.6	6.3	8.5
越南日河		5.0	5.4	5.1
印度萨瓦河		5.9	3.9	3.9
中国长江		5.0	4.1	4.3
中国嘉陵江		5.0	4.2	4.0
中国珠江		6.3	4.6	/
美国河流		/	4.7	5.1

注：其他河流数据来自文献（Allison and Allison，2005；Drndarski et al.，1990；Duc et al.，2013；Hamad et al.，2012；Zeng et al.，2019；霍文毅和陈静生，1997）。

蒙河流域颗粒态重金属与溶解态重金属的含量比（即分配系数 K_d，通常用 lg K_d 表示）可以反映水/粒相互作用过程中重金属的地球化学行为（Duc et al.，2013；Hamad et al.，2012）。lg K_d 值越大，河流悬浮物对重金属的吸附能力越强（Li et al.，2018）。悬浮物 Mn、Cu、Zn 的 lg K_d 值分别为 5.8±1.4、4.7±0.3、5.1±0.5，其值均超过了 3.4，表明蒙河悬浮物对上述三种重金属元素具有较强的吸附能力。与美国和亚洲（包括伊拉克、越南、印度和中国）部分河流相比，蒙河 Mn、Cu、Zn 的 lg K_d 值处于中等水平。值得注意的是，Cu 和 Zn 的 lg K_d 值与美国河流的 lg K_d 值相同。不同河流重金属元素的对数分配系数差异主要是由悬浮物颗粒的粒径大小、重金属离子半径差异和各重金属的离子反应活性导致的（Yao et al.，2015）。此外，河流系统中的颗粒态有机碳含量和悬浮物的质量浓度也是影响对数分配系数 lg K_d 值的重要因素（Allison and Allison，2005；Duc et al.，2013；Zeng et al.，2020）。

二、悬浮物重金属富集水平

为定量评估蒙河悬浮物中重金属的富集程度，本小节计算了各重金属元素的富集系数（EF）。富集系数将样品中重金属元素的含量相较于参比元素进行标准化，再与背景值进行比较，进而评估样品中重金属的富集程度（Audry et al.，2004；Li et al.，2019a；Nazeer et al.，2014；Tang and Han，2017）。由于 Al 在陆地岩石中广泛分布，且在各类污染源中的含量极少，其是 EF 计算过程中参比元素的最佳选择。EF 计算公式如下（Li et al.，2019a；Nazeer et al.，2014）：

$$\mathrm{EF}=(C_i/C_{参比元素})_{\mathrm{SPM}}/(C_i/C_{参比元素})_{背景} \tag{16.2}$$

其中，C_i 为悬浮物重金属的含量（mg/kg），$C_{参比元素}$ 为参考比元素的含量（mg/kg）。$(C_i/C_{参比元素})_{背景}$ 比值根据上地壳的元素丰度背景值计算得出。不同富集系数值对应的重金属富集程度分级如表 16.3 所示。

表 16.3　富集系数（EF）、地累积指数（I_{geo}）及毒性风险指数（TRI）分级

EF	富集程度	I_{geo}	污染程度	TRI	毒性风险程度
<1	无富集	<0	无污染	<5	无毒风险
1～3	轻微富集	0～1	轻度污染	5～10	低毒性风险
3～5	中度富集	1～2	中度污染	10～15	中度毒性风险
5～10	较严重富集	2～3	中度至重度污染	15～20	高毒性风险
10～25	严重富集	3～4	重度污染	>20	极高毒性风险
25～50	非常严重富集	4～5	重度至极重度污染		
>50	极度严重富集	>5	极重度污染		

如图 16.3 和图 16.4 所示，蒙河流域悬浮物中各重金属元素的 EF 值变异性较大，EF 平均值从大到小依次为：Cd（17.5）>Mn（14.3）>Zn（5.8）>Cr（1.4）≈Ni（1.4）>Cu（1.0）>Pb（0.9）≈V（0.9），表明悬浮物中 Cd 和 Mn 为最严重富集的两种元素。蒙河流域内大多数样品中 Cd 具有很高的 EF 值（>10，严重富集），少数采样点悬浮物 Cd 的 EF 值甚至大于 50（图 16.4），呈极度严重富集水平。尽管悬浮物中 Mn 的 EF 平均值为 14.3，

但大多数样品 Mn 的 EF 值都小于 10，表明 Mn 为较严重富集元素。同样，悬浮物中 Zn 的 EF 值主要介于 1～5 之间，表明 Zn 为轻微富集至中度富集元素。Cr 和 Ni 的 EF 值较低(1.4)，呈轻微富集，而 V、Cu 和 Pb 在多数样品中的 EF 值较小（EF＜1），为无富集。值得注意的是，Z2 和 Z22 采样点的 Mn（＞79.3）、Cr（＞59.8）、Zn（＞47.3）EF 值显著较高，其他重金属元素也显示出相对较高的 EF 值（图 16.4），表明这两个采样点受潜在人类活动影响最大。

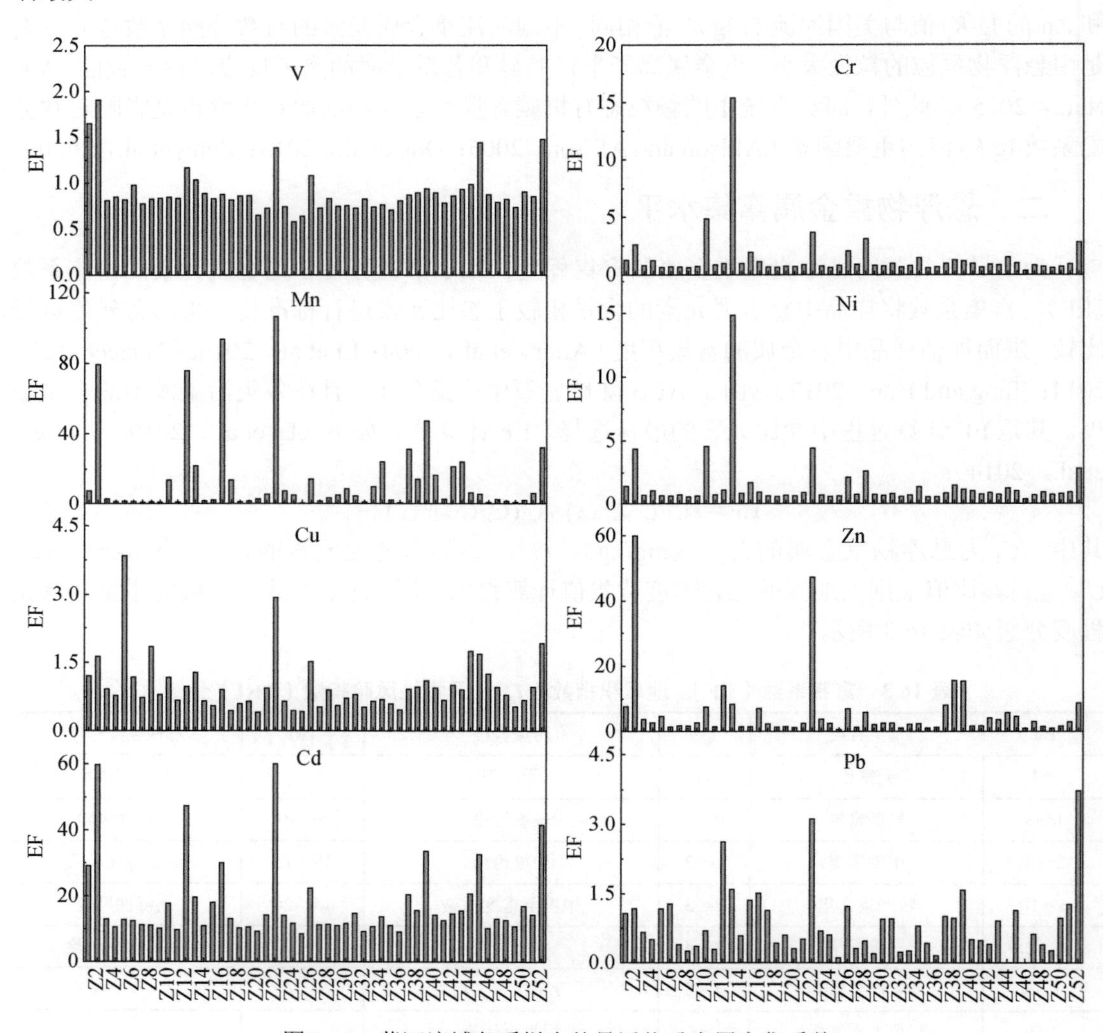

图 16.3　蒙河流域各采样点的悬浮物重金属富集系数

蒙河中多数重金属的 EF 值与中国珠江各重金属元素 EF 值(EF_V＝1.3，EF_{Cr}＝1.8，EF_{Mn}＝2.1，EF_{Ni}＝1.4，EF_{Cu}＝1.6，EF_{Zn}＝3.2，EF_{Cd}＝23.3，EF_{Pb}＝0.9）的分布特征相似（Zeng et al.，2019)，但相较于巴基斯坦索安河等受严重污染的河流（Cr、Ni、Cu、Zn、Cd、Pb 的 EF 值分别为 11.0、12.5、10.0、5.0、19.6、19.6）(Nazeer et al.，2014)，蒙河悬浮物中的重金属富集程度相对较低。这进一步表明了社会经济水平与产业结构对不同流域悬浮物中重金

属富集有着明显的影响，即高工业化水平和人口密度导致了大量潜在重金属排放，悬浮物对人为输入的污染物敏感性更强，且更易富集重金属。

此外，笔者使用地累积指数（I_{geo}）评价了蒙河悬浮物中重金属的污染程度。该方法也在前人的研究中得到了广泛应用（Li et al.，2018；Nazeer et al.，2014；Wu et al.，2017）。I_{geo} 的计算公式如下（Muller，1969；Qingjie et al.，2008）：

$$I_{geo}=\log_2[C_i/(1.5\times B_i)] \tag{16.3}$$

其中，C_i、B_i 分别为悬浮物重金属的含量和相应重金属的背景值（mg/kg）。不同重金属的 I_{geo} 值可根据数值大小分为 7 级（表 16.3）（Muller，1969）。蒙河流域悬浮物重金属的 I_{geo} 计算结果如图 16.5 所示。

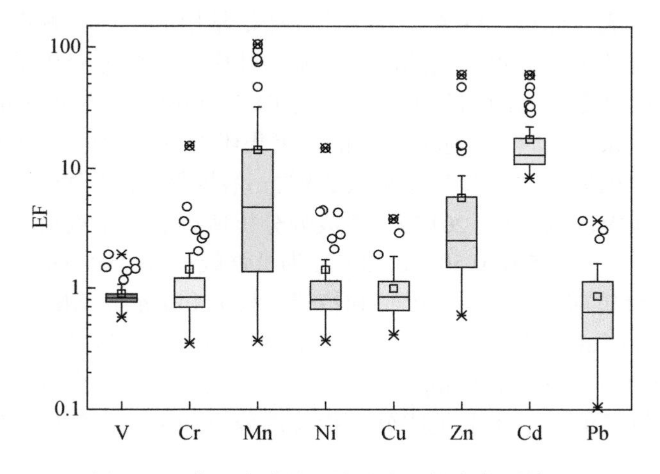

图 16.4　蒙河流域悬浮物重金属的富集系数值

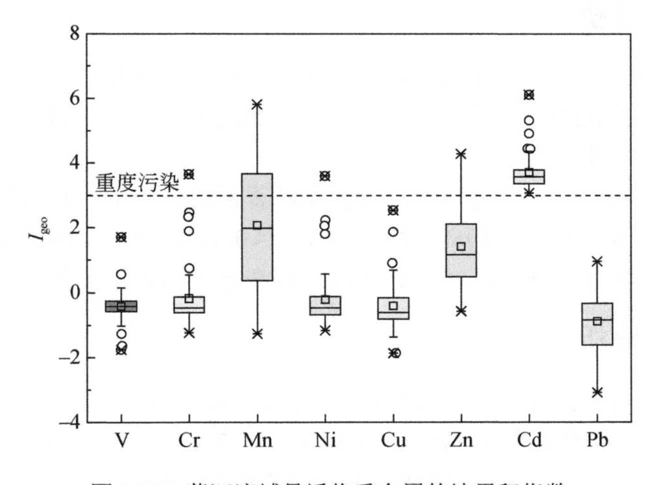

图 16.5　蒙河流域悬浮物重金属的地累积指数

流域悬浮物重金属的 I_{geo} 平均值大小顺序与各重金属的 EF 值大小顺序相似，即 Cd＞Mn＞Zn＞Cr＞Ni＞Cu≈V＞Pb。受污染最严重的是 Cd（I_{geo} 均值为 3.7）和 Mn（2.1），分别为重度污染和中度至重度污染水平。Zn 的 I_{geo} 均值为 1.4，表现出中度污染水平，而其余

重金属的 I_{geo} 均值都小于 0，表明悬浮物中的 V、Cr、Ni、Cu 和 Pb 为无污染水平。相较于受采矿活动、金属冶炼工业等影响的北江（悬浮物 Cu、Zn、Cd 和 Pb 的 I_{geo} 值分别为 2.1、2.7、7.0 和 1.5）（Li et al.，2018），流域悬浮物中重金属元素的 I_{geo} 值均较低，表明农业活动主导的河流悬浮物受重金属的潜在污染程度比工业活动影响的河流轻得多。总体而言，流域内不同的地貌景观和环境背景大大缓解了悬浮物重金属的污染强度，与重污染河流的对比分析也支撑了这一点（Nazeer et al.，2014）。

第三节　悬浮物重金属源解析

相关性分析和主成分分析（PCA）等统计方法是常用的定性源解析手段，主要通过对数据集进行描述性统计来探讨重金属的潜在来源。其中，主成分分析是最常用的多元统计方法，用于探索不同重金属间的相互关联和共同来源（Loska and Wiechuła，2003），在保留原始数据间呈现关系的同时，将标准化后的数据集维数降低为更少的几个因子（Li et al.，2011；Wang et al.，2017），进一步使用最大旋转方差法减少主成分分析得到的因子贡献或显著性较小的变量（Wang et al.，2017）。主成分分析所得的因子载荷可按照因子载荷的绝对值大小（>0.75、0.75～0.50、0.50～0.30）分为“强载荷”、“中载荷”和“弱载荷”（Gao et al.，2016）。进行分析前，需要通过巴特利特球度检验和 Kaiser-Meyer-Olkin 检验 PCA 对数据集的适用性（Li et al.，2011），并在分析前对各变量进行标准化处理，以避免原始变量的数值变化（Chen et al.，2007；Wang et al.，2017），最后进行最大旋转方差提取的主成分分析，提取旋转后特征值大于 1 的主成分。相关性分析和主成分分析均使用 SPSS 21.0 软件执行。

一、相关性分析

通常，河流水体中具有显著相关性的重金属元素可能有着相似的潜在来源和迁移行为，并可能经历了相似的物理化学过程（Zeng et al.，2022）。蒙河流域悬浮物中 8 种重金属元素的相关性分析结果如图 16.6 所示。

蒙河悬浮物中 Mn、Zn、Cd 和 Pb 之间存在显著正相关关系（$p<0.01$），四者可能具有相同的来源。Cr 和 Ni 呈显著正相关（$R=0.99$，$p<0.01$），但与其他重金属相关性不显著，说明来源有所不同。此外，V、Cu 和 Al 之间也存在显著的正相关关系。

二、主成分分析

本小节进一步对蒙河流域的悬浮物重金属进行主成分分析，以区分其潜在来源，共提取了三个特征值大于 1 的主成分（PC），解释了 79.67%的总方差（图 16.7）。PC1（Mn、Zn、Cd、Pb）、PC2（Al、V、Cu）和 PC3（Cr、Ni）分别解释了总方差的 33.84%、23.34% 和 22.48%。绝大多数重金属在各主成分中都呈现高载荷特征（载荷值>0.75）。

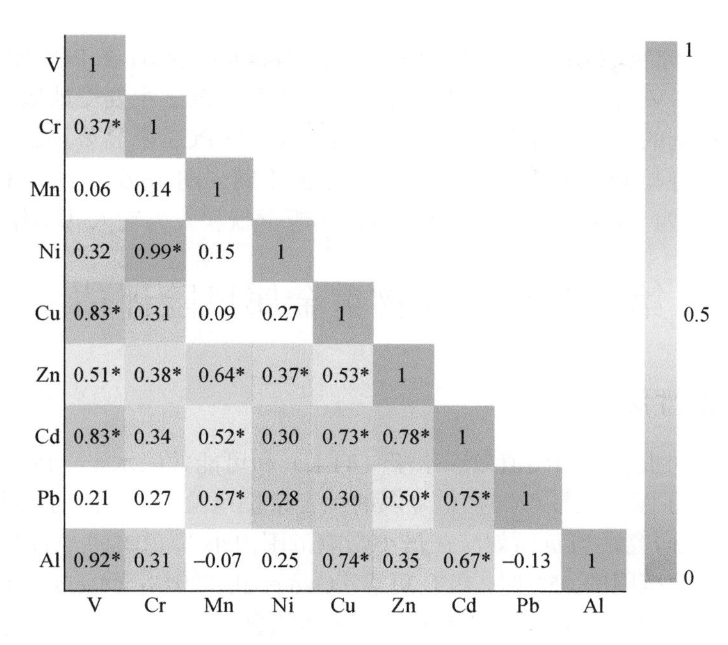

图 16.6　蒙河悬浮物重金属的相关性分析结果（白色方格表示 $p>0.05$，*表示 $p<0.01$）

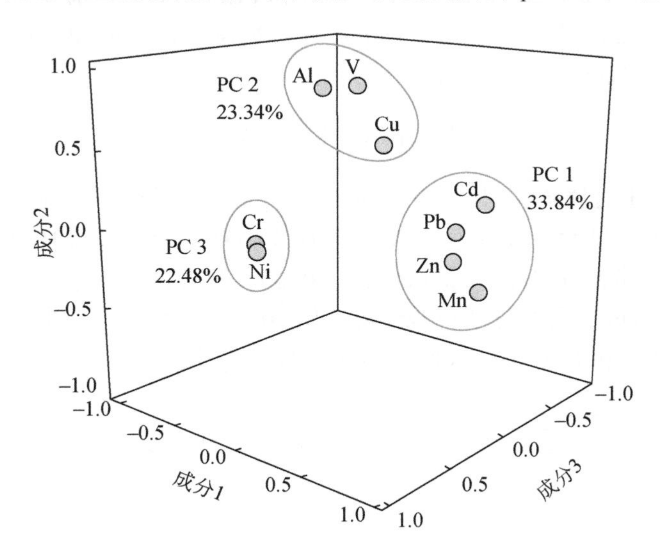

图 16.7　蒙河流域悬浮物重金属的 PCA 载荷

PC1 中呈现出显著正载荷的重金属包括 Mn、Zn、Cd 和 Pb，结合图 16.6 中这些重金属元素的正相关关系以及 Mn（14.3）、Cd（17.5）和 Zn（5.8）极高的 EF 值，可以推断 PC1 主要受蒙河流域的人为输入控制。前人研究也表明 Mn、Cd、Zn 和 Pb 是典型工业生产和农业活动产生的人为污染物（Nazeer et al.，2014；Zhang and Shan，2008）。相较之下，PC2 中呈显著正载荷的重金属为 Al、V 和 Cu。其中，Al 是大陆地壳中丰度最高且化学行为保守的金属元素（Taylor and McLennan，1995），人为输入对其含量的影响几乎可忽略不计。尽管 Cu 和 V 也存在城市生活污染物排放和电镀等工业来源（Islam et al.，2015；Zeng et al.，

2020），但考虑到悬浮物中 Cu 和 V 的低 EF 值（图 16.4）以及 Al 在 PC2 中的显著正载荷，人为源输入对 Cu 和 V 的贡献相对有限。因此，可以认为 PC2 主要受地质过程（如岩石风化和成土作用）控制的自然来源主导。此外，Ni 和 Cr 是 PC3 中显著正载荷的贡献者，且相关性分析表明二者与 PC1 和 PC2 中的重金属来源不同（图 16.6）。结合 Cr 和 Ni 的轻微富集水平（EF 值均为 1.4），可以认为 PC3 是自然源贡献和人为输入共同作用的结果。

第四节　悬浮物重金属风险评估

一、潜在毒性风险

本小节基于不同重金属的阈值效应水平（TEL）和可能效应水平（PEL），应用毒性风险指数（TRI）评价了蒙河流域悬浮物重金属的综合毒性风险（主要是对水生生物的潜在生态风险）。根据前人研究，当负面效应在最小影响范围内小于 10%时，TEL 可靠，而当负面效应超过可能影响范围的 65%时，PEL 可靠（Gao et al.，2018；MacDonald et al.，2000）。因此，结合 TEL 和 PEL 的 TRI 不仅考虑了重金属的急性毒性，而且还考虑了重金属的长期慢性毒性效应（Li et al.，2019a）。其中，TEL 和 PEL 的值取自前人研究中应用于评估水生系统重金属潜在生态风险的参考值（Gao et al.，2018；MacDonald et al.，2000）。悬浮物 TRI 计算公式如下（Gao et al.，2018）：

$$\mathrm{TRI}=\sum_{i=1}^{n}\mathrm{TRI}_i=\{[(C_{\mathrm{S}}^i/C_{\mathrm{TEL}}^i)^2+(C_{\mathrm{S}}^i/C_{\mathrm{PEL}}^i)^2]/2\}^{1/2} \tag{16.4}$$

式中，C_{S}^i 为悬浮物重金属 i 的浓度（mg/kg）；C_{TEL}^i 和 C_{PEL}^i 分别为金属 i 的 TEL 和 PEL 值（mg/kg）。TRI 将毒性风险等级分为 5 级（表 16.3）（Gao et al.，2018）。按上式和表 16.1 中 TEL 和 PEL 的参考值（MacDonald et al.，2000），笔者计算了蒙河流域悬浮物重金属的 TRI 值以评价悬浮物重金属的急性和慢性毒性作用的总毒性风险（图 16.8）。其中 V 和 Mn 鲜有报道可靠的 TEL 和 PEL 值，因此未纳入 TRI 计算中。

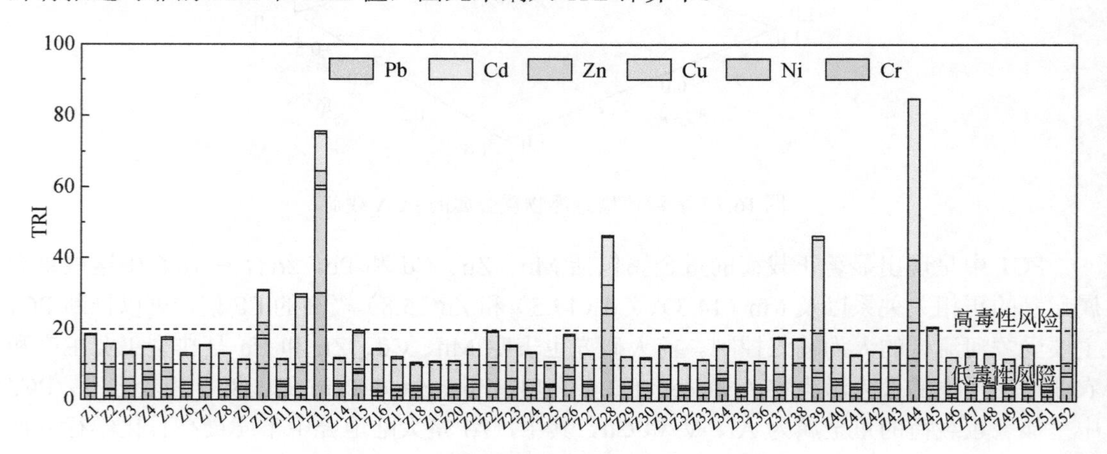

图 16.8　蒙河流域悬浮物重金属的 TRI 值

如图 16.8 所示，蒙河流域悬浮物重金属的 TRI 值介于 10.1～84.8 之间，平均值为 18.8，这表明悬浮物中重金属的毒性风险水平在中度毒性风险至较高毒性风险之间（15＜TRI＜20）。蒙河流域内有 8 个采样点的 TRI 值大于 20，呈极高的毒性风险水平。不同于各重金属元素的地累积指数计算结果，悬浮物中各重金属的 TRI 平均值由大到小依次为：Cd（9.4）＞Cr（3.0）＞Ni（2.9）＞Zn（2.3）＞Cu（0.9）＞Pb（0.3）。各重金属 TRI 平均值的相对大小与其他受农业活动影响的流域相似，反映了在相似土地利用的景观格局下，河流悬浮物重金属潜在毒性风险的同质性。此外，Cd、Cr、Ni、Zn、Cu 和 Pb 分别贡献了 54%±10%、14%±6%、14%±5%、11%±7%、5%±3%和 2%±1%的 TRI，表明 Cd 是蒙河悬浮物中最主要的有毒重金属，这与其较低的 TEL 值和较高的 SPM 浓度有关，而 Cr、Ni 和 Zn 等重金属元素也需进一步关注。

二、健康风险评估

参考美国环保署的方法，本小节对蒙河流域悬浮物重金属的人类暴露健康风险进行了评估（EPA）。该评估方法类似于溶解态重金属的健康风险评价，考虑了进入人体的重金属绝对量和不良健康影响与参考剂量之间的关系，主要通过危险熵值（HQ）和危险指数（HI）来计算和评估。人类有两种主要途径暴露于河流水体重金属（Li and Zhang，2010；Wang et al.，2017），但由于人类很少直接饮用含有悬浮物的水（即直接摄入），因此可以认为皮肤吸收是悬浮物中重金属的唯一暴露途径。HQ 是通过暴露途径摄入的重金属与参考剂量（RfD）的比值。HI 是不同暴露途径 HQ 值的和，由于只考虑一种暴露途径，因此 HI 和 HQ 相等。当 HQ 或 HI 值超过 1 时，悬浮物重金属对人类健康的非致癌性负面效应不可忽视。反之，如果 HQ 或 HI 值低于 1，则表明悬浮物重金属对人类健康没有显著负面影响（Wang et al.，2017；Wu et al.，2017）。HQ 和 HI 值计算如下（Wu et al.，2017；Zheng et al.，2010）：

$$\mathrm{ADD}_{皮肤吸收}=(\mathrm{C}\times\mathrm{EF}\times\mathrm{ED}\times\mathrm{SA}\times\mathrm{AF}\times\mathrm{ABS}\times10^{-6})/(\mathrm{BW}\times\mathrm{AT}) \quad (16.5)$$

$$\mathrm{HQ}=\mathrm{ADD}/\mathrm{RfD} \quad (16.6)$$

$$\mathrm{HI}=\Sigma\mathrm{HQs} \quad (16.7)$$

其中，$\mathrm{ADD}_{皮肤吸收}$为皮肤吸收的每日平均剂量［mg/（kg·d）］，RfD 是参考剂量［mg/(kg·d)］（Wan et al.，2016；Wu et al.，2017），式中其他参数的物理含义及参考值见表 16.4。

表 16.4　健康风险评价参数的物理含义及参考值

参数	物理含义	单位	儿童参考值	成人参考值
C	重金属含量	mg/kg		
EF	暴露频率	d/a	350	350
ED	暴露时间	a	6	30
SA	暴露皮肤面积	cm^2	1800	5000
AF	黏着因子	mg/(cm·d)	1	1
ABS	皮肤吸收因子		0.001	0.001
BW	平均体重	kg	15	55.9
AT	平均时间	d	365×ED	365×ED

根据各重金属元素的参考剂量，笔者计算了蒙河流域悬浮物重金属的HI值，以进一步评估其潜在的人类健康风险。如图 16.9 所示，悬浮物中所有重金属的 HI 平均值无论儿童还是成人均低于 1，这说明仅考虑皮肤吸收这一暴露途径的情况下，流域内的悬浮物重金属就平均水平而言不存在非致癌性的健康风险。值得注意的是，成人的HI值始终要低于儿童，这说明与成人相比，儿童的悬浮物重金属暴露风险更高。此外，当儿童的 HI 值超过 0.1 时，也可能存在负面健康影响（De Miguel et al.，2007）。因此，悬浮物中 HI 值高于 0.1 的 V、Cr、Mn 和 Cd 健康风险，尤其是儿童的暴露风险仍不容忽视。V、Cr、Mn 和 Cd 均有特异性毒性，例如，V 具有肾毒性、肝毒性和生殖系统毒性（Wilk et al.，2017），Cr 可通过影响化学需氧量导致窒息（Zeng et al.，2019）。因此，上述四种元素是流域悬浮物重金属暴露的主要健康风险，应予以更多关注。

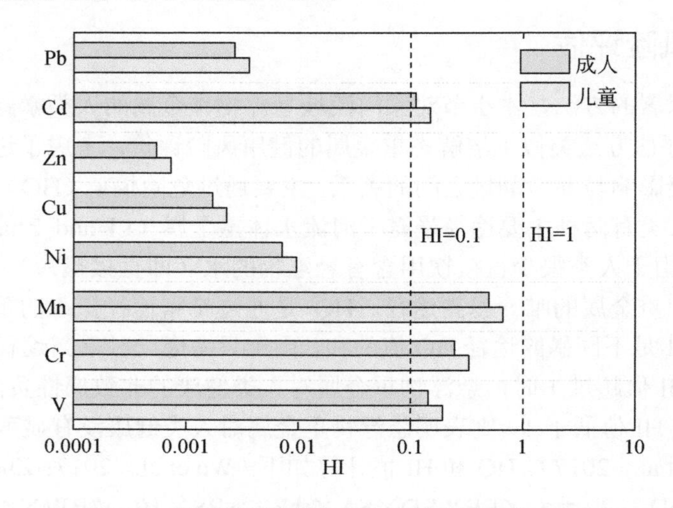

图 16.9　蒙河流域悬浮物重金属的危险指数（HI）

本 章 小 结

本章系统分析了蒙河流域悬浮物中典型重金属的含量，利用分配系数、富集系数（EF）、地累积指数（I_{geo}）、毒性风险指数（TRI）、危害指数（HI）等对重金属的富集水平和污染程度以及风险进行评价，同时采用相关分析与主成分分析等统计分析手段对悬浮物重金属进行潜在源解析。结果表明，悬浮物对重金属有强力吸附作用，人为输入是 Mn、Zn、Cd 和 Pb 的主要来源，V 和 Cu 主要由自然过程贡献，Cr 和 Ni 则由自然源贡献和人为输入的混合源控制。Cd 和 Mn 在悬浮物中明显富集，EF 值和 I_{geo} 值均较高，且二者也是悬浮物主要的毒性和健康风险元素，而 V 和 Cr 的暴露风险也不容忽视。尽管我们探讨了整个蒙河流域中悬浮物重金属的整体分布，但对其时间变化规律的认识尚有不足。为进一步消除不确定性和悬浮物中重金属地球化学组分的时间变化，精确评估重金属潜在风险，还需开展高频率观测研究，以识别悬浮物重金属的地球化学循环过程及其环境效应，进而为蒙河流域重金属的污染防控及水资源可持续发展提供有力支撑。

参 考 文 献

霍文毅，陈静生，1997. 我国部分河流重金属水-固分配系数及在河流质量基准研究中的应用. 环境科学，（4）：11-14.

Allison J D，Allison T L，2005. Partition coefficients for metals in surface water，soil，and waste. U.S. Environmental Protection Agency，Office of Research and Development，Washington，DC，74.

Asselman N E M，2000. Fitting and interpretation of sediment rating curves. Journal of Hydrology，234（3）：228-248.

Audry S，Schäfer J，Blanc G，et al.，2004. Fifty-year sedimentary record of heavy metal pollution（Cd，Zn，Cu，Pb）in the Lot River reservoirs（France）. Environmental Pollution，132（3）：413-426.

Beltrame M O，De Marco S G，Marcovecchio J E，2009. Dissolved and particulate heavy metals distribution in coastal lagoons. a case study from Mar Chiquita Lagoon，Argentina. Estuarine，Coastal and Shelf Science，85（1）：45-56.

Chen J，Gaillardet J，Louvat P，et al.，2009. Zn isotopes in the suspended load of the Seine River，France：isotopic variations and source determination. Geochimica et Cosmochimica Acta，73（14）：4060-4076.

Chen K，Jiao J J，Huang J，et al.，2007. Multivariate statistical evaluation of trace elements in groundwater in a coastal area in Shenzhen，China. Environmental Pollution，147（3）：771-780.

Chouba L，Mzoughi N，2013. Assessment of heavy metals in sediment and in suspended particles affected by multiple anthropogenic contributions in harbours. International Journal of Environmental Science and Technology，10（4）：779-788.

De Miguel E，Iribarren I，Chacón E，et al.，2007. Risk-based evaluation of the exposure of children to trace elements in playgrounds in Madrid（Spain）. Chemosphere，66（3）：505-513.

Drndarski N，Stojić D，Župančić M，et al.，1990. Determination of partition coefficients of metals in the Sava River environment. Journal of Radioanalytical and Nuclear Chemistry，140（2）：341-348.

Duc T A，Loi V D，Thao T T，2013. Partition of heavy metals in a tropical river system impacted by municipal waste. Environmental Monitoring and Assessment，185（2）：1907-1925.

Farahat E，Linderholm H W，2015. The effect of long-term wastewater irrigation on accumulation and transfer of heavy metals in Cupressus sempervirens leaves and adjacent soils. Science of the Total Environment，512-513：1-7.

Gao L，Wang Z，Shan J，et al.，2016. Distribution characteristics and sources of trace metals in sediment cores from a trans-boundary watercourse：an example from the Shima River，Pearl River Delta. Ecotoxicology and Environmental Safety，134：186-195.

Gao L，Wang Z，Li S，et al.，2018. Bioavailability and toxicity of trace metals（Cd，Cr，Cu，Ni，and Zn）in sediment cores from the Shima River，South China. Chemosphere，192：31-42.

Gong Q J，Deng J，Xing Y C，et al.，2008. Calculating pollution indices by heavy metals in ecological geochemistry assessment and a case study in parks of Beijing. Journal of China University of Geosciences，19（3）：230-241.

Hamad S H，Schauer J J，Shafer M M，et al.，2012. The distribution between the dissolved and the particulate forms of 49 metals across the Tigris River，Baghdad，Iraq. The Scientific World Journal，2012：246059.

Han G，Liu C Q，2004. Water geochemistry controlled by carbonate dissolution：a study of the river waters draining karst-dominated terrain，Guizhou Province，China. Chemical Geology，204（1）：1-21.

Islam M S，Ahmed M K，Raknuzzaman M，et al.，2015. Heavy metal pollution in surface water and sediment：a preliminary assessment of an urban river in a developing country. Ecological Indicators，48：282-291.

Li R，Tang C，Cao Y，et al.，2018. The distribution and partitioning of trace metals（Pb，Cd，Cu，and Zn）and metalloid（As）in the Beijiang River. Environmental Monitoring and Assessment，190（7）：399.

Li S，Zhang Q，2010. Risk assessment and seasonal variations of dissolved trace elements and heavy metals in the Upper Han River，China. Journal of Hazardous Materials，181（1）：1051-1058.

Li S，Li J，Zhang Q，2011. Water quality assessment in the rivers along the water conveyance system of the Middle Route of the South to North Water Transfer Project（China）using multivariate statistical techniques and receptor modeling. Journal of Hazardous Materials，195：306-317.

Li W，Gou W，Li W，et al.，2019a. Environmental applications of metal stable isotopes：silver，mercury and zinc. Environmental Pollution，252：1344-1356.

Li X，Han G，Liu M，et al.，2019b. Hydrochemistry and dissolved inorganic carbon（DIC）cycling in a tropical agricultural river，Mun River Basin，Northeast Thailand. International Journal of Environmental Research and Public Health，16（18）：3410.

Liu C，Fan C，Shen Q，et al.，2016. Effects of riverine suspended particulate matter on post-dredging metal re-contamination across the sediment–water interface. Chemosphere，144：2329-2335.

Liu J，Li S L，Chen J B，et al.，2017. Temporal transport of major and trace elements in the upper reaches of the Xijiang River，SW China. Environmental Earth Sciences，76（7）：299.

Loska K，Wiechuła D，2003. Application of principal component analysis for the estimation of source of heavy metal contamination in surface sediments from the Rybnik Reservoir. Chemosphere，51（8）：723-733.

MacDonald D D，Ingersoll C G，Berger T A，2000. Development and evaluation of consensus-based sediment quality guidelines for freshwater ecosystems. Archives of Environmental Contamination and Toxicology，39（1）：20-31.

Matsunaga T，Tsuduki K，Yanase N，et al.，2014. Temporal variations in metal enrichment in suspended particulate matter during rainfall events in a rural stream. Limnology，15（1）：13-25.

Muller G，1969. Index of geoaccumulation in sediments of the Rhine River. GeoJournal，2（3）：109-118.

Nazeer S，Hashmi M Z，Malik R N，2014. Heavy metals distribution，risk assessment and water quality characterization by water quality index of the River Soan，Pakistan. Ecological Indicators，43：262-270.

Rudnick R，Gao S，Holland H，et al.，2003. Composition of the continental crust. The Crust，3：1-64.

Tang Y，Han G，2017. Characteristics of major elements and heavy metals in atmospheric dust in Beijing，China. Journal of Geochemical Exploration，176：114-119.

Taylor S R，McLennan S M，1995. The geochemical evolution of the continental crust. Reviews of Geophysics，33（2）：241-265.

Viers J，Dupré B，Gaillardet J，2009. Chemical composition of suspended sediments in World Rivers：new insights from a new database. Science of the Total Environment，407（2）：853-868.

Wan D，Zhan C，Yang G，et al.，2016. Preliminary assessment of health risks of potentially toxic elements in settled dust over Beijing urban area. International Journal of Environmental Research and Public Health，13（5）：491.

Wang J，Liu G，Liu H，et al.，2017. Multivariate statistical evaluation of dissolved trace elements and a water quality assessment in the middle reaches of Huaihe River，Anhui，China. Science of the Total Environment，583：421-431.

Wilbers G J，Becker M，Nga L T，et al.，2014. Spatial and temporal variability of surface water pollution in the Mekong Delta，Vietnam. Science of the Total Environment，485-486：653-665.

Wilk A，Szypulska-Koziarska D，Wiszniewska B，2017. The toxicity of vanadium on gastrointestinal，urinary and reproductive system，and its influence on fertility and fetuses malformations. Advances in Hygiene & Experimental Medicine，71.

Wu T，Bi X，Li Z，et al.，2017. Contaminations，sources，and health risks of trace metal（loid）s in street dust of a small city impacted by artisanal Zn smelting activities. International Journal of Environmental Research and Public Health，14（9）：961.

Yao Q，Wang X，Jian H，et al.，2015. Characterization of the particle size fraction associated with heavy metals in suspended sediments of the Yellow River. International Journal of Environmental Research and Public Health，12（6）：6725-6744.

Zeng J，Han G，Wu Q，et al.，2019. Heavy metals in suspended particulate matter of the Zhujiang River，southwest China：contents，sources，and health risks. International Journal of Environmental Research and Public Health，16（10）：1843.

Zeng J，Han G，Yang K，2020. Assessment and sources of heavy metals in suspended particulate matter in a tropical catchment，northeast Thailand. Journal of Cleaner Production，265：121898.

Zeng J，Han G，Zhang S，et al.，2022. Potentially toxic elements in cascade dams-influenced river originated from Tibetan Plateau. Environmental Research，208：112716.

Zhang H，Shan B，2008. Historical records of heavy metal accumulation in sediments and the relationship with agricultural intensification in the Yangtze–Huaihe region，China. Science of the Total Environment，399（1）：113-120.

Zhang N，Zang S，Sun Q，2014. Health risk assessment of heavy metals in the water environment of Zhalong Wetland，China. Ecotoxicology，23（4）：518-526.

Zhang W，Wei X，Zheng J，et al.，2012. Estimating suspended sediment loads in the Pearl River Delta region using sediment rating curves. Continental Shelf Research，38：35-46.

Zheng N，Liu J，Wang Q，et al.，2010. Health risk assessment of heavy metal exposure to street dust in the zinc smelting district，Northeast of China. Science of the Total Environment，408（4）：726-733.

第十七章　悬浮物稀土元素分布特征及其控制因素

稀土元素（REE）具有相似的原子结构、相近的离子半径，通常表现出相似的化学性质，稀土元素在自然界密切共生且主要以三价形态存在（Berglund et al.，2019）。由于稀土元素的化学性质与其他元素存在系统性差异，其在地球化学研究中被广泛用作岩石风化过程和风化产物的示踪剂，在环境研究方面有着广泛的应用（Pereto et al.，2020）。根据稀土元素的地球化学特征，通常将其分为轻稀土（LREE，La～Nd）、中稀土（MREE，Sm～Ho）和重稀土（HREE，Er～Lu）三类。河流水是稀土元素从陆地向海洋运输的重要载体，也是稀土元素迁移转化的重要场所（Altomare et al.，2020；Dai et al.，2012）。上覆水体中的稀土元素主要以溶解态和悬浮物的颗粒态存在，超过95%的河流稀土通量以悬浮物形式承载，只有不到5%的稀土通量由溶解态承载（da Silva et al.，2018）。河流悬浮物是由无机和有机颗粒、生物碎屑、浮游生物和微生物组成的混合物，也是实验操作过程中被0.22μm滤膜过滤后的固体部分（da Silva et al.，2018）。前人研究主要集中在大型河流溶解态REE的背景值和入海通量、河口区域陆-海相互作用对溶解态 REE 的影响、河流系统中溶解态REE的分布特征及其控制因素等（Gao et al.，2021）。目前，关于河流悬浮物REE的地球化学特征和行为及其控制因素的研究相对缺乏（Liu et al.，2022b）。悬浮物作为REE的主要载体，比溶解态REE包含了更多关于河流水环境和地球化学的信息（Cholet et al.，2019）。随着河流REE地球化学研究的深入，仅通过分析溶解态REE浓度、组成模式及其与水化学参数之间的关系，很难全面地了解河流系统中 REE 的地球化学行为（Cholet et al.，2019；Nozaki et al.，2000；Smith and Liu，2018）。研究悬浮物REE的地球化学特征可以更好地理解河流系统水-粒相互作用过程的REE地球化学行为，对指示河流环境变化具有重要意义。

泰国东北部的蒙河流域受热带季风气候影响，丰水期降雨充足，枯水期极度干旱（Liang et al.，2021）。降雨量的极端不均匀分布影响了岩石风化过程和土壤侵蚀速率，这可能导致丰水期和枯水期河水悬浮物及其REE来源的差异。另一方面，降雨通过改变河流径流量和水环境的理化性质来影响水-粒相互作用过程中 REE 的地球化学行为。此外，河流水动力会影响悬浮物和沉积物之间的相互转化过程（Mazumder et al.，2005）及悬浮物中REE的组成。因此，蒙河流域是研究土壤侵蚀条件下悬浮物 REE 来源和气候影响下水-粒相互作用过程中REE地球化学行为的理想场所。本章对泰国蒙河流域丰水期和枯水期河流悬浮物REE的时空分布特征进行了系统的研究，确定了丰水期和枯水期河流悬浮物及其REE来源的差异，并分析了气候影响下水-粒相互作用对悬浮物 REE 浓度和分异的影响。本研究有助于提高对热带季风区河流悬浮物REE的来源和水-颗粒相互作用过程中REE地球化学行为的理解。

第一节　悬浮物中稀土元素含量的时空分布特征

蒙河流域丰、枯水期河流上游、中游和下游悬浮物中各稀土元素含量的变化范围、均值和标准差如表 17.1 所示。丰水期各河段悬浮物中∑LREE、∑MREE、∑HREE 和∑REE 含量均显著低于枯水期（图 17.1）。丰水期河流悬浮物中∑REE 含量的平均值为 111.9mg/kg，显著低于上陆壳（UCC）的 146.4mg/kg（Taylor and McLennan，1985）、澳大利亚后太古代页岩（PAAS）的 184.8mg/kg（Taylor and McLennan，1985）和世界河流悬浮物平均值的 174.8mg/kg（Viers et al.，2009）。枯水期河流悬浮物的∑REE 含量为 179.9mg/kg，与 PAAS 和世界河流悬浮物平均值非常接近。枯水期河流悬浮物的∑REE 含量沿河流流向呈下降趋势，而在丰水期呈升高趋势。

表 17.1　蒙河流域丰水期和枯水期河流上游、中游和下游悬浮物中各稀土元素的含量（单位：mg/kg）

		La	Ce	Pr	Nd	Sm	Eu	Gd	Tb	Dy	Ho	Er	Tm	Yb	Lu
上游丰水期	最小值	11.90	21.40	2.50	9.90	2.05	0.52	2.58	0.28	1.39	0.28	0.82	0.13	0.74	0.12
	最大值	40.90	68.30	8.40	33.10	6.87	1.63	8.22	0.87	4.54	0.88	2.63	0.37	2.42	0.35
	均值	22.47	39.38	4.65	18.36	3.81	0.92	4.55	0.47	2.50	0.48	1.44	0.20	1.32	0.19
	标准差	9.08	15.36	1.98	7.95	1.62	0.35	1.91	0.19	1.03	0.19	0.58	0.08	0.54	0.08
中游丰水期	最小值	14.30	21.50	2.80	10.50	2.06	0.49	2.39	0.27	1.47	0.29	0.87	0.12	0.82	0.12
	最大值	31.80	59.80	6.40	23.60	4.87	1.10	5.86	0.58	2.92	0.54	1.60	0.21	1.47	0.21
	均值	21.61	38.39	4.38	16.47	3.26	0.76	3.87	0.40	2.09	0.40	1.22	0.17	1.16	0.17
	标准差	4.57	9.83	0.95	3.46	0.71	0.15	0.87	0.08	0.39	0.07	0.20	0.03	0.18	0.03
下游丰水期	最小值	27.00	47.00	5.10	18.50	3.74	0.85	4.68	0.45	2.35	0.45	1.34	0.18	1.26	0.18
	最大值	37.80	76.50	7.30	26.50	5.29	1.19	6.85	0.65	3.49	0.67	2.06	0.29	1.94	0.28
	均值	31.08	57.39	6.06	22.41	4.49	1.04	5.48	0.54	2.81	0.53	1.59	0.22	1.48	0.21
	标准差	3.38	8.26	0.64	2.32	0.46	0.10	0.58	0.05	0.27	0.05	0.16	0.02	0.15	0.02
上游枯水期	最小值	24.70	44.90	5.50	21.00	4.44	1.04	4.38	0.66	4.00	0.82	2.49	0.37	2.40	0.35
	最大值	57.40	104.60	12.30	52.80	10.49	2.17	9.34	1.21	7.01	1.35	3.98	0.55	3.91	0.56
	均值	39.42	76.80	8.77	34.62	7.40	1.72	7.09	0.97	5.81	1.13	3.40	0.47	3.19	0.44
	标准差	9.72	19.96	1.99	8.58	1.68	0.33	1.41	0.16	0.92	0.17	0.51	0.06	0.50	0.07
中游枯水期	最小值	33.30	56.20	5.90	23.50	4.88	1.19	4.78	0.72	3.88	0.79	2.09	0.31	2.00	0.36
	最大值	50.80	98.60	10.60	41.10	8.94	2.30	8.23	1.23	6.75	1.29	3.83	0.54	3.61	0.50
	均值	41.41	71.47	8.05	33.23	6.70	1.61	6.29	0.94	5.00	1.02	2.90	0.45	2.71	0.42
	标准差	5.51	11.43	1.14	4.79	1.13	0.28	1.03	0.14	0.77	0.14	0.43	0.06	0.39	0.04
下游枯水期	最小值	29.90	55.10	5.40	22.10	5.02	1.09	4.31	0.62	3.00	0.61	1.67	0.25	1.47	0.24
	最大值	52.60	98.00	9.50	47.60	8.42	2.16	7.63	1.04	5.41	1.09	3.07	0.48	2.90	0.47
	均值	38.01	68.97	7.22	31.94	6.11	1.40	5.68	0.81	4.19	0.86	2.45	0.37	2.25	0.37
	标准差	5.98	11.88	1.20	6.78	1.00	0.30	0.92	0.14	0.65	0.15	0.39	0.06	0.39	0.06

河流悬浮物的∑LREE、∑MREE 和∑HREE 含量沿流向的变化趋势相似。丰水期各河段悬浮物∑LREE、∑MREE、∑HREE 和∑REE 含量均显著低于流域土壤，而枯水期仅中游和下游河段悬浮物中的含量低于蒙河流域土壤。枯水期悬浮物中∑LREE、∑MREE、∑HREE 和∑REE 含量比丰水期更加接近蒙河流域土壤中的相关含量（Zhou et al.，2020）。

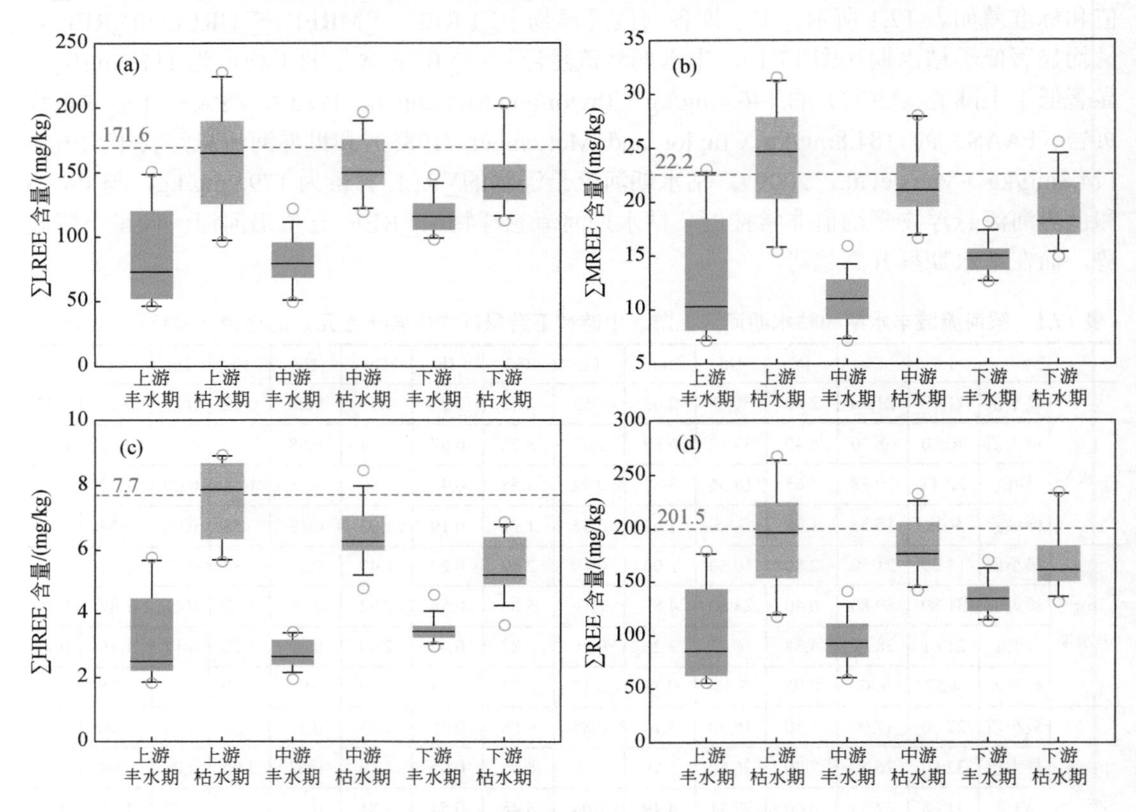

图 17.1　蒙河悬浮物 REE 总含量的分布特征

蒙河流域土壤的 REE 总含量（红色虚线）数据来源于文献（Zhou et al.，2020）

标准化的 REE 模式是避免相邻 REE 之间的奇偶效应（质子数为偶数的元素丰度高于相邻奇数元素的丰度）的有效手段（Dai et al.，2012；Pérez-López et al.，2015；Rönnback and Åström，2007）。REE 的组成模式是识别 REE 富集或亏损的有效工具（Han et al.，2009），通常使用澳大利亚后太古代页岩（PAAS）的 REE 组成作为参比来进行标准化。PAAS 标准化的 REE 组成模式计算方法使用地质样品的单一稀土元素浓度除以 PAAS 中相应稀土元素的浓度而得到（Taylor and McLennan，1985）：

$$REE_N = REE_{悬浮物}/REE_{PAAS} \tag{17.1}$$

蒙河流域丰水期和枯水期河流上游、中游和下游悬浮物中 PAAS 标准化的 REE 组成模式如图 17.2 所示。丰水期或枯水期上游、中游和下游悬浮物中 PAAS 标准化的 REE 组成模式比较相似，丰水期和枯水期悬浮物中 PAAS 标准化的 REE 组成模式有明显的差异。丰水期悬浮物中各 PAAS 标准化的 REE 值均低于枯水期。丰水期悬浮物中的 Gd 是最富集的稀土元素，而枯水期悬浮物中 Eu 是最富集的稀土元素。此外，枯水期悬浮物的 PAAS 标准化 REE 组成模式与蒙河流域土壤 PAAS 标准化的 REE 组成模式非常接近（Zhou et al.，2020）。丰水期的悬浮物中通过 PAAS 标准化的 REE 组成模式显示出了明显的 Gd 富集和 HREE 缺损现象。

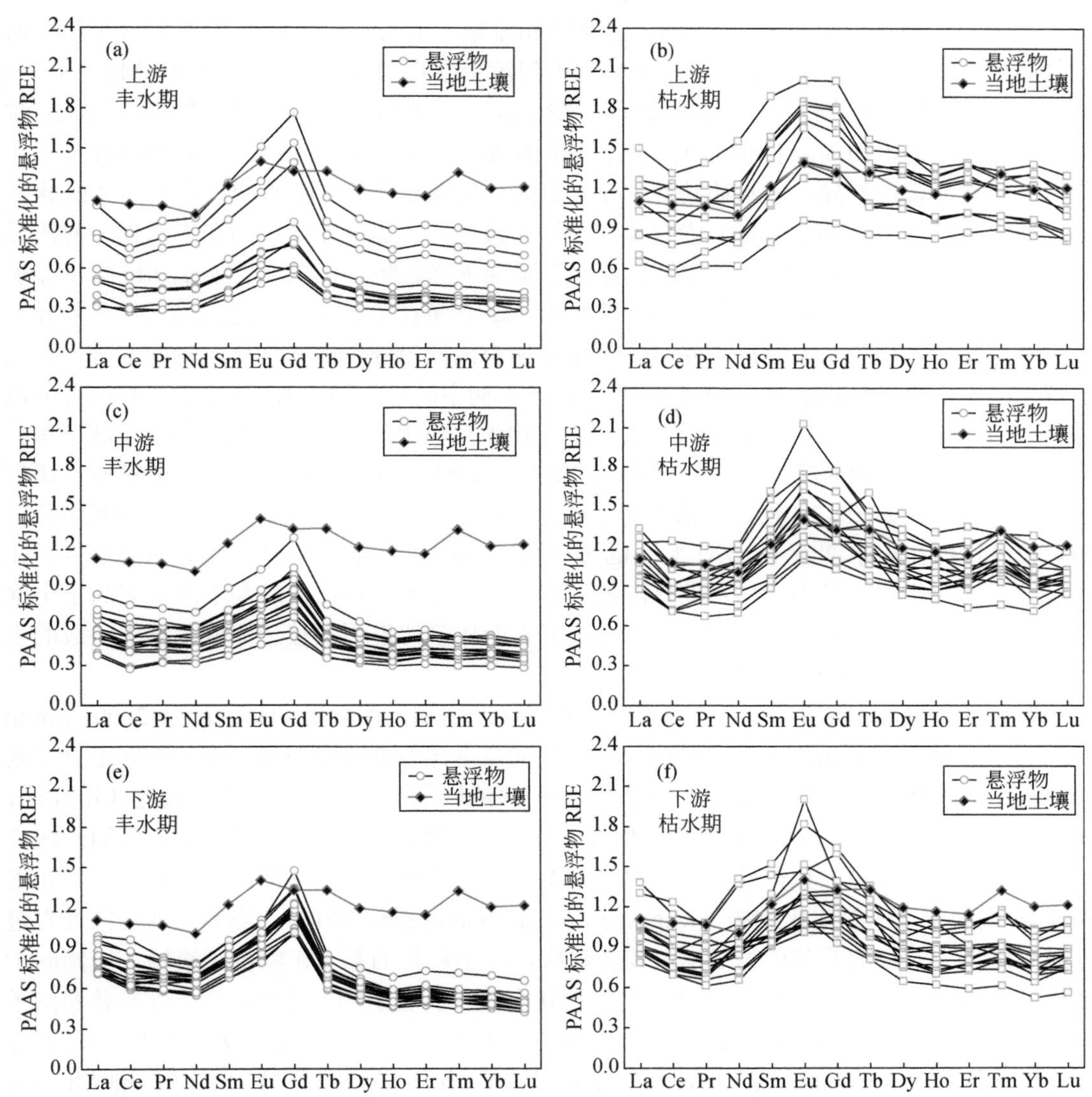

图 17.2　PAAS 标准化的蒙河悬浮物 REE 组成模式

PAAS 标准化的蒙河流域土壤 REE（红色实线）数据来源于文献（Zhou et al.，2020）

第二节　悬浮物中稀土元素的来源解析

河流系统中的悬浮物主要来自岩石风化产物和河底表层沉积物，在强烈土壤侵蚀条件下也可能来自土壤物质（Han et al.，2009；Smith and Liu，2018；Zeng and Han，2020）。岩石风化产物、重新悬浮的沉积物和流域土壤的 REE 组成决定了悬浮物中 REE 的组成（Hissler et al.，2015；Roussiez et al.，2013；Vercruysse et al.，2017）。悬浮物、沉积物和土壤中 REE 和主量元素的地球化学特征主要继承于源区风化岩石（Han et al.，2009；Xu and Han，2009）。因此，可以通过对比河流悬浮物和流域土壤的主量元素和 REE 组成来识别河流悬浮物及其 REE 来源。蒙河流域丰枯水期河流悬浮物中 Al、Fe、K、Ca、Mg、Na 和 Mn 等主量元素含量的时空分布特征如图 17.3 所示，其中枯水期河流悬浮物中主量元素含量的变异性比丰水期高。丰水期河流悬浮物中的 Al 含量显著高于枯水期，K 和 Mg 含量在两季之间无显著性差异，丰水期其他主要元素的含量则显著低于枯水期。除 K 和 Mg 含量外，枯水期河流悬浮物的主量元素含量在不同河段之间无显著差异；而在丰水期，河流悬浮物中几乎所有主量元素的含量沿河流流向都呈现下降趋势。中游悬浮物 K、Mg 含量显著低于上游和下游，且丰枯水期悬浮物中的 K 和 Mg 含量在上游和下游之间均无显著差异。除中游河流悬浮物的 K 和 Mg 含量外，枯水期所有河段悬浮物的大部分主量元素含量都高于蒙河流域土壤（Liu et al.，2021）。此外，丰水期中游悬浮物的 K、Mg 含量和所有河段悬浮物的 Na 含量均显著低于流域土壤，悬浮物中其他主量元素含量则多高于流域土壤。蒙河流域丰、枯水期河流悬浮物中 Ca/Al、Fe/Al、K/Al、Mg/Al、Mn/Al 和 Na/Al 质量比值的时空分布特征如图 17.4 所示。枯水期不同河段悬浮物中各主量元素质量比值的变化范围相对较大，而在丰水期除了 K/Al 和 Mg/Al 质量比外，悬浮物中其他主量元素的质量比在各河段间的变化相对较小。枯水期悬浮物中各主量元素的质量比值略高于或显著高于丰水期。与丰水期相比，枯水期悬浮物中各主量元素的质量比值更加接近流域土壤中相应的主量元素质量比值（Liu et al.，2021）。

河流悬浮物（无机组分）主要来源于岩石风化产物和土壤物质（Han et al.，2009；Smith and Liu，2018；Zeng and Han，2020）。枯水期河流悬浮物的化学组成（例如不同主量元素的质量比值和 PAAS 标准化 REE 组成模式）与蒙河流域土壤的化学组成非常接近（Liu et al.，2021；Zhou et al.，2020），这表明枯水期的河流悬浮物主要来源于土壤物质。蒙河流域广泛分布的砂土主要由大粒径的石英矿物（SiO_2）和少量的小粒径黏土矿物组成，主量元素和 REE 主要存在于黏土矿物中（Migaszewski and Gałuszka，2015）。当砂土随侵蚀过程进入河流后，大粒径的石英矿物迅速沉积在河底，而小粒径的黏土矿物沉积缓慢，更倾向于形成悬浮物（Fujii et al.，2017）。悬浮物由于缺少大量石英矿物，其主量元素含量普遍高于砂土（图 17.3）。枯水期河流悬浮物中的∑REE 含量几乎都低于流域土壤（图 17.1），这主要是由土壤颗粒态的 REE 进入河流后发生水-粒相互作用（溶解）所致（Louvat and Allègre，1998）。根据丰水期河流悬浮物和流域土壤化学组成之间的差异，可以推断蒙河流域丰水期的河流悬浮物主要来源于岩石风化产物、土壤物质和产物（图 17.2 和图 17.4）。降水是影响流域岩石风化过程及其产物向河流运输过程的关键因素（Li et al.，2022）。在热带季风的影响下，蒙河流域丰水期的降雨非常丰富，但枯水期降雨量极低（Liang et al.，2021）。枯水期极低的降雨量导致岩石风化速率偏低，且其产物进入河流的过程也被限制，但丰水期的情况相反。丰水期河流悬浮物中的 Al 含量显著高于枯水期（图 17.1），说明岩石风化产物的 Al 含量较高。丰水期大量富 Al 的岩石风化产物成为河流悬浮物，这导致悬浮物的 Al

含量升高，而其他主量元素和 REE 被稀释，其含量降低。因此，丰水期河流悬浮物中其他主要元素与 Al 的质量比值和 REE 总含量均显著低于枯水期（图 17.1 和图 17.4）。枯水期河流悬浮物中主量元素和 REE 含量的空间变化比丰水期更剧烈（图 17.1 和图 17.3），这主要与两时期的水动力差异有关。

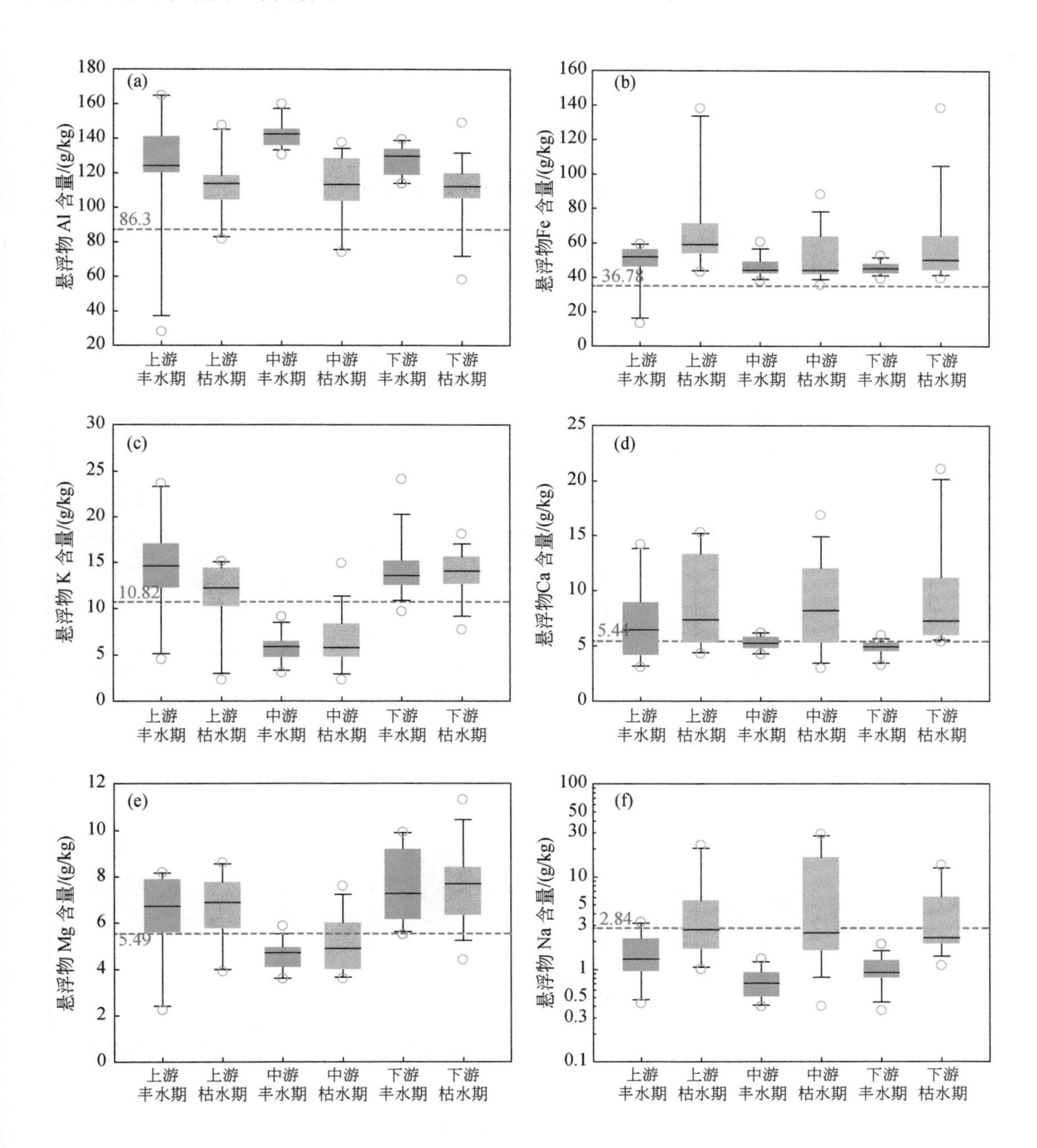

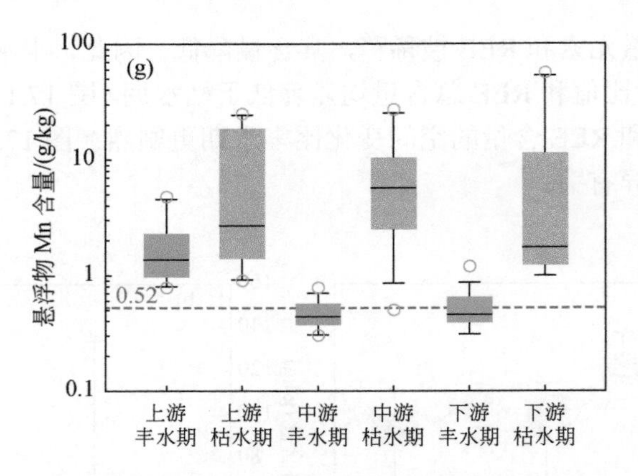

图 17.3　蒙河悬浮物中主量元素含量的分布特征

蒙河流域土壤的主量元素含量（红色虚线）数据来源于文献（Liu et al.，2021）

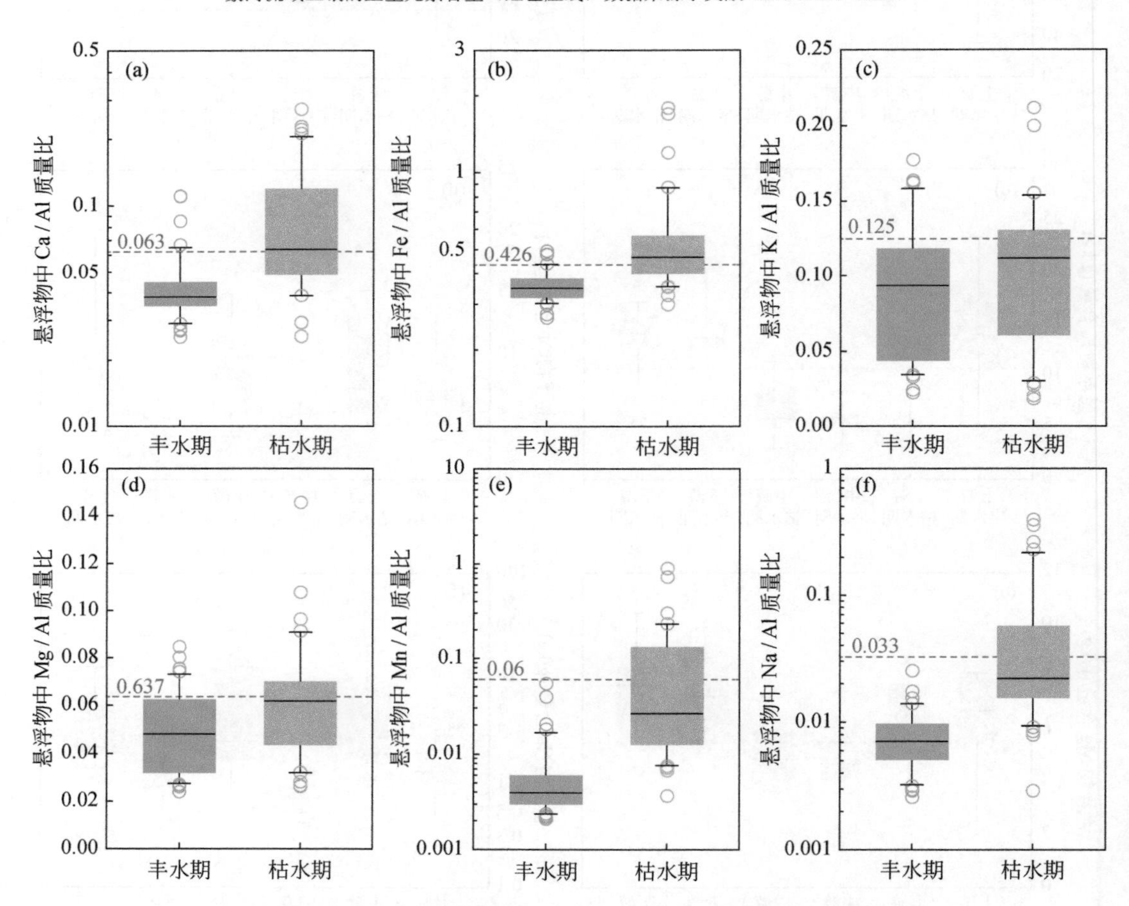

图 17.4　蒙河悬浮物中不同主量元素质量比值的分布特征

蒙河流域土壤的不同主量元素质量比值（红色虚线）数据来源于文献（Liu et al.，2021）

河流颗粒物的沉积和再悬浮过程对河流悬浮物的化学组成有显著影响（da Silva et al.，

2018）。丰水期由于河水流速较快，较强的水动力导致颗粒物之间交换充分且均匀混合，因此不同河段之间悬浮物化学组成的差异相对较小。但在枯水期，较小的径流量和较低的流速导致悬浮物的沉积和再悬浮过程具有强烈的空间异质性，因此河流悬浮物的化学组成也表现出强烈的空间异质性。此外，丰水期和枯水期中游河流悬浮物的 K 和 Mg 含量均显著低于上游和下游，这可能与在中游特殊的水环境化学条件下发生的某种耦合地球化学过程有关，例如光卤石（$KCl·MgCl_2·6H_2O$）溶解等。

第三节 水-粒相互作用对悬浮物中稀土元素分异的影响

除岩性和风化过程外，河流中的水-粒相互作用过程也会影响悬浮物 REE 的地球化学行为，如胶体絮凝作用、络合作用、吸附过程和解吸过程（Brookins，1989；Sholkovitz et al.，1994）。水-粒相互作用过程中 REE 的地球化学行为主要受水环境的物理化学性质影响（Louvat and Allègre，1998）。河水酸碱度、盐度、氧化还原条件、络合物和黏土矿物能显著影响溶解态 REE 和悬浮物 REE 之间的相互转化过程（da Silva et al.，2018；Elias et al.，2019；Michaelides et al.，2010；Yang et al.，2021）。随着河水酸度增加，HREE 优先从悬浮物中分离出来，变成溶解态（Chelnokov et al.，2020）。河口区域盐度增加导致河水溶解态的 LREE 被优先析出，沉淀成悬浮物或沉积物（Elderfield et al.，1990）。一般来说，MREE 和 Ce^{3+} 优先被铁锰氧化物或氢氧化物的胶体吸附形成络合物（Xu and Han，2009），而 LREE 优先被黏土矿物吸附（Dagg et al.，2004；Krickov et al.，2020；Quinn et al.，2006）。此外，REE 还可与无机配体（如 CO_3^{2-}、F^-、Cl^-、OH^-、SO_4^{2-}、NO_3^- 和 PO_4^{3-}）络合形成稀土络合物（Powell et al.，2013）。带正电荷的稀土络合物和稀土离子容易被带负电荷的黏土矿物和有机胶体强烈吸附，形成悬浮物（Zhu et al.，2019）。$Fe(OH)_3$ 和 $Al(OH)_3$ 胶体颗粒因其较大的比表面积，对 REE 有较强的吸附性，且吸附能力随水体 pH 和有机质含量的增加而提高（Chun et al.，2010）。分析河水水化学特征的时空变化是研究水-粒相互作用过程中 REE 地球化学行为的基础。蒙河流域丰水期和枯水期河流上游、中游和下游水化学参数 pH、氧化还原电位（ORP）、溶解性总固体（TDS）、溶解氧浓度（DO）的变化范围如图 17.5 所示。

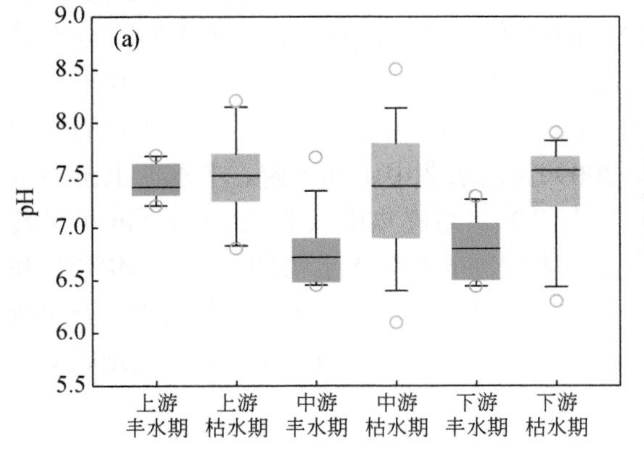

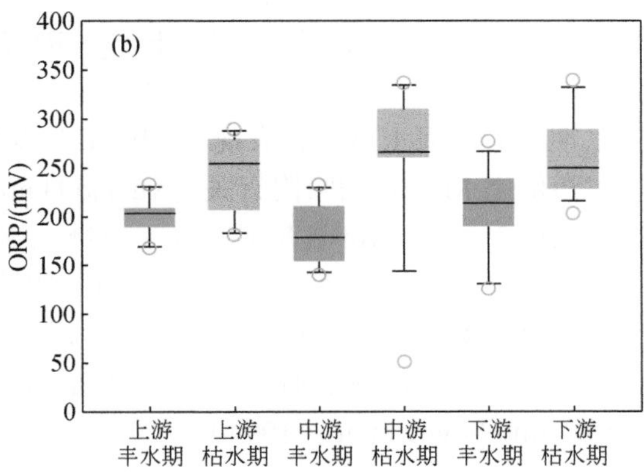

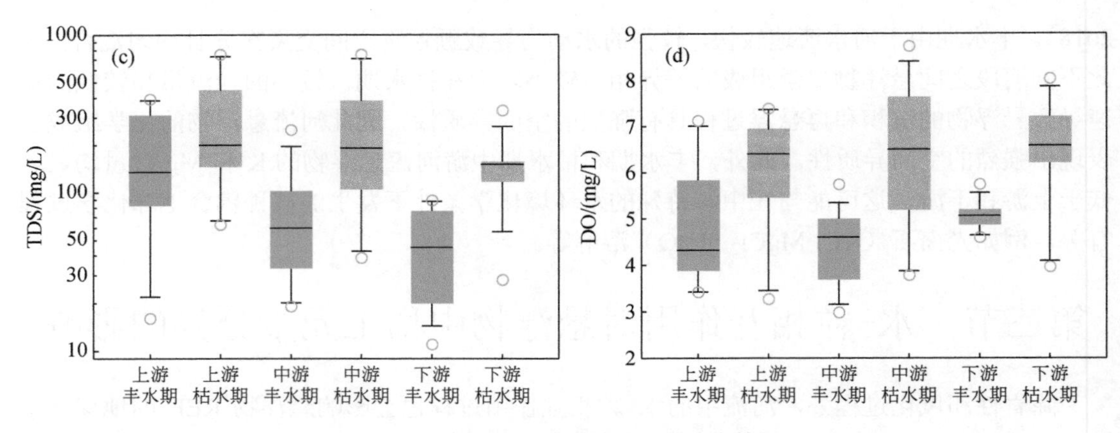

图 17.5　蒙河水化学参数的时空分布特征

如图 17.5 所示，枯水期河水的 pH 在上游（平均值为 7.4）、中游（7.2）和下游（7.2）之间的差异不显著，而丰水期中游和下游河水的 pH（6.8）显著低于上游（7.4）。丰水期和枯水期不同河段河水的 ORP 值没有显著差异，且丰水期河水的 ORP 值（平均值为 198mV）显著低于枯水期（258mV）。枯水期上、中游河水的 TDS 浓度（平均值为 290mg/L）显著高于下游（150mg/L），丰水期各河段河水的 TDS 浓度均显著低于枯水期，且沿河流流向呈现出了下降的趋势（上游平均值为 181mg/L，中游 78mg/L，下游 45mg/L）。枯水期河水 DO 浓度（平均值为 6.1mg/L）在上游、中游、下游之间的差异不显著；丰水期各河段河水的 DO 浓度均显著低于枯水期，且沿河流流向河水的 DO 浓度由 3.5mg/L 增加至 5.7mg/L。蒙河河流悬浮物中∑LREE/∑MREE、∑MREE/∑HREE 和∑LREE/∑HREE 比值的时空分布特征如图 17.6 所示。

不同河段河流悬浮物 REE 含量的差异主要归因于水-粒相互作用。枯水期河流悬浮物中的∑REE 含量沿河流流向呈现出下降趋势，而在丰水期呈现出增加的趋势（图 17.1），这与有机胶体对溶解态 REE 的吸附有关（Elias et al.，2019；Michaelides et al.，2010）。Liu 等（2019）报道了蒙河流域枯水期河水中溶解性有机碳（DOC）浓度沿河流流向的下降趋势，而这一趋势在丰水期则相反。河水有机胶体的浓度与 DOC 浓度有类似的空间变化特征。根据河流悬浮物中∑LREE/∑MREE、∑MREE/∑HREE 和∑LREE/∑HREE 比值的时空分布特征（图 17.6）和 PAAS 标准化的 REE 组成模式（图 17.2），可以发现枯水期中游和上游、丰水期上游的河水悬浮物表现出 MREE 富集的特征，该结果与铁锰氧化物/氢氧化物的络合物对溶解态 MREE 的吸附有关（Xu and Han，2009）。枯水期中游和上游、丰水期上游河水悬浮物中的 Fe 和 Mn 含量显著高于流域土壤（图 17.3）。悬浮物中较多的 Fe 和 Mn 可以转化成铁锰氧化物/氢氧化物的络合物。丰水期和枯水期河流悬浮物∑LREE/∑MREE 和∑LREE/∑HREE 的比值均沿河流流向呈现增加趋势（图 17.6），说明悬浮物中 LREE 沿河流流向的富集程度逐渐增加，该结果主要是由于黏土矿物优先吸附溶解态的 LREE（Brookins，1989；Sholkovitz et al.，1994）。

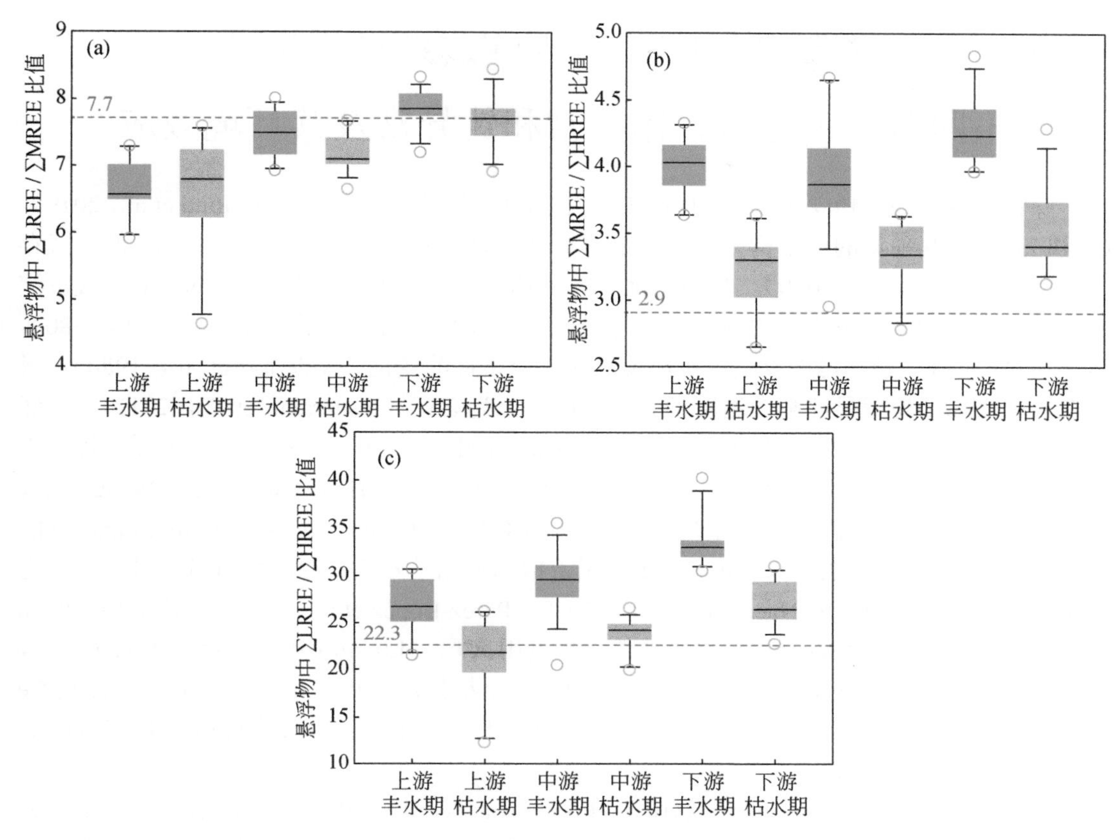

图 17.6　蒙河悬浮物中不同类型 REE 总含量比值的时空分布特征

蒙河流域土壤中不同类型的 REE 总含量比值（红色虚线）数据来源于文献（Zhou et al.，2020）

悬浮物和沉积物中黏土矿物的占比通常沿河流流向逐渐增加（Liu et al.，2022a），这是因为大粒径的石英矿物优先在上游沉积。此外，大量研究报道河口区域随着河水盐度的增加(例如福建九龙江河口地区河水的 TDS 浓度从 90mg/L 增加到 720mg/L)，溶解态的 LREE 优先析出并进入了悬浮物（Elderfield et al.，1990；Liu and Han，2021）。蒙河流域丰水期河水受雨水稀释，这导致 TDS 的浓度沿河流流向从 181mg/L 下降到了 45mg/L；枯水期河水 TDS 浓度从 298mg/L 下降到了 150mg/L（图 17.5）。但是悬浮物中 LREE 的富集程度却逐渐增加（图 17.6），表明河水 TDS 浓度对溶解态 LREE 的析出没有（显著）影响，这可能是由于蒙河河水的 TDS 浓度太低而不能导致溶解态 LREE 的析出作用。丰水期河流悬浮物中的∑MREE/∑HREE 和∑LREE/∑HREE 比值均沿河流流向逐渐增加（图 17.6），说明丰水期中游和下游河流悬浮物中的 HREE 相对富集，该结果主要与河水 pH 降低时悬浮物中 HREE 的优先溶解有关（Migaszewski et al.，2019；Xu and Han，2009）。丰水期和枯水期上游河水的平均 pH 均为 7.4，该结果与蒙河源头广泛分布的碳酸盐岩有关，碳酸盐岩风化过程产生的水溶液呈弱碱性。丰水期中游和下游河水的 pH 显著下降（图 17.5）。蒙河流域丰水期强烈的降雨导致地表径流增加，大量土壤物质随侵蚀过程进入河流。土壤酸化是蒙河流域农业区面临的严重生态问题之一（Fujii et al.，2017），丰水期大量 H^+通过地表径流进入河流，导致河流酸化。河水 pH 的降低促进了悬浮物中 HREE 的溶解。

第四节　铈异常、铕异常和钆异常及其环境效应

除铈（Ce）和铕（Eu）外，其他的 REE 几乎都以三价的形式存在（Berglund et al.，2019）。Ce 和 Eu 由于其独特的电子构型，在特定的氧化还原环境中也可能以 Ce^{4+}和 Eu^{2+}的形式存在（Leybourne et al.，2000）。在强氧化环境中 Ce^{3+}可被氧化为 Ce^{4+}并以 CeO_2 的形式沉淀或被铁锰氧化物或氢氧化物的络合物吸附，导致 Ce 在悬浮物中积累（Alderton et al.，1980）。河流体系中的 Ce 异常可以反映出水环境氧化还原条件的变化（Alderton et al.，1980）。只有在极端还原环境或足够高的温度下 Eu^{3+}才能还原为 Eu^{2+}（Nagarajan et al.，2011）。自然河流悬浮物的 Eu 异常主要继承于风化岩石（Han et al.，2009），很少受氧化还原过程的影响。河流系统中的正钆（Gd）异常通常是由人为污染引起的（Han et al.，2021；Wang et al.，2021），比如现代医疗器材中常用的钆造影剂（GBCAs）（Bau and Dulski，1996；Louis et al.，2020）。悬浮物中异常的 Ce、Eu 和 Gd 可用于指示水化学效应、源区岩石风化过程和人为污染（Ingri et al.，2000；Naccarato et al.，2020；Pérez-López et al.，2015）。Ce、Eu 和 Gd 异常指其相对于相邻元素发生偏离，其偏离程度用δCe、δEu 和δGd 值表示（Hissler et al.，2015；Olivarez and Owen，1991），正 Ce 和 Eu 异常根据δCe 和δEu＞1.2 来确定，而负 Ce 和 Eu 异常根据δCe 和δEu＜0.8 来确定；δGd＞1.6 表示存在人为污染的 Gd 源（Louis et al.，2020）。计算公式如下：

$$\delta Ce=(Ce_{悬浮物}/Ce_{PAAS})/(0.5\times La_{悬浮物}/La_{PAAS}+0.5\times Pr_{悬浮物}/Pr_{PAAS}) \quad (17.2)$$

$$\delta Eu=(Eu_{悬浮物}/Eu_{PAAS})/(0.67\times Sm_{悬浮物}/Sm_{PAAS}+0.33\times Tb_{悬浮物}/Tb_{PAAS}) \quad (17.3)$$

$$\delta Gd=(Gd_{悬浮物}/Gd_{PAAS})/(0.33\times Sm_{悬浮物}/Sm_{PAAS}+0.67\times Tb_{悬浮物}/Tb_{PAAS}) \quad (17.4)$$

蒙河悬浮物中δCe、δEu 和δGd 值的时空分布特征如图 17.7 所示。悬浮物的δCe、δEu 和δGd 值在不同河段之间的差异不显著。丰、枯水期河流悬浮物的δCe 值在 0.85～1.00（无 Ce 异常）的范围内轻微变化，悬浮物的δCe 值非常接近蒙河流域土壤的δCe 值（平均值为 0.99）（Zhou et al.，2020）。河流悬浮物的δCe 值继承自风化岩石和土壤物质（Smith and Liu，2018），也受到水-粒相互作用的影响（da Silva et al.，2018；Goldstein and Jacobsen，1988；Johannesson et al.，2004；Nozaki et al.，2000）。蒙河不同时期和不同河段的悬浮物均无 Ce 异常，且悬浮物中δCe 值的时空变异性非常小，但能影响悬浮物δCe 值的水化学参数 ORP 值和 DO 浓度具有明显的时空变异性（图 17.5）。这些结果表明悬浮物δCe 值并不能如溶解态δCe 值一样灵敏地反映出河流环境氧化还原条件的变化（Alderton et al.，1980），主要原因可能是悬浮物中的 Ce 浓度比溶解态高出数个量级（da Silva et al.，2018）。因此，悬浮物的δCe 值主要反映了来源物质的δCe 特征，而受水-粒相互作用的影响较小。丰水期河流悬浮物的δEu 值（1.22～1.34）高于枯水期（1.12～1.25），这表明丰水期悬浮物中存在明显的正 Eu 异常。悬浮物的δEu 值主要受岩石风化产物与土壤物质混合的影响。正 Eu 异常一般与碳酸盐岩风化产物有关（Han et al.，2009）。枯水期的河流悬浮物主要来源于土壤物质（平均δEu 值为 1.12）；丰水期悬浮物是碳酸盐岩风化产物和土壤物质的混合物。因此，丰水期悬浮物的δEu 值高于枯水期（图 17.7）。此外，丰水期和枯水期河流悬浮物的δEu 值沿河流

流向都呈现了下降的趋势（图 17.7），表明下游河流悬浮物中的土壤物质占比较高。丰水期河流悬浮物的δGd 值（平均值 1.58，无 Gd 异常）显著高于枯水期（平均值为 1.12，无 Gd 异常）(图 17.7)。与丰水期相比，枯水期河流悬浮物的δGd 值更接近于蒙河流域土壤的δGd 值（平均值为 1.03）(Zhou et al.，2020)。泰国蒙河流域丰水期河流悬浮物的δGd 值（平均值为 1.58）与中国福建九龙江流域丰水期河流悬浮物的δGd 值（平均值为 1.55）非常接近，由于九龙江流域为花岗岩和碳酸盐岩混合岩性区，很少受到人为污染的干扰（Liu and Han，2021)。因此，蒙河流域同样不存在严重的人为 Gd 污染。

丰水期河流悬浮物δGd 值的差异主要受到岩石风化产物和土壤物质的混合影响。由此可以确定蒙河流域岩石风化产物的δGd 值较高，接近 1.6。但是，若河流悬浮物δGd 值仅受混合过程控制，那么其沿河流流向应该呈现逐渐减小的趋势（类似悬浮物δEu 值的变化)，因为下游河流悬浮物中土壤物质的占比较高。实际上，丰水期和枯水期中下游河流悬浮物的δGd 值沿河流流向呈现出升高的趋势（图 17.7），而蒙河流域中下游地区农业、工业和城市化发展较强，这表明中下游河流悬浮物的δGd 值很可能也受到了人为污染的影响。总体而言，河流悬浮物中的δCe、δEu 和δGd 值主要反映了来源物质的特征，因此在估算岩石风化和土壤侵蚀对河流物质的贡献方面具有巨大潜力。然而，这些指标并不能灵敏地反映出河流水氧化还原条件的变化和人为污染的影响。

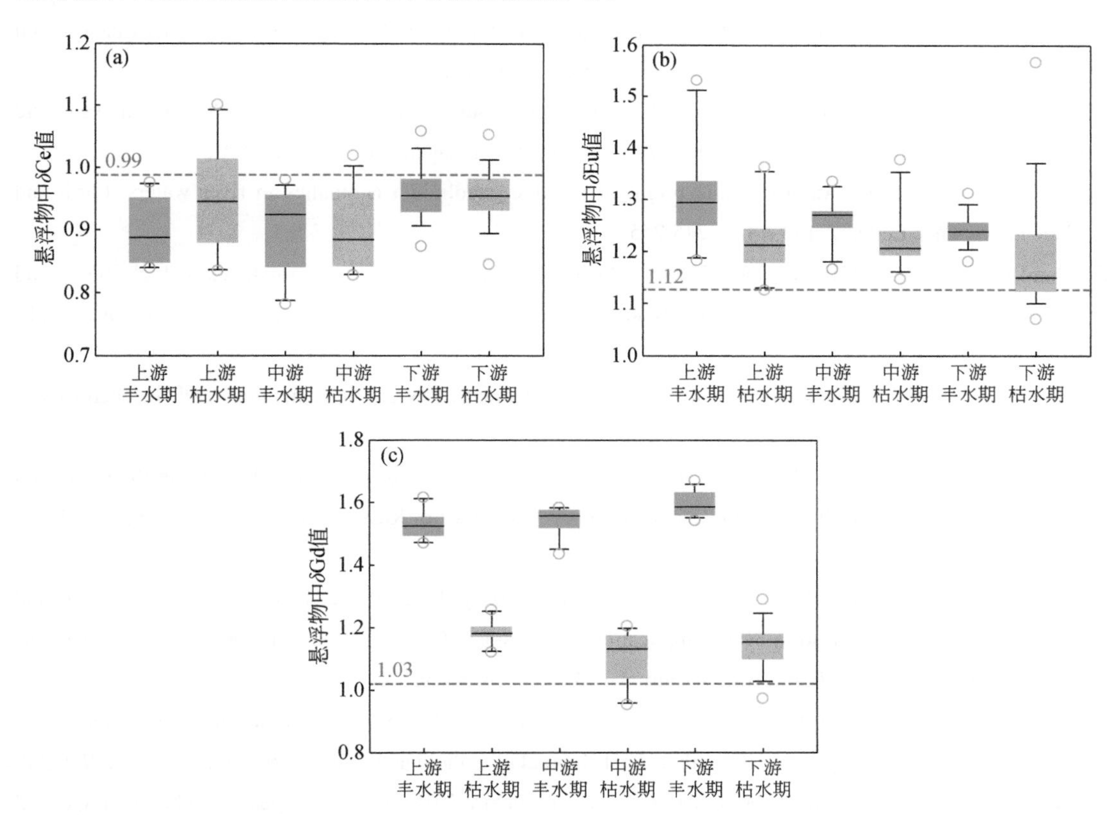

图 17.7　蒙河悬浮物中δCe、δEu 和δGd 值的时空分布特征

蒙河流域土壤中的δCe、δEu 和δGd 值（红色虚线）数据来源于文献（Zhou et al.，2020）

本 章 小 结

本章分析了泰国东北部蒙河流域河水悬浮物中主量元素含量、REE 含量和分异指标的时空分布特征。枯水期河流悬浮物的主量元素和 REE 的组成与流域土壤非常接近，表明枯水期悬浮物和其中的 REE 主要来源于土壤物质。丰水期悬浮物的 REE 来源于岩石风化产物和土壤物质的混合。丰水期大量富铝的岩石风化产物成为河流悬浮物，导致悬浮物的 Al 含量升高，而其他主量元素和 REE 被稀释，使得其含量降低。悬浮物中的∑REE 含量在枯水期沿河流流向呈下降趋势，而在丰水期呈上升趋势，这与水粒相互作用有关。枯水期中游和上游、丰水期上游河水悬浮物表现出 MREE 富集的特征，这与铁锰氧化物/氢氧化物的络合物对溶解态 MREE 的吸附有关。悬浮物 LREE 的富集程度沿河流流向逐渐增加，主要是由于黏土矿物优先吸附溶解态的 LREE。丰水期中游和下游河流悬浮物 HREE 相对富集，这主要与河水 pH 降低时悬浮物 HREE 的优先溶解有关。悬浮物的δCe、δEu、δGd 值主要反映了来源物质的特征，而受水环境变化和人为污染的影响较小。

参 考 文 献

Alderton D H M，Pearce J A，Potts P J，1980. Rare earth element mobility during granite alteration：evidence from southwest England. Earth and Planetary Science Letters，49（1）：149-165.

Altomare A J，Young N A，Beazley M J，2020. A preliminary survey of anthropogenic gadolinium in water and sediment of a constructed wetland. Journal of Environmental Management，255：109897.

Bau M，Dulski P，1996. Anthropogenic origin of positive gadolinium anomalies in river waters. Earth and Planetary Science Letters，143（1）：245-255.

Berglund J L，Toran L，Herman E K，2019. Deducing flow path mixing by storm-induced bulk chemistry and REE variations in two karst springs：with trends like these who needs anomalies? Journal of Hydrology，571：349-364.

Brookins D G，1989. Aqueous geochemistry of rare earth elements. Reviews in Mineralogy and Geochemistry，21（1）：201-225.

Chelnokov G A，Bragin I V，Kharitonova N A，2020. Geochemistry of rare earth elements in the rivers and groundwaters of Chistovodnoe Thermal Area（Primorye，Far East of Russia）. IOP Conference Series：Earth and Environmental Science，459（4）：042065.

Cholet C，Steinmann M，Charlier J B，et al.，2019. Characterizing fluxes of trace metals related to dissolved and suspended matter during a storm event：application to a karst aquifer using trace metals and rare earth elements as provenance indicators. Hydrogeology Journal，27（1）：305-319.

Chun J，Poloski A P，Hansen E K，2010. Stabilization and control of rheological properties of Fe_2O_3/$Al(OH)_3$-rich colloidal slurries under high ionic strength and pH. Journal of Colloid and Interface Science，348（1）：280-288.

da Silva Y J A B，do Nascimento C W A，da Silva Y J A B，et al.，2018. Bed and suspended sediment-associated rare earth element concentrations and fluxes in a polluted Brazilian river system. Environmental Science and Pollution Research，25（34）：34426-34437.

Dagg M，Benner R，Lohrenz S，et al.，2004. Transformation of dissolved and particulate materials on continental shelves influenced by large rivers：plume processes. Continental Shelf Research，24（7）：833-858.

Dai S，Ren D，Chou C L，et al.，2012. Geochemistry of trace elements in Chinese coals：a review of abundances，genetic types，impacts on human health，and industrial utilization. International Journal of Coal Geology，94：3-21.

Elderfield H，Upstill-Goddard R，Sholkovitz E R，1990. The rare earth elements in rivers，estuaries，and coastal seas and their significance to the composition of ocean waters. Geochimica et Cosmochimica Acta，54（4）：971-991.

Elias M S，Ibrahim S，Samuding K，et al.，2019. Rare earth elements（REEs）as pollution indicator in sediment of Linggi River，Malaysia. Applied Radiation and Isotopes，151：116-123.

Fujii K，Hayakawa C，Panitkasate T，et al.，2017. Acidification and buffering mechanisms of tropical sandy soil in northeast Thailand. Soil and Tillage Research，165：80-87.

Gao S，Wang Z，Wu Q，et al.，2021. Urban geochemistry and human-impacted imprint of dissolved trace and rare earth elements in a high-tech industrial city，Suzhou. Elementa：Science of the Anthropocene，9（1）：00151.

Goldstein S J，Jacobsen S B，1988. Rare earth elements in river waters. Earth and Planetary Science Letters，89（1）：35-47.

Han G，Xu Z，Tang Y，et al.，2009. Rare earth element patterns in the karst terrains of Guizhou Province，China：implication for water/particle interaction. Aquatic Geochemistry，15（4）：457.

Han R，Wang Z，Shen Y，et al.，2021. Anthropogenic Gd in urban river water：a case study in Guiyang，SW China. Elementa：Science of the Anthropocene，9（1）：00147.

Hissler C，Hostache R，Iffly J F，et al.，2015. Anthropogenic rare earth element fluxes into floodplains：coupling between geochemical monitoring and hydrodynamic sediment transport modelling. Comptes Rendus Geoscience，347（5）：294-303.

Ingri J，Widerlund A，Land M，et al.，2000. Temporal variations in the fractionation of the rare earth elements in a boreal river；the role of colloidal particles. Chemical Geology，166（1）：23-45.

Johannesson K H，Tang J，Daniels J M，et al.，2004. Rare earth element concentrations and speciation in organic-rich blackwaters of the Great Dismal Swamp，Virginia，USA. Chemical Geology，209（3）：271-294.

Krickov I V，Lim A G，Manasypov R M，et al.，2020. Major and trace elements in suspended matter of western Siberian rivers：first assessment across permafrost zones and landscape parameters of watersheds. Geochimica et Cosmochimica Acta，269：429-450.

Leybourne M I，Goodfellow W D，Boyle D R，et al.，2000. Rapid development of negative Ce anomalies in surface waters and contrasting REE patterns in groundwaters associated with Zn–Pb massive sulphide deposits. Applied Geochemistry，15（6）：695-723.

Li X，Han G，Liu M，et al.，2022. Potassium and its isotope behaviour during chemical weathering in a tropical catchment affected by evaporite dissolution. Geochimica et Cosmochimica Acta，316：105-121.

Liang B，Han G，Liu M，et al.，2021. Zn isotope fractionation during the development of low-humic gleysols from the Mun River Basin，northeast Thailand. CATENA，206：105565.

Liu J，Han G，Liu X，et al.，2019. Distributive characteristics of riverine nutrients in the Mun River，northeast

Thailand：implications for anthropogenic inputs. Water，11（5）：954.

Liu M，Han G，2021. Distribution and fractionation of rare earth elements in suspended particulate matter in a coastal river，Southeast China. PeerJ，9：e12414.

Liu M，Han G，Li X，2021. Comparative analysis of soil nutrients under different land-use types in the Mun River basin of Northeast Thailand. Journal of Soils and Sediments，21（2）：1136-1150.

Liu M，Han G，Zeng J，et al.，2022a. Effect of cascade reservoirs on geochemical characteristics of rare earth elements in suspended particle matter in Lancangjiang River，Southwest China. Aquatic Sciences，84（2）：19.

Liu Y，Wu Q，Jia H，et al.，2022b. Anthropogenic rare earth elements in urban lakes：their spatial distributions and tracing application. Chemosphere，300：134534.

Louis P，Messaoudene A，Jrad H，et al.，2020. Understanding rare earth elements concentrations，anomalies and fluxes at the river basin scale：the Moselle River（France）as a case study. Science of the Total Environment，742：140619.

Louvat P，Allègre C J，1998. Riverine erosion rates on Sao Miguel volcanic island，Azores archipelago. Chemical Geology，148（3）：177-200.

Mazumder B S，Ray R N，Dalal D C，2005. Size distributions of suspended particles in open channel flow over bed materials. Environmetrics，16（2）：149-165.

Michaelides K，Ibraim I，Nord G，et al.，2010. Tracing sediment redistribution across a break in slope using rare earth elements. Earth Surface Processes and Landforms，35（5）：575-587.

Migaszewski Z M，Gałuszka A，2015. The characteristics，occurrence，and geochemical behavior of rare earth elements in the environment：a review. Critical Reviews in Environmental Science and Technology，45（5）：429-471.

Migaszewski Z M，Gałuszka A，Dołęgowska S，2019. Extreme enrichment of arsenic and rare earth elements in acid mine drainage：case study of Wiśniówka mining area（south-central Poland）. Environmental Pollution，244：898-906.

Naccarato A，Tassone A，Cavaliere F，et al.，2020. Agrochemical treatments as a source of heavy metals and rare earth elements in agricultural soils and bioaccumulation in ground beetles. Science of the Total Environment，749：141438.

Nagarajan R，Madhavaraju J，Armstrong-Altrin J S，et al.，2011. Geochemistry of Neoproterozoic limestones of the Shahabad Formation，Bhima Basin，Karnataka，southern India. Geosciences Journal，15（1）：9-25.

Nozaki Y，Lerche D，Alibo D S，et al.，2000. The estuarine geochemistry of rare earth elements and indium in the Chao Phraya River，Thailand. Geochimica et Cosmochimica Acta，64（23）：3983-3994.

Olivarez A M，Owen R M，1991. The europium anomaly of seawater：implications for fluvial versus hydrothermal REE inputs to the oceans. Chemical Geology，92（4）：317-328.

Pereto C，Coynel A，Lerat-Hardy A，et al.，2020. Corbicula fluminea：a sentinel species for urban Rare Earth Element origin. Science of the Total Environment，732：138552.

Pérez-López R，Nieto J M，de la Rosa J D，et al.，2015. Environmental tracers for elucidating the weathering process in a phosphogypsum disposal site：implications for restoration. Journal of Hydrology，529：1313-1323.

Powell K J, Brown P L, Byrne R H, et al., 2013. Chemical speciation of environmentally significant metals with inorganic ligands. Part 5: The Zn^{2+}+OH^-, Cl^-, CO_3^{2-}, SO_4^{2-}, and PO_4^{3-} systems (IUPAC Technical Report). Pure and Applied Chemistry, 85 (12): 2249-2311.

Quinn K A, Byrne R H, Schijf J, 2006. Sorption of yttrium and rare earth elements by amorphous ferric hydroxide: influence of solution complexation with carbonate. Geochimica et Cosmochimica Acta, 70 (16): 4151-4165.

Rönnback P, Åström M, 2007. Hydrochemical patterns of a small lake and a stream in an uplifting area proposed as a repository site for spent nuclear fuel, Forsmark, Sweden. Journal of Hydrology, 344 (3): 223-235.

Roussiez V, Aubert D, Heussner S, 2013. Continental sources of particles escaping the Gulf of Lion evidenced by rare earth elements: flood vs. normal conditions. Marine Chemistry, 153: 31-38.

Sholkovitz E R, Landing W M, Lewis B L, 1994. Ocean particle chemistry: the fractionation of rare earth elements between suspended particles and seawater. Geochimica et Cosmochimica Acta, 58 (6): 1567-1579.

Smith C, Liu X M, 2018. Spatial and temporal distribution of rare earth elements in the Neuse River, North Carolina. Chemical Geology, 488: 34-43.

Taylor S R, McLennan S M, 1985. The continental crust: its composition and evolution. Oxford: Blackwell Scientific Publications.

Vercruysse K, Grabowski R C, Rickson R J, 2017. Suspended sediment transport dynamics in rivers: multi-scale drivers of temporal variation. Earth-Science Reviews, 166: 38-52.

Viers J, Dupré B, Gaillardet J, 2009. Chemical composition of suspended sediments in World Rivers: new insights from a new database. Science of the Total Environment, 407 (2): 853-868.

Wang T, Wu Q, Wang Z, et al., 2021. Anthropogenic gadolinium accumulation and rare earth element anomalies of river water from the middle reach of Yangtze River basin, China. ACS Earth and Space Chemistry, 5 (11): 3130-3139.

Xu Z, Han G, 2009. Rare earth elements (REE) of dissolved and suspended loads in the Xijiang River, South China. Applied Geochemistry, 24 (9): 1803-1816.

Yang K, Han G, Zeng J, et al., 2021. Distribution, fractionation and sources of rare earth elements in suspended particulate matter in a tropical agricultural catchment, northeast Thailand. PeerJ, 9: e10853.

Zeng J, Han G, 2020. Preliminary copper isotope study on particulate matter in Zhujiang River, southwest China: Application for source identification. Ecotoxicology and Environmental Safety, 198: 110663.

Zhou W, Han G, Liu M, et al., 2020. Geochemical distribution characteristics of rare earth elements in different soil profiles in Mun River basin, northeast Thailand. Sustainability, 12 (2): 457.

Zhu C, Wang Q, Huang X, et al., 2019. Adsorption of amino acids at clay surfaces and implication for biochemical reactions: role and impact of surface charges. Colloids and Surfaces B: Biointerfaces, 183: 110458.

第十八章　悬浮物铁同位素分布特征及其控制因素

铁（Fe）作为重要的营养元素参与自然界各种生物地球化学过程（如光合作用），并维持着陆地和海洋生物（如浮游植物）的生命周期循环（Guelke et al.，2010；Huang et al.，2018；Yesavage et al.，2012）。Fe在碳-大气-岩石圈的相互作用、沉积物和土壤有机碳固存中也起到了重要作用（Jickells et al.，2005；Lalonde et al.，2012）。探究Fe在表生环境中迁移转化的过程和机制对于评价Fe对气候变化和生态系统的影响至关重要（Chen et al.，2014；Garnier et al.，2017；Ingri et al.，2006；Wu et al.，2019）。

随着质谱分析方法的发展，非传统稳定同位素已成为探究物质来源和归趋的重要技术手段（Bergquist and Boyle，2006；Fekiacova et al.，2013）。天然Fe同位素有^{54}Fe、^{56}Fe、^{57}Fe和^{58}Fe，其中^{56}Fe含量最高，为91.75%（Bergquist and Boyle，2006；Fekiacova et al.，2013）。通常，不同的物理、化学和生物过程会诱发质量分馏，从而造成Fe同位素组成的变化（Johnson et al.，2018；Wu et al.，2019）。例如，作为典型的氧化还原敏感元素，Fe的氧化还原态变化会引起二价铁和三价铁之间显著的Fe同位素分馏（Skulan et al.，2002）。室内研究发现，重Fe同位素倾向于与有机物结合形成有机络合物（Lotfi-Kalahroodi et al.，2019）。吸附、沉淀等其他过程也可能引发Fe同位素分馏。稳定同位素组成通常不受浓度稀释或富集的影响，因此广泛应用于表生环境物质的来源解析和过程示踪。基于不同Fe源特有的同位素组成特征，Fe同位素可以有效地示踪地球化学过程（dos Santos Pinheiro et al.，2013；Escoube et al.，2015）。Hirst等（2020）利用Fe同位素追踪勒拿河河水悬浮颗粒（SPM）中Fe的来源，发现不同的Fe同位素组成变化可以明确地体现出不同矿物的溶解过程。dos Santos Pinheiro等（2013）确定了亚马孙河悬浮物（SPM）样品中的Fe同位素组成，发现Fe同位素特征在河流横纵方向上的分布特征一致，这表明浅层SPM的Fe同位素组成可以代表深层SPM的Fe同位素组成。

河流悬浮物是陆地风化残留物的重要载体，也是联系陆地系统和水生生态系统的重要媒介。不同端元（包括自然和人为来源在内的端元）的相对贡献可以通过SPM中Fe同位素组成的变化来进行准确识别。然而，目前对于天然SPM中Fe同位素组成和分馏特征的变化还不够清楚，有关化学风化对SPM中Fe同位素分馏的影响研究较少。具有高风化强度的热带流域（蒙河流域）是研究风化对Fe同位素分馏影响的理想区域，因此本章对其进行了分析和讨论，旨在揭示蒙河河水悬浮物中Fe同位素组成的空间变化特征，评价化学风化作用对Fe同位素分馏的影响，识别河流悬浮物Fe的自然来源和人为来源，并确定其对应的人为贡献。

第一节　河水和悬浮物中铁同位素的分布特征

如图 18.1（a）所示，蒙河 SPM 中的 Fe 浓度变化范围为 35.84～217.41g/kg，溶解 Fe 浓度的变化范围为 21.49～536.05μg/L。蒙河上游悬浮态 Fe 和溶解态 Fe 的平均浓度（73.47g/kg 和 157.93μg/L）远高于中游（60.94g/kg 和 91.85μg/L）和下游（62.88g/kg 和 97.60μg/L）。悬浮 Fe 和溶解 Fe 占总 Fe 质量的平均比例分别为 76.1%和 23.9%。

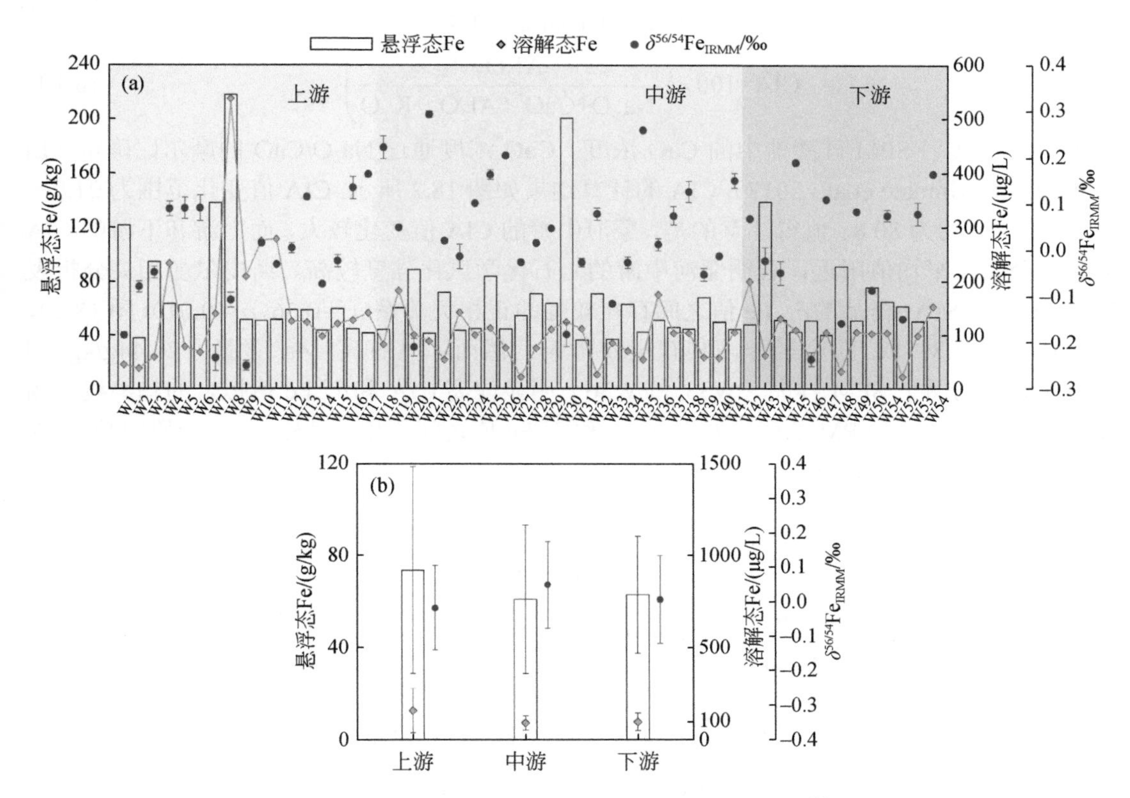

图 18.1　蒙河 SPM 样品的悬浮态和溶解态 Fe 含量以及δ^{56}Fe 值变化

（a）悬浮态 Fe、溶解态 Fe 含量及δ^{56}Fe 值变化；（b）上中下游悬浮态 Fe、溶解态 Fe 含量及δ^{56}Fe 的均值变化

蒙河上游、中游和下游悬浮 Fe 的平均质量比例分别为 78.9%、84.4%和 57.1%。蒙河河水δ^{56}Fe 值的变化范围为−0.25‰～0.29‰，平均值为 0.02‰，接近上地壳值（UCC）（Chen et al.，2014；Poitrasson，2006）。与瑞典北部塞纳河（−0.05‰～0.09‰）、亚马孙河（0～0.15‰）和卡利克斯河（−0.13‰～0.31‰）河流 SPM 的δ^{56}Fe 值相比（Bergquist and Boyle，2006；Chen et al.，2014；Ingri et al.，2006），蒙河的δ^{56}Fe 同位素变化与其基本一致，但变化幅度较大（−0.25‰～0.29‰）。同时，蒙河上游较高的悬浮 Fe 和溶解 Fe 含量使得上游的平均δ^{56}Fe 值（−0.02‰）低于中游（0.05‰）和下游（0）［图 18.1（b）］。蒙河河水中 Fe 浓度和 Fe 同位素组成的相同变化趋势可能表明了外源 Fe 的输入。

第二节　风化作用对悬浮物中铁同位素值的影响

一、化学蚀变指数与悬浮物中铁同位素值的关系

河流 SPM 主要由风化陆源物质组成，在陆地和水生生态系统元素的地球化学循环中发挥着重要作用（Liu et al.，2016; Shao et al.，2012）。化学风化强度可通过化学蚀变指数（CIA）进行定量评估，计算公式如下（Nesbitt and Young，1989）：

$$\mathrm{CIA}=100\times\left(\frac{\mathrm{Al_2O_3}}{\mathrm{Na_2O+CaO^*+Al_2O_3+K_2O}}\right)\tag{18.1}$$

其中，CaO^*代表 SPM 硅酸盐中的 CaO 浓度。CaO^*浓度通过 Na_2O/CaO 的摩尔比确定（Li et al.，2019; Nimnate et al.，2017）。CIA 的计算结果如图 18.2 所示。CIA 值变化范围为 21.9～97.5，平均值约为 80.8。值得注意的是，蒙河中游的 CIA 值变化较大，而上游和下游的 CIA 值集中分布在平均值附近，表明蒙河中游的岩石化学风化强度较高。斯皮尔曼相关分析表明，CIA 值与 SPM 样品的δ^{56}Fe 值之间存在较强的正相关关系（$r=0.56, p<0.01$）（图 18.2），表明化学风化对 Fe 同位素分馏具有重要影响。然而，具有高 Mn 含量（26.44g/kg 和 40.00g/kg）的两个 SPM 样品（W33 和 W36）明显偏离 CIA 和δ^{56}Fe 值拟合的趋势线。相反，有关法国塞纳河 SPM 的研究发现，CIA 和δ^{56}Fe 值之间的相关性较弱，可能原因是δ^{56}Fe 的变化范围较小（Chen et al.，2014）。

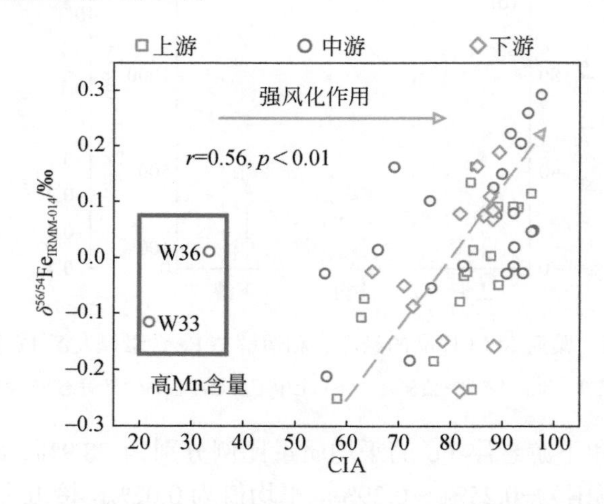

图 18.2　CIA 值与 SPM 样品的δ^{56}Fe 值之间的 Spearman 相关性

目前，有关原始物质（如土壤和岩石）的 SPM 中 Fe 同位素分馏机制的研究相对比较成熟，然而对于 SPM 迁移过程诱发 Fe 同位素显著分馏的认识还有所欠缺。Fantle 和 DePaolo 发现在大陆风化过程中，轻 Fe 同位素更具流动性，即主要以可交换或溶解形式存在（Fantle and DePaolo，2004）。Liu 等（2014）发现南卡罗来纳剖面中腐殖质的δ^{56}Fe 值和 CIA 值之间存在正相关关系，并指出绿泥石相对于辉石的优先溶解可能会导致富含轻同位素的亚铁

离子优先释放到溶液中，从而使得风化残渣中富集重 Fe 同位素（Chapman et al.，2009；Liu et al.，2014）。蒙河 SPM 的δ^{56}Fe 值随 CIA 值和风化强度的增加而增加，表明在蒙河流域母岩风化过程中，轻 Fe 同位素优先流失，重 Fe 同位素倾向于保留在风化残渣中。然而，Fe 同位素在地表径流和河水运输 SPM 过程中的关键作用还需进一步的研究。

二、河流悬浮物的来源和输运过程

母岩成分和硅酸盐风化过程可通过 A-CN-K 图的风化趋势线进行识别（Shao et al.，2012）。如图 18.3 所示，SPM 样品的化学风化强度可依照 Nesbitt 和 Young 提出的参考标准进行判定（Nesbitt and Young，1989）。蒙河 SPM 样品的风化趋势与 A-CN 轴平行（图 18.3），说明风化过程中 Al_2O_3 和 K_2O 相对富集，而 Na_2O 和 CaO 优先损失。

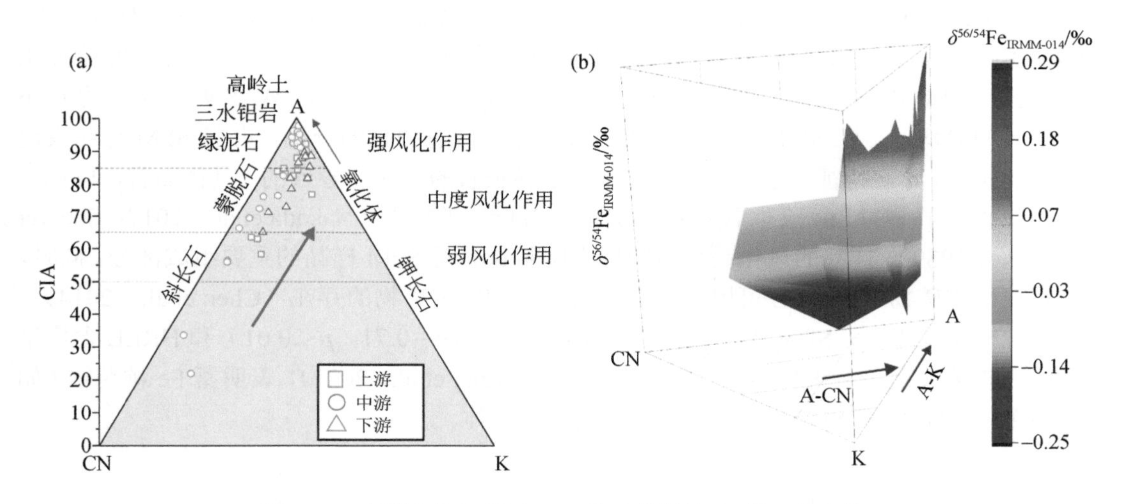

图 18.3 泰国东北部蒙河 SPM 的风化趋势及δ^{56}Fe 值变化

（a）A-CN-K 图；（b）δ^{56}Fe 值

通常，钾长石相对于斜长石更耐风化，这会导致 Ca 和 Na 先于 K 流失（Nesbitt and Young，1989）。但是，蒙河中游部分 SPM 样品的风化趋势线平行于 A-K 轴，这表明在化学风化过程中母岩含钾矿物严重流失。具有 A-K 风化型特征的 SPM 中的 Fe 同位素组成明显比其他样品重，这表明含 K 矿物（如钾长石）的显著流失。另一方面，蒙河中游 SPM 的 K 含量最低（Yang et al.，2021），且母岩中 K 长石的含量也较低，这表明含钾矿物主要来自蒙河中游的 SPM。因此，钾长石的风化作用也可能作为蒙河 SPM 中轻 Fe 同位素损失的潜在调节因素。

第三节 悬浮颗粒物中铁的来源示踪

一、悬浮颗粒物中铁的自然来源

作为丰富的元素储存介质，矿物是 SPM 中 Fe 的主要天然来源。探究矿物对 SPM 中

Fe 同位素组成的调节作用十分必要。先前研究表明，Na、Al、Mg 和 K 主要储存在黏土矿物中，因此这些元素可以用来指示黏土矿物的存在（Chen et al.，2009，2014）。相关分析结果表明，Fe 含量（g/kg）与 Na（r=0.32，p<0.05）、Mg（r=0.60，p<0.01）、Al（r=0.49，p<0.01）和 K（r=0.55，p<0.01）表现出较强的正相关关系，说明黏土矿物是 Fe 的重要储存体。另外，A-CN-K 分析结果也支持了这一结果（图 18.3），表明黏土矿物可能为伊利石、绿泥石和高岭石。通常，具有不同结构和性质的矿物成分是调节 Fe 同位素分馏的关键因素。例如，蒙脱石是一种铝硅酸盐黏土矿物，由两个四面体和一个铝酸盐八面体（2∶1）组成。八面体层和四面体层的同构取代会产生负电荷，而这些负电荷与 pH 无关。先前的研究表明，黏土矿物中蒙脱石的比例会通过影响三价 Fe 的生物还原进而影响 Fe 同位素的分馏（Liu et al.，2012）。另一方面，稀土元素（REE）在地球化学过程中的行为类似（Yang et al.，2021），可用于探究物质来源和氧化还原条件等环境参数的变化（Han et al.，2009；Osborne et al.，2015）。一般来说，根据 REE 的原子半径和重量，REE 可分为轻 REE（La 到 Eu）和重 REE（Gd）。以往的研究表明（Yang et al.，2021），PAAS 归一化后的 REE 分馏模式相对均一，在 SPM 中 LREE 和 HREE 之间没有明显的分馏，并且 SPM 样品表现出明显的正 Eu 异常特征，这一特征通常是由于斜长石的存在而导致的。具体而言，与 Ca^{2+} 具有相似离子半径的 Eu^{2+} 会取代 Ca^{2+} 并保留在斜长石矿物中（Nakada et al.，2017；Shearer and Papike，1989）。样品的风化趋势线同样表明斜长石是 SPM 样品的重要组成部分。同时，通常存在于重矿物中的 REE 可用于确定 SPM 中含 Fe 重矿物的存在（Chen et al.，2014）。相关性分析结果表明，SPM 中 Fe 含量与 LREE 含量（r=0.71，p<0.01）和 HREE 含量呈显著的正相关关系（r=0.72，p<0.01）（图 18.4）（Yang et al.，2021），表明富 Fe 颗粒物（如 Fe 氧化物）也是蒙河 SPM 样品中 Fe 元素的重要载体。

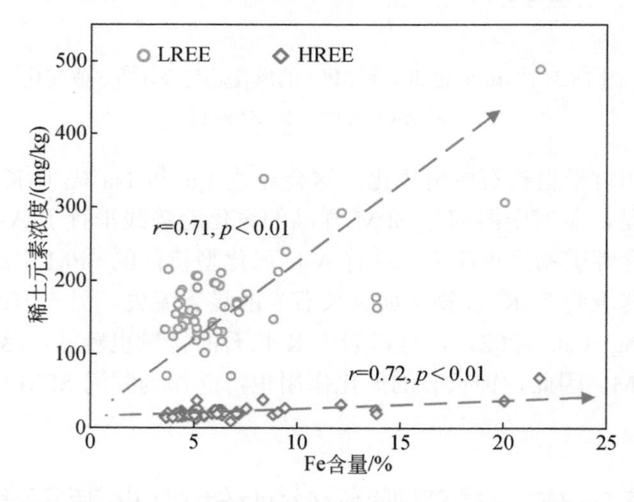

图 18.4　蒙河 SPM 中 LREE、HREE 和 Fe 含量之间的关系

二、悬浮颗粒物中铁的人为来源

富集因子（EF）可评估人为活动对天然 Fe 库的贡献，公式如下（Balls et al.，1997）：

$$EF=(Fe/Al)_{sample}/(Fe/Al)_{background} \tag{18.2}$$

为减少人为影响并保证各指标的可比性，笔者采用参考元素对样本中的元素进行标准化处理。样品中的 Al 元素在环境中的浓度最高且含量变异系数最小。因此，选用 Al 元素为参考元素以消除因天然成分（如有机质、石英和碳酸盐）的增加而引起的潜在稀释效应（Balls et al.，1997；Chen et al.，2014）。河流 SPM 包含复杂的壳层物质（如土壤、碎屑岩颗粒和沉积矿物），因此本研究将上地壳（UCC）的 Fe 和 Al 含量（39.17g/kg 和 81.5g/kg）作为样品的背景值（Ingri et al.，2006）。较高的 EF 值表示所选元素的富集程度较高，其中，EF＜1 通常意味着不存在富集效应（Balls et al.，1997）。

蒙河河水中 Fe 元素的 EF 值计算结果如图 18.5 所示。Fe 元素的 EF 值变化范围为 0.62～3.97，主要集中在均值（1.32）附近，其中有 46.3%的 SPM 样品中 Fe 的 EF＞1，表明人为活动对河流 SPM 中 Fe 的富集产生了重要影响。然而，沉淀、吸附和混凝等过程也可以将溶解的 Fe 转化为悬浮颗粒 Fe，因此，EF 值还不能充分证实人为作用的干扰（Teutsch et al.，2005）。然而，蒙河溶解 Fe 的含量在总 Fe 库中的占比很小，溶解 Fe 转化为颗粒 Fe 的过程对 Fe 的富集影响有限。

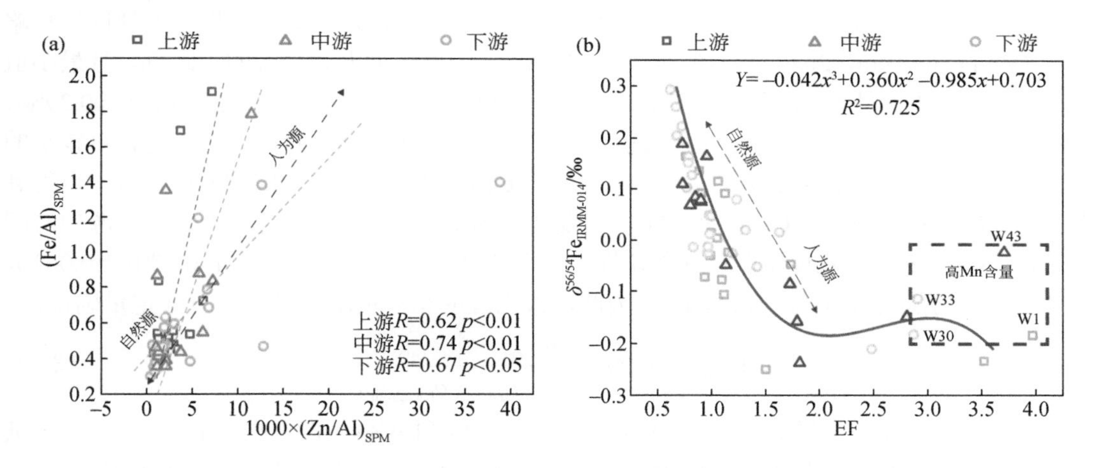

图 18.5　（Fe/Al）$_{SPM}$ 和（Zn/Al）$_{SPM}$ 的 Pearson 相关性分析以及 δ^{56}Fe 值与 EF 的关系

（a）（Fe/Al）$_{SPM}$ 与（Zn/Al）$_{SPM}$ 之间的关系；（b）δ^{56}Fe 值与 EF 之间的关系

研究表明，Zn 主要来源于蒙河的人为排放，因此重金属 Zn 能够作为人为活动的示踪剂（Zeng et al.，2020）。探究（Fe/Al）$_{SPM}$ 和（Zn/Al）$_{SPM}$ 之间的关系能够进一步确定人为活动的影响。如图 18.5 所示，蒙河上游、中游和下游的（Fe/Al）$_{SPM}$ 与（Zn/Al）$_{SPM}$ 呈较强的正相关关系，表明 SPM 中存在人为 Fe 源。另一方面，δ^{56}Fe 值与 EF 值之间可用三次方程建立关系，其中系数通过了 t 检验（p＜0.01）。总体而言，δ^{56}Fe 值随 EF 的增加而降低，这说明人为来源的 Fe 同位素组成低于天然来源的 Fe 同位素组成。较大的人为 Fe 贡献会减轻溶解态 Fe 同位素组成，但人为和自然来源相对贡献之间的比例不会对 SPM 的 δ^{56}Fe 值产生明显影响（Chen et al.，2014）。不同的是，SPM 中的 Fe 同位素组成也会受到人为贡献的影响，这为利用 EF 指数粗略估计 δ^{56}Fe 值提供了新思路。

第四节　悬浮颗粒物中铁的人为来源输入贡献

稳定金属同位素在环境地球化学溯源研究中的应用已经逐渐成熟（Wiederhold，2015）。由图 18.5 可知，基于 EF 与δ^{56}Fe 值构建的三元混合模型可以进一步理解 SPM 的源混合过程。然而，具有高 Mn 含量（平均值为 41.77g/kg，$n=4$）的点明显偏离自然和人为源混合线（图 18.5）。因此，三元混合模型中的三个来源分别为天然来源、人为来源和 Mn 氢氧化物/氧化物。Ingri 等（2006）同样发现 Mn 含量对 Fe 同位素分馏有显著影响，但富 Mn 颗粒中 Fe 同位素的分馏机制仍不清楚。值得注意的是，高 Mn 含量 SPM 样品的δ^{56}Fe 值要高于来源混合线的预测值（图 18.5）。通常，Mn 氢氧化物/氧化物的吸附是金属同位素分馏的重要控制因素。本研究为 Mn 氢氧化物/氧化物对 Fe 同位素组成的影响提供了新的证据，但其中具体的机制有待进一步探索。

在不考虑高 Mn 样品的条件下，可以通过二元混合模型计算 SPM 样品中 Fe 的人为贡献，以此确定人为和自然来源的δ^{56}Fe 值。由于缺乏相关研究和相应样品，本研究难以确定人为和自然两个端元的δ^{56}Fe 值，但可以根据现有样品对人为端元的相对贡献进行粗略估算（Zeng and Han，2020）。如前所述，$(Zn/Al)_{SPM}$可作为人为来源的示踪剂，且最小值表示人为活动的最小输入。因此，具有最小$(Zn/Al)_{SPM}$值 SPM 样品中的δ^{56}Fe 值（0.29‰，采样点 21）可以用作天然端元的代表值。在此条件下，人为 Fe 的代表值应为相对较小的δ^{56}Fe 值（−0.25‰，采样点 9）。人为端元的δ^{56}Fe 值高于天然端元的δ^{56}Fe 值，这一点得到许多研究的支持。例如，Chen 等（2014）发现人为来源的δ^{56}Fe 值远低于天然来源的溶解负荷。Wu 等（2019）发现尾矿剖面的δ^{56}Fe 值始终为负（氧化区平均值为−0.58‰±0.06‰，未氧化区平均值为−0.49‰±0.05‰）。因此，人为源的相对贡献可以通过下式定量确定：

$$Fe_{anth(\%)}=100\times\frac{\delta_{sample}-\delta_{background}}{\delta_{anthropogenic}-\delta_{background}} \tag{18.3}$$

在排除高 Mn 含量样品（W1、W30、W33、W36 和 W43）后，悬浮 Fe 的人为源贡献为 5.79%～97.70%，平均值为 48.46%。蒙河上游（52.37%）和下游（52.36%）对悬浮 Fe 的平均贡献率最高，其次为中游（43.19%）。蒙河上游和下游的稻田占比相对中游而言较高，表明农业活动是 SPM 中轻 Fe 同位素的重要来源。在天然土壤系统中，异化 Fe 还原作用会导致 Fe 同位素分馏，且孔隙水（土壤溶液）富含轻 Fe 同位素（Crosby et al.，2005）。在淹水条件下的水稻生长过程中，土壤溶液的氧化还原电位极低（0～100mV）（Garnier et al.，2017）。枯水期河水主要由地下水补给，稻田水是蒙河径流和地下水的重要组成部分（Yang and Han，2020）。富含轻 Fe 同位素的土壤溶液流入蒙河，随后在具有更强氧化性的环境中沉淀。因此，农业活动是导致 SPM 中δ^{56}Fe 降低的关键原因。

本章小结

本章对蒙河 SPM 中 Fe 同位素组成的空间变化特征进行了研究，评价了化学风化作用对 Fe 同位素分馏的影响，识别了河流悬浮 Fe 的自然来源和人为来源并确定了相对的人为贡献。结果表明，蒙河中 SPM 的δ^{56}Fe 值范围为−0.25‰～0.29‰，平均值为 0.02‰。δ^{56}Fe 值与CIA值呈正相关，并沿风化趋势线增加，表明风化类型和风化强度显著调节了蒙河SPM 的 Fe 同位素分馏。EF 值（0.62～3.97）与（Fe/Al）$_{SPM}$、（Zn/Al）$_{SPM}$之间的强相关性表明人为活动是蒙河 SPM 中 Fe 的重要来源。A-CN-K 分析结果以及 Fe 含量（g/kg）与 Na（r=0.32，p<0.05）、Mg（r=0.60，p<0.01）、Al（r=0.49，p<0.01）、K（r=0.55，p<0.01）的相关性结果表明，Fe 主要存在于黏土矿物中（如伊利石）。此外，REE 和 Fe 含量的关系表明，重矿物是蒙河 SPM 中不可忽略的组成部分。MnO_2 对 Fe 同位素分馏的影响可以通过 EF 与δ^{56}Fe 值的关系确定，但其中的具体机制有待进一步探索。二元混合模型（不包括高 Mn 样品）计算出的人为 Fe 相对贡献表明人为活动产生的悬浮 Fe 含量占总悬浮 Fe 含量的 5.79‰～97.70%（平均 48.46%）。基于人为来源 Fe 相对贡献的空间分布特征，可以确定蒙河 SPM 中的人为 Fe 源主要为农业活动。

参 考 文 献

Balls P W，Hull S，Miller B S，et al.，1997. Trace metal in Scottish estuarine and coastal sediments. Marine Pollution Bulletin，34（1）：42-50.

Bergquist B A，Boyle E A，2006. Iron isotopes in the Amazon River system：weathering and transport signatures. Earth and Planetary Science Letters，248（1）：54-68.

Chapman J B，Weiss D J，Shan Y，et al.，2009. Iron isotope fractionation during leaching of granite and basalt by hydrochloric and oxalic acids. Geochimica et Cosmochimica Acta，73（5）：1312-1324.

Chen J，Gaillardet J，Louvat P，et al.，2009. Zn isotopes in the suspended load of the Seine River，France：isotopic variations and source determination. Geochimica et Cosmochimica Acta，73（14）：4060-4076.

Chen J B，Busigny V，Gaillardet J，et al.，2014. Iron isotopes in the Seine River （France）：natural versus anthropogenic sources. Geochimica et Cosmochimica Acta，128：128-143.

Crosby H A，Johnson C M，Roden E E，et al.，2005. Coupled Fe（Ⅱ）−Fe（Ⅲ）electron and atom exchange as a mechanism for Fe isotope fractionation during dissimilatory iron oxide reduction. Environmental Science & Technology，39（17）：6698-6704.

dos Santos Pinheiro G M，Poitrasson F，Sondag F，et al.，2013. Iron isotope composition of the suspended matter along depth and lateral profiles in the Amazon River and its tributaries. Journal of South American Earth Sciences，44：35-44.

Escoube R，Rouxel O J，Pokrovsky O S，et al.，2015. Iron isotope systematics in Arctic rivers. Comptes Rendus Geoscience，347（7）：377-385.

Fantle M S，DePaolo D J，2004. Iron isotopic fractionation during continental weathering. Earth and Planetary Science Letters，228（3）：547-562.

Fekiacova Z，Pichat S，Cornu S，et al.，2013. Inferences from the vertical distribution of Fe isotopic compositions on pedogenetic processes in soils. Geoderma，209-210：110-118.

Garnier J，Garnier J M，Vieira C L，et al.，2017. Iron isotope fingerprints of redox and biogeochemical cycling in the soil-water-rice plant system of a paddy field. Science of the Total Environment，574：1622-1632.

Guelke M，von Blanckenburg F，Schoenberg R，et al.，2010. Determining the stable Fe isotope signature of plant-available iron in soils. Chemical Geology，277（3）：269-280.

Han G，Xu Z，Tang Y，et al.，2009. Rare earth element patterns in the karst terrains of Guizhou Province，China：implication for water/particle interaction. Aquatic Geochemistry，15（4）：457-484.

Hirst C，Andersson P S，Kooijman E，et al.，2020. Iron isotopes reveal the sources of Fe-bearing particles and colloids in the Lena River basin. Geochimica et Cosmochimica Acta，269：678-692.

Huang L M，Jia X X，Zhang G L，et al.，2018. Variations and controls of iron oxides and isotope compositions during paddy soil evolution over a millennial time scale. Chemical Geology，476：340-351.

Ingri J，Malinovsky D，Rodushkin I，et al.，2006. Iron isotope fractionation in river colloidal matter. Earth and Planetary Science Letters，245（3）：792-798.

Jickells T D，An Z S，Andersen K K，et al.，2005. Global iron connections between desert dust，ocean biogeochemistry，and climate. Science，308（5718）：67-71.

Johnson C M，Beard B L，Albarède F，2018. Geochemistry of non-traditional stable isotopes. Mineralogical Society of America.

Lalonde K，Mucci A，Ouellet A，et al.，2012. Preservation of organic matter in sediments promoted by iron. Nature，483（7388）：198-200.

Li X，Han G，Liu M，et al.，2019. Hydrochemistry and dissolved inorganic carbon（DIC）cycling in a tropical agricultural river，Mun River Basin，Northeast Thailand. International Journal of Environmental Research and Public Health，16（18）：3410.

Liu C，Fan C，Shen Q，et al.，2016. Effects of riverine suspended particulate matter on post-dredging metal re-contamination across the sediment–water interface. Chemosphere，144：2329-2335.

Liu D，Dong H，Bishop M E，et al.，2012. Microbial reduction of structural iron in interstratified illite-smectite minerals by a sulfate-reducing bacterium. Geobiology，10（2）：150-162.

Liu S A，Teng F Z，Li S，et al.，2014. Copper and iron isotope fractionation during weathering and pedogenesis：insights from saprolite profiles. Geochimica et Cosmochimica Acta，146：59-75.

Lotfi-Kalahroodi E，Pierson-Wickmann A C，Guénet H，et al.，2019. Iron isotope fractionation in iron-organic matter associations：experimental evidence using filtration and ultrafiltration. Geochimica et Cosmochimica Acta，250：98-116.

Nakada R，Shibuya T，Suzuki K，et al.，2017. Europium anomaly variation under low-temperature water-rock interaction：a new thermometer. Geochemistry International，55（9）：822-832.

Nesbitt H W，Young G M，1989. Formation and diagenesis of weathering profiles. The Journal of Geology，97（2）：129-147.

Nimnate P，Choowong M，Thitimakorn T，et al.，2017. Geomorphic criteria for distinguishing and locating abandoned channels from upstream part of Mun River，Khorat Plateau，northeastern Thailand. Environmental Earth Sciences，76（9）：331.

Osborne A H，Haley B A，Hathorne E C，et al.，2015. Rare earth element distribution in Caribbean seawater：continental inputs versus lateral transport of distinct REE compositions in subsurface water masses. Marine Chemistry，177：172-183.

Poitrasson F，2006. On the iron isotope homogeneity level of the continental crust. Chemical Geology，235（1）：

195-200.

Shao J，Yang S，Li C，2012. Chemical indices（CIA and WIP）as proxies for integrated chemical weathering in China：inferences from analysis of fluvial sediments. Sedimentary Geology，265-266：110-120.

Shearer C K，Papike J J，1989. Is plagioclase removal responsible for the negative Eu anomaly in the source regions of mare basalts? Geochimica et Cosmochimica Acta，53（12）：3331-3336.

Skulan J L，Beard B L，Johnson C M，2002. Kinetic and equilibrium Fe isotope fractionation between aqueous Fe（III） and hematite. Geochimica et Cosmochimica Acta，66（17）：2995-3015.

Teutsch N，von Gunten U，Porcelli D，et al.，2005. Adsorption as a cause for iron isotope fractionation in reduced groundwater. Geochimica et Cosmochimica Acta，69（17）：4175-4185.

Wiederhold J G，2015. Metal stable isotope signatures as tracers in environmental geochemistry. Environmental Science & Technology，49（5）：2606-2624.

Wu B，Amelung W，Xing Y，et al.，2019. Iron cycling and isotope fractionation in terrestrial ecosystems. Earth-Science Reviews，190：323-352.

Yang K，Han G，2020. Controls over hydrogen and oxygen isotopes of surface water and groundwater in the Mun River catchment，northeast Thailand：implications for the water cycle. Hydrogeology Journal，28（3）：1021-1036.

Yang K，Han G，Zeng J，et al.，2021. Distribution，fractionation and sources of rare earth elements in suspended particulate matter in a tropical agricultural catchment，northeast Thailand. PeerJ，9：e10853.

Yesavage T，Fantle M S，Vervoort J，et al.，2012. Fe cycling in the Shale Hills Critical Zone Observatory，Pennsylvania：an analysis of biogeochemical weathering and Fe isotope fractionation. Geochimica et Cosmochimica Acta，99：18-38.

Zeng J，Han G，2020. Preliminary copper isotope study on particulate matter in Zhujiang River，southwest China：application for source identification. Ecotoxicology and Environmental Safety，198：110663.

Zeng J，Han G，Yang K，2020. Assessment and sources of heavy metals in suspended particulate matter in a tropical catchment，northeast Thailand. Journal of Cleaner Production，265：121898.

第三篇　蒙河流域土壤地球化学

土壤位于岩石圈最外部，是陆地地表具有肥力并能生长植物的疏松表层，也是自然环境要素的重要组成之一，为植物和微生物的生长和繁衍提供了必要条件。土壤圈是大气圈、岩石圈、水圈和生物圈之间的过渡地带，具有同化和代谢外界进入土壤的物质的能力，也是农业生产的基础。通过对土壤地球化学组成的研究，可以获得有关土壤物质的分布、迁移、转化和归趋的信息，为防治土壤污染奠定理论基础。

土壤是人居环境的重要组成部分，其质量优劣直接影响了人类的生产、生活和社会发展，是较为脆弱的环境要素。在土地资源过度开发和工农业发展的双重背景下，全球土壤都面临着不同程度的污染，而流域土壤作为人类生产生活的重要区域，其生物地球化学过程也在很大程度上受到了人为活动的影响。本篇通过系统分析泰国典型农业区流域（蒙河流域）的土壤养分、土壤重金属、土壤稀土元素分布以及有机碳、氮等同位素组成，揭示了土壤地球化学行为，评价其污染和风险程度，并探讨了不同来源的相对贡献。对蒙河流域土壤地球化学的研究不仅能够帮助我们理解泰国典型农业区流域的土壤生物地球化学循环过程，还可以为我们提供土壤生态环境现状的信息，为流域土壤的综合治理提供科学基础。

第十九章　样品采集与分析测试

第一节　土壤样品采集

笔者于 2018 年 3 月至 4 月（旱季）在泰国蒙河流域进行了土壤样品采样。根据不同的土地利用方式，分别在稻田（T1）、人工林（T2）、1 年弃稻田（T3）、5 年弃稻田（T4）、3 年弃稻田（T5）和原始林（T6）中各选择一个采样点，位置如图 19.1 所示。

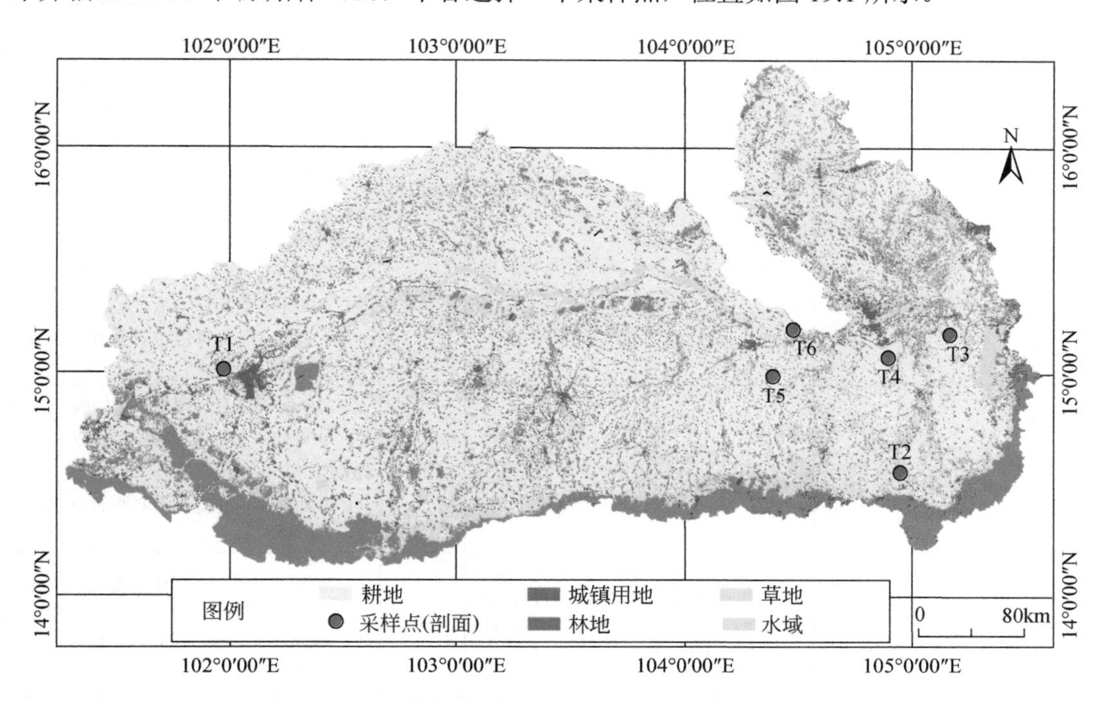

图 19.1　泰国蒙河流域的土地利用分布及土壤采样位置

稻田土壤利用土钻取样，用土钻挖出 3 个平行土柱，每 2 个钻孔间的距离小于 1m。从土柱上收集土壤样品，取样前先刮去表面土壤，间隔 10cm 取样，将相同深度的样品混合成一个样品。人工林和原始林采样点开挖一个 0.5m×1m（0.8m 深）的土坑，土坑的三面同时从下往上间隔 10cm 依次收集土壤样品，且三面相同深度的 3 个土壤样品需等量混合成 1 个土壤样品。三个弃稻田的采样点均设计在弃稻田中间人工开挖的蓄水池边缘，蓄水池的深度通常超过 2m。垂直池壁向里刨除 50cm 厚度的土层，自上而下修整完剖面后再依次往上间隔 10cm 收集样品。每个采样点设置 3 个平行剖面，每两个平行剖面间隔不超过 1m，相同深度的 3 个样品需等量混合成 1 个样品。从 6 个土壤剖面共收集了 102 个土壤样品，采样点信息见表 19.1。土壤样品经室温（25℃）风干，剔除明显的植物根系和大石块，通过 10 目筛子后转入自封袋，保存为全土样品。

表 19.1 泰国蒙河流域不同土地利用方式土壤剖面的特征

位置	经纬度	海拔/m	土地利用方式	土壤类型和质地	深度/cm	土壤剖面描述
T1	14°56′33″N 101°58′34″E	194	长期种植水稻（*Oryza sativa*）	第四纪河流冲积物发育而成的冲积土；砂土	160	0～160cm：褐色、黏粒、紧密
T2	14°33′5″N 104°56′15″E	185	人工林种植橡胶树（*Hevea brasiliensis*）	火成岩发育而成的红壤；粉壤	50	0～18cm：暗红色、块状、紧密、大量植物根和碎屑 18～50cm：红色、块状、紧密、少量植物根
T3	15°9′1″N 105°10′56″E	130	稻田荒废 1 年，表面有大量水稻残骸，未见其他植被生长	第四纪河流冲积物发育而成的冲积土；砂土	100	0～12cm：深灰色、细粉粒、松散、大量水稻根和碎屑 12～30cm：灰色、细粉粒、松散 30～90cm：淡黄色带有许多红色斑点，细粉粒、松散 90～100cm：淀积层
T4	15°3′56″N 104°55′8″E	160	稻田荒废 5 年，表面生长有牛筋草（*Eleusine indica*）	第四纪河流冲积物发育而成的冲积土；砂土	210	0～26cm：深灰色、细粉粒、松散、少量植物根 26～100cm：灰色、细粉粒、松散 90～100cm：淀积层 110～210cm：淡黄色带有少许红色斑点，细粉粒
T5	14°58′33″N 104°23′44″E	143	稻田荒废 3 年，表面未见水稻残骸，未见其他植被生长	第四纪河流冲积物发育而成的冲积土；砂土	405	0～22cm：深灰色、细粉粒、松散 22～100cm：灰色、细粉粒、松散 100～110cm：淀积层 110～405cm：淡黄色含有少许红色斑点，细粉粒
T6	15°11′59″N 104°30′28″E	138	C_3 植被的原始林，主要有柚木（*Tetona grandis*）和木棉（*Bombax anceps*）等植被	第四纪河流冲积物发育而成的冲积土；砂土	50	0～5cm：深灰色、细粉粒、松散、大量植物根和碎屑 5～50cm：灰白色、细粉粒、松散、少量植物根

第二节 土壤样品前处理及测试

一、土壤主量、微量元素

稻田或弃稻田约 1m 深度位置会出现淀积层。淀积层是富含铁的黏土层，夹杂许多暗红色的铁质结核（>2mm），铁质结核是在反复的 Fe^{2+}/Fe^{3+} 氧化还原过程和溶解-沉积过程中形成的（Kölbl et al.，2014）。淀积层是稻田土壤的重要层位，铁质结核是淀积层的重要组成部分。因此，尽管绝大多数铁质结核的直径超过了 2mm，本研究依然没有剔除铁质结核，而将淀积层所包含的所有物质统一当作全土处理。对于淀积层的样品，我们分析了主量元素含量（Al、Ca、Fe、K、Mg、Mn）、重金属元素含量、稀土元素含量、土壤有机碳（SOC）和土壤有机氮（SON）含量、$\delta^{13}C$ 和 $\delta^{15}N$ 值，但没有分析土壤 pH 和粒度组成。此外，野外观察和室内分析发现淀积层以上的土壤和淀积层以下土壤具有明显的差异，而且两层土壤本身的理化性质随深度的变化差异较小，因此实际数据分析过程中按淀积层以上土壤和淀积层以下土壤分类计算和讨论，该做法有助于分析稻田淀积层对土壤侵蚀过程、SOC 动态和土壤氮迁移转化过程的影响。

将土壤和水按 1∶2.5 质量比混合，搅拌充分后静置 30 分钟。用 pH 计测定上清液 pH，即为土壤 pH，分析精度为±0.05。将土壤加入到 10%体积比的 H_2O_2 和 2mol/L 的 HCl 混合溶液中，在电热板上 85℃加热 45 分钟，以去除矿物颗粒间的有机胶结物和碳酸钙胶结物，起到分散矿物颗粒的作用。利用激光粒度分析仪（Mastersizer 2000，Malvern，England）分析不同粒径颗粒的体积占比，分析精度为±1%（Yu et al.，2020）。按照美国农业部的粒径分类标准，土壤颗粒分为三种类型，分别是黏粒（＜0.002mm）、粉粒（0.002～0.05mm）和砂粒（0.05～2mm）（Liu et al.，2019）。

使用玛瑙研钵将全土样品（＜2mm）研磨至 200 目（＜74μm）以下。称取 50mg 干燥的土壤粉末样品，放入 PFA 消解罐中并加入 3mL 浓 HNO_3、3mL 浓 HF 和 1mL 浓 $HClO_4$ 溶液，140℃加热消解 3 天（Li et al.，2022）。待固体完全转化为液体后，将液体样品转入 25mL 的容量瓶中，用 2%的 HNO_3 溶液定容。溶液中主量元素的浓度在中国科学院地理科学与资源研究所理化分析中心利用电感耦合等离子体发射光谱仪（ICP-OES，Optima 5300DV，Perkin Elmer，美国）完成测试，溶液中重金属元素、稀土元素的浓度利用电感耦合等离子体质谱仪（ICP-MS，ELAN DRC-e，PerkinElmer，Waltham，美国）完成测试。消解过程中主量元素、重金属元素、稀土元素的回收率高于 98%。空白样品和标准样品（GBW07404 和 GBW07120）与实验样品一并进行消解和分析测试的操作处理，以监测消解过程和仪器分析过程的可靠性。仪器测量的精密度和准确度通过多元素标准溶液的重复分析来检测，主量元素的相对标准偏差不超过±5%，微量元素的相对标准偏差不超过±3%。将溶液中主量元素或微量元素的浓度换算成土壤中主量元素或稀土元素的含量，其中部分的主、微量元素以其氧化物含量表示，即土壤中的 Al_2O_3、CaO、Fe_2O_3、K_2O、Na_2O、MgO、MnO 和 TiO_2 含量。土壤汞含量利用测汞仪（RA-915M，Lumex，俄罗斯）进行分析，通过多次重复测量土壤标准样品，即国家标准物质 GSS-5（290±30ng/g）和 GSS-2（15±0.3ng/g）以监测仪器分析过程的可靠性，其相对标准偏差不超过±3%。

二、土壤有机碳、氮含量及其同位素

称量 2g 干燥的土壤粉末样品，放入 50mL 离心管中，加入 40mL 的 0.5mol/L 稀 HCl 和 2mol/L 的 KCl 混合溶液并浸泡 24 小时，间隔 2 小时晃动离心管，以去除土壤无机碳（SIC）、无机氮（NO_3^- 和 NH_4^+）、溶解性有机碳（DOC）和溶解性有机氮（DON）（Meng et al.，2005；Midwood and Boutton，1998）。用离心机离心，倒掉上清液后注入蒸馏水清洗样品，反复清洗和离心样品至上清液呈中性。放入烘箱中 55℃下烘干至恒重，然后称重，并再次研磨至 100 目以下，该样品可用于分析土壤中 SOC、SON 的含量及 $\delta^{13}C$、$\delta^{15}N$ 组成。土壤 C、N 含量在中国地质大学（北京）Nu-SEHGL 表生环境与水文地球化学国际联合标杆实验室利用多元素分析仪（Elementar，Vario TOC，德国）完成测试。仪器测量的精密度和准确度通过重复分析有机分析标准物质来检测，相对标准偏差不超过±3%。前处理过程中损失了部分样品质量，这会导致仪器分析得出的 C、N 含量比实际含量偏高，因此需要将测量值乘以样品处理后与处理前的质量比来校正，从而得到真实的 SOC 和 SON 含量（Liu et al.，2020）。

土壤 SOC 和 SON 的稳定碳同位素比值（$^{13}C/^{12}C$）和稳定氮同位素比值（$^{15}N/^{14}N$）在中国科学院地理科学与资源研究所理化分析中心利用稳定同位素质谱仪（Thermo，MAT-253，美国）完成测定，测定结果分别以相对于 Vienna Pee Dee Belemnite（V-PDB）的$\delta^{13}C$（‰）差异和相对于标准大气 N_2 的$\delta^{15}N$（‰）差异来表示，计算公式如下：

$$\delta^{13}C_{样品} = [(R_{样品} - R_{V\text{-}PDB})/R_{V\text{-}PDB}] \times 1000,\ R = {}^{13}C/{}^{12}C \tag{19.1}$$

$$\delta^{15}N_{样品} = [(R_{样品} - R_{大气})/R_{大气}] \times 1000,\ R = {}^{15}N/{}^{14}N \tag{19.2}$$

仪器测量的精密度和准确度通过重复分析尿素和 L-谷氨酸中的碳氮同位素标准物质（即国家标准物质 GBW04494，$\delta^{13}C$：−45.6‰±0.08‰，$\delta^{15}N$：−0.24‰±0.13‰）来检测，测试过程的精密度优于±0.1‰。

三、土壤铁同位素

将 100～200mg 土壤样品粉末置于 15mL PFA 消解罐中，缓慢加入 2mL 浓 HF 和 1mL 浓 HNO_3，再加入 0.5mL 浓 $HClO_4$ 用以分解有机物。将密封的 PFA 消解罐放在电炉上，在 48 小时内 120℃加热消解。如果有白色沉淀，则重复加热（120℃）并进行超声处理，直至白色沉淀消失。冷却后打开消解罐，将消解液在 140℃条件下蒸发至干燥，然后用 3mL 浓 HCl 和 1mL 浓 HNO_3 重新溶解，在电热板上 90℃蒸发至干燥待用。采用电感耦合等离子体质谱进行 Fe 同位素分析时，基质元素（如 Na、K、Cr、Ni）是影响测试数据质量的关键因素之一。选择适当的离子交换流程（树脂分离纯化）可以有效地将待测 Fe 元素与基质元素分离开来，从而避免基质元素的影响。同时，为了避免树脂柱分离过程中的 Fe 同位素分馏，需要保证完全的 Fe 回收率（接近 100%）。本研究在文献报道的用于 Fe 同位素样品树脂分离纯化所选用的不同孔径树脂类型、树脂柱尺寸（直径和高度）、树脂体积、流速、淋洗体积及分离次数等的基础上，综合考虑了树脂使用量、洗脱液使用量、多次分离样品的污染风险、分离纯化耗时等，简化了分离程序并减少化学试剂的消耗，使其分离效果更好。具体而言，以 7mol/L HCl＋0.001% H_2O_2、H_2O、2mol/L HCl＋0.001% H_2O_2 为清洗液和洗脱液，填充 1.6mL 的 100-200 目 AG® MP-1M 氯型预清洗树脂，详细淋洗流程见表 19.2。纯化后样品 Fe 回收率接近 100%，基质元素控制在适于多接收电感耦合等离子体质谱测试的浓度水平以下，且流程空白小于 10ng Fe。所测样品的 Fe 同位素用相对国际标准 IRMM-014 的$\delta^{56}Fe$ 表示，公式如下：

$$\delta^{56}Fe\ (‰) = [({}^{56}Fe/{}^{54}Fe)_{样品}/({}^{56}Fe/{}^{54}Fe)_{标准} - 1] \times 10^3 \tag{19.3}$$

在多接收电感耦合等离子体质谱（MC-ICP-MS）分析中，仪器的工作参数，如 ICP 的射频功率、雾化气流速、辅助气流量等都会直接影响同位素测定的灵敏度和精密度。在优化后的 Fe 元素分离纯化流程基础上，可以通过固定其他仪器测定条件和改变单一工作参数的方式，进行仪器的最优化调试，确定的代表性工作参数见表 19.3。在 5×10^{-6} 的 Fe 测试溶液进样条件下，可得到合适的 ^{56}Fe 信号强度，不同测试批次（工作参数微调至最优）的信号强度值约为 10V。以 5% HNO_3 和 2% HNO_3 作为标准-样品间插法测试过程中的清洗液，可将 ^{56}Fe 信号强度背景值降低至 5mV 以下。

表 19.2　Fe 树脂分离纯化流程

分离步骤	淋洗液	淋洗体积/mL
清洗树脂	7mol/L HCl＋0.001% H_2O_2	5×2
清洗树脂	H_2O	5×2
调节树脂	7mol/L HCl＋0.001% H_2O_2	5
上样	7mol/L HCl＋0.001% H_2O_2	0.1
洗脱基质元素	7mol/L HCl＋0.001% H_2O_2	40
收集 Fe	2mol/L HCl＋0.001% H_2O_2	20
清洗树脂	7mol/L HCl＋0.001% H_2O_2	5
清洗树脂	H_2O	5

表 19.3　Nu Plasma Ⅲ型 MC-ICP-MS 铁同位素测试的代表性工作参数

工作参数	参数值
质量分辨率	中分辨率（>8000）
RF 射频功率	1300W
进样系统	100～200μL/min 雾化器及配套雾室
锥	标准湿法采样锥＋截取锥
冷却气流速	13.0L/min
辅助气流速	0.9L/min
雾化器载气压力	30psi
测试数据采集次数/采集组数	30/2
积分时间	10s
法拉第杯配置	L5（^{54}Fe）、Ax（^{56}Fe）、H3（^{57}Fe）、H6（^{58}Fe）

四、土壤铜同位素

土壤样品同位素分析首先需要消解和纯化以提高测试精度（Li et al.，2016；Little et al.，2019；Weinstein et al.，2011）。阴离子交换色谱法可以用于在基质溶液中分离纯化 Cu，该方法填料的功能基团为带正电的碱性基团，可以将阴离子或酸性化合物分析分离。Cu 的提取通常采用美国 Bio-Rad 公司生产的 AG® MP-1M 或 AG® 1-X8 强碱性阴离子交换树脂，其中 AG® MP-1M 最为常见。在利用阴离子交换色谱法提取纯 Cu 溶液之前，需要将 AG®MP-1M 树脂清洗并激活。

在提取纯 Cu 溶液之前，取适量的土壤消解溶液在电热板上 80℃蒸干，使用 0.2mL 7mol/L HCl 溶解蒸干后的样品，并将储存在 0.1mol/L HCl 中的树脂调节至中性。在 Cu 从消解溶液中分离前，将 1.6mL 清洗后的 AG®MP-1M 阴离子树脂装填入 10mL 树脂管中。提取纯 Cu 溶液时，首先用 5mL 7mol/L HCl 和 5mL 去离子水交替洗涤 3 次，再用 2mL 7mol/L HCl 调节树脂环境；用移液枪取出溶于 0.2mL 7mol/L HCl 的样品，置于装填的树脂上，再用 7mL 7mol/L HCl 洗脱，以去除杂质元素和不相关元素；最后，用 24mL 7mol/L HCl 洗脱，得到纯 Cu 溶液。为了确保铜从基质中完全分离，应对所有样品进行两次纯化。使用 0.1mL 浓 HNO_3 将洗脱的 Cu 再溶解并蒸干，循环 3 次以去除 Cl^-。将纯化后的 Cu 溶液蒸干，再溶于约 3%的 HNO_3 中，以备后续的 Cu 同位素测试。土壤样品中的 Cu 同位素组成（$\delta^{65}Cu$）计算公式如下：

$$\delta^{65}Cu\ (‰) = [(^{65}Cu/^{63}Cu)_{样品}/(^{65}Cu/^{63}Cu)_{标准}-1] \times 10^3 \quad (19.4)$$

Cu 同位素的测定值大多采用 NIST-SRM-976 作为参考标准，但目前已有的 NIST-SRM-976 标准物质几近用完，且美国国家标准与技术研究院（National Institute of Standards and Technology，NIST）已不再生产。Moeller 等（2012）研究表明，以 NIST-SRM-976 为标准的 $\delta^{65}Cu$ 值与标准物质和测量研究所（Institute for Reference Materials and Measurements，IRMM）的标准物质 ERM-AE633、ERM-AE647 的差值分别为−0.01‰±0.05‰和−0.21‰±0.05‰（Moeller et al.，2012）。

五、土壤锌同位素

土壤样品使用 $HF-HNO_3-HCl$ 湿法消解，首先用玛瑙研钵将样品研磨至 200 目以下，取适量（50～100mg）固体粉末置于 15mL PFA 消解罐中，加入 3∶1 浓 HNO_3 和浓 HF 并盖上消解罐的盖子，静置至无气泡产生。将消解罐置于电热板上加热 48 小时，温度设置为 120℃，待固体样品完全溶解后将消解罐打开，80℃蒸干溶液以免温度过高导致样品蒸飞丢失。待样品蒸干后，再次加入 3∶1 浓 HNO_3 和浓 HCl，确保固体样品完全消解。若仍有未消解固体存在，可二次加酸，蒸干样品后再加入 1～2 滴 H_2O_2。在蒸干的样品中加入 2mL 浓 HNO_3 后蒸干，重复 1 次以去除消解罐中多余的氟化物。将消解好的样品溶于 3% HNO_3 中，以便后续的样品元素浓度测定以及纯 Zn 溶液的提取。为保证实验的准确性和精确性，消解过程设置了空白样品、标准物质（土壤：GBW07447 内蒙古杭锦后旗盐碱土、GBW07449 新疆鄯善盐碱土；岩石：美国地质调查局的 BCR-2、BHVO-2）和平行样品，每 10 个样品重复 1 个平行样品。

在使用阴离子交换色谱法提取纯 Zn 溶液之前，需要将 AG® MP-1M 树脂清洗并激活。在提取纯 Zn 溶液之前，取适量土壤消解液在 80℃电热板上蒸干，用 0.2mL 7mol/L HCl 溶解蒸干后的样品。将储存于 0.1mol/L HCl 中的树脂调节至中性，并将 1.6mL 预清洗的 AG® MP-1M 阴离子树脂装填入 10mL 的树脂管中。提取纯 Zn 溶液时，用 5mL 7mol/L HCl 和 5mL 去离子水交替洗涤 3 次，再用 2mL 7mol/L HCl 调节树脂环境。将溶于 0.2mL 7mol/L HCl 的样品置于装填的树脂上，分别用 60mL 7mol/L HCl 和 2mL 0.5mol/L HNO_3 洗脱，并去除杂质元素和不相关元素，最后用 11mL 0.5mol/L HNO_3 洗脱，得到纯 Zn 溶液。将纯化的 Zn 溶液蒸干并重溶于 3% HNO_3 中，以备后续的 Zn 同位素测试。本方法分离得到的纯 Zn 溶液回收率优于 98%。为确定实验流程是否发生柱上分馏，对国际 IRMM-3702 标准样品进行了测试，得到的 Zn 同位素比值为 0.01‰±0.03‰。实验流程程序空白低于样品基质总

Zn 含量的 0.2%。

Zn 同位素比值一般有两种表示方法，分别为$\delta^{66}Zn$（$^{66}Zn/^{64}Zn$）和$\delta^{68}Zn$（$^{68}Zn/^{66}Zn$），研究中通常以$\delta^{66}Zn$ 为目标，一些研究中由于无法排除 ^{64}Ni 对 ^{64}Zn 的干扰，也会测定 $^{68}Zn/^{66}Zn$，这种干扰通常可以通过对 ^{62}Ni 信号的监测来排除（Sonke et al.，2008）。绝对同位素比值很难准确测量，且不同实验室的结果必须相互关联，这就需要将共同的参考物质定义为元素同位素分析的零基线。Zn 同位素比值通常表示为$\delta^{66}Zn$（相对于 JMC Lyon 3-0749L Zn 标准溶液），两个储库（i，j）之间的 Zn 同位素分馏程度可以表示为$\Delta^{66}Zn_{i\text{-}j}$，公式如下：

$$\delta^{66}Zn\,(‰) = [(^{66}Zn/^{64}Zn)_{样品}/(^{66}Zn/^{64}Zn)_{标准} - 1] \times 10^3 \tag{19.5}$$

$$\Delta^{66}Zn_{i\text{-}j} = \delta^{66}Zn_i - \delta^{66}Zn_j \tag{19.6}$$

Zn 同位素比值的测定所使用的仪器为 Nu Plasma 3 MC-ICP-MS（英国 Nu Instruments），法拉第杯设置为 L3：^{62}Ni，L2：^{63}Cu，L1：^{64}Zn，C：^{65}Cu，H1：^{66}Zn，H2：^{67}Zn，H3：^{68}Zn。Zn 同位素测试使用 ^{62}Ni 的强度测量监测 ^{64}Ni 的等压干扰，由于其信号值太低，故可忽略不计。Zn 同位素比值校正采用的是标准-样品间插法，所测样品与标准物质（IRMM-3702）的 Zn 浓度匹配度均在±5%以内。测试过程中，Zn 同位素的长期外精度优于 0.07‰，所测试的标准物质 BCR-2、BHVO-2 的$\delta^{66}Zn$ 分别为 0.24‰±0.02‰、0.32‰±0.02‰，均在文献报道范围内（Araújo et al.，2017）。

第三节 数据处理

Kolmogorov-Smirnov（K-S）模型可用于检验数据是否服从正态分布。服从正态分布的变量可采用皮尔逊相关分析得到皮尔逊相关系数，不服从正态分布的变量采用斯皮尔曼相关分析得到斯皮尔曼秩相关系数。单因素方差分析（One-way ANOVA）可以确定相同变量的不同类别之间在 $p<0.05$ 水平上是否存在显著性差异。一般线性模型可用于确定两变量之间的数学关系。本次研究数据的统计分析使用 SPSS 18.0 软件完成，散点图、折线图、条形图、箱线图等图形的绘制用 SigmaPlot 12.5 软件完成。

参考文献

Araújo D F，Boaventura G R，Viers J，et al.，2017. Ion exchange chromatography and mass bias correction for accurate and precise Zn isotope ratio measurements in environmental reference materials by MC-ICP-MS. Journal of the Brazilian Chemical Society，28：225-235.

Kölbl A，Schad P，Jahn R，et al.，2014. Accelerated soil formation due to paddy management on marshlands（Zhejiang Province，China）. Geoderma，228-229：67-89.

Li S Z，Zhu X K，Wu L H，et al.，2016. Cu isotopic compositions in Elsholtzia splendens：Influence of soil condition and growth period on Cu isotopic fractionation in plant tissue. Chemical Geology，444：49-58.

Li X，Han G，Liu M，et al.，2022. Potassium and its isotope behaviour during chemical weathering in a tropical catchment affected by evaporite dissolution. Geochimica et Cosmochimica Acta，316：105-121.

Little S H，Munson S，Prytulak J，et al.，2019. Cu and Zn isotope fractionation during extreme chemical weathering. Geochimica et Cosmochimica Acta，263：85-107.

Liu M，Han G，Zhang Q，2019. Effects of soil aggregate stability on soil organic carbon and nitrogen under land use change in an erodible region in southwest China. International Journal of Environmental Research and Public Health，16（20）：3809.

Liu M，Han G，Zhang Q，2020. Effects of agricultural abandonment on soil aggregation，soil organic carbon storage and stabilization：results from observation in a small karst catchment，southwest China. Agriculture，Ecosystems & Environment，288：106719.

Meng L，Ding W，Cai Z，2005. Long-term application of organic manure and nitrogen fertilizer on N_2O emissions，soil quality and crop production in a sandy loam soil. Soil Biology and Biochemistry，37（11）：2037-2045.

Midwood A J，Boutton T W，1998. Soil carbonate decomposition by acid has little effect on $\delta^{13}C$ of organic matter. Soil Biology and Biochemistry，30（10）：1301-1307.

Moeller K，Schoenberg R，Pedersen R B，et al.，2012. Calibration of the new certified reference materials ERM-AE633 and ERM-AE647 for copper and IRMM-3702 for zinc isotope amount ratio determinations. Geostandards and Geoanalytical Research，36（2）：177-199.

Sonke J E，Sivry Y，Viers J，et al.，2008. Historical variations in the isotopic composition of atmospheric zinc deposition from a zinc smelter. Chemical Geology，252（3）：145-157.

Weinstein C，Moynier F，Wang K，et al.，2011. Isotopic fractionation of Cu in plants. Chemical Geology，286（3）：266-271.

Yu X，Zhou W，Wang Y，et al.，2020. Effects of land use and cultivation time on soil organic and inorganic carbon storage in deep soils. Journal of Geographical Sciences，30（6）：921-934.

第二十章　土壤养分的地球化学特征

土壤养分的地球化学循环是维持土壤生产力的基础，也是土壤研究的重点内容。本章对泰国蒙河流域不同土地利用方式下土壤的基本性质（粒度组成和 pH）、主量元素分布特征、土壤有机碳和有机氮的分布特征及其影响因素进行了详细研究，以期提高对泰国流域东北砂土的认识，为泰国农业可持续发展规划提供土壤数据方面的基础。

第一节　土壤基本性质

泰国蒙河流域不同土地利用类型下的土壤剖面和土层中黏粒、粉粒和砂粒的比例存在显著差异，如图 20.1 所示。原始林地土壤中粉粒（26%～32%）和黏粒（3%～5%）的占比显著低于人工林土壤中相应的占比（粉粒：79%～81%，黏粒：11%～15%）；原始林地土壤中砂粒的占比（63%～71%）显著高于人工林土壤（5%～13%）；稻田土壤中黏粒（10%～18%）和粉粒（82%～89%）的占比显著高于弃稻田土壤（黏粒：3%～9%，粉粒：15%～65%）；稻田土壤中的砂粒占比（＜5%）显著低于弃稻田土壤（14%～79%）。人工林红壤中较高的黏粉粒占比主要是因为该土壤自火成岩发育而来，火成岩风化过程中逐渐积累粉粒和黏粒大小的次生黏土矿物，如高岭石（Wetselaar，1962）。人工林红壤结构密实，土壤抗剪力大，细颗粒不容易被侵蚀。相比之下，稻田土壤中较高的黏粉粒占比主要是由于受到田埂的保护，从而限制了土壤侵蚀作用（Liu et al.，2021c）。因此，稻田土和人工林红壤中的粉粒和黏粒在侵蚀环境下依然可以保留下来。

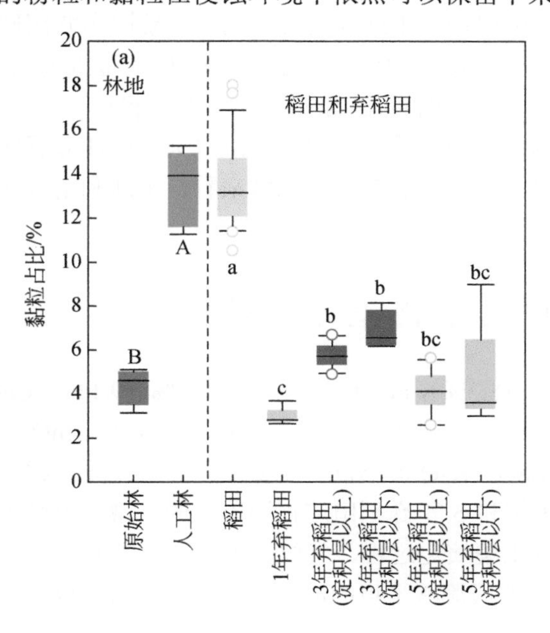

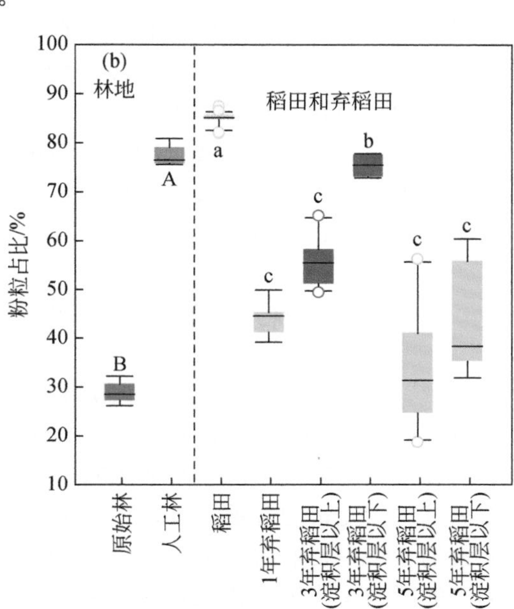

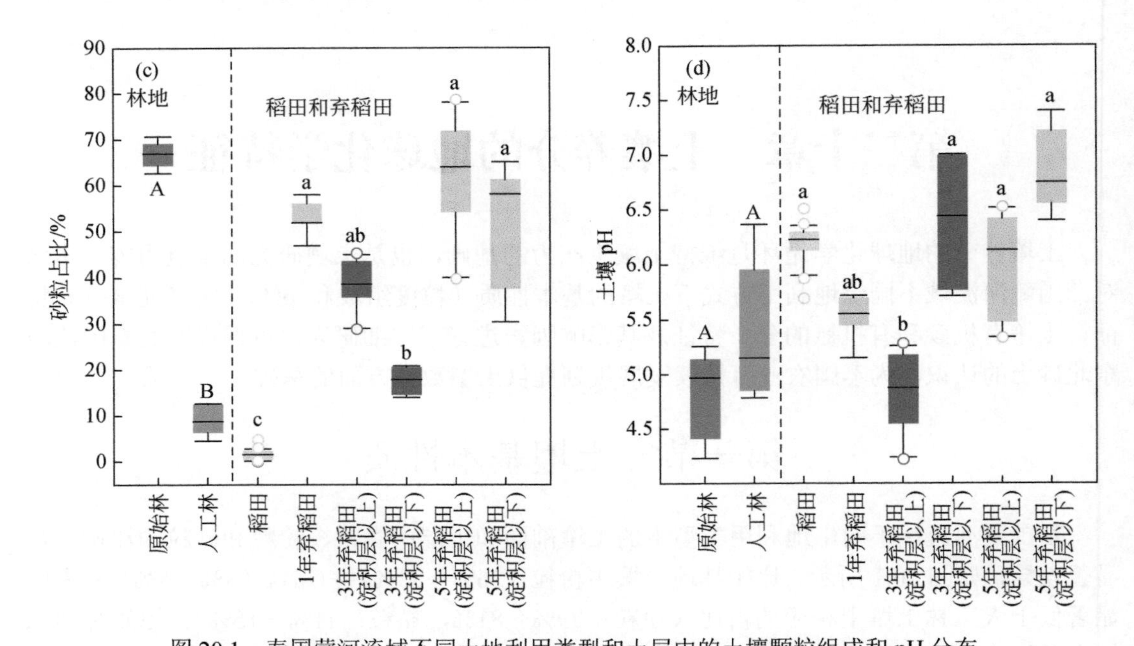

图 20.1　泰国蒙河流域不同土地利用类型和土层中的土壤颗粒组成和 pH 分布

大写字母表示原始林和人工林土壤颗粒占比或土壤 pH 在 $p<0.05$ 水平上存在显著差异；小写字母表示稻田和弃稻田剖面和土层中的颗粒占比或土壤 pH 在 $p<0.05$ 水平上存在显著差异

原始林地的松散砂土由第四纪河流冲积物发育而来，土壤中的细颗粒很容易随地表径流和地下渗流迁移流失。因此，砂土的主要组成是粗粒径的石英颗粒以及少部分的小粒径黏土颗粒（Jean-Pierre et al.，2016）。弃耕稻田失去了田埂的保护，因此土壤侵蚀带走了大量小粒径的矿物颗粒，土壤中黏粒和粉粒占比会大幅降低。此外，弃稻田淀积层以下的土壤通常比淀积层以上的土壤包含了更多的黏粒和粉粒，这可能是由于黏土矿物丰富的淀积层可以有效隔绝渗流，抑制下层土壤发生渗流侵蚀。由此我们可以判断，泰国东北部砂土的粒度组成受土地管理方式和成土母质的影响较大。泰国蒙河流域土壤 pH 的范围为 4.2～7.4（平均值 5.6）（图 20.1），表现出强酸性至中性的特征。原始林地的土壤 pH（4.2～5.3）略微低于人工林地的土壤 pH（4.8～6.4）。除了 3 年弃稻田淀积层以上土壤的 pH 显著偏低以外，稻田和弃稻田不同土层的土壤 pH 几乎没有显著差异。总体来看，土地利用方式对土壤 pH 没有显著影响。

第二节　土壤主量元素含量分布特征

泰国东北砂土中 Al_2O_3 含量最高（0.7%～18.7%），Fe_2O_3 含量次之（0.2%～9.1%），CaO、K_2O、MgO 和 MnO 的含量均不到 1%（表 20.1）。人工林土壤的 Al_2O_3、Fe_2O_3 和 MnO 含量显著高于原始林土壤，但两个林地土壤的 CaO、K_2O 和 MgO 含量没有显著差异。稻田土壤所有主量元素的含量均显著高于 1 年、3 年和 5 年弃稻田淀积层以上的土壤。土壤主量元素的含量主要取决于土壤母质，同时受到土壤演化过程、气候、地形和土地利用方式等因素的影响（刘丛强等，2009）。采样点位于蒙河流域平坦的冲积平原，各点所处位置的地形地貌特征几乎一致。根据 1990 年至 2004 年的气象记录，这些采样点所在区域的年平均气温和多年平均降水量均没有显著差异（Liang et al.，2021；Prabnakorn et al.，2018）。因此，对于各采样点土壤，气候和地形因素对土壤主量元素含量分布的影响是一致的。人工林和原始林土壤主量元素含量的差异主要归结于不同的土壤母质。人工林土壤由火成岩发育而来，而原始林的砂土由第四纪河流冲积物发育而来（Zhou et al.，2019），不同土壤母质中主量元素的含量通常有较为显著的差异。

稻田与弃稻田土壤主量元素含量的差异主要受土壤侵蚀的影响，而土壤侵蚀也是影响土壤主量元素含量变化的重要驱动力之一（Borrelli et al.，2017；Zhang et al.，2019）。蒙河流域砂土以粗颗粒的石英（SiO_2）为主，作为土壤主量元素主要载体的小粒径黏土矿物颗粒较少（Jean-Pierre et al.，2016）。砂土中的黏土颗粒容易随地表径流和渗流流失，同时伴随着土壤主量元素含量的下降（Liu et al.，2021a；Ostovari et al.，2018）。稻田土壤中各主量元素的含量均显著高于弃稻田土壤，这主要与稻田土壤中丰富的黏土颗粒有关。稻田废弃之后土壤缺乏田埂的保护，更容易发生侵蚀，这导致黏土颗粒大量流失，弃稻田土壤中各主量元素的含量也会大幅下降。此外，对于 3 年和 5 年弃稻田土壤，淀积层以下土壤中各主量元素的含量均显著高于淀积层以上土壤（表 20.1）。稻田的淀积层是在强烈的氧化-还原和淋滤-沉积过程中形成的含有丰富铁质结核的黏土层（Kölbl et al.，2014）。该黏土层阻碍了向下的渗流，减少了淀积层以下土壤中黏土颗粒的流失。淀积层以下土壤中小粒径的黏土矿物颗粒保存较好（图 20.1），因此该层土壤中各主量元素的含量较高。此外，该结果可能还与土壤 pH 有关。淀积层以上土壤具有较低的 pH（图 20.1），而低 pH 条件下土壤 Ca 和 Mg 元素更容易溶解流失（Li et al.，2017）。

表 20.1　泰国蒙河流域不同土地利用类型下的土壤剖面和土层中主量元素含量的分布

土地利用类型	Al_2O_3/%	CaO/%	Fe_2O_3/%	K_2O/%	MgO/%	MnO/%
原始林	1.175±0.189B	0.031±0.005A	0.366±0.038B	0.029±0.003A	0.027±0.003A	0.001±0.001B
人工林	7.950±0.939A	0.021±0.032A	8.163±0.872A	0.037±0.024A	0.072±0.012A	0.077±0.027A
稻田	16.644±1.314a	0.737±0.058a	5.247±0.355a	1.288±0.098a	0.912±0.055ab	0.093±0.027a
1 年弃稻田	1.260±0.453b	0.048±0.105c	0.525±0.471b	0.082±0.025c	0.054±0.016c	0.002±0.001b
1 年弃稻田淀积层	4.374	0.015	7.023	0.292	0.177	0.193
3 年弃稻田淀积层以上	3.587±1.356b	0.060±0.029bc	1.250±0.730b	0.049±0.008c	0.075±0.024c	0.002±0.001b
3 年弃稻田淀积层	6.830	0.142	14.293	0.050	0.117	0.013
3 年弃稻田淀积层以下	10.112±1.669a	0.588±0.528ab	4.829±0.522a	0.092±0.022c	0.218±0.051bc	0.067±0.047ab
5 年弃稻田淀积层以上	3.464±2.239b	0.091±0.132b	1.002±0.308b	0.273±0.110b	0.372±0.285b	0.008±0.009b
5 年弃稻田淀积层	10.167	0.082	16.943	0.638	1.146	0.066
5 年弃稻田淀积层以下	12.610±1.948a	0.359±0.296ab	3.636±0.661a	1.744±0.234a	2.697±0.243a	0.050±0.030ab

注：数据表示为平均值±标准差。大写字母表示原始林和人工林土壤主量元素含量在 $p<0.05$ 水平上存在显著差异；小写字母表示稻田和弃稻田不同剖面和土层中土壤主量元素含量在 $p<0.05$ 水平上存在显著差异。

随着稻田弃耕年限的增加，淀积层以上土壤的 CaO、K_2O 和 MgO 含量显著增加，而 Al_2O_3、Fe_2O_3 和 MnO 含量没有显著变化。稻田弃耕初期（1～2 年）由于缺乏田埂保护，土壤侵蚀强度急剧增加；随着弃耕时间的增加，土壤侵蚀强度又逐渐下降，因为土壤中易流失的小粒径颗粒大量减少，而且植被恢复对土壤起到保护作用（Cerdà et al.，2018）。稻田土壤的黏粉粒比例和土壤主量元素的含量显著高于 1 年弃稻田土壤（图 20.1 和表 20.1），因此可以推测蒙河流域稻田弃耕初期阶段也发生了严重的水土流失。水稻田土壤含有丰富的小粒径黏土颗粒，因此土壤可蚀性较高，稻田废弃时由于缺乏田埂保护，土壤极易发生侵蚀，从而导致小粒径黏土颗粒大量流失，并伴随着主量元素含量的降低。在水土流失缓解阶段（弃耕 3～5 年后），3 年和 5 年弃稻田淀积层以上土壤的 K_2O、CaO、MgO 含量显著高于 1 年弃稻田土壤，但土壤中 Al_2O_3、Fe_2O_3 和 MnO 的含量没有显著变化（表 20.1）。我们推测，在水土流失缓解阶段，弃稻田土壤中的 K、Ca 和 Mg 可能通过一些特殊的方式进行补充。一般来说，土壤中的主量元素主要通过基岩风化和成土作用来补充。然而，蒙河流域的土壤层厚度从几十到数百米不等，基岩风化和成土作用对表层土壤主量元素的影响微乎其微。由此，我们猜测表层土壤中 K、Ca 和 Mg 等元素很可能通过地下水进行补充。蒙河流域的地下水具有高盐度的特征，地下水中含有丰富的金属阳离子（Li et al.，2022；Löffler et al.，1984）。此外，蒙河流域特殊的气候条件致使地下水位自旱季到雨季会上升几十米（Li et al.，2022）。因此，高盐度（K^+、Ca^{2+}、Mg^{2+}）的地下水可以周期性地浸泡上层土壤，导致表层土壤含盐量升高，而这也是泰国东北部土壤盐渍化现象严重的原因。土壤的 K、Ca 和 Mg 等元素可以在短期内（3～5 年）进行补充，而 Al、Fe 和 Mn 在地下水中的浓度极低，不容易通过该方式进行补充。基于以上分析，我们总结了泰国蒙河流域稻田短期废弃过程中土壤侵蚀和主量元素含量变化的动态过程，如图 20.2 所示。稻田废弃期间更容易发生水土流失和土壤养分的流失，因此长期维持水稻种植作业是减少流域水土流失和土壤养分流失的有效途径。

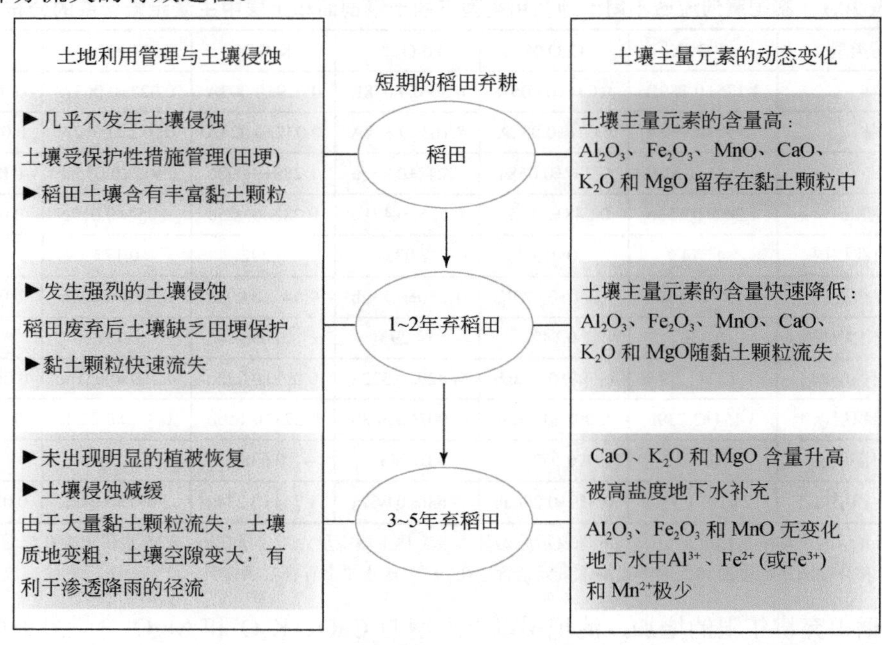

图 20.2 泰国蒙河流域稻田短期废弃过程中土壤侵蚀和主量元素含量动态变化的概念模型

第三节　土壤有机碳含量分布特征

泰国蒙河流域不同土地利用类型和土壤层中 SOC 含量的分布特征如图 20.3 所示。总体来看，人工林粉质红壤的 SOC 含量（平均值为 10.8g/kg）显著高于原始林砂土（平均值为 3.9g/kg）。土壤 SOC 含量取决于有机碳输入和分解之间的动态平衡（Han et al.，2015；Han et al.，2020；Jobbágy and Jackson，2000），也受到土壤侵蚀的影响（Häring et al.，2013）。相同类型生态系统中通过凋落物和根系分泌物输入的 SOC 总量通常与植物生物量呈正相关关系（Ni et al.，2015）。泰国蒙河流域原始林和人工林的植被覆盖率相近（>95%），因此两个类型的林地植物生物量和 SOC 的输入量无显著差异。

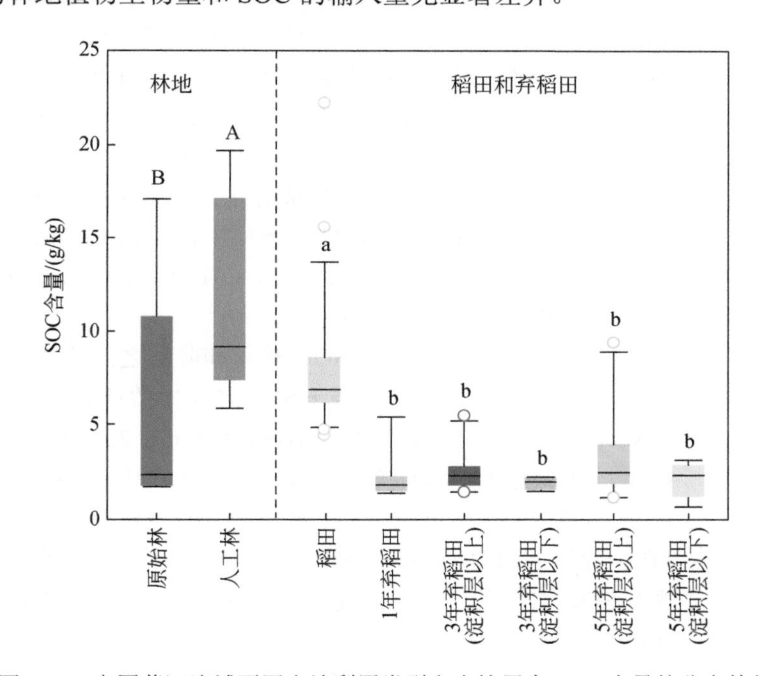

图 20.3　泰国蒙河流域不同土地利用类型和土壤层中 SOC 含量的分布特征

大写字母表示原始林和人工林土壤 SOC 含量在 $p<0.05$ 水平上存在显著差异；小写字母表示稻田和弃稻田土壤剖面或土层 SOC 含量在 $p<0.05$ 水平上存在显著差异

两种林地土壤中 SOC 含量的差异主要取决于 SOC 的分解速率和土壤侵蚀的影响。与人工林粉质红壤相比，原始林砂壤缺乏细颗粒的黏土矿物和多价金属阳离子（Huang and Hartemink，2020）。在土壤微生物活动和根系缠绕作用下，黏土矿物和金属阳离子可以与有机质结合形成稳定的有机-无机复合体和土壤团聚体（Mikutta et al.，2009；Six et al.，2004；Six and Paustian，2014）。土壤中的 SOC 被土壤团聚体包裹和与黏土矿物结合后稳定性提高，更加难以降解（Blanco-Canqui and Lal，2004；Zanelli et al.，2007）。泰国蒙河流域砂土中的黏土矿物、可交换阳离子和微生物数量都少于红壤，砂土的 SOC 多处于未被保护的游离状态（DeGryze et al.，2004）。红壤中更容易形成有机-无机复合体和土壤团聚体，有利于

SOC 的积累。泰国东北部砂土中的 SOC 缺乏有机-无机复合体和土壤团聚体的保护，这导致 SOC 更容易被分解，无法维持其较高的含量（Gruba and Mulder，2015；Huang and Hartemink，2020）。此外，松散的砂土更容易发生土壤侵蚀，游离的土壤颗粒和颗粒有机碳易随侵蚀过程而流失。红壤的有机-无机复合体和土壤团聚体可以改善土壤结构，提高土壤抗侵蚀能力，减缓 SOC 流失。

如图 20.3 所示，稻田土壤的 SOC 含量为 4.7～22.2g/kg，而弃稻田土壤的 SOC 含量范围为 0.6～9.4g/kg。1 年、3 年和 5 年弃稻田淀积层的 SOC 含量显著高于附近上下层的土壤。总体来看，稻田土壤的 SOC 含量（平均值为 8.6g/kg）显著高于弃稻田土壤（平均值为 2.8g/kg），这主要与土地利用管理方式和土壤侵蚀有关。稻田中有机肥（主要是粪肥和植物灰）的施用可以增加有机碳的输入，而稻田频繁淹水会造成厌氧的土壤环境从而减缓 SOC 降解（Kölbl et al.，2014）。稻田废弃后的 1～5 年期间，停止施肥和未种植农作物意味着在没有新的 SOC 输入的情况下，原有的 SOC 被持续消耗。此外，稻田废弃后水稻土缺乏田埂保护，发生了严重的水土流失，土壤变得干燥且孔隙度增加，逐渐变成了有氧环境，这一改变加速了 SOC 的降解。另外，水土流失的过程中也会带走部分颗粒有机碳（Häring et al.，2013）。因此，土地管理方式和土壤侵蚀是造成弃稻田土壤中的 SOC 含量显著低于稻田的主要原因。淀积层富集较多的 SOC，这可能与该层丰富的黏土矿物有关，因为黏土矿物可以强烈吸附有机物并减缓 SOC 降解（Kölbl et al.，2014），还可以形成隔水层，限制了 SOC 的垂向渗透流失（Jean-Pierre et al.，2016）。

土地利用变化过程中 SOC 的动态变化受到 SOC 输入和降解之间的新平衡控制，并受到土壤侵蚀的影响。稻田弃耕后 SOC 含量显著下降，这与多数研究中报道的规律相反（England et al.，2016；Nadal-Romero et al.，2016；Trigalet et al.，2016）。这一结果可能是由有机质输入减少、随着土壤环境变化 SOC 快速分解、土壤侵蚀造成 SOC 流失等原因导致的。稻田废弃后的 1～5 年间，土壤不再施用粪肥和植物灰，也没有植物覆盖（即停止了 SOC 输入），这意味着在废弃期间原有的 SOC 被土壤微生物持续消耗。前人研究发现，农业弃耕后泰国东北部砂土 SOC 含量的下降主要是因为土壤中农作物来源的 SOC 被大量消耗（Jaiarree et al.，2011）。温暖和潮湿的气候条件下土壤微生物和酶的活性通常较强，SOC 的降解速率也较快（Gabarrón-Galeote et al.，2015）。当气候条件和土地利用类型相同时，土壤质地是影响 SOC 降解速率的重要因素。与弃稻田的砂土相比，稻田的粉壤土中含有更多的小粒径黏土颗粒。泰国东北砂土由许多大粒径的石英颗粒和少量黏土颗粒组成（Jean-Pierre et al.，2016）。此外，研究发现砂土中可交换阳离子的含量非常低（Czepinska-Kaminska et al.，2003）。黏土矿物和多价阳离子在有机-无机复合体和土壤团聚体的形成过程中发挥了重要作用（Blanco-Canqui and Lal，2004；Zanelli et al.，2007）。土壤中的 SOC 被土壤团聚体包裹或与有机-无机复合体结合，这一过程能够增强 SOC 的含量和稳定性，从而降低 SOC 的降解速率（Haydu-Houdeshell et al.，2018；Mikutta et al.，2009）。弃稻田砂土中的 SOC 缺乏有机-无机复合体和土壤团聚体的保护，因此会被迅速降解。除了 SOC 输入不足和分解加快的原因之外，水土流失造成的 SOC 损失是导致稻田弃耕过程中 SOC 含量下降的重要原因之一。因为有田埂保护，稻田一般不会发生水土流失。稻田被废弃后失去田埂保护，土壤侵蚀较易发生（Cerdà et al.，2018）。蒙河流域稻田弃耕后 1 年内发生了严重的土壤侵蚀，土壤质地迅速变粗，SiO_2含量显著增加，而其他主量元素和 SOC 含量显著降低（Liu et al.，2021a）。稻田弃耕初期土壤侵蚀严重，但随着土壤中小粒径颗粒的大量流失，土壤侵蚀又逐渐减弱（Cerdà et al.，2018）。泰国蒙河流域在雨季时降雨集中且强度大，该气候条件下容易发生土壤侵蚀，松散的土壤颗粒容易随地表径流和渗流流失（Fernandez-Illescas et al.，2001；Rangsiwanichpong et al.，2018）。一方面，土壤侵蚀造成了大量颗粒有机碳（POC）和溶解有机碳（DOC）流失，直接导致 SOC 含量下降；另一方面，土壤侵蚀会导致土壤黏土颗粒随着径流和渗流优先流失（Ostovari et al.，2018）。大量小粒径的黏土矿物流失限制了土壤团聚体和有机无机复合物的形成，从而加快了 SOC 降解。综上所述，泰国东北部砂土的 SOC 含量在短期稻田弃耕期间（1～5 年）降低的主要原因是 SOC 的输入减少、降解加快和侵蚀流失增强。

第四节　土壤有机氮含量分布特征

原始林土壤的 SON 含量（0.1～0.7g/kg）显著低于人工林地土壤（0.5～1.5g/kg）（图 20.4），这主要与土壤质地有关。原始林和人工林的植物覆盖度无显著差异，乔木覆盖度均在 95%以上，可以认为两种林地的植物生物量和 SON 输入量都不存在显著差异。

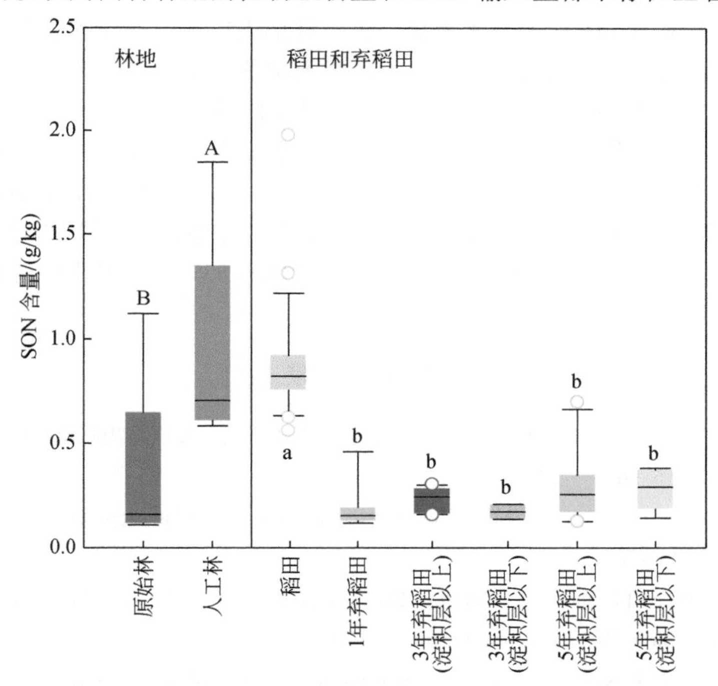

图 20.4　泰国蒙河流域不同土地利用类型和土壤层中 SON 含量的分布特征

大写字母表示原始林和人工林土壤中的 SON 含量在 $p<0.05$ 水平上存在显著差异；小写字母表示稻田和弃稻田土壤剖面或土层中的 SON 含量在 $p<0.05$ 水平上存在显著差异

原始林的砂土由第四纪河流冲积物发育而来，黏土颗粒含量较低；而人工林红壤由火成岩发育而来，黏土颗粒含量较高。土壤中的 SON 容易与黏土颗粒结合形成有机-无机复合体，提高 SON 稳定性并抑制其矿化过程，因此人工林红壤 SON 含量较高。稻田土壤 SON 含量在 0.78g/kg 至 1.98g/kg 之间波动，弃稻田土壤 SON 含量在 0.13g/kg 至 0.47g/kg 之间波动（图 20.4），稻田土壤中的 SON 含量显著高于弃稻田。弃稻田剖面淀积层样品的 SON 含量显著高于周围上、下层土壤。总体来看，稻田废弃后土壤 SON 含量下降了 77%～83%。不同土地利用方式下 SON 含量的分布与 SOC 相似，因为 SOC 和 SON 均主要存在于 SOM（土壤有机质）中。土地管理方式和土壤侵蚀对 SOC 和 SON 含量分布的影响是一致的。除此之外，稻田施用的化学氮肥（一般为无机氮）可以通过土壤微生物和植物的吸收同化过程固定下来，最终提高 SON 含量（Choi et al.，2017）。弃稻田剖面淀积层中 90%的 SOC 来自过去的 C_3 乔木，仅极少部分的 SOC 来自现在的水稻（Liu et al.，2021b）。淀积层中大部分的 SOC 属于高度降解的老碳，同样大部分的 SON 也属于高度矿化的稳定有机氮。

本 章 小 结

本章对泰国东北部蒙河流域不同土地利用方式下土壤的基本性质、主量元素分布特征、土壤有机碳和有机氮的分布特征及其影响因素进行了分析。结果表明，人工林地土壤比原始林地土壤含有更多的黏粒和粉粒，稻田土壤比弃稻田土壤含有更多的黏粒和粉粒。不同土地利用方式下土壤的 pH 没有显著差异。人工林地土壤各主量元素的含量均显著高于原始林土壤，这主要归结于不同的成土母质。稻田土壤各主量元素的含量均显著高于弃稻田土壤，主要受土壤侵蚀的影响。稻田退耕初期阶段（1～3 年）的土壤侵蚀导致大量的小粒径颗粒流失，伴随着土壤主量元素含量的降低；而水土流失缓解期（3～5 年）土壤的 K、Ca 和 Mg 等元素可通过高盐度地下水补充而显著提高。人工林地土壤中 SOC 和 SON 的含量均显著高于原始林地土壤，这主要是由土壤类型的差异导致的。稻田短期弃耕期间（1～5 年）SOC 总含量下降了 70%，SON 含量降低了 79%～83%，这主要归结于有机质输入不足、微生物分解加快以及土壤侵蚀造成的损失。

参 考 文 献

刘丛强，朗赟超，李思亮，等，2009. 喀斯特生态系统生物地球化学过程与物质循环研究：重要性、现状与趋势. 地学前缘，16（6）：3-14.

Blanco-Canqui H，Lal R，2004. Mechanisms of carbon sequestration in soil aggregates. Critical Reviews in Plant Sciences，23（6）：481-504.

Borrelli P，Robinson D A，Fleischer L R，et al.，2017. An assessment of the global impact of 21st century land use change on soil erosion. Nature Communications，8（1）：2013.

Cerdà A，Rodrigo-Comino J，Novara A，et al.，2018. Long-term impact of rainfed agricultural land abandonment on soil erosion in the Western Mediterranean basin. Progress in Physical Geography：Earth and Environment，42（2）：202-219.

Choi W J，Kwak J H，Lim S S，et al.，2017. Synthetic fertilizer and livestock manure differently affect δ^{15}N in the agricultural landscape：a review. Agriculture，Ecosystems & Environment，237：1-15.

Czepinska-Kaminska D，Konecka-Betley K，Janowska E，2003. The dynamics of exchangeable cations in the environment of soils at Kampinoski National Park. Chemosphere，52（3）：581-584.

DeGryze S，Six J，Paustian K，et al.，2004. Soil organic carbon pool changes following land-use conversions. Global Change Biology，10（7）：1120-1132.

England J R，Paul K I，Cunningham S C，et al.，2016. Previous land use and climate influence differences in soil organic carbon following reforestation of agricultural land with mixed-species plantings. Agriculture，Ecosystems & Environment，227：61-72.

Fernandez-Illescas C P，Porporato A，Laio F，et al.，2001. The ecohydrological role of soil texture in a water-limited ecosystem. Water Resources Research，37（12）：2863-2872.

Gabarrón-Galeote M A，Trigalet S，van Wesemael B，2015. Effect of land abandonment on soil organic carbon fractions along a Mediterranean precipitation gradient. Geoderma，249-250：69-78.

Gruba P，Mulder J，2015. Tree species affect cation exchange capacity（CEC）and cation binding properties of organic matter in acid forest soils. Science of the Total Environment，511：655-662.

Han G，Li F，Tang Y，2015. Variations in soil organic carbon contents and isotopic compositions under different land uses in a typical karst area in Southwest China. Geochemical Journal，49（1）：63-71.

Han G，Tang Y，Liu M，et al.，2020. Carbon-nitrogen isotope coupling of soil organic matter in a karst region under land use change，Southwest China. Agriculture，Ecosystems & Environment，301：107027.

Häring V，Fischer H，Cadisch G，et al.，2013. Improved δ^{13}C method to assess soil organic carbon dynamics on sites affected by soil erosion. European Journal of Soil Science，64（5）：639-650.

Haydu-Houdeshell C A，Graham R C，Hendrix P F，et al.，2018. Soil aggregate stability under chaparral species in southern California. Geoderma，310：201-208.

Huang J，Hartemink A E，2020. Soil and environmental issues in sandy soils. Earth-Science Reviews，208：103295.

Jaiarree S，Chidthaisong A，Tangtham N，et al.，2011. Soil organic carbon loss and turnover resulting from forest conversion to maize fields in eastern Thailand. Pedosphere，21（5）：581-590.

Jean-Pierre M，Alain P，Jean-Luc M，et al.，2016. Some convincing evidences of a deep root system within an interfluve aquifer of northeast Thailand. IOP Conference Series：Earth and Environmental Science，44（5）：052057.

Jobbágy E G，Jackson R B，2000. The vertical distribution of soil organic carbon and its relation to climate and vegetation. Ecological Applications，10（2）：423-436.

Kölbl A，Schad P，Jahn R，et al.，2014. Accelerated soil formation due to paddy management on marshlands（Zhejiang Province，China）. Geoderma，228-229：67-89.

Li D，Wen L，Yang L，et al.，2017. Dynamics of soil organic carbon and nitrogen following agricultural abandonment in a karst region. Journal of Geophysical Research：Biogeosciences，122（1）：230-242.

Li X，Han G，Liu M，et al.，2022. Potassium and its isotope behaviour during chemical weathering in a tropical catchment affected by evaporite dissolution. Geochimica et Cosmochimica Acta，316：105-121.

Liang B，Han G，Liu M，et al.，2021. Zn isotope fractionation during the development of low-humic gleysols from the Mun River Basin，northeast Thailand. CATENA，206：105565.

Liu M，Han G，Li X，2021a. Comparative analysis of soil nutrients under different land-use types in the Mun

River basin of Northeast Thailand. Journal of Soils and Sediments，21（2）：1136-1150.
Liu M，Han G，Li X，2021b. Contributions of soil erosion and decomposition to SOC loss during a short-term paddy land abandonment in Northeast Thailand. Agriculture，Ecosystems & Environment，321：107629.
Liu M，Han G and Li X，2021c. Using stable nitrogen isotope to indicate soil nitrogen dynamics under agricultural soil erosion in the Mun River basin，Northeast Thailand. Ecological Indicators，128：107814.
Löffler E，Thompson W P，Liengsakul M，1984. Quaternary geomorphological development of the lower Mun river basin，north east Thailand. CATENA，11（1）：321-330.
Mikutta R，Schaumann G E，Gildemeister D，et al.，2009. Biogeochemistry of mineral–organic associations across a long-term mineralogical soil gradient（0.3–4100kyr），Hawaiian Islands. Geochimica et Cosmochimica Acta，73（7）：2034-2060.
Nadal-Romero E，Cammeraat E，Pérez-Cardiel E，et al.，2016. Effects of secondary succession and afforestation practices on soil properties after cropland abandonment in humid Mediterranean mountain areas. Agriculture，Ecosystems & Environment，228：91-100.
Ni J，Luo D H，Xia J，et al.，2015. Vegetation in karst terrain of southwestern China allocates more biomass to roots. Solid Earth，6（3）：799-810.
Ostovari Y，Ghorbani-Dashtaki S，Bahrami H A，et al.，2018. Towards prediction of soil erodibility，SOM and $CaCO_3$ using laboratory Vis-NIR spectra：a case study in a semi-arid region of Iran. Geoderma，314：102-112.
Prabnakorn S，Maskey S，Suryadi F X，et al.，2018. Rice yield in response to climate trends and drought index in the Mun River Basin，Thailand. Science of the Total Environment，621：108-119.
Rangsiwanichpong P，Kazama S，Gunawardhana L，2018. Assessment of sediment yield in Thailand using revised universal soil loss equation and geographic information system techniques. River Research and Applications，34（9）：1113-1122.
Six J，Paustian K，2014. Aggregate-associated soil organic matter as an ecosystem property and a measurement tool. Soil Biology and Biochemistry，68：A4-A9.
Six J，Bossuyt H，Degryze S，et al.，2004. A history of research on the link between（micro）aggregates，soil biota，and soil organic matter dynamics. Soil and Tillage Research，79（1）：7-31.
Trigalet S，Gabarrón-Galeote M A，Van Oost K，et al.，2016. Changes in soil organic carbon pools along a chronosequence of land abandonment in southern Spain. Geoderma，268：14-21.
Wetselaar R，1962. Nitrate distribution in tropical soils. Plant and Soil，16（1）：19-31.
Zanelli R，Egli M，Mirabella A，et al.，2007. Vegetation effects on pedogenetic forms of Fe，Al and Si and on clay minerals in soils in southern Switzerland and northern Italy. Geoderma，141（1）：119-129.
Zhang K，Yu Y，Dong J，et al.，2019. Adapting & testing use of USLE K factor for agricultural soils in China. Agriculture，Ecosystems & Environment，269：148-155.
Zhou W，Han G，Liu M，et al.，2019. Effects of soil pH and texture on soil carbon and nitrogen in soil profiles under different land uses in Mun River Basin，Northeast Thailand. PeerJ，7：e7880.

第二十一章　土壤重金属的地球化学特征

第一节　土壤重金属污染特征及控制因素

土壤是重金属元素的巨大储库，一旦重金属元素在土壤中富集，很有可能会导致严重的环境污染（Rajmohan et al.，2014）。由于土壤环境中空气、水和岩石的相互作用，重金属元素在土壤中可被多种载体运输转移，这可能导致重金属元素呈现出区域富集的特征（Krishna and Govil，2007；Li et al.，2015；Tang and Han，2017）。此外，具有毒性的重金属富集会降低土壤肥力，甚至通过食物链传递危害人体健康（Krishna and Govil，2007；Qu et al.，2019）。蒙河流域是泰国的重要农业区，研究蒙河流域土壤重金属元素的分布具有极其重要的现实意义。

重金属元素钴（Co）、镍（Ni）、钡（Ba）、钒（V）是土壤组成变化/土壤毒性、土壤以及人类健康风险评估的重要指标（Li and Feng，2012）。随着蒙河流域工业化和城镇化的发展，工业生产和农肥施用过程中大量排放出这些重金属元素，它们很容易在土壤中积累（Li and Feng，2012）。除此之外，重金属元素钪（Sc）在医学和工业方面应用广泛，但它对环境具有潜在的毒性并且可能导致各种人体疾病，因此探究该流域内医院及工厂排放 Sc 的潜在污染具有十分重要的意义（Gómez-Aracena et al.，2002）。过去三十年以来，伴随泰国城镇化和工业化进程的加快，化石燃料的燃烧和汽车尾气的排放也对土壤造成了一定程度的重金属污染（Li and Feng，2012；Zarcinas et al.，2004）。尽管土壤中重金属元素钼（Mo）的含量很低，但 Mo 是一种对动植物至关重要的元素。由于 Mo 的缺失会大幅度降低农作物产量，因此相对于土壤污染问题，Mo 的缺失更受公众关注（Clarkson and Hanson，1980）。前人研究显示，泰国东北部地区的农作物 Mo 含量偏低，因此研究该区域土壤的 Mo 含量可以进一步为该农业区 Mo 含量的现状提供参考（Osotsapar，2000）。综上所述，研究蒙河流域重金属元素 Sc、V、Co、Ni、Mo、Ba 在土壤剖面中的分布对于评估土壤状态以及农业生产管理具有重要的参考意义。此外，重金属元素在土壤中的迁移受多种因素控制，如土壤酸碱度（pH）、土壤有机质（SOM）及土壤质地等（Krishna and Govil，2007；Zeng et al.，2011）。一般而言，重金属元素越容易迁移，就越容易被植物吸收，而这会增加它们进入食物链进而危害人体健康的概率。重金属元素与土壤性质之间的关系受土壤环境的影响。因此，探究重金属元素与土壤性质之间的关系对于更好地理解重金属元素在土壤剖面中的分布具有重要意义。

本章对重金属元素 Sc、V、Co、Ni、Mo、Ba 的含量以及土壤 pH、土壤质地组成等土壤性质进行了系统研究，希望能够识别蒙河流域土壤剖面中重金属元素的分布特征，了解其与土壤 pH、土壤质地的关系并探究其作用机理，进而利用地累积指数法和富集因子法对土壤重金属的污染进行评估，探究土壤重金属地球化学行为的控制因素。泰国蒙河流域共采集了 6 个土壤剖面（图 21.1），总计 102 个土壤样品。土壤剖面深度不一，在 50～400cm 区间内取样，取样间隔为 10cm。

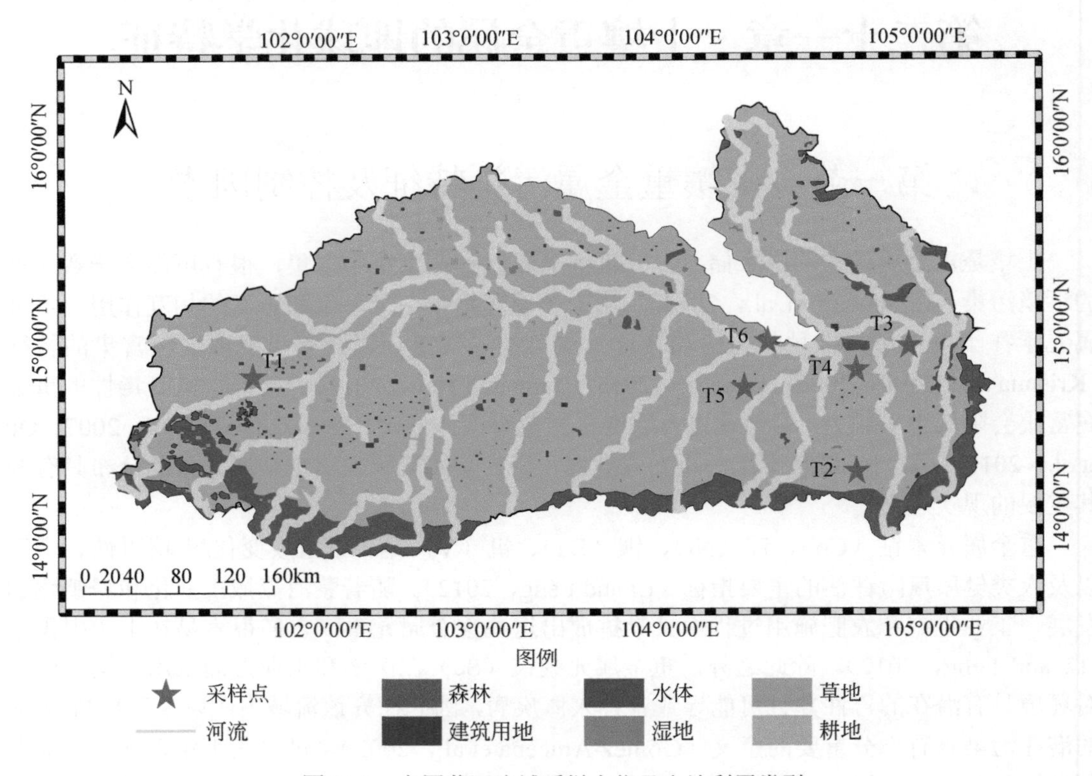

图 21.1　泰国蒙河流域采样点位及土地利用类型

评估土壤重金属元素富集和污染情况的常用方法有富集因子法和地累积指数法。重金属的富集因子和地累积指数计算以大陆上地壳作为参照物质。由于 Ti 在自然界中的变化很小，富集因子计算采用重金属 Ti 作为参照元素。富集因子计算方法如下：

$$\mathrm{EF}=(B/\mathrm{Ti})_{\mathrm{S}}/(B/\mathrm{Ti})_{\mathrm{UCC}} \tag{21.1}$$

其中，B 代表重金属浓度，S 代表土壤样品。重金属的富集程度可分为 5 个级别：轻微富集（EF≤2）、中度富集（2＜EF＜5）、明显富集（5≤EF＜20）、高度富集（20≤EF＜40）、极高度富集（EF≥40）。地累积指数（I_{geo}）的计算方法如下：

$$I_{\mathrm{geo}}=\log_2(B_n/1.5C_n) \tag{21.2}$$

其中，B_n 代表土壤样品中重金属 n 的浓度；C_n 代表参照物中重金属 n 的浓度，因子 1.5 用于消除成岩作用的效应（Rajmohan et al.，2014）。根据 I_{geo} 值，土壤污染可分为从无污染（I_{geo}＜0）到极严重污染（I_{geo}＞5）共 7 个等级。泰国蒙河流域不同土壤剖面的重金属富集因子如图 21.2 所示，大多数土壤样品的重金属富集因子值低于 2，这表明这些重金属元素在土壤中没有发生富集（Fang et al.，2019）。重金属富集因子的异常值则归因于土壤中铁锰氧化物的存在（Zhou et al.，2020）。

土壤剖面中重金属的来源包括地壳来源（如母岩）和非地壳来源（如人为活动来源）。

受成岩作用影响，重金属富集因子值 1.5 被视为评估人类活动对土壤重金属浓度影响的重要阈值（Xu et al.，2018）。除了土壤剖面 T5 中的 V 和 T6 中的 Mo，不同土壤剖面重金属的平均富集因子值均小于 1.5，这表明土壤中的重金属元素主要来源于自然过程（Zhang and Liu，2002）。剖面 T5 和 T6 中 V、Mo 的平均富集因子值分别为 2.2 和 1.8，表明在这两个土壤剖面中，人类活动也是这些重金属的重要来源（Zhang and Liu，2002）。稻田土壤剖面 TS1 中重金属元素 Mo 的富集因子值低于 0.5，表明当地农业土壤中已经出现了 Mo 缺陷，这很有可能会影响当地的粮食产量，因此增加使用 Mo 肥能够弥补当地农业土壤中 Mo 元素的缺失，进而增加粮食产量（Osotsapar，2000）。

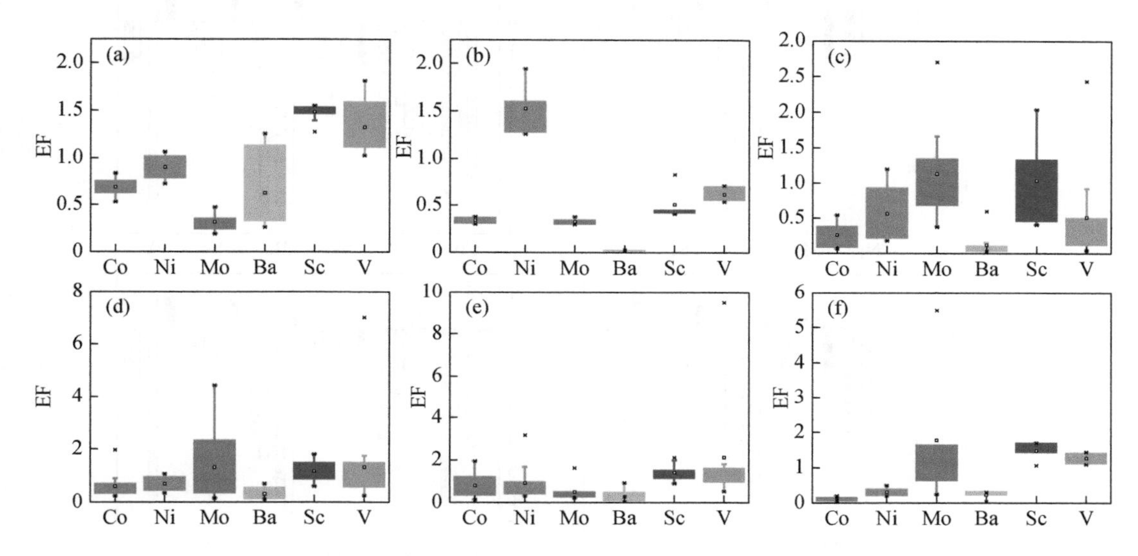

图 21.2　土壤剖面重金属富集因子箱型图

（a）～（f）分别代表 T1～T6 共 6 个土壤剖面

一般而言，土壤剖面中浅层土壤（0～40cm）的重金属污染最为严重（Wong et al.，2006），所以本章利用地累积指数法评估浅层土壤重金属的污染。重金属在土壤剖面表层（0～10cm、10～20cm、20～30cm、30～40cm）中的地累积指数值（I_{geo}）如图 21.3 所示。除土壤剖面 T1、T2 中的重金属 Sc 和 V 以外，所有土壤剖面中绝大部分的重金属地累积指数值都小于 0（图 21.3）。这一结果表明 6 个土壤剖面中的土壤并未被这些重金属污染。重金属元素的正地累积指数值主要出现在土壤剖面 T1 和 T2 的表层土中。土壤剖面 T1 中的 Ba、Sc 以及土壤剖面 TS2 中的 Ni、Sc、V 地累积指数值在 0～1 的范围内，这表明两个土壤剖面的浅层土受到这些重金属的轻微污染。土壤剖面 T1 中除 0～10cm 深度的土壤外，其余深度的土壤样品中 V 的地累积指数值在 1～2 之间，这表明土壤剖面 T1 的浅层土受到 V 的重度污染，污染来源可能是耕种过程中肥料（包括有机肥和无机肥）的使用。对人类健康不利的重金属（如 Ni 和 V）常常通过施肥过程在土壤中积累（Mortvedt，1996），其中化肥通过向土壤中直接输入重金属元素造成土壤污染，而有机肥则与重金属离子络合形成更稳定的重金属络合物从而加剧土壤污染。

土壤重金属元素的分布受到元素间协同-拮抗作用以及土壤有机碳（SOC）、酸碱度

(pH)及土壤粒径的控制。重金属元素与三项土壤性质(SOC、土壤 pH、黏粒含量)之间的 Pearson 相关系数如表 21.1 所示。结果表明，所有重金属元素之间都显著相关($p<0.01$ 或 $p<0.05$)(Mo-Co、Mo-Sc、Mo-V、Ba-Ni 除外)，其中重金属元素 Co、Ni、Ba、Sc、V 起源于相似的自然过程，并且在自然条件下具有相似的地球化学行为(Yan and Luo，2015)。Mo与其他重金属元素不同，这可能是因为Mo元素通常在土壤中形成氧阴离子而非阳离子，并且很少同大多数重金属元素一样与 OH^-、Cl^- 等配体进行配位。

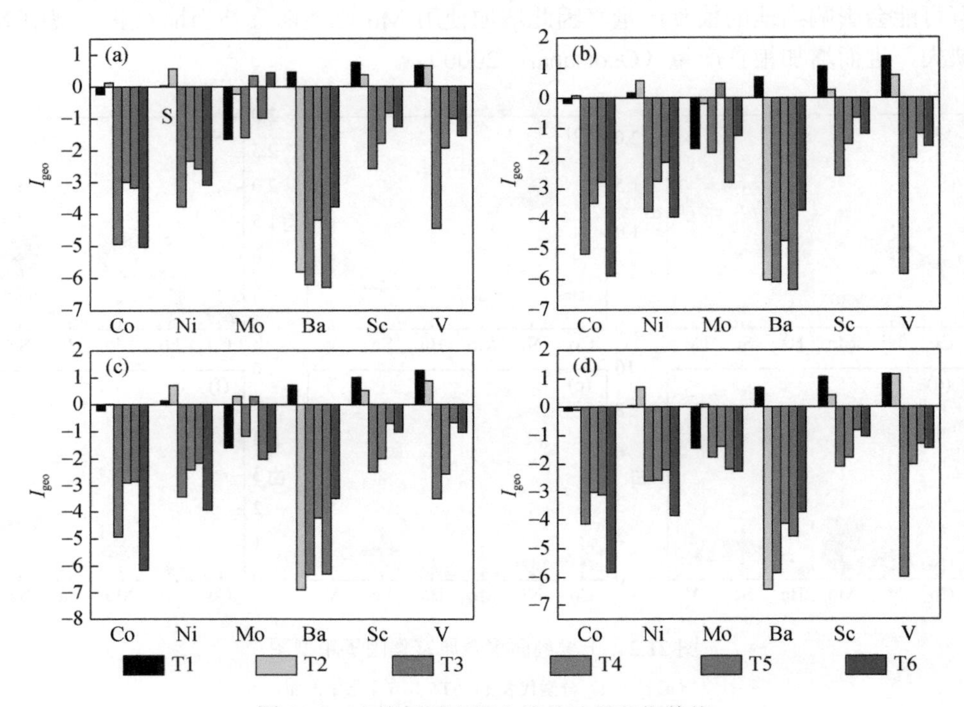

图 21.3　土壤剖面表层土壤的地累积指数值

(a) 0～10cm 土壤层的地累积指数值；(b) 10～20cm 土壤层的地累积指数值；(c) 20～30cm 土壤层的地累积指数值；(d) 30～40cm 土壤层的地累积指数值

表 21.1　土壤重金属元素与土壤性质之间的相关性分析

	Co	Ni	Mo	Ba	Sc	V	SOC	pH	Clay
Co	1	0.652**	−0.063	0.419**	0.763**	0.558**	0.298**	0.451**	0.739**
Ni	0.652**	1	0.270**	0.083	0.510**	0.248*	0.407**	0.003	0.530**
Mo	−0.063	0.270**	1	−0.239*	−0.155	0.115	0.329**	−0.223*	−0.064
Ba	0.419**	0.083	−0.239*	1	0.701**	0.321**	0.360**	0.225*	0.575**
Sc	0.763**	0.510**	−0.155	0.701**	1	0.517**	0.414**	0.378**	0.897**
V	0.558**	0.248*	0.115	0.321**	0.517**	1	0.159	0.365**	0.543**
SOC	0.298**	0.407**	0.329**	0.360**	0.414**	0.159	1	−0.298**	0.433**
pH	0.451**	0.003	−0.223*	0.225*	0.378**	0.365**	−0.298**	1	0.357**
Clay	0.739**	0.530**	−0.064	0.575**	0.897**	0.543**	0.433**	0.357**	1

注：**代表相关性在 $p<0.05$ 水平上存在显著差异；*代表相关性在 $p<0.01$ 水平上存在显著差异。

土壤重金属元素的迁移受土壤吸附/解吸过程控制，该过程受到多种土壤性质的影响，如土壤有机质、土壤 pH 和黏粒含量（Lair et al.，2007；Zeng et al.，2011）。土壤有机碳含量可通过转换因子对土壤有机质含量进行估算获得，因此 SOC 含量是 SOM 含量的重要度量（Pribyl，2010）。如图 21.4 所示，Co、Ni、Mo、Ba、Sc 等元素与 SOC 含量显著正相关（$p<0.01$），说明有机质有利于重金属元素在土壤中积累。除上述重金属元素外，V 与 SOC 含量并不存在相关性，这可能是由于重金属元素 V 在土壤中以多种氧化态存在（包括Ⅱ、Ⅲ、Ⅳ、Ⅴ），在风化条件下以 V^{5+}形式存在（Alloway，2012）。由于有机质表面存在许多带负电的基团，因此有机质具有强大的吸附二价、三价阳离子的能力（Han et al.，2017）。由此来看，更高价态的 V^{5+}可能是 V 与 SOC 不具有相关性的原因。然而，尽管重金属元素 Mo 在岩石圈中主要的氧化态是 Mo（Ⅳ）和 Mo（Ⅵ），Mo 与 SOC 含量依然显著相关（$p<0.01$），这表明 Mo 通过不同的机制被有机质固定，例如与土壤有机质上的邻苯二酚络合（Wichard et al.，2009）。

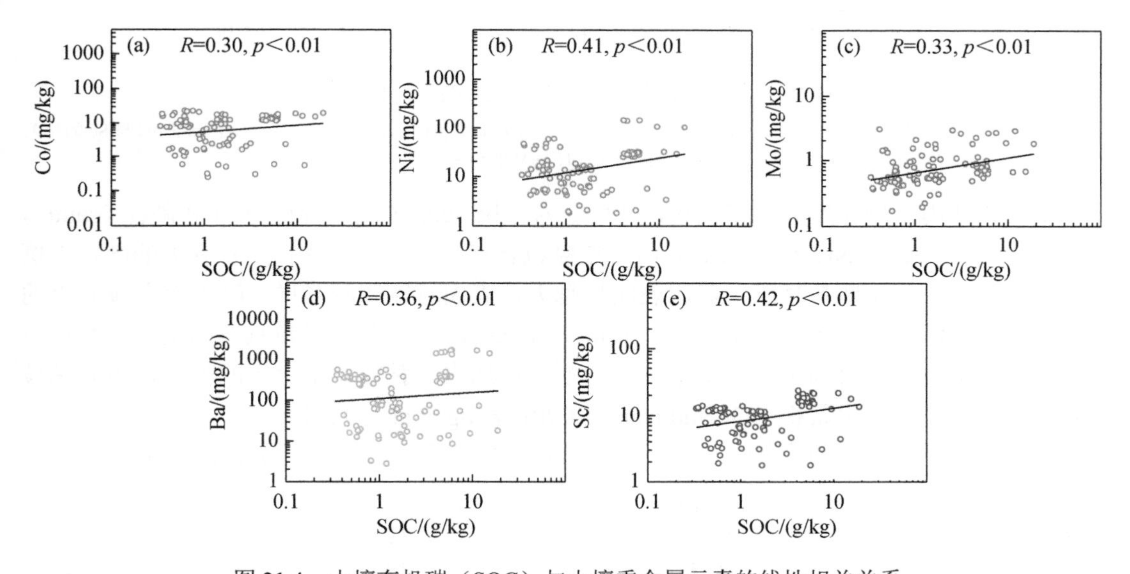

图 21.4　土壤有机碳（SOC）与土壤重金属元素的线性相关关系

（a）SOC 与 Co 关系；（b）SOC 与 Ni 关系；（c）SOC 与 Mo 关系；（d）SOC 与 Ba 关系；（e）SOC 与 Sc 关系

土壤 pH 是影响土壤重金属元素迁移性和溶解性的最重要因素（Qu et al.，2021）。如图 21.5 所示，Co、Mo、Ba、Sc 元素都显著受到土壤 pH 的影响。Co、Sc、Ba、V 与土壤 pH 显著正相关，而 Mo 与土壤 pH 显著负相关。研究表明土壤 pH 与重金属元素之间存在正相关关系（Qu et al.，2019；Zeng et al.，2011）。土壤 pH 主要通过改变自由态重金属的含量来影响土壤重金属含量（Chuan et al.，1996），更高的土壤 pH 意味着土壤环境中存在更多的 OH^-，这更加有利于土壤重金属离子的固定，植物吸收的重金属离子减少有利于重金属在土壤中的累积。重金属 Mo 在土壤中的存在形式致使 Mo 与土壤 pH 之间呈现负相关关系。与大多数重金属元素不同，Mo 在土壤中通常以氧阴离子形式而非阳离子形式存在（Alloway，2012）。土壤 pH 越高越有利于 Mo 元素的迁移，这进而导致了 Mo 元素与土壤

pH 之间的负相关关系。

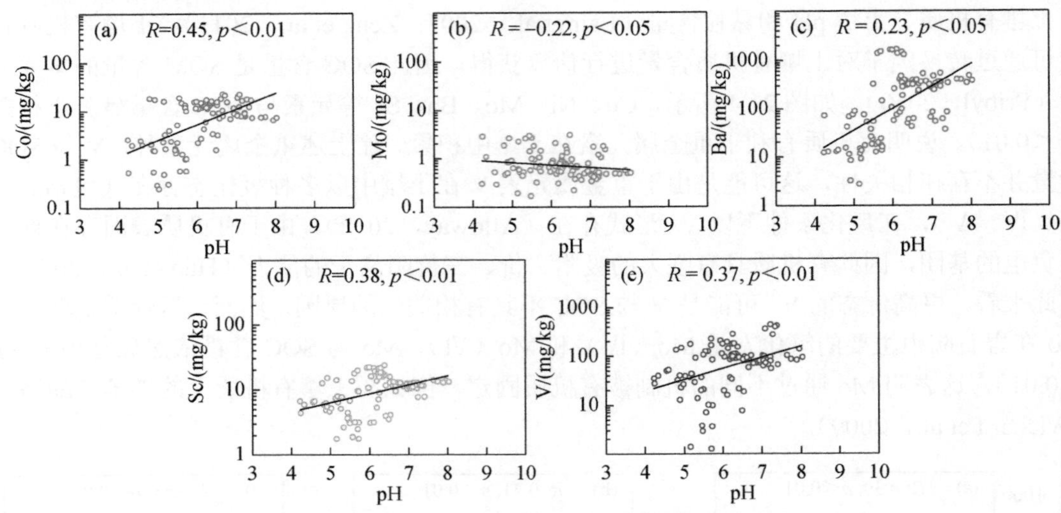

图 21.5 土壤 pH 与土壤重金属元素的线性相关关系

（a）土壤 pH 与 Co 的相关关系；（b）土壤 pH 与 Mo 的相关关系；（c）土壤 pH 与 Ba 的相关关系；（d）土壤 pH 与 Sc 的相关关系；（e）土壤 pH 与 V 的相关关系

土壤质地用土壤粒度大小来描述，可划分为黏粒（clay）、粉砂粒（silt）和砂粒（sand）。如图 21.6 所示，Co、Ni、Ba、Sc、V 与土壤黏粒含量显著相关，黏粒具有强大的固定土壤重金属的能力。土壤颗粒越细，其比表面积越大，表面官能团越多样，吸附重金属元素的能力也越强（Damrongsiri et al.，2016；Rajmohan et al.，2014）。黏粒具有固定土壤有机质的能力，有机质也具有固定土壤重金属的特性，这加强了黏粒对重金属的吸附，因此黏粒有利于重金属在土壤中累积（Qu and Han，2020；Zeng et al.，2011）。

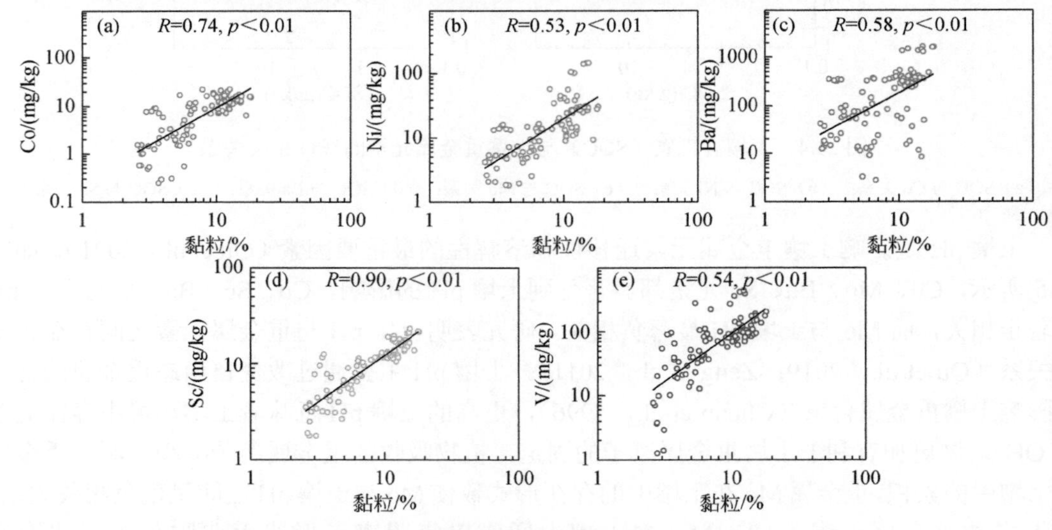

图 21.6 黏粒含量与土壤重金属元素的线性相关关系

（a）黏粒含量与 Co 的相关关系；（b）黏粒含量与 Ni 的相关关系；（c）黏粒含量与 Ba 的相关关系；（d）黏粒含量与 Sc 的相关关系；（e）黏粒含量与 V 的相关关系

第二节　土壤汞组成特征及控制因素

汞（Hg）的熔点为−38.87℃，沸点为 356.9℃，密度为 13.59g/cm^3，第一电离能高达 10.4eV，在常温下为液态，不与空气反应，不溶于盐酸、稀硫酸等，是一种极其特殊的金属元素。汞有三种不同的价态，分别为单质 Hg、Hg^+、Hg^{2+}，其中 Hg^+的离子半径为 1.27×10^{-10}m，而 Hg^{2+}的离子半径为 1.10×10^{-10}m。单质 Hg 可在大气中停留长达一年，随大气环流迁移上万公里，形成长距离、可持久的迁移行为。汞在表生环境中十分活跃，以有机、无机态两种表现形式存在，容易与 Cl^-、Br^-、I^-、CN^-、SCN^-等离子形成稳定的络合物存在于环境中。无机汞和有机汞可以在水-气-土壤中相互转化。有机汞挥发性大于无机汞，其中甲基汞和苯基汞挥发性最大；碘化汞的挥发性在无机汞中最大，而硫化汞挥发性最小（戴前进等，2002）。作为亲硫元素和痕量元素，Hg 在地球圈层中分布不均，其含量在地壳、地幔、地核依次减少（李永华等，2004）。汞在不同类型岩石中的元素丰度差别很大，其中黏土岩石丰度最高，其次是基性岩，继而在酸性岩、碳酸盐和超基性岩中依次降低（康春雨和杜建国，1999）。

汞具有高神经毒性、心血管毒性、生殖毒性、免疫系统毒性以及肾脏毒性，是全球重点管控的重金属之一。汞可以导致多种精神疾病，例如帕金森病与阿尔茨海默病等（Mutter et al.，2004），其机理是 Hg^{2+}的高度亲电子性易与人体内的电子供体基团结合，对羰基、羟基、氨基等基团进行攻击，继而引发人体汞中毒（费云芸和刘代成，2003）。不同形态的汞其毒性强度不同，其中甲基汞的毒性最强、脂溶性高，容易被人体吸收，例如孕妇长期暴露在低甲基汞环境中可对婴儿的智力产生严重的影响。由于其亲硫基性，甲基汞易与膜蛋白结合，使生物膜系统受损，从而产生多系统毒性效应，其临床表现为听力减退、向心性视野缩小、感觉与语言障碍等症状（郑徽和金银龙，2006）。在表生环境一定的氧化还原条件下，无机汞可以转化为剧毒的甲基汞，对人类、动物以及植物健康造成巨大危害。例如，大气汞通过沉降进入水体，经微生物作用转化为甲基汞，其在水体中具有生物富集效应，极易在水产品中富集，且甲基汞进入食物链后有放大效应，会在食物链中不断累积，最终对食用水产品的人类造成危害。

自 19 世纪以来，大气汞沉降通量增加了一倍，造成了严重的土壤汞污染（戴前进等，2002）。土壤汞污染直接关系到人类的生产生活，对植物的生长发育具有极大危害。汞浓度的高低表征了不同的危害性，低浓度抑制植物生长，高浓度则杀死植物。研究发现部分植物（例如水稻）内的汞浓度与土壤汞浓度呈现显著相关关系（鲁洪娟等，2007；牛凌燕和曾英，2008），由此可见，土壤汞污染严重影响着农作物的健康与人类食品安全。20 世纪五六十年代，日本“水俣病”暴发事件的根本源头就在于化工厂排放的汞和甲基汞废液进入到了水俣湾中，人类食用被甲基汞污染的海产品，进而导致 5712 人罹患神经疾病、730 人死亡，产生了重大的汞污染危害事件（Hylander，2001）。20 世纪 80 年代后，由于工业化的发展，人们发现南/北极水生生物体内的汞含量已经超过了世界卫生组织的限制标准（Hassett-Sipple et al.，1997）。如今，汞已经成为受到各界广泛关注的全球污染物，汞污染治理也已成为热点问题。

土壤是地球表生环境中的重要介质，充当着大气和水体之间的纽带。土壤与人类的生产生活息息相关，土壤污染问题与农作物的健康有着密切的联系，直接关系到人类的食品安全问题。汞通过土壤进行重要的表生环境循环，土壤汞污染与汞的排放有着不可分离的关系。汞的排放源分为自然源与人为源。自工业时代以来，人类的年排汞量日益增加。近年来，研究者对全球人为排汞量进行了大量调研，普遍认为每年向大气释放的汞排量为2100t（Yang et al.，2007）。自然排汞主要为大气汞，年排放量为5207t（Pirrone et al.，2010）。自然汞排放包括了土壤母质、植物释放、自然风化作用以及火山地热等活动，而人为排放则包含了煤炭燃料的燃烧、汞矿与金矿的采集和排放以及军工产业的生产活动（韩怀芬等，2002）。土壤汞的自然来源是母岩基质与大气干湿沉降。原岩中的汞含量直接决定了土壤中的汞含量，不同母岩基质的汞含量有着显著的差别。此外，大气汞可以直接沉降或被植物吸收传至土壤。

土壤汞污染的来源主要有：汞矿金矿等金属矿物的开采；工厂废弃物排污、污水灌溉、污泥施肥；军事设施排放。土壤汞污染具有极强的隐蔽性以及二次扩散的特点，主要通过气迁移、水迁移以及生物迁移三种方式进行再扩散。其中，气迁移指的是土壤汞随植物的吸收利用间接排放到大气中，或土壤汞经过一系列复杂的氧化还原反应形成汞单质，通过单质汞易挥发的特点直接从土壤中重新进入到大气。水迁移指的是土壤汞通过土壤淋溶和径流冲刷作用进入水体形成迁移。生物迁移指的是土壤汞利用植物等生物作用进行迁移（Fu et al.，2017）。此外，汞能够形成胶体化合物，在地表水中以胶体形式大量存在。这种方式极大地增加了汞在溶液中的溶解度，成为表生环境中汞迁移的一种重要形式。在地表岩石遭受风化作用的过程中，地表水将汞矿质以不同形式进行搬运，所以汞矿质在地表水中含量很高。表生环境下首选的汞搬运方式为机械搬运（花永丰，1983）。

土壤汞分布特征的影响因素多种多样，大气降水、生物活动、湿度与温度、土壤酸碱度、土壤质地、矿物种类以及有机质含量等造成了土壤汞复杂的地球化学行为特征。土壤物质对汞的吸附容量与吸附强度共同制约着汞的环境活性，吸附容量越高、吸附强度越强，则汞的环境活性越低。土壤各项参数复杂，氧化还原条件多变，因此汞极易发生价态转化，形成不同形态的汞，同时各形态间的相互转化增加了土壤汞的地球化学行为的复杂性。表层土壤汞的分布富集与土壤蒸发量、大气干湿沉降等因素密切相关，例如冯新斌等（2015）发现大气汞可以被植物吸收，并最终成为凋落物进入地表土壤。大气汞沉降到土壤后，土壤中富含的有机质和黏土矿物很快将大气中的汞固定在土壤表层。此外，大气气温对土壤汞的挥发有着重大的影响，汞在白天的挥发大于夜间的挥发（冯新斌和陈业材，1996）。土壤汞的挥发速率也与土壤湿度有关，湿度较高的土壤具有更快的汞挥发速率，对汞的吸附能力也降低。汞的挥发速率随着土壤中水分的增加而增加，直到达到土壤的最大持水量。除此之外，雨水的冲刷作用有助于表层土壤汞的迁移，降水量的增加有利于汞向土壤深部迁移（Matilainen et al.，2001）。土壤汞的排放受到大气温度和相对湿度影响，即多云和雨天土壤单质汞释放量会大幅度降低（Yang et al.，2007）。Obrist 等（2016）的研究表明在汞浓度低的地区，土壤汞含量主要受限于水动力，其分布与土地利用、降水量有着密切联系。此外，土壤温度对汞的吸附也有重要影响。例如当温度低于25℃时，红壤对汞的吸附量随着温度升高而减少，而当温度高于25℃时，吸附量不再随着温度升高而减少（罗志刚和游植，1996）。土壤温度与汞浓度梯度也影响了大气和土壤的交换（Gillis and Miller，2000）。

植物的生长离不开土壤，土壤中汞的分布特征也与植物有着密切的联系。不同植物对汞的吸收能力是不同的，一般针叶植物＞落叶植物、水稻＞玉米＞高粱＞小麦、叶菜类＞根菜类＞果菜类（牟树森，1993）。此外，土壤汞转化的主要途径之一是微生物还原作用（Feng et al.，2013）。微生物在与氧气密切接触的表层土壤中活动强烈，这导致表层土壤中的汞含量偏低。土壤中的无机汞经微生物的氧化还原作用易转变成甲基汞，这一过程也增加了土壤汞的毒性与活动性。

土壤对汞的吸附和解吸与不同土壤类型有关。缪鑫等（2012）进行的土壤汞吸附量研究发现黑土＞潮土＞红壤，这可能是由土壤胶体代换能力、pH、有机质等多方面因素决定的，而解吸率为红壤＞潮土＞黑土，此现象可能与土壤电荷性和土壤粒径有关。不同的土壤质地对汞的吸附也存在不同的影响，黏土及有机质含量高的土壤相对容易富集汞，而相对贫瘠的砂土对汞的富集能力较弱（戴前进等，2002）。研究表明对汞吸附能力的影响依次为黏土＞壤土＞砂土（Liao et al.，2009）。然而，对于土壤汞的纵向迁移而言，黏度高的土壤不利于汞的纵向移动，而结构性较差的砂土则有利于汞向土壤深处迁移（郑舒雯，2013）。不同的土壤粒度（砂粒 0.05～2mm，粉砂 0.002～0.05mm，黏粒＜0.002mm）的土壤汞有着相似的分布特征（Palmieri et al.，2006）。粗粒土壤由于其有限的运移能力以及较长的滞留时间，可以更好地记录人为输入的汞。当外源汞进入土壤时，在雨水冲刷等作用下汞会迅速向深处迁移。黏土矿物是土壤中典型的吸附剂之一，其结构原理为硅氧四面体和铝氧四面体的堆叠与构型差异对吸附阴阳离子并保持其交换状态具有特殊的能力（赵士波等，2013）。

pH 是土壤重要的理化性质之一，它影响着汞在土壤中的赋存形态及其在土壤表面的交换性能。不同 pH 范围的土壤物质吸附能力不同，这导致其对汞的吸附量存在一定差异。pH 能够改变阴阳离子的活动能力，高 pH 能增加阴离子活动性，使土壤具有更大的汞浓度范围，这意味着土壤的结合能力增强（Tack et al.，2005）。随着 pH 的升高，土壤中黏土矿物表面的负电荷增多，对汞离子的吸附从静电吸附转变成结合力更强的专性吸附（Wu et al.，2017）。因此在中性或碱性的土壤中，黏土矿物是吸附汞的主要因素。刘素芳等（2003）研究发现，酸性土壤条件（pH：3～5）下 $Hg(OH)_2$ 比 $HgCl_2$ 更易被吸附，pH 在此范围内的升高将增加土壤对汞的吸附。在性质相似但 pH 不同的土壤中，随着 pH 的增加，整体呈现出了相似的汞通量曲线趋势（Yang et al.，2007）。

土壤内总有机碳（TOC）和铁锰氧化物是土壤吸附汞的重要因素之一，有机碳可以增加土壤对金属元素的结合能力。土壤中 TOC 的含量越高，对于土壤汞的吸附能力越强，这导致土壤汞的活动性和可利用性降低（Yang et al.，2007）。沉积物中有机物对汞有着极强的亲和力（Schuster，1991）。许多研究都表明土壤中总汞含量和 TOC 的相关性非常高（Qu et al.，2019；Qu et al.，2021）。任丽英等（2014）在两种不同的土样中加入铁铝氧化物和铁锰氧化物，发现其对汞有较大的吸附作用，在 14 天内添加铁铝氧化物的有效态汞分别下降了 94.6%和 93.1%；添加铁锰氧化物的有效态汞分别下降了 88.6%和 87.9%，这证明铁锰氧化物对有效态汞具有强烈的吸附作用。研究表明富集铁的土壤对汞有着显著的吸附作用，土壤中的铁含量与总汞含量有着极高的相关关系（Harris-Hellal et al.，2011）。姚爱军等（2004）研究发现，二氧化锰、氧化铁、膨润土、高岭土以及碳酸钙等对汞的吸附容量与吸附强度依次降低。

本章对泰国蒙河流域的 6 个土壤剖面进行了总汞的分析，希望能够了解泰国蒙河流域的总汞含量水平、纵向扩散规律、不同土壤质地以及有机碳、土壤铁含量、土壤酸碱度等控制因素对汞分布的影响，为探明汞在土壤中的地球化学行为提供参考。

一、土壤总汞的分析测试

汞原子蒸气在 253.7nm 波长照射下有共振发射线吸收现象，汞原子蒸气浓度与吸光度成正比，此原理被称为冷原子吸收法，可以利用冷原子吸收直接测量土壤汞含量。本研究使用俄罗斯 Lumex 公司生产的 RA-915M 塞曼汞分析仪主机与 PYRO-915$^+$配件测量固体样品的汞含量。土壤标准样品为中国地质科学院地球物理地球化学勘查研究所生产的国家标准物质 GSS-5 和 GSS-2。测汞仪的工作原理是冷原子吸收，将土壤样品称量好装入样品舟插入装置，利用热解析技术直接将土壤样品中的汞及其化合物转化为元素汞进行含量分析测试，采用高频塞曼背景校正技术（ZAAS-HFM）处理后，对照工作曲线换算得出所测样品的总汞值。此方法相较于原子荧光光谱法的优势在于无需对样品进行消解和预富集处理，从而提高了实验速率，可在 1～2 分钟内完成对一个样品的检测工作，大大降低了实验成本和汞损失，减少试剂消耗且不产生环境污染。原子荧光光谱法易造成仪器中汞的记忆效应，提高了仪器基线值与背景值，需要长时间清理并消除记忆效应。

RA-915M 仪器工作条件为：气体流速 0.8～1.2L/min，热分解温度 680～740℃，波长 254nm，测试时间 1～2min，测汞仪调至固体模块，光程池为外接模式，加热模式 mode 1，准确称量 6 份国家标准物质 GSS-5（标准值：290±30ng/g），以测量的土壤标准物质中汞的绝对含量为横坐标，峰面积为纵坐标绘制标准曲线，相关系数为 0.9999。

测定土壤汞含量首先需要用药匙将碾磨至 200 目的土样加入样品舟，通过分析天平称量至 200mg 左右，将样品舟放入 PYRO-915$^+$配件中进行高温热解析，温度约 700℃，将测算出的响应峰面积进行积分，从而测出固体样品的汞含量。为检测在采集土样及样品处理过程中产生的杂质对检测结果的干扰，本研究进行了平行样品的测试，即随机在每个剖面选取了一个样品并按相同的方法处理后，对样品的总汞含量进行检测，所得结果显示平行样品相对偏差为 3.6%～4.8%。将标准物质按照土样类型进行选取、测试，以此来判断测汞仪的稳定性及可靠性。在测量土壤汞含量前，选取 GSS-5（290±30ng/g）标准物质进行检测，测得含量 295.4ng/g 在允许误差范围内。在样品检测过程中，以每 10 个样品为间隔插入 1 个土壤标准物质，以检测仪器在测试过程中是否保持稳定，采取的土壤标准物质为 GSS-2（15±0.3ng/g），所得结果均在允许误差范围内，这表明检测结果真实可信，实验仪器稳定性高。

二、土壤总汞的纵向分布特征及控制因素

一般而言，总汞（THg）含量在地壳的背景值为 7μg/kg，土壤中总汞的平均含量为 65μg/kg（魏复盛等，1991）。蒙河流域各土壤剖面的总汞含量如表 21.2 和图 21.7 所示，其中汞浓度最高值出现在 T3 剖面，T4 剖面在 116cm 深度以下、T6 剖面在 290cm 深度以下的土壤汞浓度低于检出限（0.132μg/kg）。除去部分异常高值，T1、T2、T5、T6 剖面的总

汞浓度在 15μg/kg 上下波动，其中 T3、T4 剖面的汞含量较低（4μg/kg 左右）。泰国蒙河流域总汞浓度含量不高，可能是因为当地的土地利用方式以农业耕地为主，工业生产较少，因此土地重金属污染较低。从所有剖面的变异系数可以看出，数据离散程度较高，说明整个蒙河流域土壤汞的分布极不均匀，变异系数较大的剖面部分土壤可能受到点源影响。采样过程中发现部分土壤剖面存在大量铁锰氧化物，这可能造成了汞富集的异常表现，而铁锰氧化物的形成与泰国主要种植的稻田也有着密不可分的关系，因此在工农业污染较少时，流域土壤剖面中汞的分布特征仍存在很大差异。

表 21.2　蒙河流域各土壤剖面总汞统计数据

剖面	数量 (n)	最小值/(μg/kg)	最大值/(μg/kg)	算术平均值/(μg/kg)	几何均值/(μg/kg)	标准差/(μg/kg)	中值/(μg/kg)	变异系数/%
T1	22	8.60	23.40	13.25	12.77	3.88	12.15	29.28
T2	10	15.20	26.50	20.55	20.35	2.99	20.55	14.55
T3	20	1.30	69.40	8.10	3.60	16.01	2.65	197.65
T4	59	—	9.10	4.19	3.73	1.81	4.20	43.19
T5	59	—	40.20	13.44	8.65	10.62	10.50	79.02
T6	10	8.00	19.10	13.41	12.82	4.11	13.30	30.65

注：“—”代表数值低于检出限。

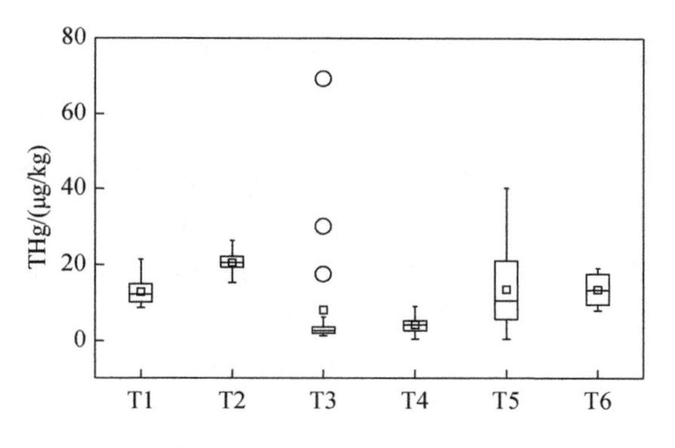

图 21.7　蒙河流域各土壤剖面总汞含量箱式图

T1 土壤剖面位于正在耕种的水稻田中，土壤质地为粉砂质壤土，从表层至深部未发现层面变化。汞浓度变化范围为 8.6～23.4μg/kg，平均汞浓度为 13.25μg/kg，平均 TOC 浓度为 5.9g/kg。如图 21.8（a）所示，汞的纵向分布可以分为 0～90cm 和 100～210cm 两部分。在深度 0～90cm 时，除深度 60cm 处的异常值外，汞平均浓度 15.9μg/kg，变化范围为 13.6～21.5μg/kg；在深度为 100～200cm 的土壤中，汞浓度的平均值为 10.4μg/kg，变化范围为 8.6～12.5μg/kg。如图 21.8（b）所示，深度 0～110cm 土壤的 pH 平均值为 6.55，变化范围为 6.4～6.8。深度 100～210cm 土壤的 pH 平均值为 6.1，变化范围为 5.9～6.3。pH 和汞浓度在 110cm 以下均发生了显著的降低。由此可以推测，土壤酸度增加后，土壤内的吸附物质表面负电荷减少、H^+竞争吸附位点的能力增强，土壤对汞的吸附减小，汞的迁移能力增加，汞浓度含量表现为深部低于中部。

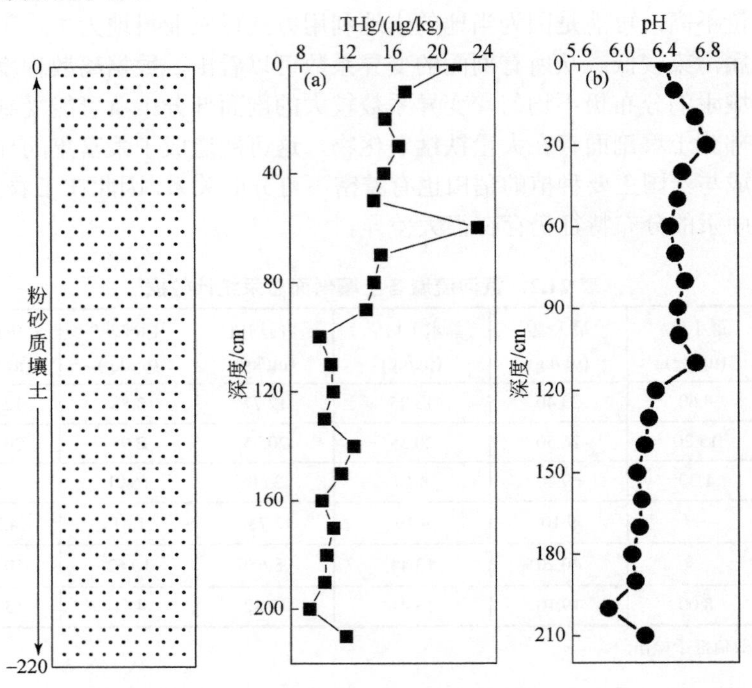

图 21.8 蒙河流域 T1 土壤剖面总汞含量和 pH 的垂向分布趋势

T1 表层土壤中的汞出现了最大值，浓度为 21.5μg/kg，且此点位的 TOC 含量为该剖面最高值（15.4g/kg）。表土 TOC 含量最高，对汞的吸附作用最强，因此汞富集在地表。表土的汞浓度与剖面 T2、T4、T5、T6 所表现的特征一致。如图 21.9 所示，在 0～90cm 的深度时，总汞含量与 TOC 含量极高相关（R^2=0.82），此深度范围内土壤吸附汞的主要因素是 TOC。总体而言，在单一土壤质地的 TS1 剖面中，汞浓度的纵向分布较为均匀。浅部与中部土壤中的汞主要受到 TOC 吸附作用，而深部土壤 pH 的下降显著降低了土壤对汞的吸附，导致土壤汞浓度降低。

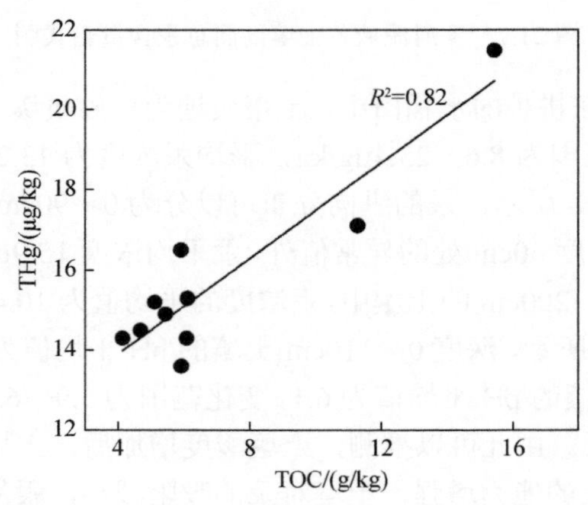

图 21.9 蒙河流域 T1 土壤剖面 0～90cm 总汞浓度与有机碳含量的关系

如图 21.10（a）所示，T2 土壤剖面位于人造橡树林地，土壤质地为粉砂质壤土，汞浓度变化范围 15.2～26.5μg/kg（平均浓度 20.6μg/kg），TOC 平均浓度为 8.0g/kg。整个剖面中最高的 TOC 含量来自表层土壤，浓度为 18.9g/kg。T2 剖面表层土壤的 TOC 含量高，对汞吸附作用强，汞浓度在此出现最大值 26.5μg/kg，与 T1 剖面、T4 剖面、T5 剖面、T6 剖面的表现一致。T2 剖面在深度为 20～45cm 时，汞浓度分布特征为减少—增加—减少，原因是 20cm 以下腐殖层消失导致了 TOC 含量的下降。因此，土壤中 TOC 对汞的吸附作用减小，汞浓度开始降低。土壤 pH 在 30cm 以下迅速升高，这导致土壤对汞的吸附增强、汞的迁移能力减弱，土壤汞浓度升高。深度 40cm 以下土壤 pH 的下降导致土壤汞浓度也相应下降。如图 21.11 所示，在 0～30cm 土壤中，汞浓度与 TOC 含量表现出了较强的相关性（R^2=0.78），土壤 TOC 是汞的主要吸附因素。深度 5～20cm 的土壤平均汞浓度为 20.3μg/kg，变化范围 19.3～21.1μg/kg，汞浓度变化不大。pH 与 TOC 均相对稳定，因此土壤对汞浓度吸附强度差别不大，5～20cm 深度土壤中的汞含量相对稳定。

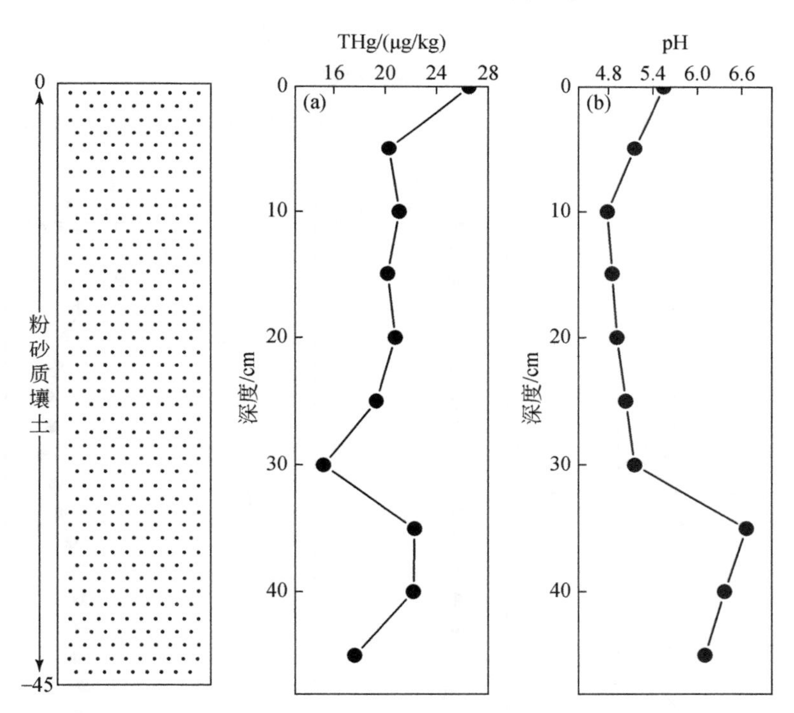

图 21.10　蒙河流域 T2 土壤剖面总汞含量和 pH 的垂向分布趋势

T3 土壤剖面位于荒废的水稻田，土壤质地为壤质砂土，汞浓度的变化范围为 1.3～69.4μg/kg（图 21.12），平均汞浓度为 8.1μg/kg，该剖面 TOC 的平均浓度为 1.1g/kg。深度 0～75cm 土壤中的汞含量非常低，平均浓度 2.4μg/kg。表层土壤未表现出与其他剖面相似的汞浓度富集特征，其原因可能是该剖面的 TOC 含量与汞浓度含量均非常低。深度 80～95cm 土壤中的汞浓度迅速升高。深度 100cm 以下的土壤中存在大量铁锰结核，土壤铁含量较高，铁氧化物对汞具有较强的吸附能力。如图 21.13 所示，此剖面汞浓度与铁含量相关性极强（R^2＝0.99），因此深度 80cm 以下异常升高的汞浓度可能由大量铁氧化物吸附造成。T4 剖面位于稻田耕地，经历过火烧荒草阶段，目前处于两年间耕期，土壤质地在 0～70cm 时为砂质壤土，在 70～120cm 时为壤土。

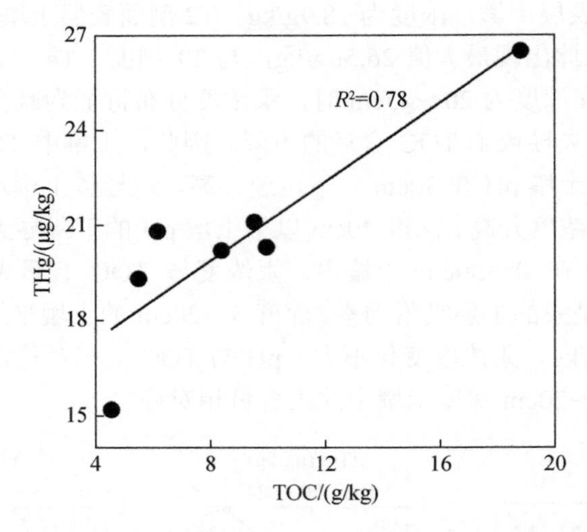

图 21.11　蒙河流域 T2 土壤剖面 0～30cm 总汞浓度与有机碳含量的关系

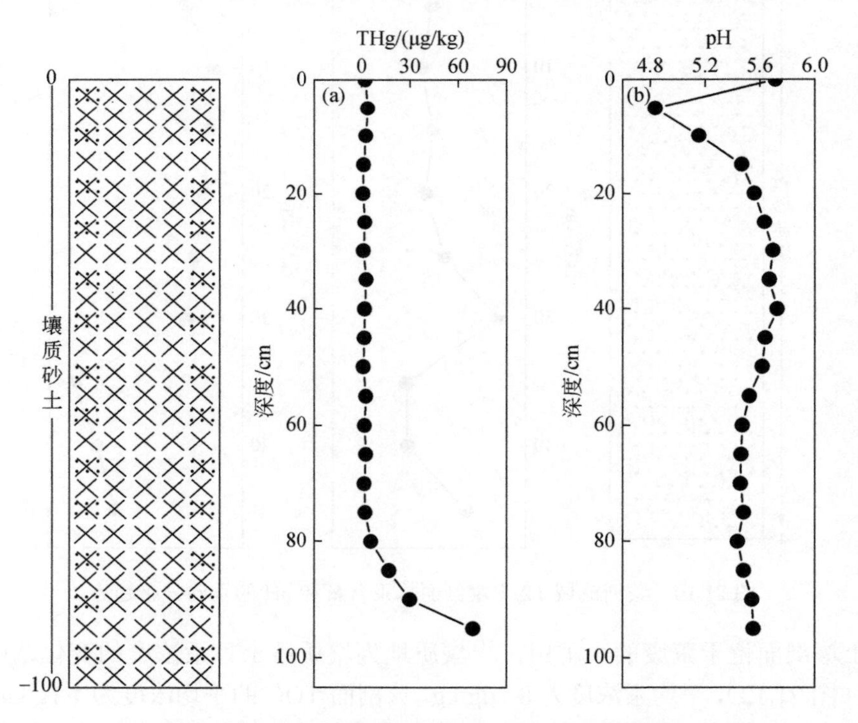

图 21.12　蒙河流域 T3 土壤剖面总汞含量和 pH 的垂向分布趋势

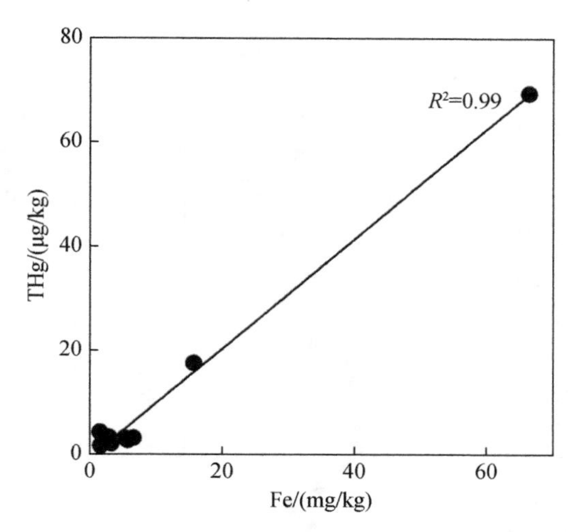

图 21.13　蒙河流域 T3 土壤剖面 0～95cm 以 10cm 为间隔的总汞浓度与 Fe 含量关系

如图 21.14 所示，该剖面汞含量最大值为 9.1μg/kg，深度 116cm 以下土壤的汞浓度低于检出限 0.132μg/kg。T4 剖面土壤中 TOC 的平均浓度为 1.5g/kg。表层土壤 TOC 含量高，对汞吸附作用强，汞富集在表层土壤中，与 T1、T2、T5、T6 剖面特征一致。在土壤质地为砂质壤土时（0～70cm），汞浓度在 0～20cm 时增加至峰值，然后在 20～70cm 时缓慢降低。0～20cm 为腐殖层，汞浓度在 20cm 深度的土壤中出现峰值（6.3μg/kg）。虽然土壤 pH 在 0～70cm 时不断升高，应对土壤汞产生富集作用，但实际上土壤汞含量呈现下降趋势，这是由于土壤有机碳是主要控制土壤汞含量的因素。

如图 21.14 所示，深度 20cm 附近的土壤汞浓度与 TOC 含量有较强的相关性（R^2＝0.62），在腐殖层消失后，土壤中的 TOC 含量开始下降，相应深度（20～70cm）的汞浓度同样开始降低。70cm 以下深度的土壤质地变成了壤土（含少量铁锈），铁氧化物逐渐成为影响土壤中汞浓度的主要因素。深度 100～112cm 的土壤中存在大量黑色的铁锰结核。汞浓度在 70～110cm 开始出现升高的趋势，并随铁锰结核的出现产生多个峰值，其原因可能为铁锰结核分布不均。在深度 60～110cm 的土壤中，汞浓度与铁含量有着极强的相关性（R^2＝0.93），这表明深部土壤由于铁氧化物的吸附作用产生了土壤汞富集现象。总体而言，对于土壤吸附汞的影响因素，深度 0～70cm 的主要影响因素是 TOC，而深度 70～120cm 的主要影响因素为铁氧化物。汞浓度的纵向分布在二者中均表现出相同的规律，即汞浓度随着影响因素不同而改变，出现先增至峰值后逐渐减小的趋势。

T5 土壤剖面为水稻耕田，土壤质地为砂质壤土（0～80cm）、壤土（80～105cm，160～20cm）、粉砂质壤土（105～160cm，205～315cm）。汞浓度最大值 40.2μg/kg，在 290cm 以下时土壤汞浓度低于检出限 0.132μg/kg，TOC 平均浓度为 1.3g/kg。如图 21.15 所示，0～75cm 深度土壤中汞浓度出现小幅度波动，土壤中对汞的主要吸附因素为 TOC。0～75cm 深度土壤的汞与 TOC 含量有着较强的相关性（R^2＝0.64）。在 50～75cm 深度的土壤中汞浓度有小幅度下降，在 55cm 处出现最低值，浓度为 6μg/kg，随深度增加汞浓度逐渐升高。50～75cm 深度土壤的 TOC 平均浓度（0.8g/kg）显著低于 0～45cm 深度（1.8g/kg）和 80～200cm 深度（1.6g/kg），因此 50～75cm 处土壤汞浓度减小的原因可能是 TOC 的吸附作用有所减弱。

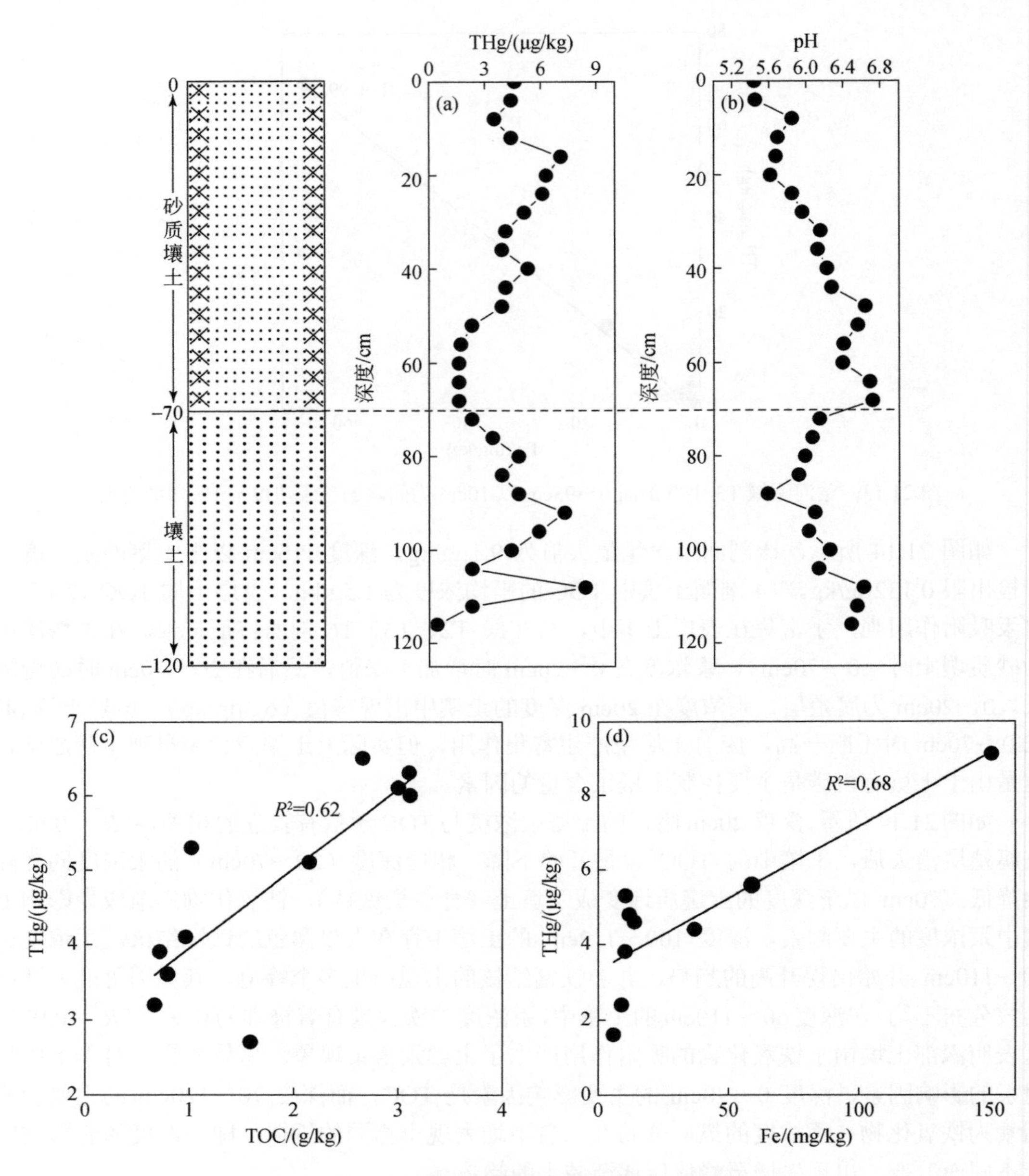

图 21.14 蒙河流域 T4 土壤剖面相关图解

（a）总汞浓度的垂向分布；（b）pH 的垂向分布；（c）20～40cm 总汞浓度与 TOC 含量的关系；（d）土壤剖面 60～110cm 以 10cm 为间隔的总汞浓度与 Fe 含量关系

采样时 80～160cm 深度发现了黄色铁锈和大量红色、黑色铁锰质斑块，在 160～205cm 深度的土壤中发现了铁锰结核层。土壤中的铁浓度在 80cm 深度以下开始增加。虽然 80～200cm 深度的 TOC 含量（1.6g/kg）与 0～75cm 时（1.47g/kg）差别不大，但土壤中对汞的主要吸附因素已经由 TOC 转变为铁氧化物。与此同时，土壤酸碱度也从弱酸性开始向中性与碱性转变，这说明在中性及碱性的土壤中，土壤中对汞的主要吸附因素为铁氧化物，且吸附能力比 TOC 强。

在深度为 80～130cm 的土壤中，汞浓度的变化趋势为先增加后减少。如图 21.15 所示，此深度范围内土壤中的汞浓度与铁含量有着较强的相关性（R^2=0.68），因此土壤中影响汞吸附的主要因素为铁氧化物。在深度为 130～160cm 的土壤中，汞浓度的变化趋势为先增加至峰值后保持微小波动。此深度范围内土壤的汞浓度与铁含量没有强相关性（R^2=0.01），这说明导致汞浓度升高的因素不是土壤中铁氧化物的吸附。深度 130cm 处的土壤酸碱度由中性变为碱性并保持相对稳定，说明此处汞浓度的增大受到了土壤 pH 升高的影响。土壤 pH 升高，土壤内黏土矿物等物质的表面负电荷将会增加，由较弱的静电吸附汞转变为较强的专性吸附，这导致了土壤汞浓度的增加。在土壤深度为 160～290cm 时，汞浓度变化的趋势为先增加后减少，甚至低于检出限。此外，在整个土壤剖面中，当土壤质地发生变化时，汞浓度的变化趋势同样发生了变化。0～160cm 的土壤中砂粒含量依次减少，即砂质壤土＞壤土＞粉砂质壤土。土壤中的砂粒空隙大，通透性好，高含量不利于汞的富集，这符合 0～160cm 深度土壤中汞浓度的变化规律。因此，深度 160cm 以下的土壤中汞浓度突然降低的原因是土壤质地的改变，这导致土壤中砂粒含量增加，汞的迁移能力增强，因此土壤汞浓度降低。如图 21.15（d）所示，深度为 160～290cm 的土壤汞浓度与铁含量有较强的相关性（R^2=0.67），这说明土壤中汞浓度的升高是由铁氧化物的吸附导致的。

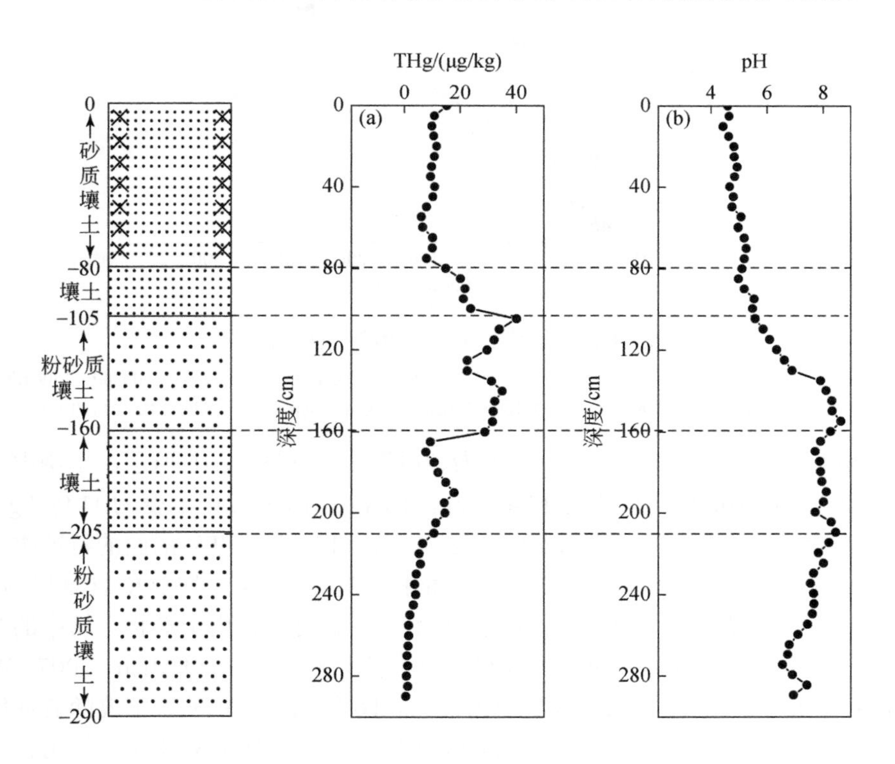

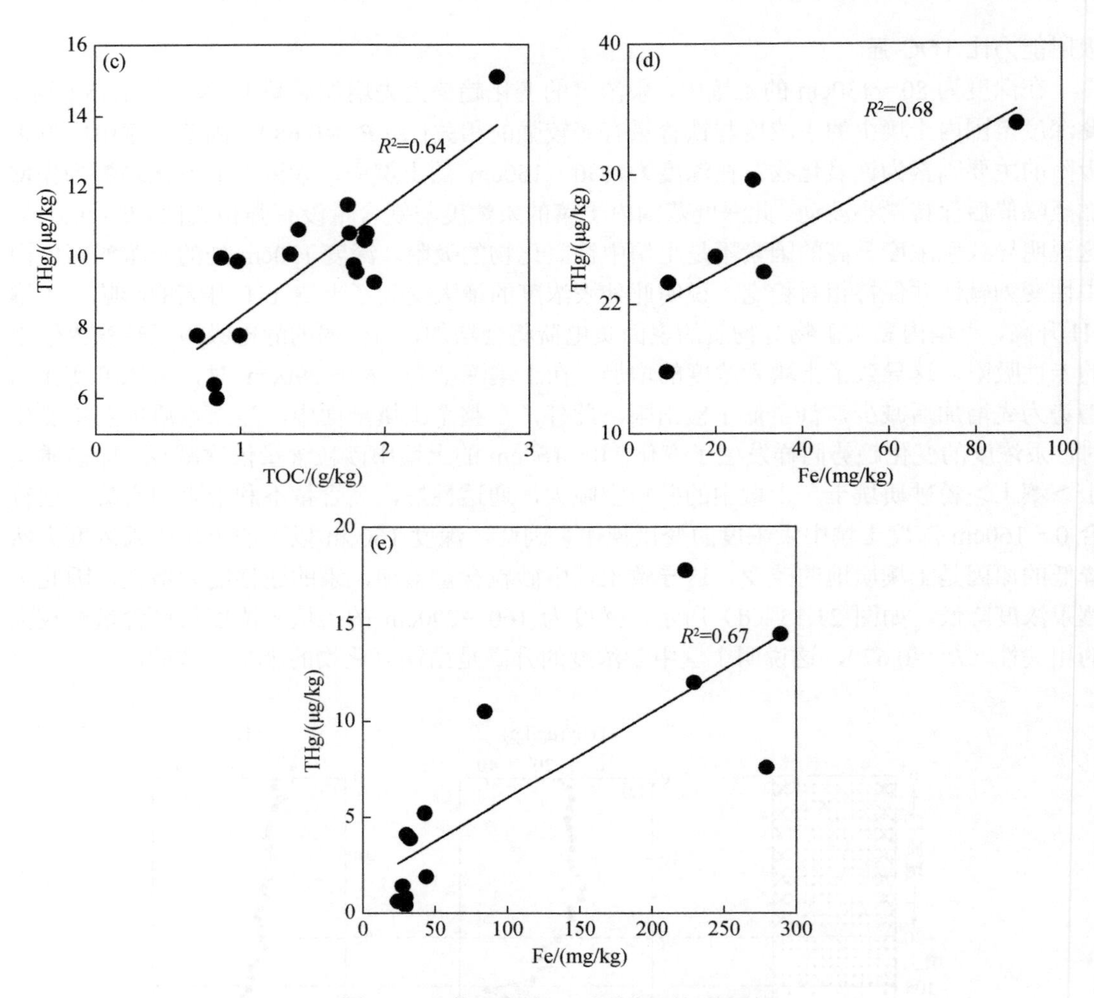

图 21.15　蒙河流域 T5 土壤剖面相关图解

（a）总汞浓度的垂向分布；（b）pH 的垂向分布；（c）0～75cm 总汞浓度与 TOC 含量的关系；（d）80～130cm 以 10cm 为间隔的总汞浓度与 Fe 含量的关系；（e）160～290cm 以 10cm 为间隔的总汞浓度与 Fe 含量的关系

T6 土壤剖面位于自然森林，土壤质地为砂质壤土。如图 21.16 所示，土壤中汞浓度的变化范围为 8.0～19.1μg/kg，均值为 13.4μg/kg。T6 表土中的 TOC 浓度为 11.9g/kg，对汞浓度的吸附程度最高，汞浓度为 14.6μg/kg，这与 T1、T2、T4、T5 剖面的特征类似。虽然T6剖面的土壤样品为森林土壤，其上方覆盖着枯枝败叶，但土壤平均TOC含量仅为2.8g/kg。除表土外，土壤中汞浓度与 TOC 含量的相关性较差，这可能是由于森林土壤中的微生物种类丰富，生物活动强烈，导致有机质的轻组分更易被分解（Pant and Allen，2007；Wu et al.，2004），影响土壤中汞浓度与 TOC 含量的相关性。T6 剖面土壤中的汞浓度随着深度的增加而升高，这可能是由于表层土壤与氧气接触更为密切，微生物的氧化还原作用强，汞的生物迁移能力强；随着深度增加，氧气浓度逐渐减少，微生物作用减弱，因此土壤汞浓度逐渐富集。

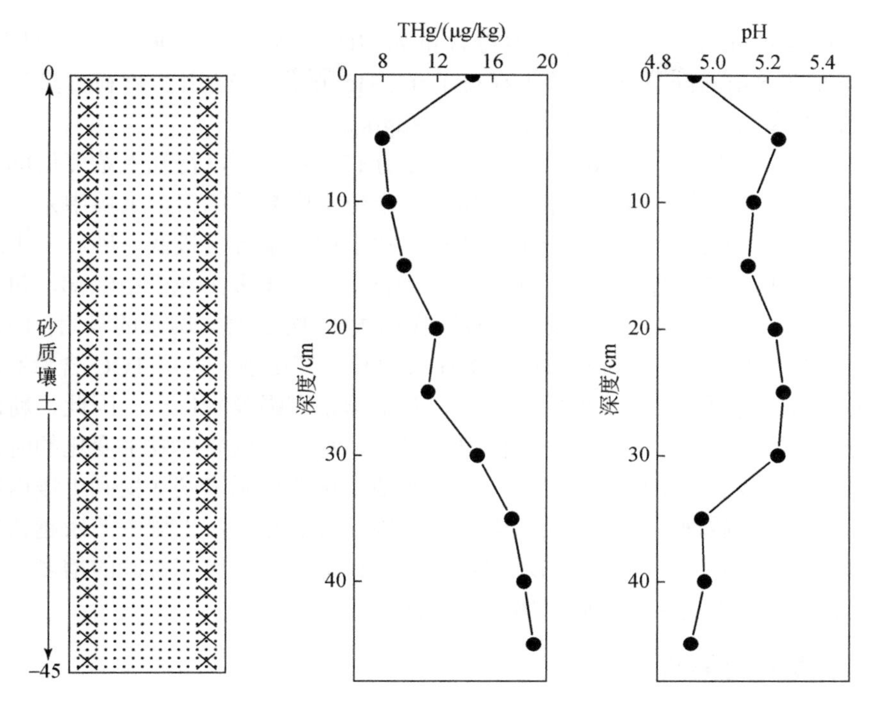

图 21.16　蒙河流域 T6 土壤剖面总汞浓度和 pH 的垂向分布特征

三、不同土壤质地的总汞浓度

按照国际制土壤粒度分级标准，蒙河流域土壤质地分为壤质砂土、砂质壤土、壤土以及粉砂质壤土四种类型。依照不同质地土壤汞含量的差异，我们对土壤质地中的总汞浓度进行了统计分析（图 21.17）。壤质砂土存在于 0～100cm 的深度范围内，砂粒含量为 85%～100%，土壤汞浓度范围为 1.3～6.2μg/kg，均值 2.6μg/kg。砂质壤土存在于 0～80cm 深度范围内，砂粒含量为 55%～85%，土壤汞的浓度范围为 1.2～19.1μg/kg，均值为 7.0μg/kg。壤

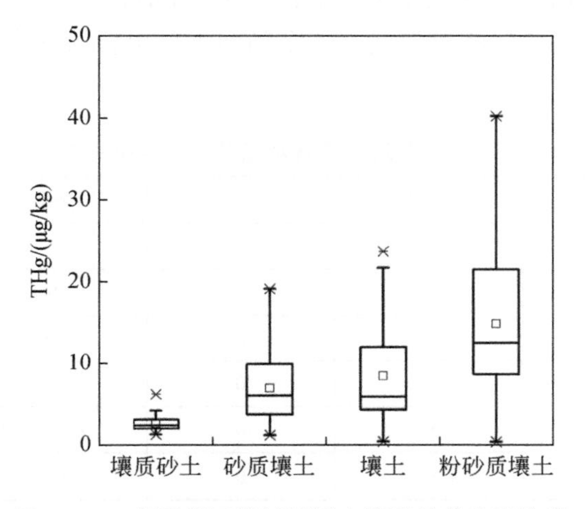

图 21.17　泰国蒙河流域不同土壤质地的总汞浓度

土存在于 80～205cm 深度范围内，砂粒含量为 40%～55%，土壤汞浓度范围为 0.4～23.7μg/kg，均值为 8.4μg/kg。粉砂质壤土存在于 0～315cm 深度范围内，砂粒含量为 0～55%，土壤汞浓度范围为 0.4～40.2μg/kg，均值为 14.8μg/kg。

通过比较箱式图中不同土壤质地的总汞浓度分布，我们可以得知汞浓度值的大小为壤质砂土＜砂质壤土＜壤土＜粉砂质壤土。壤质砂土位于废弃的稻田，土壤中汞含量较低、土壤砂粒含量高，颗粒较大，有利于汞的迁移，故土壤中汞含量最低。砂质壤土通常出现于土壤表层和中部，TOC 含量较高，土壤汞较为富集。壤土多出现于中深部，包含大量铁锈以及铁锰结核，铁氧化物对土壤汞的强吸附作用大于 TOC 对土壤汞的吸附，因此壤土中土壤汞的浓度大于砂质壤土。粉砂质壤土多在表层和深部出现，表层 TOC 含量高，土壤汞在表层富集。部分剖面深部土壤的铁含量高，对土壤汞有强吸附作用。因此，粉砂质壤土中土壤汞的浓度最高。通过分析各个剖面可以发现，每当土壤质地发生变化的时候，汞浓度含量也相应发生改变。由此可以推测，不同质地土壤的总汞浓度除受到土壤内物质的吸附作用外，还受土壤质地本身的影响，即土壤中砂粒含量越少，土壤中的汞越富集。颗粒大的砂粒通透性好，有利于土壤汞的迁移。随着砂粒减少、黏粒和粉砂的增多，土壤颗粒变小，这不利于土壤汞迁移，因此土壤汞较为富集。

四、土壤汞污染评估

在土壤质量评价方法中，单因子指数法是适用于评价单一元素污染程度的常用方法（郭伟等，2011；黄敏等，2010），其计算公式如下：

$$P = C/S \tag{21.3}$$

其中，P 为土壤中总汞的污染指数；C 为土壤汞的实际测量浓度（mg/kg）；S 为土壤中汞的评价标准（mg/kg）。

根据《土壤环境农用地土壤污染风险管控标准（试行）》（GB 15618—2018）的规定，汞的评价标准 S 由汞的土壤污染风险筛选值和土壤 pH 范围确定。一般而言，若总汞污染指数 $P \leqslant 1$，则土壤未被汞污染；当 $P > 1$ 时，则土壤已被污染，其中 $1 < P \leqslant 2$ 时，土壤为轻度污染；当 $2 \leqslant P < 3$ 时，土壤为重度污染；当 $P \geqslant 3$ 时，土壤为重度污染。如表 21.3 所示，泰国蒙河流域汞浓度含量相对较低，各个剖面土壤汞含量均未超标，污染指数平均值均低于 1。

表 21.3　蒙河流域各剖面单因子污染指数

区域	样品数	超标数	超标率/%	污染指数范围	污染指数平均值
T1	22	0	0	0.017～0.043	0.025
T2	10	0	0	0.008～0.016	0.014
T3	20	0	0	0.003～0.139	0.016
T4	59	0	0	0.001～0.005	0.002
T5	59	0	0	0.001～0.022	0.007
T6	10	0	0	0.006～0.015	0.010

地累积指数又称 Muller 指数，可用于沉积物中重金属的污染评价。该方法综合考虑了表生环境中地质过程背景值的影响和人为造成的重金属污染情况，能够将自然因素与人为因素区分，其计算公式如下：

$$I_{geo}=\log_2[C/(K\times B)] \quad (21.4)$$

其中，K 为修正背景值波动的系数，通常为 1.5（刘晶等，2007）；B 为土壤背景值，由于当地汞浓度背景值资料的缺失，我们采用了全球土壤汞背景值 45μg/kg（Anoshin et al., 1996）；C 为实测土壤总汞浓度，单位为μg/kg；I_{geo} 为地累积指数。地累积指数的污染程度分级如表 21.4 所示。

表 21.4　地累积指数污染程度分级

地累积指数 I_{geo}	污染程度	级别
$I_{geo}<0$	无污染	0
$0\le I_{geo}<1$	轻度-中度污染	1
$1\le I_{geo}<2$	中度污染	2
$2\le I_{geo}<3$	中度-强污染	3
$3\le I_{geo}<4$	强污染	4
$4\le I_{geo}<5$	强-极严重污染	5
$I_{geo}>5$	极严重污染	6

表 21.5 展示了蒙河流域各个剖面的地累积指数，除 TS4 最后一个样品的地累积指数为 0.04 外，其余点位基本为无污染，级别为 0，属于清洁地区。

本研究使用单因子指数法以及地累积指数对泰国蒙河流域的土壤汞污染情况进行了评价。单因子指数法的结果表明，各个剖面的土壤汞污染指数 P 值均低于 1，所有样品超标率为 0，土壤汞浓度含量低，未达到污染程度。此外，所有剖面土壤样品的地累积指数均低于 0，表明不存在土壤汞污染的情况。综合以上两种环境风险评估方法，泰国蒙河流域 6 个剖面中的土壤汞含量较低，未达到污染程度，剖面所在区域均为清洁区域。

表 21.5　蒙河流域各土壤剖面的地累积指数

区域	样品数	级别	地累积指数范围	地累积指数平均值
T1	22	0	−2.97～−1.53	−2.05
T2	10	0	−2.15～−1.35	−1.73
T3	20	0	−5.70～0.04	−4.23
T4	59	0	−7.40～−2.89	−4.18
T5	59	0	−7.40～−0.75	−2.96
T6	10	0	−3.08～−1.82	−2.40

第三节 不同土地利用下的土壤重金属分布特征

泰国蒙河流域的 6 个土壤剖面分别为耕地（T1、T5）、弃耕地（T3、T4）以及林地（T2、T6）。土壤剖面 T1、T3、T4 和 T5 中平均重金属的含量大小关系为：Ba＞V＞Ni＞Sc＞Co＞Mo；土壤剖面 T2 和 T6 中平均重金属的含量大小关系分别为：Ni＞V＞Ba＞Co＞Sc＞Mo 和 Ba＞V＞Sc＞Ni＞Mo＞Co（表 21.6）。

表 21.6 蒙河流域土壤重金属含量的数理统计 （单位：mg/kg）

土壤剖面	统计值	Sc	V	Co	Ni	Mo	Ba
T1	最小值	13.65	84.65	11.30	24.76	0.48	259.62
	最大值	21.82	204.50	16.12	31.58	1.12	1659.68
	均值	17.95	123.47	13.70	28.58	0.75	764.44
	变异系数（CV）	0.13	0.32	0.11	0.07	0.19	0.73
T2	最小值	12.54	124.26	16.15	102.61	1.77	8.41
	最大值	23.40	176.18	18.98	146.22	2.61	49.94
	均值	15.72	146.64	17.47	128.15	2.05	20.62
	变异系数（CV）	0.28	0.13	0.07	0.17	0.18	0.81
T3	最小值	1.76	1.26	0.49	2.05	0.17	12.57
	最大值	6.76	105.87	5.15	7.14	1.42	324.63
	均值	3.26	18.22	1.45	4.41	0.77	48.62
	变异系数（CV）	0.47	1.78	0.94	0.38	0.54	2.00
T4	最小值	2.63	7.64	1.55	4.10	0.22	37.43
	最大值	12.46	280.59	17.23	18.00	3.04	367.81
	均值	6.89	59.75	5.78	10.72	1.19	188.94
	变异系数（CV）	0.51	1.04	0.67	0.48	0.81	0.75
T5	最小值	4.83	12.72	0.55	2.53	0.19	2.75
	最大值	13.88	437.43	22.55	58.55	1.76	534.58
	均值	10.45	111.98	10.05	18.35	0.65	202.71
	变异系数（CV）	0.26	0.96	0.64	0.83	0.55	0.85
T6	最小值	4.38	26.37	0.24	1.80	0.29	13.86
	最大值	6.66	51.76	1.97	6.01	2.85	89.26
	均值	5.19	34.75	0.67	2.98	1.02	65.37
	变异系数（CV）	0.17	0.31	1.10	0.61	1.03	0.45

重金属元素（Sc、V、Co、Ni、Mo、Ba）在土壤剖面中的垂直分布情况如图 21.18 所示。土壤剖面 T3、T4、T5 和 T6 中重金属元素含量的变异系数大于 0.20，表明在这些剖面

中，重金属元素随土壤深度的变化比较剧烈。从土壤重金属的垂直分布来看，除土壤剖面T1外，土壤重金属含量在其他剖面中都呈现随土壤深度增加而增加的趋势，这一趋势在重金属Sc、V、Co中表现得尤为明显。研究区大部分的降雨都集中在雨季，短期的大量降水导致重金属元素能够随着土壤剖面进行淋滤。重金属在土壤剖面中的垂直分布能够反映这些重金属元素在土壤中相对迁移速度的大小（Li et al.，2015）。重金属元素在土壤剖面中的分布特征表明，Sc、V、Co的迁移性远远高于Ni、Mo、Ba。

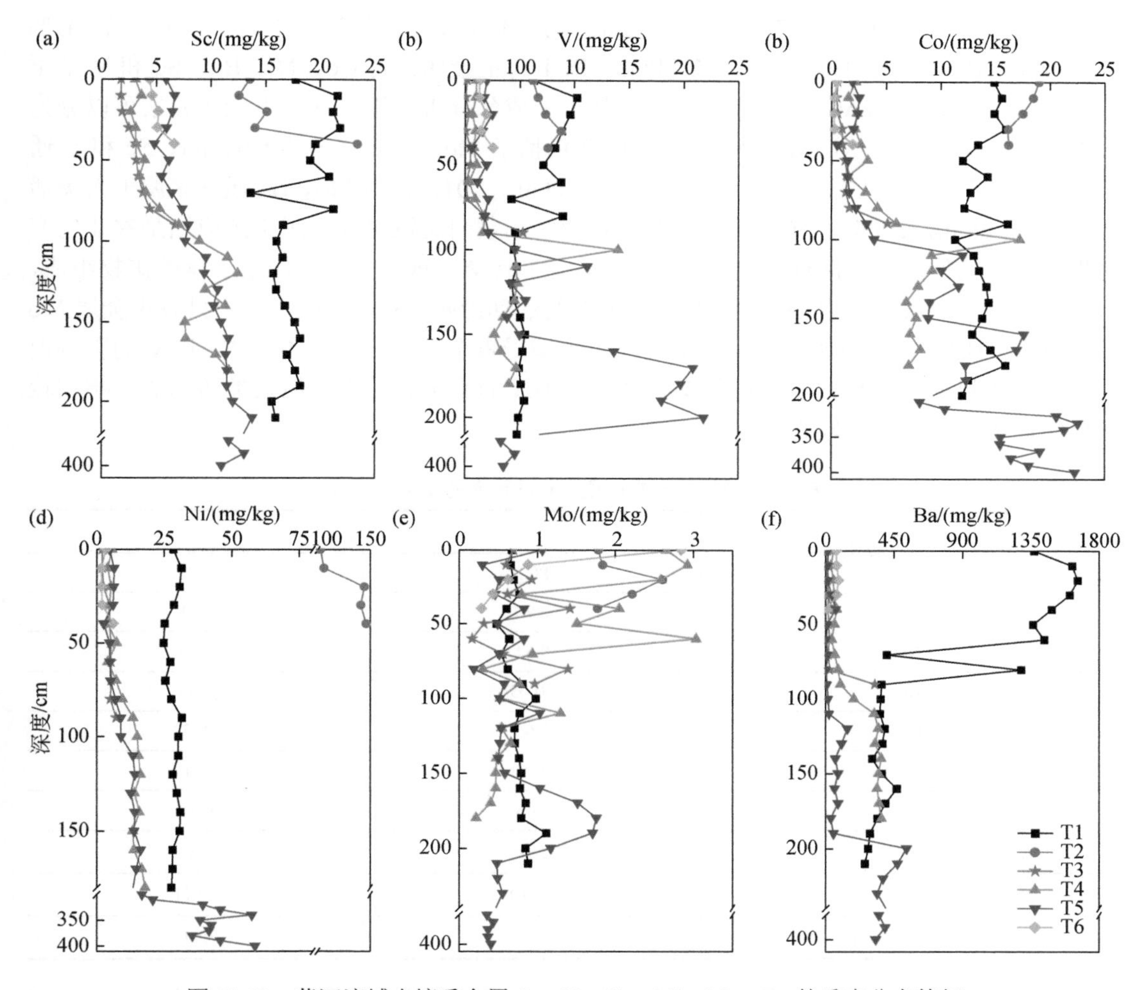

图21.18　蒙河流域土壤重金属Sc、V、Co、Ni、Mo、Ba的垂直分布特征

土壤剖面T1位于水稻田，经常有农药化肥施用，这很有可能是导致土壤剖面T1表层土壤中重金属含量相对较高的原因。在土壤剖面T5约165～200cm的深度上，重金属V、Co、Mo的含量分布显示出较大的正峰型，表明在此深度上，这些重金属元素异常富集。根据野外记录，土壤剖面T5在此深度上存在大量的铁锰氧化物，重金属元素的异常富集很有可能与铁锰氧化物的存在有关。研究表明，Mn氧化物对Co具有强大的吸附能力（Wong et al.，2002）。强大的表面络合能力致使铁锰氧化物往往具有较强的吸附和富集土壤重金属

的特性（Wong et al.，2002）。重金属 Sc、Ni、Ba 在铁锰层并未显示正异常峰，表明铁锰氧化物对这些重金属元素的影响有限，这一现象值得进一步探究。

主成分分析（PCA）可用于识别土壤重金属的来源。应用主成分分析的先决条件是通过 KMO 检验（Kaiser-Meyer-Olkin）和 Bartlett 球形检验，其中 KMO 测试值应当高于 0.5 且 Bartlett 球形检验应当显著（$p<0.001$）（Fang et al.，2019）。本研究样品的 KMO 值为 0.61 且 Bartlett 球形检验显著（$p=0$），这表明 PCA 可以用于蒙河流域土壤样品的重金属元素分析。主成分分析结果如表 21.7 所示。在特征值大于 1 时，共提取出 2 个主成分，解释了 72.41% 的总方差（PC1：49.70%，PC2：22.71%）。PC1 与重金属元素 Co、Ni、Ba、Sc 和 V 呈正相关关系，而 PC2 与 Mo 呈正相关关系。基于主成分分析结果，这些重金属元素可以分为两组：PC1 包括 Co、Ni、Ba、Sc 和 V，PC2 包括了 Mo。重金属元素 Co、Ni、Sc 和 V 通常被视为亲石元素，与土壤矿物息息相关（Li et al.，2015）；而 Mo、Ba 通常来源于人类活动（Wang et al.，2006）。作为泰国重要的农业区，蒙河流域主要的污染源应当是农业生产过程中肥料的使用，包括有机肥和化肥。综合这些因素，PC1 主要来源于土壤的矿物组成，这很大程度上取决于母岩；PC2 主要来源于人类活动影响。蒙河流域土壤中只有重金属 Mo 受到 PC2 的控制，这表明在人类活动过程中土壤受重金属 Co、Ni、Ba、Sc 和 V 的影响很小。尽管肥料的使用导致表土可能受到轻度或中度的重金属污染，但人类活动的影响相较于自然过程的影响而言较为有限。

表 21.7　蒙河流域土壤重金属元素的主成分分析

元素及计算结果	组分	
	PC1	PC2
Co	0.90	0.11
Ni	0.64	0.56
Mo	−0.05	0.85
Ba	0.66	−0.52
Sc	0.93	−0.17
V	0.68	0.13
特征值	2.98	1.36
方差/%	49.70	22.71
累积贡献率/%	49.70	72.41

不同土地利用下毒性元素汞的含量如图 21.19 所示，其中 0～30cm 的土壤总汞含量相差较大，土壤总汞浓度高低顺序为废弃耕地＜耕地＜林地。废弃耕地的土壤汞含量极低，远小于耕地，因此种植农作物对土壤汞具有一定的富集作用；林地植物与耕地中的农作物均可增加 TOC 含量。林地 TOC 平均浓度（5.2g/kg）与耕地的 TOC 平均浓度（5.3g/kg）远高于废弃耕地中的 TOC 平均浓度（2.1g/kg），因此耕地与林地的土壤汞含量较高。此外，T5（稻田）、T3（弃耕稻田）、T4（弃耕稻田）深部都出现了铁锰结核。铁、锰元素易在土壤浸水的情况下还原成 Fe^{2+}、Mn^{2+}，其迁移聚集后氧化进而形成铁锰结核（苏优等，2014；叶玮等，2008）。种植水稻容易在土壤中部和深部产生铁锰结核，因此汞容易在土壤深部富

集。如图 21.20 所示，除了位于废弃耕地的土壤剖面，耕地和林地中表土的汞含量均较高。

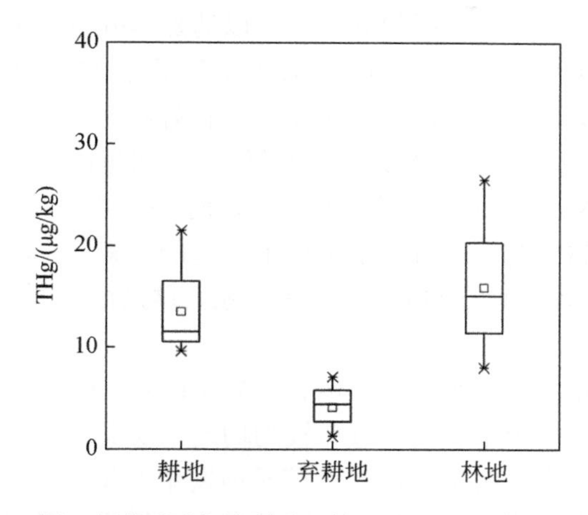

图 21.19　蒙河流域不同土地利用下的 0～30cm 深度土壤总汞含量

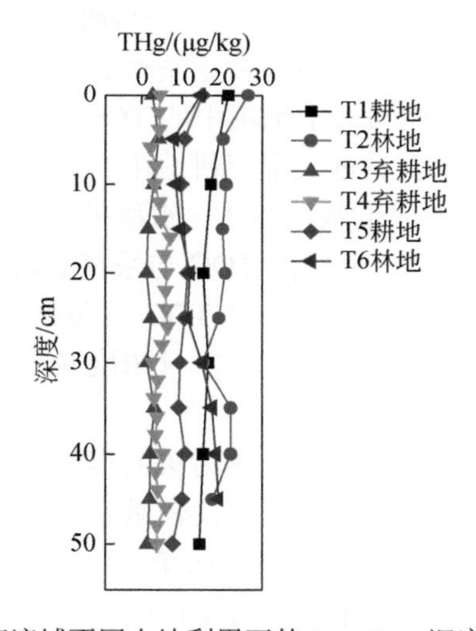

图 21.20　蒙河流域不同土地利用下的 0～50cm 深度土壤总汞含量

如图 21.20 所示，所有剖面汞浓度的纵向分布都十分均匀。橡树林地（T2）与自然森林（T6）的剖面相比，自然森林里的植物、微生物更为复杂多样，因此森林剖面的汞浓度变化比橡树林地更剧烈。此外，橡树林地的土壤中汞浓度与 TOC 含量有着较强的相关性，而森林土壤中的汞浓度与 TOC 含量没有相关性，这表明森林中更为复杂的微生物活动对土壤中的 TOC 和汞有强烈的生物分解作用。

本 章 小 结

在蒙河流域土壤 T1、T3、T4、T5 剖面中，重金属含量由高到低分别为 Ba、V、Ni、Sc、Co 和 Mo；而 T2、T6 剖面中重金属含量由高到低分别为 Ni、V、Ba、Co、Sc、Mo 以及 Ba、V、Sc、Ni、Mo、Co。绝大多数土壤样品的富集因子值小于 1.5，表明这些重金属主要来源于自然过程。稻田中 Mo 的富集因子小于 0.5，这为泰国农业土壤中 Mo 元素的缺陷提供了参考依据，因此当地应提倡施用钼肥以消除 Mo 缺陷对农业生产的不良影响。地累积指数显示，只有土壤剖面 T1 和 T2 的表土受到了土壤重金属 Ba、Sc、Ni 和 V 的轻微污染。总的来说，采集到的土壤剖面中土壤处于较好状态，受土壤重金属污染的影响不明显。主成分分析表明，母岩成分和人类活动解释了土壤剖面重金属变化总方差的 72.41%，且 Co、Ni、Ba、Sc 和 V 主要受母岩成分的影响，而 Mo 主要受人类活动的影响。相关分析表明，土壤有机质和黏土的存在有利于土壤重金属的积累。土壤 pH 与土壤重金属 Co、Ba、Sc 和 V 呈正相关关系，但与 Mo 呈负相关关系，这是由于 Mo 在土壤中往往以阴离子的形式存在。

土壤中汞含量的分布特征受到土壤质地、土壤 pH 以及土壤中 TOC 含量、Fe 含量的影响。土壤中的汞含量在单一土壤质地中分布较为均匀，易受到土壤 pH 的影响。当土壤 pH 升高时，土壤中的汞含量也随之增加。当土壤质地发生变化时，汞浓度也会随之改变。不同质地土壤中汞含量的大小为：壤质砂土＜砂质壤土＜壤土＜粉砂质壤土。土壤汞含量与土壤 TOC 含量和 Fe 含量具有较强正相关性。表层土壤吸附汞的主要影响因素是土壤 TOC，这与表土的腐殖层有关。当中深部土壤出现铁锰结核时，土壤汞的主要吸附因素是铁氧化物。土壤中铁氧化物对汞的吸附能力大于土壤中的 TOC。不同土地利用下的土壤对汞含量的影响不同。耕地与林地中的汞含量远大于弃耕地中的汞含量。种植农作物有利于增加土壤中 TOC 的含量，进而增加其对汞的吸附能力。水稻种植容易在中深部产生铁锰结核，这使得汞在土壤深部富集。橡树林地土壤中的 TOC 与汞有着较强的正相关性，而森林土壤中则没有。森林土壤中的微生物活动强烈，导致 TOC 含量低。TOC 对汞的吸附作用小，导致表层土壤中汞的含量低。随着深度的增加，氧气浓度减小，微生物活动减弱，土壤中的汞含量随着深度的增加逐渐升高。

通过富集因子和地累积指数能够评估土壤污染的程度。大部分土壤样品的富集因子值在 0～1.5 的范围内，这表示大部分的重金属仅仅轻微富集。地累积指数法表明土壤剖面 T1 和 T2 受到重金属元素 Ba、Sc、Ni 和 V 的轻微污染。单因子指数法和地累积指数法结果表明，蒙河流域土壤剖面样品的汞含量未达到污染程度。

参 考 文 献

戴前进，冯新斌，唐桂萍，2002. 土壤汞的地球化学行为及其污染的防治对策. 地球与环境，30（4）：75-79.

费云芸，刘代成，2003. 低剂量汞元素的毒性作用机理. 山东师范大学学报（自然科学版），（1）：88-90.

冯新斌，陈业材，1996. 土壤挥发性汞释放通量的研究. 环境科学，17（2）：20-25.

冯新斌，尹润生，俞奔，等，2015. 汞同位素地球化学概述. 地学前缘，22（5）：124-135.

郭伟，赵仁鑫，张君，等，2011. 内蒙古包头铁矿区土壤重金属污染特征及其评价. 环境科学，32（10）：3099-3105.

韩怀芬，黄玉柱，金漫彤，2002. 铬渣的固化/稳定化研究. 环境污染与防治，24（4）：199-200.

花永丰，1983. 表生环境汞的迁移和富集机制. 地质科学，（4）：355-362.

黄敏，杨海舟，余萃，等，2010. 武汉市土壤重金属积累特征及其污染评价. 水土保持学报，24（4）：135-139.

康春雨，杜建国，1999. 汞的地球化学特征及其映震效能. 地质地球化学，（1）：79-84.

李永华，王五一，杨林生，等，2004. 汞的环境生物地球化学研究进展. 地理科学进展，23（6）：33-40.

刘晶，滕彦国，崔艳芳，等，2007. 土壤重金属污染生态风险评价方法综述. 环境监测管理与技术，19（3）：6-11.

刘素芳，韩志文，岑况，等，2003. 汞和镉在土壤中的吸附和运移研究进展. 岩矿测试，（4）：277-283.

鲁洪娟，倪吾钟，叶正钱，等，2007. 土壤中汞的存在形态及过量汞对生物的不良影响. 土壤通报，38（3）：597-600.

罗志刚，游植，1996. 红壤对汞的吸附特性研究. 农业环境保护，（5）：228-230.

缪鑫，李兆君，龙健，2012. 不同类型土壤对汞和砷的吸附解吸特征研究. 核农学报，26（3）：552-557.

牟树森，1993. 环境土壤学. 北京：中国农业出版社.

牛凌燕，曾英，2008. 土壤中汞赋存形态及迁移转化规律研究进展. 广东微量元素科学，（7）：1-5.

任丽英，赵敏，董玉良，等，2014. 两种铁氧化物对土壤有效态汞的吸附作用研究. 环境科学学报，34（3）：749-753.

苏优，杨立辉，吕成文，2014. 土壤中铁锰结核的研究进展. 安徽农业科学，42（21）：7017-7019.

魏复盛，陈静生，吴燕玉，等，1991. 中国土壤环境背景值研究. 环境科学，（4）：12-19.

姚爱军，青长乐，牟树森，2004. 土壤矿物对汞的吸持特性研究. 中国生态农业学报，（4）：135-137.

叶玮，郑万乡，李凤全，等，2008. 中亚热带红土与水稻土铁锰结核理化特性与形成环境对比. 山地学报，（3）：293-299.

赵士波，孙荣国，王定勇，等，2013. 土壤环境汞形态及吸附解吸研究进展. 四川环境，32（6）：112-117.

郑徽，金银龙，2006. 汞的毒性效应及作用机制研究进展. 卫生研究，（5）：663-666.

郑舒雯，2013. 汞污染场地土壤中汞的空间分布及污染评价. 兰州：兰州大学.

Alloway B J，2012. Heavy metals in soils：trace metals and metalloids in soils and their bioavailability. Springer Science & Business Media. DOI：10.1007/978-94-007-4470-7.

Anoshin G N，Malikova I N，Kovalev S I，1996. Mercury in soils of the southern West Siberia//Baeyens W，Ebinghaus R，Vasiliev O. Global and regional mercury cycles：sources，fluxes and mass balances. Dordrecht：Springer：475-489.

Chuan M C，Shu G Y，Liu J C，1996. Solubility of heavy metals in a contaminated soil：effects of redox potential and pH. Water，Air，and Soil Pollution，90（3）：543-556.

Clarkson D T，Hanson J B，1980. The mineral nutrition of higher plants. Annual Review of Plant Physiology，31（1）：239-298.

Damrongsiri S，Vassanadumrongdee S，Tanwattana P，2016. Heavy metal contamination characteristic of soil in WEEE（waste electrical and electronic equipment）dismantling community：a case study of Bangkok，Thailand. Environmental Science and Pollution Research，23（17）：17026-17034.

Fang X，Peng B，Wang X，et al.，2019. Distribution，contamination and source identification of heavy metals in bed sediments from the lower reaches of the Xiangjiang River in Hunan province，China. Science of the Total Environment，689：557-570.

Feng X，Chen J，Fu X，et al.，2013. Progresses on environmental geochemistry of mercury. Bulletin of Mineralogy，Petrology and Geochemistry，32（5）：503-530.

Fu X W，He T R，Tan Q Y，2017. Mercury emission from natural sources in China：a critical review. Chinese

Journal of Ecology，36（3）：833-845.

Gillis A A，Miller D R，2000. Some local environmental effects on mercury emission and absorption at a soil surface. Science of the Total Environment，260（1）：191-200.

Gómez-Aracena J，Martin-Moreno J M，Riemersma R A，et al.，2002. Association between toenail scandium levels and risk of acute myocardial infarction in European men：the EURAMIC and Heavy Metals Study. Toxicology and Industrial Health，18（7）：353-360.

Han G，Li F，Tang Y，2017. Organic matter impact on distribution of rare earth elements in soil under different land uses. CLEAN-Soil，Air，Water，45（2）：1600235.

Harris-Hellal J，Grimaldi M，Garnier-Zarli E，et al.，2011. Mercury mobilization by chemical and microbial iron oxide reduction in soils of French Guyana. Biogeochemistry，103（1）：223-234.

Hassett-Sipple B，Swartout J，Schoeny R，1997. Mercury study report to Congress. Health effects of mercury and mercury compounds，United States.

Hylander L D，2001. Global mercury pollution and its expected decrease after a mercury trade ban. Water，Air，and Soil Pollution，125（1）：331-344.

Krishna A K，Govil P K，2007. Soil contamination due to heavy metals from an industrial area of Surat，Gujarat，Western India. Environmental Monitoring and Assessment，124（1）：263-275.

Lair G J，Gerzabek M H，Haberhauer G，2007. Sorption of heavy metals on organic and inorganic soil constituents. Environmental Chemistry Letters，5（1）：23-27.

Li P，Lin C，Cheng H，et al.，2015. Contamination and health risks of soil heavy metals around a lead/zinc smelter in southwestern China. Ecotoxicology and Environmental Safety，113：391-399.

Li X，Feng L，2012. Multivariate and geostatistical analyzes of metals in urban soil of Weinan industrial areas，Northwest of China. Atmospheric Environment，47：58-65.

Liao L，Selim H M，DeLaune R D，2009. Mercura adsorption-desorption and transport in soils. Journal of Environmental Quality，38（4）：1608-1616.

Matilainen T，Verta M，Korhonen H，et al.，2001. Behavior of mercury in soil profiles：impact of increased precipitation，acidity，and fertilization on mercury methylation. Water，Air，and Soil Pollution，125（1）：105-120.

Mortvedt J J，1996. Heavy metal contaminants in inorganic and organic fertilizers//Rodriguez-Barrueco C. Fertilizers and environment. Dordrecht：Springer：5-11.

Mutter J，Naumann J，Sadaghiani C，et al.，2004. Amalgam studies：disregarding basic principles of mercury toxicity. International Journal of Hygiene and Environmental Health，207（4）：391-397.

Obrist D，Pearson C，Webster J，et al.，2016. A synthesis of terrestrial mercury in the western United States：spatial distribution defined by land cover and plant productivity. Science of the Total Environment，568：522-535.

Osotsapar Y，2000. Micronutrients in crop production in Thailand. Food and Fertilizer Technology Center.

Palmieri H E L，Nalini H A，Leonel L V，et al.，2006. Quantification and speciation of mercury in soils from the Tripuí Ecological Station，Minas Gerais，Brazil. Science of the Total Environment，368（1）：69-78.

Pant P，Allen M，2007. Interaction of soil and mercury as a function of soil organic carbon：some field evidence.

Bulletin of Environmental Contamination and Toxicology，78（6）：539-542.

Pirrone N，Cinnirella S，Feng X，et al.，2010. Global mercury emissions to the atmosphere from anthropogenic and natural sources. Atmospheric Chemistry and Physics，10（13）：5951-5964.

Pribyl D W，2010. A critical review of the conventional SOC to SOM conversion factor. Geoderma，156（3）：75-83.

Qu R，Han G，2020. The Grain for Green Project may enrich the mercury concentration in a small karst catchment，southwest China. Land，9（10）：354.

Qu R，Han G，Liu M，et al.，2019. The mercury behavior and contamination in soil profiles in Mun River basin，northeast Thailand. International Journal of Environmental Research and Public Health，16（21）：4131.

Qu R，Han G，Liu M，et al.，2021. Vertical distribution and contamination of soil mercury in karst catchment，southwest China：land-use type influence. CLEAN- Soil，Air，Water，49（11）：2100061.

Rajmohan N，Prathapar S A，Jayaprakash M，et al.，2014. Vertical distribution of heavy metals in soil profile in a seasonally waterlogging agriculture field in Eastern Ganges Basin. Environmental Monitoring and Assessment，186（9）：5411-5427.

Schuster E，1991. The behavior of mercury in the soil with special emphasis on complexation and adsorption processes—a review of the literature. Water Air & Soil Pollution，56（1）：667-680.

Tack F M G，Vanhaesebroeck T，Verloo M G，et al.，2005. Mercury baseline levels in Flemish soils（Belgium）. Environmental Pollution，134（1）：173-179.

Tang Y，Han G，2017. Characteristics of major elements and heavy metals in atmospheric dust in Beijing，China. Journal of Geochemical Exploration，176：114-119.

Wang X S，Qin Y，Chen Y K，2006. Heavy meals in urban roadside soils，part 1：effect of particle size fractions on heavy metals partitioning. Environmental Geology，50（7）：1061-1066.

Wichard T，Mishra B，Myneni S C B，et al.，2009. Storage and bioavailability of molybdenum in soils increased by organic matter complexation. Nature Geoscience，2（9）：625-629.

Wong C S C，Li X，Thornton I，2006. Urban environmental geochemistry of trace metals. Environmental Pollution，142（1）：1-16.

Wong S C，Li X D，Zhang G，et al.，2002. Heavy metals in agricultural soils of the Pearl River Delta，South China. Environmental Pollution，119（1）：33-44.

Wu F，Liu H，Zhang M，et al.，2017. Adsorption characteristics and the effect of dissolved organic matter on mercury（II）adsorption of various soils in China. Soil and Sediment Contamination：An International Journal，26（2）：157-170.

Wu T，Schoenau J J，Li F，et al.，2004. Influence of cultivation and fertilization on total organic carbon and carbon fractions in soils from the Loess Plateau of China. Soil and Tillage Research，77（1）：59-68.

Xu F，Hu B，Yuan S，et al.，2018. Heavy metals in surface sediments of the continental shelf of the South Yellow Sea and East China Sea：sources，distribution and contamination. CATENA，160：194-200.

Yan X，Luo X G，2015. Heavy metals in sediment from Bei Shan River：distribution，relationship with soil characteristics and multivariate assessment of contamination sources. Bulletin of Environmental Contamination and Toxicology，95（1）：56-60.

Yang Y K，Zhang C，Shi X J，et al.，2007. Effect of organic matter and pH on mercury release from soils. Journal of Environmental Sciences，19（11）：1349-1354.

Zarcinas B A，Pongsakul P，McLaughlin M J，et al.，2004. Heavy metals in soils and crops in Southeast Asia 2. Thailand. Environmental Geochemistry and Health，26（3）：359-371.

Zeng F，Ali S，Zhang H，et al.，2011. The influence of pH and organic matter content in paddy soil on heavy metal availability and their uptake by rice plants. Environmental Pollution，159（1）：84-91.

Zhang J，Liu C L，2002. Riverine composition and estuarine geochemistry of particulate metals in China—weathering features，anthropogenic impact and chemical fluxes. Estuarine，Coastal and Shelf Science，54（6）：1051-1070.

Zhou W，Han G，Liu M，et al.，2020. Vertical distribution and controlling factors exploration of Sc，V，Co，Ni，Mo and Ba in six soil profiles of the Mun River Basin，Northeast Thailand. International Journal of Environmental Research and Public Health，17（5）：1745.

第二十二章　土壤稀土元素的变化特征

稀土元素化学性质相似，在自然界中总是共生的，但由于原子结构和晶体化学性质的微小差别，不同地球化学条件下稀土元素会产生分馏，形成不同的分布特征和配分模式，从而构成了有特殊意义的地球化学指标。稀土元素的地球化学行为是土壤形成和长期演化的重要依据，探究土壤稀土元素的含量、富集和迁移规律，对合理调控稀土元素的供应水平和推广稀土农用具有积极意义（王鹏等，2012）。稀土元素是地表地球化学过程和物质来源的示踪元素，具有极强的共生性，稀土元素的分异具有地球化学示踪意义（冉勇和刘铮，1994；杨骏雄等，2016）。本章讨论了蒙河流域土壤剖面中稀土元素的空间分布特征，比较了不同土地利用（稻田、林地、荒地和建筑工地）下土壤稀土元素的分布和分异，探讨了土壤有机质、pH 和黏粒含量等因素对稀土元素迁移和分异的影响。

第一节　不同土地利用下土壤稀土元素的组成特征

稀土元素（REE）包括钇（Y）和钪（Sc）以及 15 种镧系元素，这些元素分别是镧（La）、铈（Ce）、镨（Pr）、钷（Pm）、钕（Nd）、钐（Sm）、铕（Eu）、钆（Gd）、铽（Tb）、镝（Dy）、钬（Ho）、铒（Er）、铥（Tm）、镱（Yb）、镥（Lu）。这些元素具有相似化学性质，如电子结构、氧化价态和电负性等（Tyler，2004）。根据各稀土元素在物理和化学特性方面的异同，可将其分为重稀土（HREE）和轻稀土（LREE）两类，其中轻稀土为 La～Eu，而重稀土为 Gd～Lu。根据研究需要，还可将 Sm～Dy 或 Eu～Ho 分为中稀土元素（MREE）（Laveuf and Cornu，2009）。

蒙河流域土壤中总稀土元素含量的范围为 13.87～227.61mg/kg，T1～T6 土壤剖面的平均总稀土元素含量分别为 201.45mg/kg、42.19mg/kg、29.68mg/kg、78.51mg/kg、133.06mg/kg 和 22.96mg/kg。如图 22.1 所示，T1 土壤剖面样品的平均稀土元素含量高于其他剖面，而 T2、T3、T4 和 T6 土壤剖面样品的稀土元素总含量相对较低，远低于地壳总稀土含量（153.80mg/kg），这主要归因于不同母岩发育形成的土壤，T1 是火成岩发育而成的红壤，而其他土壤剖面是第四纪冲积沉积物发育而成的砂土。蒙河流域不同剖面的土地利用类型包括稻田（T1、T3）、林地（T2、T6）、弃耕地（T4）和建筑工地（T5）。T1～T6 表层土壤的总稀土元素含量分别为 207.57mg/kg、43.05mg/kg、14.12mg/kg、48.76mg/kg、29.22mg/kg 和 19.38mg/kg。除 T1 外，T2 和 T4 剖面的总稀土含量相对较高，并且表层总稀土含量均高于次表层，说明稀土元素在表层富集。T2 和 T4 剖面中表层土壤的有机质含量相对较高，由于土壤有机质对稀土元素具有吸附作用，稀土元素在土壤表层更为富集。在垂直方向上，土壤剖面中的轻稀土、重稀土和总稀土含量均随深度略有增加（图 22.1）。土壤中轻稀土含量在总稀土含量中占比很大（＞87%），这与稀土元素在地壳中的分布特征保持了一致性（Hu et al.，2006）。在 T5 土壤剖面中，底部的稀土元素含量最高，远高于其他土壤（图 22.1），

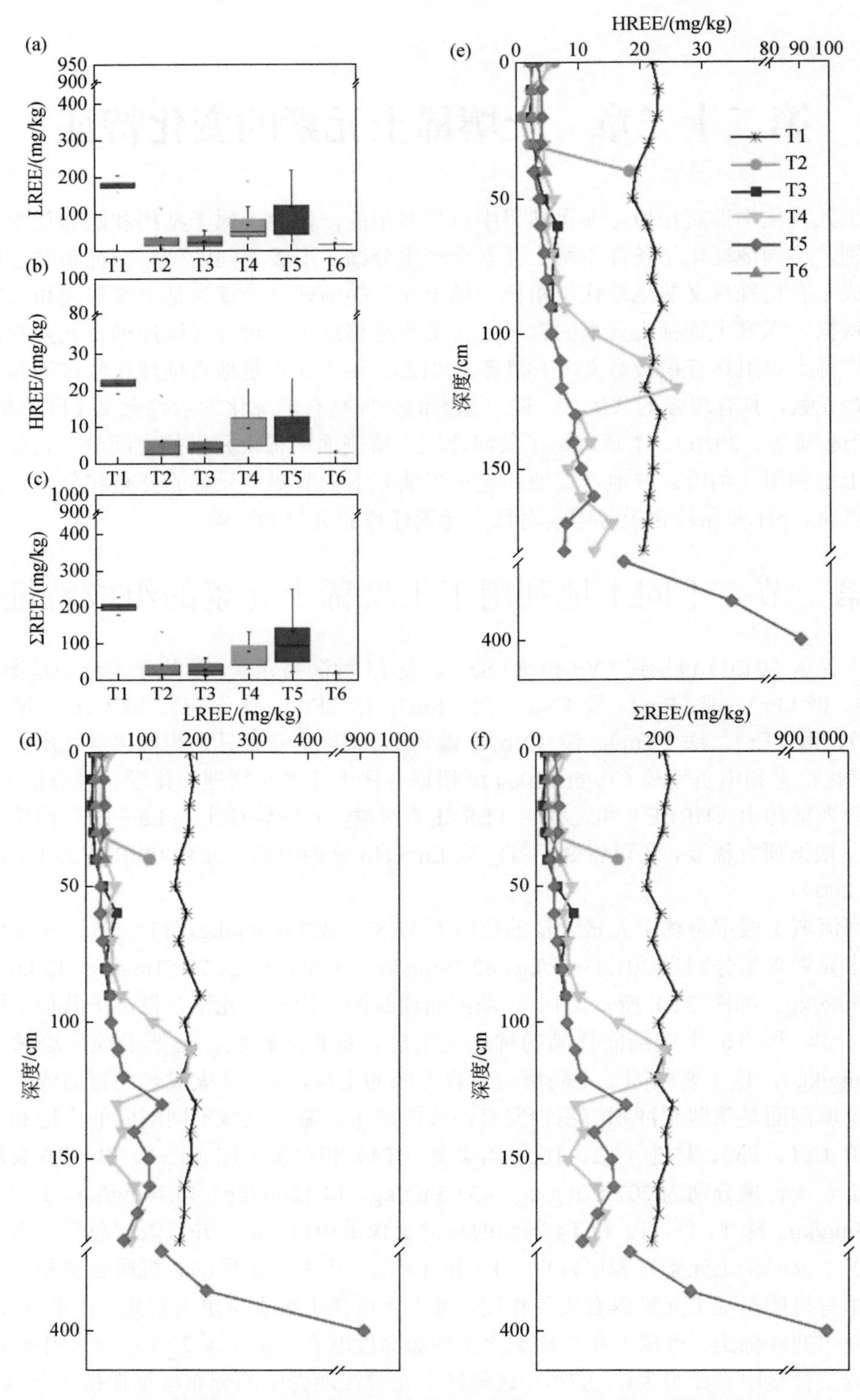

图 22.1　蒙河流域土壤剖面中轻稀土、重稀土和总稀土元素的平均值及垂直分布特征

这主要是由于T5剖面底部达到了基岩和土壤之间的边界，此处的岩石风化作用最强。

蒙河流域风化过程对土壤稀土元素在自然条件下的行为产生了重要影响。风化过程中许多化学元素（包括稀土元素）随着矿物的分解而释放，有利于土壤稀土元素的积累（Chapela Lara et al.，2018；Barros dos Santos et al.，2019）。稀土元素的淋溶过程也导致稀土元素的含量随土壤深度的增加而升高，由于蒙河流域年降雨量较大（Wijnhoud et al.，2003），高强度降雨促进了土壤中稀土元素的淋溶过程。

第二节 稀土元素的标准化分布模式

土壤剖面中的稀土元素经澳大利亚页岩（Post-Archaean Australian average shale，PAAS）标准化后的配分模式见图22.2。结果显示，土壤剖面各深度层的稀土元素配分模式具有一定的相似性，这说明蒙河流域土壤剖面各土层间的稀土元素具有一定的继承性。大部分点位的稀土元素含量值略微向图右上角倾斜，说明重稀土相对于轻稀土略有富集。

稀土元素的特征参数$(La/Yb)_N$反映了重稀土元素和轻稀土元素之间的分馏程度，其中下标N代表了稀土元素的PAAS标准化（Han et al.，2009；Mihajlovic et al.，2019）。蒙河流域的$(La/Yb)_N$计算表明，多数土壤样品（＞90%）的$(La/Yb)_N$值低于1（0.35～0.96），这表明大多数土壤的分馏模式是重稀土富集。在自然条件下，蒙河流域的轻稀土元素通常比重稀土元素更具流动性。$(La/Yb)_N$值大于1的样品主要集中于风化壳附近的T4和T5土壤剖面中，原因可能是重稀土元素与碳酸盐配体形成了络合物，其迁移能力增强（Cao et al.，2016；Nesbitt，1979）。

第三节 铈异常和铕异常

通常情况下，稀土元素呈正三价氧化态的形式稳定赋存于环境中，但各稀土元素尚存差异，环境系统中不同的稀土元素会发生一定程度的分异。Ce、Eu在不同氧化还原条件下呈现为Ce^{4+}和Eu^{2+}，其迁移能力也随之改变，表现为Ce异常、Eu异常现象。稀土元素是地表地球化学过程和物质来源的示踪元素，具备极强的共生性，稀土元素的分异对研究土壤长期演变过程具有重要的地球化学示踪意义（Laveuf and Cornu，2009）。

Ce和Eu在自然界中能以不同价态存在，这两种元素在一定环境下易发生氧化还原反应，与其他稀土元素产生分异。土壤稀土元素一般以三价形式存在，当环境湿度、酸度等条件发生变化时，Ce^{3+}被氧化为Ce^{4+}，发生水解而富集，导致Ce正异常（Marker and De Oliveira，1990）；Eu^{3+}则被淋溶到还原环境的土壤深层，被还原形成Eu^{2+}进一步淋失，导致Eu负异常（Condie et al.，1995）。δCe、δEu的计算公式如下：

$$\delta Ce = 2Ce_N/(La_N + Pr_N) \quad (22.1)$$

$$\delta Eu = 2Eu_N/(Sm_N + Gd_N) \quad (22.2)$$

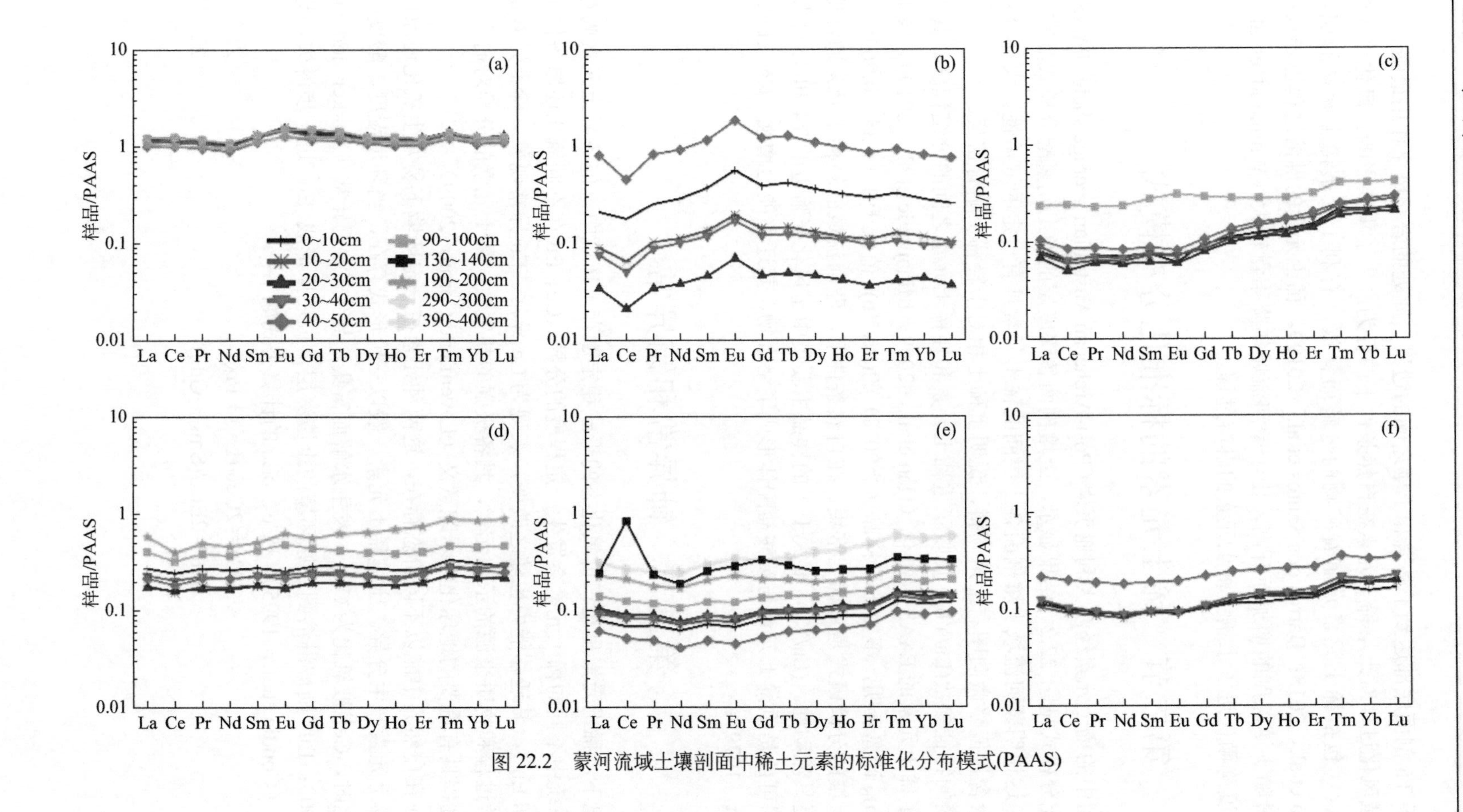

图 22.2　蒙河流域土壤剖面中稀土元素的标准化分布模式(PAAS)

其中，Ce_N、Eu_N、La_N、Pr_N、Sm_N和Gd_N分别对应各稀土元素的PAAS标准化值。一般而言，当δCe和δEu大于1.0时，表现为Ce正异常和Eu正异常；当δCe和δEu小于1.0时，表现为Ce负异常和Eu负异常。蒙河流域大部分的土壤剖面没有明显的Ce异常（δCe：0.94～1.05）和Eu异常（δEu：1.18～0.91）（图22.2）。T2剖面土壤中Ce呈明显负异常（δCe：0.55～0.78），Eu呈明显正异常（δEu：1.41～1.56）；T5剖面中Ce呈显著正异常（δCe：2.87）。土壤中Ce负异常比较少见，说明Ce（Ⅲ）在风化过程中被氧化为Ce（Ⅳ），Ce（Ⅳ）通过沉淀为CeO_2或经铁锰氧化物（氢氧化物）吸收，比Ce（Ⅲ）流动性小（Laveuf and Cornu，2009），因此Ce（Ⅳ）优先保留在风化层中。残留土壤的Ce相对贫化，这导致了负Ce异常。结合蒙河流域的地质背景，T2土壤剖面由花岗岩发育而成，此外，研究发现泰国花岗岩发育的土壤中已出现负Ce异常（Sanematsu et al.，2013），这与我们的结果保持一致。T2剖面中的Eu正异常可能与碳酸盐或流体矿物的相互作用有关，Eu离子与Ca离子在离子半径上非常相似，岩浆过程中Eu^{2+}总是取代长石矿物中的Ca^{2+}，并停留在这些矿物中（Alderton et al.，1980；Han et al.，2019），这一过程导致了Eu正异常。T5剖面中的Ce正异常出现在与铁锰氧化物相同的深度，这表明它们之间具有潜在的相关性，铁锰氧化物优先吸收Ce（IV），导致Ce相对富集（Cheng et al.，2012；Takahashi et al.，2000）。

第四节 土壤稀土元素分布的控制因素

在地表风化过程中，土壤稀土元素的基础含量取决于成土母质，并受到土壤理化性质等其他因素的强烈影响，如土壤有机质、pH和质地等对稀土元素的迁移和分异起到关键作用（Barbieri et al.，2020；Davranche et al.，2015；Mihajlovic and Rinklebe，2018）。

一、土壤有机质的影响

土壤有机质对稀土元素在土壤剖面中的迁移和富集起到了重要作用（Tang and Johannesson，2003；Zhenghua et al.，2001）。土壤有机质可以直接与稀土离子络合或螯合，造成稀土元素的溶解迁移或吸附滞留。另外，土壤有机质可以通过改变淋滤介质的pH影响稀土元素的迁移（Chen et al.，1997；Geng，1998）。蒙河流域土壤剖面中稀土元素富集系数（EF_{REE}）与SOC含量之间的线性回归结果显示（图22.2），稀土元素含量随着SOC含量的增加而升高。这说明，土壤风化剖面的高含量有机组分能结合更多的稀土元素，其通过与稀土离子直接络合或螯合，使稀土元素得以富集乃至沉淀。

二、土壤质地的影响

土壤中稀土元素的黏土矿物吸附态是其主要赋存形式，因此，黏土矿物也是稀土元素富集的最主要载体之一。黏土矿物对稀土离子的吸附无明显选择性，但稀土本身的性质（如离子半径和水解能力）、稀土所处的环境条件，加之黏土矿物的结构、颗粒分布等固有属性，会使得黏土矿物对一些特定的稀土元素产生选择性吸附，继而造成了稀土元素的分异（包志伟，1992；林传仙和郑作平，1994）。蒙河流域土壤剖面中的黏粒含量范围为3.1%～18.2%，其含量随土壤深度变化不大。如图22.3所示，土壤EF_{REEs}与黏粒之间的线性关系，即土壤稀土元素含量随黏粒含量的增加而升高，其主要原因是土壤有机质常与黏土颗粒结合形成复杂的胶体物质，有助于和土壤中的稀土元素发生络合作用。

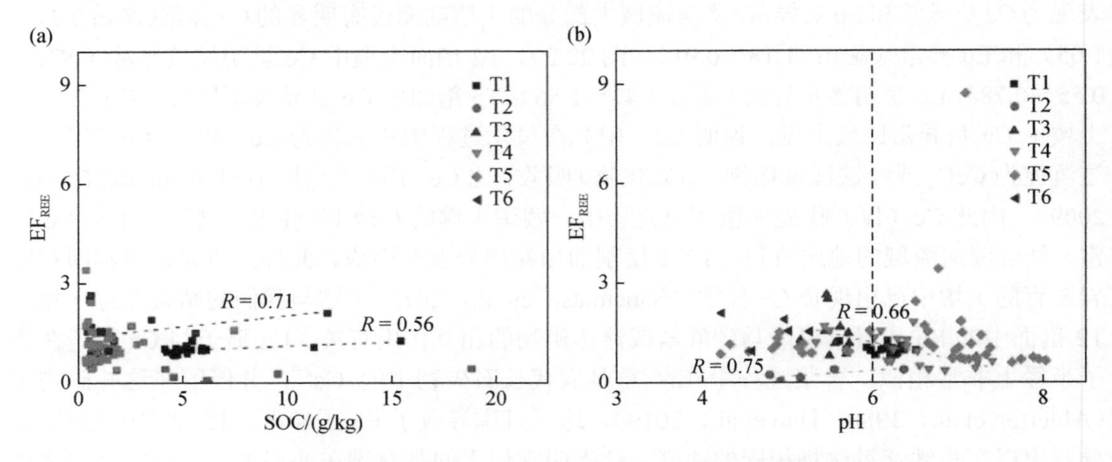

图 22.3　蒙河流域土壤 EF_{REEs} 与 pH、黏粒含量之间的相关关系

三、土壤 pH 的影响

土壤风化过程、稀土元素活化过程及其迁移都受到土壤 pH 的影响。研究表明，稀土元素的水解往往伴随着土壤 pH 的增高，所生成的氢氧化物沉淀使其活动性逐渐降低；土壤 pH 也可以通过影响黏土矿物和有机质对稀土元素的吸附能力来影响其迁移性（Cao et al.，2001；Yunhua and Lipu，1987）。蒙河流域土壤总稀土元素的富集系数（EF_{REE}）与 pH 呈正相关（图 22.2），其含量随 pH 的增大而升高。pH 较高时，土壤颗粒和土壤中的有机质带负电荷较多，溶解的稀土离子容易吸附在带负电的基团上（Zhu et al.，1993）。这一发现与前人研究一致，即土壤 pH 越高，稀土元素与有机物复合体的结合作用力越强，有利于稀土元素的富集（Cao et al.，2001）。

本 章 小 结

蒙河流域土壤中的总稀土元素含量范围为 13.87～227.61mg/kg。T1 土壤剖面的稀土元素含量高于其他剖面，这主要归因于不同母岩的发育。不同土地利用方式下，有机质含量高的 T2 和 T4 剖面稀土元素相对较高。在垂直方向上，土壤剖面中的轻稀土、重稀土和总稀土含量均随深度略有增加。土壤稀土元素的配分模式表明重稀土元素相对于轻稀土元素富集。大部分土壤剖面（除 T2 外）的 Ce 异常（δCe：0.94～1.05）和 Eu 异常（δEu：1.18～0.91）不明显。T2 剖面土壤的 Ce 呈明显负异常，与风化过程的氧化条件有关；Eu 正异常可能与碳酸盐或流体矿物的相互作用有关。蒙河流域土壤稀土元素的初始含量主要由成土母质决定，土壤矿物成分和理化性质影响了土壤稀土元素的迁移和分异。土壤中的高黏粒组分、高有机质含量、高 pH 都有利于稀土元素的富集。

参考文献

包志伟，1992. 华南花岗岩风化壳稀土元素地球化学研究. 地球化学，（2）：166-174.

林传仙，郑作平，1994. 风化壳淋积型稀土矿床成矿机理的实验研究. 地球化学，（2）：189-198.

冉勇，刘铮，1994. 我国主要土壤中稀土元素的含量和分布. 中国稀土学报，（3）：248-252.

王鹏，赵志忠，王军广，2012. 海南岛西南干旱区土壤中稀土元素含量及其空间分布特征. 干旱区资源与环境，26（5）：83-87.

杨骏雄，刘丛强，赵志琦，2016. 不同气候带花岗岩风化过程中稀土元素的地球化学行为. 矿物学报，36（1）：125-137.

Alderton D H M, Pearce J A, Potts P J, 1980. Rare earth element mobility during granite alteration: evidence from southwest England. Earth and Planetary Science Letters，49（1）：149-165.

Barbieri M，Andrei F，Nigro A，et al.，2020. The relationship between the concentration of rare earth elements in landfill soil and their distribution in the parent material: a case study from Cerreto, Roccasecca, Central Italy. Journal of Geochemical Exploration，213：106492.

Cao X，Chen Y，Wang X，et al.，2001. Effects of redox potential and pH value on the release of rare earth elements from soil. Chemosphere，44（4）：655-661.

Cao X，Wu P，Cao Z，2016. Element geochemical characteristics of a soil profile developed on dolostone in central Guizhou，southern China：implications for parent materials. Acta Geochimica，35（4）：445-462.

Chapela Lara M，Buss H L，Pett-Ridge J C，2018. The effects of lithology on trace element and REE behavior during tropical weathering. Chemical Geology，500：88-102.

Chen Z, Yu S, Fu Q, et al., 1997. Study on the organic metallogenic mechanism of weathering crust REE deposits. Journal of the Chinese Rare Earth Society，15（3）：244-251.

Cheng H，Hao F，Ouyang W，et al.，2012. Vertical distribution of rare earth elements in a wetland soil core from the Sanjiang Plain in China. Journal of Rare Earths，30（7）：731-738.

Condie K C，Dengate J，Cullers R L，1995. Behavior of rare earth elements in a paleoweathering profile on granodiorite in the Front Range，Colorado，USA. Geochimica et Cosmochimica Acta，59（2）：279-294.

Davranche M，Gruau G，Dia A，et al.，2015. Biogeochemical factors affecting rare earth element distribution in shallow wetland groundwater. Aquatic Geochemistry，21（2）：197-215.

Geng A，1998. Binding capacity and stability of humic acid with rare earth elements in solution. China Environmental Science，18：52-56.

Han G, Xu Z, Tang Y, et al., 2009. Rare earth element patterns in the karst terrains of Guizhou Province, China: implication for water/particle interaction. Aquatic Geochemistry，15（4）：457-484.

Han G, Song Z, Tang Y, et al., 2019. Ca and Sr isotope compositions of rainwater from Guiyang city, Southwest China：implication for the sources of atmospheric aerosols and their seasonal variations. Atmospheric Environment，214：116854.

Hu Z，Haneklaus S，Sparovek G，et al.，2006. Rare earth elements in soils. Communications in Soil Science and Plant Analysis，37（9-10）：1381-1420.

Laveuf C，Cornu S，2009. A review on the potentiality of Rare Earth Elements to trace pedogenetic processes.

Geoderma，154（1）：1-12.

Marker A，De Oliveira J，1990. The formation of rare earth element scavenger minerals in weathering products derived from alkaline rocks of SE-Bahia，Brazil. Geochemistry of the Earth's Surface and of Mineral Formation 2-8.

Mihajlovic J，Rinklebe J，2018. Rare earth elements in German soils—a review. Chemosphere，205：514-523.

Mihajlovic J，Bauriegel A，Stärk H J，et al.，2019. Rare earth elements in soil profiles of various ecosystems across Germany. Applied Geochemistry，102：197-217.

Nesbitt H W，1979. Mobility and fractionation of rare earth elements during weathering of a granodiorite. Nature，279（5710）：206-210.

Sanematsu K，Kon Y，Imai A，et al.，2013. Geochemical and mineralogical characteristics of ion-adsorption type REE mineralization in Phuket，Thailand. Mineralium Deposita，48（4）：437-451.

Santos J C，Le Pera E，Souza de Oliveira C Barros dos，et al.，2019. Impact of weathering on REE distribution in soil-saprolite profiles developed on orthogneisses in Borborema Province，NE Brazil. Geoderma，347：103-117.

Takahashi Y，Shimizu H，Usui A，et al.，2000. Direct observation of tetravalent cerium in ferromanganese nodules and crusts by X-ray-absorption near-edge structure （XANES）. Geochimica et Cosmochimica Acta，64（17）：2929-2935.

Tang J，Johannesson K H，2003. Speciation of rare earth elements in natural terrestrial waters：assessing the role of dissolved organic matter from the modeling approach. Geochimica et Cosmochimica Acta，67（13）：2321-2339.

Tyler G，2004. Rare earth elements in soil and plant systems—a review. Plant and Soil，267（1）：191-206.

Wijnhoud J D，Konboon Y，Lefroy R D B，2003. Nutrient budgets：sustainability assessment of rainfed lowland rice-based systems in northeast Thailand. Agriculture，Ecosystems & Environment，100（2）：119-127.

Wu Z H，Luo J，Guo H Y，et al.，2001. Adsorption isotherms of lanthanum to soil constituents and effects of pH，EDTA and fulvic acid on adsorption of lanthanum onto goethite and humic acid. Chemical Speciation & Bioavailability，13（3）：75-81.

Yunhua S，Lipu S，1987. REE geochemistry of the weathered crust of acid volcanic rocks—an experimental study. Chinese Journal of Geochemistry，6（2）：165-176.

Zhu J G，Xing G X，Yamasaki S，et al.，1993. Adsorption and desorption of exogenous rare earth elements in soils：Ⅰ. Rate and forms of rare earth elements sorbed. Pedosphere，3（4）：299-308.

第二十三章　土壤有机碳同位素的变化特征

土壤-植物系统中的稳定碳同位素广泛应用于示踪植被更替和估算有机碳周转速率（Wedin et al.，1995；Wynn et al.，2006）。不同光合型植物在光合作用中固定 CO_2 的途径不同，这导致植物叶片对 ^{13}C 选择吸收的比例不同，因此植物体的 $\delta^{13}C$ 组成存在差异。C_3 植物 $\delta^{13}C$ 值的变化范围为–35‰～–20‰，C_4 植物 $\delta^{13}C$ 值的变化范围为–17‰～–9‰，而 CAM 植物 $\delta^{13}C$ 值的范围为–22‰～–10‰（O'Leary，1988）。土壤有机碳（SOC）主要来自地表植物，土壤 SOC 的 $\delta^{13}C$ 组成主要继承于植物。在植物凋落物的生物降解过程中，微生物优先利用 ^{13}C 贫化的糖类组分，导致残余的有机质富集 ^{13}C，因此通常 C_3 植物叶片或凋落物的 $\delta^{13}C$ 值比 SOC 的 $\delta^{13}C$ 值低 1‰～3‰（O'Leary，1988）。在土壤有机质的降解过程中，C_3 植物来源 SOC 的 $\delta^{13}C$ 值逐渐升高，而 C_4 植物来源 SOC 的 $\delta^{13}C$ 值逐渐降低。当不考虑有机质分解过程中碳同位素分馏对 SOC 中 $\delta^{13}C$ 组成的影响时，可根据 SOC 的 $\delta^{13}C$ 值判断并准确量化 C_3 和 C_4 植物的组成变化，推断植被演替过程（Guo et al.，2020；Han et al.，2020）。利用稳定碳同位素技术可研究土地利用变化过程中的 SOC 动态，计算 C_3 和 C_4 植物来源有机碳的占比，定量新、老 SOC 对碳储量的贡献（Desjardins et al.，1994；Guo et al.，2021；Rubino et al.，2009）。当过去和现在植物的 ^{13}C 自然丰度和土壤 $\delta^{13}C$ 值已知时，可以应用稳定碳同位素值的两端元混合模型计算过去和现在植物对 SOC 的贡献（Boutton et al.，1998）。辨析不同 SOC 来源并估算其贡献率可以提供土地利用变化下土壤有机碳收支平衡的完整图谱（Jaiarree et al.，2011）。

现有植物输入的有机质含有更多活性有机碳，而过去植物输入的有机质保留至今，主要由惰性有机碳组成（Xia et al.，2021；Zhu and Liu，2006）。活性有机碳和惰性有机碳在土壤碳循环过程和气候变化响应方面起到了不同的作用。例如，泰国东部森林转化为玉米地后，森林来源 SOC 的分解速率远高于玉米地来源 SOC 的净输入速率，这导致土地利用变化后土壤中的 SOC 储量下降（Jaiarree et al.，2011）。许多研究报告了不同森林生态系统、土壤类型和气候带土壤剖面中稳定碳同位素的自然丰度，将其用于评估这些因素对 SOC 稳定性的影响（Accoe et al.，2002，2003；Garten and Hanson，2006；Garten et al.，2008；金鑫鑫等，2017）。排水条件良好的成熟 C_3 森林中土壤剖面 SOC 的 $\delta^{13}C$ 值通常随土壤深度的增加而增加，且与 SOC 含量的对数值呈线性关系，直线斜率的绝对值越大表明 SOC 稳定性越高（Chen et al.，2005；Garten and Hanson，2006）。土地利用变化过程中植被更替往往导致了输入有机碳的 $\delta^{13}C$ 组成发生变化，该变化为估算土壤有机碳周转速率提供了理想条件。然而土地利用变化还可能诱发土壤侵蚀，导致土壤表层有机碳流失并损失 $\delta^{13}C$ 信号；有机质降解过程中发生的碳同位素分馏也会影响 SOC 的 $\delta^{13}C$ 组成（Häring et al.，2013；Puttock et al.，2012；Turnbull et al.，2008）。在不发生土壤侵蚀的地点，SOC 输入和分解速率可以通过 RothC 碳周转模型估算（Rampazzo Todorovic et al.，2010；Skjemstad et al.，2004）。当不考虑微生物降解过程对 SOC 损失的影响时，可利用 RUSLE 侵蚀模型估算土壤侵蚀造成的 SOC 损失量（Imamoglu and Dengiz，2017）。然而，同时考虑土壤侵蚀和微生物降解的影响时，准确估算 SOC 损失量仍然存在巨大的挑战。准确估算土壤侵蚀和微生物降解对 SOC 损失量的贡献可以提高对土地利用变化过程中 SOC 动态的理解。

本章对泰国东北部蒙河流域不同土地利用类型土壤剖面中的 SOC 含量及其δ^{13}C 组成进行调查，分析稻田和弃稻田土壤中 SOC 的不同来源及其贡献，估算短期稻田废弃过程中侵蚀过程和微生物分解过程造成 SOC 的损失量。该结果将为估算土壤侵蚀背景下的 SOC 动态提供研究思路，也为泰国土壤的研究提供基础数据。

第一节 土壤有机碳含量及其碳同位素组成的剖面分布特征

原始林土壤的 SOC 含量随深度的增加从 18.8g/kg 下降至 1.6g/kg，人工林土壤的 SOC 含量从 23.2g/kg 下降至 5.8g/kg（图 23.1）。原始林地土壤的$\delta^{13}C_{SOC}$值分布范围是–27.9‰～–27.4‰，人工林地土壤中 SOC 的$\delta^{13}C_{SOC}$值分布范围是–24.8‰～–22.7‰，且两剖面中 SOC 的δ^{13}C 值随深度的变化幅度较小。

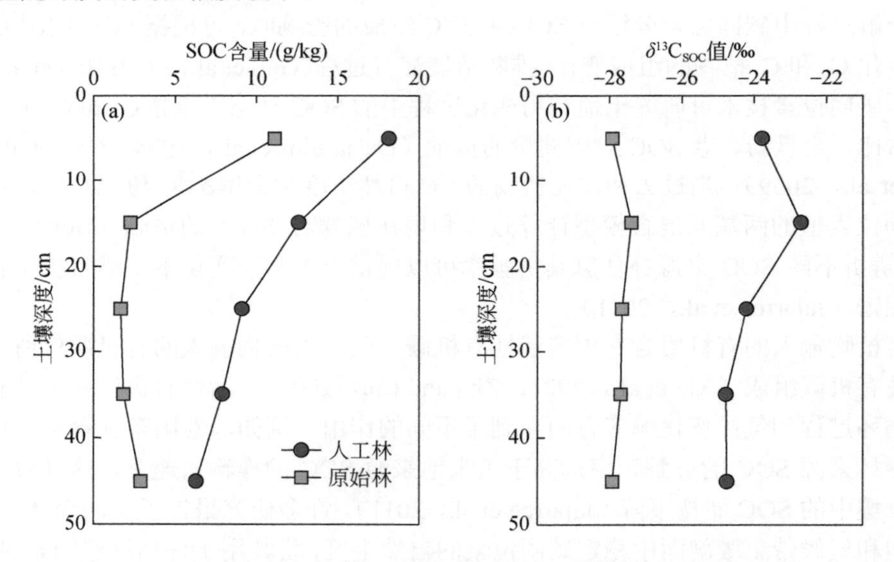

图 23.1 泰国蒙河流域林地土壤剖面中 SOC 含量和$\delta^{13}C_{SOC}$值的变化

两种类型林地土壤中 SOC 的δ^{13}C 值之间的差异主要与植物的δ^{13}C 组成有关。稻田土壤的 SOC 含量在 4.7～22.2g/kg 之间变化，而弃稻田土壤 SOC 含量在 0.6～9.4g/kg 之间变化（图 23.2）。稻田和弃稻田表层土壤（0～30cm 深度）的 SOC 含量随着深度的增加呈现明显下降趋势，而在 30cm 深度以下波动幅度相对较小。稻田 0～40cm 深度土壤的$\delta^{13}C_{SOC}$值随着土壤深度的增加从–25.7‰增加到–19.9‰，而 40cm 深度以下土壤的$\delta^{13}C_{SOC}$值在–23.9‰～–22.3‰之间轻微波动。研究发现泰国稻田 0～40cm 深度土壤的$\delta^{13}C_{SOC}$值随深度增加而逐渐升高，范围在–24.8‰～–19.3‰之间（Liu et al.，2021）。但是与亚洲其他国家稻田土壤的$\delta^{13}C_{SOC}$值（–28.2‰～–26.4‰）相比（Nguyen-Sy et al.，2020），泰国稻田土壤的 SOC 富集 ^{13}C，主要与施肥方式有关。泰国采用“刀耕火种”的原始耕种方式，有机肥主要来源于燃烧后的稻草灰；而亚洲其他国家稻田施用的有机肥是未燃烧的稻草堆肥。C_3植物燃烧后的灰分中通常富集^{13}C（Liu et al.，2021）。因此，泰国东北稻田砂土的SOC更富集^{13}C是长期积累稻草灰所致。1年、3年和5年弃稻田中土壤$\delta^{13}C_{SOC}$值随深度的变化较为相似，呈现出随深度增加从–23.7‰到–27.9‰逐渐下降的趋势。弃稻田土壤SOC中的^{13}C相比稻田土壤更为贫化，这主要与^{13}C贫化的水稻来源有机碳的降解程度有关。

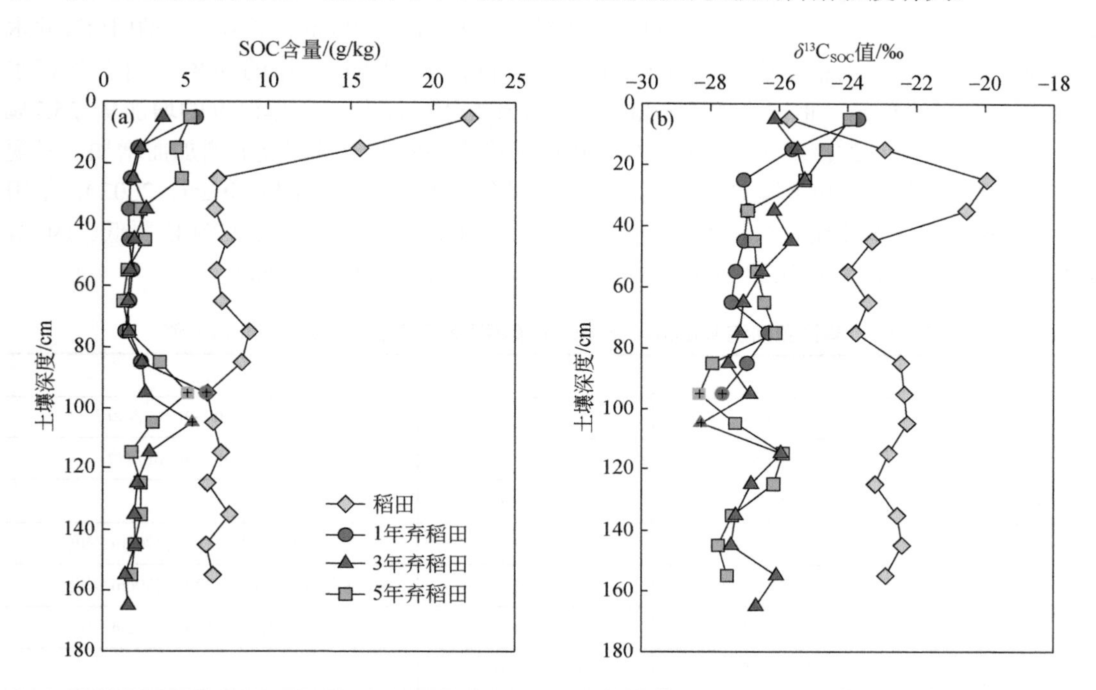

图23.2　泰国蒙河流域稻田和弃稻田土壤剖面中SOC含量和$\delta^{13}C_{SOC}$值的变化（“+”标记的样品点为淀积层的样品）

第二节　土壤有机碳的不同来源及其贡献

20世纪60年代泰国蒙河流域大面积的森林被开垦为稻田和旱地（Jaiarree et al.，2011）。因此，稻田和弃稻田土壤中的SOC主要来源于过去的C_3乔木和现在的水稻。要利用稳定碳同位素的两端元混合模型计算两种来源的有机碳对农业土壤SOC的贡献，需先确定不同来源有机碳的δ^{13}C组成（表23.1）。3年弃稻田剖面210～240cm深度层土壤的SOC可作为过去的C_3乔木来源有机碳的端元。该深度的SOC仅来源于过去的C_3乔木，不受水稻种植的影响。表层土壤的$\delta^{13}C_{SOC}$组成继承了地上植物的δ^{13}C组成（Biggs et al.，2002）。C_3植物δ^{13}C值的变化范围是–35‰～–22‰（O'Leary，1988）。泰国C_3森林植物δ^{13}C值在–33.6‰～–28.4‰之间变化（Jaiarree et al.，2011）。C_3植物森林中土壤的$\delta^{13}C_{SOC}$值通常比植物叶片的δ^{13}C值高1‰～3‰（Powers and Schlesinger，2002；Schedlbauer and Kavanagh，2008），这是由于有机质分解过程中微生物优先消耗^{13}C贫化的有机碳（Brodie et al.，2011；

Rubino et al.，2009；Wynn et al.，2006）。3 年弃稻田的深层土壤的平均$\delta^{13}C_{SOC}$值（−28.4‰）与原始林土壤的平均$\delta^{13}C_{SOC}$值（−27.7‰）也非常接近。当 SOC 来源于陆地 C_3 植物时，土壤 C/N 值通常大于 15（Meyers，1997）。3 年弃稻田的深层土壤 C/N 值的范围是 15.4～17.8（平均值为 16.4），符合 C_3 植物来源。因此，基于 C/N 值和 SOC 的$\delta^{13}C$值结果，可以将此深层土壤的 SOC 作为 C_3 乔木来源有机碳的端元。农业活动和作物根系生长主要集中在 0～40cm 深度的土壤表层。随着新鲜有机物不断输入，稻田 0～40cm 深度层中来源于 C_3 乔木的 SOC 逐渐被来自水稻新输入的 SOC 所取代。因此，稻田表层土壤的 SOC 可作为现在水稻来源有机碳的端元。稻田土壤 0～40cm 深度层的$\delta^{13}C_{SOC}$值随土壤深度的增加从−25.7‰增加到−19.9‰（图 23.2）。通常 SOC 分解程度和稳定性随着土壤深度的增加而增加，呈现出 SOC 逐渐富集 ^{13}C 和土壤 C/N 值逐渐下降的特征（Powers and Schlesinger，2002）。稻田 20～40cm 深度土壤相比表层土壤（0～20cm 深度）的$\delta^{13}C_{SOC}$值更大，C/N 值更低。因此，稻田土壤 20～40cm 深度层的 SOC 可作为现在水稻来源稳定有机碳的端元。

表 23.1　泰国蒙河流域稻田和弃稻田土壤不同端元有机碳的$\delta^{13}C$和 C/N 值

端元	$\delta^{13}C$/‰	C/N 值	来源
水稻来源有机碳	−19.94	7.39	稻田剖面 20～30cm 深度
	−20.54	7.41	稻田剖面 30～40cm 深度
平均值±标准差	−20.24±0.30	7.40±0.01	
C_3 乔木来源有机碳	−28.55	15.37	3 年弃稻田剖面 210～220cm 深度
	−28.20	17.81	3 年弃稻田剖面 220～230cm 深度
	−28.54	16.04	3 年弃稻田剖面 230～240cm 深度
平均值±标准差	−28.43±0.17	16.40±1.03	

过去的 C_3 乔木来源和现在的水稻来源有机碳（X_{wood}，X_{rice}）对稻田/废弃稻田土壤的 SOC 含量贡献可通过稳定碳同位素的两端元混合模型计算（Boutton et al.，1998）：

$$X_{wood}=[(\delta^{13}C_{soil}-\delta^{13}C_{rice})/(\delta^{13}C_{wood}-\delta^{13}C_{rice})]\times 100 \qquad (23.1)$$

$$X_{rice}=100-X_{wood} \qquad (23.2)$$

式中，$\delta^{13}C_{soil}$（‰）为土壤样品的$\delta^{13}C$值；$\delta^{13}C_{rice}$（‰）为现在水稻来源有机碳的$\delta^{13}C$值；$\delta^{13}C_{wood}$（‰）为过去的 C_3 乔木来源有机碳的$\delta^{13}C$值。稻田和弃稻田土壤中过去的 C_3 乔木来源（SOC_{wood}，g/kg）和现在的水稻来源（SOC_{rice}，g/kg）的 SOC 含量计算公式如下，其中 SOC（g/kg）是稻田/弃稻田土壤的总 SOC 含量：

$$SOC_{wood}=SOC\times X_{wood}/100 \qquad (23.3)$$

$$SOC_{rice}=SOC\times X_{wood}/100 \qquad (23.4)$$

如图 23.3 和图 23.4 所示，稻田土壤中水稻来源的 SOC 含量变化范围是 3.76～6.16g/kg（平均值为 4.80g/kg），而 C_3 乔木来源的 SOC 含量变化范围是 1.63～3.81g/kg（平均值为 2.38g/kg）。1 年、3 年和 5 年弃稻田土壤中水稻来源的 SOC 含量平均值分别为 0.68g/kg、0.51g/kg 和 0.38g/kg，而 C_3 乔木来源的 SOC 含量平均值分别为 1.52g/kg、1.61g/kg 和 1.77g/kg。在稻田废弃的 1～5 年间，水稻来源的 SOC 含量降低了 87%～92%，而 C_3 乔木来源的 SOC 含量降低了 56%～61%。总体来看，随着稻田弃耕时间的增加，水稻来源的 SOC 含量逐渐降低，而 C_3 乔木来源的 SOC 含量逐渐增加。

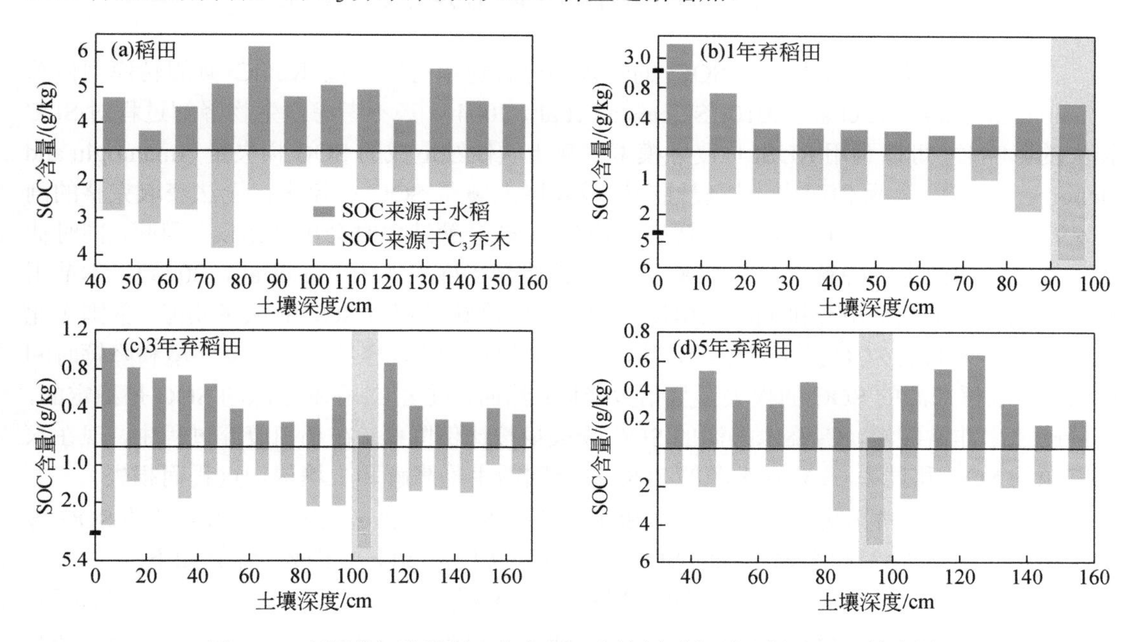

图 23.3　泰国蒙河流域稻田和弃稻田土壤剖面中不同来源 SOC 的含量

阴影部分为淀积层样品；5 年弃稻田剖面 0～30cm 深度土壤中的 $\delta^{13}C_{SOC}$ 值受到 C_4 植物输入有机碳的影响，因此无法正确估算该层不同 SOC 来源的贡献

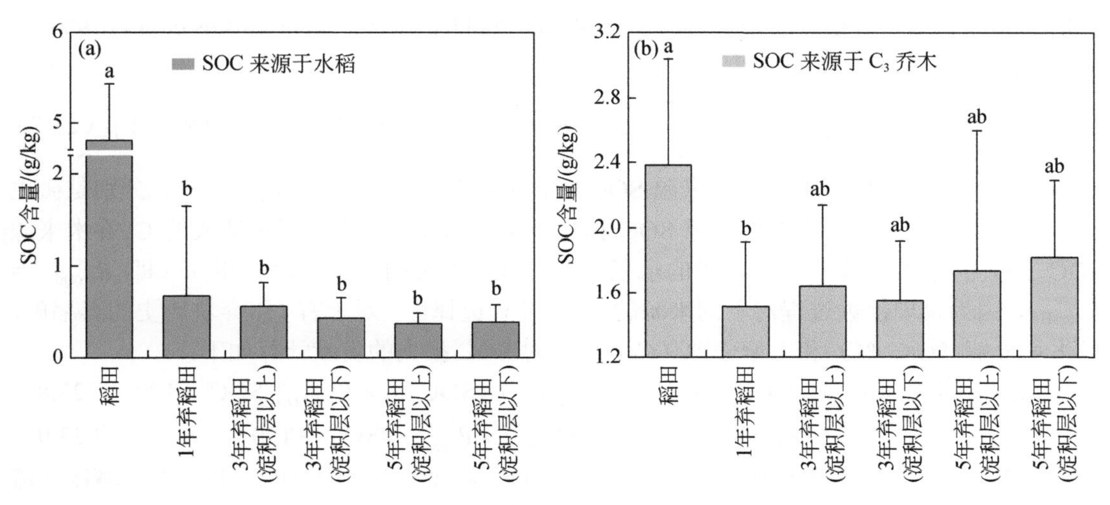

图 23.4　泰国蒙河流域稻田和弃稻田不同土层水稻来源和 C_3 乔木来源 SOC 的含量

误差棒显示为标准误差；小写字母表示稻田和弃稻田土壤剖面或土层中水稻来源或 C_3 乔木来源 SOC 含量在 $p<0.05$ 水平上存在显著差异

第三节　土壤有机碳的动态变化

在不发生土壤侵蚀的地点，SOC 的输入和分解速率可以通过 RothC 碳周转模型估算（Rampazzo Todorovic et al.，2010；Skjemstad et al.，2004）。当不考虑微生物降解过程对 SOC 损失的影响时，可以利用 RUSLE 侵蚀模型估算土壤侵蚀造成的 SOC 损失量（Imamoglu and Dengiz，2017）。实际情况中土壤侵蚀会造成表层土壤和 SOC 的流失，无法获取完整的剖面δ^{13}C 组成信息，利用 RothC 碳周转模型估算 SOC 分解速率时会出现错误。因此，同时估算土壤侵蚀和微生物降解引起的 SOC 损失量仍然存在挑战（Häring et al.，2013）。本节用新的方法估算了在稻田弃耕期间土壤侵蚀和微生物降解过程对 SOC 损失的贡献。泰国东北砂土中水稻来源的 SOC 是不稳定的，其降解速率相对较快，容易受到土壤环境和降解时间的影响，水稻来源的 SOC 的损失量呈指数降低；然而，过去 C_3 乔木来源的 SOC 是稳定的，其降解速率非常缓慢，C_3 乔木来源的 SOC 损失量按比例降低。在稻田废弃过程中，现在水稻来源的 SOC 和过去 C_3 乔木来源的 SOC 都会因微生物降解和土壤侵蚀过程而损失。

对于有 i 年弃耕历史的弃稻田，总 SOC 含量（SOC^i，g/kg）由 C_3 乔木来源的 SOC 含量（SOC^i_{wood}，g/kg）和水稻来源的 SOC 含量（SOC^i_{rice}，g/kg）组成，计算如下：

$$SOC^i = SOC^i_{wood} + SOC^i_{rice} \tag{23.5}$$

$$SOC^i_{wood} = SOC^0_{wood} - i \times SOC^0_{wood} \times (R_{wood\text{-}D} + R_{wood\text{-}E}) \tag{23.6}$$

式中，SOC^0_{wood} 为稻田土壤中 C_3 乔木来源 SOC 的含量；$R_{wood\text{-}D}$（%）和 $R_{wood\text{-}E}$（%）分别是微生物分解和土壤侵蚀造成的 C_3 乔木来源 SOC 损失的年平均速率。根据大量文献数据，我们能够计算得到，稳定的 SOC 按每年大约 0.07%的比例减少（Desjardins et al.，1994），即 $R_{wood\text{-}D}$ 为 0.07%。

$$SOC^i_{rice} = SOC^0_{rice} - i \times SOC^0_{rice} \times R_{rice\text{-}E} - SOC^0_{rice} \times [(R_{rice\text{-}D}) + (R_{rice\text{-}D})^2 + \cdots + (R_{rice\text{-}D})^i] \tag{23.7}$$

式中，SOC^0_{rice} 为稻田土壤中水稻来源 SOC 的含量；$R_{rice\text{-}D}$（%）和 $R_{rice\text{-}E}$（%）分别是微生物降解和土壤侵蚀造成的水稻来源 SOC 损失的年平均速率。土壤侵蚀造成的 C_3 乔木来源 SOC 损失的年平均速率与其造成的水稻来源 SOC 损失的年平均速率相同（即 $R_{wood\text{-}E} = R_{rice\text{-}E}$），因为物理侵蚀过程对不同来源的 SOC 没有选择性。对于有 i 年弃耕历史的弃稻田，微生物分解（C_D，%）和土壤侵蚀（C_E，%）对 SOC 损失的贡献计算如下：

$$C_D = \{SOC^0_{rice} \times [(R_{rice\text{-}D}) + (R_{rice\text{-}D})^2 + \cdots + (R_{rice\text{-}D})^i] + i \times SOC^0_{wood} \times R_{wood\text{-}D}\} / SOC^0 \times 100 \tag{23.8}$$

$$C_E = i \times (SOC^0_{rice} \times R_{rice\text{-}E} + SOC^0_{wood} \times R_{wood\text{-}E}) / SOC^0 \times 100 \tag{23.9}$$

结果显示，短期稻田弃耕期间（1～5 年）SOC 总含量下降约 70%，其中受土壤侵蚀流失的 SOC 占 25.2%～36.3%，受微生物降解损失的 SOC 占 33.2%～44.8%（表 23.2）。无可争议的是，随着稻田弃耕时间的增加，微生物降解对 SOC 损失的贡献逐渐升高。然而，土壤侵蚀对 SOC 损失的贡献随着稻田弃耕时间的增加而逐渐降低，这是非常不合理的。我们猜测，这一现象可能是由于在稻田废弃期间淀积层的 SOC（包括 C_3 乔木和水稻来源 SOC）向土壤中释放。此外，1 年弃稻田土壤中微生物降解和土壤侵蚀造成的 SOC 年平均损失率都远高于 3 年和 5 年弃稻田土壤中的平均损失率。结果表明，稻田弃耕的 1 年内 SOC 的损失速率较快，然后随弃耕时间延长而逐渐减缓。在微生物降解和土壤侵蚀过程中，过去的 C_3 乔木和现在水稻来源的 SOC 含量都在持续下降。然而，短期的稻田废弃期间水稻来源的 SOC 含量下降了 87%～92%，而 C_3 乔木来源的 SOC 含量下降了 56%～61%，不同来源有机碳的损失程度存在显著差异。物理的土壤侵蚀造成的 SOC 损失通常对不同的 SOC 来源没有选择性，尤其是在土壤质地非常均匀的砂土中（Huang and Hartemink，2020）。因此，C_3 乔木和水稻来源 SOC 损失的差异主要归因于不同来源 SOC 的分解速率差异。来源于过去 C_3 乔木的 SOC 是稳定的有机碳，其周转时间一般为数百年（Cerri et al.，2007）。然而，水稻来源的 SOC 是不稳定的有机碳，在稻田废弃期间被微生物迅速分解。因此，C_3 乔木来源 SOC 的损失主要归结于土壤侵蚀，而水稻来源 SOC 中 50%～67%损失量是由微生物降解造成的。

表 23.2　泰国蒙河流域稻田和弃稻田土壤侵蚀过程和微生物降解过程对 SOC 损失量的贡献

剖面	C_3 乔木来源有机碳/（g/kg）			水稻来源有机碳/（g/kg）			SOC 损失的贡献	
	残余	侵蚀	降解	残余	侵蚀	降解	侵蚀	降解
稻田	2.38			4.80				
1 年弃稻田	1.52	0.87	0.0017	0.68	1.75	2.38	36.3%	33.2%
3 年弃稻田	1.61	0.77	0.0050	0.51	1.55	2.74	32.4%	38.2%
5 年弃稻田	1.77	0.60	0.0083	0.38	1.21	3.21	25.2%	44.8%

稻田弃耕期间淀积层的 SOC 可能释放到周围土壤中。1 年、3 年和 5 年弃稻田的淀积层中水稻来源 SOC 的含量分别是 0.61g/kg、0.12g/kg 和 0.08g/kg，而 C_3 乔木来源 SOC 的含量分别是 5.67g/kg、5.33g/kg 和 5.08g/kg（图 23.5）。

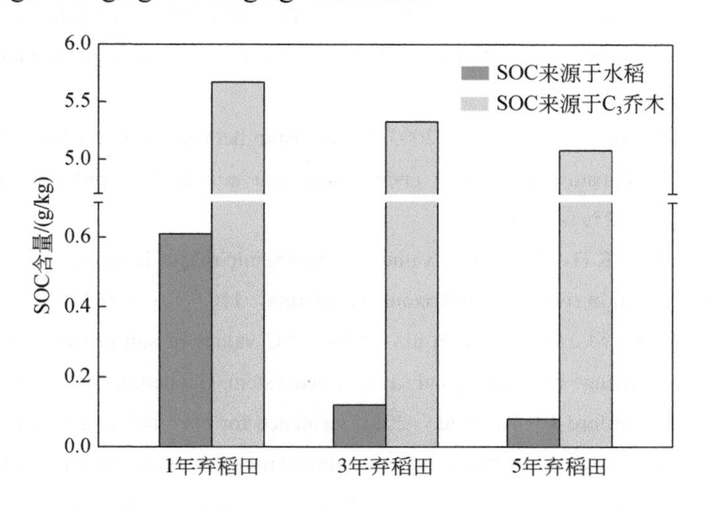

图 23.5　泰国蒙河流域弃稻田土壤淀积层水稻和 C_3 乔木来源 SOC 的含量

淀积层水稻来源 SOC 和 C_3 乔木来源 SOC 的含量均随着稻田弃耕时间的增加而降低。淀积层的 SOC 主要来源于过去的 C_3 乔木，但随稻田弃耕时间的增加，淀积层 C_3 乔木来源

SOC 的含量逐渐降低，而土壤中 C_3 乔木来源 SOC 的含量却异常增加。我们推测在稻田弃耕期间有部分有机碳从淀积层释放到土壤中。短期稻田弃耕期间（1～5 年）土壤侵蚀和微生物分解对 SOC 损失都起到了重要作用。对于泰国东北砂土来说，连续水稻种植可能是限制土壤侵蚀和减少 SOC 损失的最佳农业种植模式。首先，稻田的田埂可以有效限制土壤侵蚀的发生，以及随之造成的 SOC 流失。其次，稻田频繁水淹形成了厌氧的土壤环境，这可以减缓 SOC 的氧化分解（Kölbl et al.，2014）。因此，泰国农业可持续发展需要重点关注旱季稻田灌溉的管理，改变"刀耕火种"这种较为原始的耕种方式（Prabnakorn et al.，2018），未来研究需进一步关注稻田淀积层在影响 SOC 动态中的作用。

本章小结

本章研究了泰国东北蒙河流域不同土地利用类型土壤剖面中的 SOC 含量、$\delta^{13}C$ 组成和来源，并估算了微生物降解和土壤侵蚀过程对 SOC 损失的贡献。稻田和弃稻田土壤中的 SOC 主要来源于过去的 C_3 乔木和现在的水稻，其中稻田土壤 2/3 的 SOC 来自水稻，仅 1/3 的 SOC 来自 C_3 乔木。短期稻田废弃过程中（1～5 年）SOC 的总含量下降了 70%，其中水稻来源的 SOC 含量下降了 87%～92%，而 C_3 乔木来源的 SOC 含量下降了 56%～61%。土壤侵蚀过程造成的 SOC 流失量为 25.2%～36.3%，而微生物分解造成的 SOC 损失量为 33.2%～44.8%。

参考文献

金鑫鑫，裴久渤，孙良杰，2017. 稳定 ^{13}C 同位素示踪技术在农田土壤碳循环和团聚体固碳研究中的应用进展. 土壤，49（02）：217-224.

Accoe F，Boeckx P，Cleemput O V，et al.，2002. Evolution of the $\delta^{13}C$ signature related to total carbon contents and carbon decomposition rate constants in a soil profile under grassland. Rapid Communications in Mass Spectrometry，16（23）：2184-2189.

Accoe F，Boeckx P，Cleemput O V，et al.，2003. Relationship between soil organic C degradability and the evolution of the $\delta^{13}C$ signature in profiles under permanent grassland. Rapid Communications in Mass Spectrometry，17（23）：2591-2596.

Biggs T H，Quade J，Webb R H，2002. $\delta^{13}C$ values of soil organic matter in semiarid grassland with mesquite（Prosopis） encroachment in southeastern Arizona. Geoderma，110（1）：109-130.

Boutton T W，Archer S R，Midwood A J，et al.，1998. $\delta^{13}C$ values of soil organic carbon and their use in documenting vegetation change in a subtropical savanna ecosystem. Geoderma，82（1）：5-41.

Brodie C R，Leng M J，Casford J S L，et al.，2011. Evidence for bias in C and N concentrations and $\delta^{13}C$ composition of terrestrial and aquatic organic materials due to pre-analysis acid preparation methods. Chemical Geology，282（3）：67-83.

Cerri C E P，Easter M，Paustian K，et al.，2007. Predicted soil organic carbon stocks and changes in the Brazilian Amazon between 2000 and 2030. Agriculture，Ecosystems & Environment，122（1）：58-72.

Chen Q，Shen C，Sun Y，et al.，2005. Spatial and temporal distribution of carbon isotopes in soil organic matter at the Dinghushan Biosphere Reserve，South China. Plant and Soil，273（1）：115-128.

Desjardins T，Andreux F，Volkoff B，et al.，1994. Organic carbon and ^{13}C contents in soils and soil size-fractions，and their changes due to deforestation and pasture installation in eastern Amazonia. Geoderma，61（1）：103-118.

Garten C T，Hanson P J，2006. Measured forest soil C stocks and estimated turnover times along an elevation gradient. Geoderma，136（1）：342-352.

Garten C T，Hanson P J，Todd D E，et al.，2008. Natural ^{15}N-and ^{13}C-abundance as indicators of forest nitrogen status and soil carbon dynamics. Stable Isotopes in Ecology and Environmental Science，61：61-82.

Guo Q，Wang C，Wei R，et al.，2020. Qualitative and quantitative analysis of source for organic carbon and nitrogen in sediments of rivers and lakes based on stable isotopes. Ecotoxicology and Environmental Safety，195：110436.

Guo Z，Zhang X，Dungait J A J，et al.，2021. Contribution of soil microbial necromass to SOC stocks during vegetation recovery in a subtropical karst ecosystem. Science of the Total Environment，761：143945.

Han G，Tang Y，Liu M，et al.，2020. Carbon-nitrogen isotope coupling of soil organic matter in a karst region under land use change，Southwest China. Agriculture，Ecosystems & Environment，301：107027.

Häring V，Fischer H，Cadisch G，et al.，2013. Improved δ^{13}C method to assess soil organic carbon dynamics on sites affected by soil erosion. European Journal of Soil Science，64（5）：639-650.

Huang J，Hartemink A E，2020. Soil and environmental issues in sandy soils. Earth-Science Reviews，208：103295.

Imamoglu A，Dengiz O，2017. Determination of soil erosion risk using RUSLE model and soil organic carbon loss in Alaca catchment （Central Black Sea region，Turkey）. Rendiconti Lincei，28（1）：11-23.

Jaiarree S，Chidthaisong A，Tangtham N，et al.，2011. Soil organic carbon loss and turnover resulting from forest conversion to maize fields in eastern Thailand. Pedosphere，21（5）：581-590.

Kölbl A，Schad P，Jahn R，et al.，2014. Accelerated soil formation due to paddy management on marshlands（Zhejiang Province，China）. Geoderma，228-229：67-89.

Liu M，Han G，Li X，2021. Contributions of soil erosion and decomposition to SOC loss during a short-term paddy land abandonment in Northeast Thailand. Agriculture，Ecosystems & Environment，321：107629.

Meyers P A，1997. Organic geochemical proxies of paleoceanographic，paleolimnologic，and paleoclimatic processes. Organic Geochemistry，27（5）：213-250.

Nguyen-Sy T，Cheng W，Kimani S M，et al.，2020. Stable carbon isotope ratios of water-extractable organic carbon affected by application of rice straw and rice straw compost during a long-term rice experiment in Yamagata，Japan. Soil Science and Plant Nutrition，66（1）：125-132.

O'Leary M H，1988. Carbon isotopes in photosynthesis. BioScience，38（5）：328-336.

Powers J S，Schlesinger W H，2002. Geographic and vertical patterns of stable carbon isotopes in tropical rain forest soils of Costa Rica. Geoderma，109（1）：141-160.

Prabnakorn S，Maskey S，Suryadi F X，et al.，2018. Rice yield in response to climate trends and drought index in the Mun River Basin，Thailand. Science of the Total Environment，621：108-119.

Puttock A，Dungait J A J，Bol R，et al.，2012. Stable carbon isotope analysis of fluvial sediment fluxes over two contrasting C_4-C_3 semi-arid vegetation transitions. Rapid Communications in Mass Spectrometry，26（20）：2386-2392.

Rampazzo Todorovic G，Stemmer M，Tatzber M，et al.，2010. Soil-carbon turnover under different crop management：evaluation of RothC-model predictions under Pannonian climate conditions. Journal of Plant Nutrition and Soil Science，173（5）：662-670.

Rubino M，Lubritto C，D'Onofrio A，et al.，2009. Isotopic evidences for microbiologically mediated and direct C input to soil compounds from three different leaf litters during their decomposition. Environmental Chemistry Letters，7（1）：85-95.

Schedlbauer J L，Kavanagh K L，2008. Soil carbon dynamics in a chronosequence of secondary forests in northeastern Costa Rica. Forest Ecology and Management，255（3）：1326-1335.

Skjemstad J O，Spouncer L R，Cowie B，et al.，2004. Calibration of the Rothamsted organic carbon turnover model （RothC ver. 26.3），using measurable soil organic carbon pools. Soil Research，42（1）：79-88.

Turnbull L，Brazier R E，Wainwright J，et al.，2008. Use of carbon isotope analysis to understand semi-arid erosion dynamics and long-term semi-arid land degradation. Rapid Communications in Mass Spectrometry，22（11）：1697-1702.

Wedin D A，Tieszen L L，Dewey B，et al.，1995. Carbon isotope dynamics during grass decomposition and soil organic matter formation. Ecology，76（5）：1383-1392.

Wynn J G，Harden J W，Fries T L，2006. Stable carbon isotope depth profiles and soil organic carbon dynamics in the lower Mississippi Basin. Geoderma，131（1）：89-109.

Xia S，Song Z，Li Q，et al.，2021. Distribution，sources，and decomposition of soil organic matter along a salinity gradient in estuarine wetlands characterized by C：N ratio，$\delta^{13}C$-$\delta^{15}N$，and lignin biomarker. Global Change Biology，27（2）：417-434.

Zhu S，Liu C，2006. Vertical patterns of stable carbon isotope in soils and particle-size fractions of karst areas，Southwest China. Environmental Geology，50（8）：1119-1127.

第二十四章　土壤有机氮同位素的变化特征

土壤-植物系统中的稳定氮同位素比值（$^{15}N/^{14}N$，$\delta^{15}N$）通常用于指示陆地生态系统的氮循环过程（Boeckx et al.，2005；Boutton and Liao，2010；Currie et al.，2004；Dijkstra et al.，2008；Hobbie and Ouimette，2009；Krull and Skjemstad，2003；Li et al.，2017；Liu et al.，2021c；Robinson，2001；Sogbedji et al.，2000；Soper et al.，2018）。生态系统中的氮循环大致可以分为氮的输入、迁移转化和输出三部分，且都伴随着不同程度的氮同位素分馏（Hobbie and Ouimette，2009；Koopmans et al.，1997；Li et al.，2017；方运霆等，2020）。氮的输入主要包括生物固氮（Hobbie and Ouimette，2009；Högberg，1997）、施用氮肥（Baggs et al.，2003；Choi et al.，2017；Lim et al.，2015）和大气氮沉降（Currie et al.，2004；Liu and Wang，2009）。生物固氮过程发生的氮同位素分馏通常较小，固氮产物的$\delta^{15}N$值与大气$\delta^{15}N$值相近，因此该过程中氮同位素的分馏效应可以忽略不计（Choi et al.，2017）。氮肥和大气干湿沉降物的$\delta^{15}N$组成会影响土壤和植物的稳定氮同位素自然丰度。菌根共生吸收转移土壤氮供给植物的过程以及植物和微生物对溶解性有机氮（DON）、NO_3^-、NH_4^+等有效态氮的吸收同化过程中会发生显著的氮同位素分馏，通常被吸收同化后的残余氮素^{15}N丰度较吸收前具有富集效应（Fowler et al.，2013；Högberg，1997；Taylor et al.，2019；Templer et al.，2007；方运霆等，2020）。

土壤有机氮矿化、硝化、反硝化以及氨挥发等氮转化过程也会发生氮同位素分馏，通常反应产物的^{15}N丰度相对于反应底物均有不同程度的^{15}N贫化（Högberg，1997；Koopmans et al.，1997；Robinson，2001；Taylor et al.，2019；Xiao et al.，2018）。土壤有机氮矿化会导致有机残余物中富集^{15}N并产生^{15}N贫化的NH_4^+（Baggs et al.，2003；Corre et al.，2007；Denk et al.，2017）。硝化作用会导致NH_4^+中富集^{15}N并产生^{15}N贫化的NO_3^-（Lim et al.，2015）。反硝化作用产生^{15}N贫化的N_xO和N_2气体，而底物NO_3^-富集^{15}N（Choi et al.，2005，2011；Dai et al.，2020）。氨挥发导致土壤中NH_4^+富集^{15}N并释放^{15}N贫化的NH_3气体（Choi et al.，2017）。虽然土壤NO_3^-淋滤过程中不发生$\delta^{15}N$分馏，但此过程会导致土壤总氮的$\delta^{15}N$值升高（Corre et al.，2007；Dijkstra et al.，2008）。氮饱和的生态系统中^{15}N贫化的氮（NH_3、N_xO、N_2气体和NO_3^-）损失越多，土壤和植物越富集^{15}N。氮饱和的热带森林中土壤$\delta^{15}N$值与净氮矿化速率、净硝化速率以及NO_3^-流失量呈正相关关系（Dijkstra et al.，2008；Koopmans et al.，1997）。研究表明，表层土壤的$\delta^{15}N$值可以作为生态系统氮循环的指标，综合体现出NO_3^-淋滤、NH_3挥发和N_2O释放等氮流失的程度（Choi et al.，2017）。对于严重氮流失的生态系统，氮流失导致土壤$\delta^{15}N$组成发生变化，进而改变供植物吸收利用有效态氮的$\delta^{15}N$组成，最终导致植物氮同位素丰度的变化（Boeckx et al.，2005；Koopmans et al.，1997）。植物的^{15}N自然丰度是生态系统氮循环的综合结果，树叶的$\delta^{15}N$组成已广泛应用于评估生态系统中氮的利用效率和指示生态系统氮饱和状态（Boutton and Liao，2010；Loss et al.，2017；Robinson，2001）。但也有研究发现，树叶的^{15}N自然丰度并不适合用于比较同一流域内不同地点的氮饱和状态（Garten et al.，2008；Ross et al.，2004）。植物$\delta^{15}N$组成会受到土壤$\delta^{15}N$组成的影响，而不同地点土壤的$\delta^{15}N$组成往往有较大差异（Hobbie and Ouimette，2009；Robinson，2001）。于是有研究学者提出，将植物相对于土壤的^{15}N富集因子（$EF=\delta^{15}N_{leaf}-\delta^{15}N_{soil}$）作为氮饱和状态的指标。通常来说，生态系统的氮饱和状态与土壤氮的有效性密切相关（Garten et al.，2008；Ross et al.，2004），当土壤提供的有效态氮高于植物和微生物所需要的氮量时（即土壤氮的有效性较高），生态系统呈氮饱和状态，而多余的氮则通过一定的途径流出生态系统（森林和草地生态系统中主要以NO_3^-淋滤的形式流失，而农业生态系统中主要以NH_3挥发和NO_3^-淋滤的形式流失）。植物和土壤的$\delta^{15}N$组成可以在一定程度上反映出生态系统氮有效性的差异。当土壤供氮量高于生物需氮量时，土壤氮通过NO_3^-淋滤或NH_3挥发形式损失的比例更高，损失的氮往往较富集^{14}N，而土壤中残余的氮更富集^{15}N，致使植物也呈现出较高的$\delta^{15}N$值。因此，生态系统的氮有效性越高，植物和土壤氮的$\delta^{15}N$值也越高（Pardo et al.，2007）。

农业生态系统作物和土壤中的氮主要来源于肥料，肥料的$\delta^{15}N$组成也会显著影响土壤和作物的$\delta^{15}N$组成（Choi et al.，2017）。有机肥（$\delta^{15}N$值：7.8‰±0.6‰）通常比化肥（$\delta^{15}N$值：0.3‰±0.2‰）富集^{15}N（Choi et al.，2017）。豆科作物固氮和大气氮沉降等外源氮输入也会显著影响土壤和作物的$\delta^{15}N$组成（Choi et al.，2017；Hobbie and Ouimette，2009；Zheng et al.，2018）。利用土壤$\delta^{15}N$组成指示农业生态系统中的土壤氮过程存在巨大挑战，因为施氮肥会影响土壤氮库组成和氮转化过程，最终影响土壤有机氮和各无机氮的$\delta^{15}N$组成（Baggs et al.，2003；Jia et al.，2018；Zhu et al.，2018）。低C/N值的有机肥会提高SON矿化速率（Choi et al.，2017；Koopmans et al.，1997）；氨肥能够加速硝化作用和NH_3挥发（Choi et al.，2011）；硝基肥能够增加NO_3^-淋滤（Choi et al.，2017）。理论上来说，当不同来源氮的贡献已知时，可根据土壤的$\delta^{15}N$组成解析出土壤氮转化过程，反之亦然（Baggs et al.，2003；Corre et al.，2007；Dijkstra et al.，2008；Högberg，1997；Lim et al.，2015）。土地利用变化会改变土壤氮输入、迁移转化和输出过程，进而影响土壤氮循环的效率（Choi et al.，2017；Dai et al.，2020；Hobbie and Ouimette，2009）。例如，耕地弃耕会扰乱原有的土壤氮循环模式，植物氮主要来源于土壤氮库而不是氮肥，土壤氮过程和$\delta^{15}N$组成也会产生复杂的变化（Kayler et al.，2011；Koopmans et al.，1997）。因此，研究土地利用变化对生态系统氮动态的影响有利于帮助我们更加深刻地理解全球变化背景下陆地生态系统的氮循环。

本章对泰国东北部蒙河流域不同土地利用类型土壤剖面中的SON含量、C/N值及$\delta^{15}N$组成进行了调查，分析稻田和弃稻田土壤中SON的来源及土壤氮过程。该结果能提高对土地利用变化背景下SON动态的理解，为泰国农业土壤管理提供数据支撑。

第一节　土壤剖面有机氮含量、碳氮比值和氮同位素的分布特征

原始林土壤中的SON含量随土壤深度的增加从1.1g/kg逐渐下降到0.1g/kg，人工林土壤中SON含量从1.8g/kg下降到0.6g/kg（图24.1）。人工林表层土壤（0～10cm深度）的

C/N（SOC/SON）值为 12.3，而在 10～50cm 深度土壤中 C/N 值随深度的增加从 14.0 下降到 11.3。表层土壤的$\delta^{15}N_{SON}$值为 2.9‰，在 10～50cm 深度$\delta^{15}N_{SON}$值随深度的增加从 5.9‰降至 2.5‰。

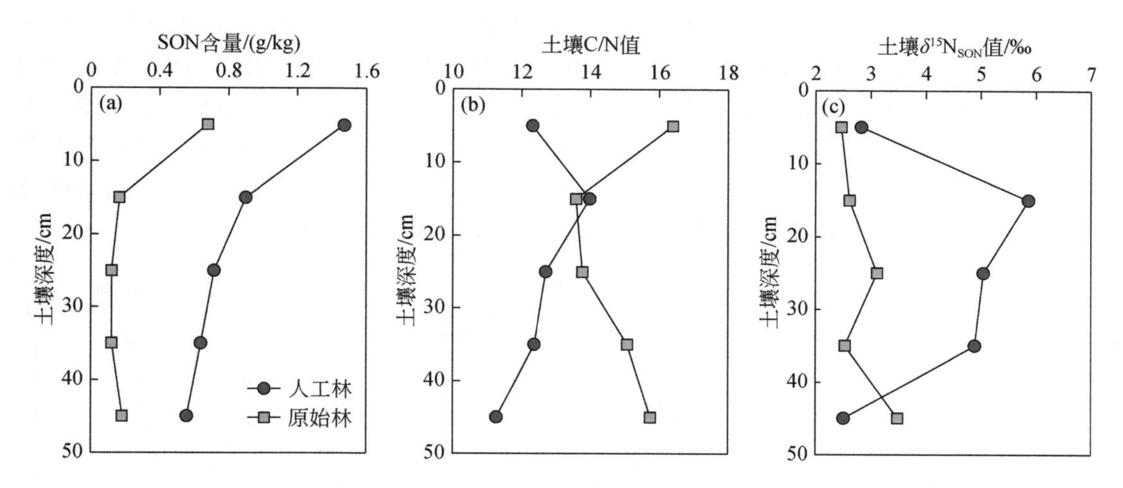

图 24.1　泰国蒙河流域林地土壤剖面中 SON 含量、C/N 值和$\delta^{15}N_{SON}$值的变化

除了表层土壤的 C/N 值，人工林的红壤中 SON 含量和 C/N 值随着土壤深度的增加而降低，该结果与 SOM 分解程度有关（Boeckx et al.，2005；Jaiarree et al.，2011）。相对于表层土壤，10～40cm 深度土壤的$\delta^{15}N_{SON}$值偏高了 2‰～3‰，该结果通常与氮矿化过程导致残余的 SON 富集 ^{15}N 有关（Han et al.，2020；Hobbie and Ouimette，2009）。原始林表层土壤（0～10cm 深度）的 C/N 值为 16.2，而 10～50cm 深度下的土壤 C/N 值随土壤深度的增加从 13.4 上升到 15.6。土壤的$\delta^{15}N_{SON}$值略微升高，从 2.4‰增至 3.4‰［图 24.1（c）］。除了表层土壤的 C/N 值，原始林砂土中的 SON 含量和 C/N 值随土壤深度的增加而增加。研究发现，在淹水的泥质剖面中可以观察到类似的情况，土壤表层颗粒有机质转变为溶解态有机质（C/N 值较高），在渗流的作用下溶解态有机质迁移至土壤深层，这使得土壤 C/N 值呈现随土壤深度增加而逐渐升高的趋势（Midwood and Boutton，1998）。然而，该解释不能用在砂土剖面，因为砂土结构松散，土壤颗粒之间的空隙较大，渗透性好（Huang and Hartemink，2020）。溶解态有机质在砂土中滞留时间很短，不能引起土壤剖面较大的 C/N 值增量，因此几乎不会引起土壤剖面 C/N 值的变化。该结果可能归结于土壤表层植物凋落物发生物理破碎，分解成了小粒径的颗粒有机质（C/N 值较高），在淋滤作用下颗粒有机质被带到土壤深层，造成了土壤剖面 C/N 值的变化。在砂土剖面中，颗粒有机质的迁移过程不发生氮同位素分馏，因此 10～50cm 深度土壤的$\delta^{15}N_{SON}$值变化幅度较小。

稻田土壤的 SON 含量在 0.78g/kg 至 1.98g/kg 之间波动，弃稻田土壤的 SON 含量在 0.13g/kg 至 0.47g/kg 之间波动（图 24.2），结果显示稻田土壤中的 SON 含量显著高于弃稻田。稻田和弃稻田 0～30cm 深度层的土壤 SON 含量随着土壤深度的增加呈现明显下降趋势，而 30cm 深度以下土壤 SON 的含量相对稳定。稻田和弃稻田土壤的 C/N 值范围为 6.5～14.2，而$\delta^{15}N_{SON}$值在−5.8‰至 5.5‰之间波动，且 C/N 值和$\delta^{15}N_{SON}$值在稻田与弃稻田土壤之间没有明显差异。土壤 C/N 值和$\delta^{15}N_{SON}$值呈现出随深度增加而降低的趋势。三个弃稻田剖面淀积层样品的 SON 含量、C/N 值和$\delta^{15}N_{SON}$值显著高于周围上、下层的土壤。总体来看，稻田废弃后土壤中 SON 的含量下降了 79%～83%，但 C/N 值和$\delta^{15}N_{SON}$值不受稻田废弃的影响。淀积层中大部分的 SOC 属于高度降解的老碳，同样淀积层中大部分的 SON 也是属于高度矿化的稳定有机氮。土壤氮矿化过程中产生 ^{15}N 贫化的NH_4^+，而残余的 SON 富集 ^{15}N（Hobbie and Ouimette，2009）。大量富集 ^{15}N 的 SON 在淀积层中积累，使得淀积层 SON 含量和$\delta^{15}N$值偏高。理论上来说，高矿化度的 SON 在淀积层中积累，会降低土壤 C/N 值。然而实际情况却相反，淀积层的 C/N 值高于周围上、下层土壤，这一结果可能是由于淀积层的 SON 还受到其他土壤氮过程的影响（Liu et al.，2021b）。

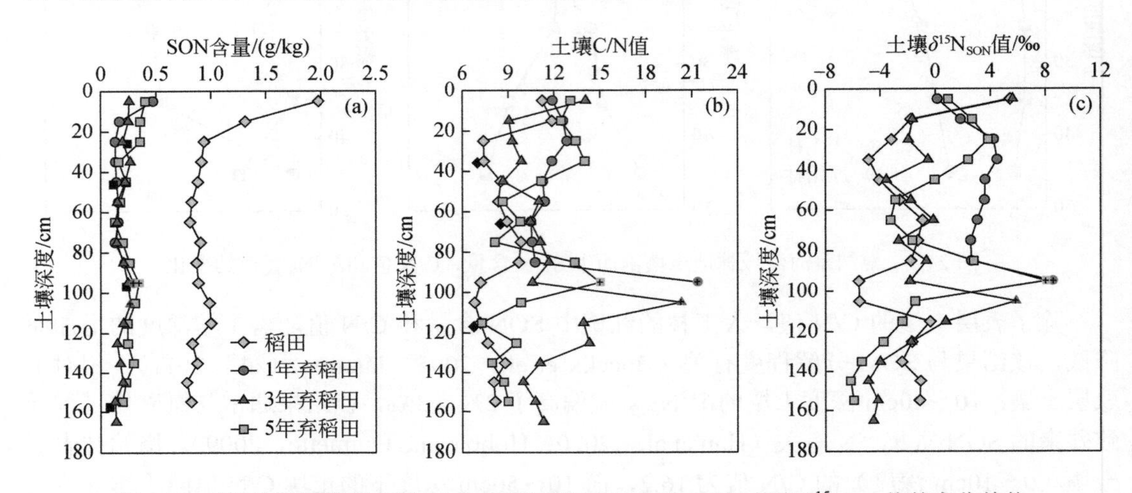

图 24.2 蒙河流域稻田和弃稻田的土壤剖面 SON 含量、C/N 值和$\delta^{15}N_{SON}$值的变化趋势

"+"标记的样品点为淀积层样品

第二节 土壤有机氮的来源和动态变化

淀积层$\delta^{13}C_{SOC}$值(−28.4‰±0.2‰)与 C_3 乔木来源有机质的$\delta^{13}C_{SOC}$值(−28.1‰±0.3‰)极为接近（图 24.3 和表 24.1），这是由于淀积层 90%以上的 SOC 来自 C_3 乔木（Liu et al.，2021b）。如果不考虑有机碳降解和土壤氮过程中碳氮同位素的分馏作用，土壤$\delta^{15}N_{SON}$值、$\delta^{13}C_{SOC}$值和 C/N 值符合两端元混合模型（C_3 乔木来源的有机质和水稻来源的有机质分别作为端元，各端元值如表 24.1 所示）。当不考虑碳氮同位素的分馏作用时，土壤的$\delta^{15}N_{SON}$值、$\delta^{13}C_{SOC}$值和 C/N 值应该分布在 C_3 乔木来源的有机质和水稻来源的有机质两端元之间的理论区域（即图 24.3 中带双向箭头的虚线区域）；而偏离理论区域的点主要受导致同位素分馏的土壤过程影响。在 3 年和 5 年弃稻田剖面中，淀积层以上土壤的$\delta^{15}N_{SON}$值与 C/N 值显著正相关，而 1 年弃稻田土壤的$\delta^{15}N_{SON}$值与$\delta^{13}C_{SOC}$值显著负相关。然而，线性关系指向"水稻"和"淀积层"端元，而非"水稻"和"C_3 乔木"端元。实际情况下"C_3 乔木"端元被"淀积层"取代，其$\delta^{15}N_{SON}$差值可用于推断淀积层以上土壤中发生的氮过程。淀积

层的$\delta^{15}N_{SON}$值（7.5‰±1.2‰）比C_3乔木来源有机质的$\delta^{15}N_{SON}$值（−0.6‰±0.6‰）高 8‰（表 24.1）。因此，淀积层以上土壤可能发生了造成 SON 富集 ^{15}N 的土壤 N 动态过程，与氮矿化过程有关（Hobbie and Ouimette，2009）。

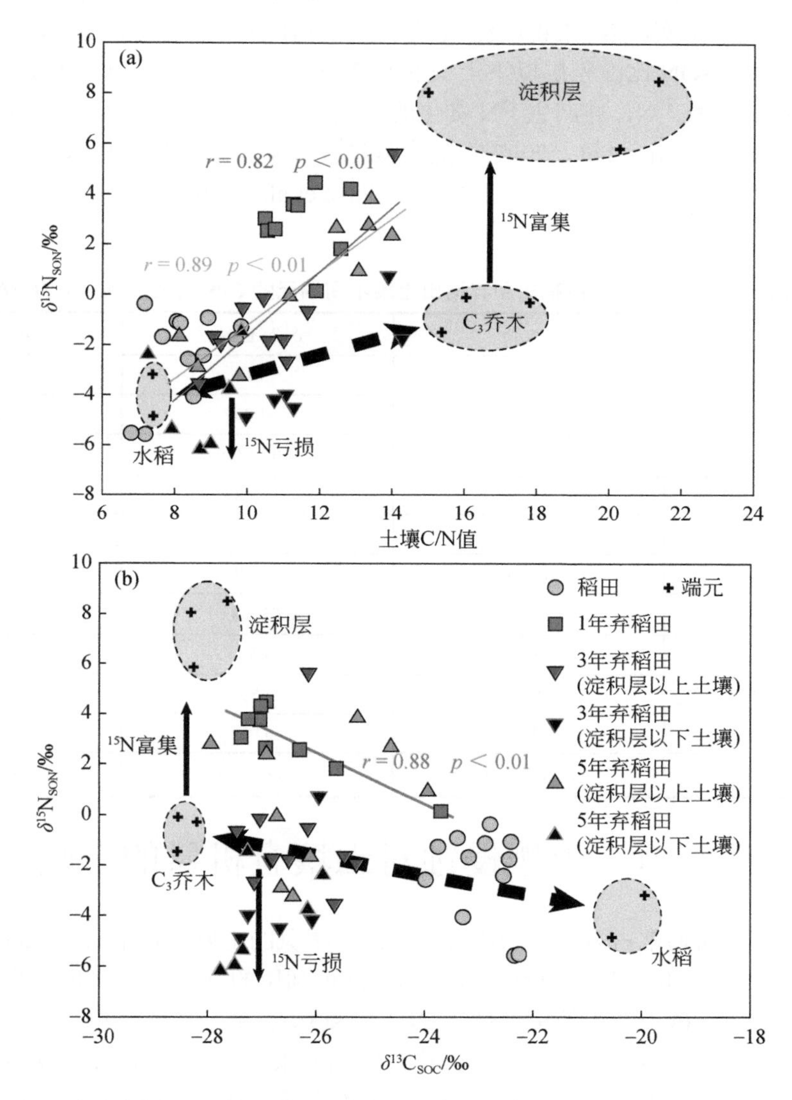

图 24.3　泰国蒙河流域稻田和弃稻田土壤$\delta^{15}N_{SON}$值与 C/N 值和$\delta^{13}C_{SOC}$值之间的关系

带双向箭头的虚线表示两端元混合模型中土壤样品点分布的理论区域；带单向箭头的实线表示导致 ^{15}N 富集或贫化的土壤氮过程。图（a）中红线和蓝线分别表示 3 年和 5 年弃稻田淀积层以上土壤中$\delta^{15}N_{SON}$值与 C/N 值之间的线性关系；图（b）中绿线表示 1 年弃稻田淀积层以上土壤中$\delta^{15}N_{SON}$值和$\delta^{13}C_{SOC}$值之间的线性关系

土壤淀积层的$\delta^{13}C_{SOC}$值（−28.4‰±0.2‰）与C_3乔木来源有机质的$\delta^{13}C_{SOC}$值（−28.1‰±0.3‰）极为接近（表 24.1），这是由于淀积层 90%以上的 SOC 来自C_3乔木（Liu et al.，2021b）。来自 60 年前C_3乔木的 SOC 非常稳定，在短时间内几乎不发生降解，而仅少部分（＜10%）水稻来源的 SOC（相对活跃）发生分解，造成残余的 SOC 富集 ^{13}C。淀积层的

SOC（5.63±0.47g/kg）高于土壤中 C_3 乔木来源的 SOC（4.90±0.45g/kg），其 SON 含量都为 0.30g/kg。淀积层含有丰富的黏土颗粒，可强烈吸附有机质（Kölbl et al.，2014）。理论上来说，淀积层对有机质的吸附作用可导致 SOC 和 SON 含量都偏高，但实际上仅 SOC 偏高而 SON 含量几乎不变，该结果说明淀积层可能还存在有机氮消耗的过程，如氮矿化过程。淀积层以上土壤的 SON 比淀积层以下土壤的 SON 富集 ^{15}N。淀积层以上土壤中氮矿化过程导致残余的 SON 富集 ^{15}N，并产生 ^{15}N 贫化的 NH_4^+，硝化过程进一步产生 ^{15}N 贫化的 NO_3^-（Baggs et al.，2003；Corre et al.，2007）。随淋滤过程 ^{15}N 贫化的 NO_3^- 进入淀积层以下土壤，土壤微生物同化过程固定了 ^{15}N 贫化的 NO_3^-（Corre et al.，2007），造成深层土壤中 $\delta^{15}N_{SON}$ 值偏低。

表 24.1　泰国蒙河流域稻田和弃稻田土壤不同端元的 C/N 值及 $\delta^{15}N$ 和 $\delta^{13}C$ 值

端元	C/N 值	$\delta^{15}N$ 值/‰	$\delta^{13}C$ 值/‰
水稻来源有机质	7.39	−3.19	−19.94
	7.41	−4.86	−20.54
平均值±标准差	7.40±0.01	−4.02±0.84	−20.24±0.30
C_3 乔木来源有机质	15.37	−1.48	−28.55
	17.81	−0.30	−28.20
	16.04	−0.09	−28.54
平均值±标准差	16.40±1.03	−0.62±0.61	−28.43±0.17
淀积层有机质	21.35	8.51	−27.64
	20.28	5.85	−28.26
	14.98	8.05	−28.31
平均值±标准差	18.87±2.79	7.47±1.16	−28.07±0.30

第三节　土壤侵蚀对土壤有机氮的影响

土壤中的有机氮通常占总氮的 90%以上，是土壤氮的主要存在形式（Dai et al.，2020）。土壤中 SON 通过氮矿化过程为植物和农作物提供可利用的无机氮，因此土壤 SON 动态与土壤肥力密切相关。砂土的土壤可蚀性 *K* 因子与 SON 含量呈显著负相关关系（图 24.4）。有机质丰富的土壤往往具有较好的土壤结构和较高的水渗透性；另外，有机质是黏合土壤颗粒的重要胶结物，在提高土壤抗剪切力强度方面有重要作用（Ostovari et al.，2018；Zhu et al.，2010）。因此，有机质含量高的土壤往往更不容易发生侵蚀，即可蚀性 *K* 因子较小。土壤中 SON 含量通常与 SOC 含量呈现极高的相关性，因此土壤 SON 含量同样可以代表土壤中有机质的丰富程度。基于此，不难理解 *K* 因子与 SON 含量之间的负相关关系。人工林和稻田的粉质土壤有较高的 SON 含量，意味着粉壤土比砂土含有更多有机质。但是从前文分析来看，蒙河流域土壤的可蚀性 *K* 因子并非由有机质含量来决定，而是由粉粒含量决定。粉壤土比砂土包含了更多松散的粉粒，在地表径流和渗流的作用下粉粒被优先带走流失，即粉壤土的可蚀性 *K* 因子较大。这就是人工林和稻田土壤即使 SON 含量较高，可蚀

性 K 因子却依旧偏大的根本原因。此外，虽然稻田土壤的 K 因子较大，但是由于受到田埂保护，稻田几乎不发生土壤侵蚀（Liu et al.，2021a）。随着稻田的废弃，田埂失去保护作用时的土壤侵蚀强度就可以用可蚀性 K 因子来直观评估。总体来看，水稻种植在保持土壤肥力和减少水土流失两方面都是有利的，稻田是泰国蒙河流域农业区较为合理的土地利用方式。

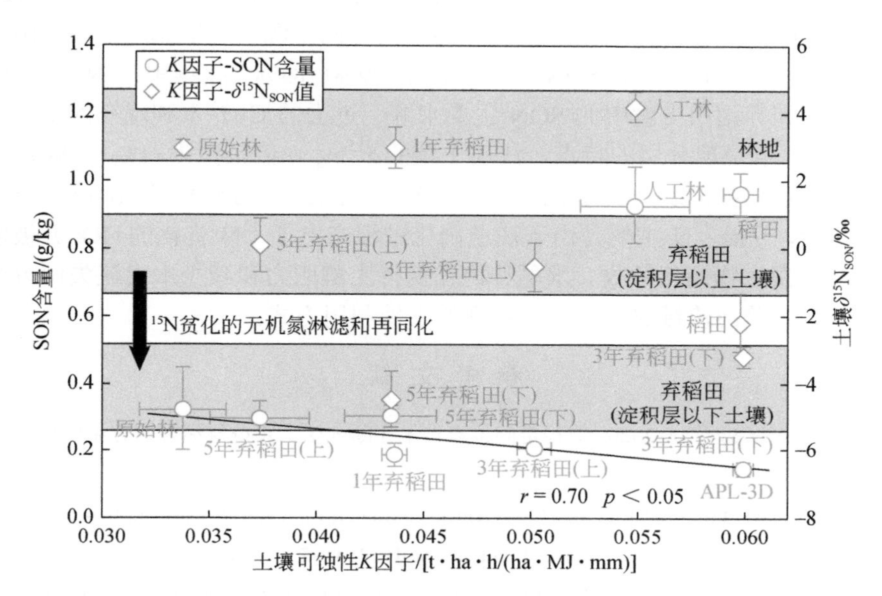

图 24.4　泰国蒙河流域土壤可蚀性 K 因子与 SON 含量和$\delta^{15}N_{SON}$值之间的关系

数值为土壤剖面或土壤层平均值，误差棒为标准误差；线性回归分析用于确定泰国东北砂土中 K 因子与 SON 含量之间的关系；灰色条纹表示不同土层$\delta^{15}N_{SON}$值的范围，条纹上下边界由相应土层所有$\delta^{15}N_{SON}$值的 75%和 25%分位值确定

泰国东北砂土中土壤可蚀性 K 因子与$\delta^{15}N_{SON}$值之间没有显示出相关性（图 24.4）。不同土地利用类型和不同土层的$\delta^{15}N_{SON}$值分布范围存在明显差异。林地土壤的$\delta^{15}N_{SON}$值范围是 3‰～5‰，弃稻田浅层土壤（淀积层以上）的$\delta^{15}N_{SON}$值范围是−1‰～1‰；弃稻田深层土壤（淀积层以下）的$\delta^{15}N_{SON}$值范围是−5‰～−3‰。土壤有机层的$\delta^{15}N_{SON}$值与氮矿化速率往往呈正相关关系（Robinson，2001）。人工林红壤表层（0～10cm 深度）的$\delta^{15}N_{SON}$值为 2.8‰，而原始林砂土表层的$\delta^{15}N_{SON}$值为 2.5‰，表明两林地土壤中氮矿化速率可能相同，不受土壤类型和树种的影响。稻田土壤的$\delta^{15}N_{SON}$值范围为−5‰～5‰，其中 25%～75%分位的$\delta^{15}N_{SON}$值分布在−3‰～−1‰之间。稻田剖面中$\delta^{15}N_{SON}$值的变化主要归因于施肥对土壤和农作物$\delta^{15}N$ 组成的影响，以及一系列土壤氮过程中氮同位素的分馏，如氮矿化、硝化和反硝化过程等（Choi et al.，2017；Lim et al.，2015）。稻田弃耕后的 1～5 年水土流失严重，土壤环境由频繁水淹的缺氧环境变成为干燥有氧环境。弃稻田中干燥有氧的土壤环境强烈约束了反硝化过程，但不限制氮矿化和硝化过程。因此，弃稻田浅层土壤的$\delta^{15}N_{SON}$值偏高主要受氮矿化和硝化过程控制。硝化过程虽然不直接影响$\delta^{15}N_{SON}$ 值，但它消耗了 NH_4^+，有利于氮矿化过程的进行。弃稻田浅层土壤中的硝化过程产生 ^{15}N 贫化的 NO_3^-，NO_3^- 随淋滤作用进入土壤深层。弃稻田深层土壤$\delta^{15}N_{SON}$值偏低主要与土壤微生物同化吸收 ^{15}N

贫化的 NO_3^- 有关（Corre et al.，2007）。

本 章 小 结

本章研究了泰国东北部蒙河流域不同土地利用类型土壤剖面中的 SON 含量、C/N 值及 $\delta^{15}N$ 组成，并分析了稻田和弃稻田土壤中 SON 的不同来源及土壤氮过程。泰国蒙河流域农业区稻田废弃 1～5 年时间里 SON 含量降低了 79%～83%。土壤中 $\delta^{15}N$ 值、$\delta^{13}C$ 值和 C/N 值指示稻田和弃稻田土壤中的 SON 主要来源于过去的 C_3 乔木和现在的水稻。弃稻田土壤中的 $\delta^{15}N_{SON}$ 值呈现分层的特点，浅层土壤的 $\delta^{15}N_{SON}$ 值范围为−1‰～1‰；而深层土壤的 $\delta^{15}N_{SON}$ 值范围为−5‰～−3‰。浅层土壤中 SON 富集 ^{15}N 与 SON 矿化和硝化过程有关；深层土壤中 SON 亏损 ^{15}N 主要是由于浅层硝化过程产出了 ^{15}N 贫化的 NO_3^- 并被淋滤到深层，进而被土壤微生物同化吸收。水稻种植在保持土壤肥力和减少水土流失两方面都是有利的，稻田是泰国蒙河流域农业区较为合理的土地利用方式。

参 考 文 献

方运霆，刘冬伟，朱飞飞，等，2020. 氮稳定同位素技术在陆地生态系统氮循环研究中的应用. 植物生态学报，44（4）：373-383.

Baggs E M，Stevenson M，Pihlatie M，et al.，2003. Nitrous oxide emissions following application of residues and fertiliser under zero and conventional tillage. Plant and Soil，254（2）：361-370.

Boeckx P，Paulino L，Oyarzún C，et al.，2005. Soil $\delta^{15}N$ patterns in old-growth forests of southern Chile as integrator for N-cycling. Isotopes in Environmental and Health Studies，41（3）：249-259.

Boutton T W，Liao J D，2010. Changes in soil nitrogen storage and $\delta^{15}N$ with woody plant encroachment in a subtropical savanna parkland landscape. Journal of Geophysical Research：Biogeosciences，115：G03019.

Choi W J，Chang S X，Allen H L，et al.，2005. Irrigation and fertilization effects on foliar and soil carbon and nitrogen isotope ratios in a loblolly pine stand. Forest Ecology and Management，213（1）：90-101.

Choi W J，Matushima M，Ro H M，2011. Sensitivity of soil CO_2 emissions to fertilizer nitrogen species：urea，ammonium sulfate，potassium nitrate，and ammonium nitrate. Journal of the Korean Society for Applied Biological Chemistry，54（6）：1004-1007.

Choi W J，Kwak J H，Lim S S，et al.，2017. Synthetic fertilizer and livestock manure differently affect $\delta^{15}N$ in the agricultural landscape：a review. Agriculture，Ecosystems & Environment，237：1-15.

Corre M D，Brumme R，Veldkamp E，et al.，2007. Changes in nitrogen cycling and retention processes in soils under spruce forests along a nitrogen enrichment gradient in Germany. Global Change Biology，13（7）：1509-1527.

Currie W S，Nadelhoffer K J，Aber J D，2004. Redistributions of ^{15}N highlight turnover and replenishment of mineral soil organic N as a long-term control on forest C balance. Forest Ecology and Management，196（1）：109-127.

Dai W，Bai E，Li W，et al.，2020. Predicting plant–soil N cycling and soil N_2O emissions in a Chinese old-growth temperate forest under global changes：uncertainty and implications. Soil Ecology Letters，2（1）：73-82.

Denk T R A, Mohn J, Decock C, et al., 2017. The nitrogen cycle: a review of isotope effects and isotope modeling approaches. Soil Biology and Biochemistry，105：121-137.

Dijkstra P，LaViolette C M，Coyle J S，et al.，2008. ^{15}N enrichment as an integrator of the effects of C and N on microbial metabolism and ecosystem function. Ecology Letters，11（4）：389-397.

Fowler D，Coyle M，Skiba U，et al.，2013. The global nitrogen cycle in the twenty-first century. Philosophical Transactions of the Royal Society B：Biological Sciences，368（1621）：20130164.

Garten C T，Hanson P J，Todd D E，et al.，2008. Natural ^{15}N-and ^{13}C-abundance as indicators of forest nitrogen status and soil carbon dynamics. Stable Isotopes in Ecology and Environmental Science，61：61-82.

Han G，Tang Y，Liu M，et al.，2020. Carbon-nitrogen isotope coupling of soil organic matter in a karst region under land use change，Southwest China. Agriculture，Ecosystems & Environment，301：107027.

Hobbie E A, Ouimette A P, 2009. Controls of nitrogen isotope patterns in soil profiles. Biogeochemistry, 95（2）：355-371.

Högberg P，1997. Tansley Review No. 95 ^{15}N natural abundance in soil–plant systems. The New Phytologist，137（2）：179-203.

Huang J，Hartemink A E，2020. Soil and environmental issues in sandy soils. Earth-Science Reviews，208：103295.

Jaiarree S, Chidthaisong A, Tangtham N, et al., 2011. Soil organic carbon loss and turnover resulting from forest conversion to maize fields in eastern Thailand. Pedosphere，21（5）：581-590.

Jia X，Zhu Y，Huang L，et al.，2018. Mineral N stock and nitrate accumulation in the 50 to 200m profile on the Loess Plateau. Science of the Total Environment，633：999-1006.

Kayler Z E, Kaiser M, Gessler A, et al., 2011. Application of $\delta^{13}C$ and $\delta^{15}N$ isotopic signatures of organic matter fractions sequentially separated from adjacent arable and forest soils to identify carbon stabilization mechanisms. Biogeosciences，8（10）：2895-2906.

Kölbl A，Schad P，Jahn R，et al.，2014. Accelerated soil formation due to paddy management on marshlands（Zhejiang Province，China）. Geoderma，228-229：67-89.

Koopmans C J，Dam D V，Tietema A，et al.，1997. Natural ^{15}N abundance in two nitrogen saturated forest ecosystems. Oecologia，111（4）：470-480.

Krull E S，Skjemstad J O，2003. $\delta^{13}C$ and $\delta^{15}N$ profiles in ^{14}C-dated Oxisol and Vertisols as a function of soil chemistry and mineralogy. Geoderma，112（1）：1-29.

Li D，Yang Y，Chen H，et al.，2017. Soil gross nitrogen transformations in typical karst and nonkarst forests，southwest China. Journal of Geophysical Research：Biogeosciences，122（11）：2831-2840.

Lim S S，Kwak J H，Lee K S，et al.，2015. Soil and plant nitrogen pools in paddy and upland ecosystems have contrasting $\delta^{15}N$. Biology and Fertility of Soils，51（2）：231-239.

Liu M，Han G，Li X，2021a. Comparative analysis of soil nutrients under different land-use types in the Mun River basin of Northeast Thailand. Journal of Soils and Sediments，21（2）：1136-1150.

Liu M，Han G，Li X，2021b. Contributions of soil erosion and decomposition to SOC loss during a short-term paddy land abandonment in Northeast Thailand. Agriculture，Ecosystems & Environment，321：107629.

Liu M，Han G，Li X，2021c. Using stable nitrogen isotope to indicate soil nitrogen dynamics under agricultural soil erosion in the Mun River basin，Northeast Thailand. Ecological Indicators，128：107814.

Liu W，Wang Z，2009. Nitrogen isotopic composition of plant-soil in the Loess Plateau and its responding to environmental change. Chinese Science Bulletin，54（2）：272-279.

Loss A，Lourenzi C R，dos Santos E，et al.，2017. Carbon，nitrogen and natural abundance of ^{13}C and ^{15}N in biogenic and physicogenic aggregates in a soil with 10 years of pig manure application. Soil and Tillage Research，166：52-58.

Midwood A J，Boutton T W，1998. Soil carbonate decomposition by acid has little effect on $\delta^{13}C$ of organic matter. Soil Biology and Biochemistry，30（10）：1301-1307.

Ostovari Y，Ghorbani-Dashtaki S，Bahrami H A，et al.，2018. Towards prediction of soil erodibility，SOM and $CaCO_3$ using laboratory Vis-NIR spectra：a case study in a semi-arid region of Iran. Geoderma，314：102-112.

Pardo L H，Hemond H F，Montoya J P，et al.，2007. Natural abundance ^{15}N in soil and litter across a nitrate-output gradient in New Hampshire. Forest Ecology and Management，251（3）：217-230.

Robinson D，2001. $\delta^{15}N$ as an integrator of the nitrogen cycle. Trends in Ecology & Evolution，16（3）：153-162.

Ross D S，Lawrence G B，Fredriksen G，2004. Mineralization and nitrification patterns at eight northeastern USA forested research sites. Forest Ecology and Management，188（1）：317-335.

Sogbedji J M，van Es H M，Yang C L，et al.，2000. Nitrate leaching and nitrogen budget as affected by maize nitrogen rate and soil type. Journal of Environmental Quality，29（6）：1813-1820.

Soper F M，Taylor P G，Wieder W R，et al.，2018. Modest gaseous nitrogen losses point to conservative nitrogen cycling in a lowland tropical forest watershed. Ecosystems，21（5）：901-912.

Taylor B N，Chazdon R L，Menge D N L，2019. Successional dynamics of nitrogen fixation and forest growth in regenerating Costa Rican rainforests. Ecology，100（4）：e02637.

Templer P H，Arthur M A，Lovett G M，et al.，2007. Plant and soil natural abundance $\delta^{15}N$：indicators of relative rates of nitrogen cycling in temperate forest ecosystems. Oecologia，153（2）：399-406.

Xiao K，Li D，Wen L，et al.，2018. Dynamics of soil nitrogen availability during post-agricultural succession in a karst region，southwest China. Geoderma，314：184-189.

Zheng X D，Liu X Y，Song W，et al.，2018. Nitrogen isotope variations of ammonium across rain events：implications for different scavenging between ammonia and particulate ammonium. Environmental Pollution，239：392-398.

Zhu B，Li Z，Li P，et al.，2010. Soil erodibility，microbial biomass，and physical–chemical property changes during long-term natural vegetation restoration：a case study in the Loess Plateau，China. Ecological Research，25（3）：531-541.

Zhu G，Deng L，Shangguan Z，2018. Effects of soil aggregate stability on soil N following land use changes under erodible environment. Agriculture，Ecosystems & Environment，262：18-28.

第二十五章　流域土壤的风险评价

本章将从土壤可蚀性、土壤重金属和稀土元素富集状况等方面，对泰国蒙河流域不同土地利用类型土壤的环境生态风险进行评估。该研究结果有助于提高对泰国蒙河流域土壤环境生态风险的认识，为农业土壤的生态治理提供基础数据支撑。

第一节　土壤可蚀性评估

当前国际上对土壤抗侵蚀能力的评估一般从土壤可蚀性的角度来分析（Bhattarai and Dutta，2007）。土壤可蚀性是指土壤是否容易受侵蚀破坏的性能，通常以 K 因子表征，它的定义是一个标准单位内由径流、降雨或渗漏引起的土壤流失量（Wang et al.，2013）。土壤 K 因子越大表明土壤更容易遭侵蚀破坏，更容易发生水土流失。在降雨、地形、植被等条件相同的情况下，土壤 K 因子与土壤本身的理化性质有关，如土壤孔隙、土壤质地、有机质含量和化学组成等（Rangsiwanichpong et al.，2018；Vaezi et al.，2008；Zhang et al.，2019）。土地利用变化会间接地影响土壤理化性质，从而导致土壤 K 因子发生改变（Wang et al.，2016）。估算土壤 K 因子有两种途径：一是通过模拟实验直接测定，但该方法不仅耗时费力，且仅在理想的坡面侵蚀情况下有较好的模拟结果，实际野外情况往往地形复杂、土壤异质性高，模拟实验很难获得能较好体现空间差异性的土壤 K 因子分布特征（Wang et al.，2013）；二是以土壤理化性质作为计算参数，利用合适的侵蚀预测模型间接估算土壤 K 因子。土壤可蚀性 K 因子除了与土壤的颗粒组成、土壤有机质含量、水稳性团聚体的稳定性、渗透率、土壤胶体含量、土壤结皮、黏土矿物的性质和化学组成等土壤理化性质有关外（Vaezi et al.，2008；Varela et al.，2010；Wang et al.，2016），还与地形地势、植被覆盖率和土地利用方式等外部因素有关（Zeng et al.，2017）。

用于评估土壤可蚀性 K 因子的侵蚀预测模型主要有通用土壤流失方程（USLE）模型、侵蚀-生产力评估（EPIC）模型和基于土壤颗粒几何平均直径（Dg）的侵蚀模型等（Sharpley and Williams，1990）。前人报道了不同侵蚀预测模型估算的 K 因子差异和不同土壤类型、地形、气候带和农业管理方式下土壤 K 因子的空间变异性（Adhikary et al.，2014；Wang et al.，2016；Wang et al.，2013；Ye et al.，2018）。其中，EPIC 模型由于参数较少且容易获取，已经广泛应用于评估土壤可蚀性 K 因子的区域变化和垂直变化规律等。本章使用 EPIC 模型评估了土壤可蚀性 K 因子，计算参数为 SOC 含量和土壤粒度分布（Sharpley and Williams，1990），公式如下：

$$K=\left\{0.2+0.3\exp\left(-0.0256S\left(1-\frac{F}{100}\right)\right)\right\}\left(\frac{F}{M+F}\right)^{0.3}\left[1.0-\frac{0.25C}{C+\exp(3.72-2.95C)}\right]\left[1.0-\frac{0.7E}{E+\exp(-5.51+22.9E)}\right] \tag{25.1}$$

式中，S、F、M（%）分别代表砂粒（0.05～2.0mm）、粉粒（0.002～0.05mm）和黏粒（<0.002mm）的百分比；$E=1-S/100$；C（%）为 SOC 含量。估算结果以美国单位［t·acre·h/（100acre·ft·tanf·in）］表示，然后乘以 0.1317 换算成国际单位［$t \cdot hm^2 \cdot h/(hm^2 \cdot MJ \cdot mm)$］。简洁起见，下文中不再标注 K 因子的单位。

泰国东北蒙河流域属于土壤侵蚀的严重区域（Bhattarai and Dutta，2007）。该流域广泛分布砂土，土壤中极低的有机质含量决定了矿物颗粒难以通过有机黏合剂形成土壤团聚体，因而未被固定的小粒径矿物颗粒容易随地表径流和渗流而流失（Huang and Hartemink，2020；Liu et al.，2021）。泰国蒙河流域雨季降雨集中且雨量大，特殊的土壤性质和气候条件导致该地区每年都发生了严重的土壤侵蚀（Bhattarai and Dutta，2007）。使用通用土壤流失方程（USLE）模型估算的蒙河流域土壤侵蚀量与实际观测到的泥沙产量高度相关（Bhattarai and Dutta，2007；Rangsiwanichpong et al.，2018）。因此，可以利用合适的土壤侵蚀模型估算蒙河流域样地尺度和流域尺度的土壤可蚀性，进一步评估不同土地利用/管理下土壤的抗侵蚀能力（Liu and Han，2020；Wang et al.，2013；Zeng et al.，2017）。除了泰国东北砂土本身的物理性质之外，植被覆盖率、地形、土壤团聚体、土壤结皮等其他因素也显著影响了土壤的抗侵蚀能力（Ding and Zhang，2016；Liu and Han，2020；Varela et al.，2010；Wang et al.，2016；Zeng et al.，2017）。原始林和人工林的植被覆盖率相近（95%～100%）；稻田和 1 年、3 年、5 年弃稻田的植被覆盖率也相近（<5%）。研究区各采样点均位于平坦的冲积平原上，它们所在位置的坡度一致（0°）。因此，研究区植被覆盖率和地形对林地或农地不同采样点土壤抗侵蚀能力的影响程度几乎相同。土壤结皮可以有效减少降雨初期雨滴对土壤结构的破坏（Goldshleger et al.，2002）。土壤团聚体可以通过增加土壤孔隙度和抗剪切力强度来提高土壤抗侵蚀能力（Rodríguez Rodríguez et al.，2006；Six and Paustian，2014；Wang et al.，2017）。然而，有机质含量极低的砂土中很难形成水稳定大团聚体及土壤结皮（Bhattarai and Dutta，2007）。泰国东北砂土的土壤结构主要由不同粒径颗粒的组成和排列决定，因此 SOC 含量和土壤粒度分布是影响土壤可蚀性的主要因素，可利用 EPIC 模型（以粒度组成和 SOC 含量为基础参数）准确评估土壤可蚀性 K 因子（Sharpley and Williams，1990）。

如图 25.1 所示，泰国蒙河流域砂土中 K 因子的分布范围为 0.026～0.060，该范围与前人利用 RUSLE 模型估计的结果大致相同（Rangsiwanichpong et al.，2018）。原始林土壤（0.026～0.037）的 K 因子显著低于人工林土壤（0.046～0.060）（图 25.1）。稻田土壤（0.048～0.060）的 K 因子显著高于弃稻田淀积层以上土壤的 K 因子（0.026～0.054）。根据 EPIC 模型的计算公式，SOC 含量高的土壤通常具有较低的 K 因子（Wang et al.，2013）。而实际上 SOC 含量高的人工林土壤和稻田土壤的 K 因子显著偏高，表明 SOC 含量不是决定泰国蒙河流域土壤可蚀性 K 因子的关键因素。人工林和稻田土壤均包含较多粉粒，且粉粒比例与 K 因子之间存在显著的正相关关系（Liu et al.，2021）。由于缺乏有机-无机复合体和土壤团聚体的保护，砂土中小粒径颗粒（主要是粉粒，黏粒比例极低）很容易随地表径流和渗流而流失（Fernandez-Illescas et al.，2001；Loss et al.，2017；Xue et al.，2019）。土壤侵蚀条件下通常粉粒相比于砂粒会被优先带走（Ostovari et al.，2018），故粉粒含量越高的土壤其可蚀性越强。因此，泰国东北砂土中粉粒含量是影响土壤可蚀性 K 因子的关键因素。尽管

稻田土壤的 K 因子较高，但受田埂保护稻田土壤几乎不会发生侵蚀（Liu et al.，2021）。停止耕种之后田埂被废弃而失去保护作用，因此在退耕初期（1～5 年）泰国东北砂土中小粒径颗粒在地表径流和渗流作用下迅速流失。总体来看，稻田废弃初期土壤侵蚀较为严重。

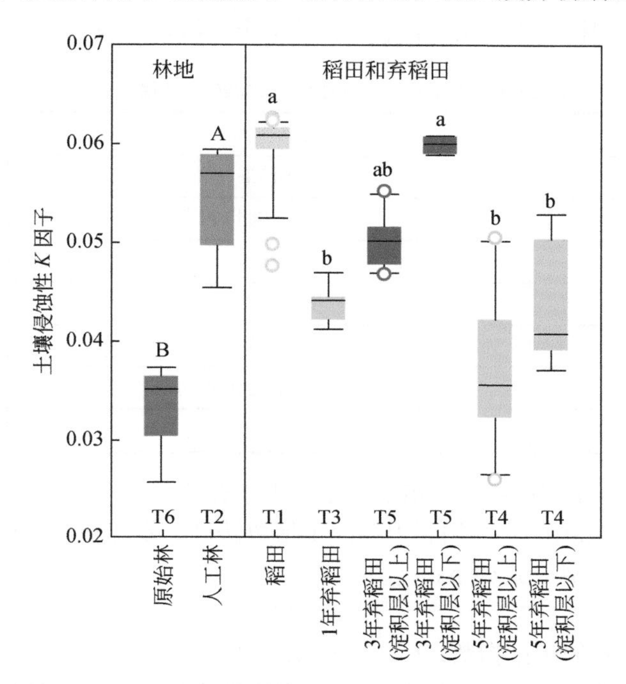

图 25.1　泰国蒙河流域不同土地利用类型和土层中土壤可蚀性 K 因子的分布

不同大写字母表示原始林和人工林土壤可蚀性 K 因子在 $p<0.05$ 水平上存在显著差异；不同小写字母表示稻田和弃稻田不同剖面和土层中土壤可蚀性 K 因子在 $p<0.05$ 水平上存在显著差异

第二节　土壤重金属污染评估方法

评估土壤重金属元素富集和污染情况的常用方法有富集因子法（Ghrefat et al.，2011）和地累积指数法（Muller，1969）。重金属富集因子和地累积指数的计算以泰国东北砂土作为背景物质。由于 Al 是在地壳中普遍存在、人为污染来源较少、化学稳定性好、分析结果精确度高的低挥发性元素，我们采用 Al 作为参比元素进行计算：

$$\mathrm{EF}=(C_n/C_{\mathrm{Al}})/(B_n/B_{\mathrm{Al}}) \tag{25.2}$$

其中，C_n 和 C_{Al} 分别代表土壤重金属 n 和 Al 的浓度；B_n 和 B_{Al} 分别代表背景物质中重金属 n 和 Al 的浓度。基于 EF 值，重金属的富集程度可分为五个级别：轻微富集（EF≤2）、中度富集（2<EF<5）、明显富集（5≤EF<20）、高度富集（20≤EF<40）、极高度富集（EF≥40）。地累积指数主要用于沉积物中重金属的污染评价，也称为 Muller 指数（Muller，1969）。该方法综合考虑了表生环境中地质过程背景值的影响以及人为造成的重金属污染情况，能够区分自然因素与人为因素。地累积指数（I_{geo}）的计算方法如下：

$$I_{\mathrm{geo}}=\log_2(C_n/1.5B_n) \tag{25.3}$$

其中，C_n代表土壤样品中重金属 n 的浓度；B_n代表背景物质中重金属 n 的浓度；系数 1.5 用于消除成岩作用的效应（Rajmohan et al.，2014）。由于当地汞浓度含量背景值资料缺失，笔者使用了全球土壤汞背景值 45μg/kg（Anoshin et al.，1996）。根据 I_{geo} 值，土壤污染可分为无污染（$I_{geo}<0$）到极严重污染（$I_{geo}>5$）共七个等级，如表 25.1 所示。

表 25.1　土壤重金属的地累积指数污染程度分级

地累积指数 I_{geo}	污染程度	级别
$I_{geo}<0$	无污染	0
$0\leq I_{geo}<1$	轻度-中度污染	1
$1\leq I_{geo}<2$	中度污染	2
$2\leq I_{geo}<3$	中度-强污染	3
$3\leq I_{geo}<4$	强污染	4
$4\leq I_{geo}<5$	强-极严重污染	5
$I_{geo}>5$	极严重污染	6

在土壤质量评价方法中，单因子指数法是适用于评价单一元素污染程度的常用方法（郭伟等，2011；黄敏等，2010），我们利用单因子指数法进一步评估了不同土地利用类型下土壤汞的污染情况，其计算公式如下：

$$P=C_{Hg}/S_{Hg} \tag{25.4}$$

其中，P 为土壤中总汞的污染指数；C_{Hg}（mg/kg）为土壤汞的实际测量浓度；S_{Hg}（mg/kg）为土壤中汞的评价标准。根据《土壤环境质量　农用地土壤污染风险管控标准（试行）》（GB 15618—2018）中规定，农田土壤属于 II 类土壤，为二级标准，故 S_{Hg} 为 0.3mg/kg；林地土壤属于 III 类土壤，为三级标准，故 S_{Hg} 为 1.5mg/kg。一般而言，若计算结果中总汞污染指数 $P\leq1$，则土壤未被汞污染；当 $P>1$ 时，说明土壤已被汞污染，其中 $1<P\leq2$ 时，土壤为轻度汞污染；当 $2\leq P<3$ 时，土壤为中度汞污染；当 $P\geq3$ 时，土壤为重度汞污染。

第三节　土壤重金属风险评价及来源解析

泰国蒙河流域不同土壤剖面的重金属富集因子如图 25.2 所示，大多数土壤样品的重金属富集因子值都低于 2，说明这些重金属元素在土壤中没有发生富集。土壤剖面中重金属的来源包括地壳来源（母岩）和非地壳来源（人为活动来源）。由于重金属元素的迁移分布受成岩作用的影响，重金属富集因子值 1.5 是评估人类活动对土壤重金属浓度产生显著影响的重要阈值（Xu et al.，2018）。除了土壤剖面 T5 中的 V 和 T6 中的 Mo，土壤剖面中大部分重金属的平均富集因子值都小于 1.5，这表明土壤中的重金属元素主要来源于自然过程（Zhang and Liu，2002）。土壤剖面 T5 和 T6 中重金属 V 和 Mo 的平均富集因子值分别为 2.2 和 1.8，表明在这两个土壤剖面中，人类活动也是这两种重金属元素的重要来源（Zhang and Liu，2002）。稻田土壤剖面 T1 中重金属元素 Mo 的富集因子值低于 0.5，表明农业土壤存在明显的 Mo 缺失。Mo 是影响作物产量的重要微量元素之一，Mo 缺失很可能影响当地粮

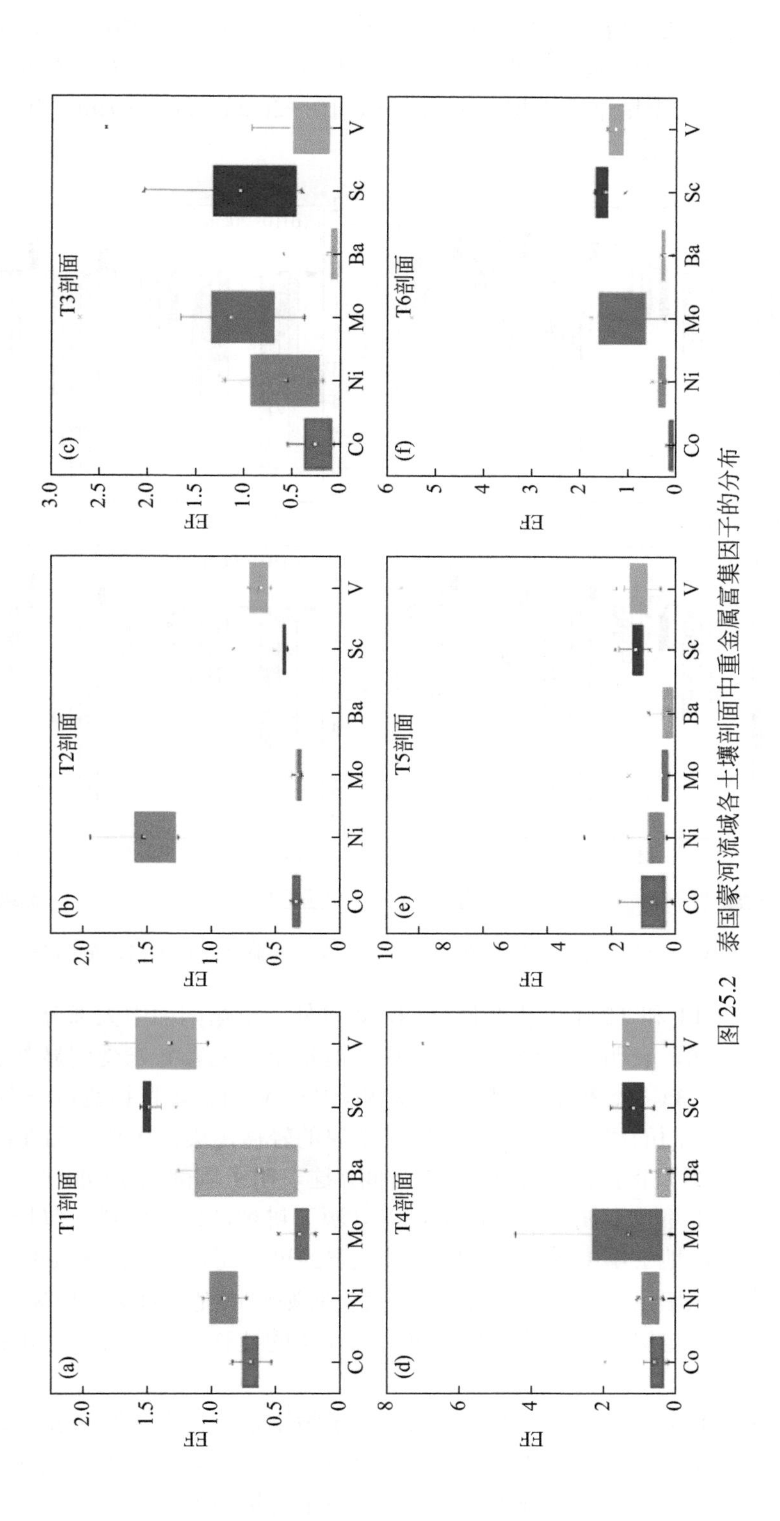

图 25.2　泰国蒙河流域各土壤剖面中重金属富集因子的分布

食产量。因此，建议适当增加使用 Mo 肥来弥补当地农业土壤中 Mo 元素的缺失，从而起到维持粮食高产量的目的。浅层土壤（0～40cm）的重金属污染通常最为严重（Wong et al.，2006）。重金属元素在土壤剖面表层（0～10cm、10～20cm、20～30cm、30～40cm）中的地累积指数值（I_{geo}）如图 25.3 所示。

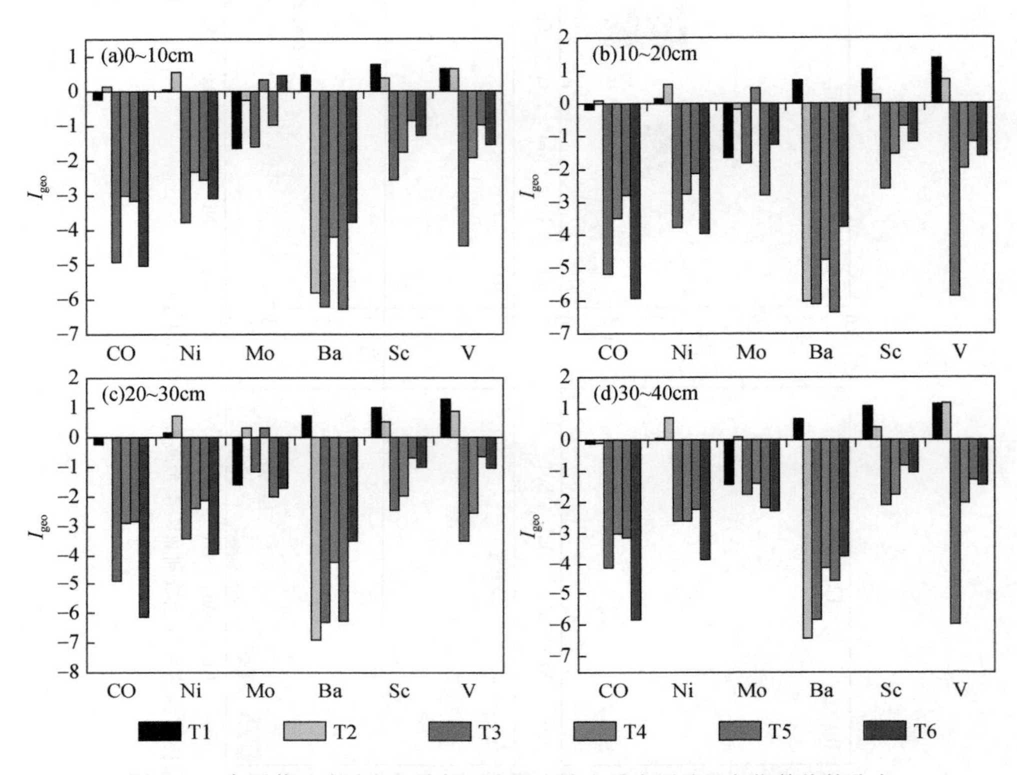

图 25.3 泰国蒙河流域各土壤剖面表层土壤中重金属地累积指数值的分布

除了土壤剖面 T1 和 T2 中的重金属 Sc 和 V 以外，土壤剖面中大部分重金属元素的地累积指数值都小于 0，表明这六个土壤剖面中多数重金属元素并未受到显著的人为活动污染。土壤剖面 T1 中 Ba、Sc 和土壤剖面 T2 中 Ni、Sc、V 的地累积指数值分布在 0～1 的范围内，表明这两个剖面的浅层土壤受到这些重金属的轻微污染。土壤剖面 T1 中 10～40cm 深度土壤中 V 的地累积指数值分布在 1～2 之间，这表明土壤剖面 T1 的浅层土壤受到了 V 的中度污染。农业土壤重金属的人为污染可能来源于耕种过程中肥料（包括无机肥和有机肥）的使用，例如耕地土壤中的 Ni 和 V 通过施肥的过程而积累（Mortvedt，1996）。化肥的直接输入造成了土壤重金属元素的污染，而有机肥则通过提高对重金属离子的络合作用，形成了更稳定的重金属络合物，从而降低重金属元素的迁移能力，并进一步提高了其在土壤中的富集水平。

泰国蒙河流域 6 个土壤剖面中汞元素的单因子污染指数分布情况如表 25.2 所示。汞的污染指数范围分布在 0.001～0.231 之间，均远小于 1。结果表明，泰国蒙河流域土壤的汞浓度含量相对于世界土壤平均值偏低，各剖面土壤汞含量均未超标。

表 25.2 泰国蒙河流域各土壤剖面的单因子污染指数

土壤剖面	超标数	超标率/%	污染指数范围	污染指数平均值
T1	0	0	0.029～0.078	0.044
T2	0	0	0.010～0.018	0.014
T3	0	0	0.005～0.231	0.027
T4	0	0	0.001～0.030	0.014
T5	0	0	0.001～0.134	0.045
T6	0	0	0.005～0.013	0.009

泰国蒙河流域 6 个土壤剖面中汞元素的地累积指数值分布情况如表 25.3 所示。除了土壤剖面 T4 的一个土壤样品中汞的地累积指数值为 0.04 以外，其他剖面土壤中汞的地累积指数值均小于 0。结果表明，泰国蒙河流域 6 个土壤剖面基本上表现为无汞污染的情况，级别为 0，属于清洁地区。总体而言，单因子指数法评估结果显示各剖面中土壤汞污染指数 P 值均低于 1，所有样品超标率为 0，判定土壤汞浓度含量低，未达到污染程度。地累积指数法评估结果显示，各剖面中土壤汞的地累积指数值均低于 0，表明无土壤汞污染情况。综合两种环境风险评估方法，可以得出泰国蒙河流域的 6 个剖面中土壤汞含量较低，未达到污染程度，6 个土壤剖面所在的区域为清洁区域。

表 25.3 泰国蒙河流域各土壤剖面中汞元素的地累积指数值的分布

土壤剖面	级别	地累积指数范围	地累积指数平均值
T1	0	−2.97～−1.53	−2.049
T2	0	−2.15～−1.35	−1.730
T3	0	−5.70～0.04	−4.230
T4	0	−7.40～−2.89	−4.179
T5	0	−7.40～−0.75	−2.964
T6	0	−3.08～−1.82	−2.396

利用主成分分析（PCA）可以识别土壤重金属的来源。应用主成分分析的先决条件是通过 KMO（Kaiser-Meyer-Olkin）检验和 Bartlett 球形检验，即 KMO 测试值应当高于 0.5 并且 Bartlett 球形检验应当显著（$p<0.001$）（Fang et al.，2019）。数据分析结果显示 KMO 的测试值为 0.61 且 Bartlett 球形检验显著（$p=0$），表明 PCA 可以用于泰国蒙河流域土壤样品的重金属元素分析。主成分分析结果如表 25.4 所示，在特征值大于 1 的情况下，从所有变量中共提取出了两个主成分，它们解释了 72.41%的总方差（PC1：49.70%，PC2：22.71%）。PC1 与重金属元素 Co、Ni、Ba、Sc 和 V 呈正相关关系，而 PC2 与 Mo 呈正相关关系。基于主成分分析结果，这些重金属元素的来源可分为两组：与 Co、Ni、Ba、Sc 和 V 等元素有关的来源（PC1）和与 Mo 有关的来源（PC2）。Co、Ni、Sc 和 V 通常被视为亲石元素，与土壤矿物相关（Li et al.，2015）；而 Mo 和 Ba 通常被视为人为活动来源的重金属（Wang et al.，2006）。蒙河流域作为泰国的一个重要农业区，其主要的污染源应当

是农业生产过程中肥料的使用，包括有机肥和化肥。综合这些因素，PC1 应当指的是与土壤矿物相关的来源，这很大程度上取决于母岩；PC2 指的应当是与人为活动相关的来源。泰国蒙河流域土壤中仅有重金属 Mo 受到 PC2 的控制，表明人为活动对土壤中 Co、Ni、Ba、Sc 和 V 等重金属的影响不显著。尽管由于肥料的使用，农业用地表层土壤似乎受到这些重金属元素轻度或中度的污染，但是 PCA 结果显示农业活动对土壤重金属元素的影响相较于自然过程而言比较轻微。

表 25.4　泰国蒙河流域土壤重金属元素的主成分分析结果

名称	第一主成分（PC1）	第二主成分（PC2）
Co	0.90	0.11
Ni	0.64	0.56
Mo	−0.05	0.85
Ba	0.66	−0.52
Sc	0.93	−0.17
V	0.68	0.13
特征根	2.98	1.36
贡献率/%	49.70	22.71
累积贡献率/%	49.70	72.41

第四节　土壤稀土元素风险评价

稀土元素（REE）相对于上地壳（UCC）的富集因子（EF）广泛用于评价风化作用和人为活动对其富集程度的影响（Cheng et al.，2012）。土壤中稀土元素的富集因子（EF_{REE}）计算方法如下（Reimann and Caritat，2000）：

$$EF_{REE}=(X/Al)_{Soil}/(X/Al)_{UCC} \tag{25.5}$$

其中，X 为稀土元素，Soil 为土壤样品。参比元素为 Al，上地壳 REE 和 Al 浓度来自文献（Wedepohl，1995）。根据 EF_{REE} 值，土壤 REE 的富集程度分四个等级：不富集（≤2）、轻度富集（2～3）、中度富集（3～5）和重度富集（≥5）（Elias et al.，2019）。

蒙河流域各土壤剖面轻稀土元素（LREE）和重稀土元素（HREE）富集因子的分布情况如图 25.4 所示。T1 至 T6 各剖面土壤 LREE 的 EF 平均值分别为 0.96、0.23、1.42、0.97、1.28 和 1.54；而 HREE 的 EF 平均值分别为 1.08、0.34、2.27、1.16、1.41 和 2.07。

结果显示，几乎所有土壤样品均未呈现出明显的 LREE 富集，但 T3 和 T6 剖面的浅层土壤和 T5 剖面的深层土壤呈现出轻度的 HREE 富集，说明土壤中 HREE 的迁移性低于 LREE。土壤中 HREE 比 LREE 富集的现象可以用吸附和解吸过程来解释，HREE 的离子半径比 LREE 小，因此 HREE 更稳定（Chapela et al.，2018）。在垂直方向上，土壤中 LREE 和 HREE 的电子效应随土壤深度的增加大致呈现出轻微下降的趋势。然而，T3、T4 和 T5 剖面 55～75cm 土层的 LREE 和 HREE 都出现了明显的富集。此外，T5 剖面底部（基岩与土壤界面）的土壤样品也出现了较为严重的LREE和HREE富集。这些异常的LREE和HREE

富集很可能与矿物的风化过程有关。矿物风化过程中大量REE从矿物中释放并在土壤中积累，导致土壤稀土元素相对于UCC呈现出严重富集的趋势（Condie et al.，1995）。土壤中层REE的富集可能与淋溶作用有关，该过程导致其向下迁移并在一定深度积累。大部分土壤样品中未出现REE富集，说明人为活动对REE迁移分布的影响较小，土壤中REE的地球化学行为主要受自然过程的影响。

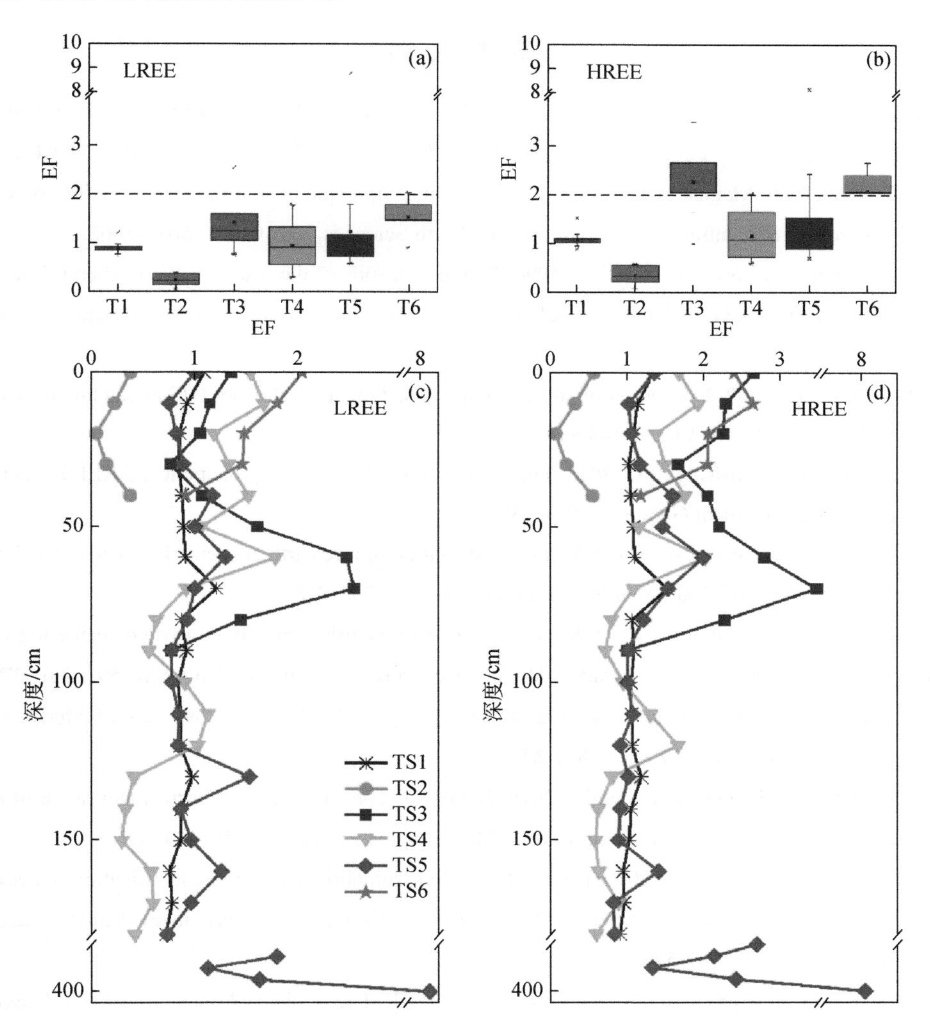

图25.4　泰国蒙河流域各土壤剖面中轻稀土元素和重稀土元素富集因子的分布

注：部分数据由于变化范围小而被省略

本 章 小 结

本章从土壤可蚀性、土壤重金属和稀土元素富集状况等方面，对泰国蒙河流域不同土地利用类型下土壤的环境生态风险进行了评估。原始林土壤可蚀性显著低于人工林土壤，主要与其丰富的粉粒有关。尽管稻田土壤的可蚀性 *K* 因子显著高于弃稻田土壤，但受田埂的保护稻田土壤几乎不发生侵蚀。土壤重金属富集因子法和地累积指数法的评估结果显示，泰国蒙河流域的土壤重金属含量较低，未达污染程度，所在区域为清洁区域。土壤重金属元素主要来源于自然过程且未受到显著人为活动污染。大部分土壤样品中未出现REE富集，土壤 REE 的迁移分布主要受自然过程影响，受人为活动影响较小。

参考文献

郭伟，赵仁鑫，张君，2011. 内蒙古包头铁矿区土壤重金属污染特征及其评价. 环境科学，32(10)：3099-3105.

黄敏，杨海舟，余萃，2010. 武汉市土壤重金属积累特征及其污染评价. 水土保持学报，24（4）：135-139.

Adhikary P P，Tiwari S P，Mandal D，et al.，2014. Geospatial comparison of four models to predict soil erodibility in a semi-arid region of Central India. Environmental Earth Sciences，72（12）：5049-5062.

Anoshin G N，Malikova I N，Kovalev S I，1996. Mercury in soils of the southern West Siberia//Baeyens W，Ebinghaus R，Vasiliev O. Global and regional mercury cycles：sources，fluxes and mass balances. Dordrecht：Springer：475-489.

Bhattarai R，Dutta D，2007. Estimation of soil erosion and sediment yield using GIS at catchment scale. Water Resources Management，21（10）：1635-1647.

Chapela L M，Buss H L，Pett-Ridge J C，2018. The effects of lithology on trace element and REE behavior during tropical weathering. Chemical Geology，500：88-102.

Cheng H，Hao F，Ouyang W，et al.，2012. Vertical distribution of rare earth elements in a wetland soil core from the Sanjiang Plain in China. Journal of Rare Earths，30（7）：731-738.

Condie K C，Dengate J，Cullers R L，1995. Behavior of rare earth elements in a paleoweathering profile on granodiorite in the Front Range，Colorado，USA. Geochimica et Cosmochimica Acta，59（2）：279-294.

Ding W F，Zhang X C，2016. An evaluation on using soil aggregate stability as the indicator of interrill erodibility. Journal of Mountain Science，13（5）：831-843.

Elias M S，Ibrahim S，Samuding K，et al.，2019. Dataset on concentration and enrichment factor of rare earth elements（REEs）in sediments of Linggi River，Malaysia. Data in Brief，25：103983.

Fang X，Peng B，Wang X，et al.，2019. Distribution，contamination and source identification of heavy metals in bed sediments from the lower reaches of the Xiangjiang River in Hunan province，China. Science of the Total Environment，689：557-570.

Fernandez-Illescas C P，Porporato A，Laio F，et al.，2001. The ecohydrological role of soil texture in a water-limited ecosystem. Water Resources Research，37（12）：2863-2872.

Ghrefat H A，Abu-Rukah Y，Rosen M A，2011. Application of geoaccumulation index and enrichment factor for assessing metal contamination in the sediments of Kafrain Dam，Jordan. Environmental Monitoring and Assessment，178（1）：95-109.

Goldshleger N，Ben-Dor E，Benyamini Y，et al.，2002. Spectral properties and hydraulic conductance of soil crusts formed by raindrop impact. International Journal of Remote Sensing，23（19）：3909-3920.

Huang J，Hartemink A E，2020. Soil and environmental issues in sandy soils. Earth-Science Reviews，208：103295.

Li P，Lin C，Cheng H，et al.，2015. Contamination and health risks of soil heavy metals around a lead/zinc smelter in southwestern China. Ecotoxicology and Environmental Safety，113：391-399.

Liu M，Han G，2020. Assessing soil degradation under land-use change：insight from soil erosion and soil aggregate stability in a small karst catchment in southwest China. PeerJ，8：e8908.

Liu M，Han G，Li X，2021. Comparative analysis of soil nutrients under different land-use types in the Mun River basin of Northeast Thailand. Journal of Soils and Sediments，21（2）：1136-1150.

Loss A，Lourenzi C R，dos Santos E，et al.，2017. Carbon，nitrogen and natural abundance of ^{13}C and ^{15}N in biogenic and physicogenic aggregates in a soil with 10 years of pig manure application. Soil and Tillage Research，166：52-58.

Mortvedt J J，1996. Heavy metal contaminants in inorganic and organic fertilizers//Rodriguez-Barrueco C. Fertilizers and environment. Dordrecht：Springer：5-11.

Muller，1969. Index of geoaccumulation in sediments of the Rhine River. GeoJournal，2：108-118.

Ostovari Y，Ghorbani-Dashtaki S，Bahrami H A，et al.，2018. Towards prediction of soil erodibility，SOM and $CaCO_3$ using laboratory Vis-NIR spectra：a case study in a semi-arid region of Iran. Geoderma，314：102-112.

Rajmohan N，Prathapar S A，Jayaprakash M，et al.，2014. Vertical distribution of heavy metals in soil profile in a seasonally waterlogging agriculture field in Eastern Ganges Basin. Environmental Monitoring and Assessment，186（9）：5411-5427.

Rangsiwanichpong P，Kazama S，Gunawardhana L，2018. Assessment of sediment yield in Thailand using revised universal soil loss equation and geographic information system techniques. River Research and Applications，34（9）：1113-1122.

Reimann C，Caritat P D，2000. Intrinsic flaws of element enrichment factors（EFs）in environmental geochemistry. Environmental Science & Technology，34（24）：5084-5091.

Rodríguez Rodríguez A，Arbelo C D，Guerra J A，et al.，2006. Organic carbon stocks and soil erodibility in Canary Islands Andosols. CATENA，66（3）：228-235.

Sharpley A N，Williams J R，1990. EPIC，erosion/productivity impact calculator. Technical Bulletin（USA）.

Six J，Paustian K，2014. Aggregate-associated soil organic matter as an ecosystem property and a measurement tool. Soil Biology and Biochemistry，68：A4-A9.

Vaezi A R，Sadeghi S H R，Bahrami H A，et al.，2008. Modeling the USLE K-factor for calcareous soils in northwestern Iran. Geomorphology，97（3）：414-423.

Varela M E，Benito E，Keizer J J，2010. Wildfire effects on soil erodibility of woodlands in NW Spain. Land Degradation & Development，21（2）：75-82.

Wang B，Zheng F，Römkens M J M，et al.，2013. Soil erodibility for water erosion：a perspective and Chinese experiences. Geomorphology，187：1-10.

Wang B，Zheng F，Guan Y，2016. Improved USLE-K factor prediction：a case study on water erosion areas in China. International Soil and Water Conservation Research，4（3）：168-176.

Wang X S，Qin Y，Chen Y K，2006. Heavy meals in urban roadside soils，part 1：effect of particle size fractions on heavy metals partitioning. Environmental Geology，50（7）：1061-1066.

Wang Z H，Fang H，Chen M，2017. Effects of root exudates of woody species on the soil anti-erodibility in the rhizosphere in a karst region，China. PeerJ，5：e3029.

Wedepohl H K，1995. The composition of the continental crust. Geochimica et Cosmochimica Acta，59（7）：1217-1232.

Wong C S C，Li X，Thornton I，2006. Urban environmental geochemistry of trace metals. Environmental Pollution，142（1）：1-16.

Xu F，Hu B，Yuan S，et al.，2018. Heavy metals in surface sediments of the continental shelf of the South Yellow Sea and East China Sea：sources，distribution and contamination. CATENA，160：194-200.

Xue B，Huang L，Huang Y，et al.，2019. Roles of soil organic carbon and iron oxides on aggregate formation and stability in two paddy soils. Soil and Tillage Research，187：161-171.

Ye L，Tan W，Fang L，et al.，2018. Spatial analysis of soil aggregate stability in a small catchment of the Loess Plateau，China：I. Spatial variability. Soil and Tillage Research，179：71-81.

Zeng C，Wang S，Bai X，et al.，2017. Soil erosion evolution and spatial correlation analysis in a typical karst geomorphology using RUSLE with GIS. Solid Earth，8（4）：721-736.

Zhang J，Liu C L，2002. Riverine composition and estuarine geochemistry of particulate metals in China—weathering features，anthropogenic impact and chemical fluxes. Estuarine，Coastal and Shelf Science，54（6）：1051-1070.

Zhang K，Yu Y，Dong J，et al.，2019. Adapting & testing use of USLE K factor for agricultural soils in China. Agriculture，Ecosystems & Environment，269：148-155.

第二十六章　土壤铁同位素的变化特征

Fe 同位素是表生地球化学领域新的示踪工具，可以示踪各圈层相互作用下 Fe 的循环过程，是当前国际上地球化学领域的研究热点。Fe 同位素在表生过程中的风化作用、河流搬运作用、沉积作用、成岩作用以及海洋中 Fe 的地球化学循环过程的研究中显示出了巨大的潜力（Hu et al.，2019；何永胜等，2015；朱祥坤等，2013）。土壤中的 Fe 同位素在研究陆地环境中的土壤氧化还原过程、风化成土过程和生物地球化学循环过程中具有重要意义。本章主要介绍土壤 Fe 同位素组成（$^{56}Fe/^{54}Fe$）、分馏及其控制因素。

第一节　土壤铁同位素组成

自然界中 Fe 有 ^{54}Fe、^{56}Fe、^{57}Fe 和 ^{58}Fe 共 4 个稳定同位素，其丰度分别为 5.845%、91.754%、2.119%、0.882%。$\delta^{56}Fe$ 是最常用的 Fe 同位素组成，以相对于参考标准（IRMM-014）的 $^{56}Fe/^{54}Fe$ 值进行计算（Dauphas and Rouxel，2006；Taylor et al.，1992）：

$$\delta^{56}\mathrm{Fe}(‰) = \left[(^{56}\mathrm{Fe}/^{54}\mathrm{Fe})_{样品} / (^{56}\mathrm{Fe}/^{54}\mathrm{Fe})_{标准} - 1 \right] \times 1000 \qquad (26.1)$$

Fe 同位素的分析最初由热电离质谱仪（TIMS）完成，但该方法无法使用内标法进行仪器的质量分馏校正，测试误差较大（Taylor et al.，1992）。即便双稀释剂法结合 TIMS 分析使得 Fe 同位素测定精度有了较大提高，$\delta^{56/54}Fe$ 值的测试精度达到 0.5‰左右，但是该分析精度仍无法有效识别复杂地质过程和生物过程中的铁同位素变化（Beard et al.，1999）。直到利用多接收电感耦合等离子体质谱仪（MC-ICP-MS）建立了 Fe 同位素方法，Fe 同位素测试精度提高了 5 倍以上（Belshaw et al.，2000；Zhu et al.，2002）。目前，使用 MC-ICP-MS 溶液法分析 $\delta^{56/54}Fe$ 的精度普遍可小于 0.1‰，这为采用 Fe 同位素技术示踪 Fe 元素地球化学循环过程提供了技术保障。

土壤中的 Fe 同位素组成很大程度上取决于原始母质的 Fe 同位素组成，但 Fe 在不同土壤层之间的迁移和转化过程会影响其同位素组成。研究发现，土壤剖面 Fe 同位素分馏的特征包括：①轻 Fe 同位素在表层土壤中缺失，这导致表土 $\delta^{56}Fe$ 值较高，如潜育土（gleysol）和灰壤（podzol）剖面（Mansfeldt et al.，2012；Schuth and Mansfeldt，2016）；②重 Fe 同位素在底层土壤富集，表层土壤 $\delta^{56}Fe$ 值较低，如火山灰土（andosol）（Thompson et al.，2007）；③$\delta^{56}Fe$ 值随土壤深度的变化不明显，如始成土（cambisol）和高铁土（ferralsol）剖面（Fekiacova et al.，2013）。如表 26.1 所示，蒙河流域两个土壤剖面（M1 和 M2）的 $\delta^{56}Fe$ 范围为−0.18‰～+0.54‰，不同剖面间存在明显差异。

表 26.1 蒙河流域 M1 和 M2 土壤剖面中的 Fe 及其同位素值、SOC 含量、pH、CIA 和 Ce/Ce*值

样品编号	土层	深度/cm	δ^{56}Fe	2SD	Fe/（g/kg）	SOC/（g/kg）	pH	CIA	Ce/Ce*
M1									
MA-1		−5.00	0.54	0.05	5.47	4.06	4.3	95.58	1.00
MA-2		−15.00	0.55	0.05	7.36	2.71	4.2	96.73	1.03
MA-3		−25.00	0.40	0.06	11.48	2.00	4.5	96.75	1.02
MA-4		−35.00	0.44	0.04	6.95	2.58	4.8	96.21	1.03
MA-5	I	−45.00	0.39	0.07	3.11	1.97	4.9	96.19	0.99
MA-6		−55.00	0.46	0.03	6.33	1.38	4.9	95.83	1.02
MA-7		−65.00	0.42	0.03	5.20	1.39	4.9	95.16	1.03
MA-8		−75.00	0.38	0.05	8.17	1.71	5.2	96.11	1.01
MA-9		−85.00	0.38	0.05	9.69	2.22	5.1	96.36	1.03
MA-10		−95.00	0.52	0.07	10.09	2.66	5.2	96.63	1.06
MA-11		−105.00	0.50	0.02	22.31	5.45	5.3	96.38	1.06
MA-12		−115.00	0.16	0.04	99.97	2.44	5.7	96.59	1.01
MA-13	II	−125.00	0.14	0.07	32.03	2.16	5.7	95.89	1.29
MA-14		−135.00	0.16	0.04	34.78	1.70	5.9	95.69	1.19
MA-15		−145.00	0.22	0.07	29.93	1.42	7.0	93.53	1.39
MA-16		−155.00	0.19	0.04	38.37	2.10	7.0	88.55	1.44
MA-17		−165.00	−0.01	0.05	127.93	1.72	7.3	91.29	1.23
MA-18		−175.00	−0.12	0.07	311.63	1.49	7.4	94.41	1.70
MA-19	III	−185.00	0.03	0.05	255.38	1.76	7.3	93.97	1.05
MA-20		−195.00	−0.16	0.05	248.92	2.80	7.1	94.01	1.13
MA-21		−205.00	−0.18	0.06	321.83	3.71	7.2	93.95	0.86
MA-22		−215.00	0.18	0.05	93.80	3.52	7.9	89.51	1.00
MA-23		−225.00	0.30	0.07	47.29	5.91	8.0	90.37	0.95
MA-24		−235.00	0.40	0.07	33.37	2.51	7.9	89.40	1.13
MA-25		−245.00	0.43	0.07	35.99	5.51	7.7	88.85	0.97
MA-26	IV	−255.00	0.24	0.08	48.54	2.38	7.6	88.29	0.86
MA-27		−265.00	0.16	0.02	30.40	3.43	7.1	87.61	0.93
MA-28		−275.00	0.31	0.04	32.58	1.75	7.2	86.92	0.98
MA-29		−285.00	0.17	0.02	26.66	1.96	6.9	87.89	1.00
MA-30		−295.00	0.21	0.07	32.56	1.77	6.9	87.31	1.03
M2									
MB-1		−5.00	0.25	0.05	6.03	9.36	5.5	87.73	0.96
MB-2		−15.00	0.25	0.04	3.87	3.68	5.4	85.84	0.92
MB-3	I	−25.00	0.25	0.05	5.96	4.46	5.3	86.55	0.99
MB-4		−35.00	0.17	0.03	7.21	2.61	6.0	87.11	0.96
MB-5		−45.00	0.08	0.07	7.69	2.16	6.1	86.12	0.91

续表

样品编号	土层	深度/cm	$\delta^{56}Fe$	2SD	Fe/（g/kg）	SOC/（g/kg）	pH	CIA	Ce/Ce*
MB-6	II	−55.00	0.20	0.04	7.59	1.98	6.4	90.69	0.94
MB-7		−65.00	0.30	0.05	4.21	1.24	6.5	86.67	0.94
MB-8		−75.00	0.26	0.07	6.52	1.08	6.5	91.12	0.94
MB-9		−85.00	0.27	0.07	8.82	3.47	6.2	92.39	0.89
MB-10		−95.00	0.34	0.03	10.70	2.18	6.2	88.59	0.83
MB-11	III	−105.00	0.04	0.07	118.50	1.86	6.2	92.21	1.60
MB-12		−115.00	0.06	0.06	32.01	3.44	6.3	88.41	1.12
MB-13	IV	−125.00	0.19	0.03	28.85	2.05	6.4	79.93	0.85
MB-14		−135.00	0.25	0.04	30.75	0.62	6.5	78.31	0.48
MB-15		−145.00	0.16	0.03	28.76	0.81	6.7	73.13	0.72
MB-16		−155.00	0.26	0.02	20.52	2.24	6.8	82.98	0.79
MB-17		−165.00	0.18	0.03	21.01	2.89	7.2	74.18	1.05
MB-18		−175.00	0.21	0.04	22.52	2.28	7.4	77.74	0.88
MB-19		−185.00	0.18	0.04	30.33	2.38	7.2	79.70	0.77
MB-20		−195.00	0.27	0.05	20.70	3.05	6.6	79.49	0.82

土壤剖面 M1 和 M2 均由第四纪河流中的粉砂岩发育形成（Zhou et al.，2019），M1 为非农业用地，土壤表层有机质含量低；而 M2 剖面为弃耕农业用地，土壤表层被杂草覆盖。M1 和 M2 土壤剖面中 Fe 的含量和 Fe 同位素组成如图 26.1 所示。

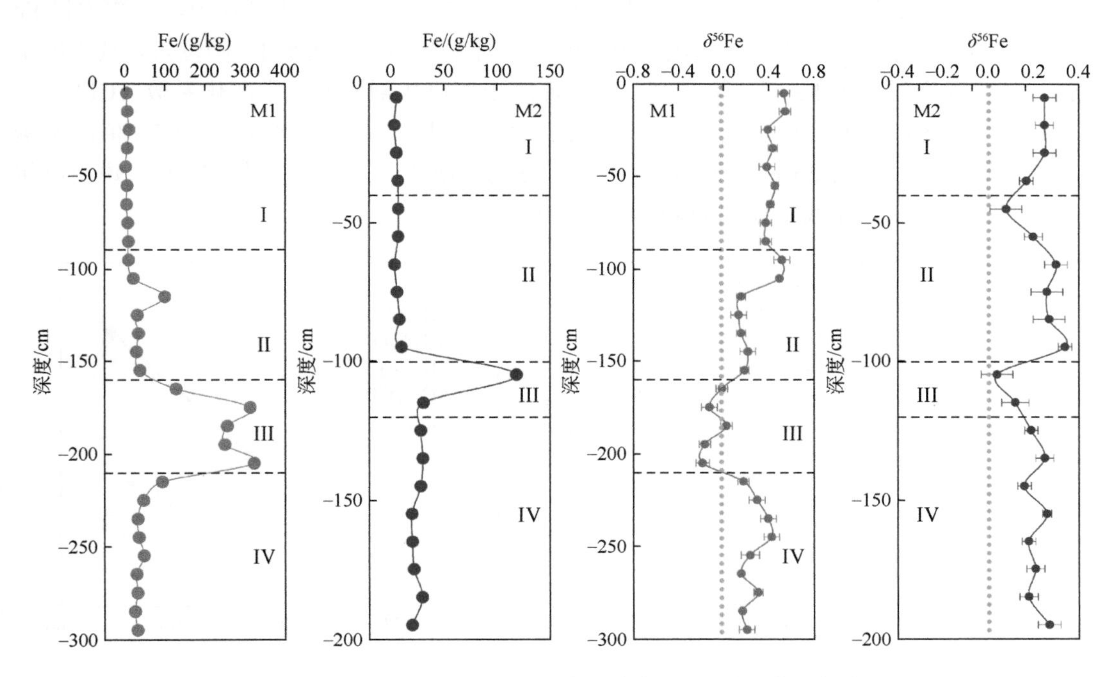

图 26.1　蒙河流域 M1 和 M2 土壤剖面中的 Fe 含量及其同位素组成

为便于数据分析，本研究依据土壤颜色和质地将土壤剖面分别划分为四层。M1 剖面 I 层（0～90cm）具有粉质结构，颜色为白色至灰色；II 层（90～170cm）为灰色细粉砂，随深度增加出现红色斑块；III 层（170～210cm）具有铁锰质结核层结构，颜色为红色和黑色混杂；IV 层（210～300cm）为灰绿色黏土。M2 剖面 I 层（0～40cm）以灰黑色细粉砂为特征，有少量根系；II 层（40～100cm 为白色和黄色粉砂，随着深度的增加出现少量铁锈斑；III 层（100～120cm）为黄色粉砂，含大量黑色铁锰质结核；IV 层（120～200cm）呈深红色，由红色粉砂岩发育形成。M1 剖面中 I、II、III、IV 层的平均δ^{56}Fe 值分别为+0.45‰、+0.23‰、−0.09‰和+0.27‰，M2 剖面分别为+0.20‰、+0.27‰、+0.08‰和+0.21‰。M1 剖面δ^{56}Fe 从 I 层到 II 层发生明显分馏，其差值$\Delta^{56}Fe_{II\text{-}I}$为 0.22‰，III 层（富铁层）中$\delta^{56}$Fe 最低，与 I、II、IV 层间的差值$\Delta^{56}Fe_{III\text{-}I}$、$\Delta^{56}Fe_{III\text{-}II}$和$\Delta^{56}Fe_{III\text{-}IV}$分别为 0.54‰、0.32‰和 0.36‰。M2 剖面 I、II、IV 层间的δ^{56}Fe 差值非常小，如$\Delta^{56}Fe_{II\text{-}I}$和$\Delta^{56}Fe_{II\text{-}IV}$分别为 0.07‰和 0.06‰。III 层（富铁层）与其他层之间的δ^{56}Fe 偏差较大，如$\Delta^{56}Fe_{II\text{-}III}$和$\Delta^{56}Fe_{III\text{-}IV}$分别为 0.19‰和 0.14‰。

第二节　风化过程中铁同位素的分馏

地表的岩石矿物通过物理和化学风化作用形成土壤，风化过程涉及矿物溶解，Fe 元素从矿物中淋滤出来，并发生迁移和沉淀作用。Fe^{2+}通过扩散和平流过程迁移，在氧化环境条件下进一步氧化并重新沉淀为 Fe 的氧(氢氧)化物，引起 Fe 同位素分馏(Wiederhold et al.，2007)。研究发现，风化过程中的 Fe 同位素分馏受到氧化还原过程控制，Fe 同位素可视为土壤形成过程中的氧化还原示踪剂（Fekiacova et al.，2013）。在风化过程中，土壤中轻 Fe 同位素的Fe^{2+}优先被淋滤带走，风化残余物的Fe^{3+}含量升高并富集重 Fe 同位素，风化程度越强，风化残余物中重 Fe 同位素越高。蒙河流域土壤风化剖面的化学风化系数（CIA）平均值大部分在 85～100 之间，表现出强烈的化学风化程度；土壤风化剖面的 CIA 值沿土壤深度的增加而升高（表 26.1）。土壤剖面中δ^{56}Fe 与 CIA 值呈正相关（图 26.2），说明风化程度越强，保留在风化残余物中的 Fe 同位素越重。

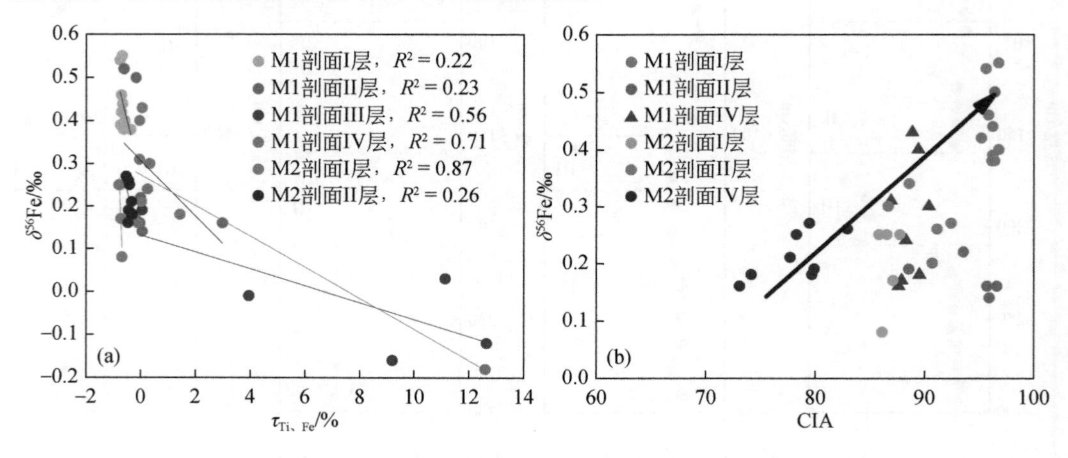

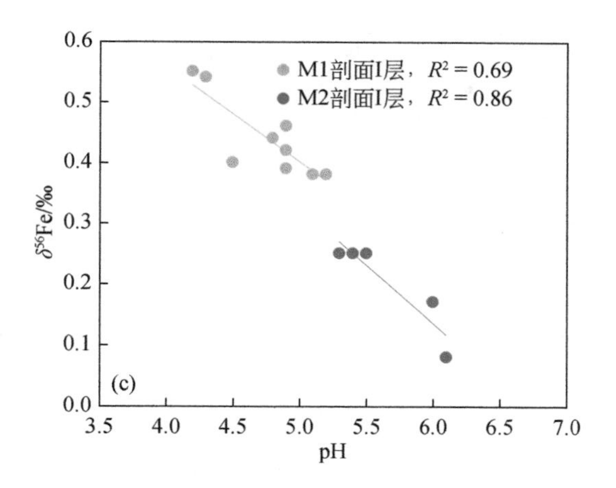

图 26.2　蒙河流域土壤剖面δ^{56}Fe 和$\tau_{Ti、Fe}$、CIA、pH 之间的相关关系

土壤剖面 I、II 和 IV 层中的$\tau_{Ti、Fe}$值小于或接近 1.0（图 26.3），这表明除 III 层（富铁层）外，风化过程中 Fe 元素从矿物中溶解，残留物中 Fe 含量降低。土壤中的δ^{56}Fe 与$\tau_{Ti、Fe}$值呈负相关，说明随着风化程度的增强，Fe 元素的溶解性增强，轻 Fe 同位素优先迁移到土壤溶液，而风化残留物中重 Fe 同位素富集，这与前人研究结果一致（Brantley et al.，2004；Wiederhold et al.，2006）。在 Fe 氧化物结核层（III 层）中，Fe 同位素组成变化较为异常，较轻的 Fe 同位素倾向于在该带聚集（M1：−0.09‰；M2：+0.08‰）。Fe 氧化物结核层中的平均δ Ce 呈现显著的正异常（M1：1.60；M2：1.35），这表明该区域的土壤环境为氧化环境（图 26.3）。Fe 氧化物结核层（III 层）中的$\tau_{Ti、Fe}$值远大于 1，这说明在氧化条件下，Fe^{2+}在强烈风化下转化为Fe^{3+}，由沉淀作用形成铁的氧（氢氧）化物，引起显著 Fe 富集。因此，蒙河流域风化作用导致了土壤剖面上 Fe 同位素组成的变化，氧化还原控制了土壤风化过程中的 Fe 同位素分馏。

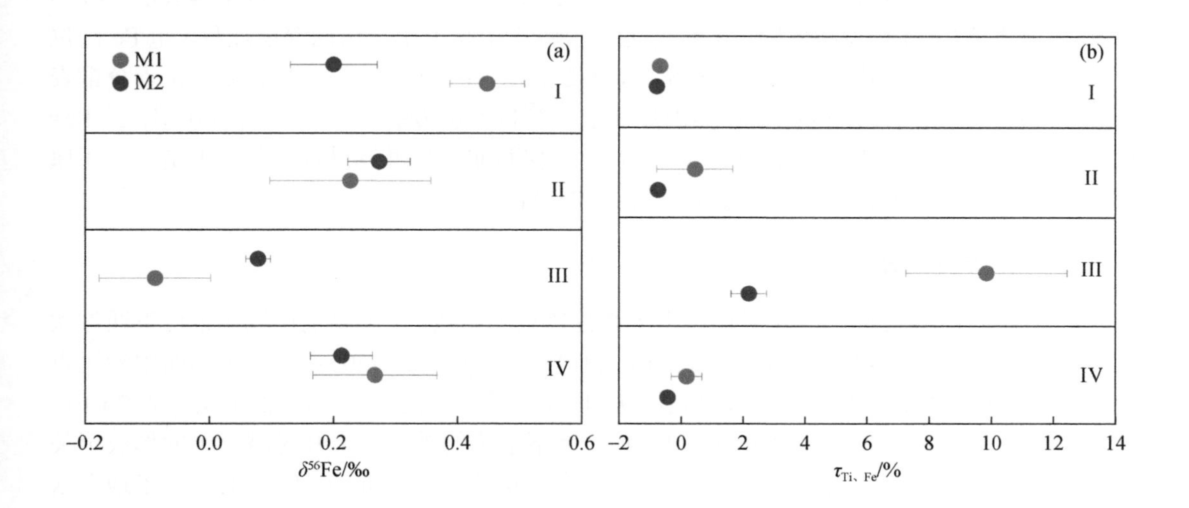

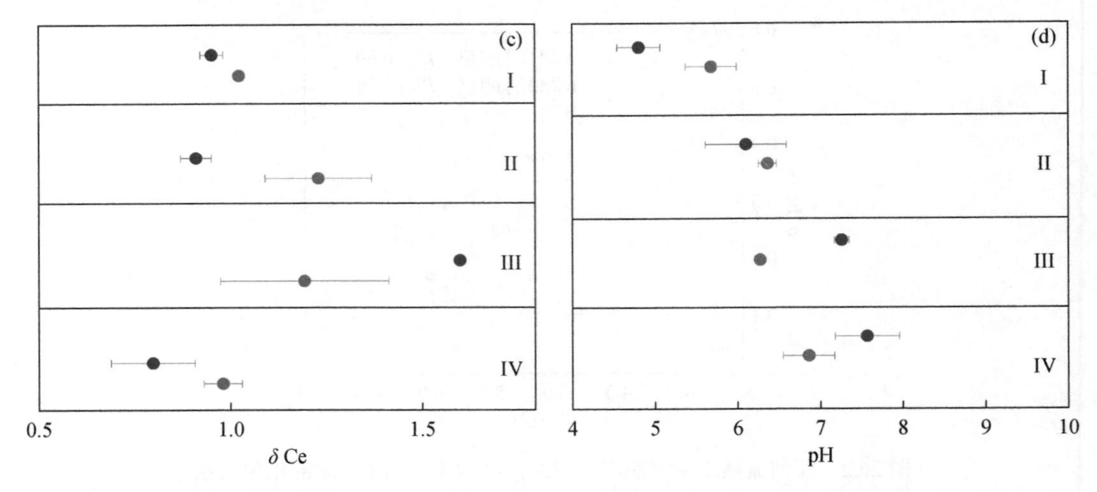

图 26.3　蒙河流域土壤剖面 I、II、III 和 IV 层中的δ^{56}Fe、$\tau_{Ti,Fe}$、δCe 和 pH

第三节　土壤中铁同位素分馏的控制因素

一、淋滤作用

土壤受淋滤过程影响，可溶性物质从表层向底层迁移，物质迁移过程导致元素从表层损失。研究发现，表层土壤受淋滤过程影响，优先去除轻 Fe 同位素，使重 Fe 同位素在表层富集（Fekiacova et al.，2013）。蒙河流域土壤剖面（I 层和 II 层）中 Fe 含量随着土壤深度的增加而增大（图 26.1）。M1 剖面表层 Fe 同位素组成（I 层，δ^{56}Fe=0.45‰）重于深层（II 层，δ^{56}Fe=0.23‰）（图 26.3）。蒙河流域属热带草原气候，大部分年降雨量发生在雨季。雨水渗入土壤剖面的淋滤过程，促使可迁移的 Fe 从表层迁移到深层，导致土壤表层（I 层）中的 Fe 元素流失。由于轻 Fe 同位素优先通过溶解作用从土壤表层向深层迁移，重 Fe 同位素留在残渣物（I 层）中。与 M1 剖面相比，M2 上层（I 层和 II 层）中的 Fe 同位素分馏表现出一些差异。M2 表层的 Fe 同位素组成（I 层，δ^{56}Fe=0.20‰）略轻于深层（II 层，δ^{56}Fe=0.27‰），表明剖面上层（I 层和 II 层）中的 Fe 迁移并非仅受淋滤过程控制，土壤氧化还原条件、pH 和有机质同样会影响上层 Fe 同位素的分馏。

二、沉淀作用

蒙河流域在土壤剖面的 III 层均出现了红色斑点和结核，这主要是在氧化条件下通过次生铁氧化物再沉淀形成的（Akerman et al.，2014；Liang et al.，2021）。土壤剖面中的斑点和结核主要由氧化铁矿物组成，该层氧化铁的平均含量远高于剖面的其他土层（表 26.1）。蒙河流域土壤主要为潜育土（Group，2014），地下水位的季节性上升对潜育土的形成至关重要，频繁的地下水位变化促进了氧化铁结核的形成（Mansfeldt et al.，2012）。当地下水位上升时，相关土壤的含水饱和度较高，氧气向土壤中的扩散迅速改善了土壤氧化条件；当水位下降时，可迁移的 Fe^{2+}迅速氧化，引起了氧化物的沉淀。此外，M1 剖面 III 层的平均土壤 pH 为 7.25，有利于二次铁氧化物的形成。土壤氧化还原条件的频繁变化不仅影响了 Fe 氧化物的重新分布，还影响了 Fe 同位素的组成，氧化溶解和沉淀过程伴随着显著的 Fe 同位素分馏（Liu et al.，2014；Mansfeldt et al.，2012）。研究表明，土壤中可移动的 Fe^{2+} 在氧化条件下氧化并沉淀为 Fe^{3+} 的氧（氢氧）化物，Fe 同位素组成在转化过程中发生分馏（Anbar et al.，2005；Bullen et al.，2001）。蒙河流域土壤剖面氧化铁结核层（III 层）的 δ^{56}Fe 值远低于其他土层。由于淋滤作用，Fe 从上层剖面迁移到深层，轻 Fe 同位素优先溶解向下迁移，富含轻 Fe 的氧化物二次沉降形成了 Fe 氧化物结合层并聚集在 III 层。因此，氧化铁结核层富集轻 Fe 同位素。

三、土壤有机质的影响

有机质在土壤 Fe 的循环中起着重要作用，有机化合物或配体可以参与 Fe 矿物的溶解，并影响植物对 Fe 的运输。在富有机质的表生环境体系中，Fe 的有机络合物是一种重要的 Fe 赋存形式（Beard et al.，2003；Wiederhold et al.，2006；Wu et al.，2019）。研究表明，浅层富含有机质层和深层矿层之间的 Fe 同位素组成表现出显著差异，其中富含有机质层中的 Fe 同位素明显轻于剖面矿层，主要原因是植物从土壤中吸收了轻 Fe 同位素，轻 Fe 同位素随凋落物输入表层，使得表层土壤 δ^{56}Fe 值较低（Kiczka et al.，2010）。蒙河流域 M2 土壤剖面被杂草和落叶覆盖，表层（I 层）土壤平均有机碳（SOC）含量为 4.46g/kg，其中最高含量达到了 9.36g/kg，远比 M1 表土中的相关含量高。受土壤有机质的影响，M2 表土中 Fe 同位素的分馏情况与 M1 剖面不同，M2 剖面富含有机质层（I 层）的 Fe 同位素组成比 II 层更轻。

四、质子控制的溶解作用

土壤中发生的溶解作用包括质子控制的溶解（proton-promoted dissolution）、还原性溶解作用（reductive dissolution）和配位体控制的溶解（ligand-controlled dissolution）。氢离子与矿物表面的氧化物或氢氧化物反应时，会发生质子控制的溶解，从而促进 Fe 释放到溶液中（Cornell and Schwertmann，2003；Wiederhold et al.，2006）。质子控制的溶解在酸性条件下促进 Fe 的迁移，但在中性或碱性条件下不能有效发挥作用。因此，土壤 pH 是影响表层土壤 Fe 释放和迁移的重要因素。蒙河流域 M1 土壤 I 层的平均 pH 为 4.80，M2 剖面则为 5.67（表 26.1 和图 26.3），说明质子控制的溶解可能会影响这些酸性土壤中 Fe 的迁移。研究发现，黑云母和绿泥石由于质子控制的溶解作用，轻 Fe 同位素优先释放到分馏因子为 −1.4‰的溶液中（Kiczka et al.，2010）。I 层土壤 δ^{56}Fe 值与 pH 呈显著负相关（M1：R^2＝0.69；M2：R^2＝0.86）（图 26.2），表明质子控制的矿物溶解导致轻 Fe 同位素优先迁移到溶液中，随着土壤中的酸度增加，残留物富含较重的 Fe 同位素。与 M2 剖面相比，M1 剖面的酸性更强，其质子控制的溶解作用表现更为明显。

本 章 小 结

本章分析了土壤剖面中 Fe 含量和 Fe 同位素组成（δ^{56}Fe）的分布，研究了蒙河流域土壤风化过程中的 Fe 迁移和转化过程及其影响因素。首先，蒙河流域强烈的风化作用引起了土壤剖面中 Fe 的迁移以及 Fe 同位素的明显分馏；随着风化强度的增加，矿物溶解过程中迁移性 Fe 被释放到溶液中，上层土壤中的 Fe 在淋滤过程中损失；δ^{56}Fe 值随 Fe 含量的降低而增大，由于轻 Fe 更容易发生迁移，因此风化残渣中的δ^{56}Fe 值相对较高。其次，在氧化铁结核区（第 III 层），次生氧化铁沉淀导致轻 Fe 同位素富集，这是由于在风化过程中上层土壤优先流失轻铁同位素。淋溶过程和质子作用导致 M1 剖面表层（第 I 层）中 Fe 含量降低、重 Fe 同位素在残渣中富集；土壤有机质对 Fe 溶解和运输起到重要作用，M2 剖面富含有机质层（I 层）的 Fe 同位素组成比 II 层更轻。

参 考 文 献

何永胜，胡东平，朱传君，2015. 地球科学中铁同位素研究进展. 地学前缘，22（5）：54-71.

朱祥坤，王跃，闫臻，等，2013. 非传统稳定同位素地球化学的创建与发展. 矿物岩石地球化学通报，32（6）：651-688.

Akerman A，Poitrasson F，Oliva P，et al.，2014. The isotopic fingerprint of Fe cycling in an equatorial soil–plant–water system：the Nsimi watershed，South Cameroon. Chemical Geology，385：104-116.

Anbar A D，Jarzecki A A，Spiro T G，2005. Theoretical investigation of iron isotope fractionation between Fe（H_2O）$_6^{3+}$ and Fe（H_2O）$_6^{2+}$：implications for iron stable isotope geochemistry. Geochimica et Cosmochimica Acta，69（4）：825-837.

Beard B L，Johnson C M，Cox L，et al.，1999. Iron isotope biosignatures. Science，285（5435）：1889-1892.

Beard B L，Johnson C M，Skulan J L，et al.，2003. Application of Fe isotopes to tracing the geochemical and biological cycling of Fe. Chemical Geology，195（1）：87-117.

Belshaw N S，Zhu X K，Guo Y，et al.，2000. High precision measurement of iron isotopes by plasma source mass spectrometry. International Journal of Mass Spectrometry，197（1）：191-195.

Brantley S L，Liermann L J，Guynn R L，et al.，2004. Fe isotopic fractionation during mineral dissolution with and without bacteria. Geochimica et Cosmochimica Acta，68（15）：3189-3204.

Bullen T D，White A F，Childs C W，et al.，2001. Demonstration of significant abiotic iron isotope fractionation in nature. Geology，29（8）：699-702.

Cornell R M，Schwertmann U，2003. The Iron oxides-structure，properties，reactions，occurrence and uses. VGH Verlag GmbH & Co. KGaA，15（3-4）：297-344.

Dauphas N，Rouxel O，2006. Mass spectrometry and natural variations of iron isotopes. Mass Spectrometry Reviews，25（4）：515-550.

Fekiacova Z，Pichat S，Cornu S，et al.，2013. Inferences from the vertical distribution of Fe isotopic compositions on pedogenetic processes in soils. Geoderma，209-210：110-118.

Group I W，2014. World reference base for soil resources 2014. World Soil Resources Reports No. 106. Food and Agriculture Organization，Rome.

Hu X F，Zhao J L，Zhang P F，et al.，2019. Fe isotopic composition of the Quaternary Red Clay in subtropical Southeast China：redoxic Fe mobility and its paleoenvironmental implications. Chemical Geology，524：356-367.

Kiczka M，Wiederhold J G，Frommer J，et al.，2010. Iron isotope fractionation during proton- and ligand-promoted dissolution of primary phyllosilicates. Geochimica et Cosmochimica Acta，74（11）：3112-3128.

Liang B，Han G，Liu M，et al.，2021. Zn isotope fractionation during the development of low-humic gleysols from the Mun River Basin，northeast Thailand. CATENA，206：105565.

Liu S A，Teng F Z，Li S，et al.，2014. Copper and iron isotope fractionation during weathering and pedogenesis：insights from saprolite profiles. Geochimica et Cosmochimica Acta，146：59-75.

Mansfeldt T，Schuth S，Häusler W，et al.，2012. Iron oxide mineralogy and stable iron isotope composition in a Gleysol with petrogleyic properties. Journal of Soils and Sediments，12（1）：97-114.

Schuth S，Mansfeldt T，2016. Iron isotope composition of aqueous phases of a lowland environment. Environmental Chemistry，13（1）：89-101.

Taylor P D P，Maeck R，De Bièvre P，1992. Determination of the absolute isotopic composition and Atomic Weight of a reference sample of natural iron. International Journal of Mass Spectrometry and Ion Processes，121（1）：111-125.

Thompson A，Ruiz J，Chadwick O A，et al.，2007. Rayleigh fractionation of iron isotopes during pedogenesis along a climate sequence of Hawaiian basalt. Chemical Geology，238（1）：72-83.

Wiederhold J G，Kraemer S M，Teutsch N，et al.，2006. Iron isotope fractionation during proton-promoted，ligand-controlled，and reductive dissolution of Goethite. Environmental Science & Technology，40（12）：3787-3793.

Wiederhold J G，Teutsch N，Kraemer S M，et al.，2007. Iron isotope fractionation during pedogenesis in redoximorphic soils. Soil Science Society of America Journal，71（6）：1840-1850.

Wu B，Amelung W，Xing Y，et al.，2019. Iron cycling and isotope fractionation in terrestrial ecosystems. Earth-Science Reviews，190：323-352.

Zhou W，Han G，Liu M，et al.，2019. Effects of soil pH and texture on soil carbon and nitrogen in soil profiles under different land uses in Mun River Basin，Northeast Thailand. PeerJ，7：e7880.

Zhu X K，Makishima A，Guo Y，et al.，2002. High precision measurement of titanium isotope ratios by plasma source mass spectrometry. International Journal of Mass Spectrometry，220（1）：21-29.

第二十七章　土壤铜同位素的变化特征

铜（Cu）是植物和人类生长过程中的必需营养元素，广泛参与陆地生态系统的氧化还原反应（Kumar et al.，2021）。因此，氧化还原作用对铜的生物地球化学行为及其同位素分馏机制具有重要影响。受水位波动而形成的潜育土是氧化还原型土壤，为研究土壤氧化还原变化对铜循环的影响提供了良好场所（Fekiacova et al.，2015；Tabor et al.，2017）。铁、锰氢氧化物和有机质及其相互作用是影响氧化还原作用波动条件下铜循环的基本化学参数（Al-Sid-Cheikh et al.，2015；Bigalke et al.，2011；Lotfi-Kalahroodi et al.，2019；Vance et al.，2016）。氧化条件下，潜育土中的铜可以吸附在铁（锰）氧化物表面或与有机质相络合，但吸附或络合的铜可能被诸如铁氢氧化物-铜-溶解性有机质等多组分系统体系的存在所抑制（Henneberry et al.，2012；Witzgall et al.，2021）。还原条件下，原本吸附于土壤的铜将随铁（锰）氢氧化物的还原溶解再次释放（Fulda et al.，2013；Pan et al.，2016；Xu et al.，2021）。受多期次氧化还原变化影响的土壤，随着氧化还原循环次数的增加，土壤溶液将保留更多的 Fe（II），此时诸如 U 等氧化还原敏感元素形成的稳定形态化合物含量会随之增加（Fu et al.，2018；Lotfi-Kalahroodi et al.，2021）。因此，多期次氧化还原变换对土壤中铜的生物地球化学循环，乃至环境变化的研究意义重大。

随着高精度 Cu 同位素分析技术的发展，土壤 Cu 同位素地球化学成为全球研究热点之一（Freymuth et al.，2020；Kidder et al.，2020；Maréchal et al.，1999；Sossi et al.，2015）。前人研究表明，受岩石风化和相应的成土作用影响（如氧化还原、吸附以及溶解等各种生物地球化学反应），土壤环境中的铜同位素值存在空间异质性（Ehrlich et al.，2004；Li et al.，2015；Little et al.，2019；Wall et al.，2011）。其中，受氧化还原变换影响的δ^{65}Cu 值变化及原因主要存在以下三种情况：①铁（锰）氢氧化物还原溶解过程中 Cu 再释放进入到土壤溶液中，轻 Cu 同位素优先溶解（Kusonwiriyawong et al.，2016）；②土壤矿物氧化溶解过程中释放的可溶性 Cu 主要以富集重 Cu 同位素形式的 Cu（II）存在，其可以与 SOM（土壤有机质）形成稳定的配合物，被铁锰氢氧化物或黏土矿物再吸附（Kusonwiriyawong et al.，2017）；③多期次氧化还原变化使 Cu 同位素值的变化范围扩大，例如在页岩和燧石的风化过程中，Cu 同位素值随着氧化还原电位的变化而具有较大的变化范围−6.42‰～+19.73‰（Lv et al.，2016；Mathur et al.，2009；Palacios et al.，2011）。

然而，目前对于多期次氧化还原过程中 Cu 同位素分馏机制的研究多集中于室内模拟实验，缺乏对自然环境样品的研究，相关分馏特征及机制有待进一步探究。泰国蒙河流域位于具有较大蒸发量的热带稀树草原地带，具有地下水周期性补给河水的供水特征（Jin et al.，2011；Liang et al.，2021；Peel et al.，2007；Prabnakorn et al.，2018）。季节性地下水水位变化引起的氧化还原电位差异、特定的地质和气候条件使得泰国蒙河流域广泛分布低腐殖质潜育土，这为我们研究天然条件下多期次氧化还原过程中 Cu 同位素的分馏机制提供了理想场所。

第一节　土壤风化及铜同位素组成的剖面特征

一、土壤镁铁质蚀变指数的剖面分析

S1 剖面 MIA(o)和 MIA(r)值的变化范围分别为 52～85 以及 41～67，而 S2 剖面 MIA(o)和 MIA(r)值的变化范围分别为 65～99 及 24～81。S1 剖面的平均 MIA(o)和 MIA(r)值分别为 69 和 55，均低于 S2 剖面（MIA(o)为 86，MIA(r)为 62）。S1 剖面各层的平均 MIA(o)值分别为 57.66（I）、84.62（II）和 68.69（III），S2 剖面各层的平均 MIA(o)值分别为 76.14（I）、97.30（II）、95.08（III）以及 93.31（IV）。S1 剖面各层的平均 MIA(r)值分别为 48.59（I）、60.13（II）和 61.14（III），而 S2 剖面各层的平均 MIA(r)值分别为 60.73（I），27.45（II），65.58（III）以及 77.33（IV），其中 S2 剖面 II 层的平均 MIA(r)最小。皮尔逊相关分析表明 S1 剖面 MIA(o)与δ^{65}Cu 值之间具有较强的负相关性（$r=-0.89$，$p<0.01$），而 S2 剖面 MIA(r)与δ^{65}Cu 值之间具有较强的正相关性（$r=0.64$，$p<0.01$）（图 27.1），这为化学风化过程中 Cu 同位素分馏受氧化还原作用的控制提供了直接的证据。

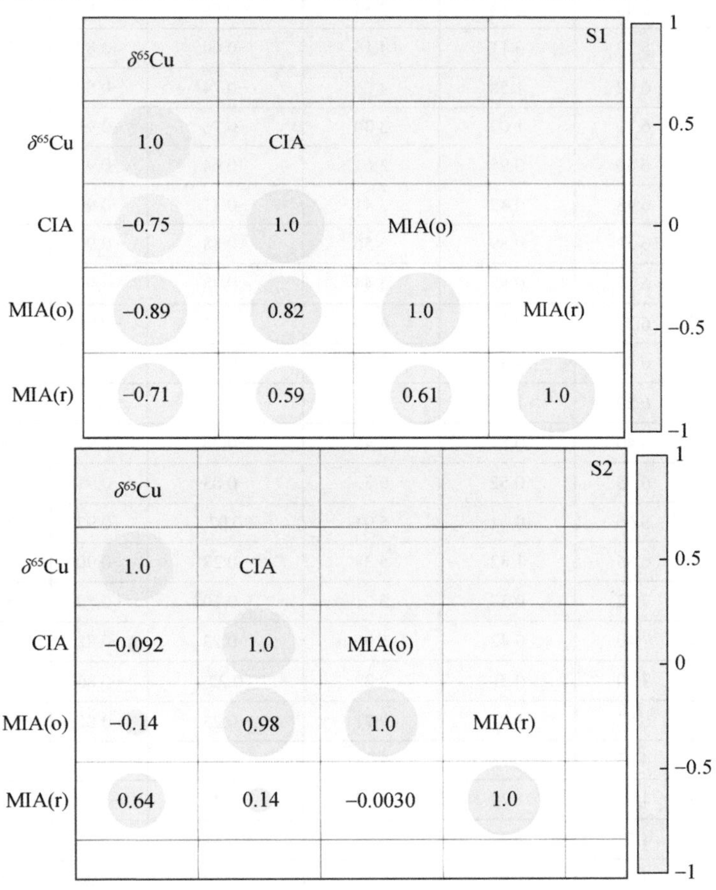

图 27.1　S1 和 S2 剖面δ^{65}Cu 值与 CIA、MIA(o)和 MIA(r)值之间的皮尔逊相关性

二、土壤剖面的铜浓度及其同位素组成

如表 27.1 所示，S1、S2 剖面 Cu 浓度范围分别为 3.30～9.71μg/g、4.79～24.35μg/g。S1 各层平均 Cu 浓度分别为 6.63μg/g（I）、3.89μg/g（II）、4.25μg/g（III）；S2 各层平均 Cu 浓度分别为 12.42μg/g（I）、23.58μg/g（II）、10.23μg/g（III）、5.66μg/g（IV）。S1、S2 剖面 δ^{65}Cu 值范围分别为−0.88‰～0.22‰、−1.20‰～−0.15‰，平均值为−0.45‰和−0.64‰。S1 各层平均δ^{65}Cu 值分别为−0.11‰（I）、−0.72‰（II）、−0.64‰（III）；S2 各层平均δ^{65}Cu 值分别为−0.63‰（I）、−1.19‰（II）、−0.55‰（III）、−0.48‰（IV）。S2 的 II 层平均 Cu 含量较高（23.58μg/g）、平均δ^{65}Cu 值较低（−1.19‰）。S1 剖面各层间的 Cu 同位素分馏值Δ^{65}Cu 分别为−0.61‰（II-I）和 0.08‰（III-II）；S2 剖面各层之间的 Cu 同位素分馏值Δ^{65}Cu 分别为−0.56‰（II-I）、0.64‰（III-II）以及 0.07‰（IV-III）。

表 27.1　土壤 S1 和 S2 剖面铜的浓度及同位素值

编号	深度/m	pH	SOC/(mg/g)	Cu/(μg/g)	$\delta^{65}Cu_{AE633}$/‰	τ_{Cu}	MIA(o)	MIA(r)
S1-1	0.05	5.49	7.45	4.63	−0.66	−0.89	77.16	62.46
S1-2	0.15	5.43	2.53	3.54	−0.55	−0.87	76.86	61.51
S1-3	0.25	5.33	3.11	4.18	−0.60	−0.88	77.33	60.54
S1-4	0.35	6.02	1.58	4.66	−0.74	−0.88	77.31	60.03
S1-5	0.45	6.10	1.02	3.30	−0.76	−0.91	76.33	56.67
S1-6	0.55	6.40	0.95	3.61	−0.64	−0.90	75.56	64.32
S1-7	0.65	6.48	0.42	3.41	−0.71	−0.90	74.92	61.32
S1-8	0.75	6.52	0.89	3.56	−0.88	−0.90	74.54	64.87
S1-9	0.85	6.17	0.87	3.44	−0.78	−0.92	74.69	66.05
S1-10	0.95	6.22	0.98	4.29	−0.61	−0.90	74.45	66.67
S1-11	1.05	6.24	1.36	5.63	−0.69	−0.88	84.62	41.00
S1-12	1.15	6.29	1.63	/	/	/	/	/
S1-13	1.25	6.40	0.51	6.48	−0.28	−0.91	59.71	49.17
S1-14	1.35	6.55	0.52	6.36	−0.03	−0.91	58.59	47.67
S1-15	1.45	6.66	0.64	5.91	0.07	−0.92	53.32	41.99
S1-16	1.55	6.85	1.82	5.38	−0.28	−0.90	61.69	54.82
S1-17	1.65	7.22	0.57	5.01	−0.10	−0.89	52.74	44.77
S1-18	1.75	7.40	0.42	5.90	−0.23	−0.88	55.85	47.81
S1-19	1.85	7.20	0.71	8.29	0.22	−0.86	59.39	49.01
S1-20	1.95	6.57	1.27	9.71	−0.25	−0.85	59.96	53.48
S2-1	0.05	4.33	2.78	5.74	−0.47	−0.90	92.42	77.89
S2-2	0.15	4.22	1.79	5.62	−0.41	−0.90	93.62	80.80
S2-3	0.25	4.55	1.75	5.93	−0.54	−0.92	94.06	74.89
S2-4	0.35	4.82	1.81	5.46	−0.59	−0.90	93.09	78.86
S2-5	0.45	4.88	1.40	4.79	−0.15	−0.85	94.32	81.30

续表

编号	深度/m	pH	SOC/（mg/g）	Cu/(μg/g)	$\delta^{65}Cu_{AE633}$/‰	τ_{Cu}	MIA(o)	MIA(r)
S2-6	0.55	4.88	0.99	5.39	−0.53	−0.90	92.70	75.94
S2-7	0.65	4.91	0.82	5.50	−0.43	−0.88	92.17	74.28
S2-8	0.75	5.19	0.98	6.11	−0.58	−0.89	93.42	74.67
S2-9	0.85	5.13	1.20	6.37	−0.64	−0.83	94.02	77.31
S2-10	0.95	5.18	1.87	7.81	−0.41	−0.88	94.47	81.33
S2-11	1.05	5.28	2.00	8.59	−0.54	−0.87	95.20	70.47
S2-12	1.15	5.69	1.87	11.37	−0.68	−0.82	97.39	41.69
S2-13	1.25	5.72	1.37	8.84	−0.72	−0.88	94.99	70.02
S2-14	1.35	5.96	1.42	9.59	−0.67	−0.89	94.46	71.18
S2-15	1.45	6.96	1.65	9.21	−0.55	−0.88	94.02	74.33
S2-16	1.55	7.01	1.50	9.26	−0.66	−0.90	93.90	73.00
S2-17	1.65	7.27	1.56	17.21	−0.18	−0.73	96.20	42.65
S2-18	1.75	7.38	1.67	23.96	−1.20	−0.58	98.14	25.43
S2-19	1.85	7.33	1.65	24.35	−1.19	−0.53	97.56	28.05
S2-20	1.95	7.08	1.36	23.97	−1.16	−0.60	96.61	31.43
S2-21	2.05	7.21	1.19	22.04	−1.20	−0.62	96.90	24.89
S2-22	2.15	7.95	1.05	11.62	−0.71	−0.88	87.55	56.76
S2-23	2.25	8.03	0.68	11.53	−0.58	−0.87	83.98	65.12
S2-24	2.35	7.88	0.63	12.20	−0.55	−0.86	81.05	66.84
S2-25	2.45	7.74	0.55	11.83	−0.61	−0.86	80.36	65.54
S2-26	2.55	7.63	0.39	11.68	−0.72	−0.88	79.97	62.93
S2-27	2.65	7.12	0.34	11.30	−0.72	−0.87	78.58	65.70
S2-28	2.75	7.21	0.66	12.31	−0.86	−0.86	78.20	64.42
S2-29	2.85	6.94	0.63	11.80	−0.71	−0.86	77.53	65.93
S2-30	2.95	6.93	0.55	15.18	−0.67	−0.81	77.25	63.49
S2-31	3.05	7.03	0.63	11.73	−0.78	−0.85	76.39	67.45
S2-32	3.15	6.65	0.63	11.71	−0.80	−0.85	75.25	66.21
S2-33	3.25	7.05	0.87	16.91	−0.54	−0.76	80.61	46.23
S2-34	3.35	6.65	0.61	14.85	−0.63	−0.80	76.07	52.31
S2-35	3.45	6.71	0.65	15.13	−0.57	−0.81	74.86	53.32
S2-36	3.55	6.50	0.61	13.18	−0.83	−0.85	69.49	58.41
S2-37	3.65	6.77	0.36	11.87	−0.39	−0.85	70.37	61.49
S2-38	3.75	7.03	0.48	12.77	−0.43	−0.84	70.71	59.01
S2-39	3.85	7.15	0.46	9.48	−0.52	−0.88	70.40	62.16
S2-40	3.95	6.61	0.35	10.72	−0.50	−0.87	68.32	58.85
S2-41	4.05	7.09	0.75	10.63	−0.56	−0.84	65.86	52.45

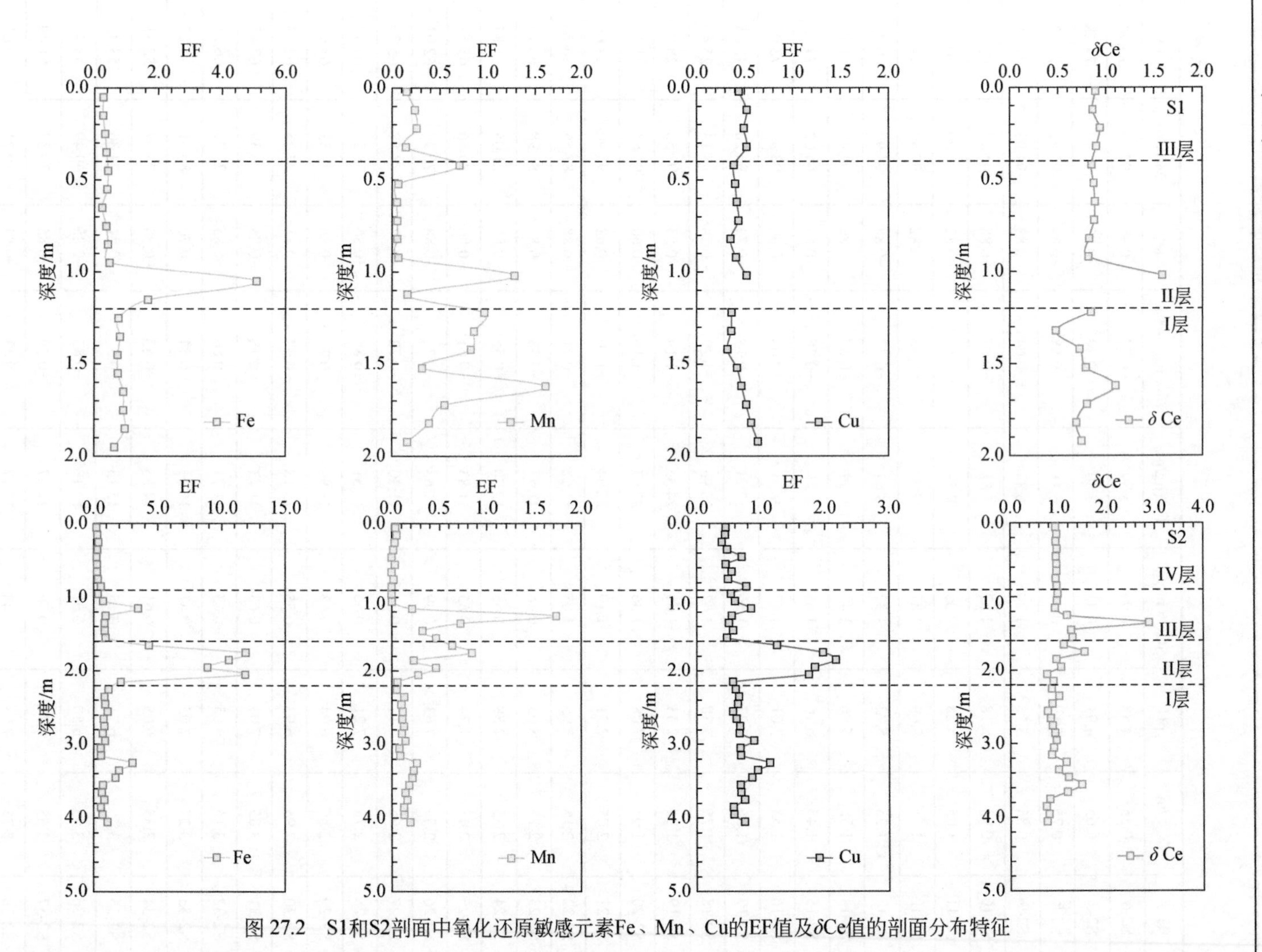

图 27.2 S1和S2剖面中氧化还原敏感元素Fe、Mn、Cu的EF值及δCe值的剖面分布特征

三、土壤氧化还原敏感元素的富集因子分析

计算 Fe、Mn 和 Cu 等氧化还原敏感元素在风化后残余土壤中的富集因子（EF 值），可以评估风化过程中该元素在土壤剖面的迁移能力。如图 27.2 所示，S1 和 S2 剖面 EF_{Fe} 值明显高于 Mn 和 Cu 等氧化还原敏感元素的 EF 值。S1 剖面中 EF_{Fe} 最大值出现在 II 层深度为 1.02m 的位置，但整个剖面变化不大。S2 剖面中 EF_{Fe} 和 EF_{Cu} 的最大值均出现在 II 层，且 EF_{Fe} 在 I 层（1.05～1.25m）和 III 层（3.15～3.55m）均出现极大值。同时，S1 和 S2 剖面 II 层的 EF_{Mn} 值都相对较高，且 S2 剖面 EF_{Mn} 的最大值出现在两个相对 Fe 富集带的深度之间（1.15m）。另外，皮尔逊相关性分析表明，S2 剖面 Cu 的富集与 Fe（$r=0.79$，$p<0.01$）和 Mn（$r=-0.57$，$p<0.01$）的富集具有一定的相关性。

第二节　土壤铜同位素分馏的控制因素

一、风化过程对蒙河土壤中铜同位素的影响

S1 剖面的平均 MIA(o)和 MIA(r)均低于 S2 剖面，表明 S1 剖面总体化学风化程度较高，这与 CIA 结果一致（Liang et al.，2021）。同时，就整个 S1 和 S2 剖面而言，I 层的 MIA 值低于其他层。然而，I 层的 Cu 浓度和δ^{65}Cu 值高于 S1 剖面其他层，但 S2 剖面 I 层的 Cu 浓度和δ^{65}Cu 值低于剖面其他层。δ^{65}Cu 值随风化强度的变化而改变的原因可能是：①风化过程中，重 Cu 同位素倾向于吸附在 Fe 氧化物中，并随之丢失；②极端风化过程中与黏土矿物相结合的轻 Cu 同位素丢失，使得残余土壤的δ^{65}Cu 值逐渐偏向原岩的δ^{65}Cu 值。因此，S2 剖面 III 层和 IV 层相比 I 层具有较低的 Cu 浓度和较高的δ^{65}Cu 值，这可能是由于 III 层和 IV 层经历了极端风化。

为进一步研究土壤矿物的风化，笔者利用 A-CNK-FM、A-L-F 和 AF-CNK-M 三元图解译岩石风化过程中矿物成分的变化（Babechuk et al.，2014；Nesbitt and Young，1989）。如图 27.3 所示，S1 和 S2 剖面样品的 A-CNK-FM 图展现出平行于 A-FM 轴的特征，表明风化过程中 Al_2O_3、Fe_2O_3 和 MgO 相对富集，CaO、Na_2O 和 K_2O 倾向于丢失。然而在 A-L-F 图中，S1 剖面样品的 A-L-F 图显示出平行于 A-L 轴的特征，而 S2 剖面则平行于 A-F 轴，表明 S1 剖面相对铝土矿化而 S2 剖面相对红土化。此外，S1 和 S2 剖面样品的 AF-CNK-M 图表明斜长石风化（CaO 和 Na_2O 丢失）已超过基性矿物风化（MgO 丢失）。因此，风化过程中 S1 剖面相对于 Al、Fe 和 Mg 一同丢失，而 S2 剖面则出现相对于 Mg、Fe 和 Al 一同丢失的情况。

图 27.4 显示了 A-L-F 图和δ^{65}Cu 值之间的相关关系。其中，S1、S2 剖面的 Cu 同位素组成具有 A-F 轴向较 A-L 和 L-F 轴向偏轻 Cu 同位素的特征，说明铝土矿化或红土矿化过程中存在重 Cu 同位素丢失的现象。如图 27.5 所示，S1 剖面中较高的δ^{65}Cu 值对应较高的 CaO、Na_2O、K_2O 以及 MgO 含量（$r=0.89$，$p<0.01$），而 S2 中较低的δ^{65}Cu 值则对应了较高的 Fe_2O_3 含量（$r=-0.73$，$p<0.01$）。上述结果表明，随风化强度的增加，S1 和 S2 剖面出现明显的 Cu 丢失现象。此外，A-CNK-FM、A-L-F 和 AF-CNK-M 三元图表明，除风

化强度以外，MgO 的风化也可能是土壤中重 Cu 同位素丢失的控制因素之一。研究表明，由于 Cu^{2+}的离子半径（0.73Å）与 Mg^{2+}的离子半径（0.72Å）相似，Cu 可取代含镁矿物中的 Mg（如 $Cu^{+}+Fe^{3+}=2Mg^{2+}$），诸如蛭石等土壤组分中的含 Mn 矿物倾向于吸附和保留 Cu（Covelo et al.，2007；Liu et al.，2015）。然而目前有关 MgO 风化对 Cu 同位素特征影响的研究较少，有待进一步深入研究。

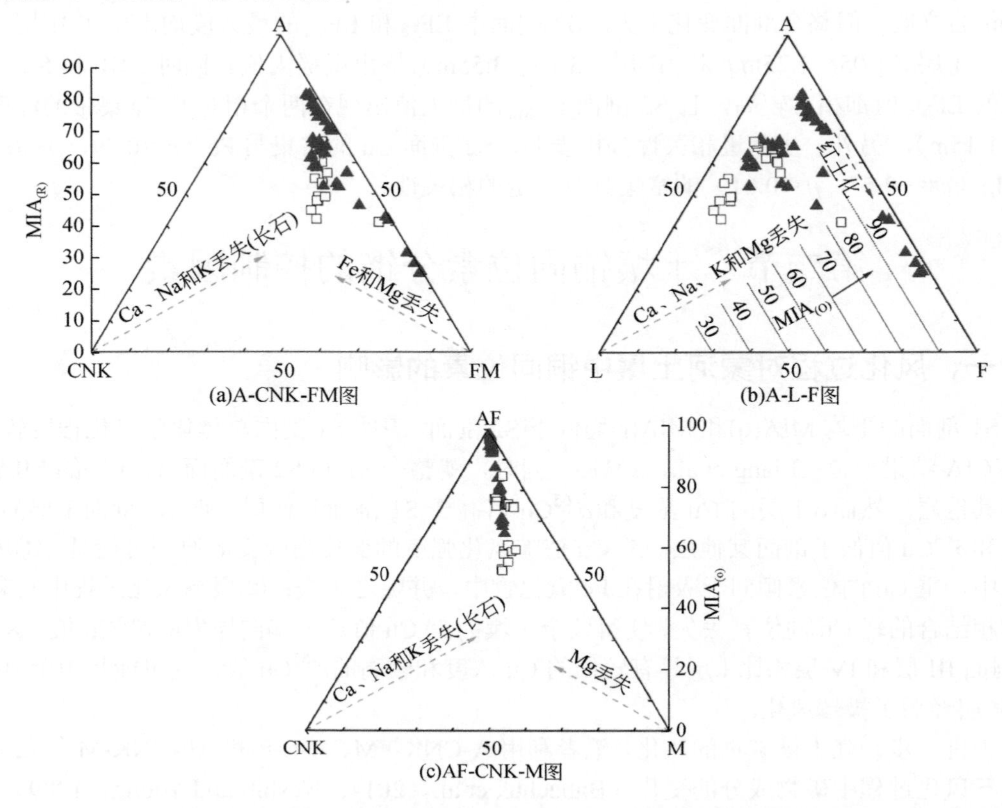

图 27.3　土壤 S1 和 S2 剖面 A-CNK-FM、A-L-F 和 AF-CNK-M 三元图

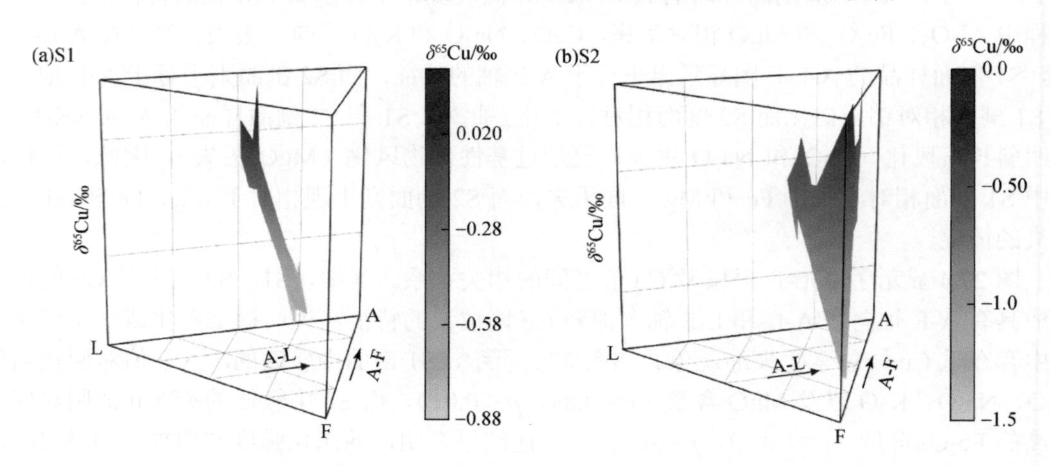

图 27.4　土壤 S1 和 S2 剖面δ^{65}Cu 值与 A-L-F 图的相关关系

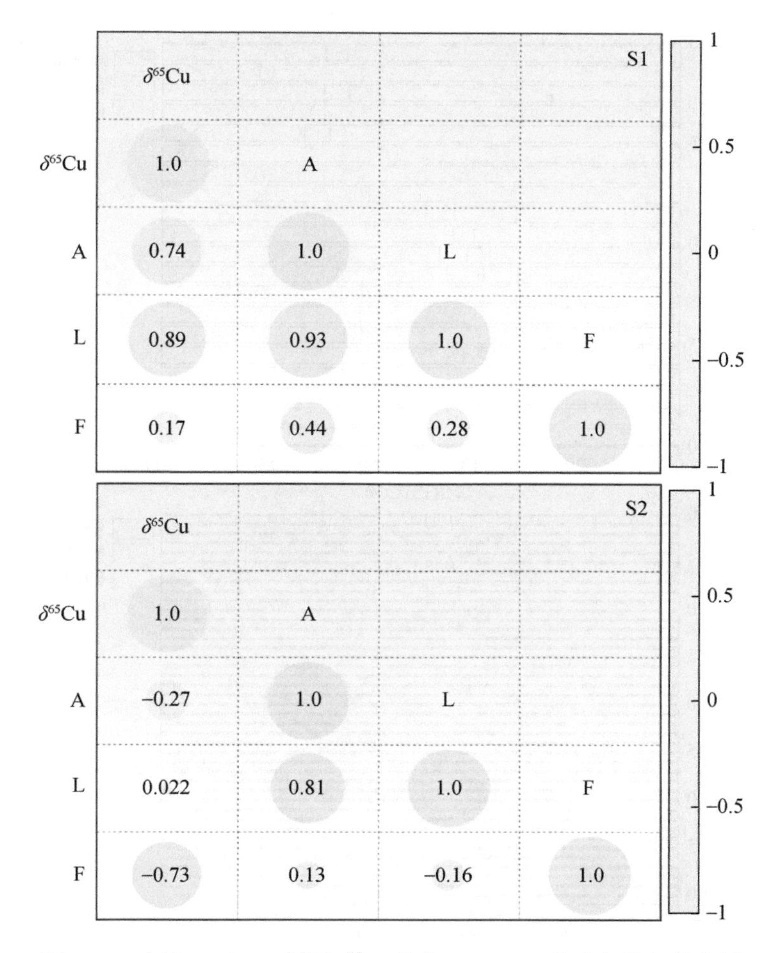

图 27.5　土壤 S1 和 S2 剖面δ^{65}Cu 值与 A、L、F 的皮尔逊相关分析

二、氧化还原作用对蒙河土壤中铜同位素的影响

在土壤生物地球化学循环过程中，Cu 主要以 Cu(I)和 Cu(II)形式存在，Cu(II)相比 Cu(I)更具溶解性，并且倾向于富集重的 Cu 同位素（Sherman，2013）。δ^{65}Cu 值分别与 S1 剖面的 MIA(o)和 S2 剖面的 MIA(r)值具有较强的相关性。与迁移系数(τ)的计算结果一致，S1 和 S2 剖面的氧化敏感元素应均在较高的富集区且 Ce 出现了正异常。因此，S1 和 S2 剖面内 Cu 的生物地球化学循环与氧化还原条件紧密相关。研究表明，S1 和 S2 剖面地下水和地表水的频繁交换维持了土壤中水分的动态平衡，受此过程的影响，土壤剖面内存在强烈的氧化还原作用和淋溶作用，因此剖面内存在黏土层。如图 27.6 所示，与 S1 剖面相比，S2 剖面具有较高含量的粉砂粒和黏粒以及较低含量的砂粒，尤其是 I 层（2.15～3.05m）出现了隔水层。

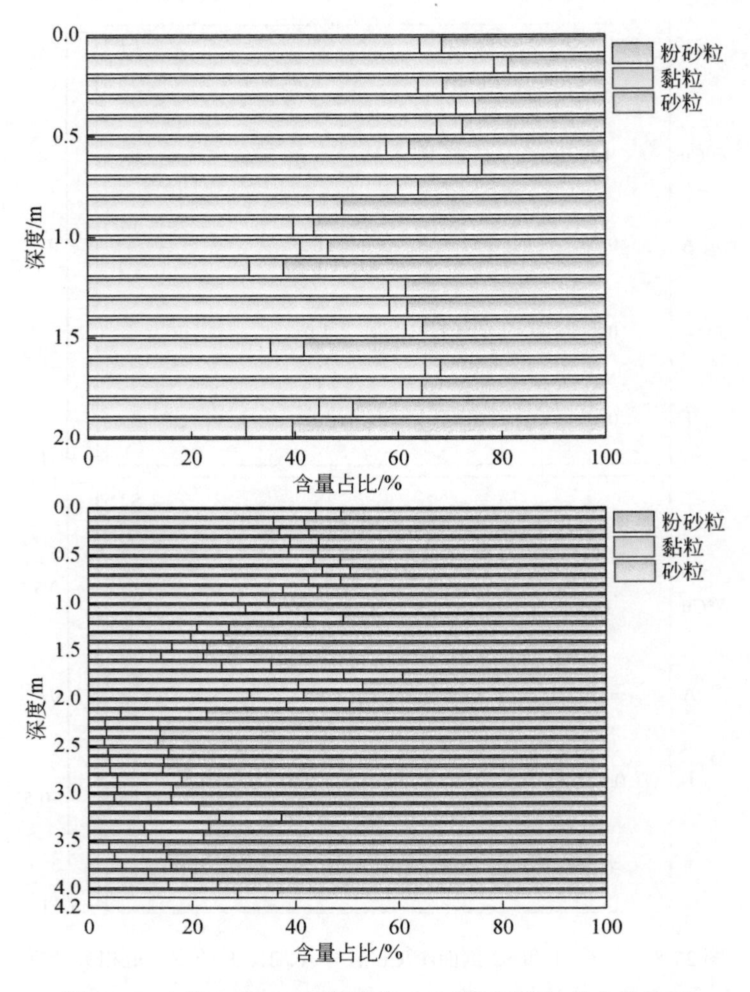

图 27.6 土壤 S1 和 S2 剖面黏粒、砂粒和粉砂粒的占比特征

虽然 S1 和 S2 剖面均存在氧化还原的转换，但 S2 剖面氧化还原敏感元素 EF 值以及 Ce 异常为正的情形多次出现，这表明相比于 S1 剖面，S2 剖面的氧化还原变换更为复杂。此外，隔水层的存在也阻碍了氧化还原敏感离子的扩散，因此δ^{65}Cu 和 MIA(r)具有较好的相关性，相比于其他层而言，II 层和 III 层将保留更多的 Fe、Mn 和 Cu 等氧化还原敏感元素。从另一角度来看，缺氧区内的 Fe 或 Mn 是土壤有机质降解过程中主要的电子受体之一（Kappler et al.，2021；Yu et al.，2021）。因此，铁或锰氢氧化物的迁移和转化是控制痕量氧化还原敏感元素（如 Cu、Mo 和 U）迁移的主要因素之一（Henneberry et al.，2012；Olson et al.，2017）。

（一）铁氧化物对蒙河土壤铜同位素的影响

潜育土中存在纤铁矿、针铁矿和水钠锰矿等含铁或含锰矿物还原淋溶的特征。导致潜育土富集轻 Cu 同位素特征的原因如下：①含铁矿物的氧化溶解，溶解过程中 Cu(II)以及重

Cu 同位素优先进入土壤溶液；②Cu(II)通过取代与之离子半径相近的 Fe(III)进入次生 Fe 矿物结构（Kusonwiriyawong et al.，2017；Little et al.，2019；Liu et al.，2014，2015）。相反地，还原条件下含铁矿物中 Cu(II)也可被还原为 Cu(I)，并淋滤到土壤溶液，导致土壤中出现重 Cu 同位素富集的现象（Babcsányi et al.，2014；Kusonwiriyawong et al.，2016）。相比其他层而言，S1 剖面 III 层的δ^{65}Cu 值和 Fe_2O_3之间具有较强的相关性（R^2=0.8），而 S2 剖面 II 层的δ^{65}Cu 值和 Fe_2O_3之间表现出较强的相关性（R^2=0.62）。另外，S2 剖面 Fe 和 Cu 的富集程度最高值均出现在 II 层，且此层δ Ce 值也较高。S1 剖面 III 层中 Fe 和 Cu 的富集程度均较低，表明土壤颗粒与孔隙水之间 Cu 和 Ce 等氧化还原敏感元素的迁移与 Fe 的氧化还原循环过程息息相关（Borch et al.，2010；Kappler et al.，2021；Tribovillard et al.，2006；Yu et al.，2021）。

研究表明，潜育土发育过程中存在 Fe 富集区，同时受氧化还原变化的影响，潜育土剖面相比晶型较好的针铁矿而言，存在较多的低结晶水合铁氧化物（Huang et al.，2018；Long et al.，2011；Mansfeldt et al.，2012）。相比针铁矿，水合铁氧化物具有更高的比表面积，更有利于 Cu 的吸附（Mansfeldt et al.，2012）。因此，S1 剖面 III 层中轻 Cu 同位素的富集可能是由矿物的氧化溶解导致的，而 S2 剖面 II 层则可能由水合氧化铁的累积导致。如图 27.7 所示，τ和δ^{65}Cu 值以及τ的积分与Δ^{65}Cu 值之间的相关性亦可说明这一结果。尽管极端化学风化条件下 S1、S2 剖面均存在 Cu 丢失（τ_{Cu}积分＞−0.8），但相比 S1 剖面而言（Δ^{65}Cu：−0.32‰），S2 剖面会留存更多的 ^{63}Cu（Δ^{65}Cu：−0.72‰）。

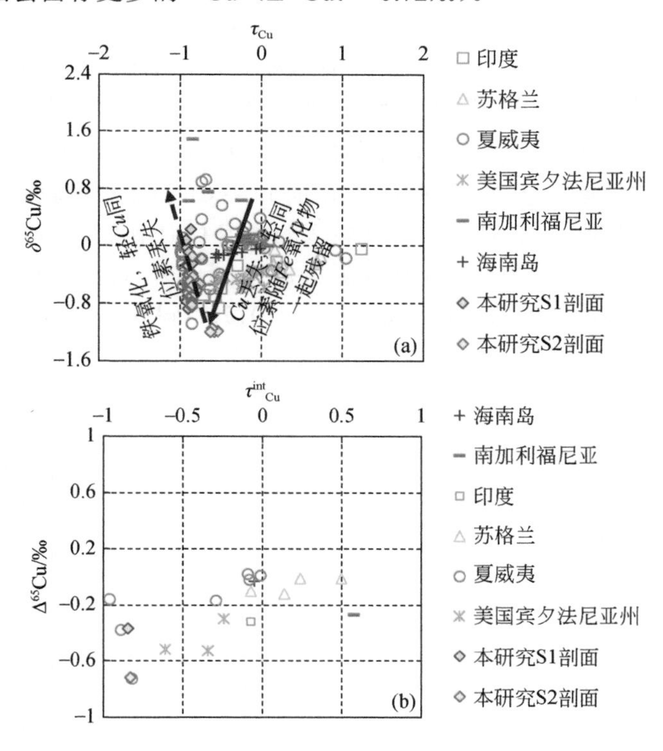

图 27.7　τ和δ^{65}Cu 值以及τ的积分与Δ^{65}Cu 值之间的相关关系

数据来源：Little et al.，2019；Liu et al.，2014；Mathur et al.，2012；Moynier et al.，2017；Vance et al.，2016

以往研究表明，不同土壤类型（如淋溶土、盐土、黑钙土、灰化土、火山灰土以及始成土）的δ^{65}Cu 值存在空间异质性，其变化范围为−1.09‰～1.73‰（图 27.8）。蒙河流域土壤剖面的δ^{65}Cu 值与之前的研究结果基本一致，除了 S2 剖面的 II 层表现出了较轻的 Cu 同位素值（图 27.8）。随着氧化还原循环次数的增加，更多 Fe(II)将留存于土壤溶液中，这也有助于催化原生矿物的溶解-再结晶过程，并控制诸如 As、U 和 Cu 等微量重金属的可移动性（Lotfi-Kalahroodi et al.，2021）。Fu 等（2018）研究表明，还原后的 Fe(II)可吸附在残余的 Fe(III)矿物等黏土矿物上，这一过程也可催化黏土矿物表面吸附的 U(VI)还原为单体 U(IV)，有利于铀矿等稳定的 U(IV)型矿物形成。

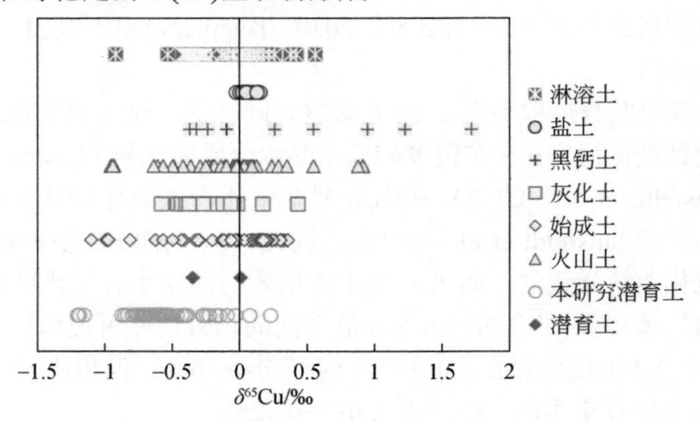

图 27.8　不同土壤类型的δ^{65}Cu 值汇总

数据来源：Babcsányi et al.，2016；Bigalke et al.，2010，2011，2013；Blotevogel et al.，2018；Dótor-Almazán et al.，2017；Fekiacova et al.，2015；Kusonwiriyawong et al.，2017；Mihaljevič et al.，2019；Vance et al.，2016）

S2 剖面中 Cu 与 U 的浓度存在一定相关性（$r=-0.74$，图 27.9），表明此剖面中两元素之间存在相似的氧化还原敏感性。因此，S2 剖面 II 层 Cu 富集程度较高可能是由于氧化还原循环多期次变化的控制，使 S2 剖面存在较多的稳定 Cu(I)矿物。与此同时，还原溶解的过程中，轻 Cu 同位素将再释放进入土壤孔隙水并向上迁移，直至被 Fe 氢氧化物再吸附或再沉淀（Balistrieri et al.，2008；Moynier et al.，2017；Pokrovsky et al.，2008），抑或被

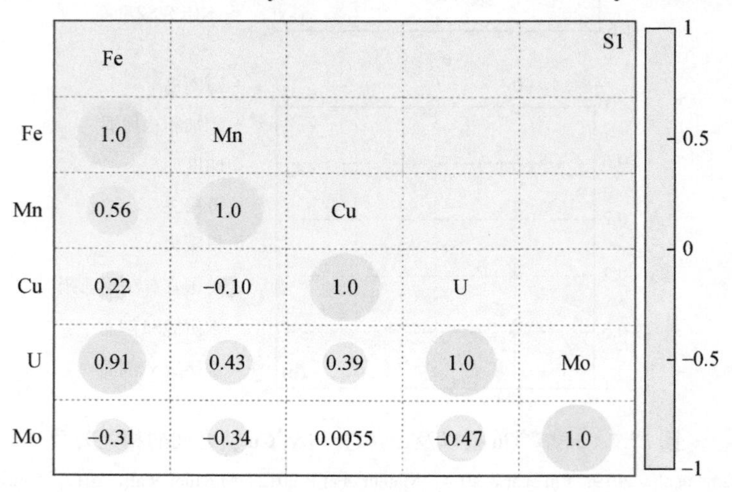

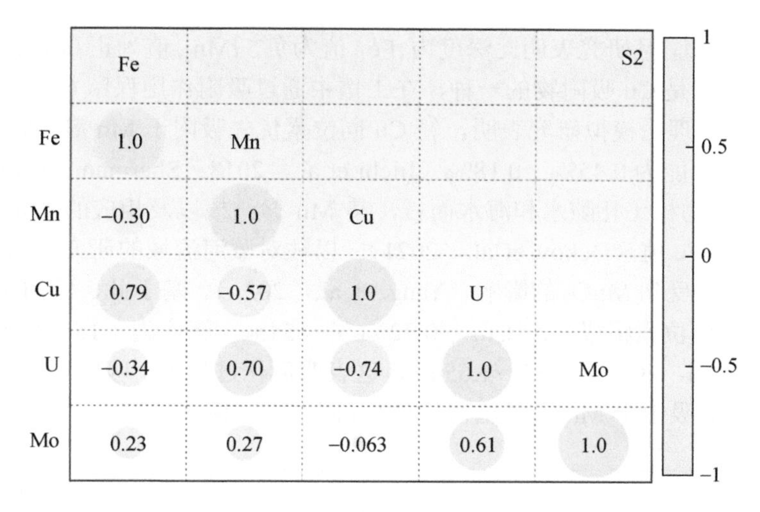

图 27.9 S1、S2 剖面 Fe、Mn、Cu、U 和 Mo 元素的 EF 值与δ^{65}Cu 值的皮尔逊相关分析

铁锰还原菌还原为 Cu 硫化物的形式再释放（Fulda et al.，2013；Pan et al.，2016；Weber et al.，2009；Xu et al.，2021）。然而，有氧条件存在时，已形成的含 Cu 硫化物易被氧化，这使得轻 Cu 同位素累积于土壤剖面（Kusonwiriyawong et al.，2017）。

此外，水合铁氧化物相比针铁矿更容易被微生物还原，而 S2 剖面更倾向于水合铁氧化物的累积（Mansfeldt et al.，2012）。因此，相比 S1 剖面而言，S2 剖面经历多期次氧化还原变化之后将累积更多的水合氧化铁，并保留更多的 ^{63}Cu。此外，与羧酸配体络合有助于重 Cu 同位素的富集，而 Cu^{II}-O/N 还原为 Cu^{I}-巯基过程则有利于轻 Cu 同位素的富集（Coutaud et al.，2018）。因此，S2 剖面 II 层中的轻δ^{65}Cu 值（−1.20‰～−1.16‰）可能是轻 Cu 同位素被 Fe 氢氧化物（例如水合氧化铁）再吸附以及多期次氧化还原变化过程中更多稳定 Cu(I) 矿物留存的结果。

（二）锰氧化物对蒙河流域土壤铜同位素的影响

与 Fe 相似，Mn 的氧化还原循环亦能引起或加剧土壤颗粒与孔隙水之间 Cu 的迁移转化，氧化条件下 Mn 的溶解度和迁移率均高于 Fe，但由于 Mn 的氧化还原电位较高，Mn(II) 的再氧化速率低于 Fe(II)（Borch et al.，2010；Kappler et al.，2021；Tribovillard et al.，2006；Yu et al.，2021）。S2 剖面出现 Mn 的富集带，可能原因是蒙河流域废弃水稻田区域具有年蒸发量较大、降水量少的特征以及地下水水位的季节性下降（Liang et al.，2021；Liu et al.，2021；Makino et al.，2000）。Fe-Mn 富集带（1.65～2.25m）的δ^{65}Cu 值和 Fe_2O_3（R^2=0.69）之间存在较强的相关性，而 Mn 富集带（1.15～1.55m）的δ^{65}Cu 值和 MnO（R^2＝0.72）之间存在较强的相关性（图 27.10）。同时，S2 剖面 1.65m 处的δ^{65}Cu 值明显偏重（−0.18‰），且此深度内的研究表明 τFe_{Ti} 和 τMn_{Ti} 具有相似的值（Liang et al.，2021），说明 Fe-Mn 富集区（1.65～1.75m）所有可溶的 Cu(I)均可能与铁氢氧化物共沉淀。随着风化强度的增加，Cu、Fe 以及 Mn 的富集程度降低，且 Fe-Mn 富集区（1.65～1.75m）的 Fe 氢氧化物吸附 ^{65}Cu。同时，Fe 和 Cu 在 Mn 富集带（1.15～1.65m）富集程度较低，而 EF_{Mn}（EF_{Mn}＝1.71）在此

深度内具有较高的值，且研究表明此深度内 τFe_{Ti} 值为负，τMn_{Ti} 值为正（Liang et al.，2021）。此外，Mn 氧化物也是 Cu 吸附物的一种，在土壤中通过吸附作用保留 Cu（Covelo et al.，2007）。室内实验及理论模拟研究表明，轻 Cu 同位素优先吸附于 Mn 氧化物，且这一过程的 Cu 同位素分馏可能为 0.45‰±0.18‰（Ijichi et al.，2018；Sherman and Little，2020）。自然环境中，沉积物相比孔隙水和海水而言，其 Mn 微结核以及相应的 Mn 结核表现出较轻的 $\delta^{65}Cu$ 值和 $\delta^{56}Fe$ 值（Dekov et al.，2021）。以往对蒙河流域的研究指出了悬浮颗粒物中的 Fe 同位素分馏受到 MnO_2 的影响（Yang et al.，2021）。基于此，蒙河土壤 S2 剖面具有相对较轻的 Cu 同位素组成（$\delta^{65}Cu$：−0.72‰～−0.54‰，深度为 1.15～1.55m）以及分馏值（$\Delta^{65}Cu$：−0.48‰，深度为 1.55～1.65m），这表明风化过程中，吸附于 Fe 氢氧化物的重 Cu 同位素丢失，而吸附于 Mn 氢氧化物的轻 Cu 同位素残留于土壤。

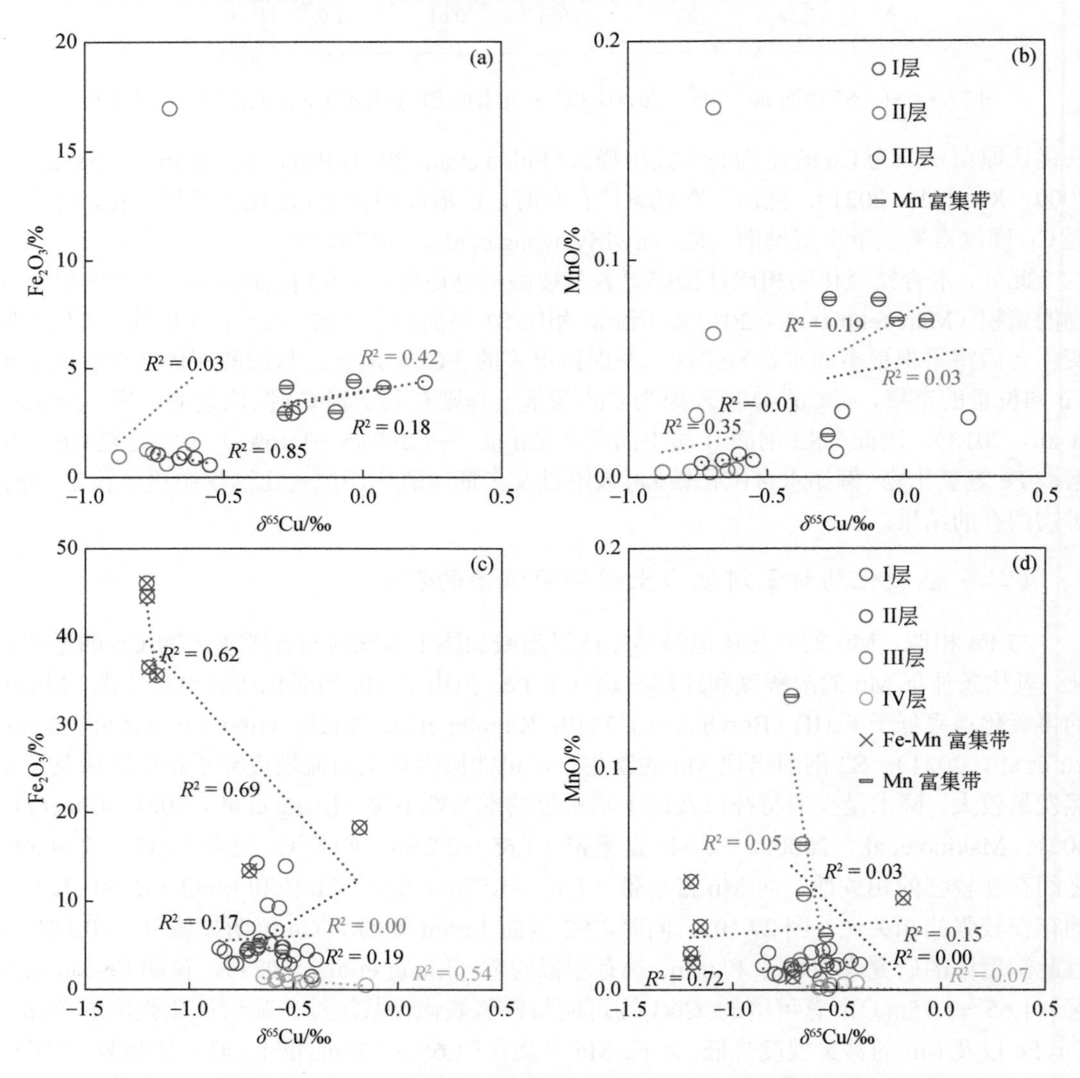

图 27.10 土壤 S1（a、b）和 S2（c、d）剖面 Fe_2O_3 和 MnO 与 $\delta^{65}Cu$ 值的相关关系

三、土壤有机质对蒙河土壤中铜同位素的影响

湿地、水稻土以及潜育土等受热动力学控制的氧化还原环境中，有机质是重要的电子供体之一。相比 Fe-Mn 氧化物及其他黏土矿物，Cu 因其较高的电荷半径比，与 SOM 具有较高的亲和力（Ahrens et al.，2020；Han et al.，2020；Kappler et al.，2021；Vialykh et al.，2020）。通常来看，受微生物降解以及水相有机络合物与颗粒氧化物表面同位素分馏的影响，表层富有机质层土壤倾向于富集轻 Cu 同位素（Liu et al.，2014；Vance et al.，2016）。由于蒙河流域水稻田的短期废弃，风化过程中随着微生物的分解以及土壤侵蚀，土壤剖面 SOC 的含量降低（Liu et al.，2021）。S1 剖面 II、III 层之间的$\Delta^{65}Cu_{III\text{-}II}$值（0.08‰）和 S2 剖面 III 层与 IV 层之间的$\Delta^{65}Cu_{IV\text{-}III}$值（0.07‰）均接近 0，表明表层和次表层 Cu 同位素值相似。因此，S1 和 S2 剖面表层土中的轻 Cu 同位素信号值需要重 Cu 同位素值来平衡。表层土壤中重 Cu 同位素的来源有两个：①大气中的 Cu 沉降至土壤表层（如矿物粉尘和人为颗粒物）；②蒙河流域枯水期地下水与地表水交换过程中 Cu 发生迁移，Cu(II)相比 Cu(I)溶解性更高，更多随地下水淋失（Vance et al.，2016；Wang et al.，2022）。由于蒙河流域枯水期的沉降相比风化对元素循环的影响可以忽略（Zhang et al.，2021），且 S1 和 S2 剖面 Fe、Mn 和 Cu 的富集程度均较低（图 27.2），因此大气沉降对表层土 Cu 同位素组成的影响可以忽略。

SOM 与 ^{65}Cu 之间存在较强的键合力，有机结合 Cu 倾向于重 Cu 同位素富集（Bigalke et al.，2010；Pokrovsky et al.，2008；Ryan et al.，2014）。地下水中具有重 Cu 同位素富集的特征，因此在地下水水位季节性变化的过程中，重 Cu 同位素将部分被土壤颗粒再吸附或再沉淀（Kusonwiriyawong et al.，2017；Wang et al.，2022）。S1 和 S2 剖面上层土壤（1m 以上）区域的$\delta^{65}Cu$值与 SOC 之间几乎不存在相关性，而下层区域（1m 以下）的$\delta^{65}Cu$值与 SOC 存在较强的相关性（R^2=0.80），明显高于 S1 剖面的 I 层、II 层和 III 层（图 27.11）。因此，SOC 浓度对 Cu 同位素分馏信号的影响明显存在于 S1 剖面 1m 以下的区域，但在受地下水和河水交换影响显著的 S2 剖面则不存在此影响。

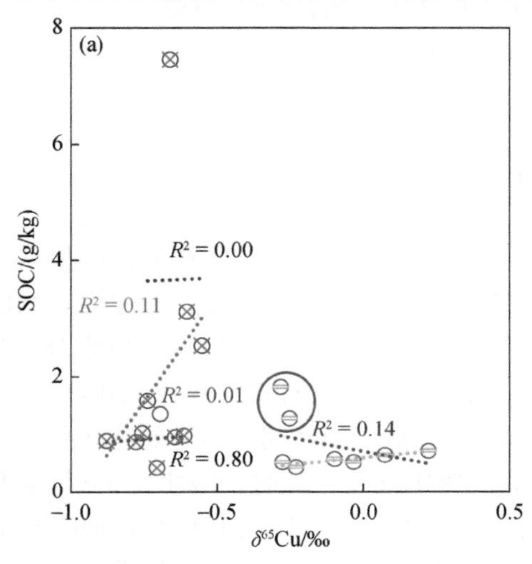

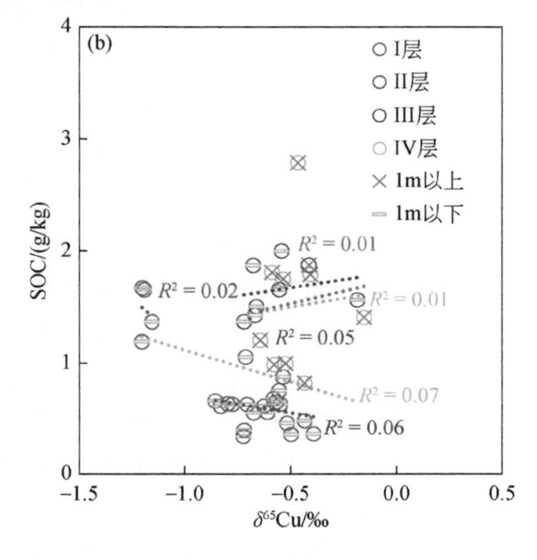

图 27.11　土壤 S1（a）、S2（b）剖面 SOC 与$\delta^{65}Cu$值的关系（红圈为异常值，不予分析）

四、环境学启示

热带干旱稀树草原区域的氧化还原动力学特征可能会影响气候变化以及陆地生态系统的生物地球化学循环（Lin et al.，2018；Zhang and Furman，2021）。Cu 同位素分馏信号对土壤环境变化具有较灵敏的响应，其分馏主要与受氧化还原变化影响较大的土壤中含 Fe、Mn 矿物的迁移和转化有关（图 27.12）。然而，Cu 同位素分馏则与氧化还原变化的频次相关。潜育土的形成经历了多次氧化还原变化，因此更多稳定的 Cu(I)矿物被诸如水合氧化铁等 Fe 氢氧化物保留，出现轻 Cu 同位素富集的特征。因此，在地下水位季节性变化的干旱气候区（如蒙河流域），氧化还原变化的频次可能是影响 Cu 生物地球化学循环的关键控制因素，这有待进一步研究。从另一角度来看，本研究首次聚焦陆地生态系统中由氧化还原变化导致的 Mn 富集、Fe 含量较少的区域 Cu 同位素的分馏特征。

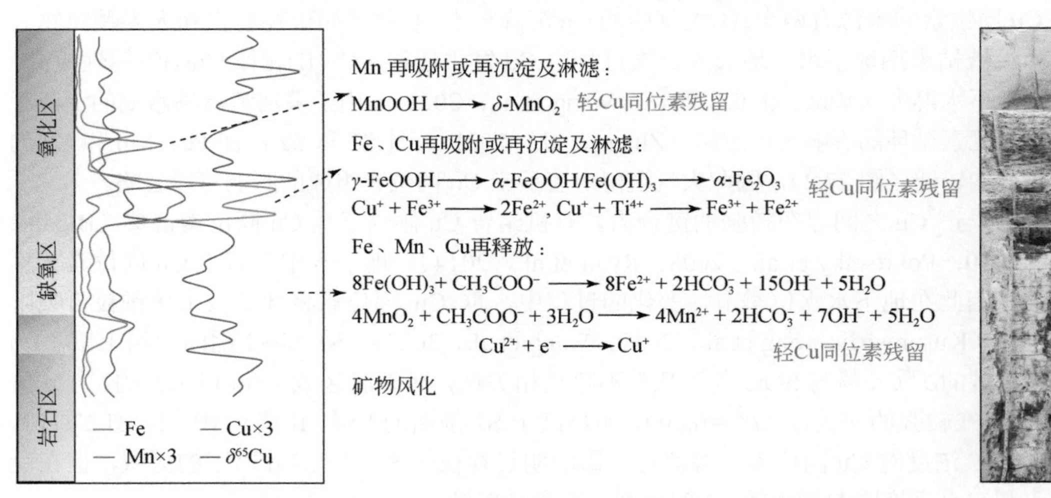

图 27.12　土壤 S2 剖面中 Fe、Mn 及 Cu 迁移转化的概念模型示意图

以土壤 S2 中 Fe、Mn 和 Cu 元素的 EF 值变化趋势代表 Fe、Mn 和 Cu 在剖面中的变化

本 章 小 结

本章针对热带干旱稀树草原区域展开，探讨了氧化还原过程影响的 Cu 同位素组成特征。风化过程中的多期次氧化还原变化使土壤环境整体呈现出较强的还原性，MIA(r)和δ^{65}Cu 值之间也出现较强的相关性，说明氧化还原变化的频次将影响 Cu 同位素分馏的程度。受多期次氧化还原变化的影响，土壤中的轻 Cu 同位素将被针铁矿等铁氧化物再吸附，具有轻 Cu 同位素富集的特征。Mn 富集带位于两个 Fe 富集带之间，这一结果可能与蒙河流域年蒸发量大、降水量少和地下水水位的季节性变化有关。此时，吸附于 Fe 氢氧化物的重 Cu 同位素将随 Fe 氧化物的丢失而丢失，而吸附于 Mn 氢氧化物的轻 Cu 同位素留存。δ^{65}Cu 值和 SOC 的相关性表明，在土壤有机质有限的条件下，SOC 优先富集重 Cu 同位素，但在地下水和河水季节性交换维持水平衡的条件下，可能较难观察到此现象。因此，氧化

还原变化影响的土壤 Cu 生物有效性及同位素分馏信号的变化研究，将是用于探讨未来气候变化情景下土壤的生态脆弱性和风险评价的重要工具。

参 考 文 献

Ahrens J，Beck M，Marchant H K，et al.，2020. Seasonality of organic matter degradation regulates nutrient and metal net fluxes in a high energy sandy beach. Journal of Geophysical Research：Biogeosciences，125（2）：e2019JG005399.

Al-Sid-Cheikh M，Pédrot M，Dia A，et al.，2015. Interactions between natural organic matter，sulfur，arsenic and iron oxides in re-oxidation compounds within riparian wetlands：nanoSIMS and X-ray adsorption spectroscopy evidences. Science of the Total Environment，515-516：118-128.

Babcsányi I，Imfeld G，Granet M，et al.，2014. Copper stable isotopes to trace copper behavior in wetland systems. Environmental Science & Technology，48（10）：5520-5529.

Babcsányi I，Chabaux F，Granet M，et al.，2016. Copper in soil fractions and runoff in a vineyard catchment：insights from copper stable isotopes. Science of the Total Environment，557-558：154-162.

Babechuk M G，Widdowson M，Kamber B S，2014. Quantifying chemical weathering intensity and trace element release from two contrasting basalt profiles，Deccan Traps，India. Chemical Geology，363：56-75.

Balistrieri L S，Borrok D M，Wanty R B，et al.，2008. Fractionation of Cu and Zn isotopes during adsorption onto amorphous Fe（III） oxyhydroxide：experimental mixing of acid rock drainage and ambient river water. Geochimica et Cosmochimica Acta，72（2）：311-328.

Bigalke M，Weyer S，Kobza J，et al.，2010. Stable Cu and Zn isotope ratios as tracers of sources and transport of Cu and Zn in contaminated soil. Geochimica et Cosmochimica Acta，74（23）：6801-6813.

Bigalke M，Weyer S，Wilcke W，2011. Stable Cu isotope fractionation in soils during oxic weathering and podzolization. Geochimica et Cosmochimica Acta，75（11）：3119-3134.

Bigalke M，Kersten M，Weyer S，et al.，2013. Isotopes trace biogeochemistry and sources of Cu and Zn in an intertidal soil. Soil Science Society of America Journal，77（2）：680-691.

Blotevogel S，Oliva P，Sobanska S，et al.，2018. The fate of Cu pesticides in vineyard soils：a case study using δ^{65}Cu isotope ratios and EPR analysis. Chemical Geology，477：35-46.

Borch T，Kretzschmar R，Kappler A，et al.，2010. Biogeochemical redox processes and their impact on contaminant dynamics. Environmental Science & Technology，44（1）：15-23.

Coutaud M，Méheut M，Glatzel P，et al.，2018. Small changes in Cu redox state and speciation generate large isotope fractionation during adsorption and incorporation of Cu by a phototrophic biofilm. Geochimica et Cosmochimica Acta，220：1-18.

Covelo E F，Vega F A，Andrade M L，2007. Competitive sorption and desorption of heavy metals by individual soil components. Journal of Hazardous Materials，140（1）：308-315.

Dekov V M，Rouxel O，Guéguen B，et al.，2021. Mn-micronodules from the sediments of the Clarion-Clipperton zone （Pacific Ocean）：origin，elemental source，and Fe-Cu-Zn-isotope composition. Chemical Geology，580：120388.

Dótor-Almazán A，Armienta-Hernández M A，Talavera-Mendoza O，et al.，2017. Geochemical behavior of Cu and sulfur isotopes in the tropical mining region of Taxco，Guerrero （southern Mexico）. Chemical Geology，471：1-12.

Ehrlich S，Butler I，Halicz L，et al.，2004. Experimental study of the copper isotope fractionation between aqueous Cu（II） and covellite，CuS. Chemical Geology，209（3）：259-269.

Fekiacova Z，Cornu S，Pichat S，2015. Tracing contamination sources in soils with Cu and Zn isotopic ratios. Science of the Total Environment，517：96-105.

Freymuth H，Reekie C D J，Williams H M，2020. A triple-stack column procedure for rapid separation of Cu and Zn from geological samples. Geostandards and Geoanalytical Research，44（3）：407-420.

Fu H，Zhang H，Sui Y，et al.，2018. Transformation of uranium species in soil during redox oscillations. Chemosphere，208：846-853.

Fulda B，Voegelin A，Ehlert K，et al.，2013. Redox transformation，solid phase speciation and solution dynamics of copper during soil reduction and reoxidation as affected by sulfate availability. Geochimica et Cosmochimica Acta，123：385-402.

Han G，Tang Y，Liu M，et al.，2020. Carbon-nitrogen isotope coupling of soil organic matter in a karst region under land use change，Southwest China. Agriculture，Ecosystems & Environment，301：107027.

Henneberry Y K，Kraus T E C，Nico P S，et al.，2012. Structural stability of coprecipitated natural organic matter and ferric iron under reducing conditions. Organic Geochemistry，48：81-89.

Huang L M，Jia X X，Zhang G L，et al.，2018. Variations and controls of iron oxides and isotope compositions during paddy soil evolution over a millennial time scale. Chemical Geology，476：340-351.

Ijichi Y，Ohno T，Sakata S，2018. Copper isotopic fractionation during adsorption on manganese oxide：effects of pH and desorption. Geochemical Journal，52（2）：e1-e6.

Jin Z，You C F，Yu J，et al.，2011. Seasonal contributions of catchment weathering and eolian dust to river water chemistry，northeastern Tibetan Plateau：chemical and Sr isotopic constraints. Journal of Geophysical Research：Earth Surface，116（F4）：F04006.

Kappler A，Bryce C，Mansor M，et al.，2021. An evolving view on biogeochemical cycling of iron. Nature Reviews Microbiology，19（6）：360-374.

Kidder J A，Voinot A，Sullivan K V，et al.，2020. Improved ion-exchange column chromatography for Cu purification from high-Na matrices and isotopic analysis by MC-ICPMS. Journal of Analytical Atomic Spectrometry，35（4）：776-783.

Kumar V，Pandita S，Singh Sidhu G P，et al.，2021. Copper bioavailability，uptake，toxicity and tolerance in plants：a comprehensive review. Chemosphere，262：127810.

Kusonwiriyawong C，Bigalke M，Abgottspon F，et al.，2016. Response of Cu partitioning to flooding：a δ^{65}Cu approach in a carbonatic alluvial soil. Chemical Geology，420：69-76.

Kusonwiriyawong C，Bigalke M，Cornu S，et al.，2017. Response of copper concentrations and stable isotope ratios to artificial drainage in a French Retisol. Geoderma，300：44-54.

Li D，Liu S A，Li S，2015. Copper isotope fractionation during adsorption onto kaolinite：experimental approach and applications. Chemical Geology，396：74-82.

Liang B，Han G，Liu M，et al.，2021. Zn isotope fractionation during the development of low-humic gleysols from the Mun River Basin，northeast Thailand. CATENA，206：105565.

Lin Y，Bhattacharyya A，Campbell A N，et al.，2018. Phosphorus fractionation responds to dynamic redox conditions in a humid tropical forest soil. Journal of Geophysical Research：Biogeosciences，123（9）：3016-3027.

Little S H，Munson S，Prytulak J，et al.，2019. Cu and Zn isotope fractionation during extreme chemical weathering. Geochimica et Cosmochimica Acta，263：85-107.

Liu M，Han G，Li X，2021. Contributions of soil erosion and decomposition to SOC loss during a short-term paddy land abandonment in Northeast Thailand. Agriculture，Ecosystems & Environment，321：107629.

Liu S A，Teng F Z，Li S，et al.，2014. Copper and iron isotope fractionation during weathering and pedogenesis：insights from saprolite profiles. Geochimica et Cosmochimica Acta，146：59-75.

Liu X，Xiong X，Audétat A，et al.，2015. Partitioning of Cu between mafic minerals，Fe-Ti oxides and intermediate to felsic melts. Geochimica et Cosmochimica Acta，151：86-102.

Long X，Ji J，Balsam W，2011. Rainfall-dependent transformations of iron oxides in a tropical saprolite transect of Hainan Island，South China：spectral and magnetic measurements. Journal of Geophysical Research：Earth Surface，116（F3）：F03015.

Lotfi-Kalahroodi E，Pierson-Wickmann A C，Guénet H，et al.，2019. Iron isotope fractionation in iron-organic matter associations：experimental evidence using filtration and ultrafiltration. Geochimica et Cosmochimica Acta，250：98-116.

Lotfi-Kalahroodi E，Pierson-Wickmann A C，Rouxel O，et al.，2021. More than redox，biological organic ligands control iron isotope fractionation in the riparian wetland. Scientific Reports，11（1）：1933.

Lv Y，Liu S A，Zhu J M，et al.，2016. Copper and zinc isotope fractionation during deposition and weathering of highly metalliferous black shales in central China. Chemical Geology，445：24-35.

Makino T，Hasegawa S，Sakurai Y，et al.，2000. Influence of soil-drying under field conditions on exchangeable manganese，cobalt，and copper contents. Soil Science and Plant Nutrition，46（3）：581-590.

Mansfeldt T，Schuth S，Häusler W，et al.，2012. Iron oxide mineralogy and stable iron isotope composition in a Gleysol with petrogleyic properties. Journal of Soils and Sediments，12（1）：97-114.

Maréchal C N，Télouk P，Albarède F，1999. Precise analysis of copper and zinc isotopic compositions by plasma-source mass spectrometry. Chemical Geology，156（1）：251-273.

Mathur R，Titley S，Barra F，et al.，2009. Exploration potential of Cu isotope fractionation in porphyry copper deposits. Journal of Geochemical Exploration，102（1）：1-6.

Mathur R，Jin L，Prush V，et al.，2012. Cu isotopes and concentrations during weathering of black shale of the Marcellus Formation，Huntingdon County，Pennsylvania（USA）. Chemical Geology，304-305：175-184.

Mihaljevič M，Baieta R，Ettler V，et al.，2019. Tracing the metal dynamics in semi-arid soils near mine tailings using stable Cu and Pb isotopes. Chemical Geology，515：61-76.

Moynier F，Vance D，Fujii T，et al.，2017. The isotope geochemistry of zinc and copper. Reviews in Mineralogy and Geochemistry，82（1）：543-600.

Nesbitt H W，Young G M，1989. Formation and diagenesis of weathering profiles. The Journal of Geology，97（2）：129-147.

Olson L，Quinn K A，Siebecker M G，et al.，2017. Trace metal diagenesis in sulfidic sediments：insights from Chesapeake Bay. Chemical Geology，452：47-59.

Palacios C，Rouxel O，Reich M，et al.，2011. Pleistocene recycling of copper at a porphyry system，Atacama Desert，Chile：Cu isotope evidence. Mineralium Deposita，46（1）：1-7.

Pan Y，Bonten L T C，Koopmans G F，et al.，2016. Solubility of trace metals in two contaminated paddy soils exposed to alternating flooding and drainage. Geoderma，261：59-69.

Peel M C，Finlayson B L，McMahon T A，2007. Updated world map of the Köppen-Geiger climate classification. Hydrology and Earth System Sciences，11（5）：1633-1644.

Pokrovsky O S，Viers J，Emnova E E，et al.，2008. Copper isotope fractionation during its interaction with soil and aquatic microorganisms and metal oxy（hydr）oxides：possible structural control. Geochimica et Cosmochimica Acta，72（7）：1742-1757.

Prabnakorn S，Maskey S，Suryadi F X，et al.，2018. Rice yield in response to climate trends and drought index in the Mun River Basin，Thailand. Science of the Total Environment，621：108-119.

Ryan B M，Kirby J K，Degryse F，et al.，2014. Copper isotope fractionation during equilibration with natural and synthetic ligands. Environmental Science & Technology，48（15）：8620-8626.

Sherman D M，2013. Equilibrium isotopic fractionation of copper during oxidation/reduction，aqueous complexation and ore-forming processes：predictions from hybrid density functional theory. Geochimica et Cosmochimica Acta，118：85-97.

Sherman D M，Little S H，2020. Isotopic disequilibrium of Cu in marine ferromanganese crusts：evidence from ab initio predictions of Cu isotope fractionation on sorption to birnessite. Earth and Planetary Science Letters，549：116540.

Sossi P A，Halverson G P，Nebel O，et al.，2015. Combined separation of Cu，Fe and Zn from rock matrices and improved analytical protocols for stable isotope determination. Geostandards and Geoanalytical Research，39（2）：129-149.

Tabor N J，Myers T S，Michel L A，2017. Sedimentologist's guide for recognition，description，and classification of paleosols//Zeigler K E，Parker W G. Terrestrial depositional systems:deciphering complexities through multiple stratigraphic methods. Amsterdam：Elsevier：165-208.

Tribovillard N，Algeo T J，Lyons T，et al.，2006. Trace metals as paleoredox and paleoproductivity proxies：an update. Chemical Geology，232（1）：12-32.

Vance D，Matthews A，Keech A，et al.，2016. The behaviour of Cu and Zn isotopes during soil development：controls on the dissolved load of rivers. Chemical Geology，445：36-53.

Vialykh E A，Salahub D R，Achari G，2020. Metal ion binding by humic substances as emergent functions of labile supramolecular assemblies. Environmental Chemistry，17（3）：252-265.

Wall A J，Mathur R，Post J E，et al.，2011. Cu isotope fractionation during bornite dissolution：an in situ X-ray diffraction analysis. Ore Geology Reviews，42（1）：62-70.

Wang R R，Yu H M，Cheng W H，et al.，2022. Copper migration and isotope fractionation in a typical paddy soil profile of the Yangtze Delta. Science of the Total Environment，821：153201.

Weber F A，Voegelin A，Kaegi R，et al.，2009. Contaminant mobilization by metallic copper and metal sulphide colloids in flooded soil. Nature Geoscience，2（4）：267-271.

Witzgall K，Vidal A，Schubert D I，et al.，2021. Particulate organic matter as a functional soil component for persistent soil organic carbon. Nature Communications，12（1）：4115.

Xu H，Xia B，He E，et al.，2021. Dynamic release and transformation of metallic copper colloids in flooded paddy soil：role of soil reducible sulfate and temperature. Journal of Hazardous Materials，402：123462.

Yang K，Han G，Zeng J，et al.，2021. Tracing Fe sources in suspended particulate matter（SPM）in the Mun River：application of Fe-Stable isotopes based on a binary mixing model. ACS Earth and Space Chemistry，5（6）：1613-1621.

Yu C，Xie S，Song Z，et al.，2021. Biogeochemical cycling of iron（hydr-）oxides and its impact on organic carbon turnover in coastal wetlands：a global synthesis and perspective. Earth-Science Reviews，218：103658.

Zhang S，Han G，Zeng J，et al.，2021. A strontium and hydro-geochemical perspective on human impacted tributary of the Mekong River basin：sources identification，fluxes，and CO_2 consumption. Water，13（21）：3137.

Zhang Z，Furman A，2021. Soil redox dynamics under dynamic hydrologic regimes—a review. Science of the Total Environment，763：143026.

第二十八章　土壤锌同位素的变化特征

Zn 是土壤中普遍存在的过渡族金属元素，是土壤生物和非生物过程最重要的微量营养元素之一（Aucour et al.，2015；Coutaud et al.，2014；Hu et al.，2018；Jaouen et al.，2019；Solomons，2013）。Zn 同位素是探究全球生物地球化学循环的重要工具，它们可以在与土壤成分结合时进行分馏，例如铁锰氧化物（包括氢氧化物和羟氧化物）（Balistrieri et al.，2008；Bryan et al.，2015；Juillot et al.，2008；Pokrovsky et al.，2005）、黏土矿物（主要是高岭石）（Guinoiseau et al.，2016；Juillot et al.，2011；Viers et al.，2007）、有机化合物（Jouvin et al.，2009；Kafantaris and Borrok，2014；Marković et al.，2017；Wanty et al.，2013）和新形成的矿物，如层状硅酸盐等（Guinoiseau et al.，2016；Juillot et al.，2011）。对于全球 Zn 质量平衡，之前的研究观察到，未受污染河流中溶解的 Zn 与未风化大陆岩石的 Zn 同位素比值相似（Little et al.，2014），这意味着在大陆岩石的风化过程中，并没有明显的 Zn 同位素分馏（Little et al.，2014）。然而，热带极端风化作用（Guinoiseau et al.，2017；Little et al.，2019；Suhr et al.，2018；Viers et al.，2007）可能引发重锌同位素的优先释放，影响河流中受风化作用影响的 Zn 同位素组成，并最终影响全球 Zn 质量平衡。前人对热带土壤中 Zn 同位素的研究主要集中在热带湿润气候影响下的红壤，而热带干旱气候影响下的土壤 Zn 同位素特征尚不明确。本章对热带稀树草原气候影响下的蒙河流域土壤进行系统采样，研究土壤中 Zn 同位素的特征，完善热带土壤对全球 Zn 循环影响的理论机制。

第一节　锌含量及其同位素组成

蒙河土壤属于低腐殖质潜育土，土壤剖面示意图如图 28.1 所示。两个剖面土壤样品的风化蚀变指数（CIA 值），Fe_2O_3 和 MnO 浓度，Fe、Mn、Zn 的亏损/累积指数（τ值）和$\delta^{66}Zn$ 如表 28.1 所示。根据 CIA 值，S1 剖面为中风化（CIA 值：66.10～90.76），低风化区样品的 CIA 值较其他样品低。S2 剖面样品风化程度较高，CIA 值为 81.53～95.25。S1 剖面的 Zn 含量为 4.98～56.27μg/g，S2 剖面 Zn 含量变化较小，变化范围为 4.41～32.36μg/g。如图 28.2 和图 28.3 所示，两个剖面的 Zn 浓度随深度的增加而升高。在 S1 剖面的低风化样品中，除个别样品外，其余样品的τ_{Zn} 值均表现为富集特征［−0.20～0.53，图 28.2（b）］，其余 S1 和 S2 剖面样品的 Zn 呈现出明显的亏损（S1：τ_{Zn}=−0.70～−0.09，S2：τ_{Zn}=−0.90～−0.47）。S2 的铁结核富集区呈现出明显的铁锰富集现象（τ_{Fe}=2.85～9.60，τ_{Mn}=−0.28～1.65，图 28.3）。

表 28.1　蒙河流域低腐殖质潜育土的 CIA 值，Fe_2O_3 和 MnO 浓度，Fe、Mn 和 Zn 的质量平衡（τ）、Zn 浓度及其同位素比值

深度/cm	Zn/(μg/g)	τ(Fe)[①]	τ(Mn)	τ(Zn)	δ^{66}Zn/‰	2SE	CIA[②]
				S1			
0～10	9.31	−0.84	−0.52	−0.56	0.14	0.01	84.54
10～20	4.98	−0.84	−0.24	−0.64	−0.19	0.01	81.73
20～30	9.38	−0.81	−0.18	−0.45	0.05	0.02	83.05
30～40	10.08	−0.78	−0.54	−0.45	0.01	0.01	83.77
40～50	7.73	−0.75	1.25	−0.55	−0.31	0.01	83.21
50～60	10.77	−0.77	−0.79	−0.41	−0.36	0.02	88.53
60～70	6.85	−0.86	−0.84	−0.59	−0.02	0.02	83.89
70～80	9.58	−0.78	−0.82	−0.42	0.06	0.01	89.14
80～90	13.90	−0.75	−0.82	−0.29	0.05	0.02	90.76
90～100	20.71	−0.72	−0.79	−0.02	0.15	0.01	84.24
100～110	24.06	2.01	3.09	0.10	−0.39	0.01	90.49
110～120							
120～130	34.49	−0.55	2.10	−0.04	−0.21	0.02	74.28
130～140	44.03	−0.52	1.76	0.23	−0.21	0.01	72.25
140～150	41.08	−0.57	1.64	0.11	−0.02	0.02	66.10
150～160	34.21	−0.56	0.00	0.32	−0.11	0.02	77.91
160～170	32.53	−0.46	4.13	0.50	0.23	0.02	67.33
170～180	33.03	−0.46	0.76	0.43	0.28	0.01	71.59
180～190	50.28	−0.43	0.24	0.70	−0.32	0.01	74.91
190～200	56.27	−0.62	−0.49	0.83	0.19	0.03	73.56
				S2			
0～10	8.03	−0.82	−0.87	−0.82	0.07	0.02	93.50
10～20	8.10	−0.76	−0.83	−0.82	0.14	0.02	95.17
20～30	7.45	−0.69	−0.90	−0.86	−0.07	0.02	95.25
30～40	5.97	−0.75	−0.95	−0.85	−0.05	0.01	94.43
40～50	4.78	−0.81	−1.14	−0.80	−0.08	0.01	94.45
50～60	4.41	−0.78	−0.89	−0.90	−0.25	0.01	93.98
60～70	5.22	−0.79	−1.06	−0.85	−0.12	0.02	93.07
70～80	4.71	−0.73	−0.94	−0.89	−0.35	0.02	94.34
80～90	6.34	−0.51	−1.07	−0.78	−0.09	0.02	94.50
90～100	8.08	−0.71	−1.04	−0.84	0.08	0.01	94.78
100～110	10.04	−0.36	−0.99	−0.80	−0.09	0.02	94.36

续表

深度/cm	Zn/(μg/g)	τ(Fe)[①]	τ(Mn)	τ(Zn)	δ^{66}Zn/‰	2SE	CIA[②]
110～120	11.20	2.10	−0.34	−0.77	−0.11	0.01	94.56
120～130	12.35	−0.18	4.42	−0.79	−0.06	0.02	93.40
130～140	11.80	−0.25	1.27	−0.83	−0.18	0.02	93.15
140～150	15.14	−0.24	0.01	−0.74	0.09	0.01	89.50
150～160	12.29	−0.19	0.46	−0.82	−0.11	0.03	81.53
160～170	17.06	2.85	0.99	−0.65	−0.44	0.02	85.91
170～180	16.68	9.60	1.65	−0.62	−0.60	0.01	90.92
180～190	17.07	8.44	−0.28	−0.57	−0.69	0.01	90.34
190～200	14.74	6.93	0.45	−0.68	−0.53	0.01	90.74
200～210	15.71	9.58	−0.14	−0.65	−0.69	0.01	90.93
210～220	19.43	0.89	−0.82	−0.74	−0.23	0.01	85.14
220～230	22.93	0.03	−0.84	−0.66	−0.19	0.01	86.93
230～240	25.24	−0.26	−0.60	−0.62	0.18	0.02	85.86
240～250	25.81	−0.19	−0.69	−0.61	0.18	0.01	85.25
250～260	27.85	−0.03	−0.65	−0.62	0.20	0.01	84.65
260～270	29.27	−0.31	−0.66	−0.55	0.32	0.02	83.62
270～280	29.73	−0.26	−0.60	−0.54	0.07	0.01	82.53
280～290	29.07	−0.38	−0.67	−0.54	0.08	0.02	83.87
290～300	32.36	−0.21	−0.56	−0.47	0.03	0.02	83.17

① $\tau_{i/j}=\left[\frac{(C_i/C_j)_h}{(C_i/C_j)_p}-1\right]$，式中 C 为浓度，h 为土层风化产物，p 为风化的基岩，i 为目标元素，j 为土壤中移动性较低的元素，如 Nb、Sc、Ta 和 Ti（Brimhall et al.，1991；Chadwick et al.，1990；Kurtz et al.，2000）。

② CIA=$[Al_2O_3/(Al_2O_3+CaO^*+Na_2O+K_2O)]\times100$，式中每种氧化物以其分子质量表示，$CaO^*$仅代表硅酸盐组分中 Ca 的含量。由于土壤样品中 CaO 含量较低（<1.35%）且缺乏碳酸盐相，因此无需对样品碳酸盐含量进行校正（McLennan，1993）。CIA 值为 50～65、65～85、85～100 分别表示风化程度低、中等和极端风化（Nesbitt and Young，1982）。

如图 28.2 和图 28.3 所示，在同位素组成方面，S1 土壤剖面 I～III 层土壤的δ^{66}Zn 值分别为−0.32‰～0.28‰、−0.39‰～0.15‰、−0.19‰～0.14‰；S2 剖面 I～IV 层的δ^{66}Zn 值分别为−0.23‰～0.32‰、−0.69‰～−0.44‰、−0.18‰～0.09‰、−0.35‰～0.14‰。为更好地了解土壤中 Zn 同位素的组成特征，笔者比较了 8 种不同类型土壤的δ^{66}Zn 值（图 28.4），其中富铁土壤包括灰化土（podzol）、潜育土（gleysol）、铁铝土（ferralsol）和泰国蒙河流域的低腐殖质潜育土（low-humic gleysol），非富铁土壤包括淋溶土（luvisol）、冲积土（fluvisol）、雏形土（cambisol）和红砂土（arenosol）。非富铁土壤δ^{66}Zn 值（0.18‰～0.43‰）与地壳（δ^{66}Zn＝0.27‰±0.07‰，1SD）（Little et al.，2016）和上地壳（δ^{66}Zn＝0.33‰）（Little et al.，2014）的 Zn 同位素组成相近。但是，富铁土壤δ^{66}Zn 较低（−0.69‰～0.64‰），其中低腐殖质潜育土（−0.69‰～0.32‰）的δ^{66}Zn 值同样较轻。

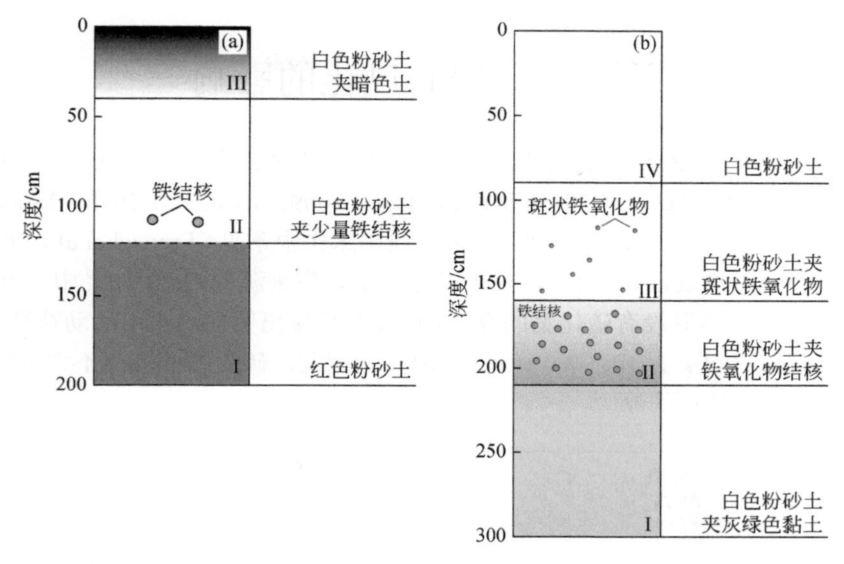

图 28.1　土壤剖面示意图

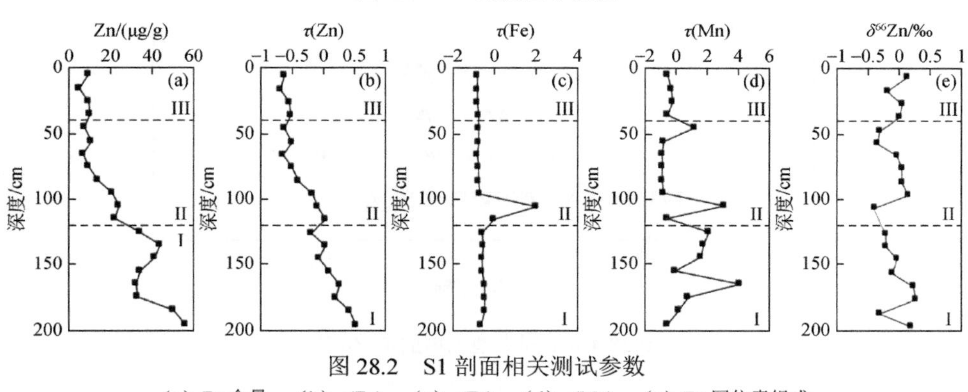

图 28.2　S1 剖面相关测试参数

（a）Zn 含量；（b）τ(Zn)；（c）τ(Fe)；（d）τ(Mn)；（e）Zn 同位素组成

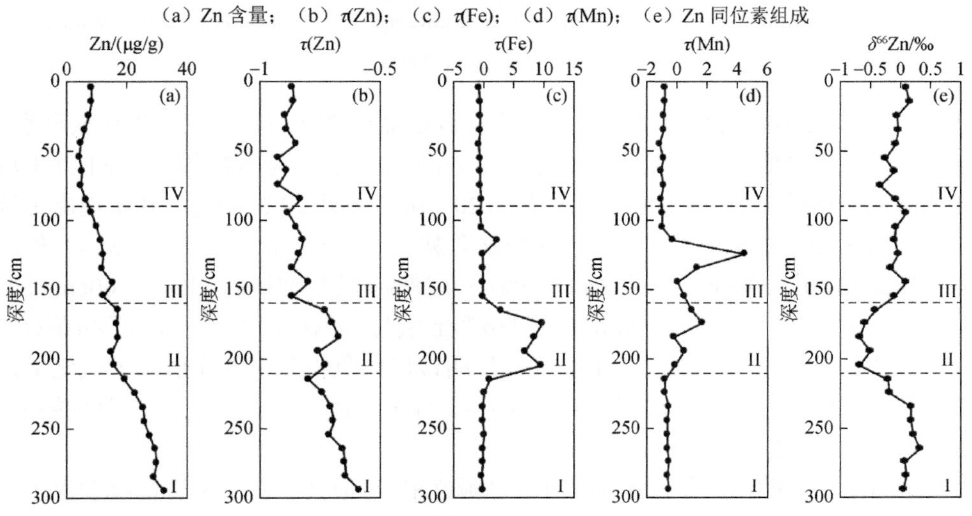

图 28.3　S2 剖面相关测试参数

（a）Zn 含量；（b）τ(Zn)；（c）τ(Fe)；（d）τ(Mn)；（e）Zn 同位素组成

第二节　岩石风化的影响

前人的研究讨论了 ZnS 相矿物或富硫岩石风化导致 Zn 同位素分馏的现象（Fernandez and Borrok，2009；Fujii et al.，2011；Kelley et al.，2009；Lv et al.，2016；Mondillo et al.，2018）。Zn 是亲铜元素，含 Zn 硫化物在热液金属矿床中很常见（Frenzel et al.，2020；Kelley et al.，2009；Mondillo et al.，2018），也可以存在于表生来源的 Cu 矿物之中（Pinget et al.，2015）。然而，蒙河土壤既没有硫化物的存在，也没有呈现出明显的火山活动特征（Akter and Babel，2012；Qu et al.，2019；Wu et al.，2019）。因此，硫化物的风化不太可能是影响泰国土壤中 Zn 同位素特征的原因。

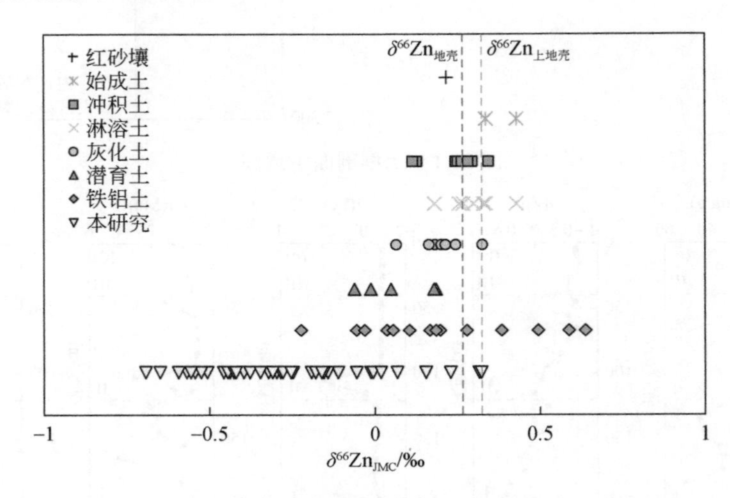

图 28.4　不同类型土壤的δ^{66}Zn 值

土壤的分类基于文献（WRB，2015）；数据来自文献（Fekiacova et al.，2015；Juillot et al.，2011；Vance et al.，2016；Viers et al.，2007）

据 Weiss 等（2014）报道，轻 Zn 同位素在硅酸盐矿物溶解的早期优先释放至水相中，但风化作用之后，硅酸盐和风化残余物之间的 Zn 同位素分馏是有限的。在 S1 继承母岩特征的红色微风化粉砂土中，τ_{Zn} 值的范围为−0.20～0.53［图 28.2（b）］，并呈现出中等风化程度（CIA：66.10～77.91，表 28.1）。除个别含黏土矿物的样品（180～190cm）外，该土壤层底部样品（160～200cm）的δ^{66}Zn（0.19‰～0.28‰）较顶部样品（120～160cm）的δ^{66}Zn 值（−0.21‰～−0.02‰）偏重。虽然底部样品的δ^{66}Zn 值与红色粉砂岩母岩的δ^{66}Zn 值（0.21‰）相近，但是该土壤层出现了次生黏土矿物，说明该层红色粉砂土并非形成于风化早期。此外，底部样品与基岩的 Zn 同位素分馏并不明显。综上所述，本研究并未发现硅酸盐早期溶解过程中的 Zn 同位素分馏。

尽管 S1 剖面微风化层的土壤与母粉砂岩颜色相似，但其相对于母岩已经发生了很大的改变，因为在风化过程中，原生矿物都会被分解并形成次生黏土矿物和铁氧化物等（Viers et al.，2007）。含黏土矿物样品（180～190cm）的δ^{66}Zn 值为−0.32‰，指示了重 Zn 同位素与黏土矿物的优先结合。S1 微风化土壤层的 Fe_2O_3 平均浓度为 3.64%，红色粉砂土相对于母岩损失 Fe（τ_{Fe}：−0.62～−0.43），顶部样品相对于底部样品富集轻 Zn 同位素（$\Delta^{66}Zn_{upper\ I\text{-}lower\ I}$＝−0.37‰），同时$\delta^{66}$Zn 值与 Fe_2O_3 明显负相关（R^2＝0.58），表明次生铁氧化物沉淀过程中轻 Zn 同位素优先释放。这一现象在 S2 铁结核层中更为明显。

第三节　铁氧化物的影响

蒙河流域盆地的年平均蒸发量远大于年平均降水量（Akter and Babel，2012；Prabnakorn et al.，2018；Zhao et al.，2018），地下水的季节性上升对蒙河流域盆地中的土壤发育至关重要。由于干燥的热带气候和地下水影响，次生铁氧化物的沉淀包含有关气候变化和成土过程的重要信息。Zn 不是氧化还原敏感元素，但 Zn 同位素在土壤中氧化物的沉淀过程中可以被分馏，因此δ^{66}Zn 可以解释低腐殖质潜育土发育过程的地球化学行为。

蒙河流域低腐殖质潜育土中出现的大量斑状和结核状氧化物的形成主要受到了干湿交替的影响。当地下水上升时，铁和锰会被还原并流失。相反，地下水的下降导致了铁锰氧化物的沉淀。此外，地下水位多期次多周期的变化促成了斑状和结核状氧化物的形成。本研究的氧化物结核分布在 S1 剖面 II 层土壤底部[图 28.2(a)]和 S2 剖面 II 层[图 28.2(b)]，但两区域 MnO 的浓度很低（0.01%～0.05%，表 28.1），Fe_2O_3 浓度很高（4.55%～46.01%）。因此，蒙河流域低腐殖质潜育土中的氧化物结核主要由铁氧化物组成。S1 剖面中受铁结核影响的样品（δ^{66}Zn＝−0.39‰，180～190cm）的同位素轻于未受结核影响的样品［图 28.5(a)］; S2 剖面 II 层 Zn 同位素组成较轻（δ^{66}Zn＝−0.69‰～−0.44‰，平均δ^{66}Zn 值为−0.59‰）。δ^{66}Zn 的显著降低与 Fe_2O_3 增加有关（R^2＝0.66，n＝5）。

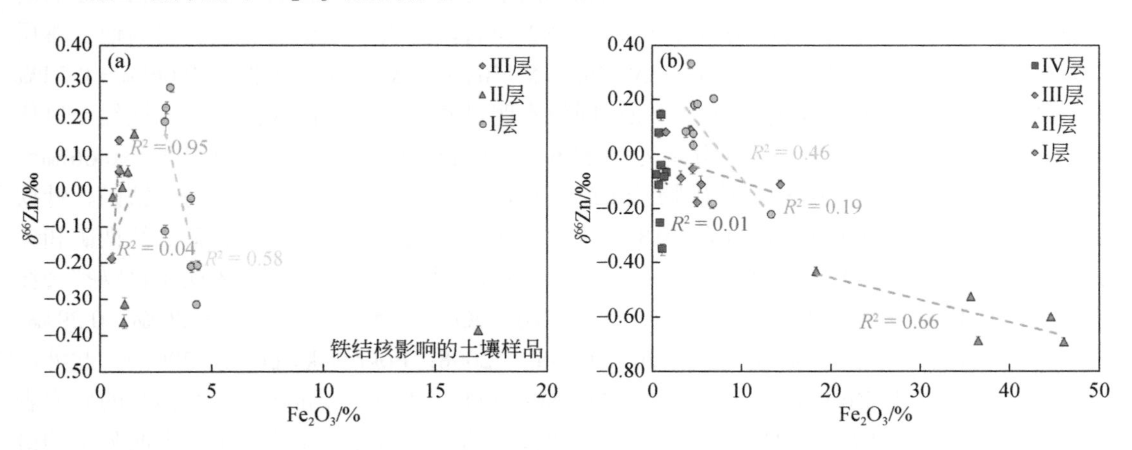

图 28.5　蒙河流域 S1 剖面（a）和 S2 剖面（b）Fe_2O_3 和δ^{66}Zn 的相关性

为了更好地理解由 Fe 氧化物吸附驱动下的 Zn 同位素分馏，图 28.6 总结了一些富铁土壤的 Fe_2O_3 和δ^{66}Zn 之间的线性回归关系。法国布列塔尼地区的潜育土剖面显示 Fe_2O_3 和δ^{66}Zn 之间存在较强负相关（R^2＝0.49，n＝5）（Fekiacova et al.，2015），同样的相关性在印度比德尔（R^2=0.62，n=9）（Suhr et al.，2018）和印度果阿邦（R^2=0.46，n=12）（Little et al.，2019）的热带红土中也有所呈现。当铁含量增加时，Hawaii 土壤中的 Fe_2O_3 和 $\delta^{66}Zn$ 呈负相关（R^2= 0.47，n=7）（Vance et al.，2016）。

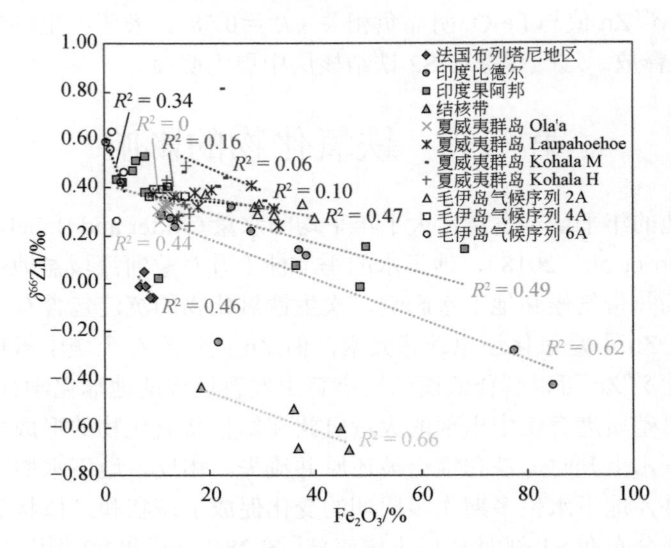

图 28.6 受氧化物影响土壤的 Fe_2O_3 和 $\delta^{66}Zn$ 的线性相关关系

数据来自文献（Fekiacova et al.，2015；Little et al.，2019；Suhr et al.，2018；Vance et al.，2016）

从同位素分馏程度上来看，S1 剖面土壤的 $\Delta^{66}Zn_{I\text{-}p}$、$\Delta^{66}Zn_{II\text{-}p}$ 和 $\Delta^{66}Zn_{III\text{-}p}$ 分别为−0.02‰、−0.33‰和 0.00‰。这些结果表明，白色粉砂土和微风化的红色粉砂土具有相似的 Zn 同位素组成，而 S1 剖面 II 层土壤（180～190cm）由于受到铁结核的影响，呈现出较明显的同位素分馏（$\Delta^{66}Zn_{含结核土壤\text{-}母岩}$为−0.60‰）。对于 S2 而言，含铁结核层（II 层）与其他土壤层之间的 $\Delta^{66}Zn$ 非常大，S2 土壤层样品的 $\Delta^{66}Zn_{II\text{-}I}$、$\Delta^{66}Zn_{II\text{-}III}$ 和 $\Delta^{66}Zn_{II\text{-}IV}$ 分别为−0.66‰、−0.54‰和−0.50‰。受铁结核影响的土壤中轻 Zn 同位素明显富集，这与前人描述的含铁红土风化剖面中的现象相似，$\Delta^{66}Zn_{土壤\text{-}母岩}$分别为−0.51‰～−0.11‰（Little et al.，2019）、−0.66‰～−0.12‰（Suhr et al.，2018）。从矿物学角度来看，红土中的铁氧化物主要为赤铁矿、针铁矿和其他的铁氧化物（Suhr et al.，2018）。潜育土中的主要含铁矿物为针铁矿、纤铁矿和赤铁矿，赤铁矿和纤铁矿最终会转化为针铁矿（董元华和徐琪，1990）。上述铁氧化物都会在吸附过程中优先富集重 Zn 同位素，如针铁矿（α-FeOOH）的 $\Delta^{66}Zn_{吸附\text{-}溶解}$为 0.20‰～0.29‰，赤铁矿（$Fe_3O_4$）为 0.02‰～0.61‰（Juillot et al.，2008；Pokrovsky et al.，2005）。此外，在 pH 大于 7～8 时 Zn 可以完全吸附（Pokrovsky et al.，2005）。Zhou 等（2019）的研究表明，铁结核富集的土壤层 pH 在 7.08～7.38 之间，这是有利于 Zn 在铁氧化物表面吸附的最佳条件。由于重 Zn 同位素优先吸附在结核中的铁氧化物表面，残余土壤呈现出轻 Zn 同位素富集的现象。

第四节　地下水位上升对锌同位素分馏的影响

地下水位上升造成的影响主要包括铁氧化物的还原和黏土矿物机械淋滤，二者对土壤中 Zn 同位素分馏的影响如下。

（1）铁氧化物的还原：与地下水位下降时次生铁氧化物的沉淀不同，地下水位的上升促进了 Fe^{2+}的还原，并造成大量元素的损失。此外，Fe 的去除可以导致潜育土褪色，形成白色粉砂土（Zaidel'man et al.，1978；董元华和徐琪，1990），这种现象在两个剖面中都可观察到（图 28.2）。白色粉砂土的δ^{66}Zn 变化范围为−0.39‰～0.15‰，但大部分土壤样品的 Fe_2O_3 和δ^{66}Zn 之间并没有明显的相关性（图 28.5）。土壤中铁的丢失破坏了 Zn 和铁氧化物之间的相互作用，但 S2 剖面 III 层的土壤仍有斑状铁氧化物的存在［图 28.3（b）］，这是在亚缺氧到亚氧条件下形成的。

（2）黏土矿物的机械淋滤：地下水的上升不仅能促进铁的去除，还能加速黏土的机械淋滤（董元华和徐琪，1990），导致黏土矿物比例降低（2.57%～8.14%）。潜育土中的黏土矿物主要由高岭石和蒙脱石组成，蒙脱石经过长期的潜育化作用后最终转化为高岭石（Wakatsuki et al.，1984）。高岭石优先保存矿物表面的重 Zn 同位素（Guinoiseau et al.，2016）。然而在酸性土壤条件下，Zn 在高岭石上的吸附是有限的（Gu and Evans，2008）。研究表明，两个土壤剖面的白色粉砂土（S1 剖面的 II 和 III 层，S2 剖面的 III 和 IV 层）均呈酸性至中性，pH 为 4.22～7.01（Zhou et al.，2019）。白色粉砂土的酸性条件可能归因于腐殖质化过程中有机质的分解（Han et al.，2020；Opfergelt et al.，2017；Viers et al.，2015）和含水饱和期的矿物（Opfergelt et al.，2017；董元华和徐琪，1990）。然而腐殖质会优先保留较重的 Zn 同位素（Viers et al.，2015），这与白色粉砂土的δ^{66}Zn 结果不一致。另一种假说认为，硅酸盐水解形成黏土矿物会使土壤酸化（Amiotti et al.，2000；Zhang et al.，2013）。因此，本研究认为白色粉砂的酸性条件可能归因于矿物的分解。因此，地下水上升促进了土壤酸性条件的形成，阻止了 Zn 和黏土组分的相互作用。

第五节　有机质的影响

腐殖质物质在有机质中占主导地位，约占总有机碳（TOC）的 50%～90%（耿增超和戴伟，2011）。δ^{66}Zn 与 TOC 之间的负相关关系已在许多类型的富有机质土壤中得到验证，如铁铝土、灰化土、有机土、暗色土等（Guinoiseau et al.，2017；Opfergelt et al.，2017；Suhr et al.，2018）。相比之下，暗色土和潜育土表现出较重的δ^{66}Zn 与较高的 TOC 含量之间的相关性，这通常是因为腐殖质化过程中优先保存了较重的 Zn 同位素（Opfergelt et al.，2017；Viers et al.，2015）。腐殖化作用通常在 pH 为 6.5～7.5 时得到促进，而在其他 pH 时则受到抑制（耿增超和戴伟，2011）。在本研究中，白色粉土的酸性条件不利于腐殖质的形成。从另一方面来看，低腐殖质灰岩中的有机质含量极低（S1 中 II 和 III 层的 TOC 为 1.90g/kg，S2 中 III 和 IV 层的 TOC 为 1.58g/kg），这足以解释有机质对 Zn 同位素比值变化的贡献十分有限。

第六节 热带干旱土壤对全球锌循环的影响

土壤中 Zn 的输出途径主要包括被植物吸收和进入河流/海洋。对于前者而言，热带地区的风化过程严重消耗了生物必需的微量营养元素（Little et al.，2019；Suhr et al.，2018）。在本研究中，极度风化和高度发育的低腐殖质潜育土缺乏 Zn（$\tau_{Zn}=-0.90\sim0.03$），表明蒙河流域盆地的作物种植可能面临缺 Zn 的风险。

由于低腐殖质闪土中的 TOC 含量和 MnO 浓度较低，一方面，腐殖化作用和锰氧化物对 Zn 同位素分馏的影响非常有限。另一方面，母岩限制了δ^{66}Zn，因此其对全球 Zn 循环的影响有限（Little et al.，2019；Moynier et al.，2017）。因此，土壤地球化学过程可能是影响风化源 Zn 同位素组成和促进全球海洋 Zn 收支的途径。由于蒙河流域盆地蒸发量巨大，土壤发育对地下水的需求急剧增加。地下水的上升和下降改变了低腐殖质潜育土的氧化还原条件：①在高地下水位时，大量的铁从土壤基质中被还原和去除，土壤脱色为白色的泥沙；同时黏土矿物被淋滤迁出，红色粉砂岩的水解使白色粉砂岩酸化。铁的去除和黏土矿物的淋滤干扰了其与 Zn 的相互作用，并在与土壤组分结合的过程中干扰了 Zn 同位素的分馏。②在地下水位下降时，Fe^{2+}被氧化为 Fe^{3+}。次生铁氧化物（特别是铁结核）的沉淀通常伴随着重 Zn 同位素在矿物表面的优先吸附，导致残余土壤中富集轻 Zn 同位素，并表现出与母岩之间较大的 Zn 同位素分馏。研究结果表明，富含次生铁氧化物的低腐殖质潜育土可能会对热带干旱地区河流的 Zn 同位素组成造成影响。这一发现也与热带地区含铁红土剖面中 Zn 同位素的变化相对应。

本 章 小 结

通过研究泰国蒙河流域低腐殖质潜育土中 Zn 的地球化学行为，本研究发现低腐殖质潜育土不太可能受到硫化物风化作用的影响。在低风化土壤层，红色粉砂土逐渐受到铁氧化物的影响。由于水源不足，次生铁氧化物的沉淀受到地下水位下降的影响。重 Zn 同位素可能与次生铁氧化物相结合，致使残余低腐殖质潜育土中δ^{66}Zn 值较轻。富含铁氧化物土壤中富集轻 Zn 同位素可能会对热带干旱地区河流 Zn 的同位素组成造成影响。相反，当降雨无法覆盖蒸发时，上升的地下水会使铁和黏土矿物流失，破坏其与 Zn 的相互作用。低有机质含量和低锰浓度对低腐殖质潜育土中 Zn 同位素分馏的影响非常有限。此外，蒙河流域盆地内的极端风化作用容易使 Zn 流失，导致 Zn 缺乏，不利于当地农业的发展。低腐殖质潜育土中 Zn 同位素的研究有助于完善全球 Zn 循环的理论，为热带干旱地区的农业栽培提供科学依据。

参 考 文 献

董元华，徐琪，1990. 土壤潜育化作用的特点及其研究进展. 土壤学进展，（1）：9-14.

耿增超，戴伟，2011. 土壤学. 北京：科学出版社.

Akter A，Babel M S，2012. Hydrological modeling of the Mun River basin in Thailand. Journal of Hydrology，

452-453：232-246.

Amiotti N M，Zalba P，Sánchez L F，et al.，2000. The impact of single trees on properties of loess-derived grassland soils in Argentina. Ecology，81（12）：3283-3290.

Aucour A M，Bedell J P，Queyron M，et al.，2015. Dynamics of Zn in an urban wetland soil–plant system：coupling isotopic and EXAFS approaches. Geochimica et Cosmochimica Acta，160：55-69.

Balistrieri L S，Borrok D M，Wanty R B，et al.，2008. Fractionation of Cu and Zn isotopes during adsorption onto amorphous Fe（III）oxyhydroxide：experimental mixing of acid rock drainage and ambient river water. Geochimica et Cosmochimica Acta，72（2）：311-328.

Brimhall G H，Christopher J L，Ford C，et al.，1991. Quantitative geochemical approach to pedogenesis：importance of parent material reduction，volumetric expansion，and eolian influx in lateritization. Geoderma，51（1）：51-91.

Bryan A L，Dong S，Wilkes E B，et al.，2015. Zinc isotope fractionation during adsorption onto Mn oxyhydroxide at low and high ionic strength. Geochimica et Cosmochimica Acta，157：182-197.

Chadwick O A，Brimhall G H，Hendricks D M，1990. From a black to a gray box—a mass balance interpretation of pedogenesis. Geomorphology，3（3）：369-390.

Coutaud A，Meheut M，Viers J，et al.，2014. Zn isotope fractionation during interaction with phototrophic biofilm. Chemical Geology，390：46-60.

Fekiacova Z，Cornu S，Pichat S，2015. Tracing contamination sources in soils with Cu and Zn isotopic ratios. Science of the Total Environment，517：96-105.

Fernandez A，Borrok D M，2009. Fractionation of Cu，Fe，and Zn isotopes during the oxidative weathering of sulfide-rich rocks. Chemical Geology，264（1）：1-12.

Frenzel M，Cook N J，Ciobanu C L，et al.，2020. Halogens in hydrothermal sphalerite record origin of ore-forming fluids. Geology，48（8）：766-770.

Fujii T，Moynier F，Pons M L，et al.，2011. The origin of Zn isotope fractionation in sulfides. Geochimica et Cosmochimica Acta，75（23）：7632-7643.

Gu X，Evans L J，2008. Surface complexation modelling of Cd(II)，Cu(II)，Ni(II)，Pb(II) and Zn(II) adsorption onto kaolinite. Geochimica et Cosmochimica Acta，72（2）：267-276.

Guinoiseau D，Gélabert A，Moureau J，et al.，2016. Zn isotope fractionation during sorption onto kaolinite. Environmental Science & Technology，50（4）：1844-1852.

Guinoiseau D，Gélabert A，Allard T，et al.，2017. Zinc and copper behaviour at the soil-river interface：new insights by Zn and Cu isotopes in the organic-rich Rio Negro basin. Geochimica et Cosmochimica Acta，213：178-197.

Han G，Tang Y，Liu M，et al.，2020. Carbon-nitrogen isotope coupling of soil organic matter in a karst region under land use change，Southwest China. Agriculture，Ecosystems & Environment，301：107027.

Hu S Y，Evans K，Rempel K，et al.，2018. Sequestration of Zn into mixed pyrite-zinc sulfide framboids：a key to Zn cycling in the ocean? Geochimica et Cosmochimica Acta，241：95-107.

Jaouen K，Pouilloux L，Balter V，et al.，2019. Dynamic homeostasis modeling of Zn isotope ratios in the human body. Metallomics，11（6）：1049-1059.

Jouvin D，Louvat P，Juillot F，et al.，2009. Zinc isotopic fractionation：why organic matters. Environmental Science & Technology，43（15）：5747-5754.

Juillot F，Maréchal C，Ponthieu M，et al.，2008. Zn isotopic fractionation caused by sorption on goethite and 2-Lines ferrihydrite. Geochimica et Cosmochimica Acta，72（19）：4886-4900.

Juillot F，Maréchal C，Morin G，et al.，2011. Contrasting isotopic signatures between anthropogenic and geogenic Zn and evidence for post-depositional fractionation processes in smelter-impacted soils from Northern France. Geochimica et Cosmochimica Acta，75（9）：2295-2308.

Kafantaris F C A，Borrok D M，2014. Zinc isotope fractionation during surface adsorption and intracellular incorporation by bacteria. Chemical Geology，366：42-51.

Kelley K D，Wilkinson J J，Chapman J B，et al.，2009. Zinc isotopes in sphalerite from base metal deposits in the Red Dog District，northern Alaska. Economic Geology，104（6）：767-773.

Kurtz A C，Derry L A，Chadwick O A，et al.，2000. Refractory element mobility in volcanic soils. Geology，28（8）：683-686.

Little S H，Vance D，Walker-Brown C，et al.，2014. The oceanic mass balance of copper and zinc isotopes，investigated by analysis of their inputs，and outputs to ferromanganese oxide sediments. Geochimica et Cosmochimica Acta，125：673-693.

Little S H，Vance D，McManus J，et al.，2016. Key role of continental margin sediments in the oceanic mass balance of Zn and Zn isotopes. Geology，44（3）：207-210.

Little S H，Munson S，Prytulak J，et al.，2019. Cu and Zn isotope fractionation during extreme chemical weathering. Geochimica et Cosmochimica Acta，263：85-107.

Lv Y，Liu S A，Zhu J M，et al.，2016. Copper and zinc isotope fractionation during deposition and weathering of highly metalliferous black shales in central China. Chemical Geology，445：24-35.

Marković T，Manzoor S，Humphreys-Williams E，et al.，2017. Experimental determination of zinc isotope fractionation in complexes with the phytosiderophore 2′-Deoxymugeneic Acid（DMA）and Its structural analogues，and implications for plant uptake mechanisms. Environmental Science & Technology，51（1）：98-107.

McLennan S M，1993. Weathering and global denudation. The Journal of Geology，101（2）：295-303.

Mondillo N，Wilkinson J J，Boni M，et al.，2018. A global assessment of Zn isotope fractionation in secondary Zn minerals from sulfide and non-sulfide ore deposits and model for fractionation control. Chemical Geology，500：182-193.

Moynier F，Vance D，Fujii T，et al.，2017. The isotope geochemistry of zinc and copper. Reviews in Mineralogy and Geochemistry，82（1）：543-600.

Nesbitt H W，Young G M，1982. Early Proterozoic climates and plate motions inferred from major element chemistry of lutites. Nature，299（5885）：715-717.

Opfergelt S，Cornélis J T，Houben D，et al.，2017. The influence of weathering and soil organic matter on Zn isotopes in soils. Chemical Geology，466：140-148.

Pinget M M-C，Dold B，Zentilli M，et al.，2015. Reported supergene sphalerite rims at the chuquicamata porphyry deposit（northern Chile）revisited：evidence for a hypogene origin. Economic Geology，110（1）：253-262.

Pokrovsky O S，Viers J，Freydier R，2005. Zinc stable isotope fractionation during its adsorption on oxides and hydroxides. Journal of Colloid and Interface Science，291（1）：192-200.

Prabnakorn S，Maskey S，Suryadi F X，et al.，2018. Rice yield in response to climate trends and drought index in the Mun River Basin，Thailand. Science of the Total Environment，621：108-119.

Qu R，Han G，Liu M，et al.，2019. The mercury behavior and contamination in soil profiles in Mun River basin，northeast Thailand. International Journal of Environmental Research and Public Health，16（21）：4131.

Solomons N W，2013. Update on zinc biology. Annals of Nutrition and Metabolism，62（Suppl. 1）：8-17.

Suhr N，Schoenberg R，Chew D，et al.，2018. Elemental and isotopic behaviour of Zn in Deccan basalt weathering profiles：chemical weathering from bedrock to laterite and links to Zn deficiency in tropical soils. Science of the Total Environment，619-620：1451-1463.

Vance D，Matthews A，Keech A，et al.，2016. The behaviour of Cu and Zn isotopes during soil development：controls on the dissolved load of rivers. Chemical Geology，445：36-53.

Viers J，Oliva P，Nonell A，et al.，2007. Evidence of Zn isotopic fractionation in a soil–plant system of a pristine tropical watershed（Nsimi，Cameroon）. Chemical Geology，239（1）：124-137.

Viers J，Prokushkin A S，Pokrovsky O S，et al.，2015. Zn isotope fractionation in a pristine larch forest on permafrost-dominated soils in Central Siberia. Geochemical Transactions，16（1）：3.

Wakatsuki T，Ishikawa I，Araki S，et al.，1984. Changes in clay mineralogy in a chronosequence of polder paddy soils from Kojima basin，Japan. Soil Science and Plant Nutrition，30（1）：25-38.

Wanty R B，Podda F，De Giudici G，et al.，2013. Zinc isotope and transition-element dynamics accompanying hydrozincite biomineralization in the Rio Naracauli，Sardinia，Italy. Chemical Geology，337-338：1-10.

Weiss D J，Boye K，Caldelas C，et al.，2014. Zinc isotope fractionation during early dissolution of biotite granite. Soil Science Society of America Journal，78（1）：171-179.

WRB I W G，2015. World reference base for soil resources （World Soil Resources Reports No. 106）. Food and Agriculture Organization，Rome，Italy.

Wu C，Liu G，Ma G，et al.，2019. Study of the differences in soil properties between the dry season and rainy season in the Mun River Basin. CATENA，182：104103.

Zaidel'man F，Sokolova T，Narokova R，1978. Change in the content，chemical and mineralogical compositions of the clay fraction of three soil-forming rocks caused by gleization under conditions of a model experiment. Vestnik Moskovskogo Universiteta. Seriia XVII：Pochvovedenie.

Zhang C，Wu P，Tang C，et al.，2013. The study of soil acidification of paddy field influenced by acid mine drainage. Environmental Earth Sciences，70（7）：2931-2940.

Zhao Z，Liu G，Liu Q，et al.，2018. Studies on the spatiotemporal variability of river water quality and Its relationships with soil and precipitation：a case study of the Mun River basin in Thailand. International Journal of Environmental Research and Public Health，15（11）：2466.

Zhou W，Han G，Liu M，et al.，2019. Effects of soil pH and texture on soil carbon and nitrogen in soil profiles under different land uses in Mun River Basin，Northeast Thailand. PeerJ，7：e7880.